核火箭推进原理

（第二版）

Principles of Nuclear Rocket Propulsion

Second Edition

[美] 小威廉·J. 埃姆里希（William J. Emrich Jr.） 著
王园丁 魏 青 苗思薇 霍红磊 译
林庆国 杨 夷 王金雨 翁一武 审校

中国宇航出版社
·北京·

图书在版编目（CIP）数据

核火箭推进原理 ：第二版 / （美）小威廉·J.埃姆里希（William J. Emrich Jr.）著 ；王园丁等译. 北京 ：中国宇航出版社，2025. 7. -- ISBN 978-7-5159-2586-8

Ⅰ. 0571.22；V43

中国国家版本馆CIP数据核字第2025QU5211号

责任编辑 马　喆　　**封面设计** 王晓武

出版发行	中国宇航出版社
社　址	北京市阜成路8号　**邮　编**　100830
	(010)68768548
网　址	www.caphbook.com
经　销	新华书店
发行部	(010)68767386　(010)68371900
	(010)68767382　(010)88100613（传真）
零售店	读者服务部　(010)68371105
承　印	北京中科印刷有限公司

版　次	2025年7月第1版
	2025年7月第1次印刷
规　格	787×1092
开　本	1/16
印　张	22.5
字　数	548千字
书　号	ISBN 978-7-5159-2586-8
定　价	168.00元

本书如有印装质量问题，可与发行部联系调换

Principles of Nuclear Rocket Propulsion, *2nd edition*.
William J. Emrich Jr.
ISBN: 978-0-323-90030-0(English edition).

《核火箭推进原理（第二版）》
（王园丁等译）
ISBN: 978-7-5159-2586-8(Chinese edition)

著作权合同登记号：图字：01－2025－2325 号

注 意

本书涉及领域的知识和实践标准在不断变化。新的研究和经验拓展我们的理解，因此须对研究方法、专业实践或医疗方法作出调整。从业者和研究人员必须始终依靠自身经验和知识来评估和使用本书中提到的所有信息、方法、化合物或本书中描述的实验。在使用这些信息或方法时，他们应注意自身和他人的安全，包括注意他们负有专业责任的当事人的安全。在法律允许的最大范围内，爱思唯尔、译文的原文作者、原文编辑及原文内容提供者均不对因产品责任、疏忽或其他人身或财产伤害及/或损失承担责任，亦不对由于使用或操作文中提到的方法、产品、说明或思想而导致的人身或财产伤害及/或损失承担责任。

译　序

随着人类对宇宙探索的不断深入，航天核动力技术作为未来深空探测的关键动力方式之一，正逐渐从理论研究走向工程实践的前沿。对太空核能的开发是人类走向深空，探索深空，实现星际旅行的必由之径。核火箭推进技术以高比冲、大推力等优势，为人类跨越星际距离、开展长期太空任务提供了前所未有的可能性。在这一背景下，完成《核火箭推进原理（第二版）》的翻译工作，为我国核动力航天器的发展注入新质动力，也为相关领域的专家学者和工程技术人员提供了一本极具价值的参考书籍。

核火箭推进技术的发展历程，是一部充满挑战与创新的历史。从早期的理论构想到如今逐步成熟的技术体系，每一步都凝聚着无数科研人员的智慧与心血。该项技术不仅涉及复杂的核物理、热力学、流体力学等多学科交叉领域，还需要在材料科学、结构设计、控制技术等众多方面取得突破。《核火箭推进原理（第二版）》正是在这样的背景下应运而生，它系统地阐述了核火箭推进的理论基础、设计方法、运行特性以及相关的工程实践，为读者提供了一个全面而深入的视角，去理解和探索这一前沿技术。

在当今世界，航天技术的发展日新月异，航天核动力技术作为其重要分支，正面临着前所未有的发展机遇。随着人类对太空资源的开发和利用逐渐走向深入，对高效、可靠、可持续的航天动力系统的需求也日益迫切。核火箭以其卓越的性能，有望在未来的载人火星探测、小行星采矿、深空科学研究等任务中，发挥不可替代的作用。然而，核火箭技术的发展也面临着诸多挑战，如安全性、可靠性、轻量化、小型化、环境适应性等问题，需要我们在技术研究中予以高度重视，并在工程实践中解决。

本书的翻译和出版对我国核火箭技术的发展具有重要意义。它不仅为国内的科研人员提供了一本权威的参考书籍，帮助他们深入浅出地掌握核火箭技术原理，还有助于他们了解国际上核火箭技术的最新进展和研究成果，促进国内外在该领域的学术交流与合作。通过学习和借鉴国际先进的技术和经验，加快我国核火箭技术的研发进程，提高自主创新能力，为我国航天事业发展作出更大贡献。

在阅读本书的过程中，我们可以感受到作者对核火箭推进技术的深刻理解和独到见解。书中不仅详细介绍了核火箭的物理原理、设计方法和工程应用，还通过大量的实例和案例分析，帮助读者更好地理解和掌握相关知识。此外，书中还对核火箭技术的未来发展进行了展望，提出了许多前瞻性的观点和建议，为我国在该领域的研究和开发提供了有益的参考。希望并相信，本书能够激发更多科研人员和工程技术人员对核火箭技术的兴趣和热情，吸引更多的力量投入这一前沿领域的研究和开发中，为推动我国航天核动力技术的发展，为实现人类探索宇宙的伟大梦想，贡献我们的智慧和力量。

2025 年 6 月

译者前言

核火箭推进技术作为未来航天动力的重要发展方向，一直是国际航天领域的研究热点。为了推动我国在该领域的技术进步和人才培养，我们组织翻译了美国小威廉·J. 埃姆里希（William J. Emrich Jr.）的著作《核火箭推进原理（第二版）》。本书第一版自出版以来，受到了广泛关注，第二版在内容上进行了全面更新和拓展，增加了核聚变推进、反物质推进等前沿内容，以及核火箭发动机启动、稳定性分析和材料特性等重要领域的最新研究成果，使其成为核火箭推进领域的一本权威教材和参考书籍。

在第二版的翻译过程中，上海空间推进研究所的王园丁、魏青、苗思薇，以及中国原子能科学研究院的霍红磊承担了主要的翻译工作。参加翻译工作的还有上海空间推进研究所的张瑞平、刘启航、张禹、郭曼丽、王映远、薛翔、章洪涛、吕亚锦、陈金利、许建国、邓若男、孙雯熙、黄振芝。此外，上海空间推进研究所的林庆国、中国原子能科学研究院的杨夷、中国核动力研究设计院的王金雨和上海交通大学的翁一武承担了审校工作，并共同成立了以林庆国为组长，杨夷、王金雨、翁一武为副组长，王园丁等译者为组员的译审组。

在翻译过程中，我们秉持“精准传达、易于理解、逻辑连贯”的理念，力求将原著的科学精神和专业知识准确无误地传达给中文读者。其间，我们遇到了许多挑战，包括专业术语的准确翻译、复杂公式的重新推导和验证，以及如何将西方的工程概念与中国读者的背景知识相匹配等问题。为了解决这些问题，我们进行了多次内部讨论，并与同行专家进行了广泛交流。在处理专业术语时，我们参考了国内相关领域的标准和习惯，力求使术语既准确又易于理解。同时，我们特别关注原著中的一些错误和表达不清晰之处，在翻译中进行了必要的修正和补充。

相比于第一版，本书第二版在内容上进行了显著的更新和拓展。例如，书中新增了核聚变推进和反物质推进的章节。这些新增内容不仅涵盖了最新的研究成果，还提供了对这些前沿技术的深入分析和讨论，为读者提供了更全面的视角，帮助他们了解核火箭推进技术的最新发展动态。

尽管我们尽了最大努力，但由于核火箭推进技术本身的复杂性和翻译工作的难度，译文中可能仍存在不足和错误。我们真诚地希望广大读者能够提出宝贵的意见和建议，帮助我们进一步完善本书的翻译工作。

最后，我们衷心感谢上海空间推进研究所的袁磊、于建对翻译工作给予的大力支持和指导，他们提供的宝贵资源和持续鼓励，是本书能够顺利完成的关键。我们也感谢中国宇航出版社由马喆带领的编辑团队，他们的专业指导和支持为本书的出版提供了重要保障。

译审组

2025 年 6 月 17 日

第一版前言

本书是基于我多年来在阿拉巴马大学亨茨维尔分校讲授的核火箭推进课程撰写的。虽然本书的授课学时为一个学期，但若需要可扩展到一个学年。本书旨在让读者了解核火箭发动机的设计和工作基本原理。目前市场上有很多关于火箭发动机理论的专著和核反应堆理论的专著，但是将这两大领域融合在一起的专著还很少，本书可以满足这一实际需求。本书的重点是核热火箭发动机，即利用核反应堆产生的能量将推进剂加热至高温，经喷管排出以产生推力。此外，本书还介绍了一些其他概念。例如，书中有专门章节讲授核脉冲火箭概念，即利用外部核爆的力量加速航天器。

学习本课程前应掌握高等微积分知识，并学习过热力学、传热学、流体力学等本科课程。掌握核反应堆物理知识对学习本书会有帮助，但不强求。本书详细介绍了核反应堆物理学知识，以方便读者理解核反应堆运行机制，以及这些机制如何影响核火箭发动机的运行。核反应堆内中子通量分布（及相应的功率分布），几乎仅通过中子扩散理论的框架来呈现。本书简要介绍了中子输运理论，为使用较为简单的扩散理论近似提供依据。在本书的电子版中①，通过使用计算机交互程序对许多公式推导进行了图示说明，以描述组成参数的变化对物理过程的影响。希望对核火箭发动机内发生的各种物理过程进行的这种可视化呈现，能帮助读者更清楚地了解公式推导中哪些参数是重要的，哪些是不重要的。此外，书中的很多3D图形可以缩放、旋转等，以更好地可视化呈现研究对象的本质。

因篇幅有限，本书所选内容不得不有所取舍。核火箭系统的研发涉及多个不同的工程领域，因此，毫无疑问，许多有趣且重要、本应包含在书中的内容都被略过。尽管如此，我仍希望本书的内容足够充分，使读者至少能对核火箭发动机设计所需的多个工程学科交叉融合有大致了解。

在本书撰写过程中，我得到了许多人的帮助。在多年教学过程中，我的学生们提供了非常有用的建议和意见，以使本书更易理解，更符合他们的兴趣。此外，美国国家航空航天局马歇尔航天飞行中心的同事们也对本书给出了意见，特别是提供了许多额外的素材。

---

① 译者注：电子版为原著所附，本中文翻译版无此电子版。

我也非常感谢我的父母，他们从小就教导我热爱学习，并努力做到最好。我还要感谢我亲爱的孩子们，Ethan、Joshua 和 Rebekah，他们用爱、理解和鼓励支持我写作。最后，我要感谢我的妻子 Lady，感谢她忍受我无数个夜晚心无旁骛地埋头写作，在她的鼓励下我最终完成本书的写作。

第二版前言

《核火箭推进原理》第二版在第一版的基础上进行了扩展，新增了几个章节，还有几个章节增加了新内容。特别是，第5章关于核聚变推进部分扩展了新内容，并新增了反物质推进相关的内容。第11章新增了核火箭发动机启动的内容。第12章在采用热排放循环的核火箭发动机稳定性的描述部分，给出了额外的分析。第15章扩展了新内容，新增了关于浓缩铀的最新进展。并且，全书增加了关于核火箭安全问题的新篇章。

和第一版一样，在本书的电子版中，通过使用计算机交互程序对许多公式推导进行了图示说明，以描述组成参数的变化对物理过程的影响。新版本中增加了一些新的计算机交互程序，并新增了练习题，希望这种边玩边学的方式能增强读者对所介绍的各种物理过程的理解，并引导读者更清楚地理解所学的概念。

我经历了两次核火箭推进相关资料的收集和整理的过程，充分意识到这确实是一个团队的努力。我的灵感主要来自美国国家航空航天局马歇尔航天飞行中心的同事们，以及阿拉巴马大学亨茨维尔分校的教师和我教过的学生们，还有其他一些学术机构的朋友们。他们就如何使本书更清晰易懂，更符合他们的兴趣方面提出的建议是非常宝贵的，对于全书的素材选择、谋篇布局非常有帮助。在此，我要特别感谢我的同事兼朋友，伦敦帝国理工学院的马特·伊顿（Matt Eaton）和艾玛·斯图尔特（Emma Stewart），他们对第二版中新增的内容提出了许多有用的建议和有见地的评论。

我还要再次感谢我亲爱的孩子们，感谢他们从远方给予的鼓励，特别是我的妻子Lady，再一次忍受我为出版这部专著而心无旁骛地投入写作之中，并一直鼓励我直至完成写作。

目　录

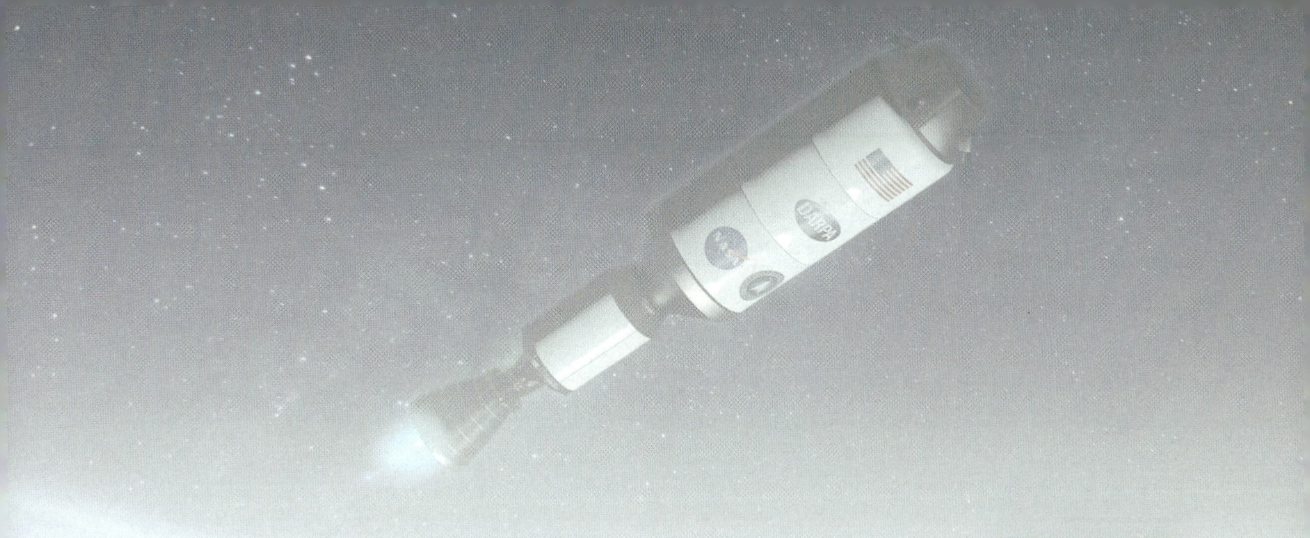

第1章 引 言

1.1 综述

未来的载人航天任务目的地将比地球近地轨道更远，迫切需要比现有化学火箭发动机（Chemical engines）性能更强的推进技术。固态堆芯核热火箭（Nuclear Thermal Rocket，NTR）就是可行方案之一。一般来说，核发动机概念比较简单，即利用核反应堆将气体工质（通常是氢气）加热到高温，经由喷管排出以产生推力。但难点在于设计上的工程细节，不仅要解决化学火箭发动机研制中经常存在的热工、流体和机械问题，还要注意核相互作用和材料限制。本书的目的是介绍核火箭发动机设计过程中必须解决的一些工程难题。

在进入正题之前，有必要阐释一下相关术语。在化学推进领域，燃料（Fuel）燃烧形成气体，随后通过喷管喷出产生推力，燃料实际上是推进剂（Propellant），即用于产生推力的物质。因此本书在提到化学火箭发动机时，燃料和推进剂这两个术语通常指同一物质，可以互换使用。但对于核火箭发动机，推进剂是被核反应堆加热、用于产生推力的工质。而燃料是核反应堆中正在裂变的铀。因此，当提到核火箭发动机时，术语“燃料”指核反应堆中裂变的铀，而术语“推进剂”指经由喷管排出的流体工质。

固态堆芯 NTR 发动机的效率预计至少是史上最强化学液氧/氢发动机的 2～3 倍。后文将介绍火箭发动机的效率取决于多种因素，包括发动机排出气体的温度，温度越高则发动机效率越高。在化学火箭发动机领域，排出气体的温度受燃料反应所释放能量的限制，因此可以说化学火箭发动机的效率受能量限制。

NTR 发动机通过核裂变反应将推进剂气体加热至高温。由于核燃料裂变过程释放的能量远高于化学燃烧过程，因此在推进剂温度方面，NTR 发动机远高于化学火箭发动机。

NTR 发动机效率的主要限制因素是能量从核燃料中释放并传递给推进剂的速度。能量传递速度受核燃料所能经受的最高温度限制，这也决定了该发动机效率的上限。综上所述，NTR 发动机的效率受功率密度限制。

1.2 历史回顾

1.2.1 背景

历史上有一些固态堆芯核火箭发动机的工程计划。20 世纪 50 年代末，美国实施了火箭飞行器用核发动机（Nuclear Engine for Rocket Vehicle Applications，NERVA）计划[1]，建造了很多核发动机原型。这些火箭发动机中的核反应堆采用六棱柱燃料元件，燃料元件轴向钻孔，以容纳氢气推进剂流过。

20 世纪 70 年代，NERVA 计划最后一次测试。从那以后，NTR 的开发工作断断续续地持续至今。特别是苏联 Lutch 研究院和美国的各个国家实验室对新燃料进行了研究，其运行特性有可能大大优于早期的燃料设计。这些燃料一般分为两类——碳化铀和金属陶瓷(Cermet)。在碳化铀燃料方面，铀或以复合物形式均匀弥散在石墨基体中，或包含在更先进的燃料设计中，形成铀、锆、钽、碳等的固溶体化合物。在金属陶瓷燃料中，氧化铀（陶瓷）与一种高温难熔金属材料（比如钨）结合在一起。

美国空军也曾短暂资助过颗粒床反应堆（Particle Bed Reactor，PBR）[2] 创新型 NTR 发动机概念研究。在这种反应堆中，燃料元件中的氢气径向流过燃料颗粒堆积床。这种发动机的推重比非常高，曾准备在一项名为“森林风”（Timberwind）的绝密计划中应用在弹道导弹拦截器上。然而，在 20 世纪 90 年代初苏联解体后，这项计划取消了。

为应对美国的 NERVA 计划，苏联也研制过一种核火箭发动机[3]。这项核火箭计划从 1965 年一直持续到 20 世纪 80 年代，最终开发出了 RD－410 核火箭发动机。它比 NERVA 小很多。RD－410 发动机的燃料元件由铀/碳化钨材料制成，运行温度比 NERVA 略高。因此，RD－410 发动机的效率比 NERVA 略高一些。

1.2.2 NERVA

1953 年，美国在洛斯阿拉莫斯国家实验室开始了 NTR 计划的反应堆开发工作，称作 ROVER①，目的是设计出一种轻型高温反应堆，作为核动力火箭的基础，替代化学火箭发动机，将有效载荷送入轨道。

核火箭开发项目的反应堆研制被划归到几个不同的资助计划，旨在分别改善核发动机不同方面的设计。第一个计划名为“Kiwi”②。Kiwi 原意是一种不会飞的鸟，因为所设计

① ROVER：漫游者，流浪者。

② Kiwi：几维鸟，鹬鸵，奇异鸟，新西兰的无翼鸟，两翼退化，不能飞行。

的发动机是为了改进核热火箭的基础技术，而不是为了飞行。在 Kiwi 计划之后，"Phoebus"[1] 计划接力，进一步开发适用于星际航行的发动机。到了该计划的末期，美国设计建造了 Peewee-1 反应堆[2]，用于测试更小、更紧凑的反应堆设计；同时设计开发了 NF-1（Nuclear Furnace-1）反应堆，用于测试先进的高温燃料，并研究减少放射性物质散发到大气中的基本原理。

1961 年，在 ROVER 计划基础上，NERVA 计划开始实施，目的是设计和建造用于载人登陆火星及更远深空的火箭。美国国家航空航天局（NASA）发布了征求建议书，并正式成立了美国空间核推进办公室（Space Nuclear Propulsion Office，SNPO）来管理 NERVA 计划。NERVA 计划由当时的美国原子能委员会（Atomic Energy Commission，AEC）与 NASA 共同组织。AEC 的专家有权监督核反应堆设计的民用应用，而 NASA 则负责开发使用核发动机的火箭和飞行器。

在整个工程计划周期内，NERVA 计划达成了以下里程碑节点：

- 在 1959—1973 年间进行了核火箭测试。
- 总共进行了 23 次反应堆测试。
- 最高功率达到 4 500 MW。
- 最高温度达到 4 500℉（2 755 K）。
- 最大推力达到 250 000 lbf[3]。
- 最大比冲达到 850 s。
- 单次试车的最长燃烧时间达到 90 min。

图 1-1 展示了一个完整的 NERVA 系统及其组件。图 1-2 是正在测试中的 Phoebus 2A（250 000 lbf）NERVA 发动机的照片。

NERVA 发动机的燃料元件为六棱柱，长度大约为 1.4 m，对边距大约为 2.54 cm。此外，燃料元件有 19 个供氢气推进剂流通的孔道。最初这些燃料元件是由石墨基体构成的，其中嵌有带涂层的碳化铀燃料颗粒。后期的燃料使用了一种铀锆碳化物/石墨复合物。整个 NERVA 堆芯大概有 1 000 根这样的燃料元件。燃料元件通过支撑元件固定在堆芯合适的位置上，6 根相邻的燃料元件组成一簇。

由铍组成的反射层区域包围着燃料和支撑元件。反射层用于将燃料中产生的中子反射回堆芯，否则这些中子会逃离反应堆。这种结构具有节省中子的效果，可使发动机的设计更小更紧凑。如果缺少反射层，太多的中子会逃离堆芯，将导致反应堆无法运行。其物理原理将在后文讨论。

嵌入反射层中的控制鼓（Control drums）充当了控制机构，可通过改变逃离堆芯的中子数控制反应堆功率。这些鼓由圆柱体及附着在其侧面的一片中子强吸收材料组成。当吸收材料（一般是碳化硼）靠近堆芯时，许多本来会反射回堆芯的中子将被吸收，从而降

---

[1] Phoebus：福玻斯，太阳神，日神。

[2] Peewee：即 Pewee，一种美洲小燕。

[3] lbf 表示磅力，1 lbf=4.45 N。

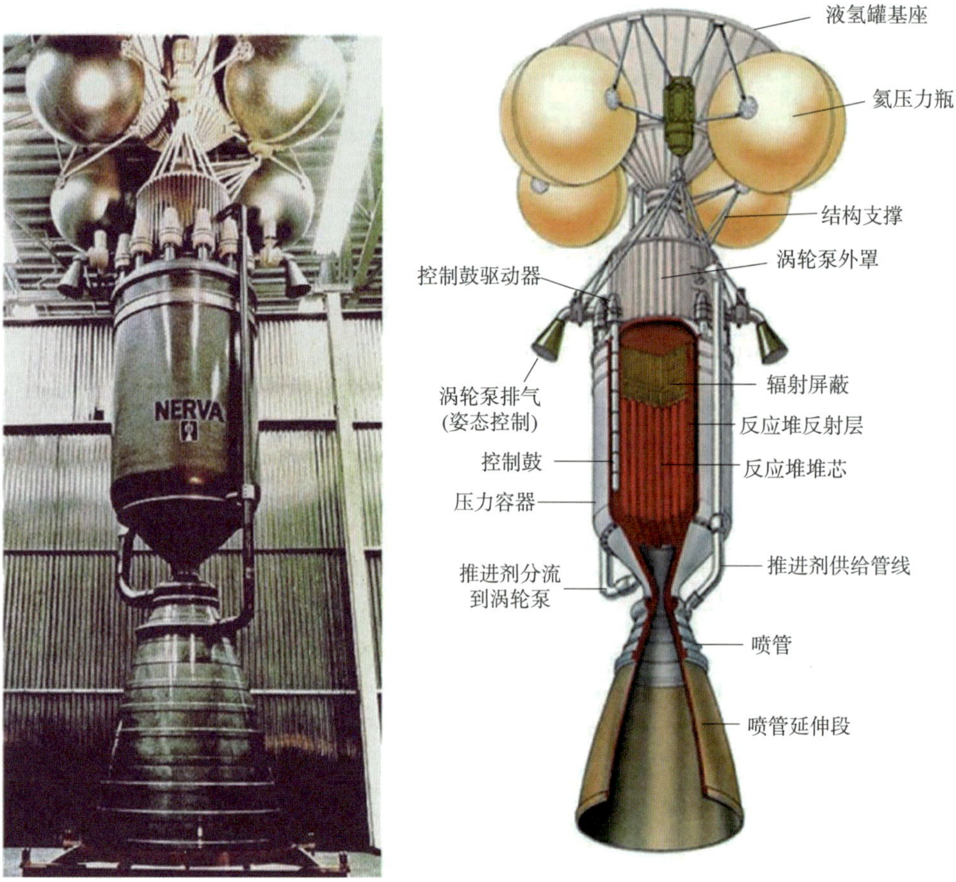

图 1-1　NERVA 核火箭发动机

图 1-2　NERVA 点火试验（Phoebus 2A）

低反应堆功率或停堆。当吸收材料远离堆芯时，控制鼓的铍部分将逃离的中子反射回堆芯以被燃料利用，从而启动发动机或者提升功率。

图 1-3 展示了一簇燃料及其在反应堆内的排布方式，该反应堆带有反射层区及控制鼓。

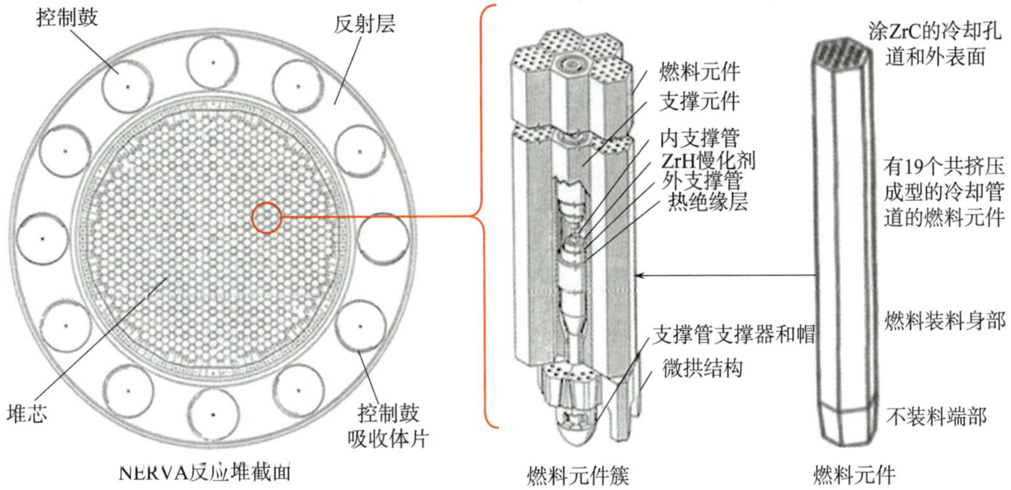

图 1-3 NERVA 堆芯和燃料元件簇细节

1.2.3 PBR

对 PBR 系统的浓厚兴趣可以追溯到 1982 年，当时有关 PBR 的讨论聚焦于其在提供高水平推力模式电能方面的潜力。几年后，美国空军认为 PBR 在轨道转移飞行器应用方面很有潜力。后来，在 1987 年底，美国战略主动防御机构确立了一项高度机密的计划，编码名为 Timberwind，该计划用于评估 PBR 火箭发动机用于长程反导弹拦截的可行性。

1991 年初，Timberwind 计划中的很多工作解密，为了在更广范围实现应用，评估了相关技术，包括空间发射飞船和载人星际航行任务。这种技术通过显著增加颗粒燃料元件的热传导表面积，使固态堆芯反应堆系统质量显著下降成为可能。PBR 中颗粒燃料的表面积与体积的比值是 NERVA 中使用的六棱柱形燃料的 20 倍，因此具有极其优越的散热性能。此外，由于通过颗粒床的流路短，相比于 NERVA 衍生系统，PBR 具有更低的反应堆堆芯压降。

在整个工程计划周期内，PBR Timberwind 计划达成了以下里程碑节点：

- 在 1988 年和 1989 年开展了核元件测试。
- 开展了验证物理基准的零功率临界实验。
- 在环形堆芯研究反应堆（PIPE-1 和 PIPE-2）上进行了两套发热燃料元件测试。
- 功率密度达到 1.5～2.0 MW/L。
- 氢气出口温度达到 2 950 ℉（1 894 K）。
- 热循环导致 PIPE-2 中的冷烧结管流动阻塞，造成了严重的堆芯损伤。
- 后期分析也表明堆芯容易受热不稳定的影响。

图 1-4 展示了 PBR 燃料元件的几个组成部件及构成燃料床的燃料颗粒。

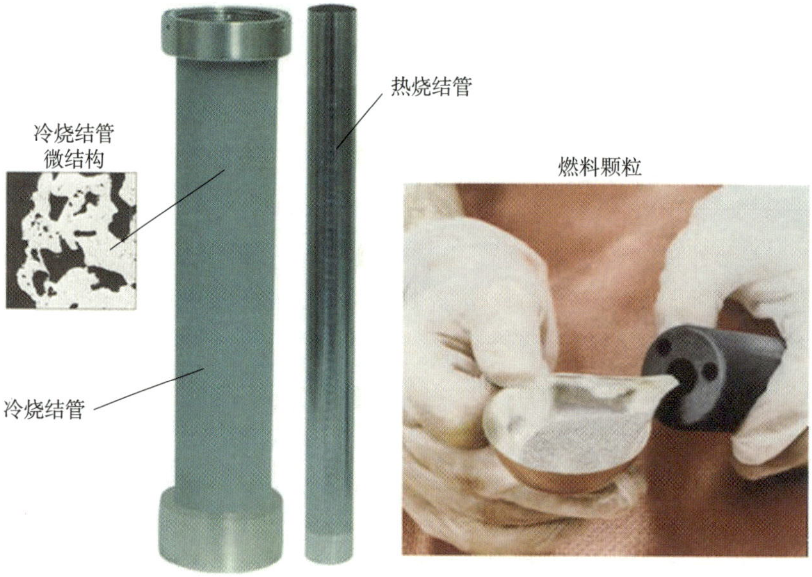

图 1-4　PBR 烧结管和燃料颗粒

在 PBR 中，通过燃料元件的流道与 NERVA 中燃料元件的流道有很大不同。特别地，PBR 燃料元件采用径向流动结构，主要包含两种同心多孔管（称为烧结管），其中支撑着一层微小燃料颗粒。氢气推进剂流过外部冷烧结管的壁面，随后流过燃料颗粒床，并被加热至高温，最后从热烧结管内壁面流出。推进剂接着从中心腔离开燃料元件，并通过喷管喷出，如图 1-5 所示。

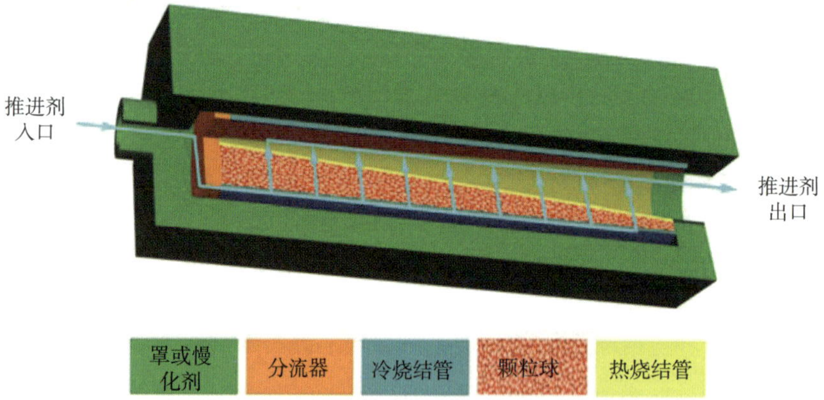

图 1-5　PBR 燃料元件细节

由于 PBR 概念中燃料颗粒具有高表面积与体积比，可以实现极高的热传导率，进而能够设计出具有高推重比的非常紧凑的反应堆。然而遗憾的是，在测试中发现由于颗粒床设计没有限制氢气推进剂沿着设计好的路径流通，在某些条件下，燃料元件被证明热不稳定。这种热不稳定使燃料床上出现潜在危险局部热点。从那以后，研究人员提出燃料床设计调整方案，目的是通过限制氢气在燃料区域沿着设计的路径流动，从而解决流动不稳定的问题。调整包括使用带有沟槽的燃料环替代燃料颗粒，采用孔隙度分级的烧结管，以及使用多孔箔片燃料等。

1.2.4 俄罗斯核火箭

苏联于1955年开始开发NTR，当时的研究者提出发展核发动机火箭用于提升国家防御能力作为对美国ROVER计划的回应。开发核火箭的活动在苏联被分散在几个研究机构，每个机构负责监管发动机设计的不同方面。第一研究院（现为热过程研究院，Research Institute of Thermal Processes，RITP）开展发动机的热工水力学研究，奥布宁斯克物理能源研究院（Obninsk Physical Energy Institute，PEI）和库尔恰托夫原子能研究院（Kurchatov Atomic Energy，AEI）开展中子反应堆研究，以及第九研究院（现在是俄罗斯波兹瓦全俄无机材料研究院，A. A. Bochvar All - Union Research Institute of Inorganic Materials，ARIIM）开展燃料元件设计。1962年年底，苏联成立了另一个研究机构，以给新型核燃料的快速开发和生产提供专业的试验设施。该机构称为释热元件研究院，RIHRE [现为“NPO Luch”科研生产联合体（Research and Production Association，RPA）]。

研究初期，苏联设计了两种独立的核发动机方案。第一种发动机设计（A方案）中，使用耐火材料开发一个简单的固态堆芯反应堆。第二个设计方案更为先进（B方案），开发一种能够限制和控制铀等离子体裂变的气体堆芯反应堆。然而，B方案伴随着严重的热问题，后来决定仅进行A方案的研究，B方案作为一个持续的研究课题。

苏联科学家开发反应堆燃料所采取的路径不同于美国。不是使用具有良好耐热强度但会与高温氢气反应剧烈的石墨基燃料元件，而是选择研究一种碳化铀化合物。碳化铀化合物在高温氢气环境中更稳定，但很脆，容易破裂和断裂。苏联科学家这么做的理由是，使用涂层保护石墨不与氢气发生反应，相较于设计一种能够成功抵抗高温应力破裂的燃料元件，要困难得多。最终，苏联科学家开发出一种燃料元件，由许多小“扭条”状燃料板绑在一起，并填充在一根管道中。氢气推进剂沿着燃料板盘旋向下流过管道。这些燃料元件的设计如图1-6所示。

在1971年至1978年期间，NPO Luch开始在塞米巴拉金斯克-21（现为哈萨克斯坦的库尔恰多夫）西南部的一个设施上测试“科斯伯格”（Kosberg）核发动机。同样在1970年至1988年期间，塞米巴拉金斯克-21南部又建造了一个更先进的设施，用于测试一种称为“贝加尔-1”（Baikal-1）的核发动机原型。对这些核发动机总共进行了30次测试，没有一次故障。通过这项工作，最终开发出一个名为RD-410的“最小”发动机。图1-7展示了最终建造的RD-410核火箭发动机。

RD-410火箭发动机实现了约7 700 lbf水平，并且能够持续点火长达1个小时。该发动机能够重新启动10次。由于其先进的燃料元件设计，该发动机的效率比NERVA发动机高约7%。苏联解体后彻底终止了关于核推进的所有工作。

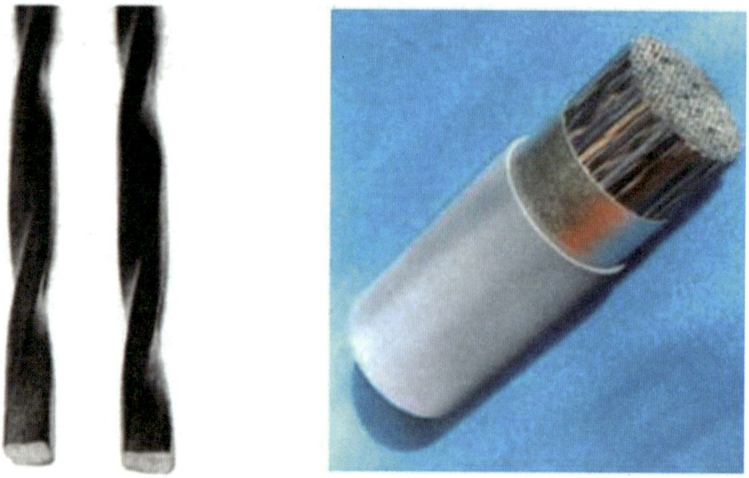

图 1-6　“扭条”状燃料板和 RD-410 燃料元件

图 1-7　RD-410 核火箭发动机

参考文献

[1] J. L. Finseth. Overview of Rover Engine Tests—Final Report. NASA George C. Marshall Space Flight Center，February 1991. Contract NAS 8－37814，File No. 313－002－91－059.

[2] R. A. Haslett. Space Nuclear Thermal Propulsion Final Report. Phillips Laboratory，May 1995. PL－TR－95—1064.

[3] B. Harvey. Russian Planetary Exploration History，Development，Legacy，and Prospects. Springer－Praxis Books in Space Exploration，2007. ISBN：0－387－46343－7.

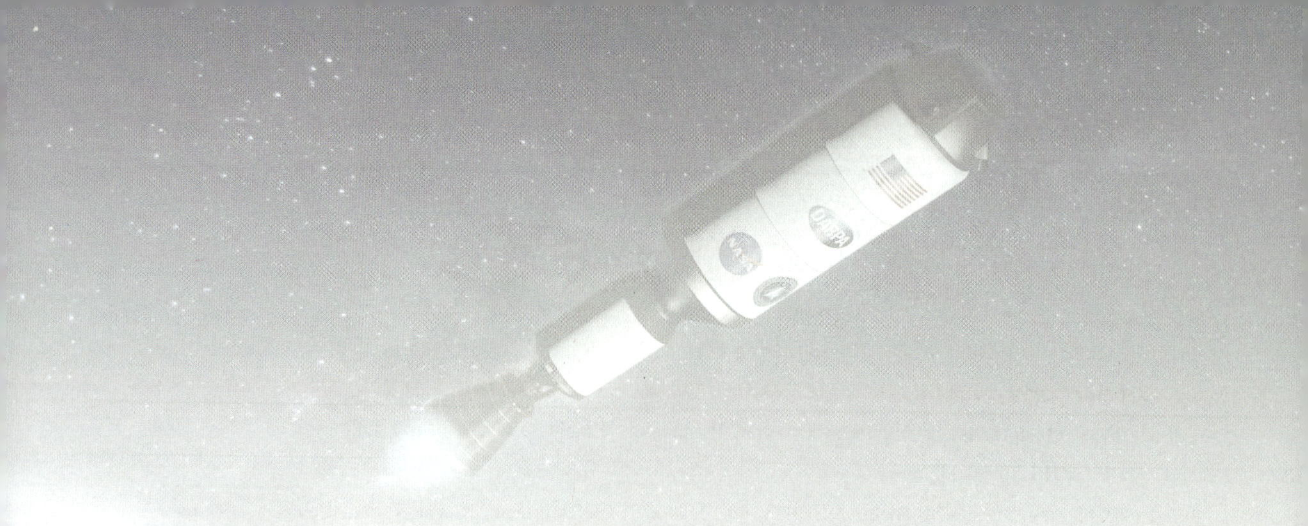

第 2 章

火箭发动机基本原理

2.1 概念与定义

火箭发动机，无论是化学发动机还是核发动机，其主要目的都是为航天器提供推力，使其加速至高速。在核火箭发动机中，推力是由从核反应堆中排出的热气体通过喷管排出而产生的。喷管的作用是将热气体中的热能转换为高速排气流形式的动能，该排气流与飞行方向平行但方向相反。根据牛顿第三运动定律提出的动量守恒原理“对于每一个作用力，都有一个大小相等、方向相反的反作用力”，这一高速推进剂排气流的作用是迫使航天器向前推进，如图 2－1 所示。

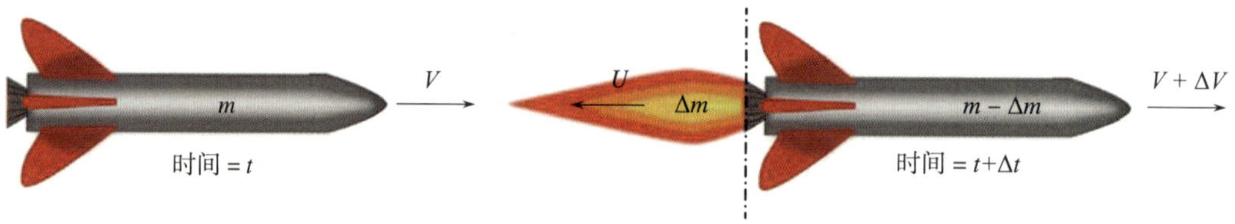

图 2－1　火箭推力和动量守恒

推力被定义为火箭发动机通过改变排气气体的动量变化率而产生的反作用力。假设核火箭仅在太空中运行，那么航天器不受大气阻力等外力作用。由于动量守恒，火箭加排气的总动量变化率等于零，可以写为

$$F_{ext}=0=\frac{1}{g_c}\frac{\Delta P}{\Delta t}=\frac{(P+\Delta P)-P}{(t+\Delta t)-t}=\frac{1}{g_c}\frac{(m-\Delta m)(V+\Delta V)+\Delta mU-mV}{\Delta t} \tag{2-1}$$

式中　F_{ext}——作用在航天器上的外力；

P ——动量=质量×速度；

m ——航天器质量；

V ——航天器速度；

U ——推进剂排气速度；

t ——时间；

g_c ——转换因子。

展开式（2-1）并重新排列项，得到形式如下的表达式

$$0=\frac{1}{g_c}\frac{mV+V\Delta m+m\Delta V+\Delta m\Delta V+\Delta mU-mV}{\Delta t}=\frac{m}{g_c}\frac{\Delta V}{\Delta t}+\frac{1}{g_c}\underbrace{(U+V)}_{-v}\frac{\Delta m}{\Delta t} \tag{2-2}$$

式中　v ——推进剂排气相对于航天器的速度（通常为常数）。

其中用青色标记的项要么相互抵消，要么被认为是可以忽略的。当时间趋于零时，取式（2-2）的极限，并应用牛顿第二运动定律，即“作用在物体上的力等于其质量乘以加速度”，得到

$$0=\frac{1}{g_c}\lim_{\Delta t\to 0}\left(m\frac{\Delta V}{\Delta t}-v\frac{\Delta m}{\Delta t}\right)=\frac{m}{g_c}\underbrace{\frac{\mathrm{d}V}{\mathrm{d}t}}_{a}-\frac{1}{g_c}v\underbrace{\frac{\mathrm{d}m}{\mathrm{d}t}}_{\dot m}\Rightarrow F_{\mathrm{mom}}=\frac{ma}{g_c}=\frac{\dot m v}{g_c} \tag{2-3}$$

式中　F_{mom} ——由推进剂排气产生的推力；

a ——航天器加速度；

$\dot m$ ——推进剂质量流量。

除了由推进剂动量转移产生的力之外，还存在着由于排气气体在喷管出口处的压力而产生的力，如图 2-2 所示。

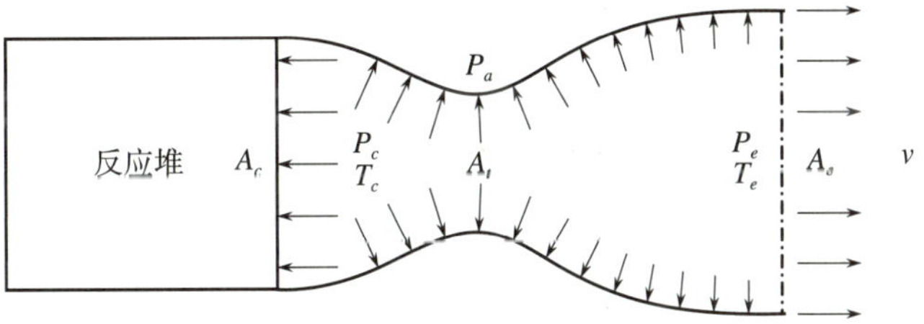

图 2-2　火箭发动机喷管特性

该力可以用下式描述

$$F_{\mathrm{pres}}=(P_e-P_a)A_e \tag{2-4}$$

式中　F_{pres} ——由推进剂排气压力产生的力；

P_e ——由于推进剂气体在喷管出口处的压力而产生的力；

P_a ——外部压力（在太空中，此量为零）；

A_e ——喷管出口处的截面积。

因此，发动机的总推力等于由推进剂动量转移和推进剂排气压力产生的力之和。因

此，将式（2-3）和式（2-4）相加，并假设发动机在太空中运行，得到发动机总推力的表达式为

$$F = F_{\text{mom}} + F_{\text{pres}} = \frac{\dot{m}v}{g_c} + P_e A_e = \dot{m}\left(\frac{v}{g_c} + \frac{P_e A_e}{\dot{m}}\right) = \frac{\dot{m}v_e}{g_c} \tag{2-5}$$

式中 F ——发动机总推力；

v_e ——有效排气速度。

注意，式（2-5）可以重新排列，定义一个称为比冲的新术语

$$I_{sp} = \frac{v_e}{g_c} = \frac{F}{g_c \dot{m}} \tag{2-6}$$

式中 I_{sp} ——比冲。

通常情况下，比冲的单位是秒，物理上表示 1 lb 推进剂可以产生 1 lb 推力的时间（或 1 kg 推进剂产生 1 N 顿推力的时间）。比冲类似于汽车的每加仑英里数。

使用比冲的定义［式（2-6）］重写式（2-3）的微分部分，得到

$$0 = m\frac{\mathrm{d}V}{\mathrm{d}t} + g_c I_{sp}\frac{\mathrm{d}m}{\mathrm{d}t} \Rightarrow -g_c I_{sp}\int_{m_0}^{m_f}\frac{\mathrm{d}m}{m} = \int_0^{V_f}\mathrm{d}V \tag{2-7}$$

通过式（2-7）中的积分，得到给定的火箭质量分数和发动机比冲下可获得的最大速度增量的表达式

$$V_f = -g_c I_{sp}\ln\left(\frac{m_f}{m_0}\right) = -g_c I_{sp}\ln(f_m) \tag{2-8}$$

式中 V_f ——火箭可获得的总速度增量；

m_f ——干系统质量；

m_0 ——完全加注的火箭质量；

f_m ——火箭质量分数，$f_m = \frac{m_f}{m_0}$。

式（2-8）被称为火箭方程。为了得到以推进剂流动热力学属性表示的比冲值，需要使用热力学第一定律将推进剂温度与排气速度联系起来，以及使用式（2-6）中比冲的定义，如下所示

$$Q = \dot{m}(h_c - h_e) = \dot{m}c_p(T_c - T_e) = \frac{1}{2}\dot{m}v_e^2 = \frac{1}{2}\dot{m}g_c^2 I_{sp}^2 \tag{2-9}$$

式中 Q ——推力功率；

c_p ——推进剂的定压比热容；

h_c ——推进剂离开堆芯后在反应室中的焓；

h_e ——离开喷管后的推进剂焓；

T_c ——推进剂离开堆芯后在反应室中的温度；

T_e ——离开喷管后的推进剂温度。

重新排列式（2-9）中的项，得到比冲的表达式

$$I_{sp} = \frac{1}{g_c}\sqrt{2(h_c - h_e)} = \frac{1}{g_c}\sqrt{2c_p T_c\left(1 - \frac{T_e}{T_c}\right)} \tag{2-10}$$

注意到对于理想气体，特定热容关系如下

$$R=\frac{R_u}{mw}=c_p-c_v,\ \gamma=\frac{c_p}{c_v} \tag{2-11}$$

式中　R ——推进剂气体常数；

R_u ——通用气体常数；

c_v ——推进剂的定容比热容；

γ ——比热比；

mw ——推进剂分子量。

通过式（2－11）可以确定

$$c_p=\frac{\gamma}{\gamma-1}R=\frac{\gamma}{\gamma-1}\frac{R_u}{mw} \tag{2-12}$$

将式（2－12）代入式（2－10），得到

$$I_{sp}=\frac{1}{g_c}\sqrt{\frac{2\gamma}{\gamma-1}\frac{R_u}{mw}T_c\left(1-\frac{T_e}{T_c}\right)} \tag{2-13}$$

为了得到喷管出口温度，假设推进剂流动是等熵的。然后，通过应用由热力学第二定律导出的吉布斯方程，得出

$$0=T\mathrm{d}s=\mathrm{d}h=\mathrm{d}u+P\mathrm{d}v=c_v\mathrm{d}T+P\mathrm{d}v \tag{2-14}$$

式中　u ——推进剂内能；

P ——推进剂压力；

s ——推进剂熵；

v ——推进剂比容。

理想气体定律可以写为

$$P=\rho RT=\frac{RT}{v} \tag{2-15}$$

将理想气体式以微分形式表达

$$\frac{\mathrm{d}P}{P}=\frac{\mathrm{d}T}{T}-\frac{\mathrm{d}v}{v} \tag{2-16}$$

将式（2－11）和式（2－16）代入式（2－14）并重新排列项，得到

$$\frac{\mathrm{d}P}{P}=\frac{\gamma}{\gamma-1}\frac{\mathrm{d}T}{T} \tag{2-17}$$

在发动机腔室和喷管出口平面之间对式（2－17）积分，得到形式如下的表达式

$$\int_{P_c}^{P_e}\frac{\mathrm{d}P}{P}\mathrm{d}P=\frac{\gamma}{\gamma-1}\int_{T_c}^{T_e}\frac{\mathrm{d}T}{T}\Rightarrow\frac{T_e}{T_c}=\left(\frac{P_e}{P_c}\right)^{\frac{\gamma-1}{\gamma}} \tag{2-18}$$

将式（2－18）代入式（2－13），得到一个只包含推进剂热力学属性的比冲式

$$I_{sp}=\frac{1}{g_c}\sqrt{\frac{2\gamma}{\gamma-1}\frac{R_u}{mw}T_c\left[1-\left(\frac{P_e}{P_c}\right)^{\frac{\gamma-1}{\gamma}}\right]} \tag{2-19}$$

如果推进剂出口压力接近零（意味着火箭发动机在太空中运行，具有无限喷管面积

比），式（2-19）简化为

$$I_{sp}=\frac{1}{g_c}\sqrt{\frac{2\gamma}{\gamma-1}\frac{R_u}{mw}T_c} \tag{2-20}$$

式（2-20）通常用于快速估计发动机比冲（作为温度和推进剂分子量的函数）；然而，它估算的比冲会比实际情况更高，因为对于任何有限尺寸的喷管，出口压力总是大于零。

2.2 喷管热力学

为了确定有限尺寸喷管的出口压力，将进行一个简单的可压缩流分析（参见文献[1]），假设喷管中的流动是等熵的。在进行此分析时，首先使用热力学第一定律计算由于停止某种给定流速的推进剂流而产生焓（或等效温度）的变化

$$\dot{m}(h_0-h)=\dot{m}c_p(T_0-T)=\frac{1}{2}\dot{m}V^2\Rightarrow T_0=T+\frac{V^2}{2c_p} \tag{2-21}$$

式中 T——静态温度（随流体移动的观察者看到的流体温度）；

T_0——停滞温度（流体速度减至零后的流体温度）。

从热力学考虑[1]，流体中的声速 c 可以通过以下方式给出

$$c=\sqrt{\gamma RT} \tag{2-22}$$

马赫数 M 定义为流体速度与流体中的声速之比，由式（2-22）得到

$$M=\frac{V}{c}=\frac{V}{\sqrt{\gamma RT}}\Rightarrow V=Mc=M\sqrt{\gamma RT} \tag{2-23}$$

当 M 小于 1 时，流体流速低于声速，称流动为亚声速。同样，当 M 大于 1 时，流体流速高于声速，称流动为超声速。将式（2-23）代入式（2-21），并使用式（2-12）得到

$$\begin{aligned}T_0&=T+\frac{V^2}{2c_p}=T+\frac{\gamma RT}{2c_p}M^2=T\left(1+\frac{\gamma R}{2c_p}M^2\right)\\&=T\left(1+\frac{\gamma-1}{\gamma R}\frac{\gamma R}{2}M^2\right)=T\left(1+\frac{\gamma-1}{2}M^2\right)\end{aligned} \tag{2-24}$$

式（2-24）可以理解为在等熵条件下，当流动的可压缩流体停滞时发生的温度变化。为了确定由等熵停滞流动引起的可压缩流体的压力变化，可以将式（2-18）做适当的变量变换后代入式（2-24），得到

$$\left(\frac{P_0}{P}\right)^{\frac{\gamma-1}{\gamma}}=\frac{T_0}{T}=1+\frac{\gamma-1}{2}M^2\Rightarrow\frac{P_0}{P}=\left(1+\frac{\gamma-1}{2}M^2\right)^{\frac{\gamma}{\gamma-1}} \tag{2-25}$$

推进剂质量流量可以通过连续性方程确定

$$\dot{m}=\rho VA \tag{2-26}$$

现在可以使用式（2-26）中的推进剂质量流量，以及马赫数定义式（2-23）和理想气体定律关系式（2-15），得到推进剂质量流量的新表达式，形式如下

$$\dot{m}=\rho AV=\rho AM\sqrt{\gamma RT}=\frac{P}{RT}AM\sqrt{\gamma RT}=\frac{P}{R}AM\sqrt{\frac{\gamma R}{T}} \tag{2-27}$$

变换式（2-27），并使用式（2-25）中所表示的温度和压力的关系，可以得到另一个推进剂质量流量的表达式，如下所示

$$\dot{m}=P\frac{AM}{R}\sqrt{\frac{\gamma R}{T}}=P_0\frac{P}{P_0}\frac{AM}{R}\sqrt{\gamma R}\sqrt{\frac{T_0}{T}}\sqrt{\frac{1}{T_0}}$$

$$=\frac{P_0}{\sqrt{T_0}}AM\sqrt{\frac{\gamma}{R}}\left(1+\frac{\gamma-1}{2}M^2\right)^{\frac{-\gamma}{\gamma-1}}\sqrt{1+\frac{\gamma-1}{2}M^2}=\frac{AM\sqrt{\frac{\gamma}{RT_0}}P_0}{\sqrt{\left(1+\frac{\gamma-1}{2}M^2\right)^{\frac{\gamma+1}{\gamma-1}}}} \tag{2-28}$$

由于在喷管的任何轴向点，无论该位置的横截面积如何，推进剂的质量流量必须保持不变，可以将声波点（例如 $M=1$ 处）的条件与喷管中任何其他点的条件联系起来。因此，利用式（2-28）可以证明

$$\dot{m}=\frac{AM\sqrt{\frac{\gamma}{RT_0}}P_0}{\sqrt{\left(1+\frac{\gamma-1}{2}M^2\right)^{\frac{\gamma+1}{\gamma-1}}}}=\frac{A^*(1)\sqrt{\frac{\gamma}{RT_0}}P_0}{\sqrt{\left[1+\frac{\gamma-1}{2}(1)^2\right]^{\frac{\gamma+1}{\gamma-1}}}}\Rightarrow\frac{A}{A^*}=\frac{1}{M}\sqrt{\left[\frac{2\left(1+\frac{\gamma-1}{2}M^2\right)}{\gamma+1}\right]^{\frac{\gamma+1}{\gamma-1}}} \tag{2-29}$$

式中　X^* —— X 在喷管喉部 $M=1$ 处评估的量。

式（2-29）被称为马赫数-面积关系。通过该关系可以确定喷管中任意点的面积比，并以此作为喷管声波点面积的参考。根据式（2-25），可以确定与上述面积比相对应的压力比

$$\frac{P_0/P^*}{P_0/P}=\frac{P}{P^*}=\frac{\left[1+\frac{\gamma-1}{2}(1)^2\right]^{\frac{\gamma}{\gamma-1}}}{\left(1+\frac{\gamma-1}{2}M^2\right)^{\frac{\gamma}{\gamma-1}}}=\left[\frac{\gamma+1}{2\left(1+\frac{\gamma-1}{2}M^2\right)}\right]^{\frac{\gamma}{\gamma-1}} \tag{2-30}$$

同样，可以使用由式（2-29）给出的马赫数-面积关系，通过式（2-25）评估出与面积比相对应的温度比

$$\frac{T_0/T^*}{T_0/T}=\frac{T}{T^*}=\frac{1+\frac{\gamma-1}{2}(1)^2}{1+\frac{\gamma-1}{2}M^2}=\frac{\gamma+1}{2\left(1+\frac{\gamma-1}{2}M^2\right)} \tag{2-31}$$

图 2-3 中的曲线说明了 $\gamma=1.4$ 时马赫数-面积关系以及马赫数-压力和温度关系。注意在马赫数-面积图中，为了将推进剂的排出速度增加到超声速，必须首先减小亚声速范围内的横截面积，以提高推进剂流的速度。当达到声速条件并且推进剂流过渡到超声速范围时，必须开始增加流动面积以进一步提高推进剂流的速度。特定喷管所采用的

确切收敛/发散面积取决于多个因素，这些因素通常与确保流动尽可能接近等熵有关。还要注意，马赫数-面积关系在某个有限的最大马赫数处变得渐近，它代表了一个无限面积比，能够产生可能的最大发动机比冲。使用上述关系，在已知喷管入口和喉部面积比及喷管出口和喉部面积比的情况下，可以计算发动机排气腔室和喷管出口之间的压力比和温度比。基于这些面积比，可以使用以下步骤确定喷管出口温度比和压力比：

1）利用式（2－29）计算堆芯出口马赫数（亚声速值），并明确发动机排气腔室和喷管喉部之间的面积比 $\frac{A_c}{A^*}$。

2）利用第 1）步中得到的马赫数，结合式（2－30）及式（2－31），计算发动机排气腔室和喷管喉部之间的压力比 $\frac{P_c}{P^*}$ 和温度比 $\frac{T_c}{T^*}$。

3）利用式（2－29）计算喷管出口马赫数（超声速值），并明确喷管出口和喷管喉部之间的面积比 $\frac{A_e}{A^*}$。

4）利用第 3）步中得到的马赫数，结合式（2－30）和式（2－31），计算喷管出口和喷管喉部之间的压力比 $\frac{P_e}{P^*}$ 和温度比 $\frac{T_e}{T^*}$。

5）利用第 2）步和第 4）步中得到的亚声速和超声速压力比，计算整体发动机压力比和温度比

$$\frac{P_e}{P_c}=\left(\frac{P_e}{P^*}\right)\left(\frac{P^*}{P_c}\right),\ \frac{T_e}{T_c}=\left(\frac{T_e}{T^*}\right)\left(\frac{T^*}{T_c}\right)$$

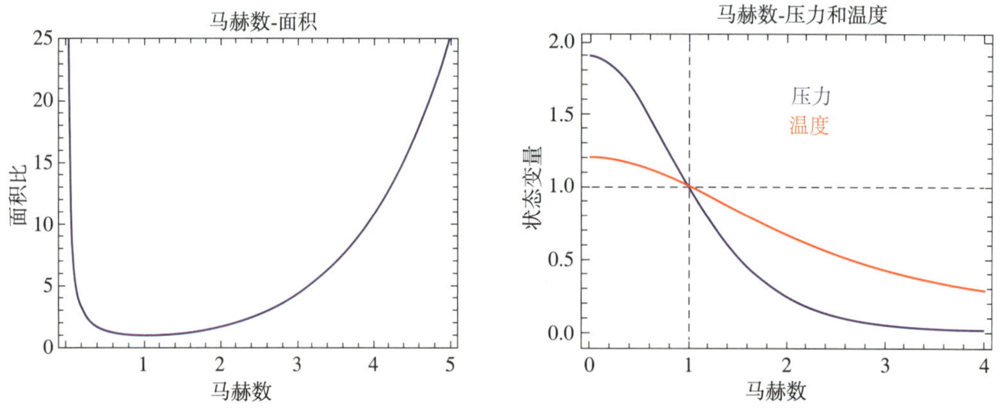

图 2－3　可压缩流关系

上述描述的马赫数、压力和温度比均可以通过查阅表 2－1 来确定。

表 2-1　等熵喷管计算

输入参数	马赫数	压力比（P/P^*）	温度比（P/P^*）	
面积比＝300	0.001 9	1.892 92	1.200 00	亚声速
γ＝1.4	8.833 5	0.000 10	0.072 26	超声速

通过调整图 2-4 中的参数，可以检查推进剂分子量以及各种面积比对由式（2-19）描述的发动机比冲的影响。

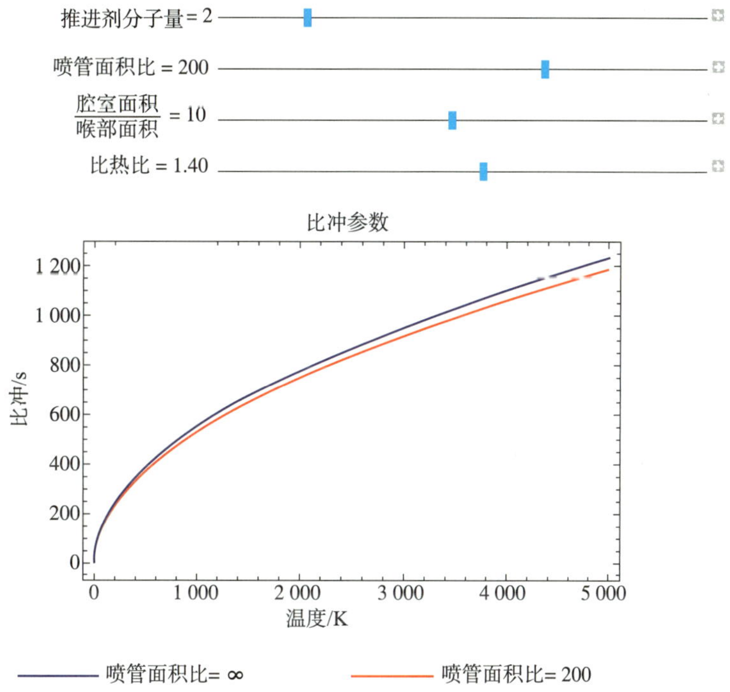

图 2-4　比冲参数

在图 2-4 的交互式版本中可以发现，对于航天飞机主发动机（Space Shuttle Main Engine，SSME），假设其混合比为 6（等效分子量约为 10），喷管面积比为 77，比热比为 1.33，腔室温度为 3 500 K，则其能够达到的最大比冲约为 450 s。而使用氢气推进剂的核热火箭（NTR），分子量为 2，喷管面积比为 77，比热比为 1.41，腔室温度为 3 000 K，其比冲约为 900 s。从这个例子中可以看出，NTR 发动机获得比冲优势的原因并不是更高的腔室温度（实际上比 SSME 产生的温度略低），而是氢气推进剂特有的较低分子量。

例题

一个如上节描述的膨胀循环核火箭发动机，将氢气推进剂引入反应堆堆芯，并加热至 3 000 K。假设反应堆排气腔室与喷管喉部之间的面积比为 10，喷管喉部与喷管出口的面积比为 200，请确定该核火箭发动机的比冲。假设氢的比热比为 1.4。

解答

首先需要确定氢气推进剂在堆芯出口腔室中的亚声速马赫数。为了完成这项任务，需要隐式求解由式（2－29）表示的马赫数-面积关系。请注意，此计算和随后的计算均可以使用表 2－1 所示计算器轻松实现

$$\frac{A_c}{A^*}=\frac{1}{M}\sqrt{\left[\frac{2\left(1+\frac{\gamma-1}{2}M^2\right)}{\gamma+1}\right]^{\frac{\gamma+1}{\gamma-1}}}=10=\frac{1}{M}\sqrt{\left[\frac{2\left(1+\frac{1.4-1}{2}M^2\right)}{1.4+1}\right]^{\frac{1.4+1}{1.4-1}}}\Rightarrow M=0.058\ 0 \tag{1}$$

根据式（1）中得到的马赫数，结合式（2－30）和式（2－31）确定堆芯出口腔室与喷管喉部之间的温度比和压力比

$$\frac{P_c}{P^*}=\left[\frac{\gamma+1}{2\left(1+\frac{\gamma-1}{2}M^2\right)}\right]^{\frac{\gamma}{\gamma-1}}=\left[\frac{1.4+1}{2\times\left(1+\frac{1.4-1}{2}\times 0.058\ 0^2\right)}\right]^{\frac{1.4}{1.4-1}}=1.888\ 48 \tag{2}$$

$$\frac{T_c}{T^*}=\frac{\gamma+1}{2\left(1+\frac{\gamma-1}{2}M^2\right)}=\frac{1.4+1}{2\times\left(1+\frac{1.4-1}{2}\times 0.058\ 0^2\right)}=1.199\ 19 \tag{3}$$

此时还需要执行上述类似的计算以确定氢气推进剂离开喷管组件时的超声速马赫数。在这种情况下，需要利用喷管出口和喷管喉部之间的面积比，求解式（2－29）中的马赫数-面积关系

$$\frac{A_e}{A^*}=\frac{1}{M}\sqrt{\left[\frac{2\left(1+\frac{\gamma-1}{2}M^2\right)}{\gamma+1}\right]^{\frac{\gamma+1}{\gamma-1}}}=200=\frac{1}{M}\sqrt{\left[\frac{2\times\left(1+\frac{1.4-1}{2}M^2\right)}{1.4+1}\right]^{\frac{1.4+1}{1.4-1}}}\Rightarrow M=8.089\ 3 \tag{4}$$

根据式（1）中得到的马赫数，结合式（2－30）和式（2－31）确定喷管出口与喷管喉部之间的温度比和压力比

$$\frac{P_e}{P^*}=\left[\frac{\gamma+1}{2\times\left(1+\frac{\gamma-1}{2}M^2\right)}\right]^{\frac{\gamma}{\gamma-1}}=\left[\frac{1.4+1}{2\times\left(1+\frac{1.4-1}{2}\times 8.089\ 3^2\right)}\right]^{\frac{1.4}{1.4-1}}=0.000\ 18 \tag{5}$$

$$\frac{T_e}{T^*}=\frac{\gamma+1}{2\left(1+\frac{\gamma-1}{2}M^2\right)}=\frac{1.4+1}{2\times\left(1+\frac{1.4-1}{2}\times 8.089\ 3^2\right)}=0.085\ 18 \tag{6}$$

利用式（2）和式（5）中的比值来计算喷管出口与堆芯出口腔室之间的总压力比

$$\frac{P_e}{P_c}=\left(\frac{P_e}{P^*}\right)\left(\frac{P^*}{P_c}\right)=0.000\ 18\times\frac{1}{1.888\ 48}=9.531\ 5\times 10^{-5} \tag{7}$$

利用式（7）中的压力比，结合式（2－19），评估核火箭发动机的比冲

$$
\begin{aligned}
I_{sp} &= \frac{1}{g_c}\sqrt{\frac{2\gamma}{\gamma-1}\frac{R_u}{mw}T_c\left[1-\left(\frac{P_e}{P_c}\right)^{\frac{\gamma-1}{\gamma}}\right]} \\
&= \frac{1}{9.8\ \frac{\mathrm{m}}{\mathrm{s}^2}}\sqrt{\frac{2\times 1.4}{1.4-1}\times\frac{8\ 314.5\ \frac{\mathrm{g}\cdot\mathrm{m}^2}{\mathrm{K}\cdot\mathrm{mol}\cdot\mathrm{s}^2}}{2\ \frac{\mathrm{g}}{\mathrm{mol}}}\times 3\ 000\ \mathrm{K}\left[1-(9.531\ 5\times 10^{-5})^{\frac{1.4-1}{1.4}}\right]} \\
&= 919\ \mathrm{s}
\end{aligned}
\tag{8}
$$

可以将所得比冲值与图 2 - 4 中给出的曲线进行比较，以验证计算结果，并解释比冲如何随着各种参数变化而变化。

参考文献

[1] Shapiro AH. The dynamics and thermodynamics of compressible fluid flowvol. 1. Ronald Press; 1953, ISBN 978 - 0 - 471 - 06691 - 0.

习　题

1. 采用装备 NTR 发动机的航天器执行某火星飞行任务，已知该任务需要 14.2 km/s 的总速度增量。假定推进剂为氢（$\gamma=1.4$），推进剂在反应堆出口的温度为 2 844 K。同时假定火箭喷管收缩段的面积比为 5，扩张段的面积比为 300。根据以上信息，确定发动机的比冲。

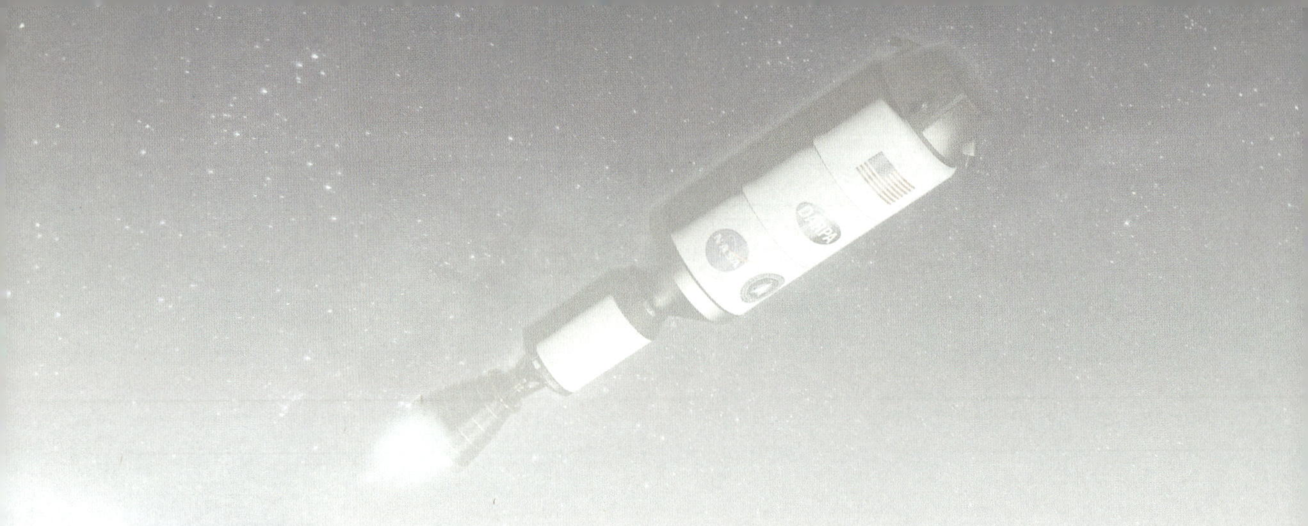

第3章

核火箭发动机循环

3.1 核热火箭热力学循环

3.1.1 热排气循环

热排气循环是 NERVA 和 Timberwind 项目共同选择的火箭发动机循环方案。但是在 Timberwind 项目中，这种循环方式并未应用到发动机系统的开发阶段，仅仅是该项目的循环设计参考。而 NERVA 项目确实将热排气循环应用于发动机系统的开发阶段，并且在各种发动机试验中，该循环均被证明是相当成功的。

热排气循环的主要优点是，驱动涡轮泵所需的排气流量较低，因而循环效率较高，且发动机相对简单。该循环的主要缺点是，从堆芯出口腔室抽出的部分气体温度较高，在与反应堆堆芯进口前分流出来的气体混合之前，会对与之接触的阀门和管道造成高温腐蚀。图 3 - 1 展示了热排气循环的示意图及其热力学特性。

热排气循环特性如下：

1—2 来自贮箱的液体推进剂在通过涡轮泵的泵部分后，提升至工作压力。

2—3 推进剂通过涡轮泵后，在喷管环腔、支撑元件、腔室壁等处逐渐被气化。

3—4 气态推进剂被分流，大部分流向反应堆堆芯，在那里被加热到几千摄氏度后从堆芯排出，进入发动机排气腔室。

3—5 其余气态推进剂与从反应堆排气腔室抽出的热推进剂混合，进入涡轮泵的涡轮部分。

5—6 混合后的推进剂，其温度与涡轮叶片材料可承受的最大极限相一致。它通过涡轮泵的涡轮部分，释放出部分能量来驱动涡轮泵的泵部分。通过涡轮泵后，推进剂通过一

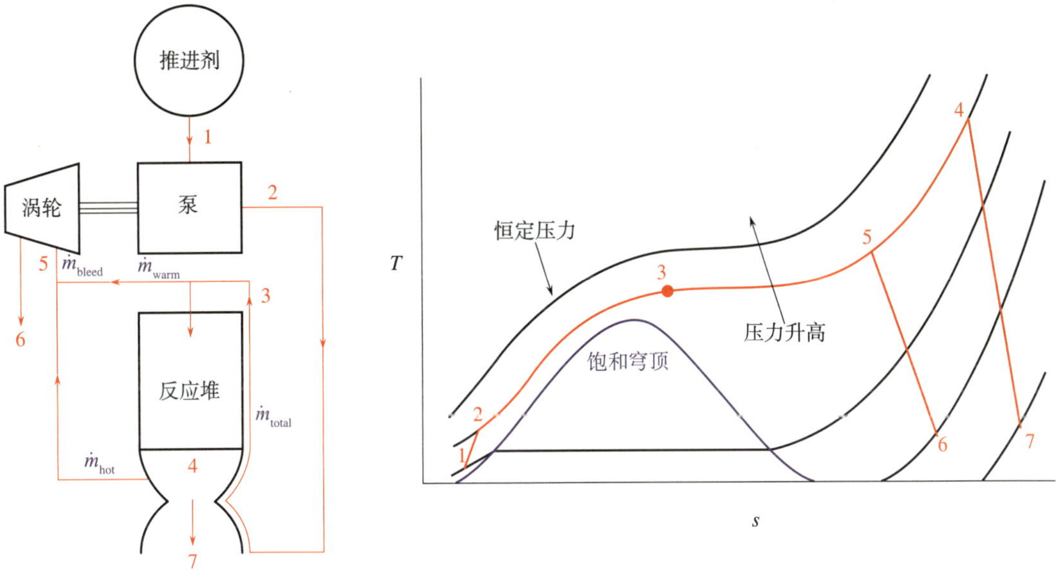

图 3－1　热排气循环

个小喷管喷出。

4—7 发动机排气腔室中剩余的热气态推进剂通过主喷管，将热能转化为定向动能，以产生推力。

$$\dot{m}_{total}(h_2 - h_1) = \dot{m}_{bleed}(h_5 - h_6) \tag{3-1}$$

其中

$$\dot{m}_{bleed}h_5 = (\dot{m}_{warm} + \dot{m}_{hot})h_5 = \dot{m}_{warm}h_3 + \dot{m}_{hot}h_4$$

$$\Rightarrow h_5 = \frac{\dot{m}_{warm}h_3 + \dot{m}_{hot}h_4}{\dot{m}_{warm} + \dot{m}_{hot}}$$

式中　$\dot{m}_{bleed}$ ——用于驱动涡轮泵涡轮的推进剂总质量流量；

$\dot{m}_{warm}$ ——从反应堆入口转移的推进剂质量流量；

$\dot{m}_{hot}$ ——从反应堆出口转移的推进剂质量流量；

$\dot{m}_{total}$ ——推进剂总质量流量；

h_n ——循环中位置“n”处的焓。

3.1.2　冷排气循环

冷排气循环是一种火箭发动机循环，可以作为 NERVA 和 Timberwind 项目所采用的热排气循环的替代循环。然而，冷排气循环至今也没在任何一台火箭发动机上应用过。

冷排气循环的主要优点是，涡轮进口温度低，而且由于发动机相对简单，涡轮泵的可靠性较高。该循环的主要缺点是，喷管和腔室再生冷却流体能够提供给涡轮泵的功率有限，导致腔室压力往往较低，而且浪费了从涡轮泵排出的大量推进剂，导致循环效率相对较低。冷排气循环示意图及其热力学特性如图 3－2 所示。

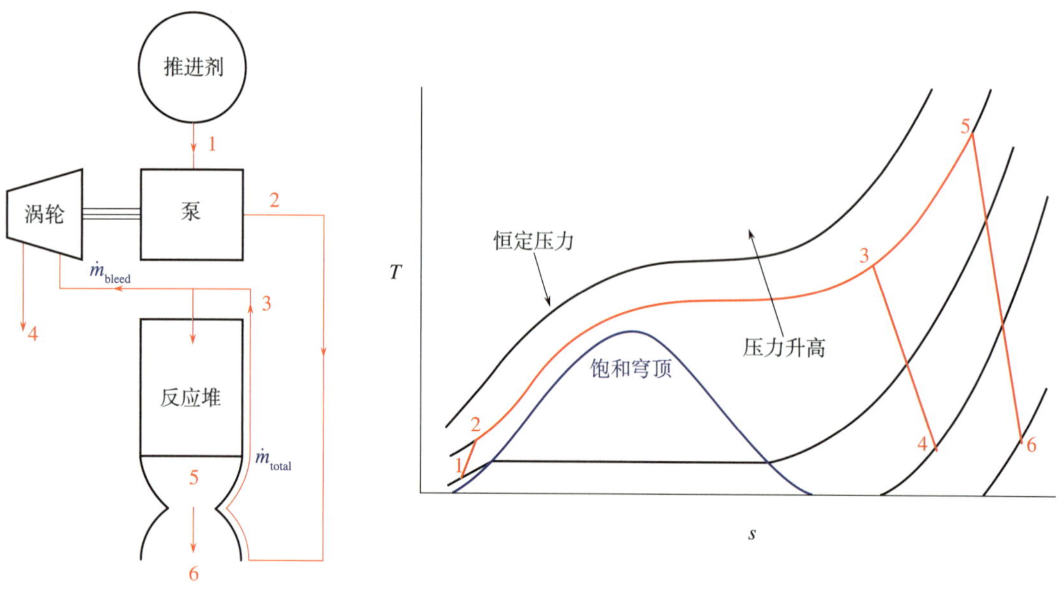

图 3-2　冷排气循环

冷排气循环特性如下：

1—2 来自贮箱的液体推进剂在通过涡轮泵的泵部分后，提升至工作压力。

2—3 推进剂通过涡轮泵后，在喷管环腔、支撑元件、腔室壁等处逐渐被气化和加热。

3—4 热气态推进剂被分流，部分流体（支流）进入涡轮泵的涡轮部分，推进剂释放部分能量驱动涡轮泵的泵部分，推进剂的压力和温度随之下降。经过涡轮泵后，此支流通过一个小喷管排放到外部环境中。

3—5 推进剂流体的剩余部分被导入反应堆堆芯，被加热到几千摄氏度，然后再被导入发动机排气腔室中。

5—6 发动机排气腔室中的热气态推进剂通过主喷管，热能在主喷管中转化为定向动能，以产生推力。

为了使推进剂在反应堆入口处达到足以驱动涡轮泵的压力，对于来自喷管再生冷却段、支撑元件、腔室壁等处的推进剂所需要的抽气流速和加热速率，可通过系统能量平衡式确定

$$\dot{m}_{total}(h_2 - h_1) = \dot{m}_{bleed}(h_3 - h_4) \tag{3-2}$$

3.1.3 膨胀循环

膨胀循环是一种非常高效的火箭发动机循环，普惠公司最著名的 RL-10 化学火箭发动机就采用了这种循环。但迄今为止，膨胀循环从未被考虑用于核热火箭发动机。

膨胀循环的主要优点是，涡轮进口温度低，从而涡轮泵可靠性高，而且不需要像排气循环那样分流推进剂，因此推进剂的使用效率高。该循环的主要缺点是，从喷管和腔室再生冷却流体提供给涡轮泵的功率有限，因此腔室压力往往较低；而且需要额外的流动路

径，导致发动机本身结构相对复杂。膨胀循环示意图及其热力学特性如图 3-3 所示。

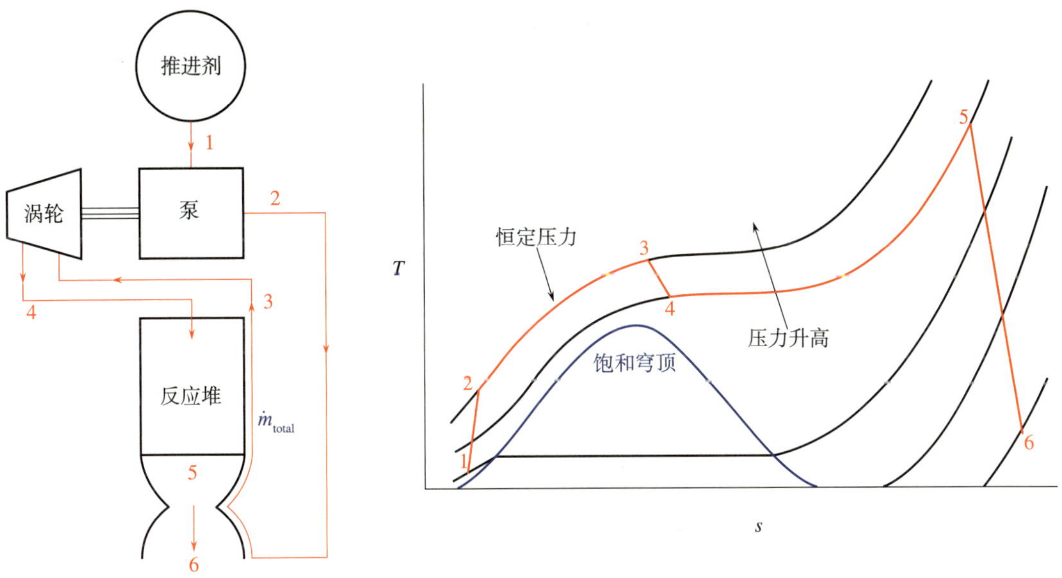

图 3-3　膨胀循环

膨胀循环特性如下：

1—2 来自贮箱的液体推进剂在通过涡轮泵的泵部分后，提升至工作压力。

2—3 推进剂通过涡轮泵后，在喷管环腔、支撑元件、腔室壁等处逐渐被气化和加热。

3—4 热气态推进剂被导入涡轮泵的涡轮部分，推进剂释放出部分能量驱动涡轮泵的泵部分，推进剂的压力和温度随之下降。

4—5 推进剂离开涡轮泵后，被导入反应堆堆芯，在那里被加热到几千摄氏度后再被导入发动机排气腔室。

5—6 发动机排气腔室中的热气态推进剂通过主喷管，热能在主喷管中转化为定向动能，以产生推力。

为了在反应堆入口处达到所需的推进剂压力，喷管、支撑元件、腔室壁等处推进剂的加热速率，可根据系统能量平衡式确定

$$\dot{m}_{total}(h_2-h_1)=\dot{m}_{total}(h_3-h_4)\Rightarrow h_2-h_1=h_3-h_4$$
$$\Rightarrow h_3-h_2=h_4-h_1 \tag{3-3}$$

例题

一个以膨胀循环模式运行的核火箭发动机，使用氢气作为推进剂，氢气在 20 K 的温度下作为饱和流体被引入发动机涡轮泵的泵部分。泵对氢气等熵增压，使其在热反应堆结构中循环、气化，温度升高到 100 K。如果氢气以 7 MPa 的压力被引入反应堆，那么在进入涡轮泵的涡轮部分之前，氢气的压力必须增加到多少？假设涡轮泵的涡轮部分也是等熵运行的。

解答

从涡轮泵入口处开始，可以得到氢气的热力学条件为

$$T_1 = 20\ \text{K}(\text{饱和的})$$
$$\Rightarrow P_1 = 0.090\ 72\ \text{MPa}, h_1 = -3.667\ 2\ \frac{\text{kJ}}{\text{kg}}, s_1 = -0.174\ 29\ \frac{\text{kJ}}{\text{kg}\cdot\text{K}} \tag{1}$$

假设涡轮泵涡轮部分的压降可以忽略不计，涡轮的入口压力为 7 MPa。另外，根据问题陈述，涡轮是等熵运行的。因此

$$\begin{gathered} s_1 = s_2 = -0.174\ 29\ \frac{\text{kJ}}{\text{kg}\cdot\text{K}}, P_2 = 7\ \text{MPa} \\ \Rightarrow T_2 = 23\ \text{K}, h_2 = 90.179\ \frac{\text{kJ}}{\text{kg}} \end{gathered} \tag{2}$$

假设氢气在热反应器结构中循环时不会产生压降，则可以得到

$$T_3 = 100\ \text{K}, P_2 = P_3 = 7\ \text{MPa} \Rightarrow h_3 = 1\ 221.56\ \frac{\text{kJ}}{\text{kg}}, s_3 = 20.9\ \frac{\text{kJ}}{\text{kg}\cdot\text{K}} \tag{3}$$

已知涡轮是等熵运行的，使用式（3－3）确定涡轮出口焓，可以得到

$$\begin{gathered} h_4 = h_3 - h_2 + h_1 = 1\ 127.71\ \frac{\text{kJ}}{\text{kg}},\ s_3 = s_4 = 20.9\ \frac{\text{kJ}}{\text{kg}\cdot\text{K}} \\ \Rightarrow T_4 = 92\ \text{K}, P_4 = 5.64\ \text{MPa} \end{gathered} \tag{4}$$

根据式（4）得出的反应堆入口压力为 5.64 MPa，显然，最初关于涡轮两端压降可忽略不计的初始假设是不正确的。因此在下一次迭代中，需要假设一个更高的泵出口压力，假设泵的出口压力为 10 MPa。由于泵的入口条件没有改变，因而可以得到

$$\begin{gathered} s_1 = s_2 = -0.174\ 29\ \frac{\text{kJ}}{\text{kg}\cdot\text{K}}, P_2 = 10\ \text{MPa} \\ \Rightarrow T_2 = 24\ \text{K}, h_2 = 129.36\ \frac{\text{kJ}}{\text{kg}} \end{gathered} \tag{5}$$

再次假设氢气在热反应堆结构中循环时不会产生压降，可以得到

$$\begin{gathered} T_3 = 100\ \text{K}, P_2 = P_3 = 10\ \text{MPa} \\ \Rightarrow h_3 = 1\ 201.2\ \frac{\text{kJ}}{\text{kg}}, s_3 = 19.17\ \frac{\text{kJ}}{\text{kg}\cdot\text{K}} \end{gathered} \tag{6}$$

已知涡轮是等熵运行的，可使用式（3－3）确定涡轮出口焓，得到

$$\begin{gathered} h_4 = h_3 - h_2 + h_1 = 1\ 068.17\ \frac{\text{kJ}}{\text{kg}}, s_3 = s_4 = 19.17\ \frac{\text{kJ}}{\text{kg}\cdot\text{K}} \\ \Rightarrow T_4 = 89\ \text{K}, P_4 = 7.17\ \text{MPa} \end{gathered} \tag{7}$$

在这种情况下，从式（7）发现 7.17 MPa 的压力略高。在下一次迭代中，利用式（4）和式（7）的结果对泵出口压力进行线性插值。根据插值得出泵的出口压力为 9.67 MPa。同样，由于泵的入口条件没有发生变化，因而可以得到

$$s_1 = s_2 = -0.174\,29\ \frac{\text{kJ}}{\text{kg}\cdot\text{K}}, P_2 = 9.67\ \text{MPa}$$
$$\Rightarrow T_2 = 24\ \text{K}, h_2 = 125.09\ \frac{\text{kJ}}{\text{kg}} \tag{8}$$

如前所述，假设氢气在热反应堆结构中循环时没有压降，可以得到

$$T_3 = 100\ \text{K}, P_2 = P_3 = 9.67\ \text{MPa}$$
$$\Rightarrow h_3 = 1\,202.98\ \frac{\text{kJ}}{\text{kg}}, s_3 = 19.34\ \frac{\text{kJ}}{\text{kg}\cdot\text{K}} \tag{9}$$

同时，已知涡轮是等熵运行的，并使用式（3-3）确定涡轮出口焓，可以得到

$$h_4 = h_3 - h_2 + h_1 = 1\,074.24\ \frac{\text{kJ}}{\text{kg}}, s_3 = s_4 = 19.34\ \frac{\text{kJ}}{\text{kg}\cdot\text{K}}$$
$$\Rightarrow T_4 = 89\ \text{K}, P_4 = 7\ \text{MPa} \tag{10}$$

在这种情况下，根据式（10）得到反应堆入口压力几乎正好是所需值（即7 MPa），故泵的出口压力需为9.67 MPa。

3.2 核电热力学循环

3.2.1 布雷顿循环

布雷顿循环是一种相当古老的动力循环，由乔治·布雷顿于19世纪70年代首次提出，用于往复式燃油发动机。如今，布雷顿循环广泛地为飞机、船舶和固定式发电厂提供电力。布雷顿循环与核反应堆和空间辐射散热器相结合，也适用于空间发电，为电推进系统提供电源。

图3-4展示了基于布雷顿循环的核电离子推进系统示意图及其热力学状态点特征。

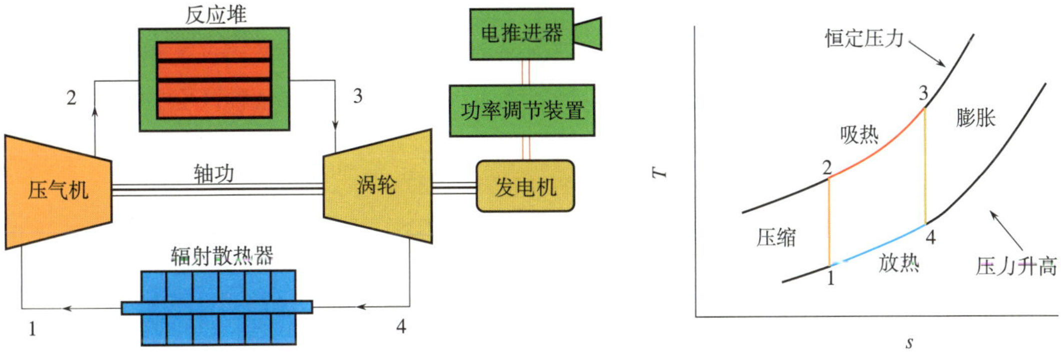

图3-4 布雷顿循环

布雷顿循环的特点如下：

1—2 气态工质通过涡轮泵的压气机部分，被绝热（理想等熵）压缩至高压。

2—3 通过压气机后，工质进入核反应堆，在恒压下加热至高温。

3—4 热工质离开反应堆后，进入涡轮泵的涡轮部分，在这里工质的焓因绝热膨胀（理想等熵）转换为机械能。涡轮产生的部分能量用于驱动涡轮泵的压气机部分，其余能量用于驱动发电机。

4—1 工质离开涡轮泵的涡轮部分后，进入空间辐射散热器，此时工质处于低压状态，温度降低，直至达到涡轮泵压气机的入口状态条件。

布雷顿循环功率平衡（忽略发电机和功率转换系统的损耗）的计算公式为

$$W=\dot{m}(h_3-h_4)-\dot{m}(h_2-h_1)=\dot{m}(h_3-h_4-h_2+h_1) \tag{3-4}$$

式中 W ——循环所做的净功；

$\dot{m}$ ——工质质量流量；

h_n ——循环中位置“n”处的焓。

工质从核反应堆流出后进入涡轮的入口温度受到涡轮叶片所能承受最高温度的限制。这一温度也限制了循环中可使用的最大压比。压比越高越好，因为压比越高，系统的效率就越高，结构也越紧凑。为了提高布雷顿循环系统的效率而又不用进一步提高压比，可以采用几种技术，尽管会增加系统的复杂性，但效果很好。

有一种技术称为“回热”，即利用离开涡轮的工质（温度仍然很高）加热离开压气机的工质。这种技术减少了系统热排放部分必须排放的热量，从而减小了辐射散热器的尺寸和质量。布雷顿循环系统中经常采用的另一种提高效率的方法称为“中间冷却”。在这种技术中，多级压气机的配置是为了在两级压气机之间冷却工质。通过使用多级中间冷却，可以使压缩过程接近等温，从而大大减少压缩工质所需的功。

3.2.2 斯特林循环

斯特林循环发动机是一种闭式循环再生热机，通过在不同温度下循环压缩和膨胀气态工质，实现热能到机械功的转换。与布雷顿循环一样，斯特林循环也是一种历史悠久的动力循环，最早由罗伯特·斯特林于 1816 年提出。最初，斯特林循环被认为是蒸汽机的替代循环，因为其效率高，且几乎可以使用任何热源。如今，斯特林循环仅被用于某些特定应用领域，主要原因是设备上的高温差是高效运行的必要条件，而这种高温差导致了对材料和制造方面的要求都会相当苛刻。在空间应用中，使用特殊材料及其相关成本并不是问题，斯特林循环发动机是很可能成为首选的一种动力循环[1]。

斯特林发动机可以有多种结构。在 α 构型中，两个动力活塞分别装在冷的和热的气缸中，活塞驱动工质在两个气缸之间流动。在 β 构型中，只有一个气缸，其中包含一个动力活塞和一个配气活塞，其目的是在发动机的冷热两部分之间驱动工质。第三种结构称为 γ 构型，同样有两个气缸，其中一个气缸包含动力活塞，另一个气缸包含配气活塞。在容纳活塞机构的空腔中，热的和冷的区域之间通常还有一个回热器，可以连接到配气活塞上，具有双重作用，既可作为热空腔和冷空腔之间的热屏障，又可作为在冷工质从冷空腔转移到热空腔时预热冷工质的储热介质。通常情况下，这种换热器采用工质可以通过的多孔材料。图 3－5 展示了基于斯特林发动机的 β 构型核电推进系统及其热力学状态点特征。

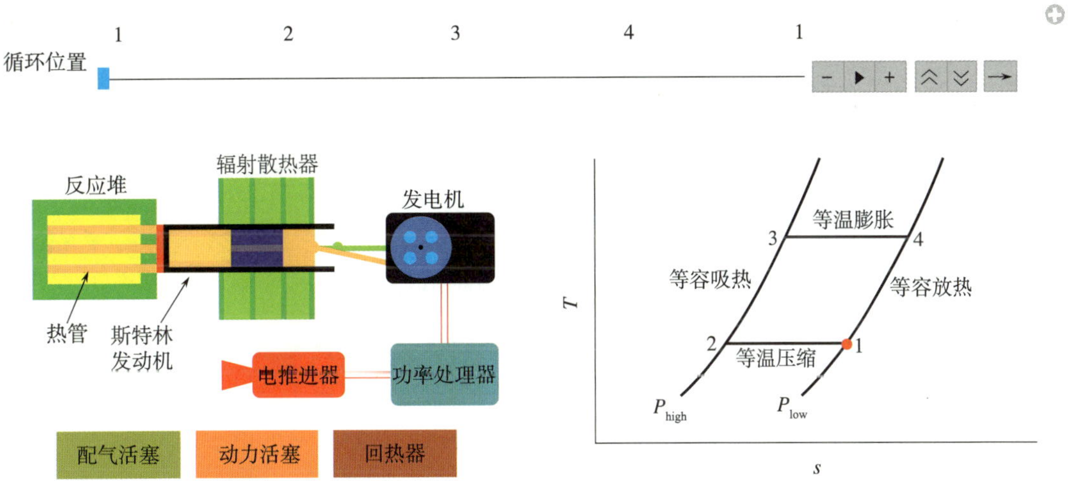

图 3－5　斯特林循环（β 结构）

斯特林循环的特点如下：

1—2 动力活塞在冷端温度下等温（恒定温度）压缩工质。由于工质是冷的，因此压缩工质所需的功相对较小。配气活塞也会移动，以便开始将工质输送到发动机的热端。

2—3 配气活塞继续将工质输送到发动机的热端，在那里进行等容（恒定容积）加热。

3—4 加热后的工质压力升高并等温（恒定温度）膨胀，从而推动动力活塞向前推动到最大的行程。通过动力活塞运动释放的能量大于后续工质压缩所需的能量。

4—1 配气活塞的运动使工质等容（恒定容积）传送回发动机的冷端，工质的热量由辐射散热器排出。

斯特林发动机的净功率平衡可以通过对动力活塞运动过程中循环做功 $P\mathrm{d}V$ 进行积分来计算。该积分可表示为

$$W = \oint P\,\mathrm{d}V \tag{3-5}$$

式中　P ——工质压力；

V ——工质体积。

循环的定容部分不做功，因此式（3－5）中的积分只需在循环的等温放热（冲程 1—2）和加热（冲程 3—4）部分进行评估

$$W = \int_3^4 P\,\mathrm{d}V + \int_1^2 P\,\mathrm{d}V \tag{3-6}$$

如果此时假设工质的理想气体定律适用，可以得到

$$PV = mRT \Rightarrow P = \frac{mRT}{V} \tag{3-7}$$

式中　T ——工质温度；

m ——发动机中工质的质量；

R ——工质的气体常数。

已知动力冲程期间做功是等温的，且系统是封闭的（即温度和质量恒定），将式（3-7）代入式（3-6）中，可以得出

$$W = mRT_{\text{high}}\int_3^4 \frac{dV}{V} + mRT_{\text{low}}\int_1^2 \frac{dV}{V} = mRT_{\text{high}}\ln\left(\frac{V_4}{V_3}\right) + mRT_{\text{low}}\ln\left(\frac{V_2}{V_1}\right) \tag{3-8}$$

注意到工质体积在状态 1 和状态 4 及状态 2 和状态 3 都是相同的，可以将式（3-8）改写成计算理想斯特林循环输出功的最终方程

$$W = mR(T_{\text{high}} - T_{\text{low}})\ln\left(\frac{V_4}{V_3}\right) \tag{3-9}$$

式（3-9）表明，斯特林循环发动机的输出功可通过增大热源和排热温度之间的温差以及增大工质的压比来提高。该方程还表明，通过增加发动机中工质的质量或提高工质的气体常数，可以提高斯特林循环发动机的输出功。表 3-1 列出了可用于斯特林发动机的几种潜在工质的气体常数。

表 3-1　几种气体的气体常数

工质	气体常数 R /(J/kg/K)
空气	319.3
氦气	488.2
氩气	208.0
二氧化碳	188.9
氦气	2 077.0
氢气	4 124.2
氮气	296.8

从表 3-1 中可以发现一个有趣的例子，使用氦气作为工质比使用氩气作为工质可以使斯特林发动机的潜在输出功率提高 1 个数量级。

参考文献

[1] McClure P, Poston D. Design and Testing of small nuclear reactors for defense and space applications, Invited Talk to ANS Trinity Section, Santa Fe, LA-UR 13-27054; 2013.

习　题

1. 基于额定氢气质量流量为 15 kg/s 的涡轮泵组件设计一套核火箭发动机系统。由于屏蔽、冷却要求和材料强度等方面的考虑，发动机系统的质量将随着氢气出口温度的升高

而增加，计算公式如下

$$mass(\mathrm{kg})=2\ 000+\frac{500}{2.5-\left(\frac{T_4}{2\ 700}\right)^3}\ (H_2\ \text{出口温度}\ T_4<3\ 600\ \mathrm{K})$$

假设发动机循环使用热排气循环，旁路排放流量在计算中可以忽略。同时假设反应堆的氢气入口温度为

$$T_3=300\ \mathrm{K},\gamma_{H_2}=1.4$$

在所述条件下，使用给出的信息确定以下参数，以最大限度地提高发动机推重比。

a. 反应堆出口温度；

b. 反应堆功率水平；

c. 喷管出口压力为零时的比冲；

d. 发动机质量；

e. 喷管出口压力为零时的推力水平。

注意，$R_u=8.314\ \frac{\mathrm{J}}{\mathrm{mol\cdot K}}$。

2. 火星“跳跃器”将在火星表面利用大气（主要是二氧化碳）作为推进剂，在基于核热火箭的推进系统中使用冷排气循环，从一个地方“跳跃”到另一个地方。假设“跳跃器”位于火星表面，二氧化碳已被泵入推进剂贮箱。根据图中给定状态条件，确定：

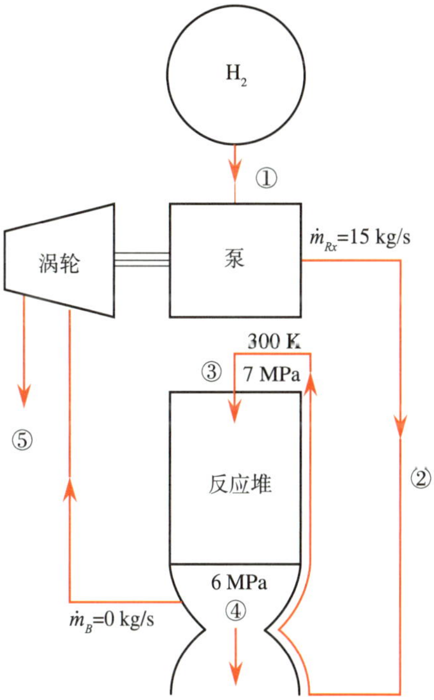

a. 反应器入口热力学参数；

b. 所需的最小排气功率；

c. 通过涡轮的质量流量；

d. 涡轮泵所需泵送功率；

e. 通过反应堆的质量流量；

f. 发动机的比冲；

g. 喷管出口马赫数；

h. 喷管出口热力学参数；

i. 发动机推力水平。

给定参数：$\gamma=1.184$，$\frac{A_{Rx}}{A^*}=8$，$\frac{A_{\text{exit}}}{A^*}=475$。

假设泵是等熵的，涡轮是非等熵的。此外，请在二氧化碳 $T-s$ 图上绘制热力学循环草图，确保显示所有过程，同时证明其他所做假设合理。

3. 对于某个为电推进系统提供能量的核动力系统，假设设计中使用的是理想斯特林循环，请确定向空间辐射热量的排热温度“T_L”，以尽量减小输出一定电功率所需的系统质量（即最大比功率 α）。绘制 T_L 和 α 之间的关系图，并确定在此最佳排热温度下的最大比功率 α（kW/kg）

$$\alpha = \frac{Q_e}{m_{Rx} + m_{\mathrm{rad}}}$$

式中，m_{Rx} 为反应堆系统质量；m_{rad} 为散热器质量；Q_e 为电源功率。

理想斯特林循环的热电转换效率为

$$\eta = \left(1 - \frac{T_{\mathrm{L}}}{T_{\mathrm{H}}}\right)\eta_{\mathrm{me}}$$

根据斯忒潘-玻耳兹曼定律，热量会被排出到太空中

$$Q_{\mathrm{rad}} = \varepsilon\sigma A T_{\mathrm{L}}^4$$

式中，A 为散热器散热片的面积。

参数	符号	值	单位
机械功-电功转换效率	η_{me}	0.9	
肋板发射率	ε	0.85	
加热后温度	T_{H}	2 000	K
辐射散热器面积密度	ρ_{rad}	1.5	$\mathrm{g/cm^2}$
反应堆功率密度	Q	1	kW/kg
斯忒潘-玻耳兹曼常数	σ	5.67×10^{-15}	$\mathrm{kW/(cm^2 \cdot K^4)}$

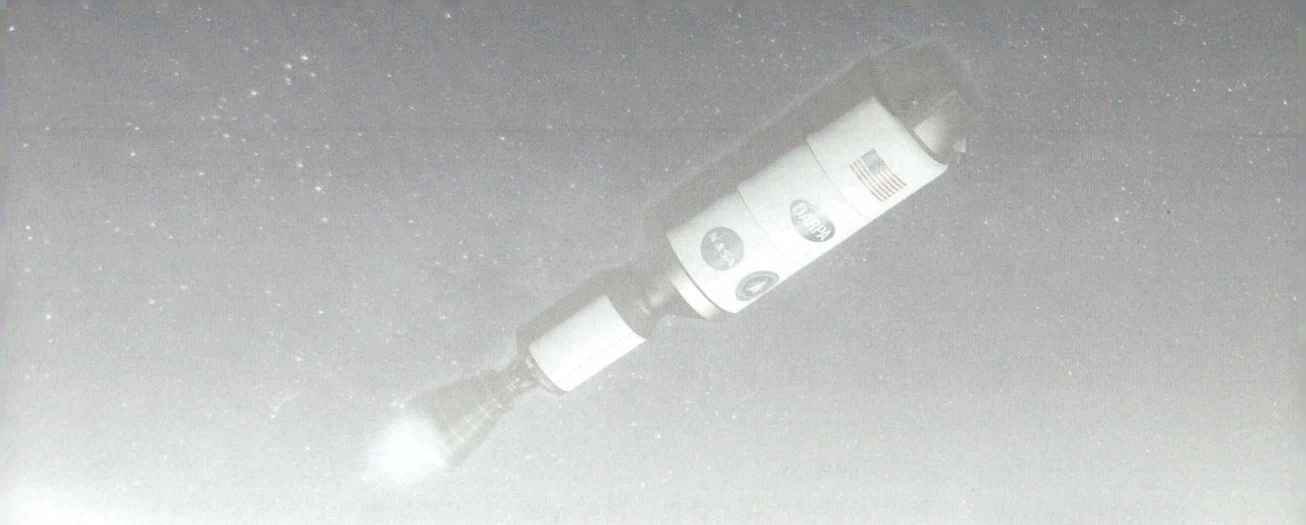

第4章

行星际飞行任务分析

4.1 概述

虽然通过式（2－19）计算比冲可以简单地估算火箭发动机的性能，但进一步分析比冲对各种行星际飞行任务运行特性的影响程度，可以为评估不同火箭发动机方案的性能提供更有效的方法。为此，本章将推导相关方程式，把火箭发动机的比冲与完成行星际任务所需的航行时间和推进剂需求联系起来。这种任务分析会相当复杂，但可通过使用拼接圆锥近似法来大大简化问题。这种近似方法在大多数情况下都相当精确，它将一个无法解析的 N 体问题分解成几个可解析的二体问题，并利用开普勒轨道的圆锥截面将这些问题“拼接”在一起。拼接发生在行星影响范围内，即行星中心（以行星为中心）对航天器的引力作用结束和日心（以太阳为中心）引力作用开始的半径范围内。在后续分析中，假定从太阳的角度来看，任何行星周围的影响范围都是零；而从任何行星的角度来看，其自身的影响范围是无限的。由于太阳相对于行星体积巨大，以及行星与太阳之间的距离极大，这一假设不会在计算中造成任何大的误差，也无须知道任何特定行星周围的影响范围半径。

4.2 任务分析基本方程

在本节中，为确定物体在一个大质量中心体的引力作用下的运行轨迹，推导了轨道上物体的比角动量和比能量方程。在推导这些方程时，假定牛顿运动定律和万有引力定律成立，并忽略其他质量较小的物体或距离较远的物体（对研究对象的作用力小）。在这些假设条件下，分析被简化为一个简单的二体问题。推导物体的轨道比角动量时，首先联立牛

顿第二定律与万有引力定律，可得

$$\boldsymbol{F}=-G\frac{m_1m_2}{r^3}\frac{\boldsymbol{r}}{|\boldsymbol{r}|}=-G\frac{m_1m_2}{r^2}\boldsymbol{r}=m_2\frac{\mathrm{d}^2\boldsymbol{r}}{\mathrm{d}t^2}\Rightarrow\frac{\mathrm{d}^2\boldsymbol{r}}{\mathrm{d}t^2}=-G\frac{m_1}{r^3}\boldsymbol{r} \tag{4-1}$$

式中 G ——万有引力常数，其值为 $6.673\times10^{-11}\ \mathrm{m}^3/(\mathrm{kg}\cdot\mathrm{s}^2)$；

$\boldsymbol{F}$ ——物体 1 和物体 2 之间的引力；

m_i ——物体 i 的质量；

r ——两个物体之间的距离。

如果 $\mu=Gm_1$，其中 μ 是标准引力常数，那么由式（4-1）可得

$$\frac{\mathrm{d}^2\boldsymbol{r}}{\mathrm{d}t^2}=-\frac{\mu}{r^3}\boldsymbol{r}\Rightarrow\frac{\mathrm{d}^2\boldsymbol{r}}{\mathrm{d}t^2}+\frac{\mu}{r^3}\boldsymbol{r}=0 \tag{4-2}$$

利用式（4-1）和式（4-2），可以确定一个表达式，即

$$\boldsymbol{r}\times\boldsymbol{F}=\boldsymbol{r}\times m_2\frac{\mathrm{d}^2\boldsymbol{r}}{\mathrm{d}t^2}=\boldsymbol{r}\times\left(\frac{-\mu m_2}{r^3}\right)\boldsymbol{r}=\left(\frac{-\mu m_2}{r^3}\right)\boldsymbol{r}\times\boldsymbol{r} \tag{4-3}$$

由于 $\boldsymbol{r}\times\boldsymbol{r}=0$，式（4-3）可变换为

$$0=\boldsymbol{r}\times m_2\frac{\mathrm{d}^2\boldsymbol{r}}{\mathrm{d}t^2}=m_2\frac{\mathrm{d}}{\mathrm{d}t}\left(\boldsymbol{r}\times\frac{\mathrm{d}\boldsymbol{r}}{\mathrm{d}t}\right)=m_2\frac{\mathrm{d}}{\mathrm{d}t}(\boldsymbol{r}\times\boldsymbol{V})\Rightarrow\frac{\text{constant}}{m_2}=\boldsymbol{h}=\boldsymbol{r}\times\boldsymbol{V} \tag{4-4}$$

式中 $\boldsymbol{h}$ ——轨道比角动量（单位质量的角动量），为常数；

$\boldsymbol{V}$ ——物体之间的相对速度。

由于 $\boldsymbol{h}$ 是一个常数，式（4-4）意味着任何给定轨道上的物体都具有恒定的比角动量。

在分析推导物体轨道比能量的表达式时，首先要将式（4-1）和式（4-2）与机械功的定义结合起来，从而得到以下关系式

$$\mathrm{d}E=\boldsymbol{F}\cdot\mathrm{d}\boldsymbol{r}=m_2\frac{\mathrm{d}^2\boldsymbol{r}}{\mathrm{d}t^2}\cdot\frac{\mathrm{d}\boldsymbol{r}}{\mathrm{d}t}\mathrm{d}t=m_2\left(\frac{-\mu}{r^3}\right)\boldsymbol{r}\cdot\mathrm{d}\boldsymbol{r} \tag{4-5}$$

式中 E ——轨道能量。

使用链式法则并注意到

$$m_2\frac{\mathrm{d}^2\boldsymbol{r}}{\mathrm{d}t^2}\cdot\frac{\mathrm{d}\boldsymbol{r}}{\mathrm{d}t}\mathrm{d}t=m_2\frac{\mathrm{d}}{\mathrm{d}t}\left(\frac{\mathrm{d}\boldsymbol{r}}{\mathrm{d}t}\right)\cdot\frac{\mathrm{d}\boldsymbol{r}}{\mathrm{d}t}\mathrm{d}t=m_2\mathrm{d}\left(\frac{\mathrm{d}\boldsymbol{r}}{\mathrm{d}t}\right)\cdot\frac{\mathrm{d}\boldsymbol{r}}{\mathrm{d}t}=m_2\frac{1}{2}\mathrm{d}\left(\frac{\mathrm{d}\boldsymbol{r}}{\mathrm{d}t}\right)^2=m_2\mathrm{d}\left(\frac{V^2}{2}\right) \tag{4-6}$$

同时注意到

$$m_2\left(\frac{-\mu}{r^3}\right)\boldsymbol{r}\cdot\mathrm{d}\boldsymbol{r}=m_2\left(\frac{-\mu}{r^3}\right)r\,\mathrm{d}r=-m_2\left(\frac{\mu}{r^2}\right)\mathrm{d}r=m_2\mathrm{d}\left(\frac{\mu}{r}\right) \tag{4-7}$$

将式（4-6）和式（4-7）代入式（4-5）即可得出

$$m_2\mathrm{d}\left(\frac{V^2}{2}\right)-m_2\mathrm{d}\left(\frac{\mu}{r}\right)=0 \tag{4-8}$$

对式（4-8）进行积分，可以得到如下方程

$$\frac{V^2}{2}-\frac{\mu}{r}=\frac{\text{constant}}{m_2}=E_{\mathrm{o}}\Rightarrow V=\sqrt{2E_{\mathrm{o}}+\frac{2\mu}{r}} \tag{4-9}$$

式中　$E_{\circ}$——轨道比能量（每单位质量的能量），为常数。

由于 $E_{\circ}$ 是一个常数，式（4－9）意味着任何给定轨道上的物体都具有恒定的比能量。比能量可视为轨道上物体单位质量的总能量，式（4－9）中，第一项代表物体的动能，第二项代表物体的势能。接下来的推导步骤将根据其他轨道参数来确定 $E_{\circ}$ 的值。

用平面极坐标写出位置、速度和加速度的矢量方程

$$\boldsymbol{r}=r\hat{r} \tag{4-10a}$$

$$\frac{\mathrm{d}\boldsymbol{r}}{\mathrm{d}t}=\boldsymbol{V}=\frac{\mathrm{d}r}{\mathrm{d}t}\hat{r}+r\frac{\mathrm{d}\phi}{\mathrm{d}t}\hat{\phi} \tag{4-10b}$$

$$\frac{\mathrm{d}^2\boldsymbol{r}}{\mathrm{d}t^2}=\boldsymbol{a}=\left[\frac{\mathrm{d}^2\boldsymbol{r}}{\mathrm{d}t^2}-r\left(\frac{\mathrm{d}\phi}{\mathrm{d}t}\right)^2\right]\hat{r}+\left(r\frac{\mathrm{d}^2\phi}{\mathrm{d}t^2}+2\frac{\mathrm{d}r}{\mathrm{d}t}\frac{\mathrm{d}\phi}{\mathrm{d}t}\right)\hat{\phi} \tag{4-10c}$$

注意到引力只作用于径向，切向力为零，式（4－10a）中径向加速度项的矢量分量可写成

$$-\frac{\mu}{r^2}=\frac{\mathrm{d}^2r}{\mathrm{d}t^2}-r\left(\frac{\mathrm{d}\phi}{\mathrm{d}t}\right)^2 \tag{4-11}$$

且式（4－10a）中的切向加速度项的矢量分量可写成

$$0=r\frac{\mathrm{d}^2\phi}{\mathrm{d}t^2}+2\frac{\mathrm{d}r}{\mathrm{d}t}\frac{\mathrm{d}\phi}{\mathrm{d}t}=\frac{1}{r}\frac{\mathrm{d}}{\mathrm{d}t}\left(r^2\frac{\mathrm{d}\phi}{\mathrm{d}t}\right)\Rightarrow r^2\frac{\mathrm{d}\phi}{\mathrm{d}t}=h\Rightarrow\frac{\mathrm{d}\phi}{\mathrm{d}t}=\frac{h}{r^2} \tag{4-12}$$

正如预期，式（4－12）再次表明轨道上物体的比角动量为常数。现在，对式（4－11）使用链式法则并结合式（4－12）的结果，可从结果中消除时间分量，即

$$\begin{aligned}-\frac{\mu}{r^2}&=\frac{\mathrm{d}^2\boldsymbol{r}}{\mathrm{d}t^2}-r\left(\frac{\mathrm{d}\phi}{\mathrm{d}t}\right)^2=\frac{\mathrm{d}}{\mathrm{d}t}\left(\frac{\mathrm{d}\boldsymbol{r}}{\mathrm{d}t}\right)-r\left(\frac{\mathrm{d}\phi}{\mathrm{d}t}\right)^2=\left(\frac{\mathrm{d}\phi}{\mathrm{d}t}\right)^2\frac{\mathrm{d}}{\mathrm{d}\phi}\left(\frac{\mathrm{d}\boldsymbol{r}}{\mathrm{d}\phi}\right)-r\left(\frac{\mathrm{d}\phi}{\mathrm{d}t}\right)^2\\&=\left(\frac{h}{r^2}\right)^2\frac{\mathrm{d}}{\mathrm{d}\phi}\left(\frac{\mathrm{d}\boldsymbol{r}}{\mathrm{d}\phi}\right)-r\left(\frac{h}{r^2}\right)^2=\frac{h}{r^2}\frac{\mathrm{d}}{\mathrm{d}\phi}\left(\frac{h}{r^2}\right)\frac{\mathrm{d}\boldsymbol{r}}{\mathrm{d}\phi}-\frac{h^2}{r^3}\end{aligned} \tag{4-13}$$

为求解式（4－13），可进行变量代换 $\psi=1/r$。将这一变量代入式（4－13）即可得到

$$-\mu\psi^2=h\psi^2\frac{\mathrm{d}}{\mathrm{d}\phi}\left[h\psi^2\left(\frac{-1}{\psi^2}\frac{\mathrm{d}\psi}{\mathrm{d}\phi}\right)\right]-h^2\psi^3\Rightarrow\frac{\mu}{h^2}=\frac{\mathrm{d}^2\psi}{\mathrm{d}\phi^2}+\psi \tag{4-14}$$

微分方程（4－14）可以很容易地通过解析求解得到

$$\psi\phi=A\sin\phi+B\cos\phi+\frac{\mu}{h^2}\Rightarrow\frac{\mathrm{d}\psi}{\mathrm{d}\phi}=A\cos\phi-B\sin\phi \tag{4-15}$$

通过如下设定初始条件可得

$$\frac{\mathrm{d}\psi}{\mathrm{d}\phi}=0\text{ 当 }\phi=0\Rightarrow\left.\frac{\mathrm{d}\psi}{\mathrm{d}\phi}\right|_{\phi=0}=A\cos(0)-B\sin(0)\Rightarrow A=0 \tag{4-16}$$

利用前述 ψ 的定义改写式（4－15），得

$$\psi\phi=B\cos\phi+\frac{\mu}{h^2}=\frac{\mu}{h^2}(\varepsilon\cos\phi+1)\Rightarrow r\phi=\frac{h^2}{\mu(\varepsilon\cos\phi+1)} \tag{4-17}$$

式中　ε——常数，$\varepsilon=\dfrac{Bh^2}{\mu}$；

　　ϕ——真近点角。

式（4－17）表示一个物体在大质量中心体引力作用下的运动或轨迹方程，为一个偏心率是 ε 的圆锥段。该方程给出了位于轨道圆锥曲线焦点处的中心天体 m_1 的距离，它是真近点角 ϕ 和轨道中天体的比角动量 h 的函数。在图 4－1 中，参数 a 被称为主半径，参数 b 被称为次半径。当真近点角等于 90°时，到中心体（图 4－1 中以太阳表示）的径向距离 r 等于半焦弦，即等于 h^2/μ。图 4－1 示出了在中心天体引力作用下，天体的各种轨道参数如何随轨道偏心率的变化而变化。值得注意的是，当偏心率小于 1 时，天体在轨道上的飞行轨迹是椭圆形的。而在偏心率为 0 的特殊情况下，轨道则是圆形的。在偏心率大于 1 的情况下，物体的运行轨迹是双曲线轨迹而不是椭圆轨迹，不存在围绕中心天体的实际轨道。沿着双曲线轨迹运行的天体不会继续受到中心天体的引力束缚，而只会经历飞行方向的多次变化。在轨道偏心率正好等于 1 的特殊情况下，物体的轨迹是抛物线而不是双曲线。

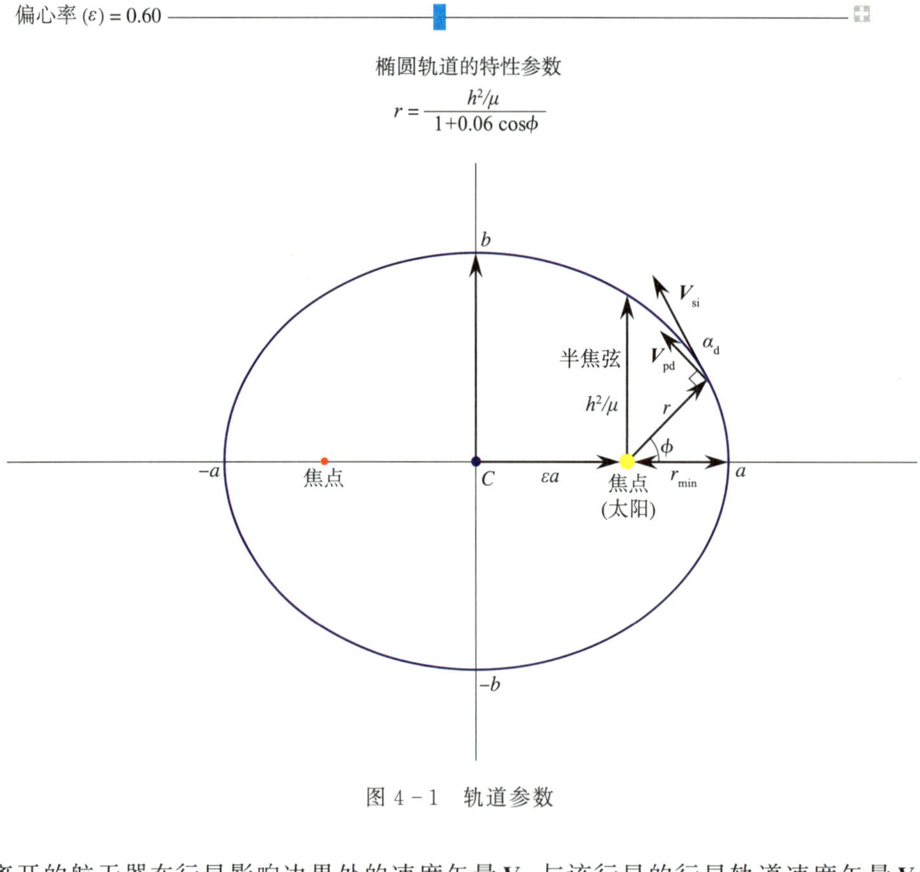

图 4－1 轨道参数

离开的航天器在行星影响边界处的速度矢量 $\mathbf{V}_{si}$ 与该行星的行星轨道速度矢量 $\mathbf{V}_{pd}$ 之间的夹角被定义为航天器的出发角 α_d。出发角与航天器绕太阳运行的真近点角之间的关系为

$$V_r = \sin(\alpha_d)V_{si} = \frac{\mathrm{d}r}{\mathrm{d}t} \tag{4-18}$$

以及

$$V_{\phi}=\cos(\alpha_{d})V_{si}=r\frac{d\phi_{d}}{dt} \tag{4-19}$$

用式（4-18）除以式（4-19），得到

$$\frac{V_r}{V_{\phi}}=\frac{\sin(\alpha_{d})V_{si}}{\cos(\alpha_{d})V_{si}}=\tan(\alpha_{d})=\frac{1}{r}\frac{\frac{dr}{dt}}{\frac{d\phi_{d}}{dt}}=\frac{1}{r}\frac{dr}{d\phi_{d}} \tag{4-20}$$

对式（4-17）所表示的轨道运动方程求导，可以得到如下关系式

$$\frac{dr}{d\phi_{d}}=\frac{h^2}{\mu}\frac{\varepsilon\sin(\phi_{d})}{[1+\varepsilon\cos(\phi_{d})]^2} \tag{4-21}$$

将式（4-17）和式（4-21）代入式（4-20）即可得到一个表达式，它将行星际轨道上航天器的出发角与其绕日轨道的真近点角联系起来

$$\tan(\alpha_{d})=\frac{1}{r}\frac{dr}{d\phi_{d}}=\frac{\frac{h^2}{\mu}\frac{\varepsilon\sin(\phi_{d})}{[1+\varepsilon\cos(\phi_{d})]^2}}{\frac{h^2}{\mu}\frac{1}{[1+\varepsilon\cos(\phi_{d})]}}=\frac{\varepsilon\sin(\phi_{d})}{1+\varepsilon\cos(\phi_{d})} \tag{4-22}$$

由于轨道上物体的比角动量和比能量是恒定的，因此它们的值可以从轨道上任何便利的点确定。事实证明，如果选择轨道半径的最小值（或近心点）作为开始计算的位置（请注意，轨道半径的最大值被称为远心点），轨道比能量表达式的推导就会被简化。在近心点，航天器速度矢量和半径矢量相互垂直，此时的真近点角为零。因此，根据式（4-4），比角动量可以用以下方程表示

$$\boldsymbol{h}=\boldsymbol{r}\times\mathbf{V}\Rightarrow h=r_{\min}V\sin\left(\frac{\pi}{2}\right)\Rightarrow h=r_{\min}V\Rightarrow V=\frac{h}{r_{\min}} \tag{4-23}$$

把式（4-23）代入式（4-9），轨道比能量的表达式变为

$$E_{o}=\frac{h^2}{2r_{\min}^2}-\frac{\mu}{r_{\min}} \tag{4-24}$$

将式（4-17）中的轨道半径表达式代入式（4-24），假设真近点角为零（即 $r=r_{\min}$ 时），可以得到

$$E_{o}=\left\{\frac{h^2}{2}\left[\frac{\mu(\varepsilon+1)}{h^2}\right]\right\}^2-\frac{\mu[\mu(\varepsilon+1)]}{h^2}=\frac{\mu}{2}\left[\frac{\mu(\varepsilon^2-1)}{h^2}\right] \tag{4-25}$$

通过检验式（4-25），可观测到轨道总能量的变化，见表 4-1。

表 4-1　轨道能量特性

总轨道能量（E_o）	偏心率（ε）	轨迹	动能和势能
负值	0	圆	$\vert KE\vert<\vert PE\vert$
负值	<1	椭圆	$\vert KE\vert<\vert PE\vert$
0	=1	抛物线	$\vert KE\vert=\vert PE\vert$
正值	>1	双曲线	$\vert KE\vert>\vert PE\vert$

从图 4－1 还可以看出，$r_{min}=a-\varepsilon a=a(1-\varepsilon)$。在真近点角为零时，利用该关系和式（4－17）可以得出以下关系

$$r_{min}=a(1-\varepsilon)=\frac{h^2}{\mu[1+\varepsilon\cos(0)]}=\frac{h^2}{\mu(1+\varepsilon)}\Rightarrow a(1-\varepsilon^2)=\frac{h^2}{\mu}$$
$$\Rightarrow a=\frac{h^2}{\mu(1-\varepsilon^2)} \tag{4-26}$$

根据式（4－26）所表达的关系，改写式（4－17）轨迹表达式，得到

$$r(\phi)=\frac{h^2}{\mu(\varepsilon\cos\phi+1)}=\frac{a(1-\varepsilon^2)}{\varepsilon\cos\phi+1} \tag{4-27}$$

注意，对于偏心率大于 1 的轨道（即双曲线轨道），式（4－26）得出的 a 值为负值，而对于偏心率等于 1 的轨道（即抛物线轨道），式（4－26）得出的 a 值是无限大的。利用式（4－26），可以改写式（4－25）所描述的总轨道能量表达式，即

$$E_o=-\frac{\mu}{2a} \tag{4-28}$$

最后，利用式（4－28），可以将式（4－9）所描述的轨道比能量转换成已知轨道参数的形式

$$\frac{V^2}{2}-\frac{\mu}{r}=-\frac{\mu}{2a} \tag{4-29}$$

如前所述，式（4－29）将大质量中心体引力作用下物体的（变化的）动能和势能与其（恒定的）总能量联系起来。这个方程将在后面的章节中使用，它可以将物体的速度与其相对于中心体的径向位置联系起来。因此，对式（4－29）进行整理，可得

$$V=\sqrt{\frac{2\mu}{r}-\frac{\mu}{a}} \tag{4-30}$$

4.3 拼接圆锥曲线方程

计算两颗行星之间的转移轨道的第一步是确定航天器要遵循的日心轨道的特性。这些特性可以通过式（4－30）中给出的轨道比能量公式和式（4－4）中给出的比角动量公式来确定。这些方程将航天器的速度和出发角与其相对于太阳和中心行星体的径向位置联系起来。航天器能在多大程度上实现所需的轨道，取决于航天器推进系统的比冲，以及相对于航天器质量而言可加注的推进剂量。图 4－2 说明了实现期望的星际轨道所需的推进机动时的各种轨道参数。

根据上述所分析的问题，可利用推进系统的特性来确定其能够达到的轨道参数，或者通过了解所需的轨道参数，可以推导出对航天器推进系统的一系列要求。在下面的具体分析中，将假定预先知道所需的轨道参数，并用这些参数来确定航天器推进系统的要求。根据对所需飞行任务要求的了解，可以由式（4－30）确定必要的日心行星转移轨道参数。一旦航天器离开出发行星的影响范围（即在拼接点处），通过式（4－30）可计算得到航天

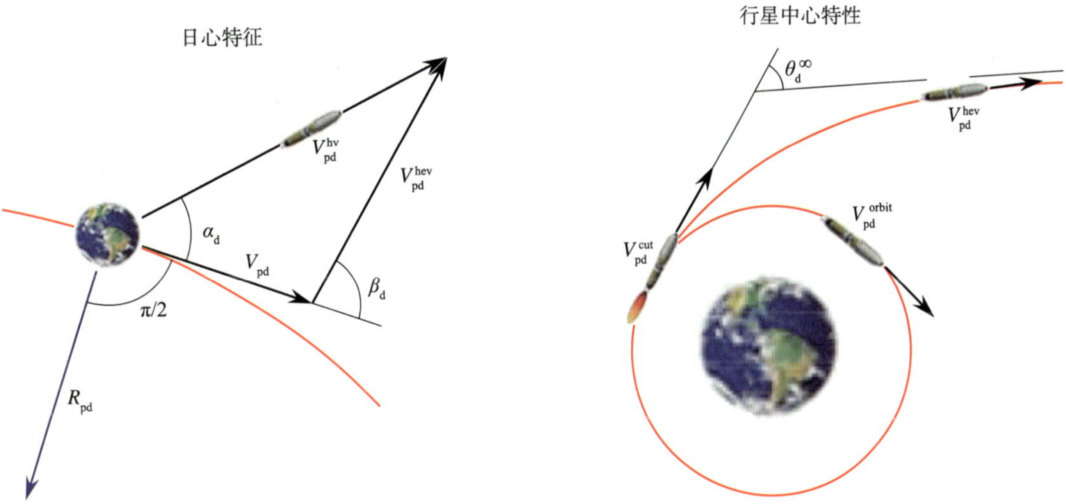

图 4－2　离开行星的轨道参数

器相对太阳所需的速度

$$V_{pd}^{hv}=\sqrt{\frac{2\mu_s}{R_{pd}}-\frac{\mu_s}{a_{sc}^s}} \tag{4-31}$$

式中　V_{pd}^{hv}——航天器离开出发行星的影响范围后的日心速度；

μ_s——太阳标准引力参数；

R_{pd}——航天器（或出发行星）到太阳的距离；

a_{sc}^s——航天器轨迹相对于太阳的主半径。

完成行星际轨道转移所需的时间以及航天器离开出发行星后的日心速度，将决定航天器相对于出发行星绕日轨道所需的出发角。然后根据式（4－4），利用航天器的日心速度和出发角来确定其日心比角动量，即

$$\boldsymbol{h}=\boldsymbol{r}\times\boldsymbol{V}\Rightarrow h_s=R_{pd}V_{pd}^{hv}\sin\left(\alpha_d+\frac{\pi}{2}\right)\Rightarrow h_s=\cos(\alpha_d)R_{pd}V_{pd}^{hv} \tag{4-32}$$

式中　α_d——航天器相对于行星及其绕日轨道速度矢量的出发角；

h_s——航天器日心比角动量。

上文提到的时间因素将在下一节进一步讨论。式（4－31）中描述的航天器日心轨道速度实际上是由另外两个矢量组成的，其中包括出发行星的日心速度矢量和航天器的行星中心速度矢量。这些矢量如图 4－2 所示，可以通过余弦定律相互联系起来，其结果如下：

$$(V_{pd}^{hev})^2=-2V_{pd}\cos(\alpha_d)V_{pd}^{hv}+V_{pd}^2+(V_{pd}^{hv})^2 \tag{4-33}$$

式中　V_{pd}^{hev}——航天器的行星中心速度；

V_{pd}——出发行星的日心速度。

如果假定出发行星绕太阳的轨道半径 R_{pd} 恒定不变，则可根据式（4－30）计算出式（4－33）中出发行星的日心速度

$$V_{pd}=\sqrt{\frac{2\mu_s}{R_{pd}}-\frac{\mu_s}{R_{pd}}}=\sqrt{\frac{\mu_s}{R_{pd}}} \tag{4-34}$$

航天器的行星中心速度定义为 V_{pd}^{hev}，是航天器离开行星引力范围后的速度。这个航天器速度也被称为双曲超速，与航天器离开出发行星无限远之后的动能成正比。根据式（4-9）可知，双曲超速与轨道比能量有关

$$V_{pd}^{hev}=\lim_{H_{pd}\to\infty}\sqrt{2E_o+\frac{2\mu_{pd}}{r_{pd}+H_{pd}}}\Rightarrow 2E_o=(V_{pd}^{hev})^2 \tag{4-35}$$

式中 μ_{pd}——出发行星的标准引力常数；

r_{pd}——出发行星的半径；

H_{pd}——出发行星上方的在轨航天器的高度。

如果航天器在离行星中心给定距离 $r_{pd}+H_{pd}$ 处从圆形停泊轨道离开出发行星，则可以再次使用式（4-9），结合式（4-35），计算在发动机关闭时航天器相对于出发行星的速度，该速度是成功进入期望的行星际转移轨道所需的双曲超速的必要条件

$$V_{pd}^{cut}=\sqrt{2E_o+\frac{2\mu_{pd}}{r_{pd}+H_{pd}}}=\sqrt{\frac{2\mu_{pd}}{r_{pd}+H_{pd}}+(V_{pd}^{hev})^2} \tag{4-36}$$

式中 V_{pd}^{cut}——成功进入期望的行星际转移轨道所需的航天器速度。

假定航天器从地球轨道开始星际转移，核动力发动机只需将航天器从额定的地球轨道速度加速到所需的双曲超速。再次使用式（4-30）来确定航天器的轨道速度，可得

$$V_{pd}^{orbit}=\sqrt{\frac{2\mu_{pd}}{r_{pd}+H_{pd}}-\frac{\mu_{pd}}{r_{pd}+H_{pd}}}=\sqrt{\frac{\mu_{pd}}{r_{pd}+H_{pd}}} \tag{4-37}$$

因此，用式（4-36）减去式（4-37）即可得出航天器推进系统所需的速度增量

$$\Delta V_{pd}=V_{pd}^{cut}-V_{pd}^{orbit}=\sqrt{\frac{2\mu_{pd}}{r_{pd}+H_{pd}}+(V_{pd}^{hev})^2}-\sqrt{\frac{\mu_{pd}}{r_{pd}+H_{pd}}} \tag{4-38}$$

双曲行星逃逸轨道的半长轴 a_{pd} 可以通过式（4-30）和式（4-36）所确定的发动机关机时的速度来计算，即

$$V_{pd}^{cut}=\sqrt{\frac{2\mu_{pd}}{a_{pd}}-\frac{\mu_{pd}}{a_{pd}}}=\sqrt{\frac{\mu_{pd}}{a_{pd}}}\Rightarrow a_{pd}=\frac{\mu_{pd}}{(V_{pd}^{cut})^2} \tag{4-39}$$

根据式（4-26）可以计算出逃逸轨道的偏心率

$$a_{pd}=\frac{h_s^2}{\mu_{pd}(1-\varepsilon_{pd}^2)}\Rightarrow\varepsilon_{pd}=\sqrt{1-\frac{h_s^2}{\mu_{pd}a_{pd}}} \tag{4-40}$$

接下来的几个方程涉及拼接条件，这些拼接条件将行星中心轨道参数与出发行星的日心轨道参数联系起来。由图 4-2 可以看出

$$V_{pd}^{hv}\sin(\alpha_d)=V_{pd}^{hev}\sin(\beta_d),V_{pd}^{hv}\cos(\alpha_d)=V_{pd}^{hev}\cos(\beta_d)+V_{pd} \tag{4-41}$$

利用式（4-41）所定义的几何关系来求解 β_d，即出发航天器的行星中心速度矢量与出发行星的日心轨道速度矢量之间的夹角

$$\tan(\beta_d)=\frac{V_{pd}^{hv}\sin(\alpha_d)}{V_{pd}^{hv}\cos(\alpha_d)+V_{pd}} \tag{4-42}$$

假设双曲行星喷气发动机的启动与停泊轨道矢量方向平行（即在近地点启动，此时行星真近点角等于零），则可根据式（4－15）给出的双曲轨迹曲线确定在行星影响范围边缘（或等同于 $r=\infty$ 处）的极限行星中心真近点角 $\theta_{\mathrm{d}}^{\infty}$，其结果为

$$r=\frac{-h_{\mathrm{s}}^{2}/\mu_{\mathrm{pd}}}{1+\varepsilon_{\mathrm{pd}}\cos(\theta_{\mathrm{d}}^{\infty})}\approx\infty\Rightarrow 0=1+\varepsilon_{\mathrm{pd}}\cos(\theta_{\mathrm{d}}^{\infty})\Rightarrow\cos(\theta_{\mathrm{d}}^{\infty})=\frac{-1}{\varepsilon_{\mathrm{pd}}} \tag{4-43}$$

现在可以确定航天器围绕出发行星的角度位置，在该位置必须启动发动机，以使航天器进入所需的行星际轨迹，该角度位置由出发航天器的行星中心速度矢量与出发行星的日心轨道速度矢量之间的夹角［见式（4－42）］，以及根据式（4－43）确定的极限行星中心真近点角 $\theta_{\mathrm{d}}^{\infty}$ 计算而得

$$\theta_{\mathrm{d}}=\theta_{\mathrm{d}}^{\infty}+\beta_{\mathrm{d}} \tag{4-44}$$

式中　θ_{d}——航天器围绕出发行星的角度位置，在该位置处航天器必须点火。

在到达目标行星后，对进入所需的到达行星停泊轨道的拼接计算基本上与上述计算相反。与行星出发方程一样，这些方程将航天器的速度和到达角度与其相对于太阳和中心行星的径向位置联系起来。

航天器到达目标行星时的日心速度可以根据总能量守恒来确定。由于航天器在出发行星和目标行星上的总比能量相等，利用式（4－9）得到

$$E_{\mathrm{o}}=\frac{(V_{\mathrm{pd}}^{\mathrm{hv}})^{2}}{2}-\frac{\mu_{\mathrm{s}}}{R_{\mathrm{pd}}}=\frac{(V_{\mathrm{pa}}^{\mathrm{hv}})^{2}}{2}-\frac{\mu_{s}}{R_{\mathrm{pa}}}\Rightarrow V_{\mathrm{pa}}^{\mathrm{hv}}=\sqrt{(V_{\mathrm{pd}}^{\mathrm{hv}})^{2}-2\mu_{\mathrm{s}}\left(\frac{1}{R_{\mathrm{pd}}}-\frac{1}{R_{\mathrm{pa}}}\right)} \tag{4-45}$$

式中　R_{pa}——航天器（或目标行星）到太阳的距离；

$V_{\mathrm{pa}}^{\mathrm{hv}}$——航天器到达目标行星（即抵达地）时的日心速度。

利用式（4－27）对其进行变换，可以得出目标行星的真近点角

$$r_{\mathrm{pa}}=\frac{a(1-\varepsilon^{2})}{\varepsilon\cos(\phi_{\mathrm{pa}})+1}\Rightarrow\psi_{\mathrm{pa}}=\arccos\left[\frac{a(1-\varepsilon^{2})-r_{\mathrm{pa}}}{\varepsilon r_{\mathrm{pa}}}\right] \tag{4-46}$$

到达的航天器的日心速度矢量与目标行星的日心轨道速度矢量之间的夹角可以根据角动量守恒来确定。因此，令根据式（4－32）确定的出发行星拼接点处的角动量与目标行星拼接点处的航天器角动量相等，就可以得出

$$h_{\mathrm{s}}=R_{\mathrm{pd}}V_{\mathrm{pd}}^{\mathrm{hv}}\cos(\alpha_{\mathrm{d}})=R_{\mathrm{pa}}V_{\mathrm{pa}}^{\mathrm{hv}}\cos(\alpha_{\mathrm{a}})\Rightarrow\alpha_{\mathrm{a}}=\mathrm{arccso}\left[\frac{R_{\mathrm{pd}}V_{\mathrm{pd}}^{\mathrm{hv}}\cos(\alpha_{\mathrm{d}})}{R_{\mathrm{pa}}V_{\mathrm{pa}}^{\mathrm{hv}}}\right] \tag{4-47}$$

图 4－3 说明了目标行星的日心速度矢量和航天器的行星中心速度矢量在拼接点处的相互关系。利用余弦定律，可以再次确定航天器的速度矢量相对于目标行星的日心速度矢量的表达式，即

$$(V_{\mathrm{pa}}^{\mathrm{hev}})^{2}=(V_{\mathrm{pa}}^{\mathrm{hv}})^{2}+(V_{\mathrm{pa}})^{2}-2V_{\mathrm{pa}}^{\mathrm{hv}}V_{\mathrm{pa}}\cos(\alpha_{\mathrm{a}}) \tag{4-48}$$

式中　$V_{\mathrm{pa}}^{\mathrm{hev}}$——目标行星的航天器的行星中心速度；

V_{pa}——目标行星的日心速度；

α_{a}——航天器的行星中心速度矢量和目标行星的日心速度矢量之间的夹角。

图 4－3 还说明了如何通过拼接条件确定航天器相对于行星日心速度矢量的接近角。这些航天器接近角（日心和行星中心的）之间的关系可以通过以下方程来确定

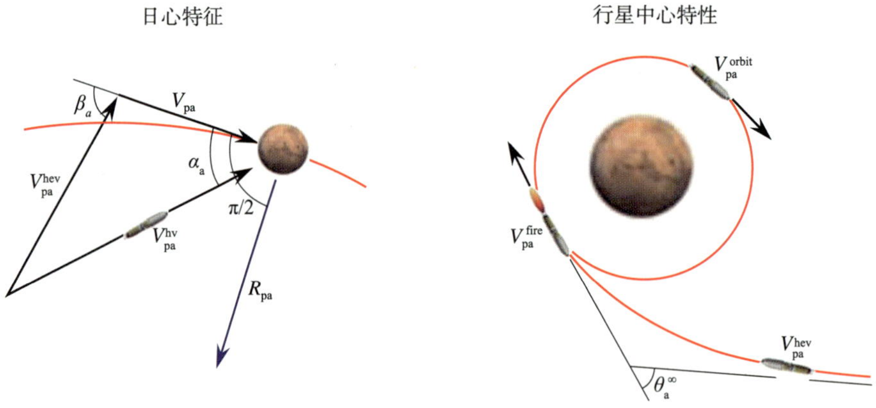

图 4-3 到达行星的轨道参数

$$V_{pa}^{hv}\sin(\alpha_a)=V_{pa}^{hev}\sin(\beta_a),V_{pa}^{hv}\cos(\alpha_a)=V_{pa}^{hev}\cos(\beta_a)+V_{pa} \tag{4-49}$$

利用式（4-49）所定义的几何关系来求解 β_a，即航天器以行星为中心的到达速度矢量与行星以太阳为中心的绕日轨道速度矢量之间的夹角，就可以得出以下方程

$$\tan(\beta_a)=\frac{V_{pa}^{hv}\sin(\alpha_a)}{V_{pa}^{hv}\cos(\alpha_a)-V_{pa}} \tag{4-50}$$

假设航天器需要进入目标行星周围半径为 r_{pa} 的圆形停泊轨道，遵循上述推导与行星偏离有关的方程时所采用的相同逻辑，则航天器在行星影响范围处（或等同于无限远离行星）的动能与轨道比能量之间的关系可以通过式（4-9）计算

$$V_{pa}^{hev}=\lim_{H_{pa}\to\infty}\sqrt{2E_o+\frac{2\mu_{pa}}{r_{pa}+H_{pa}}}\Rightarrow 2E_o=(V_{pa}^{hev})^2 \tag{4-51}$$

当具有双曲超速 V_{pa}^{hev} 的航天器进入目标行星的影响范围时，再次利用式（4-9）与式（4-51），以计算在期望的停泊轨道半径上实现行星捕获所需的速度

$$V_{pa}^{fire}=\sqrt{2E_o+\frac{2\mu_{pa}}{r_{pa}+H_{pa}}}=\sqrt{(V_{pa}^{hev})^2+\frac{2\mu_{pa}}{r_{pa}+H_{pa}}} \tag{4-52}$$

式中 V_{pa}^{fire} ——在捕获轨道高度处启动推进制动时的航天器速度；

H_{pa} ——目标行星表面上方的捕获轨道高度。

当航天器接近目标行星时，可利用式（4-30）计算的进入双曲线轨迹的半长轴 a_{pa} 和式（4-52）确定的行星捕获速度，得到

$$V_{pa}^{fire}=\sqrt{\frac{2\mu_{pa}}{a_{pa}}-\frac{\mu_{pa}}{a_{pa}}}\Rightarrow a_{pa}=\frac{\mu_{pa}}{(V_{pa}^{fire})^2} \tag{4-53}$$

现在还可以利用式（4-26）计算出航天器入轨轨迹的偏心率，即

$$a_{pa}=\frac{h_s^2}{\mu_{pa}(1-\varepsilon_{pa}^2)}\Rightarrow\varepsilon_{pa}=\sqrt{1-\frac{h_s^2}{\mu_{pa}a_{pa}}} \tag{4-54}$$

为了实现最有效的行星捕获，航天器必须在最接近行星处（即近心点）垂直于目标行星的半径矢量方向启动发动机。这次启动发生处即是航天器停泊轨道的半径。根据式（4-

15）所给出的双曲线轨迹曲线，可以确定航天器在行星际边缘（或等同于 $r \approx \infty$ 处）与近心点（也是行星中心的极限真近点角，即 θ_a^{∞} ）之间的接近角，结果如下

$$r = \frac{-h_{sc}^2/\mu_{pd}}{1 + \varepsilon_{pa}\cos(\theta_a^{\infty})} \approx \infty \Rightarrow 0 = 1 + \varepsilon_{pa}\cos(\theta_a^{\infty})$$
$$\Rightarrow \cos(\theta_a^{\infty}) = \frac{-1}{\varepsilon_{pa}} \tag{4-55}$$

现在可以确定航天器围绕目标行星的角度位置，如式（4-50）所示，该位置是航天器的行星中心到达速度矢量与行星绕太阳的日心轨道速度矢量之间的夹角，再加上根据式（4-54）确定的行星中心极限真近点角 θ_a^{∞} ，可得到

$$\theta_a = \theta_a^{\infty} + \beta_a \tag{4-56}$$

式中　θ_a ——航天器围绕目标行星的角度位置，在该位置处必须开始制动捕获。

4.4 飞行时间方程

在上一节中，推导出了将航天器的位置和速度与其真近点角（即相对于其轨迹近心点的角位移）联系起来的表达式。在这些推导过程中，时间变量被暂时排除在分析之外。本节将重新引入时间变量，以便确定行星际飞行任务的航行时间。在重新引入时间变量的过程中，首先要改写式（4-12）为

$$\frac{d\phi}{dt} = \frac{h}{r^2} \Rightarrow dt = \frac{r^2}{h} d\phi \tag{4-57}$$

将式（4-17）中的轨迹表达式代入式（4-57），可得

$$dt = \frac{1}{h}\left\{\frac{h^2}{\mu[1 + \varepsilon\cos\phi]}\right\}^2 d\phi = \frac{h^3}{\mu^2}\frac{d\phi}{[1 + \varepsilon\cos(\phi)]^2} \tag{4-58}$$

将式（4-58）从真近点角零点（近心点）积分到航天器轨迹的任意真近点角，就可以得到航天器在两个真近点角之间的航行时间表达式，即

$$t = \frac{h^3}{\mu^2}\int_0^{\phi}\frac{d\phi'}{(1 + \varepsilon\cos\phi')^2}$$
$$= \frac{h^3}{\mu^2}\frac{1}{(1 - \varepsilon^2)^{3/2}}\left\{2\arctan\left[\sqrt{\frac{1-\varepsilon}{1+\varepsilon}}\tan\left(\frac{\phi}{2}\right)\right] - \frac{\varepsilon\sqrt{1-\varepsilon^2}\sin\phi}{1 + \varepsilon\cos\phi}\right\} \tag{4-59}$$

式（4-59）可以通过引入一个称为偏近点角 E 的新变量来简化。该变量的几何示意图如图 4-4 所示。在该图中，航天器的轨道路径包含在一个半径等于轨道半长轴 a 的圆内，该圆在近心点和远心点正好与航天器的轨道路径相接。图 4-4 还说明了真近点角 ϕ 和偏近点角 E 之间的关系。

此时，用偏近点角来表示航天器与轨迹焦点的径向距离是有用的。首先，航天器轨迹方程基于笛卡儿坐标系书写，原点位于轨迹的主焦点，得到

$$\frac{(x + a\varepsilon)^2}{a^2} + \frac{y^2}{b^2} = 1 \tag{4-60}$$

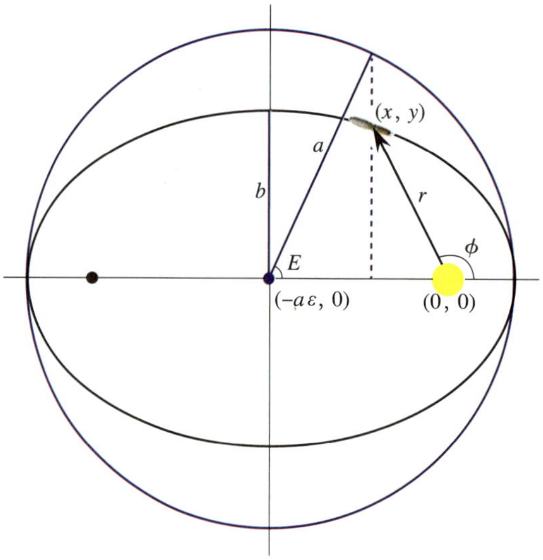

图 4 - 4　真近点角与偏近点角之间的几何关系

由图 4 - 4，还可得到

$$x = a\cos E - a\varepsilon \tag{4-61}$$

将式（4 - 61）代入式（4 - 60）得到

$$1 = \frac{(a\cos E - a\varepsilon + a\varepsilon)^2}{a^2} + \frac{y^2}{b^2} = \cos^2 E + \frac{y^2}{b^2} \tag{4-62}$$

基于椭圆的数学描述，偏心率可以表示为

$$\varepsilon = \sqrt{\frac{a^2 - b^2}{a^2}} \Rightarrow b = a\sqrt{1-\varepsilon^2} \tag{4-63}$$

将式（4 - 63）代入式（4 - 62），变换各项得到

$$1 = \cos^2 E + \frac{y^2}{a^2(1-\varepsilon^2)} \Rightarrow y^2 = a^2(1-\varepsilon^2)(1-\cos^2 E) = a^2(1-\varepsilon^2)\sin^2 E \tag{4-64}$$

将毕达哥拉斯定理与式（4 - 61）和式（4 - 64）结合应用，最终得出用偏近点角表示的航天器轨迹半径，即

$$r^2 = x^2 + y^2 = [a\cos E - a\varepsilon]^2 + a^2(1-\varepsilon^2)\sin^2 E = a^2(1-\varepsilon\cos E)^2$$
$$\Rightarrow r = a(1-\varepsilon\cos E) \tag{4-65}$$

令式（4 - 27）中用真近点角表示的轨迹半径与式（4 - 65）中用偏近点角表示的轨迹半径相等，可以证明真近点角与偏近点角之间的数学关系如下

$$r = \frac{a(1-\varepsilon^2)}{\varepsilon\cos\phi + 1} = a(1-\varepsilon\cos E) \Rightarrow \cos E = \frac{\varepsilon + \cos\phi}{1+\varepsilon\cos\phi} \tag{4-66}$$

利用三角恒等式，可由式（4 - 61）得出

$$\sin\phi = \sqrt{1-\cos^2 E} = \frac{\sqrt{1-\varepsilon^2}\sin E}{1-\varepsilon\cos E} \tag{4-67}$$

以及

$$\tan\left(\frac{\phi}{2}\right)=\frac{1-\cos\phi}{\sin\phi}=\frac{1-\varepsilon\cos E-\cos E+\varepsilon}{\sqrt{1-\varepsilon^{2}}\sin E}=\frac{(\varepsilon+1)(1-\cos E)}{\sqrt{1-\varepsilon^{2}}\sin E}$$
$$=\sqrt{\frac{1+\varepsilon}{1-\varepsilon}}\frac{1-\cos E}{\sin E}=\sqrt{\frac{1+\varepsilon}{1-\varepsilon}}\tan\left(\frac{E}{2}\right) \tag{4-68}$$

如果将式（4-66）～式（4-68）代入行星际航行时间式（4-59），就会得到一个更简单的航行时间方程，其中用偏近点角取代了真近点角

$$t=\frac{h^{3}}{\mu_{s}^{2}}\frac{1}{(1-\varepsilon^{2})^{3/2}}\left\{2\arctan\left[\sqrt{\frac{1-\varepsilon}{1+\varepsilon}}\sqrt{\frac{1+\varepsilon}{1-\varepsilon}}\tan\left(\frac{E}{2}\right)\right]-\frac{\varepsilon\sqrt{1-\varepsilon^{2}}\dfrac{\sqrt{1-\varepsilon^{2}}\sin E}{1-\varepsilon\cos E}}{1+\varepsilon\dfrac{\cos E-\varepsilon}{1-\varepsilon\cos E}}\right\}$$
$$=\frac{h^{3}}{\mu_{s}^{2}}\frac{E-\varepsilon\sin E}{(1-\varepsilon^{2})^{3/2}} \tag{4-69}$$

使用式（4-26）、式（4-69）的航行时间关系可以进一步简化为

$$t=\frac{h^{3}}{\mu_{s}^{2}}\frac{E-\varepsilon\sin E}{(1-\varepsilon^{2})^{3/2}}=a^{3/2}(1-\varepsilon^{2})^{3/2}\frac{E-\varepsilon\sin E}{\sqrt{\mu_{s}}(1-\varepsilon^{2})^{3/2}}=(E-\varepsilon\sin E)\sqrt{\frac{a^{3}}{\mu_{s}}} \tag{4-70}$$

式中　t ——从偏近点角为 0°到偏近点角为 E 的航行时间。

式（4-70）被称为开普勒方程，是计算行星际航行时间的常用表达式。图 4-5 形象地说明了地球到火星飞行任务的轨道特征。能量最低的飞行任务可能遵循所谓的霍曼轨道。在霍曼轨道上，航天器转移轨道的远地点正好等于目标行星绕太阳的轨道半径，而航天器转移轨道的近地点正好等于出发行星绕太阳的轨道半径。虽然霍曼星际转移是能量最低的任务，但也是最慢的任务，完成一次从地球到火星的转移大约需要 259 天。

图 4-5 的交互式版本还说明了，当超过霍曼传递所需的速度时，相对较小的速度增量如何使航行时间大大缩短。这些航行时间的减少主要不是由于速度的增加，而是由于所需航行距离的减少。假定所有的出发角都与出发行星的轨道速度矢量相切，随着飞行任务总速度的增加，航行距离的减少幅度逐渐变小，并逐渐接近与半焦弦相等的最小值。

完成特定飞行任务所需的所有速度变化的总和称为飞行任务总速度增量，其中不仅包括从出发行星轨道逃逸并进入目标行星轨道所需的速度增量，还包括所有其他必要的速度变化，如调整转移轨道的轨道平面、中途修正等。因此，为特定星际飞行任务选择的推进系统必须能够满足这一总速度增量，否则将无法完成任务。通过应用式（2-8）表示的火箭方程，可以将任务的总速度增量与火箭的质量分数和发动机比冲联系起来。现在的目标是为特定的星际飞行任务确定飞行任务速度增量的组合，其总和等于火箭方程得出的火箭最大速度。这些飞行任务速度增量是各种轨道参数（如真近点角等）的函数，选择这些函数的目的是在给定的飞行任务总速度增量下，使行星际航行时间最短。这种计算没有闭式解，因此必须数值求解。举例来说，假定飞行任务是单程航行，进入目标行星的轨道，那么问题将以如下方式建立

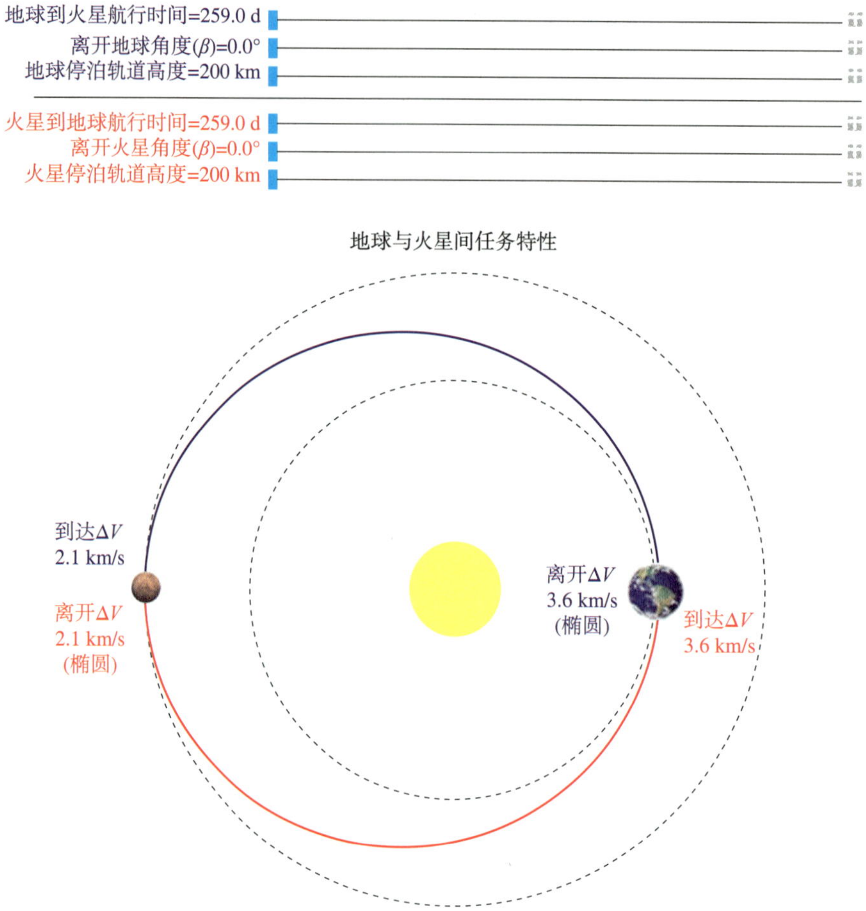

图 4-5　地球-火星任务特征

$$t_{\min} = \min[t(a, \varepsilon, \phi)]$$

$$\text{s.t.}\quad V_{\text{tm}}(I_{sp}, f_{\text{m}}) = \Delta V_{\text{pd}}[a, \varepsilon, \phi_{\text{d}}] + \Delta V_{\text{pa}}[a, \varepsilon, \phi_{\text{a}}] \tag{4-71}$$

式中　$t_{\min}$——最短总航行时间；

$t(a, \varepsilon, \phi)$——航行时间式（4-70）的等价函数形式。

例题

假定转移火箭的质量分数为 0.25，使用的核热火箭发动机的比冲为 850 s，请确定从地球轨道到火星轨道的单程旅行时间。假定转移火箭从 200 km 高的轨道离开地球，与地球绕太阳的速度矢量方向相同（$\beta_{\text{earth}} = 0° \Rightarrow \alpha_{\text{earth}} = 0° \Rightarrow \phi_{\text{earth}} = 0°$），并进入 100 km 高的火星轨道。同时假定：

参数	值	单位
从太阳到地球的距离	149 700 000	km
地球半径	6 378	km

续表

参数	值	单位
地球标准引力常数	398 600	km^3/s^2
从太阳到火星的距离	228 000 000	km
火星半径	3 393	km
火星标准引力常数	42 830	km^3/s^2
太阳标准引力常数	1.327×10^{11}	km^3/s^2

请注意，由于在本问题中航天器的出发角是固定的，本计算并不要求将地球到火星的飞行时间最小化。

解答

首先确定目标飞行任务的总速度增量，它是核发动机的比冲和运载火箭质量分数的函数。根据式（2－8）所表示的火箭方程，能够计算出火箭可用于任务机动的总速度增量

$$\Delta V_{\text{vehicle}}=-0.009\ 8I_{sp}\ln(f_m)=-0.009\ 8\frac{\text{km}}{\text{s}^2}\times 850\ \text{s}\times\ln 0.25=11.548\ \frac{\text{km}}{\text{s}} \tag{1}$$

接下来是确定地球到火星转移机动的轨迹特征。要进行这一计算，需要了解太阳轨道偏心率。由于尚不知道这一参数，因此先对太阳轨道偏心率进行猜测，直到找到一个值，使任务所需总速度增量与火箭可提供的总速度增量相匹配。目前，假设太阳轨道偏心率 ε 为 0.4。根据这一轨道偏心率，火箭转移轨道的主半径值可由式（4－27）确定，即

$$a=\frac{R_{\text{earth}}[1+\varepsilon\cos(\phi_{\text{earth}})]}{1-\varepsilon^2}=\frac{149\ 700\ 000\ \text{km}\times[1+0.4\times\cos(0)]}{1-0.4^2}=249\ 500\ 000\ \text{km} \tag{2}$$

根据式（2）确定了火箭转移轨道的主半径，航天器离开地球轨道后的日心速度可根据式（4－31）计算得出

$$V_{\text{earth}}^{\text{hv}}=\sqrt{\mu_s\left(\frac{2}{R_{\text{earth}}}-\frac{1}{a}\right)}$$
$$=\sqrt{1.327\times10^{11}\ \frac{\text{km}^3}{\text{s}^2}\times\left(\frac{2}{149\ 700\ 000\ \text{km}}-\frac{1}{249\ 500\ 000\ \text{km}}\right)}=35.23\ \frac{\text{km}}{\text{s}} \tag{3}$$

为了计算航天器从地球出发的双曲超速，还必须计算地球绕太阳的速度。地球绕太阳的速度可以通过式（4－34）计算得出

$$V_{\text{earth}}^{\text{hv}}=\sqrt{\frac{\mu_s}{R_{\text{earth}}}}=\sqrt{\frac{1.327\times10^{11}\ \dfrac{\text{km}^3}{\text{s}^2}}{149\ 700\ 000\ \text{km}}}=29.773\ \frac{\text{km}}{\text{s}} \tag{4}$$

双曲超速是指航天器离开地球引力范围后的速度，将式（3）和式（4）的结果代入式（4－33）得到

$$V_{\text{earth}}^{\text{hev}}=\sqrt{(V_{\text{earth}}^{\text{hv}})^2+V_{\text{earth}}^2-2V_{\text{earth}}^{\text{hv}}V_{\text{earth}}\cos(\alpha_{\text{earth}})}$$

$$=\sqrt{35.23^2\ \frac{\text{km}^2}{\text{s}^2}+29.773^2\ \frac{\text{km}^2}{\text{s}^2}-2\times 35.23\ \frac{\text{km}}{\text{s}}\times 29.773\ \frac{\text{km}}{\text{s}}\cos(0)}=5.455\ \frac{\text{km}^3}{\text{s}^2} \tag{5}$$

由式（5）可得双曲超速，现在就可以确定发动机关闭时航天器相对于地球的速度，该速度是将航天器送入期望的火星转移轨道所必需的。根据式（4－36），可以确定熄火时的航天器速度为

$$V_{\text{earth}}^{\text{cut}}=\sqrt{\frac{2\mu_{\text{earth}}}{r_{\text{earth}}+H_{\text{earth}}}+(V_{\text{earth}}^{\text{hev}})^2}=\sqrt{\frac{2\times 398\ 600\ \frac{\text{km}^3}{\text{s}^2}}{6\ 378\ \text{km}+200\ \text{km}}+5.455^2\ \frac{\text{km}^2}{\text{s}^2}}=12.286\ \frac{\text{km}}{\text{s}} \tag{6}$$

为了确定航天器从地球停泊轨道进入所需的火星转移轨道所需的速度增量，还必须计算航天器的轨道速度。利用式（4－37）计算航天器的轨道速度

$$V_{\text{earth}}^{\text{orbit}}=\sqrt{\frac{\mu_{\text{earth}}}{r_{\text{earth}}+H_{\text{earth}}}}=\sqrt{\frac{398\ 600\ \frac{\text{km}^3}{\text{s}^2}}{6\ 378\ \text{km}+200\ \text{km}}}=7.784\ \frac{\text{km}}{\text{s}} \tag{7}$$

利用式（6）和式（7）得出的结果，计算核推进系统将航天器送入所需的火星转移轨道所需的速度增量

$$\Delta V_{\text{earth}}=V_{\text{earth}}^{\text{cut}}-V_{\text{earth}}^{\text{orbit}}=12.286\ \frac{\text{km}}{\text{s}}-7.784\ \frac{\text{km}}{\text{s}}=4.502\ \frac{\text{km}}{\text{s}} \tag{8}$$

到达火星后，航天器进入所期望的停泊轨道的计算与航天器离开地球轨道所需的计算相反。首先需要确定航天器到达火星时的日心速度。这个速度可以根据式（4－45）和式（3）的结果确定，即

$$V_{\text{Mars}}^{\text{hv}}=\sqrt{(V_{\text{earth}}^{\text{hv}})^2+2\mu_{\text{s}}\left(\frac{1}{R_{\text{earth}}}-\frac{1}{R_{\text{Mars}}}\right)}$$

$$=\sqrt{35.228^2\ \frac{\text{km}^2}{\text{s}^2}+2\times 1.327\times 10^{11}\ \frac{\text{km}^3}{\text{s}^2}\times\left(\frac{1}{149\ 700\ 000\ \text{km}}-\frac{1}{228\ 000\ 000\ \text{km}}\right)}$$

$$=25.143\ \frac{\text{km}}{\text{s}} \tag{9}$$

除了确定航天器到达时的日心速度外，还需要确定航天器到达火星时相对于火星轨道速度矢量的角度。利用式（4－47）确定这个角度

$$\alpha_{\text{Mars}}=\arccos\left[\frac{R_{\text{earth}}V_{\text{earth}}^{\text{hv}}\cos(\alpha_{\text{earth}})}{R_{\text{Mars}}^{\text{hv}}V_{\text{Mars}}^{\text{hv}}}\right]$$

$$=\arccos\left[\frac{149\ 700\ 000\ \text{km}\times 35.228\ \frac{\text{km}}{\text{s}}\times\cos(0)}{228\ 000\ 000\ \text{km}\times 25.143\ \frac{\text{km}}{\text{s}}}\right]=23.08° \tag{10}$$

为了将航天器相对于火星的到达速度与其到达时的日心速度联系起来，必须首先确定火星绕太阳的轨道速度。如前所述，利用式（4-34）可得

$$V_{\mathrm{Mars}}=\sqrt{\frac{\mu_{\mathrm{s}}}{R_{\mathrm{Mars}}}}=\sqrt{\frac{1.327\times10^{11}\ \frac{\mathrm{km}^3}{\mathrm{s}^2}}{228\ 000\ 000\ \mathrm{km}}}=24.125\ \frac{\mathrm{km}}{\mathrm{s}} \tag{11}$$

航天器相对于火星的到达速度（等于双曲逃逸速度）可以用式（4-48）计算得出

$$\begin{aligned}V_{\mathrm{Mars}}^{\mathrm{hev}}&=\sqrt{(V_{\mathrm{Mars}}^{\mathrm{hv}})^2+V_{\mathrm{Mars}}^2-2V_{\mathrm{Mars}}^{\mathrm{hv}}V_{\mathrm{Mars}}\cos(\alpha_{\mathrm{Mars}})}\\&=\sqrt{25.143^2\ \frac{\mathrm{km}^2}{\mathrm{s}^2}+24.125^2\ \frac{\mathrm{km}^2}{\mathrm{s}^2}-2\times25.143\ \frac{\mathrm{km}}{\mathrm{s}}\times24.125\ \frac{\mathrm{km}}{\mathrm{s}}\times\cos(23.08°)}\\&=9.908\ \frac{\mathrm{km}}{\mathrm{s}}\end{aligned} \tag{12}$$

当火星引力开始影响航天器时，航天器在火星表面上方的捕获轨道高度制动。航天器制动开始时的速度可根据式（4-52）利用式（12）的结果确定，即

$$V_{\mathrm{Mars}}^{\mathrm{fire}}=\sqrt{(V_{\mathrm{Mars}}^{\mathrm{hev}})^2+\frac{2\mu_{\mathrm{Mars}}}{r_{\mathrm{Mars}}+H_{\mathrm{Mars}}}}=\sqrt{9.908^2\ \frac{\mathrm{km}^2}{\mathrm{s}^2}+\frac{2\times42\ 830\ \frac{\mathrm{km}^3}{\mathrm{s}^2}}{3\ 393\ \mathrm{km}+100\ \mathrm{km}}}=11.077\ \frac{\mathrm{km}}{\mathrm{s}} \tag{13}$$

为了确定航天器进入火星停泊轨道所需的速度增量，还必须计算航天器在所期望的火星捕获高度处的轨道速度。使用式（4-37）计算航天器在火星上的轨道速度，可以得出

$$V_{\mathrm{Mars}}^{\mathrm{orbit}}=\sqrt{\frac{\mu_{\mathrm{Mars}}}{r_{\mathrm{Mars}}+H_{\mathrm{Mars}}}}=\sqrt{\frac{42\ 830\ \frac{\mathrm{km}^3}{\mathrm{s}^2}}{3\ 393\ \mathrm{km}+100\ \mathrm{km}}}=3.502\ \frac{\mathrm{km}}{\mathrm{s}} \tag{14}$$

根据式（13）和式（14），可以确定核推进系统为进入所期望的火星停泊轨道而需要提供的速度增量，即

$$\Delta V_{\mathrm{Mars}}=V_{\mathrm{Mars}}^{\mathrm{fire}}-V_{\mathrm{Mars}}^{\mathrm{orbit}}=11.077\ \frac{\mathrm{km}}{\mathrm{s}}-3.502\ \frac{\mathrm{km}}{\mathrm{s}}=7.575\ \frac{\mathrm{km}}{\mathrm{s}} \tag{15}$$

核推进系统必须提供的执行飞行任务的总速度增量是离开地球和在火星捕获的速度增量之和。利用式（8）和式（15），可得飞行任务所需的总速度增量为

$$\Delta V_{\mathrm{mission}}=\Delta V_{\mathrm{earth}}+\Delta V_{\mathrm{Mars}}=4.502\ \frac{\mathrm{km}}{\mathrm{s}}+7.575\ \frac{\mathrm{km}}{\mathrm{s}}=12.077\ \frac{\mathrm{km}}{\mathrm{s}} \tag{16}$$

将核动力发动机提供的 $\Delta V_{\mathrm{vehicle}}$（11.548 km/s）与飞行任务 $\Delta V_{\mathrm{mission}}$（12.601 km/s）相比较，可以看出假设的太阳轨道偏心率 0.4 太低。因此，需要提高火星转移轨道的轨道偏心率值（意味着更高的能量和更快速的行星转移），以便与核动力发动机能够提供的额外 ΔV 的值相匹配。对火星转移轨道偏心率的其他几个值进行计算，得出以下结果：

ε	a/km	$\Delta V_{mission}$/(km/s)	$\Delta V_{vehicle}-\Delta V_{mission}$/(km/s)
0.400	2.495×10^8	12.077	−0.529
0.300	2.139×10^8	9.127	2.421
0.350	2.303×10^8	10.655	−0.893
0.381	2.418×10^8	11.547	0.001(接近)

知道了航天器从地球到火星的转移轨道的特点，现在就可以确定行星之间的航行时间了。利用上表中的转移轨道参数和式（4-46），可以确定航天器到达火星时的真近点角为

$$\begin{aligned}\phi_{Mars}&=\arccos\left[\frac{a(1-\varepsilon^2)-R_{Mars}}{\varepsilon R_{Mars}}\right]\\&=\arccos\left[\frac{241\ 800\ 000\ \text{km}\times(1-0.381^2)-228\ 000\ 000\ \text{km}}{0.381\times228\ 000\ 000\ \text{km}}\right]\\&=104.19°\end{aligned}\tag{17}$$

利用式（17）得出的航天器在火星的真近点角，现在还可以通过式（4-66）计算出航天器到达火星时的偏近点角，即

$$\begin{aligned}E_{Mars}&=\arccos\left[\frac{\varepsilon+\cos(\phi_{Mars})}{1+\varepsilon\cos(\phi_{Mars})}\right]=\arccos\left[\frac{0.381+\cos(104.19°)}{1+0.381\times\cos(104.19°)}\right]\\&=1.420\ \text{rad}=81.385°\end{aligned}\tag{18}$$

最后，利用式（4-70）可以确定在地球和火星之间航行所需的时间。由于在地球执行切向出发，航天器在转移轨道近心点（即 $E_{earth}=0$）上发动机点火，因此只需要根据式（18）中得到的偏近点角来确定行星之间的航行时间。因此，到火星的航行时间为

$$\begin{aligned}t&=\sqrt{\frac{a^3}{\mu_s}}\left[E_{Mars}-\varepsilon\sin(E_{Mars})\right]\\&=\frac{1}{86\ 400}\ \frac{\text{d}}{\text{s}}\sqrt{\frac{(2.418\times10^8)^3\text{km}^3}{1.327\times10^{11}\ \frac{\text{km}^3}{\text{s}^2}}}\left[1.420-0.381\times\sin(81.385°)\right]=124.64\ \text{d}\end{aligned}\tag{19}$$

在图4-6中，地球与火星之间往返飞行任务的特征被表示为航天器及其推进系统性能特征的函数。在这些计算中，往返时间已被最小化，以便尽可能高效地使用可用的飞行任务总速度增量预算。应该指出的是，这些计算只考虑了航天器的出发和捕获机动，而忽略了所有其他所需的速度变化（如中途校正机动、突发事件等）。此外，还假设地球和火星的轨道在其平均太阳轨道半径上是完美的圆形，从而忽略了两颗行星的所有轨道偏心。虽然这些假设不能用于详细的飞行任务分析（因为高精度对飞行任务的成功至关重要），但与更详细的飞行任务研究相比，忽略这些假设只会导致很小的差异。

虽然大多数行星际飞行任务研究都集中在火星航行上，但核动力或其他先进的具有高比冲的推进系统，也可用于执行其他具有科学意义的行星任务。使用化学推进系统难以完

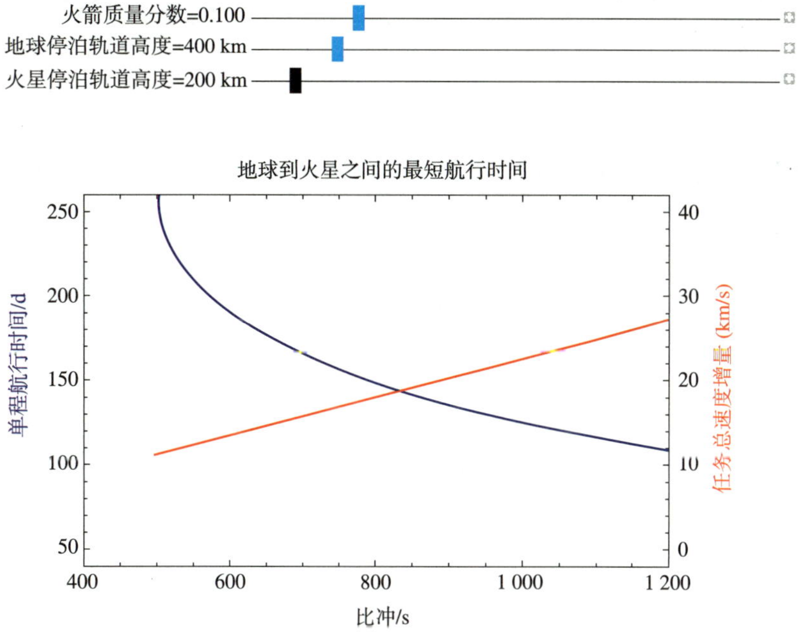

图 4－6　地球-火星的最短航行时间

成或无法完成的外行星（或内行星）任务，在使用更高效的推进系统后会变得可行。在图 4－7 中，利用之前建立的轨道关系粗略估算了某些其他行星任务的轨迹特征，以确定完成这些任务所需的推进系统的要求。同样，假定只需要进行主要的行星出发和到达推进机动，并且行星轨道是完美的圆形时，可计算最短飞行时间。

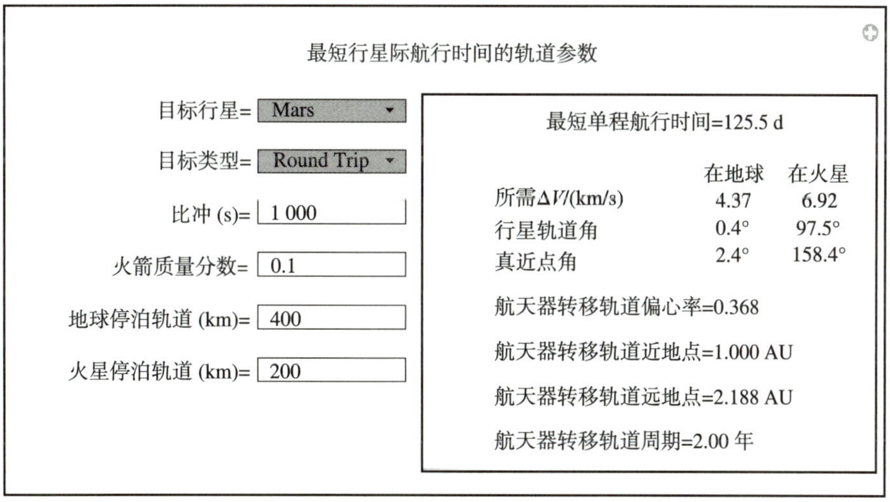

图 4－7　最短行星际航行时间

参考文献

[1] Bate R R，Mueller D D，White JE. Fundamentals of astrodynamics. New York：Dover Publications，Inc.；1971，ISBN 0-486-60061-0.

习 题

1. 假设航天器由地球发射时的速度矢量与地球绕太阳飞行的速度矢量处于同一个方向，并且太阳的轨道偏心率为0.6，确定该航天器飞到火星所需的时间，假设地球和太阳之间的距离为 1.497×10^{8} km，火星和太阳之间的距离为 2.25×10^{8} km。同时假设太阳的引力常量为 1.327×10^{11} km^{3}/s^{2}。

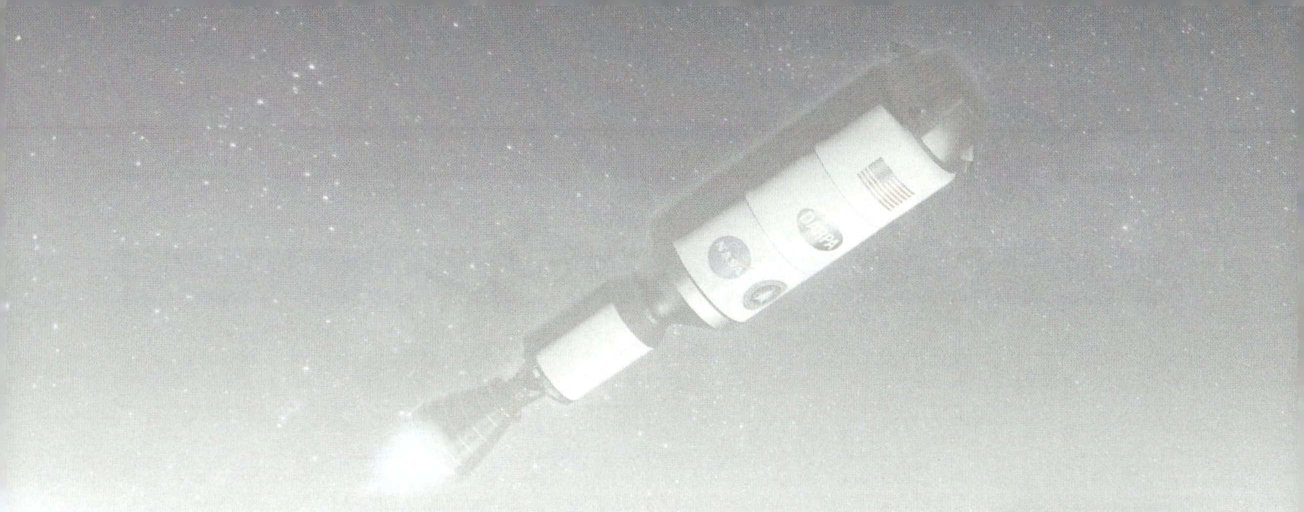

第5章

基本核结构和核过程

5.1 核结构

为了能够更好地研究与核火箭发动机相关的核反应堆物理，首先需要简要地定性讨论原子核本身的特征。

当前关于原子结构，特别是原子核结构的概述，最初是在1911年由欧内斯特·卢瑟福（Ernest Rutherford）通过一系列经典的实验所提出的。在这些实验中，卢瑟福证明了原子核只占据原子总体积的一小部分。自那以来，后续的经典实验已经表明，原子的“直径”大约是10^{-8} cm的量级，而原子核的“直径”则明显更小，大约是10^{-12} cm。但即使是原子核，也不能被认为是实心固体，因为构成它的质子和中子的“直径”大约是10^{-13}cm，即大约是原子核直径的十分之一。

在正常情况下，原子核由称为质子和中子的亚原子粒子组成（也称为核子），这些粒子属于一类被称为强子的基本粒子。强子本身由更基本的粒子——夸克所组成。夸克模型最初出现在1964年由默里·盖尔曼（Murray Gell - Mann）和乔治·茨威格（George Zweig）提出的用来描述当时在粒子加速器实验中发现的大量基本粒子。在当前的夸克模型中，夸克有六种不同“味”性质，分别是上夸克（up）、下夸克（down）、粲夸克（charm）、奇夸克（strange）、顶夸克（top）和底夸克（bottom）。理论上夸克具有分数电荷，即所谓的色荷。色荷可以是红色、绿色或蓝色，并且与强相互作用有关，这种强相互作用将夸克束缚在强子中。夸克可以具有任何色荷。色荷并不对应于实际的颜色，而是构成了一个用于描述强相互作用的有效工具。所有强子都是色荷中性的，即所有强子都是由夸克组成的，其色荷呈白色。反夸克也可以存在，并且具有反红色、反绿色和反蓝色的色荷。表5-1列出了各种味性质的夸克。

表 5-1　夸克的味性质

夸克	符号	质量/(MeV/c²)	电荷
上夸克	u	1.7～3.1	+2/3
下夸克	d	4.1～5.7	−1/3
粲夸克	c	1 180～1 340	+2/3
奇夸克	s	80～130	−1/3
顶夸克	t	172 000～173 800	+2/3
底夸克	b	4 130～4 370	−1/3

在六种属性中，只有上夸克和下夸克是稳定的，它们是构成质子和中子的夸克组合。质子和中子是强子的一个子类——重子的一部分。重子由三个具有不同色荷的夸克组成。质子带有+1 的净电荷，因此由两个上夸克和一个下夸克组成（uud）。另一方面，中子不带电荷，由两个下夸克和一个上夸克组成（udd）。夸克之间的色荷通过称为胶子的基本粒子介导，胶子携带色荷和反色荷，其作用是在夸克之间交换色荷。通过胶子，强相互作用将夸克束缚在重子中。

除了质子和中子，还有几十种由不同的夸克组合而成的其他重子可以在某些极端条件下存在。这些重子的一些例子包括 Λ 粒子（uds）、Ξ_c 粒子（dsc）和 Ω_{cb} 粒子（scb）等。这些重子都是非常不稳定的，只能在极高能量下短暂存在，例如在大型粒子加速器或爆炸的恒星中。由于这些异重子不在后续讨论的常见的核反应中出现，所以这里不再进一步介绍。

强子的另一个类别被称为介子。这些基本粒子在核中仅短暂存在，由夸克和反夸克组成。像重子一样，介子通过强相互作用结合在一起，同样由胶子介导。介子充当强核力的载体，将原子核中的重子束缚在其中。负责质子和中子之间强相互作用的特定介子是 π 介子（pion）。π 介子只有在违背质量和能量守恒定律时才能产生，其质量大约是质子和中子的 2/3。根据海森堡测不准（Heisenberg Uncertainty Principle）原理，只要违背质量和能量守恒定律的时间足够短，那么这种情况就是能存在的

$$\Delta E \times \Delta t \lesssim \frac{h}{4\pi} \Rightarrow \Delta t \lesssim \frac{h}{4\pi \Delta E} \tag{5-1}$$

式中　ΔE ——与 π 介子产生相关的能量；

Δt ——在满足海森堡测不准原理时 π 介子能够存在的时间；

h ——普朗克常数。

因为 π 介子存在的时间有限，其运动的距离也是有限的。假设 π 介子以接近光速的速度行进，并且与 π 介子产生相关的能量由著名的爱因斯坦（Einstein）质能守恒式方程（$E=mc^2$）决定，式（5-1）可写为

$$\Delta t = \frac{d}{c} \lesssim \frac{h}{4\pi mc^2} \Rightarrow d \lesssim \frac{hc}{4\pi mc^2} \tag{5-2}$$

式中　d ——π 介子行进的距离；

m ——π 介子的质量；

c ——光速。

将数值代入式（5－2）得到

$$d \lesssim \frac{1.24\ \text{eV}\mu\text{m}}{4\pi \times 135\ \dfrac{\text{MeV}}{c^2} \times c^2 \times 10^6\ \dfrac{\text{eV}}{\text{MeV}}} \approx 10^{-9}\ \mu\text{m} \tag{5-3}$$

式（5－3）粗略给出了强核力作用于相邻核子使其相互结合的有效距离，其大小与质子和中子有关。图 5－1 展示了一些在重子内部可能存在的、经由胶子传递的夸克相互作用，以及在重子之间耦合的、经由 π 介子传递的强相互作用。

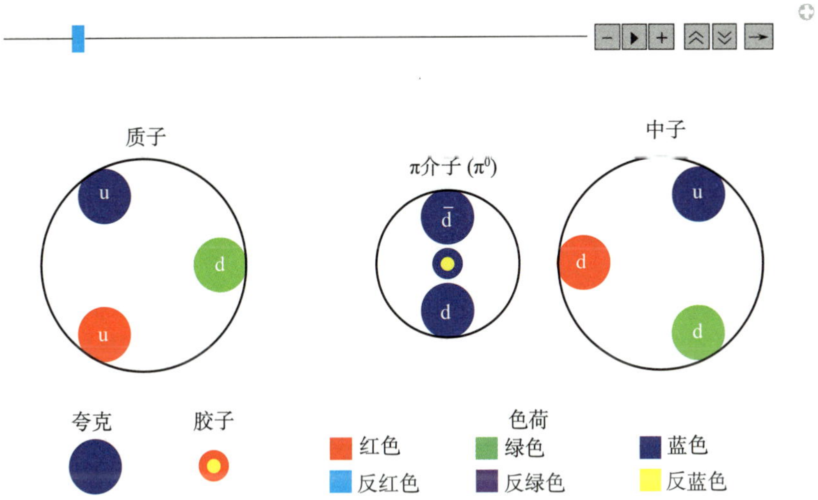

图 5－1　原子核内夸克—胶子相互作用

在 π 介子和重子之间的强核力的强度可以通过所谓的汤川势（Yukawa potential）来近似描述。当介导粒子具有非零质量时，例如 π 介子通过粒子交换在重子之间产生强核力时，这种势能就会上升。汤川势形式如下

$$V = -g^2 \frac{e^{-kMr}}{r} \tag{5-4}$$

式中　V ——汤川势；

g ——与相互作用类型有关的耦合常数；

k　与相互作用类型有关的比例常数；

M ——介导强相互作用的粒子的质量；

r ——到介导强相互作用粒子的距离。

若式（5－4）中汤川势的耦合常数为负，则表明作用在核子上的力为引力。如果介导粒子的质量等于零，则类似介导粒子是光子时的静电势情况，汤川势将简化为库仑势（Coulomb potential），即

$$V_{coul}=g_{coul}^{2}\frac{e^{-k(0)r}}{r}=g_{coul}^{2}\frac{1}{r} \tag{5-5}$$

若式（5-4）中汤川势耦合常数为正，则表明核子之间的作用力为斥力，类似具有多个质子的原子核中的情况。通常，汤川势的耦合常数导致强核力比静电力强 100 倍。汤川势和库仑势相加得到一个净势，它近似于在原子核中观察到的电势。该净势如图 5-2 所示，其中“g”正比于强力与静电力的耦合常数之比。比例常数“k”通常假定等于 1。值得注意的是，由于汤川势比库仑势下降速度快得多，因此存在一个分离距离，在该分离距离前后，核子引起的原子核净势由吸引变为排斥。如果原子核变得很大或者很扭曲，导致核子之间的临界距离变得很大，以至于净势变为排斥力，这时静电力在核子间相互作用中占据主导地位，原子核会在裂变过程中分裂。

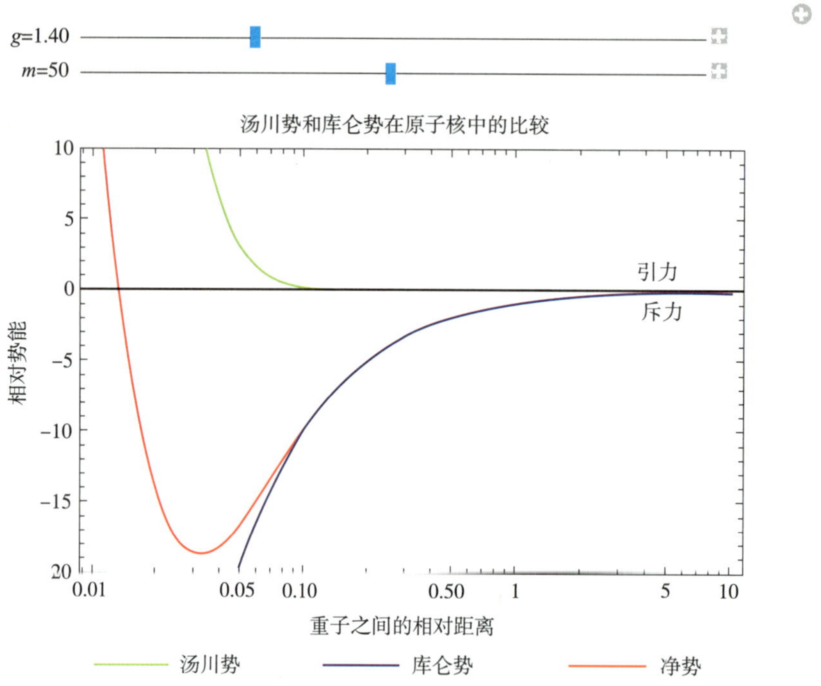

图 5-2 原子核中的汤川势和库仑势

一般来说，原子核内部的核子集合可以被视为一个球体。在超过 10^{-16} s 的时间尺度上，原子核看起来就像一个模糊的球体。然而，如果在大约 10^{-18} s 的时间尺度上观察原子核，其可能看起来略微呈椭圆球形。对于较大的原子来说，如果椭圆球的长度导致核子之间的距离超过了核势能变为斥力的距离，这种变形可能导致核自发裂变。

在人工诱导的核裂变中，自由中子被较大的原子（如^{235}U）捕获，导致原子核进入量子激发态，类似于在原子中发生的当电子处于量子原子激发态时的情况。中子可以轻易地穿透原子核，因为它们没有电荷，不受静电力的影响。图 5-3 展示了量子核激发态的一些特征。

在这些量子核激发态中，原子核有时会发生极大的变形，以至于超过了核子之间的临界分离距离，从而导致强核力再也无法将原子核维系在一起。原子核内部的静电力随后迅速占据主导地位，使原子核在大约 0.000 05 s 内发生裂变。

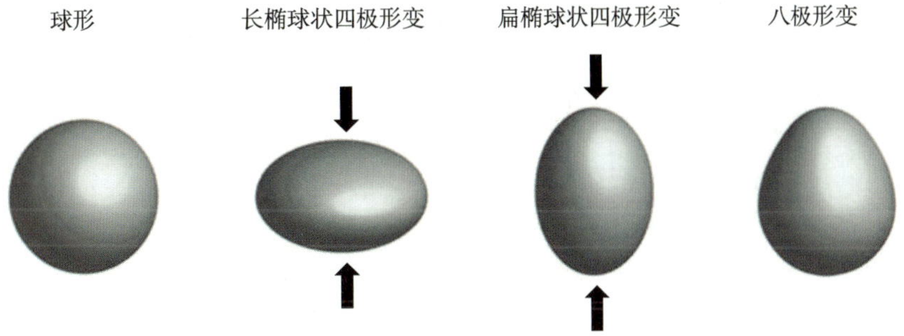

图 5-3　量子核激发态

5.2 核裂变

原子核在裂变过程中几乎总是分裂成两部分，即裂变碎片或裂变粒子以及 1～3 个中子。这些裂变粒子通常具有不同的质量，如图 5-4 所示，这表明裂变产物是原子质量的函数。不平均的质量分裂是由于与原子核中粒子数量有关的某些稳定性因素造成的。某一裂变产物产生的概率通常用符号 γ 表示。

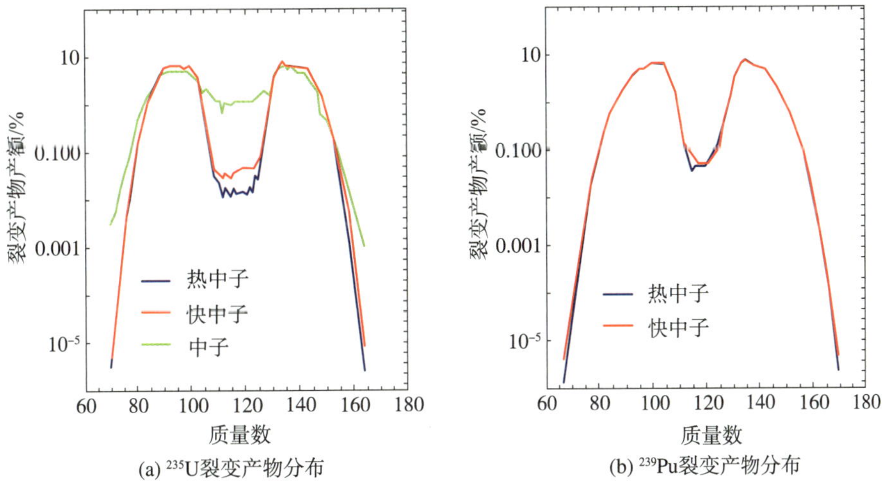

图 5-4　激发的量子核态

裂变发生时，这些裂变产物的总质量总是小于原始靶核与入射中子质量之和。这种质量差异称为质量亏损，是目标核与裂变产物的总结合能之间的能量差。结合能定义为将原子核分解为其组成核子所需的能量，按每个核子计算。图 5-5 说明了原子核中核子的结合能随着核的原子质量的变化。请注意，对于比铁元素质量更大的核，结合能有利于裂变反应，而对于比铁元素质量更小的核，结合能有利于聚变反应。

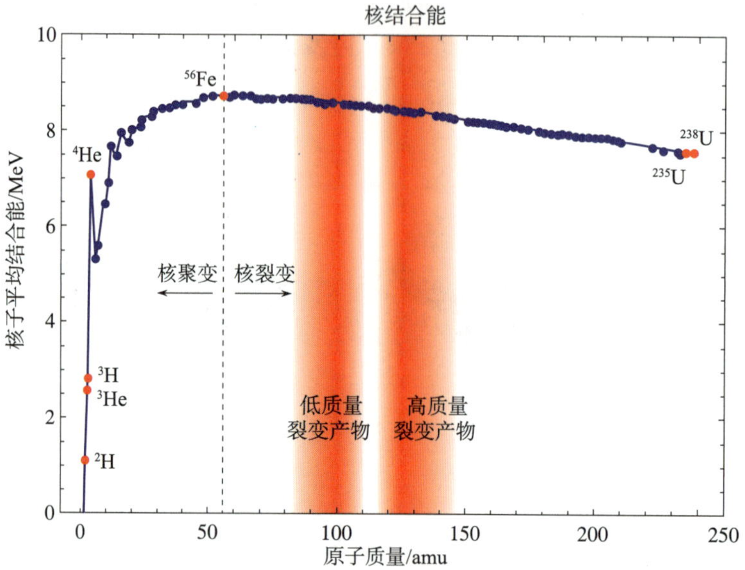

图 5-5　核结合能与原子质量的函数关系

裂变过程中释放的能量通常是非常惊人的。图 5-6 展示了数百种裂变反应中的一个典型例子。在这个反应中，^{235}U 原子核会分裂成氙和锆。这些同位素因为具有太多的中子而非常不稳定。因此，氙和锆会迅速进行一系列 β 衰变，快速生成镧和钼。有趣的是，由于与核稳定性有关的原因，几乎所有容易裂变的同位素都具有奇数个核子。

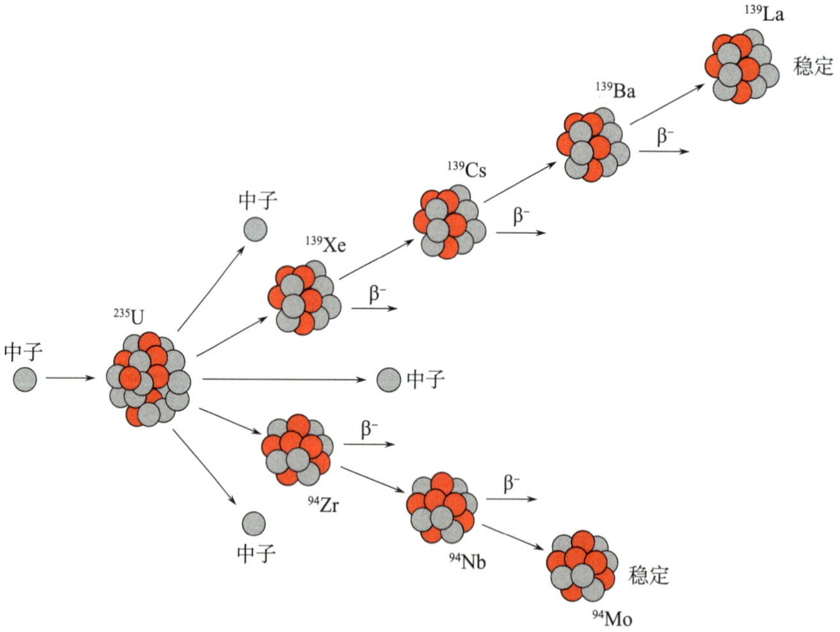

图 5-6　一种典型的裂变反应

例题

计算图 5－6 所示的裂变反应释放的能量。

解答

计算这个裂变反应释放的能量，首先需要确定反应前后核素之间的质量差（即质量亏损），并以原子质量单位（amu）表示。

裂变反应物		裂变产物				
		^{139}La	138.906 35			
^{235}U	235.043 93	^{94}Mo	93.905 09		236.052 59	裂变反应物
n	1.008 66	$3n$	3.025 99	⇒	−235.840 17	裂变产物
		$5B$	0.002 74		0.212 42	质量亏损
	236.052 59		235.840 17			

使用爱因斯坦质量守恒方程 $E=mc^2$ 可以发现，1 amu 的物质如果完全转化将产生 931 MeV 的能量。因此，一次裂变反应因质量亏损所释放的能量为

$$E=931\ \frac{\text{MeV}}{\text{amu}}\times 0.212\ 42\ \frac{\text{amu}}{\text{fission}}=197.8\ \frac{\text{MeV}}{\text{fission}}\approx 200\ \frac{\text{MeV}}{\text{fission}} \tag{1}$$

裂变过程中释放的 200 MeV 能量大致分布如下：

裂变产物≈167 MeV　　β 粒子≈8 MeV

中子≈5 MeV　　中微子≈12 MeV

γ 射线≈8 MeV

过程中释放的大部分能量将会以热的形式被捕获，这是由于与周围环境的散射相互作用使得各种粒子减速。唯一的例外是中微子能量基本损失掉。这是由于中微子没有电荷，且几乎没有质量，因此它们与周围物质的相互作用极其微弱。在裂变过程中释放出来的中子能量具有明确的分布规律，称为 $\chi(E)$ 分布，该分布可以通过下面的经验公式很好地表示

$$\chi(E)=0.453\mathrm{e}^{-1.036E}\sinh(\sqrt{2.29E}) \tag{5-6}$$

$\chi(E)$ 分布如图 5－7 所示，其中 $\int_0^{\infty}\chi(E)\mathrm{d}E=1$。

上面的计算中应用了一些背景知识，计算出从完全裂变的 1 g ^{235}U 中获得的能量，将会具有重要的指导意义

$$E=1\ \text{g}\times\frac{1}{235}\ \frac{\text{mol}}{\text{g}}\times 6.02\times 10^{23}\ \frac{\text{atom}}{\text{mol}}\times(200-12)\ \frac{\text{MeV}}{\text{fission}}\times 1\ \frac{\text{fission}}{\text{atom}}\times 1.6\times 10^{-13}\ \frac{\text{W}\cdot\text{s}}{\text{MeV}}$$
$$=7.7\times 10^{10}\ \text{W}\cdot\text{s}$$

从上述方程中可以获得一个有用的换算关系式，即 1 J=1 W·s=3×10^{10} 次裂变能。

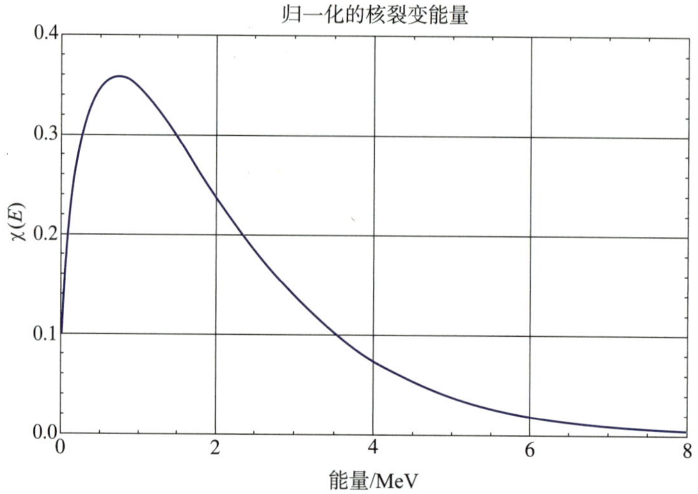

图 5-7　$\chi(E)$ 裂变能量分布

在利用核热火箭执行火星任务时，上述关系式将变得十分有价值。从 NERVA 测试中可以发现，产生 100 000 lbf 的核热发动机将需要一个约 2 000 MW 的核反应堆。对于整个火星任务，火箭发动机需要运行大约 90 min。使用上述裂变质量-能量关系，整个火星任务 ^{235}U 的消耗量约为

$$^{235}U\text{ 质量}=\frac{1}{7.7\times10^{10}}\frac{\text{g}}{\text{W}\cdot\text{s}}\times 2\ 000\ 000\ 000\ \text{W}\times 90\ \text{min}\times 60\ \frac{\text{s}}{\text{min}}\approx 140\ \text{g}$$

可见，如果使用裂变反应提供能量，那么完成整个火星任务仅需要消耗大约 140 克的 ^{235}U！

5.3 核截面

当中子与原子核发生碰撞时，并不总会引起裂变。根据核素类型的不同，中子可能只是简单地从核上散射，或者可能被核吸收，从而产生一种新的同位素。中子也可能使核进入一个不稳定的激发态并发射两个中子，或者可能引发其他相互作用中的任何一种。中子与原子核的任何特定核相互作用“x”发生的概率取决于中子遇到的原子核类型、入射中子及中子能量等因素。通常使用微观中子截面（σ_x）来表示这种概率，其单位是靶恩(barn)，其中 1 靶恩定义为 10^{-24} cm^2。核截面在物理上是原子核与中子在有效区域内发生相互作用的度量。通常除了在非常高的能量下，这个相互作用区域与原子核的实际大小无关。

有很多类型的中子相互作用截面，它们在许多研究领域中都很有价值。然而，在本书的研究中，只有以下几类反应截面是较为重要的：

σ_f =裂变截面　　σ_c =捕获截面　　σ_s =散射截面

σ_{tr} =传输截面　　σ_a =吸收截面：$\sigma_c+\sigma_f$　　σ_t =总截面：$\sigma_a+\sigma_s+\cdots$

中子截面随能量的变化通常可以划分为三个区域，每个区域表现出非常不同的行为。

5.3.1　1/V 区

在这个区域，截面相对平稳地下降，并且与中子速度成反比。这是核素截面的低能特性，根据核素不同，能量范围的上限可以从几分之一 eV 延伸到几千 eV。通常使用温度为 20 ℃的材料的热中子截面作为参考截面，其对应的种子能量为 0.025 eV 或等效于 2 200 m/s 的中子能量。在 1/V 规律主导的低能量范围内，可以利用这个参考截面计算其他能量下的中子截面。1/V 截面行为可以用下式表示

$$\sigma_{1/V}(E)=\sigma_{1/V}(2\ 200)\frac{2\ 200}{V}=\sigma_{1/v}(0.025)\sqrt{\frac{0.025}{E}} \tag{5-7}$$

5.3.2　共振区

在这个区域内，截面由于各种量子力学效应而使得幅度随中子能量变化更剧烈。一般来说，随着中子能量的增加，这些共振峰将变得更矮并且峰与峰之间更接近。

5.3.3　不可分辨共振区或快区

在这个区域，共振峰非常紧密并相互重叠，随着中子能量的增加，振幅变小并形成了一个相当平坦的曲线，截面幅度几乎没有变化。这个区域的截面大致与原子核的“经典”截面大小相同。

图 5-8 中所示的 ^{242}Pu 的总微观截面非常清楚地展示了上述这些不同区域。

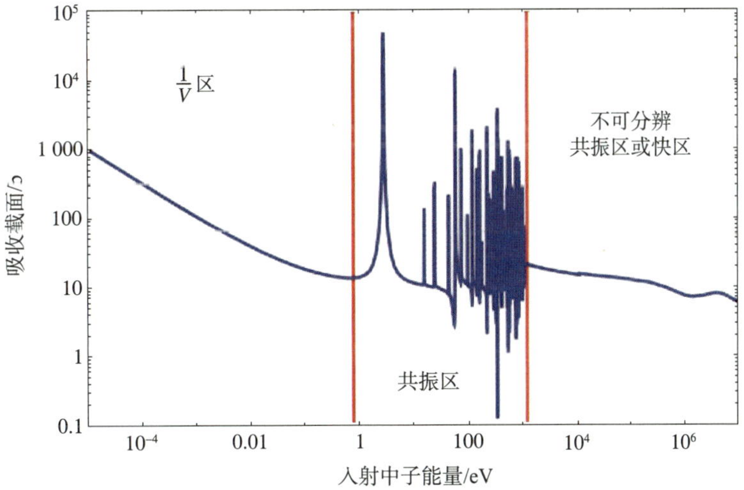

图 5-8　核反应截面随中子能量变化示意图（^{242}Pu）

只有在重核的某些少数同位素（称为裂变核素），如 ^{235}U、^{239}Pu 中，裂变截面才较大。如前所述，考虑到稳定性，具有较大裂变截面的同位素通常在核中具有奇数个核子，尽管随着原子核质量的增加，这种效应开始减弱。这一点在图 5-9 和图 5-10 中得到了体现，

其中对于^{235}U，裂变截面构成了总截面的大部分，而对于^{238}U，除了在非常高的中子能量下，裂变截面只构成了总截面的一小部分。

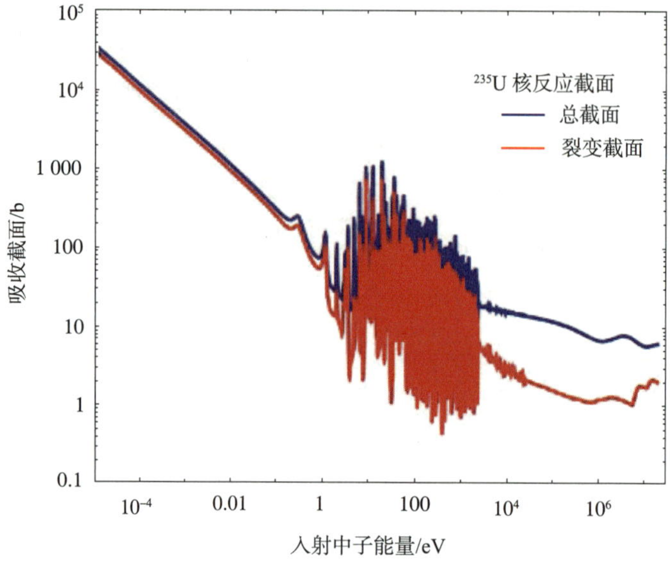

图 5-9　^{235}U 核反应截面

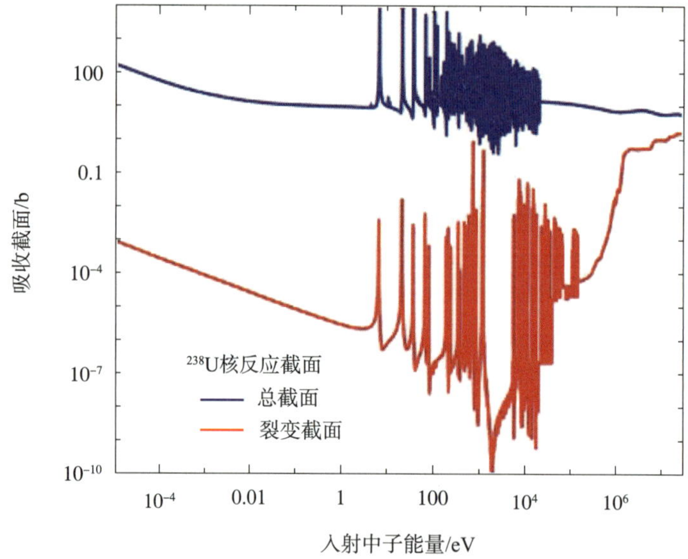

图 5-10　^{238}U 核反应截面

NTR 系统中通常考虑使用的核燃料材料是^{235}U 和^{239}Pu。这些材料相当常见，并且在大多数核反应堆中都能正常工作。迄今为止，反应堆系统中使用最普遍的核燃料是^{235}U，只有少数几个试验反应堆系统使用了 Pu 燃料。尽管这些材料都具有非常好的性能，但它们并不是具有最佳裂变截面的材料。图 5-11 显示，镅的一种同位素^{242m}Am 的裂变截面比^{235}U 或^{239}Pu 高一个数量级。但可惜的是，大量生产^{242m}Am 目前仍相当困难。

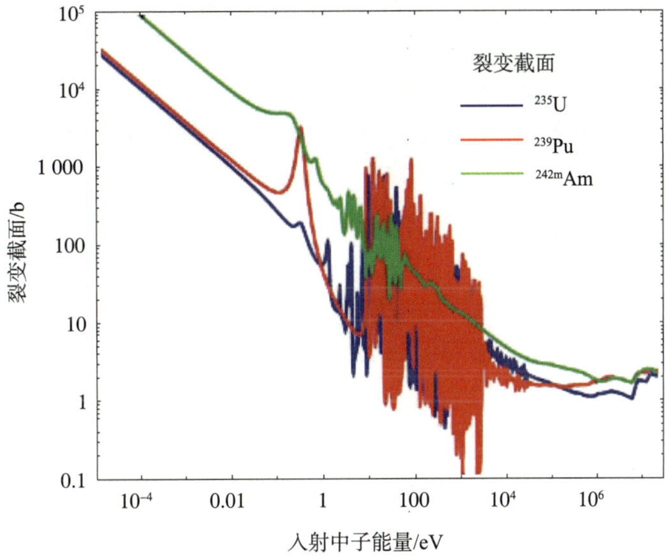

图 5－11　几种核素的裂变反应截面

图 5－12 显示了几种其他材料的反应截面，这些材料未来几乎肯定会在 NTR 系统中使用。硼（实际上是^{10}B）是一种强中子吸收体，通常用于核反应堆的控制单元以吸收在链式反应裂变过程中产生的多余中子。石墨和铍是很好的反应堆结构材料，因为它们不容易吸收中子，但能将其散射，从而使中子的能量降低。散射导致的中子能量降低有利于核反应过程，并可以减少建造堆芯所需的裂变材料，其原因将在后面的章节中讨论。图 5－12 中同样给出了氢的反应截面变化，因为氢通常用作 NTR 系统的推进剂，而且它的散射特性能够显著影响反应堆的状态。

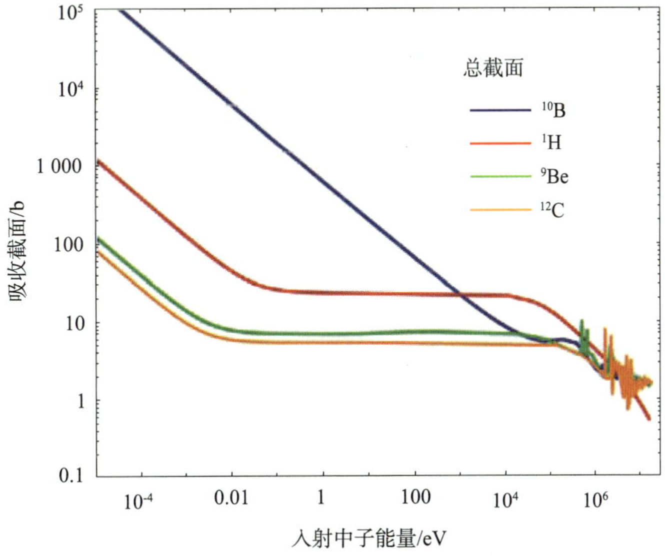

图 5－12　几种 NTR 材料的核反应总截面

图 5-11 和图 5-12 所示的截面数据来自美国国家核数据中心的评价核数据库(Evaluated Nuclear Data File，ENDF/B)。美国国家核数据中心是所有核数据的信息交换中心，可以查到几乎所有核素、所有类型的反应截面。

在大多数计算中，所谓的宏观截面通常不直接使用微观截面本身，而是乘以原子密度得到，如下所示

$$\Sigma_x(E)\frac{1}{\text{cm}}=\sum_{j=1}^{\text{所有核素}} n_j\frac{\text{atom}}{\text{b}\cdot\text{cm}}\times\sigma_x^j(E)-\frac{\text{b}}{\text{atom}} \tag{5-8}$$

宏观截面的常用单位 1/cm 也可以写成 cm^2/cm^3，从单位的角度看，可以得到对宏观截面的最佳解释。宏观截面可以解释为每 cm^3 中反应的有效面积，宏观截面的倒数也可以理解为中子在两次 x 类型的反应之间穿行的平均距离。在式（5-8）中，原子密度单位看上去奇怪但非常有用。这些单位可以通过以下方式确定

$$n\frac{\text{atom}}{\text{b}\cdot\text{cm}}=\rho\frac{\text{g}}{\text{cm}^3}\times\frac{1}{A}\frac{\text{mol}}{\text{g}}\times 6.02\times10^{23}\frac{\text{atom}}{\text{mol}}\times10^{-24}\frac{\text{cm}^2}{\text{b}}=\frac{0.602}{A}\rho \tag{5-9}$$

式中　A ——原子的质量。

5.4 核通量密度和反应速率

为了确定在反应堆中某特定位置处，混合核素中各种由中子诱导的相互作用的反应速率，需要给出中子通量密度的定义。中子通量密度通常表示为 $\phi(r，E)$。为了计算中子通量，首先必须确定穿过位置 r 的微分体积元素 dV 表面的能量为 E 的中子数，如图 5-13 所示。

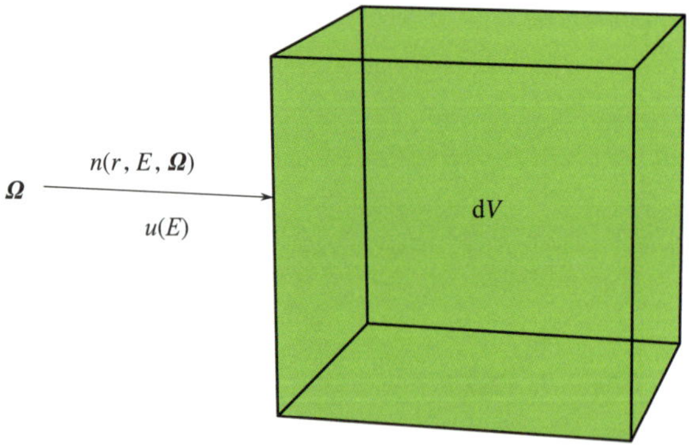

图 5-13　穿过体积元表面的中子流

中子通量密度可以表示为

$$\phi(r,E)\frac{\text{neut}}{\text{cm}^2\cdot\text{s}}=\int_{\text{all}\Omega}n(r,E,\boldsymbol{\Omega})u(E)\text{d}\boldsymbol{\Omega} \tag{5-10}$$

式中　$n(r，E，\boldsymbol{\Omega})$ ——在 r 处能量为 E、运动方向为 $\boldsymbol{\Omega}$ 的中子密度；

$u(E)$ ——能量为 E 的中子运动速度。

从物理上讲，式（5－10）中的中子通量密度可以解释为每 cm^3 内能量为 E 的附近，dE 能量间隔内的所有中子穿行距离的总和。如果将中子通量密度的单位重写为 $\frac{\text{neut} \cdot \text{cm}}{\text{cm}^3 \cdot \text{s}}$，则可以更好地理解这种解释。反应速率与中子通量密度水平和宏观反应截面成正比，因此

$$R_x(r,E)\ \frac{\text{x}}{\text{cm}^3 \cdot \text{s}} = \Sigma_x(r,E)\ \frac{1}{\text{cm}} \times \phi(r,E)\ \frac{\text{neut}}{\text{cm}^2 \cdot \text{s}} \times 1\ \frac{\text{x}}{\text{neut}} \tag{5-11}$$

举例来说，通过裂变截面来确定反应堆某特定位置处的功率密度

$$Q(r,E)\ \frac{\text{W}}{\text{cm}^3} = \Sigma_f(r,E)\ \frac{1}{\text{cm}} \times \phi(r,E)\ \frac{\text{neut}}{\text{cm}^2 \cdot \text{s}} \times 1\ \frac{\text{fission}}{\text{neut}} - \frac{1}{3 \times 10^{10}}\ \frac{\text{W} \cdot \text{s}}{\text{fission}} \tag{5-12}$$

同样，每单位体积产生的中子数可以通过引入表示每次裂变平均发射的中子数的量 ν 来确定。通常，ν 约为 2.5

$$R_f\ \frac{\text{neut}}{\text{cm}^3 \cdot \text{s}} = \nu\ \frac{\text{neut}}{\text{fission}} \times \Sigma_f(r,E)\ \frac{1}{\text{cm}} \times \phi(r,E)\ \frac{\text{neut}}{\text{cm}^2 \cdot \text{s}} \times 1\ \frac{\text{fission}}{\text{neut}} \tag{5-13}$$

例题

使用一个产生 1 eV 单能中子的中子源辐照 ^{239}Pu 样品。这种辐照在样品中产生的裂变速率相当于一个典型的核火箭发动机运行时的功率密度。计算达到所需的功率密度时，样品中的中子通量密度水平。假设：$\rho_{\text{Pu239}} = 19.84\ \text{g/cm}^3$，$Q = 5\ \text{kW/cm}^3$。

解答

第一步是查询美国国家核数据中心的 ENDF/B 库，确定入射中子能量为 1 eV 时 ^{239}Pu 的微观裂变截面。通过对图像的分析，可以得到 σ_f^{Pu239}（1 eV）＝34 b/atom。下一步将 ^{239}Pu 的质量密度转化为原子密度。根据式（5－9）可以得到原子密度为

$$n_{\text{Pu239}} = \frac{0.602}{A_{\text{Pu239}}}\rho_{\text{Pu239}} = \frac{0.602}{239} \times 19.84 = 0.05\ \frac{\text{atom}}{\text{b} \cdot \text{cm}} \tag{1}$$

^{239}Pu 的宏观裂变截面可以从其微观裂变截面得出，原子密度可以从式（1）得出

$$\Sigma_f^{\text{Pu239}}(1\ \text{eV}) = n_{\text{Pu239}}\ \frac{\text{atom}}{\text{b} \cdot \text{cm}} \times \sigma_f^{\text{Pu239}}\ \frac{\text{b}}{\text{atom}} = 0.053\ 4 = 1.7\ \frac{1}{\text{cm}} \tag{2}$$

根据式（5－12），可以使用根据式（2）确定的宏观裂变截面和中子通量密度来评估功率密度

$$Q(1\ \text{eV}) = \Sigma_f(1\ \text{eV}) \times \phi(1\ \text{eV}) \Rightarrow \phi(1\ \text{eV}) = \frac{Q(1\ \text{eV})\ \frac{\text{W}}{\text{cm}^3}}{\Sigma_f^{\text{Pu239}}(1\ \text{eV})\ \frac{1}{\text{cm}}} = \frac{5\ 000}{1.7} \tag{3}$$

$$= 2\ 940\ \frac{\text{W}}{\text{cm}^2}$$

由式（3）计算得出的中子通量密度可以使用近似的转换关系式转换为如下单位

$$\phi(1\ \text{eV}) = 2\,940\ \frac{\text{W}}{\text{cm}^2} \times 3 \times 10^{10}\ \frac{\text{fission}}{\text{W} \cdot \text{s}} \times 1\ \frac{\text{neut}}{\text{fission}} = 8.82 \times 10^{13}\ \frac{\text{neut}}{\text{cm}^2 \cdot \text{s}} \tag{4}$$

5.5 多普勒展宽截面

之前展示的核截面图仅作为相互作用中子能量的函数。然而，实际上，核反应发生时的能量大致是中子与靶核之间净速度（或能量）的函数。因此，为了消除靶核热运动的影响，通常使用温度为 0 K 时的核截面数值。这种热运动的影响在低共振截面上最为明显。多普勒（Doppler）展宽是一种由于靶核的热运动而使共振截面有效展宽的机制。振动使得能量区间变宽，使给定能量的中子可以在共振中被捕获。多普勒展宽的作用是增加了在低中子能量下核素的有效平均吸收截面。后续将会进一步说明，多普勒展宽是维持反应堆稳定性的一个极其重要的机制。

为了确定这些共振截面在升高温度时的展宽程度，需要将共振截面在中子与靶核相对速度函数的粒子分布范围内进行积分。积分通常采用麦克斯韦粒子分布（Maxwellian particle distribution），该分布虽然只严格适用于气态物质，但已经被发现能够很好地表征固体中温度诱导的振动效应，而不会有严重的误差。通过对某一特定温度下的麦克斯韦粒子分布特性的积分，可以确定热平均截面与能量和温度的函数关系，例如

$$\overline{\Sigma}_c(E_n,T)\phi(E_n) = N_0\overline{\sigma}_{rc}(E_n,T)nV_n = \int_{-\infty}^{\infty} N(V_t)\sigma_{rc}(E_r)nV_r\,\mathrm{d}V_r \tag{5-14}$$

式中　N_0——靶核的原子密度；

n——中子密度；

E_n——中子能量；

V_n——中子速度；

V_t——靶核的速度；

V_r——中子和靶核之间的相对速度（$V_n + V_t^*$）；

$N(V_t)$——作为 V_t 的函数的麦克斯韦原子密度分布；

$\sigma_{rc}(E_r)$——对应于 V_t 的能量为 E_r 的微观俘获共振截面；

T——靶核温度。

前一段描述给定靶核速度和温度的粒子数的麦克斯韦分布定义为

$$N(V_t) = N_0\sqrt{\frac{M}{2\pi kT}}\,\mathrm{e}^{-\frac{MV_t^2}{2kT}} \tag{5-15}$$

式中　k——玻耳兹曼常数；

M——靶核质量。

在式（5－15）中，靶核的速度可以写成下面的关系式

$$V_t = V_r - V_n \text{ 且 } E_r = \frac{1}{2}\mu V_r^2 \Rightarrow V_r = \sqrt{\frac{2E_r}{\mu}} \text{ 且 } E_n = \frac{1}{2}\mu V_n^2$$
$$\Rightarrow V_n = \sqrt{\frac{2E_n}{\mu}} \tag{5-16}$$

式中　μ——约化质量，$\mu = \frac{mM}{m+M}$（质心坐标系）$\approx m$（当 $M \gg m$ 时）；

m——中子质量；

E_r——质心坐标系内中子和靶核的相对能量。

通过将式（5-16）中的定义代入式（5-15）的麦克斯韦粒子速度分布中，可以得到

$$N(E_r) = N_0\sqrt{\frac{M}{2\pi kT}}\mathrm{e}^{-\frac{M\left(\sqrt{\frac{2E_r}{\mu}}-\sqrt{\frac{2E_n}{\mu}}\right)^2}{2kT}} \approx N_0\sqrt{\frac{M}{2\pi kT}}\mathrm{e}^{-\frac{A\left(\sqrt{E_r}-\sqrt{E_n}\right)^2}{kT}} \tag{5-17}$$

式中　A——靶核的原子质量，$A = \frac{M}{m}$。

接下来的几个步骤要推导出一个通用函数以表示单个孤立中子捕获共振的多普勒展宽。首先注意到

$$\sqrt{E_r} = \sqrt{E_n - E_n + E_r} = \sqrt{E_n\left(\frac{E_r}{E_n} - \frac{E_n}{E_n} + 1\right)} = \sqrt{E_n}\sqrt{\frac{E_r - E_n}{E_n} + 1} \tag{5-18}$$

将式（5-18）中括号项用泰勒（Taylor）级数展开，得到

$$\sqrt{1 + \frac{E_r - E_n}{E_n}} = 1 + \frac{1}{2}\frac{E_r - E_n}{E_n} - \frac{1}{8}\left(\frac{E_r - E_n}{E_n}\right)^2 + \cdots \tag{5-19}$$

将式（5-19）截断到前两项（线性化），然后将结果重新并入式（5-18）中，得到

$$\sqrt{E_r} \approx \sqrt{E_n}\left(1 + \frac{E_r - E_n}{2E_n}\right) \tag{5-20}$$

将式（5-20）代入式（5-17）中的指数表达式，然后得到

$$-\frac{A}{kT}(\sqrt{E_r} - \sqrt{E_n})^2 \approx -\frac{A}{kT}\left[\sqrt{E_n}\left(1 + \frac{E_r - E_n}{2E_n}\right) - \sqrt{E_n}\right]^2 = -\frac{A}{4kE_nT}(E_r - E_n)^2 \tag{5-21}$$

式（5-22）右侧的表达式可以修改为

$$-\frac{A}{kT}(\sqrt{E_r} - \sqrt{E_n})^2 \approx -\frac{A}{4kTE_n}[(E_r - E_0) - (E_n - E_0)]^2$$
$$= -\frac{1}{4}\left(\frac{A\Gamma^2}{4kTE_n}\right)\left[\frac{2(E_r - E_0)}{\Gamma} - \frac{2(E_n - E_0)}{\Gamma}\right]^2 \tag{5-22}$$

式中　Γ——所有中子诱导反应的共振能量宽度；

E_0——共振峰的能量。

现在可以将式（5-22）代入式（5-17）的麦克斯韦粒子速度分布中，得到

$$N(E_r) = N_0\sqrt{\frac{M}{2\pi kT}}\mathrm{e}^{-\frac{1}{4}\left(\frac{A\Gamma^2}{4kTE_n}\right)\left[\frac{2(E_r - E_0)}{\Gamma} - \frac{2(E_n - E_0)}{\Gamma}\right]^2} \tag{5-23}$$

为了表示式（5－14）中单个共振截面的未展宽形状，有必要提出所谓的单能级布赖特-维格纳（Breit－Wigner）截面公式[3]。这个公式准确地描述了单个孤立中子捕获共振的能量依赖关系。对于更复杂的情况，如低能处重叠的裂变截面共振峰，通常需要更复杂的多能级公式来准确描述共振结构。然而，对于这里考虑的特定示例，不需要使用此类多级公式，同时也不作进一步讨论。对于任何情况下，在共振区附近的中子捕获截面，布赖特-维格纳公式为

$$\sigma_{rc}(E_r)=\frac{\sigma_0\Gamma_c}{\Gamma}\sqrt{\frac{E_0}{E_r}}\frac{1}{1+\frac{4}{\Gamma^2}(E_r-E_0)^2} \tag{5-24}$$

式中 σ_0——能量 E_0 处的微观中子捕获截面；

Γ_c——中子捕获的共振能量宽度。

将式（5－23）和式（5－24）代入式（5－14）并重新排列项，得到

$$\begin{aligned}\bar{\sigma}_{rc}(E_n,T)=&\frac{1}{N_0 n}\int_{-\infty}^{\infty}\frac{\sigma_0\Gamma_c}{\Gamma}\sqrt{\frac{E_0}{E_n}}\frac{1}{1+\frac{4}{\Gamma^2}(E_r-E_0)^2}\\&N_0\sqrt{\frac{M}{2\pi kT}}\mathrm{e}^{-\frac{1}{4}\left(\frac{A\Gamma^2}{4kTE_n}\right)\left[\frac{2(E_r-E_0)}{\Gamma}-\frac{2(E_n-E_0)}{\Gamma}\right]^2}n\frac{V_r}{V_n}\mathrm{d}\left(\sqrt{\frac{2E_r}{m}}\right)\end{aligned} \tag{5-25}$$

从式（5－16）中可以注意到

$$\frac{V_r}{V_n}=\sqrt{\frac{E_r}{E_n}} \tag{5-26}$$

将式（5－26）代入式（5－25），将不依赖于 V_r 的项整理到积分之外，可得到与温度有关的捕获截面

$$\bar{\sigma}_{rc}(E_n,T)=\frac{\sigma_0\Gamma_c}{\Gamma}\sqrt{\frac{E_0}{E_n}}\sqrt{\frac{M}{2\pi kT}}\sqrt{\frac{1}{2mE_r}}\int_{-\infty}^{\infty}\frac{\mathrm{e}^{-\frac{1}{4}\left(\frac{A\Gamma^2}{4kTE_n}\right)\left[\frac{2(E_r-E_0)}{\Gamma}-\frac{2(E_n-E_0)}{\Gamma}\right]^2}}{1+\frac{4}{\Gamma^2}(E_r-E_0)^2}\mathrm{d}E_r \tag{5-27}$$

式（5－27）可以通过引入以下变量变换来简化

$$\zeta=\sqrt{\frac{A\Gamma^2}{4\,kTE_n}},x=\frac{2(E_n-E_0)}{\Gamma},y=\frac{2(E_r-E_0)}{\Gamma}\Rightarrow \mathrm{d}y=\frac{2}{\Gamma}\mathrm{d}E_r \tag{5-28}$$

注意到在除 E_r 和 E_n 接近 E_0 的情况外，式（5－27）中的积分项近似为零。使用这个关系和式（5－28）中的定义，可以重写式（5－27）

$$\begin{aligned}\bar{\sigma}_{rc}(E_n,T)&=\frac{\sigma_0\Gamma_c}{\Gamma}\sqrt{\frac{E_0}{E_n}}\sqrt{\frac{M}{2\pi kT}}\sqrt{\frac{1}{2mE_0}}\frac{\Gamma}{2}\int_{-\infty}^{\infty}\frac{\mathrm{e}^{-\frac{1}{4}\zeta^2(y-x)^2}}{1+y^2}\mathrm{d}y\\&=\frac{\sigma_0\Gamma_c}{\Gamma}\sqrt{\frac{E_0}{E_n}}\frac{\zeta}{2\sqrt{\pi}}\int_{-\infty}^{\infty}\frac{\mathrm{e}^{-\frac{1}{4}\zeta^2(y-x)^2}}{1+y^2}\mathrm{d}y\end{aligned} \tag{5-29}$$

从式（5－29）的结果来看，有必要定义一个称为多普勒积分的新函数

$$\psi(\zeta,x)=\frac{\zeta}{2\sqrt{\pi}}\int_{-\infty}^{\infty}\frac{e^{-\frac{1}{4}\zeta^2(y-x)^2}}{1+y^2}\mathrm{d}y \tag{5-30}$$

多普勒函数不能显式求解，但它已经被广泛地制成表格，并且文献［4］中有许多非常好的数值近似方法。将式（5－29）用多普勒函数重写，可以得到单孤立共振峰由温度调节的中子捕获共振截面，该截面是温度和中子能量的函数

$$\bar{\sigma}_{rc}(E_n,T)=\frac{\sigma_0\Gamma_c}{\Gamma}\sqrt{\frac{E_0}{E_n}}\psi(\zeta,x) \tag{5-31}$$

为了说明多普勒展宽如何随着材料温度的变化影响中子捕获截面的形状，图 5－14 展示了^{238}U 在 6.67 eV 处的大捕获共振截面，该截面由式（5－31）表示的平均共振捕获截面加上由式（5－7）表示的 $1/V$ 捕获截面组成。

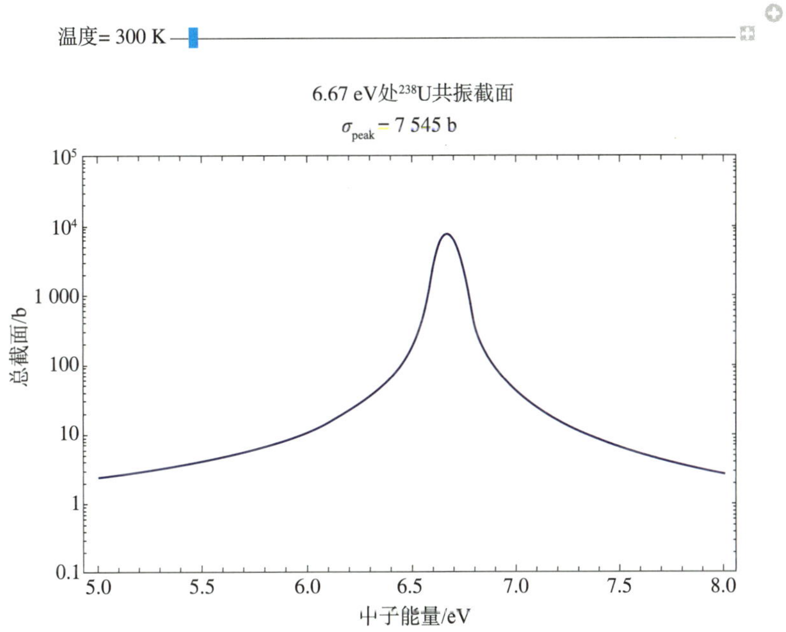

图 5－14　共振峰附近的多普勒展宽截面

5.6 中子束与物质的相互作用

如果中子束指向总反应截面为 $\Sigma_t(E)$ 的一块材料，可以观察到，当中子束穿过材料时会发生衰减。在接下来的分析中，将假设中子在经历一次相互作用后会从系统中消失。

如图 5－15 所示，在一个微分体积元（$\mathrm{d}V=A\mathrm{d}x$）的材料中，核反应的数量可以表示为通过左面进入微分体积元内的中子数减去通过右面从微分体积元中离开的中子数，即

$$R(E)\mathrm{d}V=\Sigma_t(E)\phi(E)\mathrm{d}V=\underbrace{\Sigma_t(E)n(x,E)u(E)A\mathrm{d}x}_{\text{由于核反应而损失的中子数量}}$$
$$=\underbrace{n(x,E)u(E)A}_{\text{从左侧进入}\mathrm{d}V\text{的中子数量}}-\underbrace{n(x+\mathrm{d}x,E)u(E)A}_{\text{从右侧离开}\mathrm{d}V\text{的中子数量}} \tag{5-32}$$

式中　A——中子束与物质作用的横截面积。

假设

$$n(x+\mathrm{d}x,E)=n(x,E)+\frac{\mathrm{d}n(x,E)}{\mathrm{d}x}\mathrm{d}x \tag{5-33}$$

式（5-32）可以重写为

$$\Sigma_t(E)n(x,E)u(E)A\mathrm{d}x=u(E)\left[n(x,E)-n(x,E)-\frac{\mathrm{d}n(x,E)}{\mathrm{d}x}\mathrm{d}x\right]A$$
$$\Rightarrow\Sigma_t(E)\mathrm{d}x=-\frac{\mathrm{d}n(x,E)}{n(x,E)} \tag{5-34}$$

当 $x=0$ 时，如果 $n(x,E)$ 为 $n_0(E)$，则对式（5-34）积分可以得到

$$\Sigma_t(E)\int_0^x\mathrm{d}x=-\int_{n_0(E)}^{n(x,E)}\frac{\mathrm{d}n'(x,E)}{n'(x,E)}\Rightarrow n(x,E)=n_0(E)\mathrm{e}^{-\Sigma_t(E)x} \tag{5-35}$$

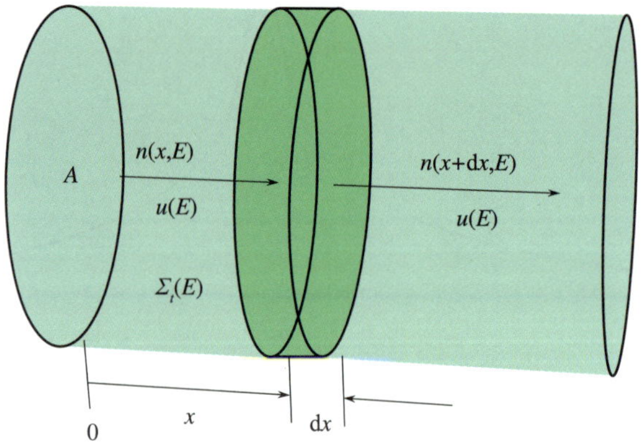

图 5-15　中子束与物质的相互作用

中子在与物质相互作用前所经历的平均路程被称为中子平均自由程。通过计算中子束在 x 和 $x+\mathrm{d}x$ 之间所损失的中子数，然后将该数乘以距离 x，可以来确定平均自由程。这个值表示在 $\mathrm{d}x$ 区域内从中子束中损失的中子厘米数。如果将所有区域内的贡献相加，就能得到从中子束损失的所有中子穿行的总厘米数。将总厘米数除以中子束的初始总中子数，就得到了中子束内中子穿行的平均路程，即

$$\lambda_{mfp}(E)=\frac{\int_0^{\infty}[x\Sigma_t(E)u(E)n(x,E)\mathrm{d}x]\mathrm{d}S\mathrm{d}E}{n_0(E)u(E)\mathrm{d}S\mathrm{d}E}=\frac{\int_0^{\infty}x\Sigma_t(E)u(E)n_0(E)\mathrm{e}^{-\Sigma_t(E)x}\mathrm{d}x}{n_0(E)u(E)}$$
$$=\frac{1}{\Sigma_t(E)} \tag{5-36}$$

表 5-2 列出了各种材料在 2 200 m/s（0.025 eV）时中子的平均自由程。由于中子是中性粒子，中子平均自由程在许多材料中都非常大，从零点几毫米到若干厘米不等。

表 5-2　中子在不同材料中的平均自由程

物质	Σ_t (0.025 eV)	λ_{mfp} (0.025 eV)/cm
H_2O	3.47	0.3
H_2	（液态）	1.60
H_2(STP)	0.002	500
B	103	0.01
C	0.385	2.6
^{238}U	0.764	1.3
不锈钢	～1.5	0.7

5.7 核聚变

除了核裂变，还有另一种可用于空间推进方面的核反应值得特别提及，那就是核聚变。在核聚变过程中，两个小且轻的原子核碰撞融合，形成稍微重一些的原子核，并在此过程中释放出巨大的能量。图 5-16 所示为一种相对常见的核聚变反应，其反应物是氘和氚。

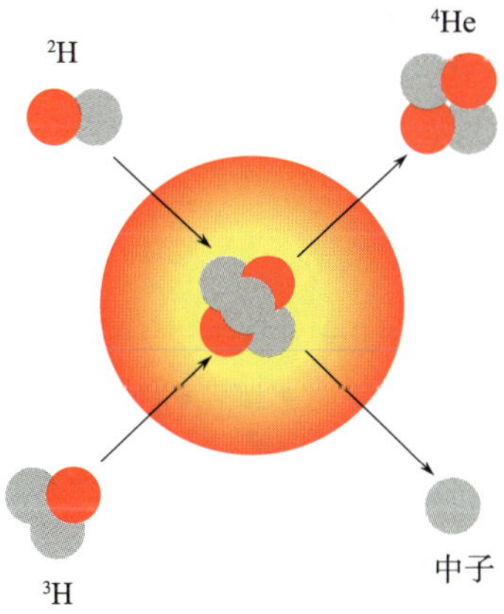

图 5-16　氘和氚的聚变

通过吸收中子产生大而重的核，进而引发核裂变反应相对要容易些，但启动核聚变则要困难得多。其关键在于，带正电的原子核必须距离足够近才能进行融合，因此它们组成的核子之间的强核力要能够克服各自核中质子之间的自然静电斥力。原子核为了克服这种静电力所需的激发能相当大，并且要求原子核具有数亿度的能量当量温度。虽然启动聚变反应所需的能量相当大，但聚变反应释放的能量更大。

将聚变反应与裂变反应的能量输出进行比较，可以发现，按单位质量计算，聚变反应产生的能量要大得多。图 5－5 展示了聚变反应比裂变反应能量更密集的原因，常见聚变反应与典型裂变反应相比，反应物和产物之间的结合能差异更大。聚变反应通常用来产生能量，或者作为聚变动力火箭发动机的基础。聚变反应通常使用氢和氦的同位素，主要是氘、氚和 ^{3}He。一些常见的反应例子包括

$$ {}_1^2\mathrm{H} + {}_1^3\mathrm{H} \longrightarrow {}_2^4\mathrm{He}(3.5\ \mathrm{MeV}) + {}_0^1\mathrm{n}(14.1\ \mathrm{MeV}) \tag{5-37} $$

$$ {}_1^2\mathrm{H} + {}_1^2\mathrm{H} \xrightarrow{50\%} {}_1^3\mathrm{H}(1.01\ \mathrm{MeV}) + {}_1^1\mathrm{p}(3.02\ \mathrm{MeV}) $$

$$ \xrightarrow{50\%} {}_2^3\mathrm{He}(0.82\ \mathrm{MeV}) + {}_0^1\mathrm{n}(2.45\ \mathrm{MeV}) \tag{5-38} $$

$$ {}_1^2\mathrm{H} + {}_2^3\mathrm{He} \longrightarrow {}_2^4\mathrm{He}(3.6\ \mathrm{MeV}) + {}_1^1\mathrm{p}(14.7\mathrm{MeV}) \tag{5-39} $$

如果式（5－37）～式（5－39）中的聚变截面取不同温度下麦克斯韦速度分布特性的平均值，就可能获得如图 5－17 所示的温度平均聚变反应速率[5]。需要注意的是，由于需要较高的激发能，只有在数亿度的温度下，各种聚变反应的反应速率才比较显著。在这种高温状态下，所有电子都从原子中剥离，反应物处于完全电离的气体等离子态，由裸露的原子核与自由运动的电子组成。

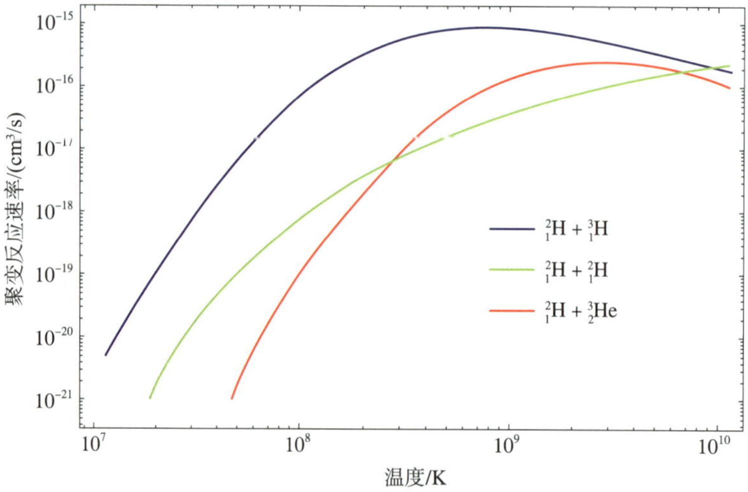

图 5－17　麦克斯韦温度分布平均聚变截面

为了使聚变反应能够持续发生，聚变等离子体必须被限制足够长的时间，使得由带电粒子释放的聚变能足以将反应物加热到能够维持聚变反应速率恒定所需的温度。在功率平衡中常不考虑由中子产生的能量，因为它们没有电荷，且具有较大的平均自由程，因而对

加热等离子体的贡献非常小。原子比例为 50/50 混合物通过聚变反应产生的能量为

$$E_f = n_1 n_2 \langle \sigma v \rangle E_c \tau = \frac{n^2}{4} \langle \sigma v \rangle E_c \tau \tag{5-40}$$

式中　E_f ——带电粒子聚变反应产生的能量；

n_1、n_2——聚变反应物 1 和 2 的原子密度；

n ——总原子密度（即 $n_1 + n_2$）；

$\langle \sigma v \rangle$ ——单个粒子随温度变化的聚变反应速率（见图 5 - 17）；

τ ——粒子约束时间；

E_c ——每次聚变反应释放的带电粒子总能量。

根据气体动力学理论，气体中粒子的平均动能与温度的关系可以表示为

$$E_{KE} = 3nkT \tag{5-41}$$

式中　E_{KE} ——气体中粒子的平均动能；

k ——玻耳兹曼常数；

T ——气体温度。

为了实现自持反应，聚变等离子体在特定温度下产生的能量必须超过将等离子体加热到该温度所需的能量。聚变等离子体能够自持反应的点称为损益平衡点。所以，根据式（5 - 40）和式（5 - 41），损益平衡点的最小值需要满足

$$E_f > E_{KE} \Rightarrow \frac{n^2}{4} \langle \sigma v \rangle E_c \tau > 3nkT \tag{5-42}$$

重新整理式（5 - 42）以求解等离子体密度与约束时间的乘积，得到劳森判据（Lawson criterion）[6]。这个判据指出，在确定的等离子体温度下，等离子体的密度与约束时间的乘积存在一个最小值，能够维持自持聚变反应

$$n\tau > \frac{12\ kT}{\langle \sigma v \rangle E_c} \tag{5-43}$$

尽管式（5 - 43）忽略了等离子体一些重要的能量损失机制，尤其是辐射，但它仍然提供了一些关于实现自持聚变等离子体所需条件的见解。图 5 - 18 中显示了由式（5 - 43）得到的劳森判据随温度的变化曲线。请注意，图中氘-氚反应（${}^2_1H + {}^3_1H$）在温度值为 300 000 000 K 时，$n\tau$ 值为 1.6×10^{14} s/cm^3，此时劳森判据具有最小值。

由于聚变所需的温度非常高，没有任何类型的固体容器可以用来容纳聚变等离子体。因此，必须采用其他技术来约束等离子体在特定区域内。一般来说，有两种方法可以在一定时间内约束等离子体。一种约束方法是将等离子体约束在“磁瓶”的磁场结构中，它与等离子体中的带电粒子相互作用，以防止等离子体从磁场中逃逸。以这种方式约束的等离子体密度通常较低，约束时间为几秒钟甚至几分钟。另一种约束方法是通过所谓的惯性约束。在这种方法中，特殊构造的聚变反应物小颗粒被超级压缩，并通过汇聚激光器或离子束以提高到聚变温度。依靠参与聚变反应的粒子的惯性，可以将高密度等离子体约束，在极短时间内实现大量聚变。图 5 - 19 展示了两种类型的约束方法的工作区域，并显示了图 5 - 18 中显示的反应类型的 $n\tau$ 的最小值。

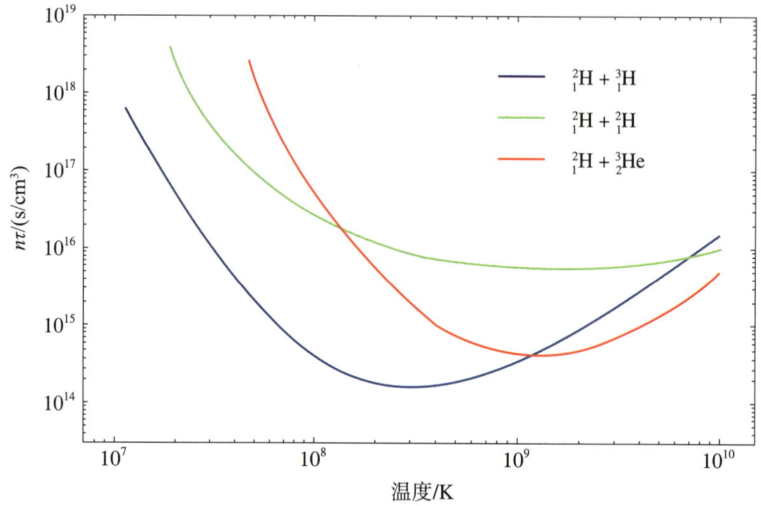

图 5－18　自持聚变等离子体的劳森判据

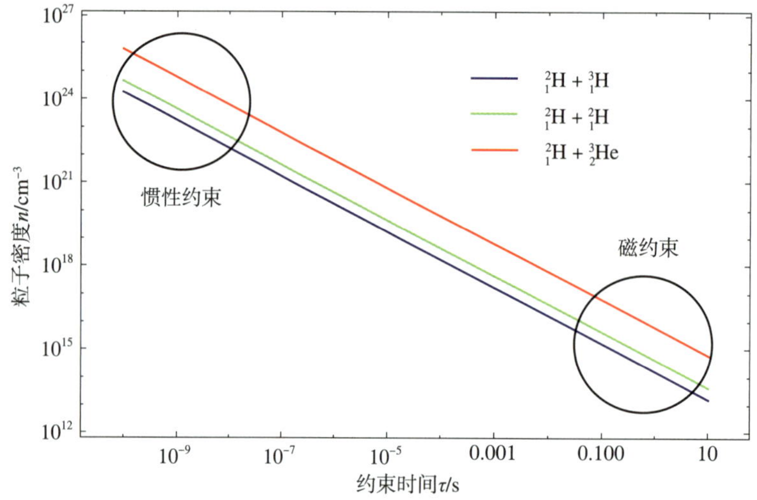

图 5－19　惯性约束聚变和磁约束聚变的工作区域

尽管多年来研究者们提出了许多用于聚变电源和推进系统的磁约束和惯性约束装置，但截至本书撰写之时，还没有一个能实现损益平衡[7]。许多聚变推进设计仅仅停留在概念层面，几乎没有可用的实验数据来验证方案的可行性，但是可以使用一个简化的框图来表示概念性的聚变推进系统，框图中能够量化各种发动机组件必须满足的性能要求，如图 5－20 所示。实用的聚变推进系统要求聚变等离子体产生的能量超过维持聚变所需的能量，超过损益平衡点的额外能量是为了补偿推进系统各种操作所损耗的能量。这些操作损耗包括寄生辐射、电能转换效率低下、排气中的等离子体损耗等。由聚变等离子体产生的总功率超过损耗功率的比例被定义为聚变能量增益因子，或者“Q”因子。

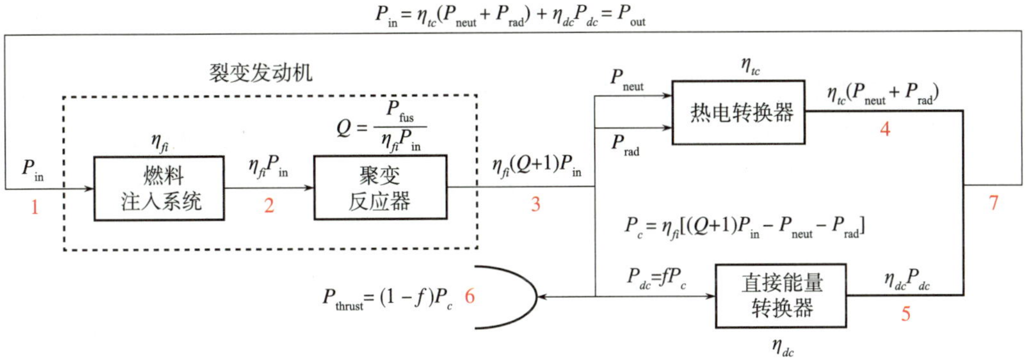

图 5－20　聚变推进循环系统概念

图 5－20 所描述的聚变推进循环特性可分解如下：

1—2 将燃料注入系统中，利用电能加热燃料至聚变温度，随后将高温燃料导向聚变反应器。

2—3 聚变反应器中的高温燃料经历核聚变。聚变反应释放的能量以聚变能量增益因子“Q”的比例超出输入能量，通常以辐射、高能中子及带电粒子的形式存在。

3—4 辐射能量与中子的动能首先通过传热介质中的散射相互作用转化为热能，随后该热能被导入热电转换装置，如涡轮发电机组件，进一步将热能转换为电能。

3—5 带电粒子流的一部分被引入直接能量转换器，如磁流体动力发电机，在此装置中带电粒子的能量直接转换为电能。

3—6 带电粒子流的另一部分则被导入某种类型的磁性喷管组件中，带电粒子在此处排出系统从而产生推力。

7—1 来自热电转换器（4—7）和直接能量转换器（5—7）的电能反馈回燃料注入系统，完成整个循环。

从图 5－20 所示聚变推进框图可以推导出推进系统维持自持反应状态所需的最小“Q”值的表达式如下

$$P_{in}=\frac{P_{fus}}{\eta_{fi}Q}=\eta_{tc}(P_{neut}+P_{rad})+\eta_{dc}P_{dc}=\eta_{tc}(P_{neut}+P_{rad})+\eta_{dc}f\eta_{fi}\left[(Q+1)\frac{P_{fus}}{\eta_{fi}Q}-P_{neut}-P_{rad}\right]$$

$$\Rightarrow Q=\frac{1-f\eta_{dc}\eta_{fi}}{f\eta_{dc}\eta_{fi}+\eta_{fi}(\eta_{tc}-f\eta_{dc}\eta_{fi})\left(\frac{P_{neut}}{P_{fus}}+\frac{P_{rad}}{P_{fus}}\right)} \tag{5-44}$$

式中　f ——反应器中为维持等离子体温度所需要的循环带电粒子分数；

P_{fus} ——总聚变功率；

P_{neut} ——中子产生的聚变功率；

P_{rad} ——由于辐射而损失的聚变功率；

η_{dc} ——直接能量转换系统的效率；

η_{fi} ——燃料注入系统的效率；

η_{tc} ——热电转换系统的效率。

上述聚变推进系统所涉及的辐射损失源于轫致辐射（德语 bremsstrahlung，意为制动辐射）和同步辐射。轫致辐射是由带电粒子（通常是电子）在与其他带电粒子（通常是原子核）相互作用过程中被偏转而减速所产生的。这种辐射通常表现为高能 X 射线形式，穿透等离子体后被反应堆壁吸收。轫致辐射的强度可以通过参考文献［8］表示为

$$P_{\text{brem}} = P_0 n^2 T^{\frac{1}{2}} \tag{5-45}$$

式中 P_0——常数（4.8×10^{-37} W/keV$^{1/2}$）；

T ——等离子体温度（以 keV 为单位）。

另一方面，同步辐射损失是由于带电粒子沿着磁场线螺旋运动时经历的径向加速造成的。这种辐射通常处于红外线和可见光谱范围内，它们通常能被反射回等离子体内并随后被吸收。假设磁压力等于等离子体压力，同步辐射的强度可以根据参考文献［8］表示为

$$P_{\text{sync}} = S_0 Z^2 n^2 T^2 \left(1 + \frac{T}{204}\right)(1 - R_S) \tag{5-46}$$

式中 S_0——常数（5.00×10^{-38} W/keV^2）；

Z ——离子电荷；

R_S ——反应器壁的反射率。

推进系统总共的辐射损失是式（5－45）和式（5－46）表示的轫致辐射和同步辐射损失之和

$$P_{\text{rad}} = P_{\text{brem}} + P_{\text{sync}} = n^2 T^{\frac{1}{2}} \left[P_0 + S_0 Z^2 T^{3/2}\left(1 + \frac{T}{204}\right)(1 - R_S)\right] \tag{5-47}$$

将式（5－47）所表示的辐射损失代入式（5－44）表示的聚变推进系统模型中，将得到一个关于等离子体温度的函数，该函数表达了发动机系统实现自持运行所需的最低“Q”值

$$Q = \frac{1 - f\eta_{dc}\eta_{fi}}{f\eta_{dc}\eta_{fi} + \eta_{fi}(\eta_{tc} - f\eta_{dc}\eta_{fi})\left\{1 - f_c + \dfrac{4n^2 T^{\frac{1}{2}}\left[P_0 + S_0 Z^2 T^{3/2}\left(1 + \frac{T}{204}\right)(1 - R_S)\right]}{n^2\langle\sigma v\rangle f_c E_f}\right\}} \tag{5-48}$$

将式（5－48）的结果根据推进系统其他变量与等离子体温度的关系进行绘制，如图 5－21 所示。

如果能够构建一个实用的聚变推进系统，那么它对于行星际旅行的影响将是巨大的，整个太阳系都将向人类太空旅行敞开。从实际应用的角度看，基于核聚变的推进系统将几乎消除任务窗口的限制，并允许进行无限制的载人行星探索。下面的例子说明了核聚变推进系统的比冲究竟能够达到多大。

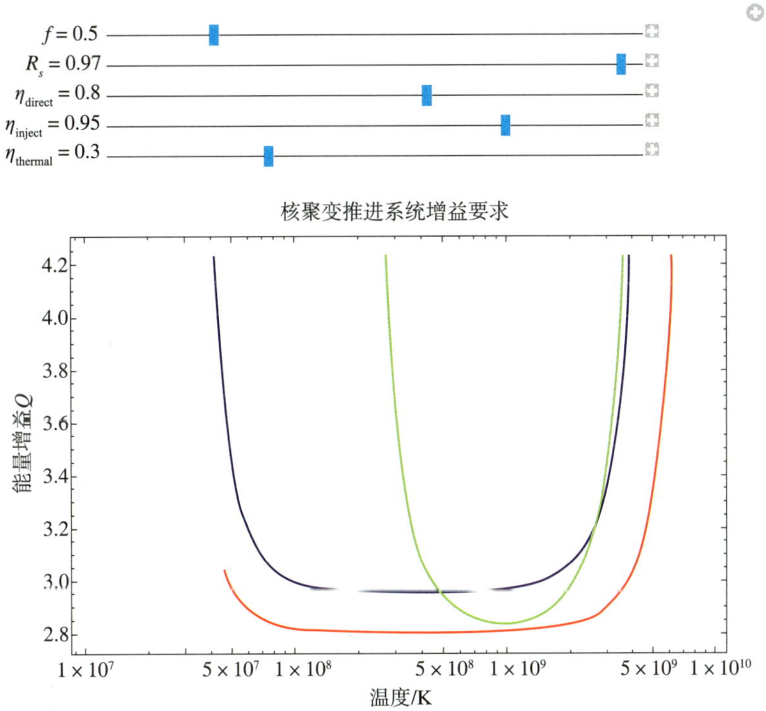

反应	T_{min}(K)	Q_{min}	$\frac{P_{thrust}}{P_{fusion}}$	$\frac{P_{rad}}{P_{fusion}}$
$^2_1H + ^3_1H$	3.626×10^8	2.96	0.084 7	0.029 4
$^2_1H + ^2_1H$	3.672×10^8	2.80	0.259 9	0.013 8
$^2_1H + ^3_2He$	1.011×10^9	2.84	0.217 9	0.367 4

图 5－21　融合推进系统增益要求

例题

计算一个使用氘和^3He作为推进剂的聚变系统的比冲和推进剂质量流量。假设推进剂的比热比是 1.67，平均分子量为 3，发动机产生的推力为 100 000 N。

解答

分析聚变发动机的第一步是估计火箭的比冲。图 1 为图 5－18 的注解，可以看出，对应最小 $n\tau$ 值 4.1×10^{14} s/cm^3 的温度约为 1.3×10^9 K。

将氘—^3He反应最小 $n\tau$ 值对应的温度与式（2－20）得到的比冲-温度函数表达式结合起来，可得到

$$I_{sp}=\frac{1}{g_c}\sqrt{\frac{2\gamma}{\gamma-1}\frac{R_u}{M}T_c}$$

$$=\frac{1}{9.8\ \frac{\mathrm{m}}{\mathrm{s}^2}}\sqrt{\frac{2\times1.67}{1.67-1}\times\frac{8\ 314.5\ \frac{\mathrm{g}\cdot\mathrm{m}^2}{\mathrm{K}\cdot\mathrm{mol}\cdot\mathrm{s}^2}}{3\ \frac{\mathrm{g}}{\mathrm{mol}}}\times1.3\times10^9\ \mathrm{K}}=432\ 000\ \mathrm{s} \quad (1)$$

为了确定推进剂的质量流量，需要使用比冲的定义，即

$$I_{sp}=\frac{F}{g_c\dot{m}}\Rightarrow\dot{m}=\frac{F}{I_{sp}}=\frac{100\ 000\ \mathrm{N}}{9.8\ \frac{\mathrm{m}}{\mathrm{s}^2}\times432\ 000\ \mathrm{s}}=0.023\ 6\ \frac{\mathrm{kg}}{\mathrm{s}}=23.6\ \frac{\mathrm{g}}{\mathrm{s}} \quad (2)$$

比冲达到 432 000 s 确实令人震惊，该比冲比目前认识的任何裂变推进系统都要高得多。可惜的是，由于能够工作的聚变反应堆在实践中被证明是极其难以建造的，因此短期内不太可能出现一个可用的系统。

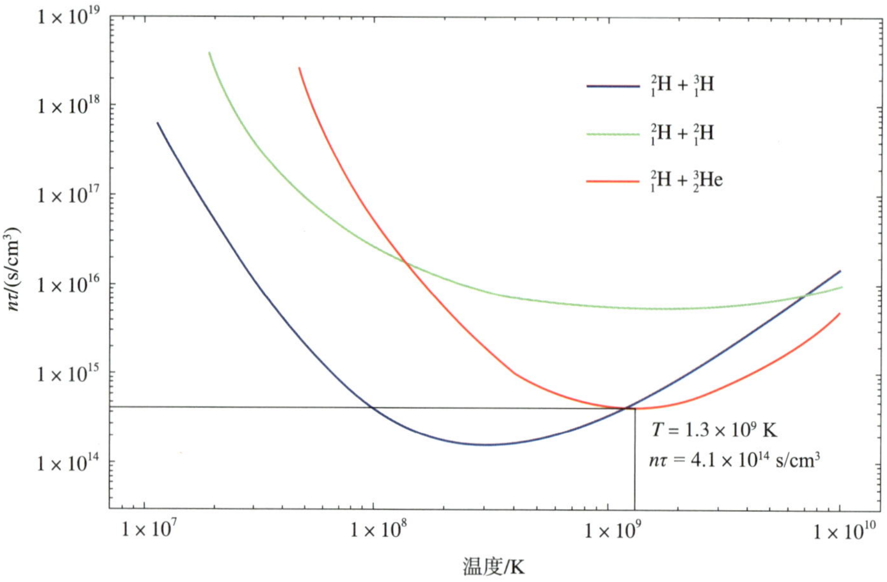

图 1　氘-^{3}He 聚变发动机的最佳工作点

5.8 反物质

虽然聚变反应能量已经很强大，但还有一种更强大的核反应，那就是物质与反物质的湮灭反应。在这个过程中，反应物 100%转化为能量，代表了可能发生的最有效的能量转换过程。表 5-3 给出了从不同类型的反应中获得的预期能量值。

表 5-3　可从各类反应中获得的能量

反应类型	释放的能量/(J/kg)
化学反应(H_2/O_2)	1.2×10^5
核裂变($^{-92}_{235}U$)	8.2×10^{10}
核聚变(DT)	3.4×10^{11}
物质/反物质	9.0×10^{13}

虽然物质/反物质湮灭反应可能看起来像是科幻小说，但其实过去已经开展了一些实际的研究工作，探索如何利用这种反应为太空旅行提供一种极其高效的动力方式[9,10]。然而，要使反物质动力系统变得切实可行，必须解决三个基本问题。它们包括：

1）反物质的足量制备：使物质/反物质反应产生的能量足以推动宇宙飞船前往目标天体。

2）反物质的安全贮存：防止潜在灾难性事故的发生。

3）能量的高效转换：将物质/反物质反应产生的能量高效转化为推力。

截至本书撰写时，世界上大部分反物质（主要是反质子）都是在位于瑞士日内瓦的欧洲核子研究中心（CERN）实验室制备出来的。为了产生反物质，首先要实现在一个小空间内约束住超过粒子-反粒子对总静止质量的能量。在 CERN，这是通过在粒子加速器中诱导高能亚原子粒子相互碰撞来实现的。在这些碰撞中，有少数情况下的条件适合产生反物质粒子（以及相应的物质粒子）。这些碰撞产生的反粒子（通常是反质子）会被强磁场引导到减速器中，并在那里将它们的能量逐渐降低到可控水平。反质子被减慢后，会被引导进入能阱中，在那里暂时贮存起来。但可惜的是，事实表明这个过程效率非常低，目前每年只能生产几纳克的反质子。

为了获得反物质推进系统所需的大量反物质（例如，毫克到克级），需要大幅提高反物质生产速率。目前，研究人员已经提出了几种方法来提高反质子产率，其中一个方法是将亚原子粒子碰撞时产生的相对较多的介子引导至重靶上。介子与靶上的重核发生碰撞后，有较大的概率会产生反质子，因此理论上可以增加总反质子产量。另一种方法是使用循环电子/正电子对撞机，在共振附近进行多次碰撞，利用自由电子激光束波纹器增加相互作用次数。目前，上述方法都尚未在现有设施中进行过试验，因此反质子产率实际上可以提高多少仍然只是猜测。

假设可以制造足量的反物质来为航天器提供动力，那么就会产生“如何安全地贮存和运输这种材料”的问题。少量的反质子可以贮存在所谓的彭宁阱（Penning trap）中。彭宁阱是一种使用定向静电力场和磁场来约束带电粒子的结构。静电场使粒子沿能阱轴线运动，磁场则使粒子运动垂直于能阱轴线。彭宁阱可以用来捕获任何具有电荷的亚原子粒子。带电粒子与能阱中的电场和磁场强烈相互作用，这些电场和磁场的配置方式使得带电粒子总是受到指向能阱中心的力。由于这种向内的力，离子几乎完全与能阱本身隔离，通常不会与能阱壁发生碰撞。如果捕获是在超高真空（UHV）条件下进行的，那么在室内的残余背景气体中也只有几次碰撞，这对于困住反质子是非常重要的。尽管反质子可以相互碰撞，但它们之间的库仑排斥意味着它们永远不会真正靠近彼此，内部电子状态保持相对稳定。

彭宁阱的主要缺点是需要强磁场来困住大量带电粒子。这是因为随着粒子密度增加，维持粒子约束所需的磁场强度也会随之增加。这一要求实际上限制了彭宁阱中可以包含的反质子数量。图 5－22 展示了在 CERN 的反氢激光物理装置（ALPHA）中使用的彭宁阱的一部分，显示了形成反质子和正电子能阱的电极以及提供磁场所捕获一些反氢原子的线圈系统。图 5－23 则提供了更多关于该设备自身的详细图解。

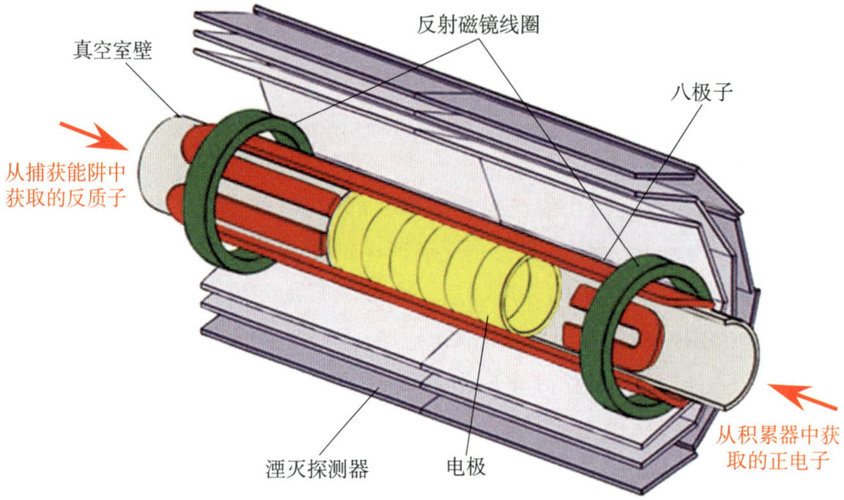

图 5－22　CERN 的 ALPHA 装置（显示彭宁阱）

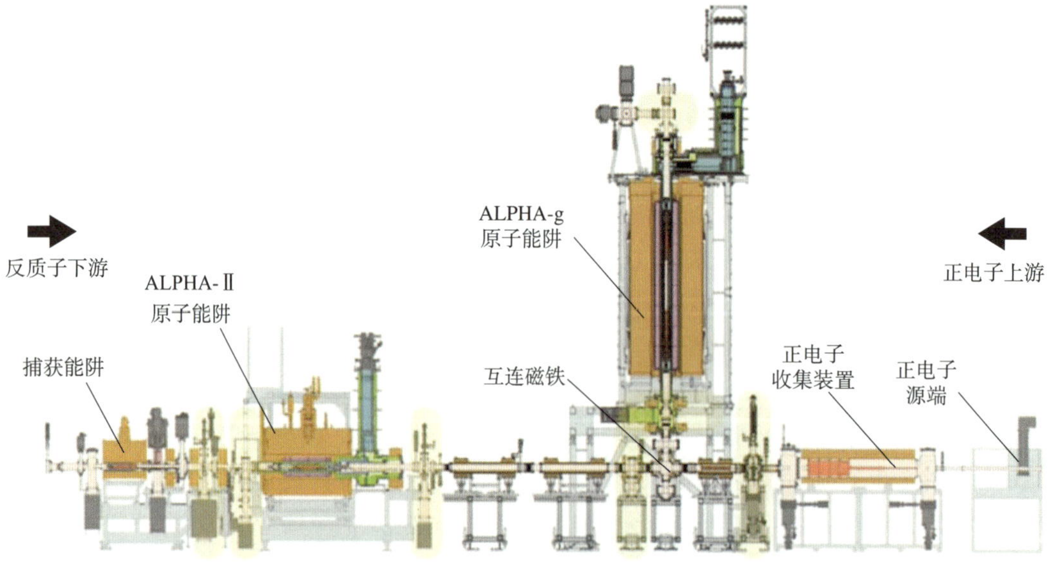

图 5－23　CERN 的 ALPHA 设施的示意图

为了获得前往外行星和其他地方所需的高反物质密度，很可能需要一些替代方法来贮存反物质。要做到这一点，反物质必须以中性形式作为固体或液体贮存起来。其中一种建议的方法[11]是通过制造反氢“雪球”，并将它们封装在非常薄的反锂壳中。反锂壳是为了防止反氢在超高真空容器内升华。体积较小的反氢“雪球”可以通过适度的电场或磁场使其远离容器壁。

假设能够生产和贮存足够数量的反物质，那么接下来的问题是如何最好地将其用于推进系统。最直接的方法是将反物质与普通物质混合，并通过喷管引导湮灭产物以产生推力。这种方法被称为束能方法，它是所有反物质推进概念中性能最高的。可惜的是，它的实现也对反物质数量有较高的要求。

为了粗略地估计束能物质-反物质推进系统的性能，假设反应物为氢和反氢。这些反应物之间最常见的湮灭反应链如图 5-24 所示。在这个反应中，湮灭产物是两个带电 π 介子和一个中性 π 介子。这些 π 介子都是不稳定的，带电 π 介子衰变为一个中微子和一个带电 μ 子，中性 π 介子衰变为两道 γ 射线。产生的带电 μ 子也是不稳定的，并将根据 π 介子的电荷进一步衰变为一个电子或一个正电子，以及额外的中微子。

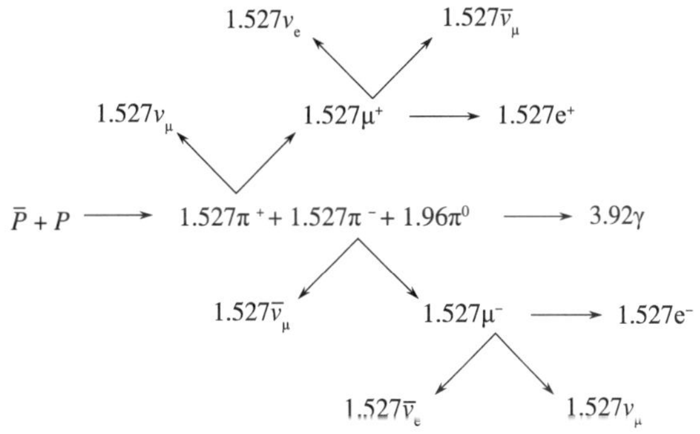

图 5-24　氢-反氢反应链

氢与反氢反应中，最容易利用的湮灭产物是带有电荷的粒子。这是因为带电粒子可以通过磁喷管中专门配置的电磁场被引导以产生推力。另一方面，由于伽马射线缺乏电荷，因此无法通过磁喷管定向，很难用于推进目的。这些伽马射线或者被航天器结构吸收，从而导致加热问题；或者被引导到远离航天器的地方，它们就会在太空中消失。相比之下，中微子产生后就会完全从航天器上消失，因为它们很少与任何东西相互作用，因此既不能被吸收也不能被反射。图 5-25 展示了在氢-反氢推进系统中，磁喷管的工作方式。

为了估计以氢和反氢作为反应物的反物质火箭的性能，首先需要研究反应产生的湮灭产物的特性。这些特性的总结见表 5-4。从这些湮灭产物性质的研究中可以发现一些有趣的事情。第一个值得注意的是，质子和反质子湮灭产生的 1 880 MeV 中，大约有 696 MeV 由于中性 π 介子衰变为 γ 射线而立即损失。幸运的是，带电 π 介子的衰变速度要慢得多，实际上在它们衰变为带电 μ 子和中微子之前会行进大约 21 m。这些带电介子携带了来自湮灭反应大约 760 MeV（40%）的有用能量，为系统提供了大部分推力。如果无

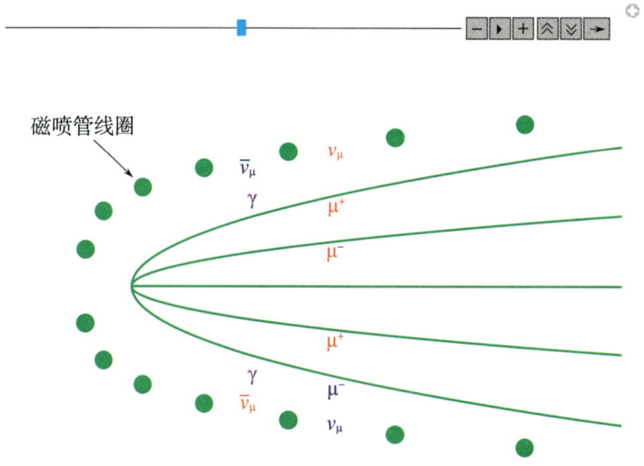

图 5-25　氢-反氢喷管

法从磁喷管中提取离子束的能量，那么离子束将衰变为 μ 子和中微子。中微子将带走约 176 MeV 的能量，留下略低于 590 MeV（约 31%）的有用能量在带电 μ 子中用于提供推力。

表 5-4　氢与反氢相互作用产生的湮灭产物特性

种类	静止质量/MeV	动能/MeV	衰变常数/s	粒子速度	存活期间的运动总距离/m
(反)质子 p^-,p^+	938.3	0	4	~0	4
介子 π^-,π^+	139.6	250	7.2×10^{-8}	0.93c	20
介子 π^0	135	250	2.2×10^{-17}	0.92c	~0
渺子 μ^-,μ^+	105.7	192.3	6.2×10^{-6}	0.94c	1 750
中微子	~0	92	4	c	4
电子，正电子 e^-,e^+	0.511	~100	4	0.999 99c	4

由于湮灭产物具有相对论性的排放速度，因此需要通过狭义相对论来修改火箭性能的常规表达式。此处不会给出推导细节，但可以在文献［12］中找到。在推导的最后，给出了湮灭产物的有效排放速度的表达式

$$\frac{w}{c}=\sqrt{\delta\eta\varepsilon(2-2\varepsilon+\delta\eta\varepsilon)}+(1-\delta)\eta\varepsilon \tag{5-49}$$

式中　w ——湮灭产物的有效排气速度；

c ——光速；

ε ——排出的质量转化为能量的比例；

η ——用于推进的可用能量分数；

δ ——可用能量中转化为排气粒子有效动能的能量分数。

使用表 5－4 中的参数值，可以确定式（5－49）中的参数的数值

$$\begin{aligned}\varepsilon &= 1-\frac{\pi\text{ 介子静止质量}\times\text{带电 }\pi\text{ 介子数量}}{2\times\text{质子静止质量}} \\ &= 1-\frac{139.6\times(1.527+1.527)}{2\ 938.3}=0.772\ 8\end{aligned} \tag{5-50}$$

$$\begin{aligned}\eta\varepsilon &= \frac{\pi\text{ 介子动能}\times\text{带电 }\pi\text{ 介子数量}}{2\times\text{质子静止质量}} \\ &= 1-\frac{250\times(1.527+1.527)}{2\ 938.3}=0.406\ 9\end{aligned} \tag{5-51}$$

假设所有可用能量都转化为介子的有效动能，那么 $\delta=1$，并且式（5－49）所需的参数都已确定。得到带电介子的有效排气速度为

$$\frac{w}{c}=\sqrt{0.406\ 9\times(2-2\times0.772\ 8+0.406\ 9)}=0.592 \tag{5-52}$$

从式（5－52）中可以看出，介子的排气速度几乎是光速的 60%。假设有效排气速度与比冲成正比，则有

$$\frac{w}{c}=0.592\Rightarrow I_{sp}=\frac{w}{g}=\frac{0.592c}{g}=\frac{0.592\times2.997\ 9\times10^{8}\ \frac{\text{m}}{\text{s}}}{9.8\ \frac{\text{m}}{\text{s}^{2}}}=1.811\times10^{7}\ \text{s} \tag{5-53}$$

1 800 万秒的比冲确实非常大，这就引出了一个问题：对于“合理”的推进剂质量分数，航天器能够达到的最大速度是多少？由于涉及相对论速度，必须使用狭义相对论来修改前面式（2－8）中给出的传统火箭方程。人们已经对狭义相对论火箭方程进行了推导[13]，结果为

$$\frac{v}{c}-\tanh\left[-\frac{w}{c}\ln\left(\frac{m_f}{m_i}\right)\right]=\tanh\left[-\frac{w}{c}\ln(f_m)\right] \tag{5-54}$$

式中　v ——航天器的最大速度；

m_i ——航天器的初始质量（完全加注推进剂）；

m_f ——航天器的最终质量（干质量）；

f_m ——航天器的质量分数。

通过将方程（5－53）确定的 π 介子有效排气速度值代入相对论方程（5－54），并将其表示为航天器质量分数的函数，可以计算出使用氢和反氢发动机实现的最大速度。

如图 5－26 所示，反物质火箭具有令人难以置信的性能。当质量分数为 0.5 时，航天器速度有可能达到接近光速的 40%。当质量分数为 0.2 时，航天器速度刚好超过光速的 75%。在这样的速度下，在一个人的寿命内到达最近的恒星是可能的，尽管这需要同样惊人的反物质质量。

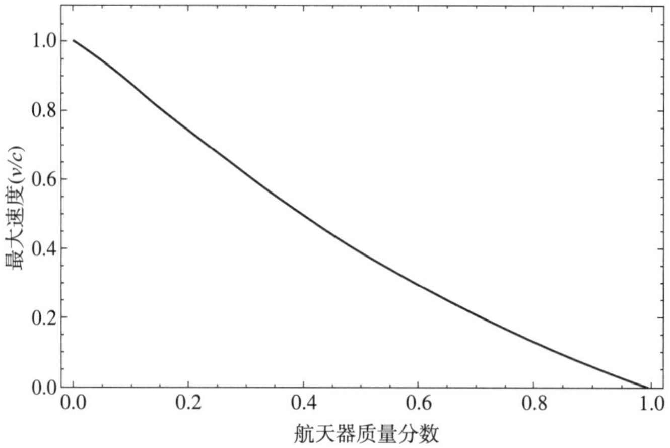

图 5－26　使用氢和反氢的反物质火箭的性能

如此大量的反物质不会很快就能获得。因此在这种情况下，我们现在要问的问题是，是否可以开发出某种推进系统，它所需要使用的反物质要少得多，比如毫克甚至微克量级。这种量级的反物质在目前的技术条件下仍然不现实，但至少在不远的将来是可以实现的。事实证明，使用极少量的反物质建立推进系统的关键是不直接使用湮灭产物作为推进源，而是利用反质子触发更大规模的裂变或聚变反应。实验表明，当反质子撞击^{235}U 核时，释放的能量实际上会把^{235}U 核炸开，并在此过程中产生大量中子。图 5－27 给出了一个原子与一个反质子相互作用产生的中子数[14]。这些中子会继续引发^{235}U 的链式反应，从而在这个过程中产生大量的能量。

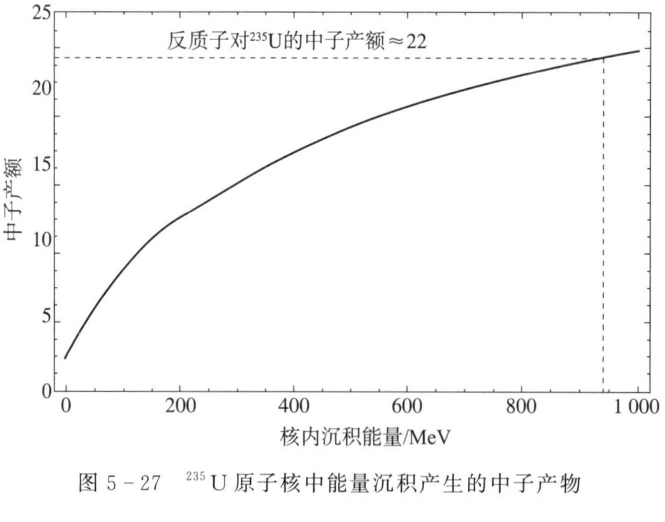

图 5－27　^{235}U 原子核中能量沉积产生的中子产物

为了实现这个想法，研究者们提出了一个叫作反质子催化微裂变/聚变（ACMF）的概念方案[10]。其想法是在含有少量^{235}U 的颗粒内注入反质子，这些^{235}U 周围是由液态氘和氚组成的包层。反质子在^{235}U 中引发的裂变将会点燃氘和氚包层中的聚变反应，导致颗粒爆炸。这种爆炸相对较小，但产生的推力足以对采用 ACMF 推进剂的航天器产生显著的冲量。如果这些 ACMF 颗粒爆炸可以按照适当的大小和足够快的序列执行，它们可以构成一个极其高效的推进系统，提供相对恒定的加速度。

图 5－28 展示了 ACMF 颗粒的设计。从图 5－27 可以看出，如果反质子与一个正常质子在^{235}U原子核内湮灭，那么在这个过程中至少会释放出 938.3 MeV 的能量，导致^{235}U核裂变，平均产生大约 22 个中子。分析[10]表明只需要 5 fg（5×10^{-15} g）的反质子就能在周围的氘和氚包层引发大量聚变反应。

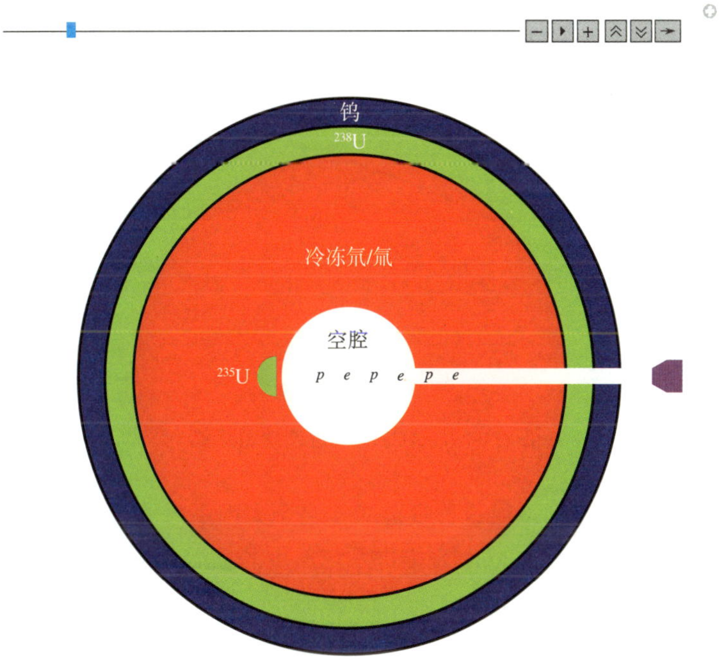

反质子与正电子被注入颗粒中

图 5－28　反质子催化微裂变/聚变（ACMF）颗粒

分析还提出了一个相对简单的关系［式（5－55）］，用来粗略地估计 ACMF 颗粒的性能

$$\frac{1}{2}m_T v_e^2=\frac{m_f E_\alpha f_u}{2Am_{\text{amu}}}\Rightarrow I_{sp}=\frac{v_e}{g}=\frac{1}{g}\sqrt{\frac{m_f E_\alpha f_u}{Am_T m_{\text{amu}}}} \tag{5-55}$$

式中　v_e——航天器的最大速度；

m_T——总颗粒质量；

m_f——燃料质量（氘和氚）；

m_{amu}——一个原子质量单位的等效质量（1.66×10^{-24} g）；

E_α——发出的聚变 α 粒子的能量（3.5 MeV＝$5.607\ 7\times10^{-6}$ erg）；

A——氘和氚的平均原子量（≈2.5）。

图 5－29 中绘制了式（5－55）作为不同 ACMF 颗粒特性的函数。图中显示，即使在氘氚 100％“燃尽”的情况下，ACMF 发动机的预期比冲仍能达到略低于 1 000 000 s。这一数值虽然惊人，但仍然不足以进行任何一种“快速”的星际任务，即单程耗时不超过人类一生

寿命的任务。此外，从性能的角度来看，ACMF 颗粒 100%“燃尽”是非常不现实的。实际上，DT 燃耗大概率不到 10%。在此燃烧水平下，比冲的最佳估计仅为几十万秒左右。

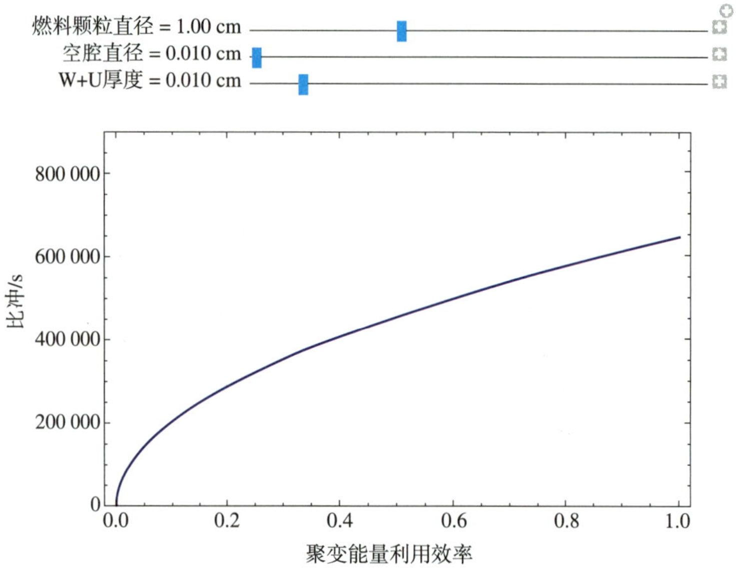

图 5 - 29　ACMF 推进装置的性能

尽管不足以进行星际旅行，但这种性能对于整个太阳系内的行星际任务来说还是非常优秀的。这里有一点需要注意，ACMF 推进系统产生的推力水平必须足以在整个任务过程中维持相当高的加速度（例如 0.01 g）。在此加速度下，太阳系内的任何位置都可以在一年或更短的时间内到达。

参考文献

[1] Yukawa H. On the interaction of elementary particles. Proc Physico－Math Soc Jpn 1935；17：48 - 57.

[2] Lister CJ，Butterworth J. Nuclear physics：exotic pear—shaped nuclei. Nature May 9，2013；497：190 - 1.

[3] Breit G，Wigner E. Capture of slow neutrons. Phys Rev 1936；49：519.

[4] Palma DAP，Aquilino S，Martinez AS，Silva FC. The derivation of the Doppler broadening function using frobenius method. J Nucl Sci Technol 2006；43（6）：617 - 22.

[5] Arnold WR，Phillips JA，Sawyer GA，Stovall Jr EJ，Tuck JL. Cross sections for the reactions D（d，p）T，D（d，n）He^3，T（d，n）He^4 and He^3（d，p）He^4 below 120 keV. Phys Rev 1954；93：483 - 97.

[6] Lawson JD. Some criteria for a power producing thermonuclear reaction. Proc Phys Soc Lond Sect B. 1957；70：1 - 6.

[7] Kammash T, editor. Fusion energy in space propulsion, vol 167. American Institute of Aeronautics and Astronautics, Progress in Astronautics and Aeronautics; 1995.

[8] Rose DJ, Clark M. Plasmas and controlled fusion. Cambridge, MA: MIT Press; 1 961. p. 232 - 53.

[9] Forward RL. Advanced space propulsion study—antiproton and beamed power propulsion. Air Force Astronautics Laboratory; October 1987. AFAL TR—87—070.

[10] Cassenti BN, et al. Antiproton catalyzed fusion propulsion for interplanetary missions. In: AIAA paper 3068, joint propulsion conference (JPC), Lake Buena Vista, FL; 1996.

[11] Jackson GP. Antimatter—based propulsion for exoplanet exploration. Knoxville, TN: Nuclear and Emerging Technologies for Space (NETS); 2020.

[12] Westmoreland S. A note on relativistic rocketry. Acta Astronaut November - December 2010; 67 (9 - 10): 1248 - 51.

[13] Forward RL. A transparent derivation of the relativistic rocket equation. San Diego, CA: Joint Propulsion Conference (JPC); 1995. AIAA Paper 3060.

[14] Gazze CE, Newton RJ. Neutron yields for antiproton microfission experiments. Nucl Sci Eng 1994; 118: 217 - 26.

习　题

1. 假设一个核火箭发动机拥有一个圆柱形反应堆（直径 $D=$ 长度 $L=2$ m），该反应堆由完全富集的铀碳化合物（100% ^{235}U）构成，并设有氢气推进剂流道孔（孔隙体积分数=0.3）。在火星任务期间，发动机总共运行 100 min，工作功率为 4 000 MW。

a. 平均中子通量水平是多少？

b. 在整个任务过程中，预期的燃料消耗率是多少？

注意：$\sigma_f=577\text{b}$，$\rho_{\text{UC}}=13\ 500\ \dfrac{\text{kg}}{\text{m}^3}$。

2. ^{238}U 的裂变阈值通常被设定为 1.4 MeV，当低于此能量时裂变截面过小。基于此阈值考虑，能够引起^{238}U 裂变的裂变中子比例是多少？

3. 瞬发裂变中子谱通常用以下函数表示

$$\chi(E)=C\mathrm{e}^{-aE}\sinh\sqrt{bE}$$

其中，C、b 和 a 为常数。

a. 如果函数 $\chi(E)$ 归一化为 1.0，即

$$\int_0^\infty \chi(E)\mathrm{d}E=1$$

给出常数 C 的表达式。

b. 找出最合适能量的超越方程。

c. 证明瞬发裂变中子的平均能量为

$$E=\frac{3}{2a}+\frac{b}{4a^2}$$

4. 对于 2 200 m/s（0.025 eV）的中子，在具有 1/V 吸收截面材料中的平均自由程为 1.0 cm。相应的反应速率是 $10^{12}\ \dfrac{\text{abs}}{\text{s}\cdot\text{cm}^3}$。该材料的原子质量为 10 amu，密度为 $2.0\ \dfrac{\text{g}}{\text{cm}^3}$。求：

a. 2 200 m/s 中子通量。

b. 对于 10 eV 中子，该材料的微观吸收截面（σ_a），单位为 b（靶恩，barn）。

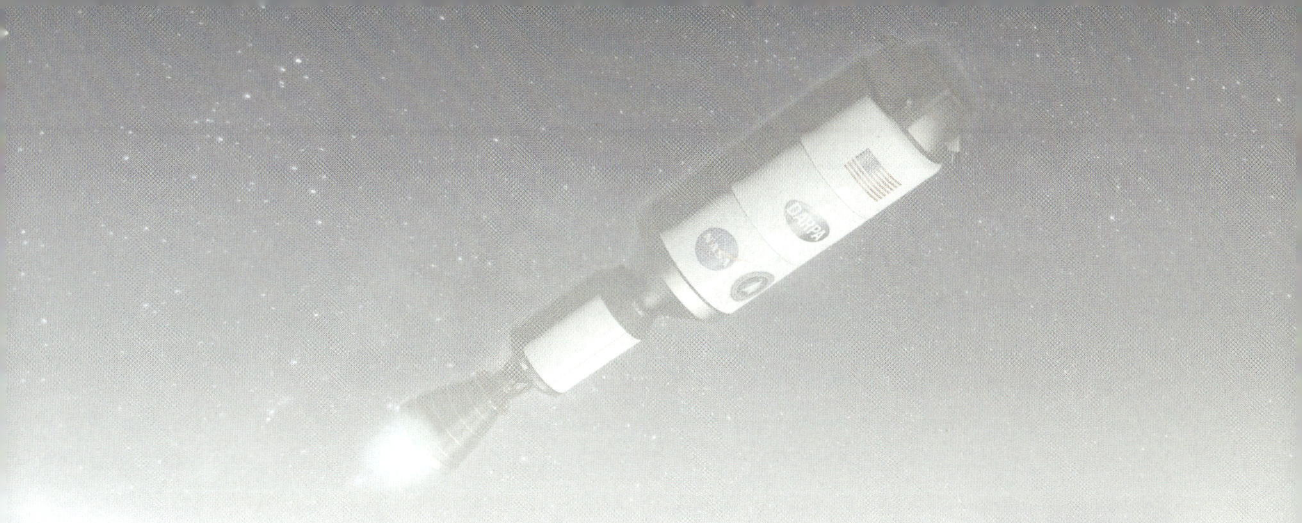

第 6 章

中子通量能量分布

6.1 中子散射相互作用的经典推导

对之前章节展示的核截面图的研究表明，在中子能量较低时其核截面通常较高。因此，找到方法将中子能量从中子因裂变而产生的快中子能级区（MeV 能级范围）降低到热中子能级区（几 eV 能级范围）是有益的，因为热中子更可能与有价值的核素发生相互作用。要降低中子能量，几乎总是通过中子与邻近原子核发生的多重散射相互作用来实现的。

要详细预测中子与其他原子核之间可能的散射角，需要复杂的量子力学分析和实验。由于通常不清楚碰撞过程中的非弹性度，因此需要进行这些分析。不过，除去一些限制，仍可以基于能量守恒和线性动量守恒考虑，简单地推导出散射角与碰撞能量之间的一些有用关系。

在接下来的推导过程中，假定一个运动的中子使一个静止的原子核在实验室坐标系（L）中发生散射。但是，如果在质心（C 或 COM）坐标系中进行实际推导，则会更容易进行，此时粒子总的线性动量为 0。在这个坐标系中，粒子系统的质心是静止的，如图 6-1 所示。

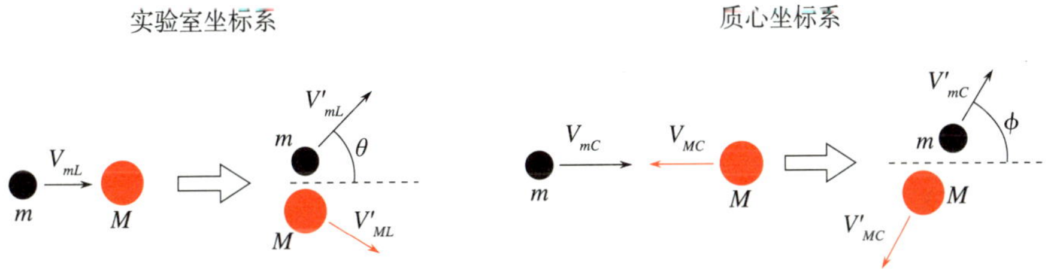

图 6-1　坐标系描述（m＝中子质量，M＝原子核质量，V＝速度）

物体的轨迹是抛物线而不是双曲线。

在推导过程中，首先要写出粒子动量守恒方程

$$mV_{mC}-MV_{MC}=0 \tag{6-1}$$

$$mV'_{mC}-MV'_{MC}=0 \tag{6-2}$$

以及粒子能量守恒方程

$$\frac{1}{2}mV_{mC}^2+\frac{1}{2}MV_{MC}^2=\frac{1}{2}mV'^2_{mC}+\frac{1}{2}MV'^2_{MC} \tag{6-3}$$

利用式（6-1）～式（6-3）来消除 V_{MC} 以及 V'_{MC}

$$\left[\frac{1}{2}M\left(\frac{m}{M}\right)^2+\frac{1}{2}m\right]V_{mC}^2=\left[\frac{1}{2}M\left(\frac{m}{M}\right)^2+\frac{1}{2}m\right]V'^2_{mC} \tag{6-4}$$

因此

$$V_{mC}^2=V'^2_{mC},V_{MC}^2=V'^2_{MC} \tag{6-5}$$

从图 6-1 中，将 COM 坐标下的散射与 L 坐标系下的散射联系起来

$$V_{mC}=V_{mL}-V_{MC} \tag{6-6}$$

将式（6-6）代入式（6-1）可以得到

$$V_{mC}=\frac{MV_{mL}}{M+m} \tag{6-7}$$

中子与靶核碰撞后的向量关系如图 6-2 所示。根据这些向量关系，可以确定所有必要的散射三角关系。

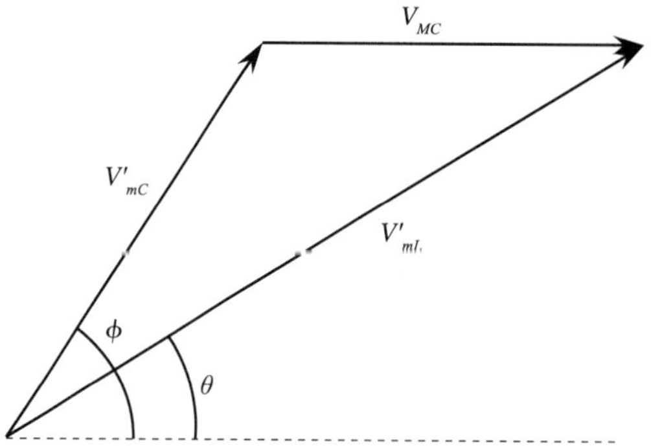

图 6-2 散射相互作用中的各向量关系

$$V'_{mL}\cos\theta=V'_{mC}\cos\phi+V_{MC} \tag{6-8}$$

$$V'_{mL}\sin\theta=V'_{mC}\sin\phi \tag{6-9}$$

此时要做的是推导出碰撞前后中子和原子核之间的散射角与中子动能之间的关系。利用余弦定律

$$V'^2_{mL}=V'^2_{mC}+V_{MC}^2+2V'_{mC}V_{MC}\cos\phi \tag{6-10}$$

将式（6-2）、式（6-5）、式（6-7）及式（6-10）结合起来可得

$$V'^2_{mL}=\left[\left(\frac{M}{m}\right)^2+1+2\frac{M}{m}\cos\phi\right]\left(\frac{mV_{mL}}{M+m}\right)^2 \tag{6-11}$$

定义质量比 $A = M/m$，可以得到

$$\frac{E'}{E} = \frac{\frac{1}{2}mV'^2_{mL}}{\frac{1}{2}mV^2_{mL}} = \frac{V'^2_{mL}}{V^2_{mL}} \tag{6-12}$$

将式（6-11）代入式（6-12）得

$$\frac{E'}{E} = \frac{A^2 + 2A\cos\phi + 1}{(1+A)^2} \tag{6-13}$$

从式（6-2）、式（6-5）、式（6-8）及式（6-9）中还能得到

$$\tan\theta = \frac{\sin\phi}{\cos\phi + \frac{1}{A}} \Rightarrow \cos\theta = \frac{A\cos\phi + 1}{\sqrt{A^2 + 2A\cos\phi + 1}} \tag{6-14}$$

现在利用式（6-14）得出的结果来确定平均散射角的余弦值，其定义如下

$$\overline{\cos\theta} = \mu_0 = \frac{\int_0^{\pi}\cos\theta\sin\phi\,\mathrm{d}\phi}{\int_0^{\pi}\sin\phi\,\mathrm{d}\phi} = \frac{\int_0^{\pi}\frac{A\cos\phi + 1}{\sqrt{A^2 + 2A\cos\phi + 1}}\sin\phi\,\mathrm{d}\phi}{\int_0^{\pi}\sin\phi\,\mathrm{d}\phi} = \frac{2}{3A} \tag{6-15}$$

对变量做变换，可将式（6-13）改写为

$$\frac{E'}{E} = \frac{1}{2}[(1+\alpha) + (1-\alpha)\cos\phi] \tag{6-16}$$

式中 $\alpha \equiv \left(\frac{A-1}{A+1}\right)^2$。

现在，引入一个称为对数能量损失的新变量 u 会十分有用，$u \equiv \ln\left(\frac{E_0}{E}\right)$。$E_0$ 是位于最大裂变能区内的任意固定能量，一般取为 10～15 MeV。这样，在最大能区里中子最初的对数能量损失为 0，随着它和周围介质发生碰撞而失去能量，中子逐渐获得对数能量损失。

假设 $\cos\phi$ 从 -1 到 1 之间的散射概率相等，并且 αE 是碰撞过程中可能损失的最大能量，式（6-16）可用来确定每次碰撞的平均对数能量衰减 ξ。该值也等于每次碰撞的平均对数能量损失

$$\xi = \overline{\ln\left(\frac{E}{E'}\right)} = \frac{\int_{\alpha E}^{E}\ln\left(\frac{E}{E'}\right)\mathrm{d}E'}{\int_{\alpha E}^{E}\mathrm{d}E'} = \frac{-\int_{-1}^{1}\ln\left\{\frac{1}{2}[(1+\alpha) + (1-\alpha)\cos\phi]\right\}\mathrm{d}(\cos\phi)}{\int_{-1}^{1}\mathrm{d}(\cos\phi)} = 1 + \frac{\alpha}{1-\alpha}\ln\alpha \tag{6-17}$$

要计算一个裂变中子热化所需的中子散射事件平均次数，只需用快中子能量与热中子

能量之比的对数值除以 ξ 即可。如果 $E_{\text{fast}}=2\ \text{MeV}$ 且 $E_{\text{thermal}}=0.025\ \text{eV}$，那么

$$N=\frac{\ln\left(\frac{E_{\text{fast}}}{E_{\text{thermal}}}\right)}{\xi}=\frac{\ln\left(\frac{2\ 000\ 000}{0.025}\right)}{\xi}=\frac{18.2}{\xi} \tag{6-18}$$

表 6－1 列出了将式（6－18）应用于各种核素的结果，以确定热化裂变中子所需的平均散射相互作用次数。

表 6－1　不同核素的散射参数

元素	A	α	ξ	N
H	1	0	1	18
Be	9	0.640	0.206	86
C	12	0.716	0.158	114
^{235}U	235	0.983	0.000 84	2 172

6.2 中子在慢化区的能量分布

至此，我们已经建立了表达式来描述中子如何与其他原子核的散射相互作用而慢化，该表达式对这些相互作用所引起的中子能量分布进行了定性描述。这些多重散射相互作用导致中子从它们在裂变事件中产生的快能区迁移到与周围环境达到热平衡的热能区。从图 6－3 中可以看出，假设没有中子吸收，散射到能量区间 E' 到 $E-\mathrm{d}E'$ 的中子数量等于散射到能量区间 E 到 $E-\mathrm{d}E$ 中的平均中子数。

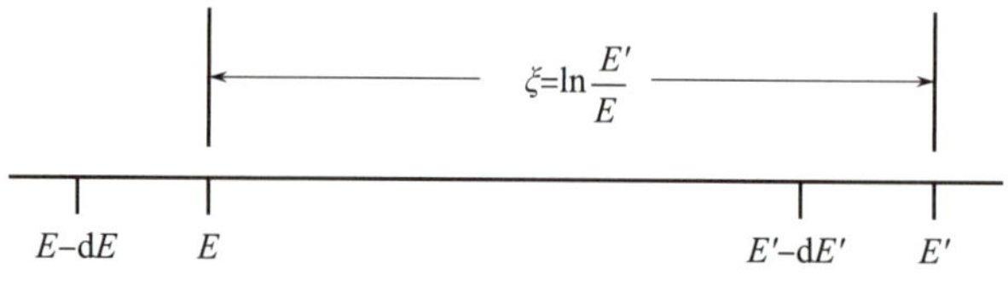

图 6－3　慢化散射相互作用

如果将能量 E 下的中子慢化密度设为 q，那么从 $\mathrm{d}E$ 散射到 $\mathrm{d}E'$ 的中子散射速率为

$$q\frac{\ln E-\ln(E-\mathrm{d}E)}{\xi}=\frac{q\mathrm{d}E}{\xi E} \tag{6-19}$$

同时，$\mathrm{d}E$ 能量间隔内的中子散射反应速率可表示为

$$R_s\mathrm{d}E=\phi(E)\Sigma_s(E)\mathrm{d}E \tag{6-20}$$

如果散射过程为稳态，且式（6－19）与式（6－20）相等，则有

$$\Sigma_s(E)\phi(E)\mathrm{d}E=\frac{q\mathrm{d}E}{\xi E} \tag{6-21}$$

在没有发生中子吸收的慢化区，与能量相关的中子通量可通过变换式（6－21）得到

$$\phi(E)=\frac{q}{E\xi\Sigma_s(E)} \tag{6-22}$$

如果在慢化过程中发生了中子吸收，慢化密度 q 就不再与能量无关，而是受到 $\mathrm{d}E$ 能量间隔内中子吸收量的影响而减小。如果只有弱吸收，中子吸收量可表示为

$$\frac{\mathrm{d}q(E)}{\mathrm{d}E}\mathrm{d}E=-\Sigma_c(E)\phi(E)\mathrm{d}E\Rightarrow\frac{\mathrm{d}q(E)}{\mathrm{d}E}=-\Sigma_c(E)\phi(E) \tag{6-23}$$

在存在弱吸收的情况下，中子离开 $\mathrm{d}E$ 的速率可通过修改式（6－20）而得到

$$R_{sa}=[\Sigma_s(E)+\Sigma_c(E)]\,\phi(E) \tag{6-24}$$

中子进入 $\mathrm{d}E$ 的速率仅是它们散射出 $\mathrm{d}E'$ 的速率的函数，通过修改式（6－21）得出近似表达式

$$[\Sigma_s(E)+\Sigma_c(E)]\,\phi(E)\mathrm{d}E\approx\frac{q}{\xi E}\mathrm{d}E \tag{6-25}$$

对式（6－25）中的各项进行变换，求解中子通量，得到

$$\phi(E)\approx\frac{q(E)}{\xi E\,[\Sigma_c(E)+\Sigma_s(E)]} \tag{6-26}$$

将式（6－26）代入式（6－23）并进行积分，可以得到能量相关的慢化密度的表达式

$$\begin{aligned}\int_E^{E_0}\frac{\mathrm{d}q(E')}{q(E')}&=\int_E^{E_0}\frac{\Sigma_c(E')}{\xi E'[\Sigma_s(E')+\Sigma_c(E')]}\mathrm{d}E'\\ \Rightarrow q(E)&=q_0\mathrm{e}^{\int_E^{E_0}\frac{\Sigma_c(E')}{\xi E'[\Sigma_s(E')+\Sigma_c(E')]}\mathrm{d}E'}\end{aligned} \tag{6-27}$$

将式（6－27）代入式（6－26），就可以得到在中子弱吸收时慢化区域的中子通量与能量的函数关系

$$\phi(E)\approx\frac{q_0\mathrm{e}^{\int_E^{E_0}\frac{\Sigma_c(E')}{\xi E'[\Sigma_s(E')+\Sigma_c(E')]}\mathrm{d}E'}}{\xi E[\Sigma_s(E)+\Sigma_c(E)]} \tag{6-28}$$

假设 $\dfrac{\Sigma_c(E)}{\Sigma_c(E)+\Sigma_s(E)}$ 是能量的弱函数，则可以求解式（6－28）中的积分，以进一步对中子弱吸收时慢化区域的中子通量与能量的函数关系做近似

$$\phi(E)=\frac{q_0\left(\dfrac{E_0}{E}\right)^{\frac{E\Sigma_c}{\xi(E\Sigma_c+E\Sigma_s)}}}{\xi E\,[\Sigma_c(E)+\Sigma_s(E)]} \tag{6-29}$$

6.3 裂变源区的中子能量分布

裂变源区定义为中子能量都是源于裂变的能量区间。一般而言，这个能区从 10 keV 到 10 MeV 左右，并服从前面讨论的 $\chi(E)$ 分布。如果忽略这个能区内的散射，中子平衡方程可以写成

移除率＝产生率

即

$$\Sigma_t(E)\phi(E)=\chi(E)\int_0^{\infty}\nu(E')\Sigma_f(E')\phi(E')\mathrm{d}E' \tag{6-30}$$

其中，$\nu(E')$ 是平均每次裂变产生的中子数。这个函数实际上是非常弱的能量的函数，因此通常被视为常数。在式（6-30）中，积分可估为一个常数，因此

$$\Sigma_t(E)\phi(E)=C\chi(E) \tag{6-31}$$

根据式（6-31），中子通量可写为

$$\phi(E)=\frac{C\chi(E)}{\Sigma_t(E)} \tag{6-32}$$

由于 $\Sigma_t(E)$ 在高能量下为常数，因此中子通量在裂变源区近似服从 $\chi(E)$ 分布。

6.4 热能区的中子能量分布

热能区的特点是，中子发生散射撞击原子核的热运动，中子在此区间内的散射相互作用可能导致中子获得能量，也可能导致中子失去能量。假定不存在中子吸收也没有裂变中子源，热中子的能量将遵循麦克斯韦分布

$$n(v)\mathrm{d}v=Cv^2\mathrm{e}^{-\frac{1}{2}\frac{mv^2}{kT}}\mathrm{d}v \tag{6-33}$$

式中 C ——常数；

v ——中子速度；

$n(v)\mathrm{d}v$ ——单位体积内 v 到 $v+\mathrm{d}v$ 范围内的中子个数；

m ——中子质量；

T ——散射介质的温度；

k ——玻耳兹曼常数。

上述方程中，$n(v)\mathrm{d}v$ 也对应于单位体积内 E 和 $E+\mathrm{d}E$ 之间的中子个数，其中 $E=\frac{1}{2}mv^2$，因此

$$n(v)\mathrm{d}v=n(E)\mathrm{d}E=\frac{[n(E)v(E)]\mathrm{d}E}{v(E)}=\frac{\phi(E)\mathrm{d}E}{v(E)} \tag{6-34}$$

同时注意到

$$E=\frac{1}{2}mv^2\Rightarrow \mathrm{d}E=mv\mathrm{d}v\Rightarrow \mathrm{d}v=\frac{1}{mv}\mathrm{d}E \tag{6-35}$$

将式（6-34）和式（6-35）代入式（6-33）中，可以得到

$$\frac{\phi(E)}{v(E)}\mathrm{d}E=CE\mathrm{e}^{\frac{-E}{kT}}\frac{1}{mv(E)}\mathrm{d}E\Rightarrow\phi(E)=C'E\mathrm{e}^{\frac{-E}{kT}} \tag{6-36}$$

麦克斯韦分布的最概然能量在 $E=kT$ 处。如前所述，材料的热中子截面通常使用参考温度为 20 ℃时的值，这相当于能量为 0.025 eV 或等效于中子速度为 2 200 m/s 的麦克斯韦分布峰值。参考温度为 20 ℃时的麦克斯韦分布如图 6-4 所示。

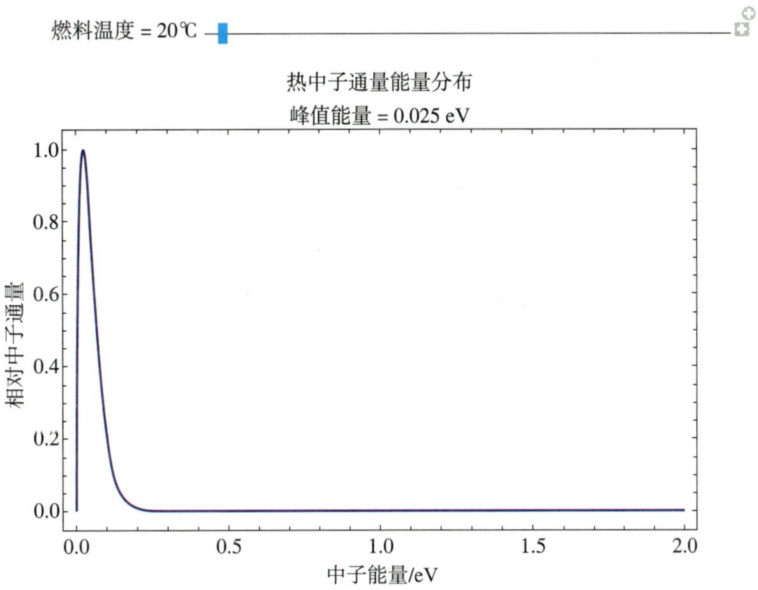

图 6-4　麦克斯韦分布

6.5 中子能量分布谱的总结

总结前几节的结果，可以发现在所有中子能量区间内，中子通量水平的变化大致如下。

裂变源区间：$\phi(E)=\dfrac{C\chi(E)}{\Sigma_t(E)}$，10 keV$<E<$10 MeV；

慢化区：$\phi(E)=\dfrac{q_0\left(\dfrac{E_0}{E}\right)^{\frac{E\Sigma_c}{\xi(E\Sigma_c+E\Sigma_s)}}}{\xi E[\Sigma_c(E)+\Sigma_s(E)]}$，$E_c<E<$10 keV；

热能区：$\phi(E)=C_2Ee^{\frac{-E}{kT}}$，0 eV$<E<E_c$。

在试图估算热能区转变为慢化区的分界点能量 E_c 时，人们很快会发现定义一个单一的能量分界点会产生不合理的结果。造成这种困难的原因是，在反应堆运行期间，描述热中子能量范围的麦克斯韦能量分布在经历的温度范围内发生了显著变化。因此，分界点能量通常随反应堆堆芯温度的变化而变化，一般在 0.1 eV 至 1.0 eV 之间。图 6-5 展示了在上述不同能量区间内中子能量的定性分布。

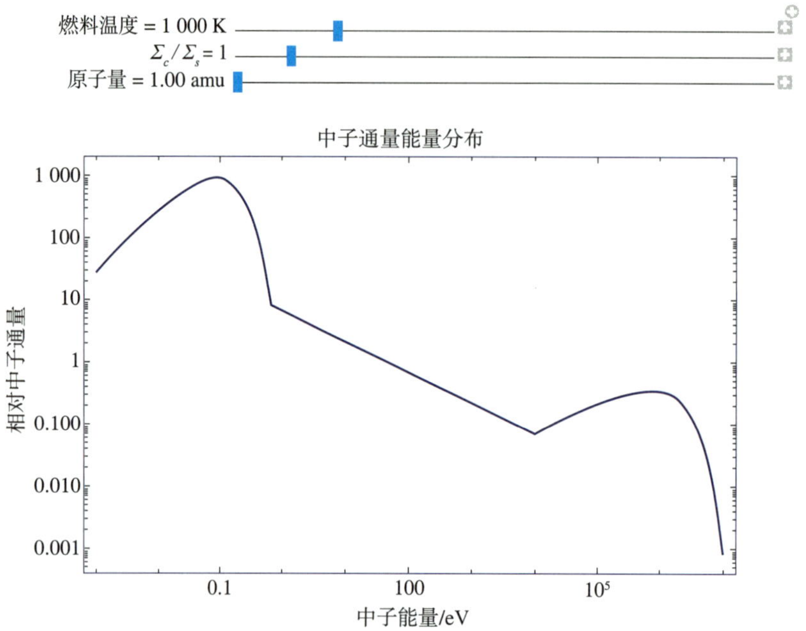

图 6-5　中子能量分布

习　题

1. 假定在一次非弹性散射碰撞中，靶核吸收的能量为 Q。

$$\frac{E'}{E}=\frac{A^2+1+2A\cos\phi}{(1+A)^2}$$

将上式转化为

$$\frac{E'}{E}=\frac{A^2\tau^2+1+2A\tau\cos\phi}{(1+A)^2}$$

其中，$\tau=\sqrt{1-\frac{Q}{E}\frac{A}{1+A}}$。

2. 对于碰撞中的平均对数能降

$$\xi=1+\frac{\alpha}{1-\alpha}\ln\alpha$$

证明在靶核原子量 A 较大的情况下，上式可近似为

$$\xi=\frac{2}{A+\frac{2}{3}}$$

式中，$\alpha=\left(\frac{A-1}{A+1}\right)^2$。

提示：可令 $\lambda=\frac{1}{\xi}$，$B=\frac{1}{A}$，然后做级数展开。

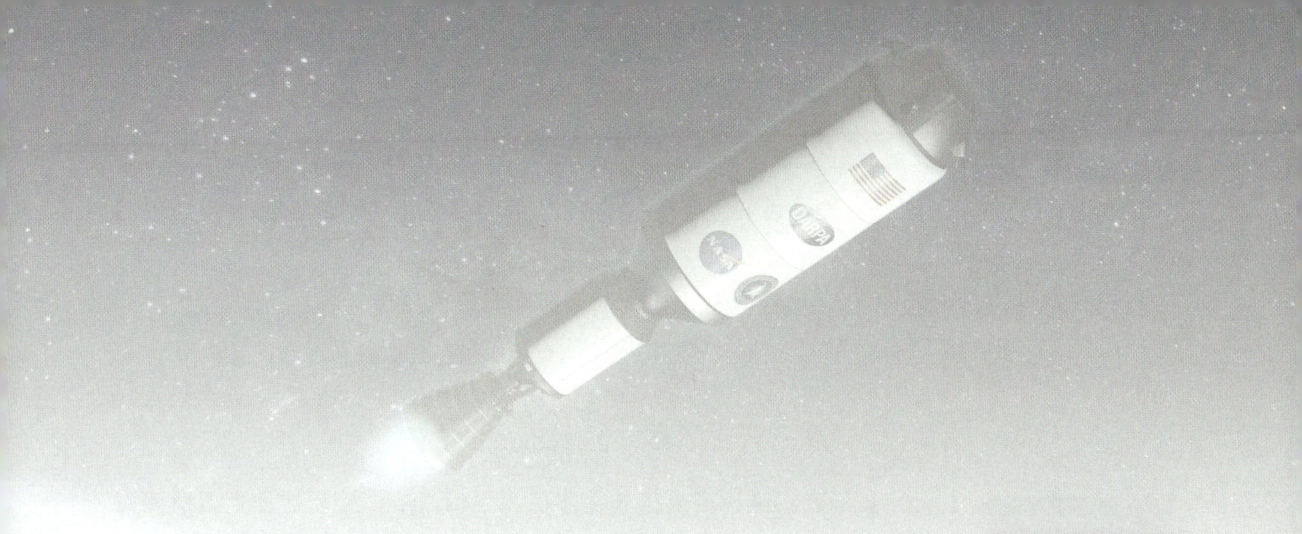

第7章 中子平衡方程与输运理论

7.1 中子平衡方程

为了确定核反应堆堆芯内的中子通量分布，有必要建立一种关系来逐点描述堆芯内发生的核过程，下面给出的中子平衡方程描述了这种关系

$$\frac{\mathrm{d}n}{\mathrm{d}t}=-\text{中子泄漏率}+\text{中子产生率}-\text{中子损失率}\overset{\text{稳态}}{=\!=}0 \tag{7-1}$$

式中　n ——中子密度。

7.1.1 泄漏（L）

为了计算中子泄漏，必须定义一个称为中子流的新变量，该变量具有与中子通量相同的单位，不同之处在于它是一个矢量。在物理意义方面，中子流可以解释为每立方厘米空间内的中子，在能量 E 附近 $\mathrm{d}E$ 区间内沿着 $\boldsymbol{\Omega}$ 指向 $\mathrm{d}\boldsymbol{\Omega}$ 方向上的总径迹长度，如图 7-1 所示。

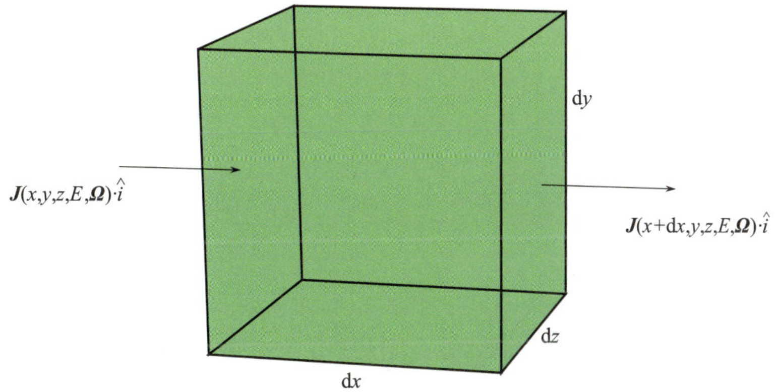

图 7-1　有限微元内的中子泄漏

其中，$\boldsymbol{J}(x, y, z, E, \boldsymbol{\Omega})$ 表示位置 (x, y, z) 的中子流，其能量为 E 并且沿着 $\boldsymbol{\Omega}$ 矢量方向。

在垂直于 x 轴的表面（例如 $\mathrm{d}y\mathrm{d}z$）上由于泄漏造成的中子净损失为

$$\begin{aligned}&\left[\frac{\boldsymbol{J}(x+\mathrm{d}x, y, z, E, \boldsymbol{\Omega})-\boldsymbol{J}(x, y, z, E, \boldsymbol{\Omega})}{\mathrm{d}x}\right]\cdot\hat{i}\,\mathrm{d}x\,\mathrm{d}y\,\mathrm{d}z\,\mathrm{d}E\\&=\left[\left(\hat{i}\frac{\partial}{\partial x}\right)\cdot\boldsymbol{J}(x, y, z, E, \boldsymbol{\Omega})\right]\mathrm{d}x\,\mathrm{d}y\,\mathrm{d}z\,\mathrm{d}E\end{aligned}\tag{7-2}$$

通过将方程（7－2）扩展到三维，可以得到在体积 $\mathrm{d}V=\mathrm{d}x\,\mathrm{d}y\,\mathrm{d}z$ 中所有面上因泄漏而导致的总中子净损失

$$L=\left[\left(\hat{i}\frac{\partial}{\partial x}\right)+\left(\hat{j}\frac{\partial}{\partial y}\right)+\left(\hat{k}\frac{\partial}{\partial z}\right)\right]\cdot\boldsymbol{J}(x, y, z, E, \boldsymbol{\Omega})\,\mathrm{d}x\,\mathrm{d}y\,\mathrm{d}z\,\mathrm{d}E=\boldsymbol{\nabla}\cdot\boldsymbol{J}(r, E, \boldsymbol{\Omega})\,\mathrm{d}V\mathrm{d}E\tag{7-3}$$

7.1.2　裂变产生率（$\boldsymbol{P}_f$）

为了确定与能量相关的裂变中子产生率，必须首先对所有核素“j”在所有中子能量下的裂变反应率进行积分，计算出裂变过程的总中子产生率。然后用 $\chi(E)$ 对总裂变产生率进行缩放，得到 E 到 $E+\mathrm{d}E$ 之间的裂变产生率。

$$P_f=\chi(E)\int_0^{\infty}\nu\Sigma_f(r, E')\phi(r, E')\mathrm{d}E'\mathrm{d}V\mathrm{d}E\tag{7-4}$$

7.1.3　散射产生率（$\boldsymbol{P}_s$）

与能量相关的内散射中子产生率的定义是：所有其他能量的散射相互作用导致中子散射到 E 到 $E+\mathrm{d}E$ 之间能量范围的结果。为了估算这一项，必须对所有能量和所有核素的内散射相互作用关系式进行积分。

$$P_s=\int_0^{\infty}\Sigma_s(r, E'\rightarrow E)\phi(r, E')\mathrm{d}E'\mathrm{d}V\mathrm{d}E\tag{7-5}$$

7.1.4　吸收损失率（$\boldsymbol{R}_a$）

与能量相关的中子损失率是所有核素吸收能量在 E 和 $E+\mathrm{d}E$ 之间的中子的结果，任何导致中子损失的相互作用都采用这一项来计算。除了中子俘获显然应当包含在其中，中子裂变也必须被考虑在内，因为裂变过程必然要吸收一个中子才能发生。中子向外散射也可以考虑在内，不过一般将其单独作为一项来处理。

$$R_a=[\Sigma_c(r, E)+\Sigma_f(r, E)]\phi(r, E)\mathrm{d}V\mathrm{d}E=\Sigma_a(r, E)\phi(r, E)\mathrm{d}V\mathrm{d}E\tag{7-6}$$

7.1.5　散射损失率（$\boldsymbol{R}_s$）

与能量相关的外散射中子损失率是中子从 E 和 $E+\mathrm{d}E$ 的能量区间散射到所有其他能量区间的结果，要评估这一项，必须对所有能量和所有核素的外散射相互作用表达式进行积分。

$$R_s=\int_0^\infty \Sigma_s(r,E\to E')\phi(r,E)\mathrm{d}E'\mathrm{d}V\mathrm{d}E=\Sigma_s(r,E)\phi(r,E)\mathrm{d}V\mathrm{d}E \tag{7-7}$$

7.1.6 稳态中子平衡方程

现在可以通过将式（7－3）～式（7－7）所描述的中子产生项和损失项代入式（7－1），得到稳态中子平衡方程

$$0=-L+P_f+P_s-R_a-R_s=-\nabla\cdot\boldsymbol{J}(r,E,\boldsymbol{\Omega})+\chi(E)\int_0^\infty \nu^j\Sigma_f^j(r,E')\phi(r,E')\mathrm{d}E'$$
$$+\int_0^\infty \Sigma_s^j(r,E'\to E)\phi(r,E')\mathrm{d}E'-\Sigma_a^j(r,E)\phi(r,E)-\Sigma_s^j(r,E)\phi(r,E) \tag{7-8}$$

需要注意的是，虽然方程（7－8）没有近似，但是由于它包含两个未知变量，即中子通量 $\phi(r,E)$ 和中子流 $\boldsymbol{J}(r,E,\boldsymbol{\Omega})$，因此无法以现有形式求解。为了求解中子平衡方程，需要另一个表达式将中子通量与中子流联系起来，中子通量与中子流之间的关系表达式通常采用一种被称为输运理论的过程来确定，下一节中将详细讨论。

7.2 输运理论

在输运理论中，角度依赖性是评估中子通量和中子散射截面的重要因素，本节将介绍一个新的参数，称为中子有向通量密度，其定义如下

$$\psi(r,E,\boldsymbol{\Omega})=u(E)n(r,E,\boldsymbol{\Omega}) \tag{7-9}$$

利用式（7－9），可以将标量中子通量表达为

$$\phi(r,E)=\int_{\mathrm{all}\Omega}\psi(r,E,\boldsymbol{\Omega})\mathrm{d}\Omega=u(E)\int_{\mathrm{all}\Omega}n(r,E,\boldsymbol{\Omega})\mathrm{d}\Omega \tag{7-10}$$

同样地，中子流也可以用式（7－9）来表达

$$\boldsymbol{J}(r,E)=\int_{\mathrm{all}\Omega}\boldsymbol{\Omega}\psi(r,E,\boldsymbol{\Omega})\mathrm{d}\Omega \tag{7-11}$$

求解中子通量和中子流表达式的常用输运理论方法（尽管不是唯一的方法）是球谐函数法，其他输运理论方法包括傅里叶变换法、离散坐标法[1]和蒙特卡罗法[2,3]，这些方法功能虽然强大，在很多情况下都非常有用，但在此不作讨论。球谐函数法的主要优点是对轴线方向的变化保持不变，这种轴线方向变化的稳定性非常有用，因为方向的选择或许对找到 $\psi(r,E,\boldsymbol{\Omega})$ 的解有很大的帮助，但无论选择哪个方向，其数值都不会改变。球谐函数法采用勒让德多项式来展开中子通量和中子流表达式，勒让德多项式是勒让德微分方程的解，常见于球面坐标下的拉普拉斯方程和相关偏微分方程的求解过程。勒让德微分方程可以表示为

$$(1-x^2)\frac{\mathrm{d}^2P_l}{\mathrm{d}x^2}-2x\frac{\mathrm{d}P_l}{\mathrm{d}x}+l(l+1)P_l=0 \tag{7-12}$$

勒让德多项式的定义为

$$P_0(x)=1,P_1(x)=x,(2l+1)xP_l(x)=(l+1)P_{l+1}(x)+lP_{l-1}(x) \quad (7-13)$$

使用勒让德多项式对某个函数的展开方式类似于傅里叶展开，即函数以正弦和余弦级数展开。而在勒让德展开中，函数可以表达为勒让德多项式之和

$$F(x)\equiv\sum_{l=0}^{\infty}A_l(2l+1)P_l(x) \quad (7-14)$$

利用勒让德多项式的正交关系，式（7-14）中的展开系数 A_l 可以表示为

$$\frac{1}{2}(2l-1)\int_{-1}^{1}P_l(x)P_m(x)\mathrm{d}x=\delta_{lm} \quad (7-15)$$

式中，$\delta_{lm}=\begin{cases}0: & l\neq m\\1: & l=m\end{cases}$ 为克罗内克函数，利用式（7-15）所给出的正交关系，可以得到展开系数的表达式

$$A_l\equiv\frac{1}{2}\int_{-1}^{1}F(x)P_l(x)\mathrm{d}x \quad (7-16)$$

将式（7-14）应用于一维情况，此时 $\psi(r,E,\boldsymbol{\Omega})$ 仅取决于 z 和 μ，那么中子的有向通量密度可以展开为

$$\psi(r,E,\mu)=\sum_{l=0}^{\infty}(2l+1)\psi_l(r,E)P_l(\mu) \quad (7-17)$$

式中，$\psi_l(r,E)=\frac{1}{2}\int_{-1}^{1}\psi(r,E,\mu)P_l(\mu)\mathrm{d}\mu$ 且 $\mu=\boldsymbol{\Omega}\cdot\hat{k}$。

中子散射截面可以展开为

$$\Sigma_s(r,E'\to E,\mu_0)=\sum_{l=0}^{\infty}(2l+1)\Sigma_{sl}(r,E'\to E)P_l(\mu_0) \quad (7-18)$$

式中，$\Sigma_{sl}(r,E'\to E)=\frac{1}{2}\int_{-1}^{1}\Sigma_s(r,E'\to E,\mu_0)P_l(\mu_0)\mathrm{d}\mu$，且 $\mu_0=\boldsymbol{\Omega}\cdot\boldsymbol{\Omega}$。

为了让接下来的分析更容易理解，现在以仅带一种同位素的一维形式重写式（7-8）表示的中子平衡方程，可得

$$\frac{\partial\boldsymbol{J}(r,E)}{\partial z}+\Sigma_t(r,E)\phi(r,E)=\int_0^{\infty}[\chi(E)\nu\Sigma_f(r,E')+\Sigma_s(r,E'\to E)]\phi(r,E')\mathrm{d}E' \quad (7-19)$$

现在再次改写式（7-19），并代入式（7-10）和式（7 11）表示的中子通量和中子流表达式，可以得到

$$\mu\frac{\partial}{\partial z}\psi(r,E,\mu)+\Sigma_t(r,E)\psi(r,E,\mu)=\frac{1}{2}\chi(E)\int_0^{\infty}\int_{-1}^{1}\nu\Sigma_f(r,E')\psi(r,E',\mu')\mathrm{d}\mu'\mathrm{d}E'$$
$$+\frac{1}{4\pi}\int_0^{\infty}\int_0^{2\pi}\int_{-1}^{1}\Sigma_s(r,E'\to E,\mu_0)\psi(r,E',\mu)\mathrm{d}\mu'\mathrm{d}\phi'\mathrm{d}E' \quad (7-20)$$

现在，利用式（7-17）和式（7-18）中的勒让德多项式，可以将式（7-20）表示的中子平衡关系进行球谐展开，得出

$$\sum_{n=0}^{\infty}\left[(2n+1)\mu P_n(\mu)\frac{\partial}{\partial z}\psi_n(r,E)+\Sigma_t(r,E)(2n+1)P_n(\mu)\psi_n(r,E)\right]$$
$$=\frac{1}{2}\chi(E)\int_0^{\infty}\int_{-1}^{1}\nu\Sigma_f(r,E')\sum_{n=0}^{\infty}(2n+1)P_n(\mu')\psi_n(r,E')\mathrm{d}\mu'\mathrm{d}E'$$
$$+\frac{1}{4\pi}\int_0^{\infty}\int_0^{2\pi}\int_{-1}^{1}\left[\sum_{n=0}^{\infty}\Sigma_{sn}(r,E'\rightarrow E)(2n+1)P_n(\mu_0)\right]$$
$$\times\left[\sum_{m=0}^{\infty}(2m+1)P_m(\mu')\psi_m(r,E')\right]\mathrm{d}\mu'\mathrm{d}\phi'\mathrm{d}E' \tag{7-21}$$

要求解式（7－21），必须将 $P_n(\mu_0)$ 表示为 μ 、μ' 、ϕ 和 ϕ' 的函数，可以采用勒让德多项式的角度加法法则来实现，该法则表述如下

$$P_n(\mu_0)=P_n(\mu')P_n(\mu)+2\sum_{m=1}^{n}\frac{(m-n)!}{(m+n)!}P_n^m(\mu')P_n^m(\mu)\cos[m(\phi'-\phi)] \tag{7-22}$$

式中，$P_n^m(\mu)\equiv(1-\mu^2)^{\frac{m}{2}}\dfrac{\mathrm{d}^m P_n(\mu)}{\mathrm{d}\mu^m}$ 为相应的勒让德多项式。

将式（7－22）代入式（7－21）表示的中子平衡表达式，并应用式（7－15）所表示的勒让德多项式正交性条件，经过一些代数运算，可以得到如下方程

$$n\frac{\partial}{\partial z}\psi_{n-1}(r,E)+(n+1)\frac{\partial}{\partial z}\psi_{n+1}(r,E)+(2n+1)\Sigma_t(r,E)\psi_n(z,E)$$
$$=\delta_{0n}\chi(E)\int_0^{\infty}\nu\Sigma_f(r,E')\psi_0(r,E')\mathrm{d}E'+(2n+1)\int_0^{\infty}\Sigma_{sn}(r,E'\rightarrow E)\psi_n(r,E')\mathrm{d}E' \tag{7-23}$$

式（7－23）表示一个无穷组耦合代数方程，与式（7－20）表示的积分-微分方程完全等价。如果在 $n=N$ 处截断式（7－23），并忽略随后的 $\frac{\partial}{\partial z}\psi_{n+1}(r,\ E)$ 项，就可以求解剩余的 ψ 项（ψ_0，ψ_1，…，ψ_N），从而得到球谐函数中子输运方程的 P_N 阶近似，由于勒让德多项式展开通常收敛相当快，因此 P_3 是对输运进行近似常规使用的最高阶。

7.3 扩散理论近似

如果在 P_1 处截断球谐函数方程，就可以得到输运理论的扩散理论近似，与其他方法相比，这种近似方法可以更简便地求解中子平衡方程。利用扩散理论，可以从空间和能量的角度对中子通量进行分析计算，从而直观地了解中子在反应堆中的分布情况。在 P_1 近似中，只保留了零阶和一阶项，将式（7－23）以 $n=0$（零阶项）重写，可得

$$\frac{\partial}{\partial z}\psi_1(r,E)+\Sigma_t(r,E)\psi_0(z,E)=\int_0^{\infty}[\chi(E)\nu\Sigma_f(r,E')+\Sigma_{s0}(r,E'\rightarrow E)]\psi_0(r,E')\mathrm{d}E' \tag{7-24}$$

将式（7－23）以 $n=1$（一阶项）重写，可得

$$\frac{\partial}{\partial z}\psi_0(r,E)+3\Sigma_t(r,E)\psi_1(r,E)=3\int_0^{\infty}\Sigma_{s1}(r,E'\rightarrow E)\psi_1(r,E')\mathrm{d}E' \tag{7-25}$$

根据式（7－17），在 $n=1$ 时有

$$\psi(r,E,\mu)=\psi_0(r,E)+3\mu\psi_1(r,E) \tag{7-26}$$

将式（7－17）代入式（7－10），可以确定中子通量的表达式如下

$$\begin{aligned}\phi(r,E)&=\int_{\mathrm{all}\Omega}\psi(r,E,\boldsymbol{\Omega})\mathrm{d}\Omega=\frac{1}{4\pi}\int_{-1}^{1}\int_0^{2\pi}[\psi_0(r,E)+3\mu\psi_1(r,E)]\mathrm{d}\phi\,\mathrm{d}\mu\\&=\psi_0(r,E)\end{aligned} \tag{7-27}$$

还注意到：$\mu=\boldsymbol{\Omega}\cdot\hat{k}\Rightarrow\mu\hat{k}=\boldsymbol{\Omega}\cdot\hat{k}\cdot\hat{k}=\boldsymbol{\Omega}$，将式（7－17）代入式（7－11），可以确定中子流的表达式

$$\begin{aligned}\boldsymbol{J}(r,E)&=\int_{\mathrm{all}\Omega}\boldsymbol{\Omega}\psi(r,E,\boldsymbol{\Omega})\mathrm{d}\Omega=\frac{1}{4\pi}\int_{-1}^{1}\int_0^{2\pi}\mu[\psi_0(r,E)+3\mu\psi_1(r,E)]\hat{k}\,\mathrm{d}\phi\,\mathrm{d}\mu\\&=\psi_1(r,E)\hat{k}\end{aligned} \tag{7-28}$$

将中子通量和中子流定义式［式（7－27）和式（7－28）］代入式（7－26），可得中子有向通量密度公式

$$\psi(r,E,\mu)=\phi(r,E)+3\mu J(r,E) \tag{7-29}$$

利用式（7－18）中的定义，将式（7－25）中的积分表达式展开为泰勒级数，只保留第二项，即可得到

$$\int_0^{\infty}\Sigma_{s1}(r,E'\rightarrow E)\psi_1(r,E')\mathrm{d}E'\approx\mu_0\Sigma_s(r,E)\psi_1(r,E) \tag{7-30}$$

利用式（7－28）和式（7－30）的结果重写式（7－25），得到表达式

$$\frac{\partial}{\partial z}\psi_0(r,E)+3\Sigma_t(r,E)\boldsymbol{J}(r,E)\cdot\hat{k}=3\mu_0\Sigma_s(r,E)\boldsymbol{J}(r,E)\cdot\hat{k} \tag{7-31}$$

利用式（7－27）的结果求解中子流式（7－31），得到

$$\begin{aligned}\boldsymbol{J}(r,E)\cdot\hat{k}&=\frac{-1}{3[\Sigma_t(r,E)-\mu_0\Sigma_s(r,E)]}\frac{\partial}{\partial z}\phi(r,E)=\frac{-1}{3\Sigma_{tr}(r,E)}\frac{\partial}{\partial z}\phi(r,E)\\&=-D(r,E)\frac{\partial}{\partial z}\phi(r,E)\end{aligned} \tag{7-32}$$

式（7－32）是输运理论的扩散理论近似，也是菲克定律的一种表达形式，其中 $D(r,E)$ 是扩散系数。在下面的章节中，仅采用这一近似来分析研究各种几何构型中的中子通量分布，现在将式（7－32）扩展到三维空间

$$\boldsymbol{J}(r,E)=-D(r,E)\left[\frac{\partial}{\partial x}\phi(r,E)\hat{i}+\frac{\partial}{\partial y}\phi(r,E)\hat{j}+\frac{\partial}{\partial z}\phi(r,E)\hat{k}\right]=-D(r,E)\,\boldsymbol{\nabla}\phi(r,E) \tag{7-33}$$

式（7-33）是输运理论的三维扩散理论近似，是在计算核反应堆行为时使用多群扩散理论的基础。

参考文献

[1] Parsons KD. ANISN/PC. manual. EGG-2500. Idaho National Engineering Laboratory; April 2003.

[2] Brown F. Fundamentals of Monte Carlo particle transport. LA-UR-05-4983. 2005.

[3] X-5 Monte Carlo Team. MCNP-a general N-particle transport code, version 5, volume I: overview and theory. LA-UR-03-1987. 2003, updated 2005.

习　题

1. 假设 Be 的原子量为 9，密度为 1.85 g/cm^3，微观吸收截面（σ_a）为 0.009 5b，微观散射截面（σ_s）为 7b，计算其宏观输运截面（Σ_{tr}）和扩散系数（D）。

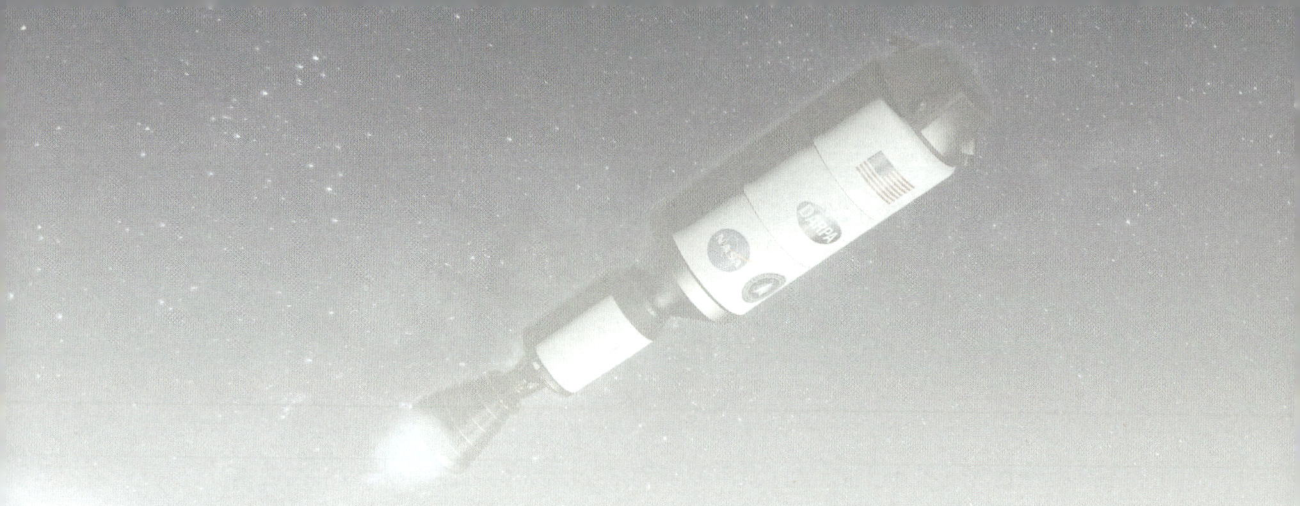

第8章

多群中子扩散方程

8.1 多群扩散理论

在第7章中介绍过，式（7－8）中的中子平衡方程在形式上是正确的，但因为它包含中子通量和中子流两个未知数而无法求解。有了式（7－33）的结果，就获得了中子通量和中子流的关联表达式，从而可以明确地求解中子平衡方程。由于中子流只出现在中子平衡方程的泄漏项中，因此可以使用式（7－33）将中子流项从泄漏表达式［式（7－2）］中消除

$$L=\nabla\cdot\mathbf{J}(r,E)=-D(r,E)\,\nabla\cdot\nabla\phi(r,E)=-D(r,E)\,\nabla^{2}\phi(r,E) \tag{8-1}$$

假设反应堆处于稳态，将式（8－1）代入与能量相关的中子平衡式（7－8）即可得到

$$\begin{aligned}0=&D(r,E)\,\nabla^{2}\phi(r,E)+\chi(E)\int_{0}^{\infty}\nu\Sigma_{f}(r,E')\phi(r,E')\mathrm{d}E'+\\&\int_{0}^{\infty}\Sigma_{s}(r,E'\rightarrow E)\phi(r,E')\mathrm{d}E'-\Sigma_{a}(r,E)\phi(r,E)-\Sigma_{s}(r,E)\phi(r,E)\end{aligned} \tag{8-2}$$

当式（8－2）表示的中子平衡方程被给定适当的边界条件时，可以从理论上计算出作为空间和能量函数的中子通量，但在实践过程中发现，除了最简单的几何情况外，确定中子平衡的积分-微分形式解是相当困难的。一般来说，造成这一困难的原因是中子截面是非常复杂的中子能量的函数，并且反应堆本身的几何结构往往也相当复杂。因此，确定反应堆中子通量分布的一般方法包括两个步骤。

第一步，通常在图8－1所示的简单代表性单元中，以高阶 P_N 近似的完整积分-微分形式求解式（8－2），从而得到随能量变化的逐点中子通量，该通量随后被用于确定空间上更加平均的几个离散能量范围内的均匀化中子截面。

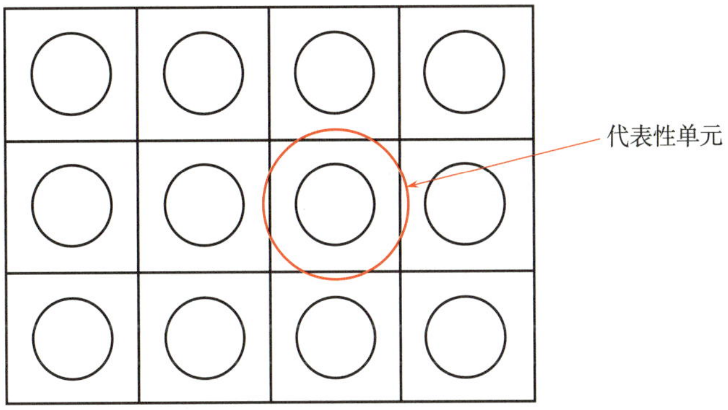

图 8 - 1　正方形栅格反应堆几何结构

第二步，一旦确定了通量均匀化中子截面，就将其重新代入式（8 - 2），得出多群中子扩散方程。这些中子扩散方程构成一组具有常数系数的耦合常微分方程，通常表达为矩阵形式，并利用适当的边界条件进行求解，从而得到针对该反应堆构型的空间相关的多能群中子通量。由于只使用了均匀化的中子通量和截面，因此该过程会丢失单个单元内的通量分布细节，不过在许多情况下这是可以接受的。如果需要单个单元内的中子通量细节，可以使用第一步确定均匀化中子截面时进行的单元计算所得到的中子通量，对均匀化的结果进行缩放。

对于某个特定问题所需使用的能群数量各不相同，但一般来说，在分析热堆（即目的是将裂变中产生的大部分中子减慢到热能水平的反应堆）时使用较少的能群（如 2～4 个），而在分析快堆（即目的是使达到热能水平的中子数量最小化的反应堆）时使用较多的能群（如 8～10 个或者更多）。按照惯例，通常规定能量区间最高的为 1 号能群，能群的编号随着能量的减少而递增，见表 8 - 1。

表 8 - 1　中子能群结构

群编号	能量区间
1	$E_1-\infty$
2	E_2-E_1
3	E_3-E_2
⋮	⋮
G	$0-E_{G-1}$

通量均匀化截面的确定方法如下，首先对所考虑的截面与特定能量区间内的中子通量（该能量区间内的反应速率）的乘积进行积分，并将结果除以该区间内中子通量的积分（该区间内的总中子通量）。因此，同位素 j 的通量均匀化截面可以表示为

$$\phi^{g}(r)=\int_{E_g}^{E_{g-1}}\phi(r,E)\mathrm{d}E$$

$$\sigma_c^{g,j}(r)=\frac{\int_{E_g}^{E_{g-1}}\sigma_c^{j}(r,E)\phi(r,E)\mathrm{d}E}{\int_{E_g}^{E_{g-1}}\phi(r,E)\mathrm{d}E}\Rightarrow\Sigma_c^{g}(r)=\sum_{j=1}^{J_{\max}}n^{j}(r)\sigma_c^{g,j}(r)$$

$$\sigma_f^{g,j}(r)=\frac{\int_{E_g}^{E_{g-1}}\chi(E)\left[\int_0^{\infty}\sigma_f^{j}(r,E')\phi(r,E')\mathrm{d}E'\right]\mathrm{d}E}{\int_{E_g}^{E_{g-1}}\phi(r,E)\mathrm{d}E}\Rightarrow\Sigma_f^{g}(r)=\sum_{j=1}^{J_{\max}}n^{j}(r)\sigma_f^{g,j}(r)$$

$$\sigma_s^{g'\rightarrow g,j}(r)=\frac{\int_{E_g}^{E_{g-1}}\left[\int_{E_{g'}}^{E_{g'-1}}\sigma_s^{j}(r,E'\rightarrow E)\phi(r,E')\mathrm{d}E'\right]\mathrm{d}E}{\int_{E_g}^{E_{g-1}}\left[\int_{E_{g'}}^{E_{g'-1}}\phi(r,E')\mathrm{d}E'\right]\mathrm{d}E}\Rightarrow\Sigma_c^{g'\rightarrow g}(r)=\sum_{j=1}^{J_{\max}}n^{j}(r)\sigma_s^{g'\rightarrow g,j}(r)$$

$$\sigma_{tr}^{g,j}(r)=\frac{\int_{E_g}^{E_{g-1}}\sigma_{tr}^{j}(r,E)\phi(r,E)\mathrm{d}E}{\int_{E_g}^{E_{g-1}}\phi(r,E)\mathrm{d}E}\Rightarrow D^{g}(r)=\frac{1}{3}\sum_{j=1}^{J_{\max}}\frac{1}{n^{j}(r)\sigma_{tr}^{g,j}(r)}$$

(8－3)

如果将式（8－3）中的平均能群截面代入式（8－2）所表示的稳态中子平衡方程中，就可以得到多群形式的中子扩散方程

$$0=D^{g}(r)\nabla^{2}\phi^{g}(r)+\chi^{g}\sum_{g'=1}^{G}\nu\Sigma_f^{g'}(r)\phi^{g'}(r)+\sum_{g'=1}^{G}\Sigma_s^{g'\rightarrow g}(r)\phi^{g'}(r)-\Sigma_a^{g}(r)\phi^{g}(r)-\sum_{g'=1}^{G}\Sigma_s^{g\rightarrow g'}(r)\phi^{g}(r)$$

(8－4)

式中

$$\chi^{g}=\int_{E_g}^{E_{g-1}}\chi(E)\mathrm{d}E \text{ 且 } \Sigma_a^{g}(r)=\Sigma_f^{g}(r)+\Sigma_c^{g}(r)$$

下面给出式（8－4）的一个实例，设 $G=3$，为了让方程简洁，暂不考虑截面对 r 的依赖性，得到三个耦合微分方程，在适当的边界条件下，可以求解与位置相关的三个能群的中子通量

$$(D^{1}\nabla^{2}+\chi^{1}\nu\Sigma_f^{1}-\Sigma_a^{1}-\Sigma_s^{1\rightarrow2}-\Sigma_s^{1\rightarrow3})\phi^{1}+(\chi^{1}\nu\Sigma_f^{2}+\Sigma_s^{2\rightarrow1})\phi^{2}+(\chi^{1}\nu\Sigma_f^{3}+\Sigma_s^{3\rightarrow1})\phi^{3}=0$$

$$(\chi^{2}\nu\Sigma_f^{1}+\Sigma_s^{1\rightarrow2})\phi^{1}+(D^{2}\nabla^{2}+\chi^{2}\nu\Sigma_f^{2}-\Sigma_a^{2}-\Sigma_s^{2\rightarrow1}-\Sigma_s^{2\rightarrow3})\phi^{2}+(\chi^{2}\nu\Sigma_f^{3}+\Sigma_s^{3\rightarrow2})\phi^{3}=0$$

$$(\chi^{3}\nu\Sigma_f^{1}+\Sigma_s^{1\rightarrow3})\phi^{1}+(\chi^{3}\nu\Sigma_f^{2}+\Sigma_s^{2\rightarrow3})\phi^{2}+(D_{3}\nabla^{2}+\chi^{3}\nu\Sigma_f^{3}-\Sigma_a^{3}-\Sigma_s^{3\rightarrow1}-\Sigma_s^{3\rightarrow2})\phi^{3}=0$$

(8－5)

在上述方程中，青色的项在三组计算中一般为零，然而在涉及“大量”能群的计算中，往往会出现一些项在热能区内是非零的情况。注意到这些项都属于散射项，或者是中子通过碰撞获得能量的散射项（向上散射项），或者是涉及 $\chi(E)$ 函数的项，其中裂变产生的中子出现在较低的能群中。

8.2 单群单区中子扩散方程

有了多群中子扩散方程，就可以有效地对一个非常简单的反应堆构型进行分析，这种构型一般由一个单能群中具有空间独立截面的一维板状区域组成，如图 8－2 所示。其可以用来说明核反应堆系统内中子通量分布的一般情况，同时引入一些后续分析中会使用到的概念。

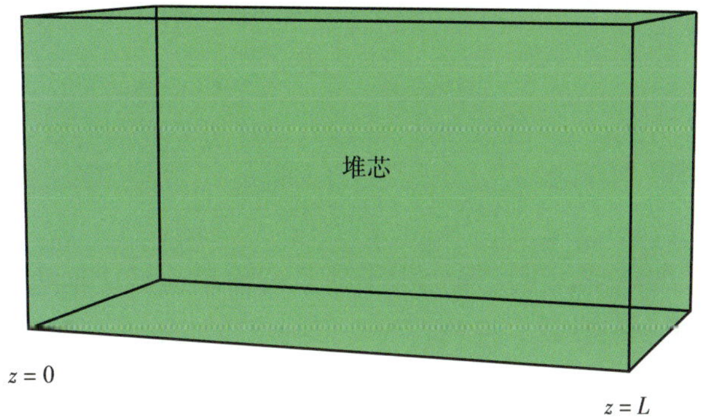

图 8－2　一维裸堆

利用式（8－4），只使用一个能群并去掉不需要的上标，得到

$$D\frac{\mathrm{d}^2\phi}{\mathrm{d}z^2}+\nu\Sigma_f\phi-\Sigma_a\phi=0 \tag{8-6}$$

合并常截面项，可以将式（8－6）改写为如下形式

$$\frac{\mathrm{d}^2\phi}{\mathrm{d}z^2}+\frac{\nu\Sigma_f \quad \Sigma_a}{D}\phi=\frac{\mathrm{d}^2\phi}{\mathrm{d}z^2}+B_m^2\phi=0 \tag{8-7}$$

式中，$B_m=\sqrt{\dfrac{\nu\Sigma_f-\Sigma_a}{D}}$。

在上式中，B_m 表示反应堆的材料曲率。之所以选择这个名称，是因为 B_m 提供了整个反应堆堆芯中子通量“曲率”的测量方法，其方式类似于在受到端部载荷发生屈曲的梁中观察到的情况。用标准方法求解式（8－7）所表示的中子扩散微分方程，可得

$$\phi(z)=A\cos(B_m z)+C\sin(B_m z) \tag{8-8}$$

为了求解任意常数“A”和“C”，必须对式（8－8）应用适当的边界条件。一般来说，中子通量在反应堆边界处趋向于零是一个非常合乎逻辑的假设，而且对于大型反应堆该假设通常是可以接受的。但实际情况中这么做并非完全正确，该问题的产生源于有限数量的中子会从侧面和末端“泄漏”出反应堆，从而在边界处产生一定的中子通量。因此，在边界处真实的情况是从堆芯泄漏出来的中子不会返回，也就是说，朝向反应堆芯的中子流为零。基于上述考虑，应当确定一个能更好地表示反应堆边界条件的表达式，根据式（7－29）的 P_1 近似，中子有向通量密度为

$$\psi(r,E,\mu)=\phi(r,E)+3\mu J(r,E) \tag{8-9}$$

对于所有在堆芯边界处指向堆芯内部的方向来说，$\psi(0, E, \mu)=0$（假设 $r=0$ 是反应堆堆芯的边界）

$$\int_0^{-1}\mu\psi(0,E,\mu)\mathrm{d}\mu=\int_0^{-1}\mu[\phi(0,E)+3\mu^2 J(0,E)]\mathrm{d}\mu=-\frac{1}{4}\phi(0,E)+\frac{1}{2}J(0,E)=0$$

$$\Rightarrow\phi(0,E)=2J(0,E) \tag{8-10}$$

回顾式（7-32）给出的一维扩散理论近似

$$J(0,E)=-D(0,E)\frac{\partial\phi(0,E)}{\partial z} \tag{8-11}$$

将式（8-10）代入式（8-11），可以得到反应堆边界处的关系式

$$\phi(0,E)=-2D(0,E)\frac{\partial\phi(0,E)}{\partial z} \tag{8-12}$$

根据式（8-12）的结果，可以确定中子通量的斜率与反应堆边界处中子通量水平之间的关系，并据此获得一条直线。将该直线外推到反应堆外的一个虚构点，则该点处的中子通量趋近于零，将这个虚构点的位置作为中子通量趋于零的边界条件，可以获得更准确的堆芯范围内中子通量的表达式，特别是对于图 8-3 所示的反应堆边界附近的点。

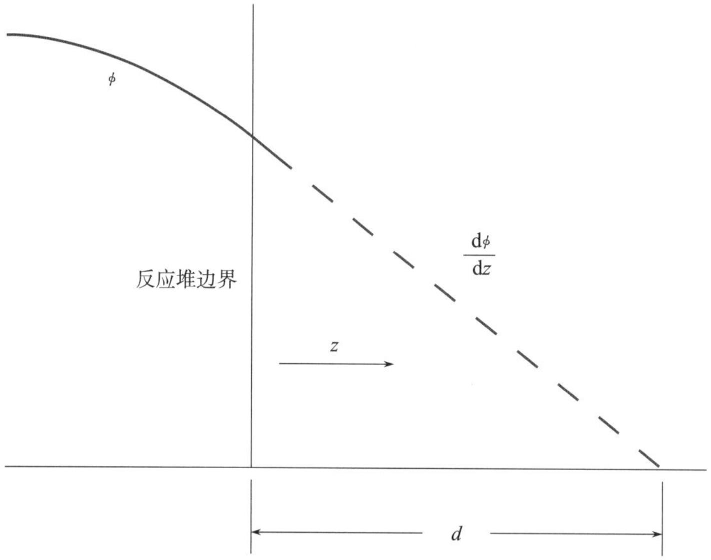

图 8-3　反应堆边界处中子通量密度外推

从图 8-3 可以看出，反应堆边界以外的中子通量的线性外推公式为

$$\phi(z,E)=\frac{\partial\phi(0,E)}{\partial z}z+b \tag{8-13}$$

在外推距离 d 处，通量趋于零，因此

$$0=\frac{\partial\phi(0,E)}{\partial z}d+b\Rightarrow b=-d\frac{\partial\phi(0,E)}{\partial z} \tag{8-14}$$

将式（8－13）代入式（8－14）可得

$$\phi(z,E)=\frac{\partial\phi(0,E)}{\partial z}(z-d)\Rightarrow\phi(0,E)=-d\,\frac{\partial\phi(0,E)}{\partial z} \tag{8-15}$$

联立式（8－12）和式（8－15）并进行重排，可得

$$\phi(0,E)=-d\,\frac{\partial\phi(0,E)}{\partial z}=-2D(0,E)\,\frac{\partial\phi(0,E)}{\partial z}\Rightarrow d=2D(0,E)=\frac{2}{3\Sigma_{tr}(0,E)} \tag{8-16}$$

式（8－16）表明外推长度在数值上等于扩散系数的两倍。由于在数值上，扩散系数通常只有几厘米，因此对于大型堆芯（尺寸为几米），外推长度相对而言不重要。然而，对于小的、高度富集的堆芯（尺寸为 1 m 或更小），在反应堆计算中引入外推长度再对通量进行调整是相当重要的。

对于上述的单区反应堆构型，应用外推边界条件会导致中子通量在 $-d$ 和 $L+d$ 处趋近于零，因此（8－8）可以修改为

$$\phi(z)=A\cos\left[B_m(z+d)\right]+C\sin\left[B_m(z+d)\right] \tag{8-17}$$

将 $z=-d$ 处的边界条件应用于式（8－17），可得

$$0=A\cos(0)+C\sin(0)\Rightarrow A=0\Rightarrow\phi(z)=C\sin\left[B_m(z+d)\right] \tag{8-18}$$

将 $z=L+d$ 处的边界条件应用于式（8－18），可得

$$0=C\sin\left[B_m(L+2d)\right]\Rightarrow B_m(L+2d)=n\pi,\text{其中 } n=1,2,3,\cdots s \tag{8-19}$$

重新排列式（8－19），可以发现曲率必须等于

$$B_m=\frac{n\pi}{L+2d}=\frac{n\pi}{L^*}\overset{?}{=}B_{gn} \tag{8-20}$$

式中，$L^*=L+2d$。

在式（8－20）中，对曲率的名称进行了更改，其中 B_{gn} 被称为几何曲率。从这个方程中可以清楚地看出，由于问题的过度定义而产生了一个困境：认为材料曲率（完全取决于构成反应堆的材料的特性）一定等于几何曲率（完全取决于反应堆的几何构型）是不对的。这一困境将通过在材料曲率方程中引入一个新的变量 λ_n 来解决，其中 λ_n 是问题的特征值。现在的问题变为，需要对 n 的值施加一些必要的限制（如果有的话），以确保中子通量不仅符合反应堆的边界条件，而且在反应堆内永远不会取负值。因此，n 必须限定为 1，这时得到最大可能的特征值。这个最大可能的特征值（λ_1）被称为反应堆的有效增殖因子或 k_{eff}。

$$B_{gn}^2=B_m^2=\frac{\dfrac{\nu\Sigma_f}{\lambda_n}-\Sigma_a}{D}\Rightarrow\lambda_n=\frac{\nu\Sigma_f}{DB_{gn}^2+\Sigma_a}\Rightarrow\lambda_1=k_{\text{eff}}=\frac{\nu\Sigma_f}{DB_g^2+\Sigma_a}=\frac{\text{产生率}}{\text{损失率}} \tag{8-21}$$

式中，$B_g=B_{g1}$。

式（8－21）将 k_{eff} 与反应堆几何形状和材料截面联系起来，因此也称为临界方程。从这个方程可以看出，当 $k_{\text{eff}}=1$ 时，材料曲率等于几何曲率，中子产生率等于中子损失率，这种情况称为反应堆在临界稳态条件下运行。当 k_{eff} 大于 1 时，则称反应堆处于超临界状

态，中子产生率超过中子损失率，超临界状态意味着反应堆功率水平不再处于稳态，而是随时间增加。反之，当 k_{eff} 小于 1 时，则称反应堆处于亚临界状态，中子损失率超过中子产生率，亚临界条件还意味着反应堆功率水平不再处于稳态，在这种情况下，功率水平随着时间的推移而降低。

需要注意的是，k_{eff} 有点像一个人为的量，因为如果它的取值不是 1，那么反应堆就不是处于稳态。这个条件与式（8-6）所表示的中子扩散方程不一致，因为该方程假定反应堆处于稳态。然而，k_{eff} 是一个有用的量，因为它确实近似地表示从上一代到下一代中子数量的增加。如果假定反应堆是无限大的（$L^*=\infty \Rightarrow B_g=0$），则可以得到与几何无关的 k_{eff} 表达式，这个量被称为反应堆的 k 无穷大或 k_∞

$$k_{eff}\big|_{L\to\infty}=k_\infty=\frac{\nu\Sigma_f}{\Sigma_a}=\frac{\text{产生率}}{\text{吸收率}} \tag{8-22}$$

将式（8-20）所表示的几何曲率关系与式（8-18）所表示的中子通量表达式结合，最终得到“截断正弦”分布形式的方程

$$\phi(z)=C\sin[B_g(z+d)]=C\sin\left[\frac{\pi}{L^*}(z+d)\right] \tag{8-23}$$

现在的问题是，如何确定任意常数的值？事实证明，C 实际上是一个比例因子，它取决于反应堆的功率水平。反应堆功率水平等于中子通量乘以裂变截面除以反应堆体积的积分，因此，对于一个恒定的裂变截面，反应堆功率水平为

$$P=CA\Sigma_f\int_0^L\sin\left[\frac{\pi}{L^*}(z+d)\right]\mathrm{d}z=\frac{CA\Sigma_fL^*}{\pi}\left\{\cos\left(\frac{\pi}{L^*}d\right)-\cos\left[\frac{\pi}{L^*}(d+L)\right]\right\} \tag{8-24}$$

式中　A ——反应堆截面；

　　P ——反应堆功率水平。

重新排列式（8-24）并求解 C，得到

$$C=\frac{\pi P}{A\Sigma_fL^*\left\{\cos\left(\frac{\pi}{L^*}d\right)-\cos\left[\frac{\pi}{L^*}(d+L)\right]\right\}} \tag{8-25}$$

从式（8-21）中还可以看出，如果已知合适的几何曲率的表达式，可以采用代数方程计算 k_{eff}，而无须求解式（8-6）所表示的中子扩散微分方程。表 8-2 给出了其他反应堆几何形状的单群单区几何曲率的表达式，值得注意的是，表 8-2 中的表达式仅对单区构型有效，其中截面在单能群上平均，由多个几何区域组成或使用多个中子能群的构型将具有不同的曲率表达式。

表 8-2　单群单区几何曲率

几何结构	曲率（B_g^2）
无限大平板	$\left(\frac{\pi}{L^*}\right)^2$

续表

几何结构	曲率 (B_g^2)
矩形	$\left(\frac{\pi}{L_x^*}\right)^2+\left(\frac{\pi}{L_y^*}\right)^2+\left(\frac{\pi}{L_z^*}\right)^2$
球形	$\frac{\pi}{R^*}$
圆柱形	$\left(\frac{\pi}{H^*}\right)^2+\left(\frac{2.405}{R^*}\right)^2$

作为几何曲率应用的一个例子，可采用它来推导出可裂变材料组成的裸球体的临界半径的表达式。如前所述，当反应堆正好处于临界状态时，$k_{\text{eff}}=1$ 且 $B_g=B_m$，因此从式（8-7）中可得

$$0=\frac{d^2\phi}{dz^2}+B_m^2\phi=-B_g^2\phi+B_m^2\phi \tag{8-26}$$

由式（8-26），利用式（8-21）中的几何曲率和材料曲率定义可得

$$\left(\frac{\pi}{R_c^*}\right)^2=\frac{\nu\Sigma_f-\Sigma_a}{D}\Rightarrow R_c^*=R_c+2D=\pi\sqrt{\frac{D}{\nu\Sigma_f-\Sigma_a}}\Rightarrow R_c=\pi\sqrt{\frac{D}{\nu\Sigma_f-\Sigma_a}}-2D \tag{8-27}$$

式（8-27）给出了临界半径 R_c 的表达式，现在可以计算一个经常使用，但通常很少被真正理解的量，即临界质量。知道一个球体的临界半径，可以很容易地计算出它的体积，并且从可裂变物质的密度可以计算出球体的相应质量（即临界质量）

$$M_c=\rho_f V_c=\rho_f\,\frac{4}{3}\pi R_c^3=\rho_f\,\frac{4\pi}{3}\left(\pi\sqrt{\frac{D}{\nu\Sigma_f-\Sigma_a}}-2D\right)^3 \tag{8-28}$$

式中　M_c　　临界质量；

V_c——临界体积；

ρ_f——可裂变物质的密度。

另一个关于几何曲率使用的例子将说明如何使用曲率项来解释多维度的中子泄漏，在这种特殊情况下，将在已知临界半径的假设下计算圆柱体的临界高度。如前所述，当反应堆正好处于临界状态时，$k_{\text{eff}}=1$ 且 $B_g=B_m$，同样使用表 8-2 中对圆柱体几何曲率的定义，得出

$$\left(\frac{\pi}{H_c^*}\right)^2+\left(\frac{2.405}{R_c^*}\right)^2=\frac{\nu\Sigma_f-\Sigma_a}{D}\Rightarrow H_c^*=H_c+2D=\frac{\pi}{\sqrt{\frac{\nu\Sigma_f-\Sigma_a}{D}-\left(\frac{2.405}{R_c^*}\right)^2}}$$

$$\Rightarrow H_c=\frac{\pi}{\sqrt{\frac{\nu\Sigma_f-\Sigma_a}{D}-\left(\frac{2.405}{R_c^*}\right)^2}}-2D \tag{8-29}$$

8.3 单群双区中子扩散方程

前面分析过的裸堆芯结构存在一个问题，即由于泄漏而从堆芯中逸出的中子会从反应堆中永久流失。为了减少中子泄漏，研究发现，如果在堆芯外部周围放置具有高散射截面和低吸收截面的材料，就有可能将许多由于泄漏而从反应堆堆芯逸出的中子反射回堆芯，从而提高反应堆的 k_{eff}。因此，通过减少中子泄漏，就有可能减小堆芯的尺寸，从而减少使反应堆达到临界状态所需的可裂变物质的数量。

下面通过分析图 8-4 所示的结构来说明中子反射层的作用，在以下的分析中，利用问题的几何对称性将研究限制在两个而不是三个区域。

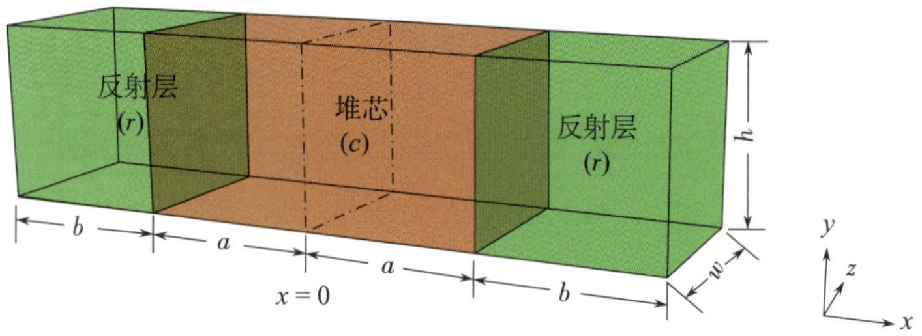

图 8-4　一维双区反应堆

8.3.1　堆芯

在堆芯区域，对于一个能群的三维矩形盒有

$$
\begin{aligned}
0 &= D\,\nabla^2\phi + \frac{\nu\Sigma_f}{k_{\text{eff}}}\phi - \Sigma_a\phi \\
&= D\left(\frac{\mathrm{d}^2\phi}{\mathrm{d}x^2} + \frac{\mathrm{d}^2\phi}{\mathrm{d}y^2} + \frac{\mathrm{d}^2\phi}{\mathrm{d}z^2}\right) + \frac{\nu\Sigma_f}{k_{\text{eff}}}\phi - \Sigma_a\phi = D\left(\frac{\mathrm{d}^2\phi}{\mathrm{d}x^2} - B_{gy}^2\phi - B_{gz}^2\phi\right) + \frac{\nu\Sigma_f}{k_{\text{eff}}}\phi - \Sigma_a\phi \\
&= \frac{\mathrm{d}^2\phi}{\mathrm{d}x^2} + \left(-B_{gy}^2 - B_{gz}^2 + \frac{\nu\Sigma_f/k_{\text{eff}} - \Sigma_a}{D}\right)\phi = \frac{\mathrm{d}^2\phi}{\mathrm{d}x^2} + \alpha^2\phi
\end{aligned}
\tag{8-30}
$$

式中，$\alpha^2 = -B_{gy}^2 - B_{gz}^2 + \dfrac{\nu\Sigma_f/k_{\text{eff}} - \Sigma_a}{D}$ 是堆芯的曲率。

求解式（8-30）得到

$$\phi(z) = A\cos(\alpha x) + C\sin(\alpha x) \tag{8-31}$$

注意到由于问题的对称性，反应堆中心线处的边界条件可表示为

$$\left.\frac{\mathrm{d}\phi}{\mathrm{d}x}\right|_{x=0} = 0 \tag{8-32}$$

将式（8-32）的边界条件应用于式（8-31），可得

$$\frac{\mathrm{d}\phi}{\mathrm{d}x} = -A\sin(\alpha x) + C\cos(\alpha x) \Rightarrow 0 = -A\sin(0) + C\cos(0) \Rightarrow C = 0 \tag{8-33}$$

因此，由式（8－33）可以得到堆芯中子通量为

$$\phi_c(x)=A\cos(\alpha x) \tag{8-34}$$

8.3.2　反射层

对于反应堆的反射层，没有可裂变物质，因此

$$\begin{aligned}0&=D\nabla^2\phi-\Sigma_a\phi=D\left(\frac{\mathrm{d}^2\phi}{\mathrm{d}x^2}+\frac{\mathrm{d}^2\phi}{\mathrm{d}y^2}+\frac{\mathrm{d}^2\phi}{\mathrm{d}z^2}\right)-\Sigma_a\phi\\&=D\left(\frac{\mathrm{d}^2\phi}{\mathrm{d}x^2}-B_{gy}^2\phi-B_{gz}^2\phi\right)-\Sigma_a\phi\\&=\frac{\mathrm{d}^2\phi}{\mathrm{d}x^2}-\left(B_{gy}^2+B_{gz}^2+\frac{\Sigma_a}{D}\right)\phi=\frac{\mathrm{d}^2\phi}{\mathrm{d}x^2}-\beta^2\phi\end{aligned} \tag{8-35}$$

式中，$\beta^2=B_{gy}^2+B_{gz}^2+\dfrac{\Sigma_a}{D}$ 为反射层的材料曲率。

求解上述中子扩散微分方程得到

$$\phi(x)=E\cosh[\beta(a+b^*-x)]+F\sinh[\beta(a+b^*-x)] \tag{8-36}$$

式中，$b^*=B+2D_r$ 为外推的反射层厚度。

为了解出任意常数 E 和 F，将再次假设中子通量在刚好超出反射器外缘的外推距离处趋于零（在 $x=a+b^*$ 处 $\phi=0$）。因此，在反射层外推距离处应用零通量边界条件，由式（8－36）可得

$$\phi(a+b^*)=0=E\cosh(0)+F\sinh(0)\Rightarrow E=0 \tag{8-37}$$

式（8－36）所表示的反射层内的中子通量，此时变为

$$\phi_r(x)=F\sinh[\beta(a+b^*-x)] \tag{8-38}$$

8.3.3　堆芯＋反射层

物理上要求中子通量在堆芯和反射层的交界面处是连续的，因此使用式（8－34）和式（8－38）可以得到

$$\phi_c(a)=\phi_r(a)\Rightarrow A\cos(\alpha a)=F\sinh(\beta b^*) \tag{8-39}$$

同样，中子流在堆芯和反射层的交界面处也要是连续的，再次使用式（8－34）和式（8－38），可得

$$\begin{aligned}J_c(a)=J_r(a)&\Rightarrow D_c\left.\frac{\mathrm{d}\phi_c}{\mathrm{d}x}\right|_{x=a}=D_r\left.\frac{\mathrm{d}\phi_r}{\mathrm{d}x}\right|_{x=a}\\&\Rightarrow -AD_c\alpha\sin(\alpha x)\big|_{x=a}=-FD_r\beta\cosh[\beta(a+b^*-x)]\big|_{x=a}\\&\Rightarrow AD_c\alpha\sin(\alpha a)=FD_r\beta\cosh(\beta b^*)\end{aligned} \tag{8-40}$$

如果将式（8－39）除以式（8－40），则可以消除任意常数 A 和 F，从而得到

$$D_c\alpha\tan(\alpha a)=\frac{D_r\beta}{\tanh(\beta b^*)} \tag{8-41}$$

式（8－41）将 k_{eff} 与所有其他反应堆参数联系起来，具有给定边界条件的单群双区反应堆构型的临界方程也是如此。图 8－5 展示了在一些典型材料参数（如横截面）和 k_{eff} 等于 1 的条件下，求解式（8－41）所获得的反应堆尺寸 a 和 b^*。可以看到，使用反射层可以显著减小堆芯尺寸，通过使用反射层所减小的堆芯厚度称为反应堆的反射层节省。最初，即使是反射层厚度的微小增加也会显著地减小堆芯尺寸，然而，随着反射层厚度不断增加，其对堆芯尺寸的影响逐渐降低。最终，即使反射层厚度大幅增加，对堆芯尺寸的影响也可以忽略不计，因此对 k_{eff} 的影响也可以忽略不计，此时反射层被称为近似无限大。从数学角度出发，可以通过式（8－41）来解释反射层尺寸的额外增加对堆芯尺寸的影响很小的原因。需要注意的是，即使参数 βb^* 取相当适中的值，其函数 $\tanh(\beta b^*)$ 也接近其渐近值 1，比如 $\tanh(4)=0.99933\approx 1$，因此可以假定反射层的厚度为

$$b^* \gtrsim \frac{4}{\beta} \tag{8-42}$$

此时，反射层厚度可以被认为是近似无限大的。

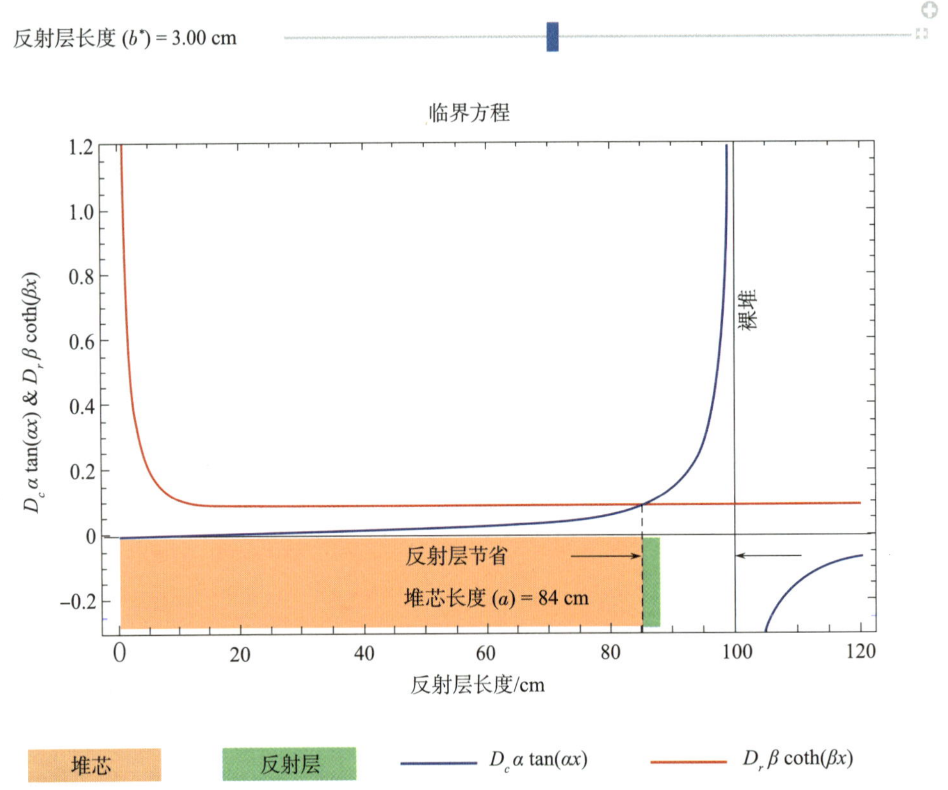

图 8－5　反应堆临界长度与反射层长度的函数关系

一旦解出式（8－41）的临界关系，就可以推导出反应堆堆芯和反射区的中子通量表达式，由式（8－39）可知

$$F = A\frac{\cos(\alpha a)}{\sinh(\beta b^{*})} \tag{8-43}$$

将式（8－43）的结果代入式（8－38），并结合式（8－34），可得反应堆中的中子通量为

$$\phi(x)=\begin{cases} A\cos(\alpha x) & 0\leqslant x\leqslant a \\ A\dfrac{\cos(\alpha a)}{\sinh(\beta b^{*})}\sinh[\beta(a+b^{*}-x)] & a<x\leqslant a+b \end{cases} \tag{8-44}$$

图 8－6 中绘制了在 $\nu=2.5$ 时，不同几何构型、不同中子截面条件下，根据式（8－44）计算得到的归一化逐点反应堆功率密度和中子通量（$A=1$）。

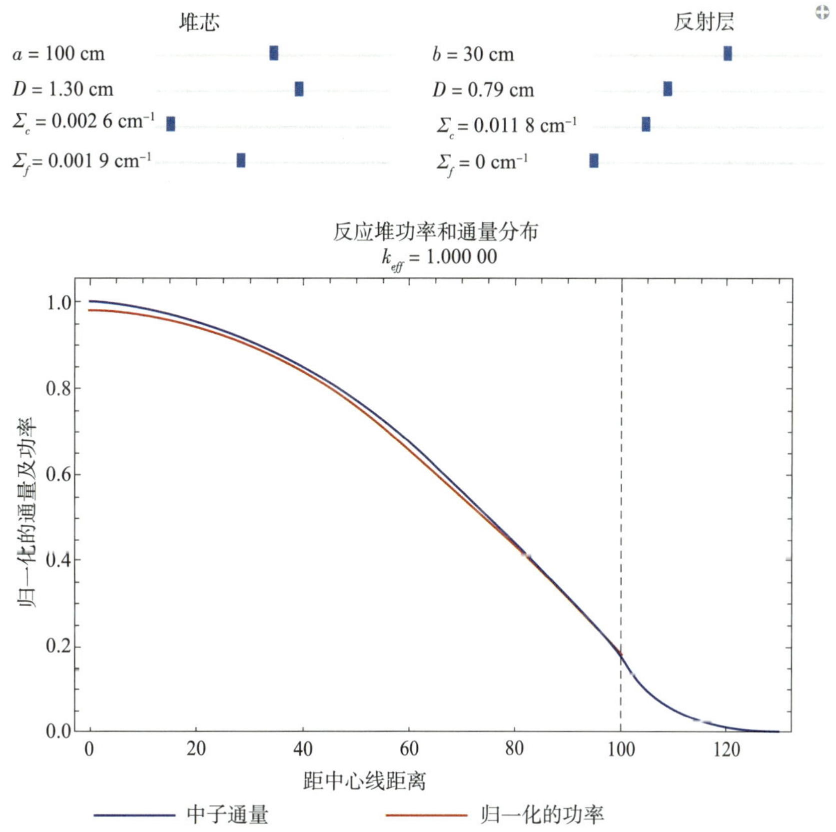

图 8－6　单群双区反应堆功率和通量分布

8.4　双群双区中子扩散方程

以上描述的单群双区反应堆模型对于给出空间中子通量分布（以及功率分布）的粗略描述非常有用，但若引入更多中子能群，则会显现出新的空间效应。事实证明，这些空间效应可以产生重要的热流体效应，这一点将在后续讨论中予以展示。以下要分析的反应堆

构型与图 8－4 所示的单群分析时所使用的配置相同。

利用式（8－4），令 G 为 2，假设各区域内截面不变，可得到以下两个耦合的微分方程

$$\left(D_j^1\nabla^2+\frac{1}{\lambda}\chi^1\nu\Sigma_{fj}^1-\Sigma_{aj}^1-\Sigma_{sj}^{1\to2}\right)\phi^1(x)+\left(\frac{1}{\lambda}\chi^1\nu\Sigma_{fj}^2+\Sigma_{sj}^{2\to1}\right)\phi^2(x)=0$$

$$\left(\frac{1}{\lambda}\chi^2\nu\Sigma_{fj}^1+\Sigma_{sj}^{1\to2}\right)\phi^1(x)+\left(D_j^2\nabla^2+\frac{1}{\lambda}\chi^2\nu\Sigma_{fj}^2-\Sigma_{aj}^1-\Sigma_{sj}^{2\to1}\right)\phi^2(x)=0$$

（8－45）

式中，j 取 c 时为堆芯区，j 取 r 时为反射层区。

如果再次假设上面的青色项为零，用曲率代替式（8－45）中的二阶导数项，并且 $\chi^1=1$，则得到以下表达式

$$\left\{-D_j^1\left[(B_j)^2+(B_{gyz})^2\right]+\frac{1}{\lambda}\nu\Sigma_{fj}^1-\Sigma_{aj}^1-\Sigma_{sj}^{1\to2}\right\}\phi^1(x)+\left(\frac{1}{\lambda}\nu\Sigma_{fj}^2\right)\phi^2(x)=0$$

$$\Sigma_{sj}^{1\to2}\phi^1(x)-\left\{D_j^2\left[(B_j)^2+(B_{gyz})^2\right]+\Sigma_{aj}^2\right\}\phi^2(x)=0$$

（8－46）

其中，$B_{gyz}^2=B_{gy}^2+B_{gz}^2$。

将式（8－46）化成矩阵形式，得到

$$\begin{bmatrix}-D_j^1\left[(B_j)^2+(B_{gyz})^2\right]+\dfrac{\nu\Sigma_{fj}^1}{\lambda}-\Sigma_{aj}^1-\Sigma_{sj}^{1\to2} & \dfrac{\nu\Sigma_{fj}^2}{\lambda}\\ \Sigma_{sj}^{1\to2} & -D_j^2\left[(B_j)^2+(B_{gyz})^2\right]-\Sigma_{aj}^2\end{bmatrix}\begin{bmatrix}\phi^1(x)\\ \phi^2(x)\end{bmatrix}=0$$

（8－47）

为了使上述矩阵关系成立，同时要求中子通量的值为非零，式（8－47）中矩阵的行列式就必须等于零。矩阵行列式的关系由下式给出，其中以曲率 B 的幂表示

$$0=(B_j)^4+(B_j)^2\underbrace{\left[2(B_{gyz})^2-\left(\frac{\dfrac{\nu\Sigma_{fj}^1}{\lambda}-\Sigma_{aj}^1-\Sigma_{sj}^{1\to2}}{D_j^1}\right)+\frac{\Sigma_{aj}^2}{D_j^2}\right]}_{P}$$

$$\underbrace{+(B_{gyz})^4-(B_{gyz})^2\left[\frac{\dfrac{\nu\Sigma_{fj}^1}{\lambda}-\Sigma_{aj}^1-\Sigma_{sj}^{1\to2}}{D_j^1}-\frac{\Sigma_{aj}^2}{D_j^2}\right]-\left[\frac{\Sigma_{aj}^2\left(\dfrac{\nu\Sigma_{fj}^1}{\lambda}-\Sigma_{aj}^1\right)}{D_j^1D_j^2}+\frac{\Sigma_{sj}^{1\to2}\left(\dfrac{\nu\Sigma_{fj}^2}{\lambda}-\Sigma_{aj}^2\right)}{D_j^1D_j^2}\right]}_{Q}$$

$$=(B_j)^4+P(B_j)^2+Q$$

（8－48）

对式（8－48）进行求解，得到关于曲率的表达式

$$(B_j)^4+P(B_j)^2+Q=0\Rightarrow(B_j)^2=\frac{1}{2}\left(-P\pm\sqrt{P^2-4PQ}\right)\qquad(8-49)$$

由式（8－49）可以获得两个曲率表达式

$$\mu_j^2 = \frac{1}{2}\left(-P + \sqrt{P^2 - 4PQ}\right)\text{，可以为正或者为负}$$
$$\rho_j^2 = \frac{1}{2}\left(-P - \sqrt{P^2 - 4PQ}\right)\text{，永远为负（如果不存在裂变核素）} \tag{8-50}$$

通过式（8-50）中给出的两个曲率表达式，可以得到两个描述反应堆各区域中子通量的微分方程

$$\frac{d^2[\phi^2(x)]}{dx^2} \pm \mu_j^2 \phi^2(x) = 0 \tag{8-51}$$

和

$$\frac{d^2[\phi^2(x)]}{dx^2} - \rho_j^2 \phi^2(x) = 0 \tag{8-52}$$

只要堆芯区存在可裂变物质，就可以找到 λ（或者更准确地说是 k_{eff}）的值，使式（8-51）中 $\mu_j^2 = \mu_c^2$ 的符号为正。在反射层区，假定不存在可裂变物质，则式（8-51）中 $\mu_j^2 = \mu_r^2$ 的符号将始终为负。为了确定群1通量与群2通量的比值，将式（8-46）中的第二个关系式重新排列为

$$\frac{\phi^1(x)}{\phi^2(x)} = \frac{D_j^2[(B_j)^2 + (B_{gyz})^2] + \Sigma_{aj}^2}{\Sigma_{sj}^{1\to 2}} \tag{8-53}$$

将式（8-50）定义的曲率参数代入式（8-53），则通量比为

$$\alpha_j = \frac{D_j^2[(\mu_j)^2 + (B_{gyz})^2] + \Sigma_{aj}^2}{\Sigma_{sj}^{1\to 2}} \tag{8-54}$$

和

$$\beta_j = \frac{D_j^2[(\rho_j)^2 + (B_{gyz})^2] + \Sigma_{aj}^2}{\Sigma_{sj}^{1\to 2}} \tag{8-55}$$

群中子通量的一般方程现在可以通过求解式（8-51）和式（8-53），并使用式（8-54）和式（8-55）所描述的中子通量比关系来确定

$$\phi^2(x) = C_{1j}\sin(\mu_j x) + C_{2j}\cos(\mu_j x) + C_{3j}\sinh(\rho_j x) + C_{4j}\cosh(\rho_j x) \tag{8-56}$$

和

$$\phi^1(x) = C_{1j}\alpha_j\sin(\mu_j x) + C_{2j}\alpha_j\cos(\mu_j x) + C_{3j}\beta_j\sinh(\rho_j x) + C_{4j}\beta_j\cosh(\rho_j x) \tag{8-57}$$

由于所研究的问题关于反应堆堆芯中心线 $x=0$ 对称，可以规定中子通量的一阶导数在该位置为零作为边界条件，对式（8-56）和式（8-57）求导，可得

$$\frac{d\phi^2(x)}{dx} = C_{1c}\mu_c\cos(\mu_c x) - C_{2c}\mu_c\sin(\mu_c x) + C_{3c}\rho_c\cosh(\rho_c x) + C_{4c}\rho_c\sinh(\rho_c x) \tag{8-58}$$

和

$$\frac{d\phi^1(x)}{dx} = C_{1c}\mu_c\alpha_c\cos(\mu_c x) - C_{2c}\mu_c\alpha_c\sin(\mu_c x) + C_{3c}\rho_c\beta_c\cosh(\rho_c x) + C_{4c}\rho_c\beta_c\sinh(\rho_c x) \tag{8-59}$$

如果令式（8-58）和式（8-59）的导数在 $x=0$ 处等于零，可以发现

$$0=C_{1c}\mu_c\cos(0)-C_{2c}\mu_c\sin(0)+C_{3c}\rho_c\cosh(0)+C_{4c}\rho_c\sinh(0)=C_{1c}\mu_c+C_{3c}\rho_c \tag{8-60}$$

和

$$0=C_{1c}\mu_c\alpha_c\cos(0)-C_{2c}\mu_c\alpha_c\sin(0)+C_{3c}\rho_c\beta_c\cosh(0)+C_{4c}\rho_c\beta_c\sinh(0)=C_{1c}\mu_c\alpha_c+C_{3c}\rho_c \tag{8-61}$$

为了让式（8-60）和式（8-61）成立，则 $C_{1c}=C_{3c}=0$，因此，反应堆堆芯区的中子通量方程（$-a\leqslant x\leqslant a$）式（8-56）和式（8-57）变为

$$\phi_c^2(x)=C_{2c}\cos(\mu_c x)+C_{4c}\cosh(\rho_c x) \tag{8-62}$$

和

$$\phi_c^1(x)=C_{2c}\alpha_c\cos(\mu_c x)+C_{4c}\beta_c\cosh(\rho_c x) \tag{8-63}$$

在反射层区，可以为问题指定另一个边界条件，在这种情况下，边界条件为中子通量在刚好超出反应堆反射层外缘的外推距离处趋近于零，即在 $x=a+b^{1*}$ 处 $\phi^1=0$，其中 $b^{1*}=b+2D_r^1$，在 $x=a+b^{2*}$ 处 $\phi^2=0$，其中 $b^{2*}=b+2D_r^2$。使用式（8-56）和式（8-57）中给出的一般通量表达式，并将其应用于反射层，可以得到

$$\begin{aligned}\phi^2(x)=&C_{1r}\sin[\mu_r(a+b^{2*}-x)]+C_{2r}\cos[\mu_r(a+b^{2*}-x)]\\&+C_{3r}\sinh[\rho_r(a+b^{2*}-x)]+C_{4r}\cosh[\rho_r(a+b^{2*}-x)]\end{aligned} \tag{8-64}$$

和

$$\begin{aligned}\phi^1(x)=&C_{1r}\alpha_r\sin[\mu_r(a+b^{1*}-x)]+C_{2r}\alpha_r\cos[\mu_r(a+b^{1*}-x)]\\&+C_{3r}\beta_r\sinh[\rho_r(a+b^{1*}-x)]+C_{4r}\beta_r\cosh[\rho_r(a+b^{1*}-x)]\end{aligned} \tag{8-65}$$

将上述零通量边界条件应用于式（8-56）和式（8-57）可得

$$0=C_{1r}\sin(0)+C_{2r}\cos(0)+C_{3r}\sinh(0)+C_{4r}\cosh(0)=C_{2r}+C_{4r} \tag{8-66}$$

和

$$0=C_{1r}\alpha_r\sin(0)+C_{2r}\alpha_r\cos(0)+C_{3r}\beta_r\sinh(0)+C_{4r}\beta_r\cosh(0)=C_{2r}\alpha_r+C_{4r}\beta_r \tag{8-67}$$

为了让式（8-66）和式（8-67）成立，则 $C_{2r}=C_{4r}=0$，因此，反应堆反射层区的中子通量方程（$a\leqslant x\leqslant a+b^{g*}$）式（8-64）和式（8 65）变为

$$\phi_r^2(x)=C_{1r}\sin[\mu_r(a+b^{2*}-x)]+C_{3r}\sinh[\rho_r(a+b^{2*}-x)] \tag{8-68}$$

和

$$\phi_r^1(x)=C_{1r}\alpha_r\sin[\mu_r(a+b^{1*}-x)]+C_{3r}\beta_r\sinh[\rho_r(a+b^{1*}-x)] \tag{8-69}$$

为了求解剩下的 C 系数，必须对反应堆堆芯/反射层交界处的中子通量和中子流施加连续性条件。因此，令式（8-62）和式（8-68）中的群 2 的中子通量相等，得到

$$\phi_c^2(a)=\phi_r^2(a)\Rightarrow C_{2c}\cos(\mu_c a)+C_{4c}\cosh(\rho_c a)=C_{1r}\sin(\mu_r b^{2*})+C_{3r}\sinh(\rho_r b^{2*}) \tag{8-70}$$

令式（8-63）和式（8-69）中群 1 的中子通量相等，得到

$$\phi_c^1(a)=\phi_r^1(a)\Rightarrow C_{2c}\alpha_c\cos(\mu_c a)+C_{4c}\beta_c\cosh(\rho_c a)=C_{1r}\alpha_r\sin(\mu_r b^{1*})+C_{3r}\beta_r\sinh(\rho_r b^{1*}) \tag{8-71}$$

利用式（8－58）确定堆芯中群2的中子流

$$J_c^2(x)=D_c^2\frac{\mathrm{d}\phi^2(x)}{\mathrm{d}x}=-C_{2c}D_c^2\mu_c\sin(\mu_c x)+C_{4c}D_c^2\rho_c\sinh(\rho_c x) \tag{8-72}$$

利用式（8－59）确定堆芯中群1的中子流

$$J_c^1(x)=D_c^1\frac{\mathrm{d}\phi^1(x)}{\mathrm{d}x}=-C_{2c}D_c^1\mu_c\alpha_c\sin(\mu_c x)+C_{4c}D_c^1\rho_c\beta_c\sinh(\rho_c x) \tag{8-73}$$

对式（8－68）求一阶导数，可以确定反射层中的群2的中子流

$$J_r^2(x)=D_r^2\frac{\mathrm{d}\phi^2(x)}{\mathrm{d}x}=-C_{1r}D_r^2\mu_r\cos[\mu_r(a+b^{2*}-x)]-C_{3r}D_r^2\rho_r\cosh[\rho_r(a+b^{2*}-x)] \tag{8-74}$$

对式（8－69）求一阶导数，可以确定反射堆中群1的中子流

$$J_r^1(x)=D_r^1\frac{\mathrm{d}\phi^1(x)}{\mathrm{d}x}=-C_{1r}D_r^1\mu_r\alpha_r\cos[\mu_r(a+b^{1*}-x)]-C_{3r}D_r^1\rho_r\beta_r\cosh[\rho_r(a+b^{1*}-x)] \tag{8-75}$$

令式（8－72）和式（8－74）堆芯和反射层交界面处群2的中子流相等

$$\begin{aligned}J_c^2(a)=J_r^2(a)&\Rightarrow -C_{2c}D_c^2\mu_c\sin(\mu_c a)+C_{4c}D_c^2\rho_c\sinh(\rho_c a)\\&=-C_{1r}D_r^2\mu_r\cos(\mu_r b^{2*})-C_{3r}D_r^2\rho_r\cosh(\rho_r b^{2*})\end{aligned} \tag{8-76}$$

令式（8－73）和式（8－75）堆芯和反射层交界面处群1的中子流相等

$$\begin{aligned}J_c^1(a)=J_r^1(a)&\Rightarrow -C_{2c}D_c^1\mu_c\alpha_c\sin(\mu_c a)+C_{4c}D_c^1\rho_c\beta_c\sinh(\rho_c a)\\&=-C_{1r}D_r^1\mu_r\alpha_r\cos(\mu_r b^{1*})-C_{3r}D_r^1\rho_r\beta_r\cosh(\rho_r b^{1*})\end{aligned} \tag{8-77}$$

式（8－70）、式（8－71）、式（8－76）和式（8－77）构成了一个包含四个方程的方程组，该方程组一共有四个未知数，将这些方程化成矩阵形式并求解参数C得到

$$\begin{bmatrix}\cos(\mu_c a) & \cosh(\rho_c a) & -\sin(\mu_r b^{2*}) & -\sinh(\rho_r b^{2*})\\ \alpha_c\cos(\mu_c a) & \beta_c\cosh(\rho_c a) & -\alpha_r\sin(\mu_r b^{1*}) & -\beta_r\sinh(\rho_r b^{1*})\\ -D_c^2\mu_c\sin(\mu_c a) & D_c^2\rho_c\sinh(\rho_c a) & D_r^2\mu_r\cos(\mu_r b^{2*}) & D_r^2\rho_r\cosh(\rho_r b^{2*})\\ -D_c^1\mu_c\alpha_c\sin(\mu_c a) & D_c^1\rho_c\beta_c\sinh(\rho_c a) & D_r^1\mu_r\alpha_r\cos(\mu_r b^{1*}) & D_r^1\rho_r\beta_r\cosh(\rho_r b^{1*})\end{bmatrix}\begin{bmatrix}C_{2c}^1\\C_{4c}^1\\C_{1r}^1\\C_{3r}^1\end{bmatrix}=0 \tag{8-78}$$

方程（8－78）将λ与反应堆的所有其他参数联系起来，构成了双群双区反应堆构型的临界方程，为了使该方程具有非平凡解（参数C不全为零），需要调整λ或其他一些反应堆参数，直到矩阵的行列式等于零。如前几节所述，只有λ的最大值才会导致中子通量的分布具有物理意义（非负值）。

一旦通过确定一组使式（8－78）的行列式等于零的参数来求解临界条件，则可以使用构成式（8－78）矩阵的三个方程来确定第四个方程中的三个C系数。确定C系数只需

要三个方程，因为行列式为零时，矩阵方程不再是线性无关的。将式（8-70）、式（8-71）和式（8-76）化成矩阵形式，则可以通过 C_{2r} 来求取 C_{4c}、C_{1r}、C_{3r}

$$\begin{bmatrix} \cosh(\rho_c a) & -\sin(\mu_r b^{2*}) & -\sinh(\rho_r b^{2*}) \\ \beta_c \cosh(\rho_c a) & -\alpha_r \sin(\mu_r b^{1*}) & -\beta_r \sinh(\rho_r b^{1*}) \\ D_c^2 \rho_c \sinh(\rho_c a) & D_r^2 \mu_r \cos(\mu_r b^{2*}) & D_r^2 \rho_r \cosh(\rho_r b^{2*}) \end{bmatrix} \begin{bmatrix} C_{4c} \\ C_{1r}^1 \\ C_{3r}^1 \end{bmatrix} = C_{2c} \begin{bmatrix} -\cos(\mu_c^1 a) \\ -\alpha_c \cos(\mu_c^1 a) \\ D_c^2 \mu_c \sin(\mu_c^1 a) \end{bmatrix} \tag{8-79}$$

图 8-7 中绘制了在 $\nu=2.5$ 时，不同几何构型和不同中子截面条件下，根据式（8-78）计算得到的归一化逐点反应堆功率密度和中子通量（$A=1$），其中 C 系数采用式（8-79）进行计算。

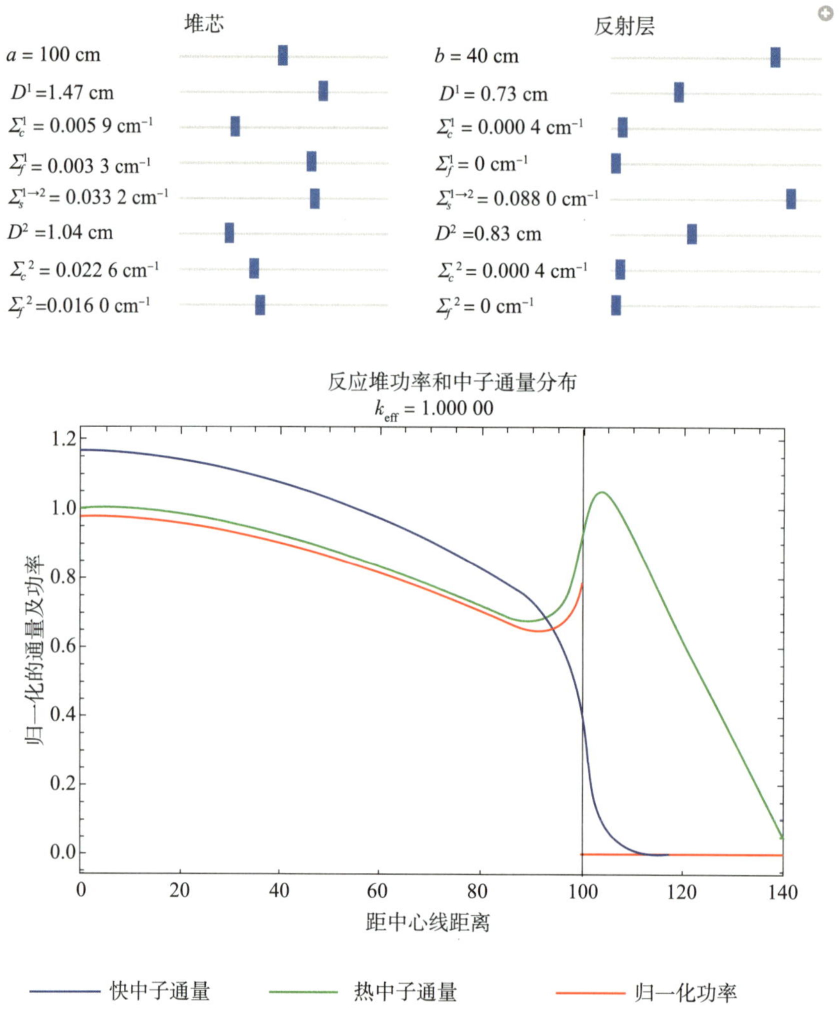

图 8-7　双群双区反应堆功率和通量分布

习　题

1. 对于含有可裂变物质的给定体积为 V 的圆柱体裸堆芯，确定可以得到最大 k_{eff} 的高径比（H/D），在计算中忽略外推距离。

2. 一个核火箭发动机的配置如下图所示，冷氢气通过反射层进入发动机，在堆芯区域被加热到高温后离开堆芯，并作为推进剂排出。反应堆功率为 100 MW。

反射层	堆芯
$D = 0.088$ cm	$D = 1.45$ cm
$\Sigma_a = 0.003\,3$ cm^{-1}	$\Sigma_a = 0.004\,4$ cm^{-1}
–	$v = 2.5$
–	$\Sigma_f = 0.003\,2$ cm^{-1}

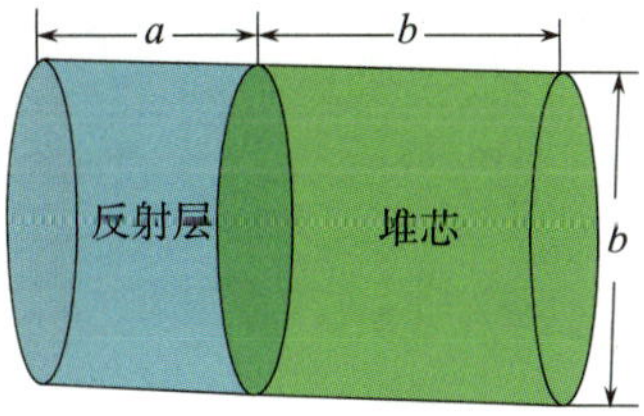

假设：

a. 堆芯和反射层的侧面是裸露的。

b. 堆芯的长度和堆芯的直径相等。

c. 可以认为反射层的长度无限大。

d. 在计算堆芯和反射层的长度时应包含外推距离。

e. 推导出该反应堆系统的单群临界方程。

f. 画出 k_{eff} 随 b 从 0～500 cm 的变化图。

g. b 为多长时，反应堆刚好达到临界状态？在所画的图中标出。

h. 推导反应堆的 k_∞（$b\to\infty$），并在上图中注明。

i. a 为多长时反射层可以被认为是无限长的。

j. 画出反应堆中径向平均中子通量沿轴向的分布。

k. 画出反应堆中径向平均功率密度（以 W/cm^3 为单位）沿轴向的分布。

l. 轴向功率峰值因子 $\left(\dfrac{P_{\text{max}}}{P_{\text{ave}}}\right)$ 是多少？

3. 一个薄壁球形容器（其影响在计算中可以忽略）含有一种气态铀化合物，正在研究该化合物是否可能用于气态堆芯核火箭发动机。使用单能群模型，并假设气态铀化合物为理想气体：

a）推导出气体压力、气体温度和容器半径与 k_{eff} 相关的表达式。

b）推导出单群通量随 r 变化的函数关系式。

提示：注意 $\nabla^2\phi=\dfrac{1}{r^2}\dfrac{\mathrm{d}}{\mathrm{d}r}\left(r^2\dfrac{\mathrm{d}\phi}{\mathrm{d}r}\right)$，并使用 $\phi=\dfrac{u(r)}{r}$。

4. 假设一个圆柱体中装有理想状态下的可裂变气体并由活塞加压，活塞对气体施加恒定的 200 kPa 压力，气体的吸收截面变化为 $1/V$，而裂变截面和扩散系数保持不变。在 STP（300 K，101 kPa）下，瓶内气体高度为 43 cm。在什么高度和什么温度下达到最大临界状态（k_{eff}）？最大 k_{eff} 是多少？刚好达到临界状态时，圆柱体内的气体高度和温度是多少？

参数	值
ν	2.5
$\sigma_a^{0.025\mathrm{eV}}$	600 b
σ_f	300 b
D	0.9 cm
K(玻耳兹曼常数)	$8.617\times10\times10^{-5}\ \frac{\mathrm{eV}}{\mathrm{K}}$
R(气体常数)	$13\ 811\ \frac{\mathrm{b\cdot cm\cdot kPa}}{\mathrm{atom\cdot K}}$

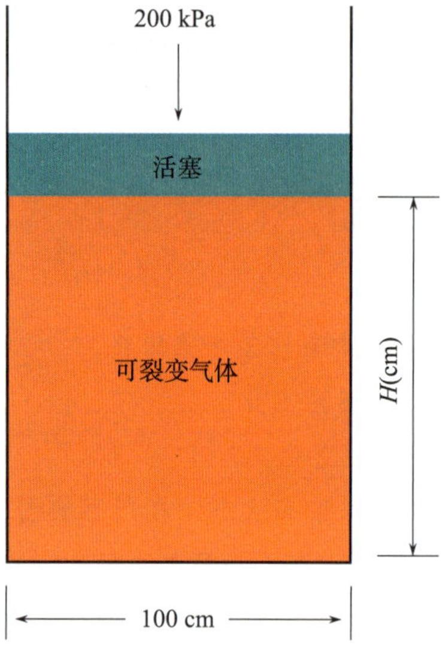

注：根据气体动力学有 $E=KT$。计算时忽略外推长度。

5. 对于一个如下图所示的两区对称板状反应堆，推导出反应堆各区域的通量表达式和 k_{eff}，画出通量密度图。使用单群模型，清楚地陈述做出的所有假设。反应堆在 Y 和 Z 方向上可以认为是无限的。

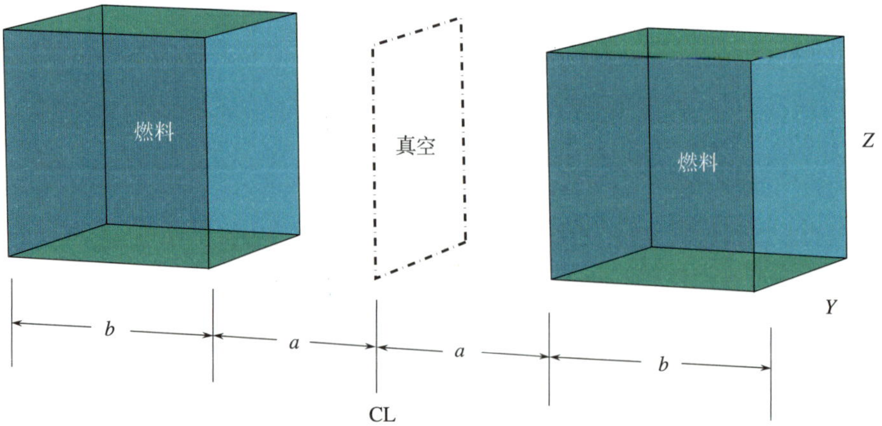

6. 为核热推进系统设计一个核反应堆，确定可以得到最小核反应堆质量的堆芯长度和反射层长度组合。假设反应器的临界方程由式（8－41）给出，并且反应器的尺寸（除了沿长度方向）实际上是无限的。

参数	堆芯	反射层
$\nu\Sigma_f(\mathrm{cm}^{-1})$	0.004 99	0
$\Sigma_a(\mathrm{cm}^{-1})$	0.004 2	0.009 2
$D(\mathrm{cm})$	1.23	0.78
$\rho(\mathrm{g/cm}^3)$	15	8

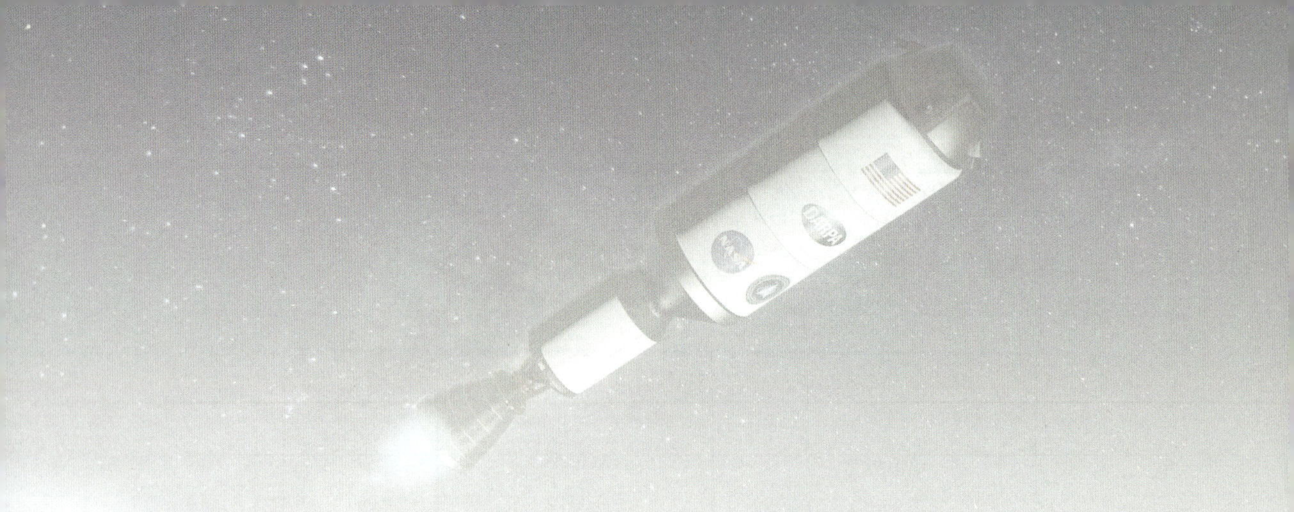

第9章

核火箭中的热工流体方面

9.1 核反应堆燃料元件中的热传导

前面的章节已经指出，大多数核火箭发动机系统的效率都是受到功率密度的制约而非能量。通常情况下，从核动力火箭发动机反应堆堆芯裂变材料中可以获取的能量远远超过了执行几乎任何可以想象的星际任务所需要的能量。因此，核动力火箭发动机设计人员面临的问题是如何确定最佳方法，最大限度地提高从反应堆堆芯提取核燃料潜在能量的速度。从热传递的角度考虑，从堆芯获取能量的速率主要受到燃料最高工作温度和有效换热面积的限制。例如，前文所述的颗粒床反应堆（PBR）采用了小燃料颗粒等特定的燃料元件设计，使得参与换热的有效表面积大大增加，从而实现了高传热速率。运载火箭上应用的核发动机（NERVA）反应堆通过在六棱柱形燃料元件上钻取大量的轴向小孔，实现了较高的传热速率（尽管没有 PBR 那么高）。具有更高熔点的新燃料组分也能有效提高发动机的效率，相关研究正在进行中，有关燃料材料及其性质的内容将在第 15 章中详细讨论。

由于堆芯产生的功率是不均匀的，并且燃料元件中冷却剂（通常是推进剂）的温度在穿过反应堆时变化很大，要想确定核火箭反应堆芯中燃料的温度分布是相当复杂的。尽管存在这些复杂情况，但仍可以确定一些解析表达式，至少对于简单的几何形状和稳定的材料性质来说，可以实现对整个核火箭堆芯中燃料和推进剂温度分布变化的定性描述。

如图 9-1 所示，在分析确定整个堆芯的温度分布时，首先要写出反应堆微分体积 $\Delta V=\Delta x\Delta y\Delta z$ 内在短时间 Δt 过程中热量变化的一维表达式。

在图 9-1 所示的微分单元上进行热平衡分析，可以得到如下方程

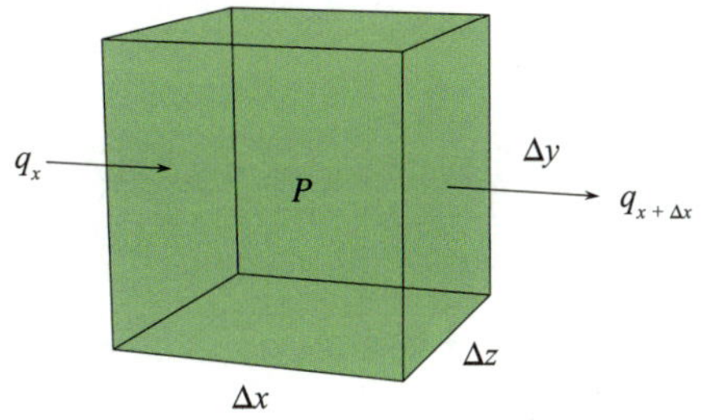

图 9-1　通过微分单元的热流

$$\underbrace{Q_{\Delta t+t}-Q_t}_{\text{热量变化}}=-\underbrace{q_{x+\Delta x}\Delta t\Delta y\Delta z}_{\text{输出热量}}+\underbrace{q_x\Delta t\Delta y\Delta z}_{\text{输入热量}}+\underbrace{P\Delta t\overbrace{\Delta x\Delta y\Delta z}^{\Delta V}}_{\text{产生的热量}} \tag{9-1}$$

式中　Q ——热量；

q ——热流密度；

P ——功率密度。

对式（9-1）进行重新整理，并对极小时间 Δt 取极限，即可得到通过微分单元的传热速率的表达式

$$\lim_{\Delta t\to 0}\frac{Q_{\Delta t+t}-Q_t}{\Delta t}=\frac{\mathrm{d}Q}{\mathrm{d}t}=\frac{q_x-q_{x+\Delta x}}{\Delta x}\Delta V+P\Delta V \tag{9-2}$$

如果微分单元的尺寸足够小，则微分单元输出的热通量可以用一个线性函数来近似，即

$$q_{x+\Delta x}=\frac{\mathrm{d}q_x}{\mathrm{d}x}\Delta x+q_x \tag{9-3}$$

如果将式（9-3）代入式（9-2），就会发现

$$\frac{\mathrm{d}Q}{\mathrm{d}t}=-\frac{\mathrm{d}q_x}{\mathrm{d}x}\Delta V+P\Delta V \tag{9-4}$$

根据传热学理论，傅里叶方程用于描述材料中热传递速率与温度梯度之间的关系。该方程的一维形式可表示为

$$q_x=-k\frac{\mathrm{d}T}{\mathrm{d}x} \tag{9-5}$$

式中　k ——热量通过材料的导热系数；

T ——温度。

将式（9-5）代入式（9-4）可得

$$\frac{\mathrm{d}Q}{\mathrm{d}t}=\frac{\mathrm{d}}{\mathrm{d}x}\left(k\frac{\mathrm{d}T}{\mathrm{d}x}\right)\Delta V+P\Delta V=k\frac{\mathrm{d}^2T}{\mathrm{d}x^2}\Delta V+P\Delta V=\left(k\frac{\mathrm{d}^2T}{\mathrm{d}x^2}+P\right)\Delta V \tag{9-6}$$

根据热力学原理，一定量材料的热量与其温度之间的关系可以用一个等式来表示

$$Q=mTc_p \tag{9-7}$$

式中　m ——材料的质量；

c_p ——材料的比热容。

将式（9－7）代入式（9－6），并对各项重新整理，就可以求出通用热传导方程的一维形式，即

$$\begin{aligned}&\frac{\mathrm{d}Q}{\mathrm{d}t}=\frac{\mathrm{d}}{\mathrm{d}t}(mc_pT)=mc_p\frac{\mathrm{d}T}{\mathrm{d}t}=\left(k\frac{\mathrm{d}^2T}{\mathrm{d}x^2}+P\right)\Delta V\\&\Rightarrow\frac{m}{\Delta V}\frac{c_p}{k}\frac{\mathrm{d}T}{\mathrm{d}t}=\frac{\rho c_p}{k}\frac{\mathrm{d}T}{\mathrm{d}t}=\frac{1}{\alpha}\frac{\mathrm{d}T}{\mathrm{d}t}=\frac{\mathrm{d}^2T}{\mathrm{d}x^2}+\frac{P}{k}\end{aligned} \tag{9-8}$$

式中　ρ——材料密度；

α——材料热扩散系数。

将通用热传导方程式（9－8）扩展到三维空间，可得

$$\frac{1}{\alpha}\frac{\mathrm{d}T}{\mathrm{d}t}=\nabla^2T+\frac{P}{k} \tag{9-9}$$

对于稳态工况，式（9－9）所描述的通用热传导方程中的时间相关项可以简化，得到以下泊松方程

$$\nabla^2T+\frac{P}{k}=0 \tag{9-10}$$

以下分析中，将采用泊松方程来估算 NERVA 燃料元件中的燃料温度。分析主要针对燃料元件内的等效单推进剂通道，如图 9－2 所示。通过将流道单元中的六边形燃料部分近似为一个圆形环状区域，可以消除问题中所有角向温度的相关性，从而可以忽略所有包含角向温度变量的项。如果继续假设通道的长度比径向尺寸要长（通常这是一个非常合理的假设），那么问题中的轴向温度分量也可以忽略。这样，通过消除角向和轴向温度变量，只保留径向温度分量，可以使问题大大简化。通常情况下，以上假设只会造成少量的精度损失。

图 9－2　NERVA 燃料元件等效流道

分析开始前，首先将式（9－10）写成圆柱坐标系形式，并舍去拉普拉斯算子中的角向项和轴向项，即

$$\frac{\mathrm{d}^2T}{\mathrm{d}r^2}+\frac{1}{r}\frac{\mathrm{d}T}{\mathrm{d}r}+\underbrace{\frac{1}{r^2}\frac{\mathrm{d}T}{\mathrm{d}\theta}}_{0:\text{无角向相关项}}+\underbrace{\frac{\mathrm{d}^2T}{\mathrm{d}z^2}}_{0:\text{无轴向相关项}}+\frac{P}{k}=0\Rightarrow\frac{1}{r}\frac{\mathrm{d}}{\mathrm{d}r}\left(r\frac{\mathrm{d}T}{\mathrm{d}r}\right)+\frac{P}{k}=0 \tag{9-11}$$

对式（9－11）进行重新整理并积分，可得

$$\frac{\mathrm{d}}{\mathrm{d}r}\left(r\frac{\mathrm{d}T}{\mathrm{d}r}\right)=-\frac{rP}{k}\Rightarrow r\frac{\mathrm{d}T}{\mathrm{d}r}=-\frac{P}{k}\int r\mathrm{d}r=-\frac{r^2P}{2k}+C_1$$
$$\Rightarrow\frac{\mathrm{d}T}{\mathrm{d}r}=-\frac{rP}{2k}+\frac{C_1}{r} \tag{9-12}$$

假定流道单元内产生的所有热量都被流过流道的推进剂带走，并且单元边界没有热量传输（例如，流道单元边界是绝热的），那么对流道单元边界条件应用傅里叶方程可以发现

$$q_o=0=-kA\left.\frac{\mathrm{d}T}{\mathrm{d}r}\right|_{r=r_o}\Rightarrow 0=\left.\frac{\mathrm{d}T}{\mathrm{d}r}\right|_{r=r_o} \tag{9-13}$$

将此零温度梯度边界条件应用到式（9－12）中，就可以确定任意常数项 C_1，即

$$0=-\frac{r_oP}{2k}+\frac{C_1}{r_o}\Rightarrow C_1=\frac{r_o^2P}{2k} \tag{9-14}$$

将式（9－14）中的任意常数表达式代入式（9－12）并进行二次积分，可得

$$\frac{\mathrm{d}T}{\mathrm{d}r}=-\frac{rP}{2k}+\frac{r_o^2P}{2kr}\Rightarrow T-T_s=\frac{P}{2k}\int_{r_i}^{r}\left(-r'+\frac{r_o^2}{r'}\right)\mathrm{d}r'=-\frac{P}{2k}\left[\frac{r^2-r_i^2}{2}+r_o^2\ln\left(\frac{r_i}{r}\right)\right] \tag{9-15}$$

式中　T_s——推进剂流道表面（即 $r=r_i$ 处）的燃料温度。

由于在流道单元内燃料部分产生的所有热量都必须传递给流经通道的推进剂，因此通过简单的热平衡分析，可以得到以下表达式

$$P\Delta V=P\left[\pi(r_o^2-r_i^2)\Delta z\right]=h_c\Delta A(T_s-T_p)=h_c2\pi r_i\Delta z(T_s-T_p) \tag{9-16}$$

式中　T_p——推进剂温度；

h_c——传热系数；

ΔV——单元体积；

ΔA——单元面积。

根据燃料表面温度，对式（9－16）进行重新整理，可得

$$T_s=P\left[\frac{\pi(r_o^2-r_i^2)\Delta z}{h_c2\pi r_i\Delta z}\right]+T_p=\frac{P(r_o^2-r_i^2)}{2h_cr_i}+T_p \tag{9-17}$$

将式（9－17）代入式（9－15），并重新整理，可以得到燃料内部温度分布的表达式，即

$$T=T_p+\frac{P(r_o^2-r_i^2)}{2h_cr_i}-\frac{P}{2k}\left[\frac{r^2-r_i^2}{2}+r_o^2\ln\left(\frac{r_i}{r}\right)\right] \tag{9-18}$$

从图 9－3 中可以观察到，式（9－18）中各种参数的变化对燃料内部温度分布的影响。尤其要注意，在所有其他参数保持不变的情况下，增大传热系数和燃料导热系数可以显著降低燃料的峰值温度。

图 9－3 中显示的毕奥数是一个无量纲量，用于表示燃料中温度分布的平缓程度，通常用于瞬态传热计算。毕奥数越小，温度分布越平缓。毕奥数的定义如下

$$\text{毕奥数 } B_i=\frac{h_cL}{k}=\frac{\text{内侧对流换热热阻}}{\text{外侧热传导热阻}}$$

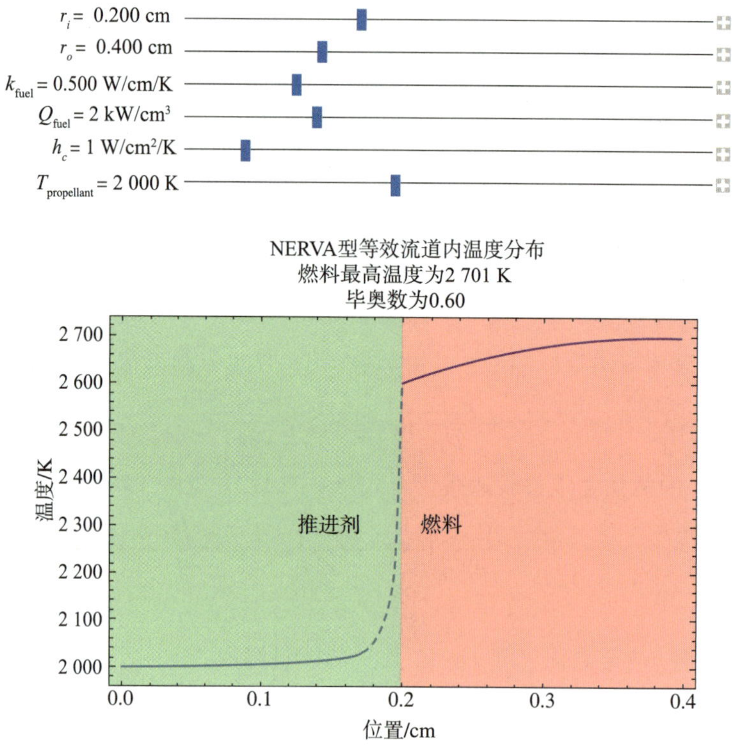

图 9-3　NERVA 等效流道内的温度分布

式中　L ——特征长度，通常等于燃料体积/燃料表面积。

9.2 核反应堆燃料元件中的对流传热

除传热系数外，前文描述的 NERVA 型核火箭燃料元件内部温度分布的公式中其他变量都很容易测量或指定。然而，对于如何确定传热系数，情况就比较复杂了，由于传热系数本身是许多其他变量的函数，同时反应堆堆芯中的推进剂流动通常是湍流，因此推进剂虽然从宏观角度看是朝一个方向流动，但在微观角度上却是相当随机的，流体中存在许多小的旋涡和横流。只有在极少数情况下，才会出现整个推进剂流动都是层流，即流体中存在清晰的层或流线，流体层之间几乎没有混合。从热传递的角度来看，湍流是有利的，因为涡流和横流导致的推进剂混合是将热量从流道壁面传递到推进剂主流的有效手段。

实际上，由于推进剂流动的湍流比较随机，通常无法通过分析推导得到传热系数。因此，传热系数以及与之相关的其他参数通常被纳入几个无量纲数中，并通过实验来确定无量纲数之间的经验关系式。最常用于推导对流传热关系式的无量纲数包括

雷诺数

$$Re=\frac{\rho VD}{\mu}=\frac{4\dot{m}}{\pi\mu D}=\frac{\text{惯性力}}{\text{粘性力}}$$

普朗特数

$$Pr=\frac{c_p\mu}{k}=\frac{\text{粘性扩散速率}}{\text{热扩散速率}}$$

努塞尔数

$$Nu=\frac{h_cD}{k}=\frac{\text{对流传热速率}}{\text{热传导速率}}$$

斯坦顿数

$$St=\frac{h_c}{\rho Vc_p}=\frac{\text{传入流体的对流传热速率}}{\text{流体的热容}}$$

式中　μ ——流体粘度；

V ——流体速度；

D ——流体通道水力直径。

当局部流速足够高时，推进剂流内自然产生的流动扰动会大到足以克服减少这些扰动的粘性阻尼力，此时就会发生层流到湍流的过渡。层流到湍流的过渡点可以通过雷诺数来近似估算，雷诺数表征的是流体动能或惯性力与粘性力之间的比值。实验表明，层流向湍流的转变大致发生在雷诺数介于 2 300 到 10 000 的范围内。如果推进剂流动为层流，则努塞尔数大致恒定，推进剂的热量传递仅通过热传导来实现。在这种情况下，通过理论分析及实验验证存在以下关系

$$Nu=3.66(\text{固定壁温})\text{或}Nu=4.36(\text{恒定热流密度})\tag{9-19}$$

边界条件表明，由于通道壁面是静止的，在通道壁面处，推进剂的流速应等于零。随着远离通道壁面，流体流速逐渐增加，直到最终达到自由流速度。因此，在流道壁面附近存在一小块区域，此处流速很低，并且局部雷诺数很小，低于湍流转捩所需的临界值，从而形成了一小块层流流动区域。这一小层层流被称为边界层，它的存在对于向推进剂主流的热量传递具有显著的负面影响。这一情况下，由于边界层中的流体与边界层外的大量流体之间缺乏湍流混合，通道壁面附近的吸热流体分子难以穿透边界层将能量传递至大量主流流体中。图 9－4 显示了通道壁边界层内和边界层附近的推进剂流动速度曲线。有关边界层行为的更详细分析，请参阅 Schlichting[1] 的经典著作。

注意到普朗特数将流体颗粒通过粘性作用穿透边界层的速率与通过热传导作用在边界层中传输热量的速率关联起来，因此可以将普朗特数与雷诺数结合起来建立关系式，用于描述湍流中热量从流道壁面传输到主流流体的速率。

多年来已经发展出许多此类关系式，在此仅讨论其中的几种。这些关系式的通用形式是利用边界层理论推导出来的，其中的一些系数利用实验数据的拟合曲线进行了调整。一般来说，这些关系式在相当广泛的条件下都能实现对传热系数的合理预测。整个对流换热的主题相当庞大，在许多教科书和文章中都有广泛介绍，此处不再证明所介绍的传热方程的正确性，仅对相关关系式及其适用范围进行描述。如果读者希望了解更多信息，可参阅有关该主题的教科书，如 El－Wakil [2] 和 Kreith [3] 所著的教科书。

这些湍流传热关系式中最著名的可能是迪图斯-贝尔特（Dittus－Boelter ）公式[4]，它是

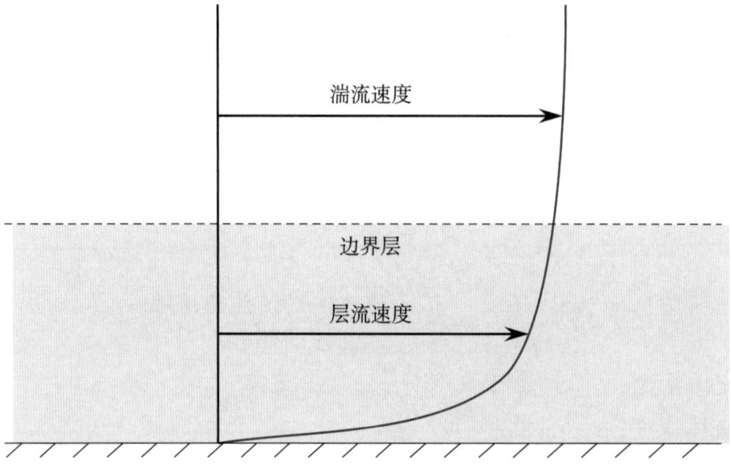

图 9-4　边界层内流场分布

专门针对光滑管道中流体的传热问题提出的。该关系式适用于通道壁面与主流流体之间温差不大，并且雷诺数大于 10 000 的工况。这种关系式对应的普朗特数应介于 0.7 和 120 之间，其中物理性质应在主流流体温度下进行计算。迪图斯-贝尔特关系式由以下公式给出

$$Nu = 0.023Re^{0.8}Pr^{0.4} \Rightarrow h_c = 0.023\frac{k}{D}Re^{0.8}Pr^{0.4} \tag{9-20}$$

对于通道壁面和主流流体之间存在较大温差的情况，需要对迪图斯-贝尔特关系式进行修正，以考虑与通道壁面接触的流体和主流流体之间的粘度差异，这种差异在某些情况下可能会相当大。Sieder 和 Tate[5] 最早提出的方程式为

$$Nu = 0.023Re^{0.8}Pr^{0.3}\left(\frac{\mu_b}{\mu_w}\right)^{0.14} \Rightarrow h_c = 0.023\frac{k}{D}Re^{0.8}Pr^{0.3}\left(\frac{\mu_b}{\mu_w}\right)^{0.14} \tag{9-21}$$

式中　μ_b ——主流推进剂粘度；

μ_w ——流道壁面上推进剂粘度。

该关系式的适用范围与迪图斯-贝尔特关系式相同。不过，对于通道壁面和主流流体之间存在较大温差的情况，该关系式的准确性要高一些，但由于通常无法事先直接获得壁面和推进剂主流的温度，一般需要进行迭代求解。

另一种值得一提的关系式是麦卡蒂-沃尔夫（McCarty-Wolf）关系式[6]，其特别之处在于它经常被用来分析 NERVA 型燃料元件的传热性能，其受欢迎的主要原因是采用的流体数据来自氢气和氦气。该关系式类似于西德-泰特（Sieder-Tate）关系式，但壁面和主流流体之间粘度的差异是通过温度比而不是粘度比来考虑的。麦卡蒂-沃尔夫关系式适用于雷诺数处于 $4\times10^3 \sim 1.5\times10^6$ 的工况。

$$Nu = 0.025Re^{0.8}Pr^{0.4}\left(\frac{T_b}{T_w}\right)^{0.55} \Rightarrow h_c = 0.025\frac{k}{D}Re^{0.8}Pr^{0.4}\left(\frac{T_b}{T_w}\right)^{0.55} \tag{9-22}$$

式中　T_b ——主流推进剂温度；

T_w ——流道壁面上推进剂温度。

由于边界层在一定程度上阻碍了热量的传递，因此边界层越薄，热量就越容易传递到推进剂主流中。通常情况下，推进剂流道壁面会故意粗糙化处理，以增强通道壁面附近的湍流，从而减小边界层厚度，提高向主流流体的传热速率。格尼林斯基（Gnielinski）[7] 最近提出了一种考虑流道粗糙度的传热关系式，该关系式一般适用于雷诺数大于 3000 但小于 5×10^6，普朗特数在 0.5 到 2 000 之间的工况

$$Nu=\frac{\frac{f}{8}Pr(Re-1\,000)}{1+12.7\left(\frac{f}{8}\right)^{1/2}(Pr^{2/3}-1)}\Rightarrow h_c=\frac{k}{D}\frac{\frac{f}{8}Pr(Re-1\,000)}{1+12.7\left(\frac{f}{8}\right)^{1/2}(Pr^{2/3}-1)} \quad (9-23)$$

在格尼林斯基传热关系式中，有一个名为达西-韦斯巴赫（Darcy - Weisbach）摩擦因子 f 的附加参数。达西-韦斯巴赫摩擦因子是一个无量纲数，与流道中流体的压降成正比，是雷诺数和流道相对粗糙度的函数，相对粗糙度定义为平均粗糙度高度 ε 与流道水力直径 D 之比。要确定达西-韦斯巴赫摩擦因子的数值，通常需要两个计算公式，一个是层流计算公式，另一个是湍流计算公式。层流部分摩擦因子的公式可以根据边界层理论精确确定；但湍流部分摩擦因子的公式必须根据实验得出的经验关系来确定，如 Colebrook[8] 假设。对于整个流动条件范围（如层流和湍流），达西-韦斯巴赫摩擦因子通常表示为以下形式

$$f=\begin{cases}\text{层流}(Re<2\,300):f=\dfrac{64}{Re}\\ \text{湍流}(Re>10\,000):\dfrac{1}{\sqrt{f}}=-2\lg\left(\dfrac{\varepsilon/D}{3.7}+\dfrac{2.51}{Re\sqrt{f}}\right)\end{cases} \quad (9-24)$$

实际上，多年来已经发展了许多湍流摩擦因子的关系式。伍德（Wood）[9] 提出了一种特殊的摩擦因子关系式，它将摩擦因子表示为闭合形式的表达式，其作用将在后续分析中被证明。伍德的关系式可以用以下方程来表示

$$f=0.094\left(\frac{\varepsilon}{D}\right)^{0.225}+0.53\frac{\varepsilon}{D}+88\left(\frac{\varepsilon}{D}\right)^{0.44}\frac{1}{Re^{1.62\left(\frac{\varepsilon}{D}\right)^{0.134}}} \quad (9-25)$$

图 9 - 5 所示为穆迪（Moody）图[10]，该图表基于图形来表示达西-韦斯巴赫摩擦因子与雷诺数和流道相对粗糙度之间的函数关系。

在任意给定的情况下确定使用哪种传热关系式，需要知道各种关系式的局限性，同时充分了解传热过程对应的流动状态。还需要记住的是，即使为特定分析选择了合适的传热关系式，该关系式预测传热系数的精度一般也不会超过 10%。因此，在进行传热计算时，应谨慎对待和解释使用这些关系式得到的结果，并留出适当的余量。图 9 - 6 比较了前面介绍的四种传热关系式。虽然在光滑通道及壁面与流体之间温差很小的情况下，四种关系式都会收敛，但当通道条件与这些许用范围存在一定差异时，努塞尔数可能会出现显著差异。特别是，如果流道壁面以某种方式进行了粗糙化处理，格尼林斯基传热关系式得到的努塞尔数可能比其他关系式得出的高 3 倍或更多。同样，如果流道壁面的气体粘度大大高于主流气体粘度，如在核火箭燃料元件的强加热流道中，西德-泰特关系和麦卡蒂-沃尔夫关系式得到的努塞尔数会偏低。文献中还有许多其他相关系数，适用于管道以外的流动情

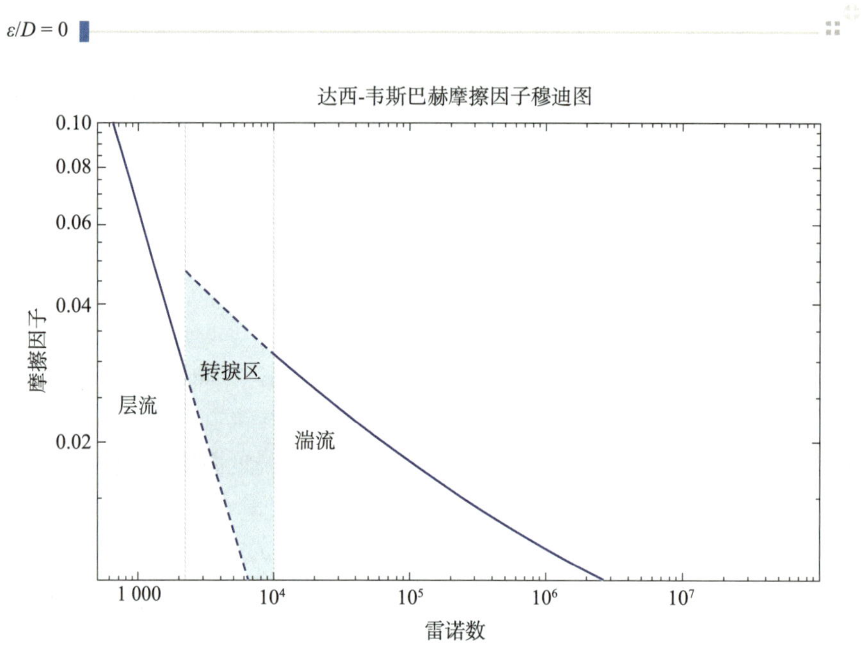

图 9-5　穆迪图

况。这些情况包括填料床流动、外表面流动、管束流动、液态金属冷却剂的流动以及许多其他配置。这些情况虽然有趣，但在此不作讨论。

以上关于传热系数介绍的前提是流体在固定壁面边界上没有质量传递。如果流体存在跨壁面传质（如多孔壁）的情况，则有可能显著影响壁面/流体交界面的热量传递速率。这种允许流体穿过壁面边界的设计称为“发汗”，通常用于某些高热通量的位置，如火箭喷管的喉部区域，以防止该区域过热。从本质上讲，发汗冷却是通过改变流体边界层的厚度来促进或抑制壁面的热传递。如果流体从壁面排出，边界层就会变厚，壁面的热传导就会减弱。如果流体进入壁面，则边界层收缩，壁面传热增强。下面采用传热关系式[11]计算了有发汗冷却的壁面传热系数与无发汗冷却的壁面传热系数之比，然后将该比值乘以根据前面所述的一种传热关系式计算出的传热系数，最终得到考虑发汗冷却的传热系数。

发汗冷却关系式需定义一个参数，如下所示

$$B_h = \frac{\dot{m}''}{\rho V}\frac{1}{St} = \frac{\dot{m}''}{G_\infty}\frac{1}{St} \tag{9-26}$$

式中　B_h ——吹风换热参数；

G_∞ ——自由流推进剂质量流量；

St ——发汗冷却壁面对应斯坦顿数；

$\dot{m}''$ ——壁面发汗质量流量。

利用式（9-26）中的吹风参数计算得到的发汗传热关系式为

$$\frac{St}{St_0} = \left[\frac{\ln(1+B_h)}{B_h}\right]^{\frac{5}{4}}(1+B_h)^{\frac{1}{4}} = \frac{St}{St_0} = \frac{h_c}{G_\infty c_p}\frac{G_\infty c_p}{h_{c0}} \Rightarrow h_c = h_{c0}\frac{St}{St_0} \tag{9-27}$$

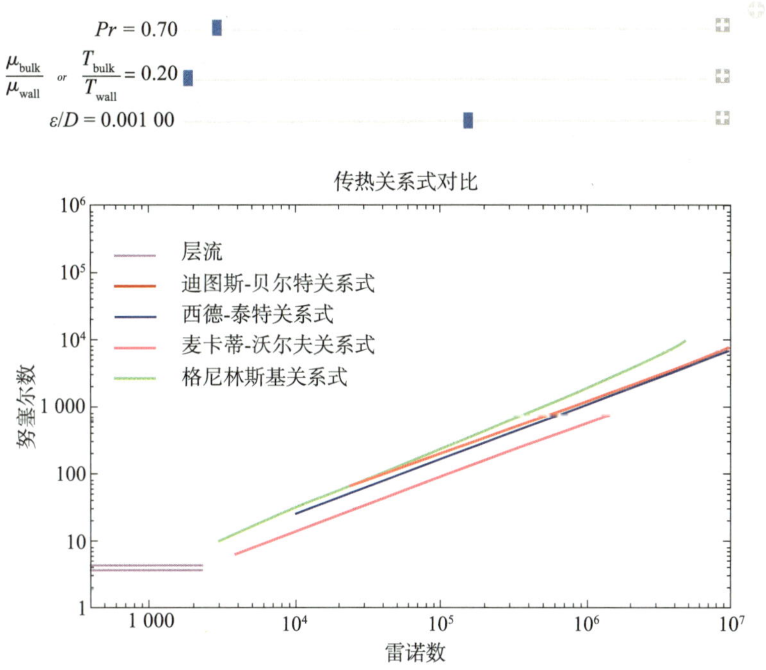

图 9 - 6　传热关系式

式中　St_0——与无发汗冷却相关的斯坦顿数；

　　h_{c0}——与无发汗冷却相关的传热系数。

请注意，式（9 - 27）是隐式的，由于关系式采用的是与发汗冷却壁面相关的斯坦顿数，因此吹风参数 B_h 并不是先验已知的，但该关系式可以很容易地迭代求解，如下例所示。

例题

利用迪图斯-贝尔特相关性，确定具有以下特征的发汗冷却管的传热系数。

参数	符号	数值	单位
自由流质量流量	$G_\infty = \rho_H V_\infty$	3	$\frac{g}{cm^2 \cdot s}$
管路直径	D	2	cm
粘度	μ	0.000 6	$\frac{g}{cm \cdot s}$
热导率	k	0.017	$\frac{g}{cm \cdot s}$
普朗特数	Pr	0.7	
壁面发汗质量流量	$\dot{m}''$	0.2	$\frac{g}{cm^2 \cdot s}$

解答

求解发汗传热系数乘数的第一步是计算雷诺数，以确定是层流还是湍流

$$Re=\frac{G_{\infty}D}{\mu}=\frac{3\ \frac{\mathrm{g}}{\mathrm{cm}^2\cdot\mathrm{s}}\times 2\ \mathrm{cm}}{0.000\ 6\ \frac{\mathrm{g}}{\mathrm{cm}\cdot\mathrm{s}}}=10\ 000\Rightarrow\therefore\ \text{为湍流} \tag{1}$$

接下来，利用式（1）中的雷诺数，通过迪图斯-贝尔特关系式计算出努塞尔数

$$Nu=0.023Re^{0.8}Pr^{0.4}=0.023\ 100\ 00^{0.8}\times 0.7^{0.4}=31.6 \tag{2}$$

根据努塞尔数，计算出自由流传热系数

$$h_c=Nu\ \frac{k}{D}=31.6\times\frac{0.017\ \frac{\mathrm{W}}{\mathrm{cm}\cdot\mathrm{K}}}{2\ \mathrm{cm}}=0.27\ \frac{\mathrm{W}}{\mathrm{cm}^2\cdot\mathrm{K}} \tag{3}$$

现在根据雷诺数和努塞尔数计算自由流斯坦顿数，得出

$$St_0=\frac{Nu}{Re\times Pr}=\frac{31.6}{10\ 000\times 0.7}=0.004\ 51 \tag{4}$$

根据式（9－25）计算吹风参数就可以得出

$$B_h=\frac{\dot{m}''}{G_{\infty}}\frac{1}{St}=\frac{0.2\ \frac{\mathrm{g}}{\mathrm{cm}^2\cdot\mathrm{s}}}{3\ \frac{\mathrm{g}}{\mathrm{cm}^2\cdot\mathrm{s}}}\ \frac{1}{St}=\frac{1}{15St} \tag{5}$$

利用式（5）中的吹风系数和式（9－26）中的发汗冷却关系式，可以迭代确定发汗斯坦顿数，结果为

$$\frac{St}{St_0}=\frac{St}{0.004\ 51}=\left[\frac{\ln\left(1+\frac{1}{15St}\right)}{\frac{1}{15St}}\right]^{\frac{5}{4}}(1+St)^{\frac{1}{4}}\Rightarrow St=0.002\ 56 \tag{6}$$

利用式（4）中的无发汗冷却的斯坦顿数、式（6）中有发汗冷却的斯坦顿数及式（3）中无发汗冷却的传热系数，可以计算出考虑发汗效应的传热系数，即

$$h_c=h_{c0}\ \frac{St}{St_0}=0.27\times\frac{0.002\ 56}{0.004\ 51}\ \frac{\mathrm{W}}{\mathrm{cm}^2\cdot\mathrm{K}}=0.153\ \frac{\mathrm{W}}{\mathrm{cm}^2\cdot\mathrm{K}} \tag{7}$$

9.3 核反应堆轴向流道内的温度和压力分布

前文已指出，由于堆芯产生的功率是不均匀的，而且推进剂在通过反应堆时温度会发生变化，因此确定核火箭堆芯中的燃料温度分布是非常复杂的。尽管如此，通过使用前文在合适的功率峰值系数下推导出的堆芯平均功率分布，再结合等效流道单元中的温度分布表达式，就有可能得到整个核火箭堆芯的总体温度分布。温度分析的第一步是建立流体微

分单元（如 NERVA 型燃料元件中的单元）上的热平衡方程。图 9－7 是 NERVA 型流道的示意图。

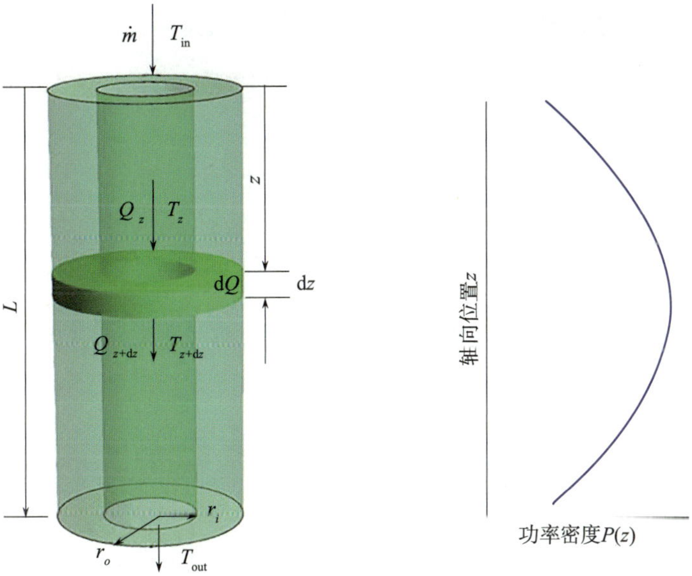

图 9－7　推进剂流道单元轴向分布

热平衡表达式为

$$dQ = Q_{dz+z} - Q_z = \dot{m}c_p(T_{dz+z} - T_z) = \dot{m}c_p dT \tag{9-28}$$

在微分长度 dz 上裂变产生的热量 dQ 等于

$$dQ = P(z)\pi(r_o^2 - r_i^2)dz \tag{9-29}$$

结合式（9－28）和式（9－29），可得

$$dQ = \dot{m}c_p dT = P(z)\pi(r_o^2 - r_i^2)dz \tag{9-30}$$

为了求解式（9－30），必须知道功率密度 $P(z)$ 的函数表达式。这一关系式可通过求解特定几何构型下的核临界方程式（7－8）来确定。此次分析中，假定反应堆堆芯可以用单能群、双区扩散理论模型来表示，对式（7－8）进行简化。这种堆芯模型在前文中已经推导过，其结果如式（8－44）所示

$$P(z) = A\cos(\alpha x) = A\cos\left[\alpha\left(\frac{L}{2} - z\right)\right] \tag{9-31}$$

式中　α ——堆芯曲率；

x ——式（9－31）和式（8－44）之间坐标系参考点的移动导致的变量变化，$x = \left(\frac{L}{2} - z\right)$。

假定推进剂流道单元的平均功率密度已知，通过对式（9－30）表示的功率分布函数在堆芯长度范围内进行积分，再除以堆芯长度，并令计算结果与已知功率密度相等，可以确定任意常数 A

$$P_{\text{ave}}=\frac{A}{L}\int_0^L\cos\left[\alpha\left(\frac{L}{2}-z\right)\right]\mathrm{d}z=\frac{2A}{\alpha L}\sin\left(\frac{\alpha L}{2}\right)\Rightarrow A=\frac{\alpha P_{\text{ave}}L}{2\sin\left(\frac{\alpha L}{2}\right)} \tag{9-32}$$

将式（9－32）中的 A 代入式（9－31），则推进剂流道单元的功率分布变为

$$P(z)=\frac{\alpha P_{\text{ave}}L}{2\sin\left(\frac{\alpha L}{2}\right)}\cos\left[\alpha\left(\frac{L}{2}-z\right)\right] \tag{9-33}$$

将式（9－33）代入式（9－30）并重新整理，可得

$$\mathrm{d}T=\frac{\alpha P_{\text{ave}}L}{2\sin\left(\frac{\alpha L}{2}\right)}\frac{\pi(r_o^2-r_i^2)}{\dot{m}c_p}\cos\left[\alpha\left(\frac{L}{2}-z\right)\right]\mathrm{d}z \tag{9-34}$$

假定推进剂比热容为常数，将式（9－34）在反应堆堆芯长度范围内进行积分，可以得到推进剂轴向温度分布的表达式

$$\begin{gathered}\int_{T_{\text{in}}}^{T_p}\mathrm{d}T=\frac{\alpha P_{\text{ave}}L}{2\sin\left(\frac{\alpha L}{2}\right)}\frac{\pi(r_o^2-r_i^2)}{\dot{m}c_p}\int_0^z\cos\left[\alpha\left(\frac{L}{2}-z'\right)\right]\mathrm{d}z'\\ \Rightarrow T_p(z)=T_{\text{in}}+\frac{P_{\text{ave}}L}{2}\frac{\pi(r_o^2-r_i^2)}{\dot{m}c_p}\left\{1-\frac{\sin\left[\alpha\left(\frac{L}{2}-z\right)\right]}{\sin\left(\frac{\alpha L}{2}\right)}\right\}\end{gathered} \tag{9-35}$$

式中　$T_p(z)$——推进剂温度与堆芯轴向位置的函数关系。

将式（9－33）和 式（9－35）代入式（9－18），可以求出堆芯中任意轴向位置的燃料温度分布，即

$$\begin{aligned}T_f(z)=T_{\text{in}}&+\frac{P_{\text{ave}}L}{2}\frac{\pi(r_o^2-r_i^2)}{\dot{m}c_p}\left\{1-\frac{\sin\left[\alpha\left(\frac{L}{2}-z\right)\right]}{\sin\left(\frac{\alpha L}{2}\right)}\right\}\\&+\frac{\alpha P_{\text{ave}}L}{2}\frac{\cos\left[\alpha\left(\frac{L}{2}-z\right)\right]}{\sin\left(\frac{\alpha L}{2}\right)}\left\{\frac{r_o^2-r_i^2}{2h_cr_i}-\frac{1}{2k}\left[\frac{r^2-r_i^2}{2}+r_o^2\ln\left(\frac{r_i}{r}\right)\right]\right\}\end{aligned} \tag{9-36}$$

若将式（9－36）中的径向位置变量 r 设为 r_i，通道壁面温度分布可以用以下形式表示

$$\begin{aligned}T_w(z)=T_{\text{in}}&+\frac{P_{\text{ave}}L}{2}\frac{\pi(r_o^2-r_i^2)}{\dot{m}c_p}\left\{1-\frac{\sin\left[\alpha\left(\frac{L}{2}-z\right)\right]}{\sin\left(\frac{\alpha L}{2}\right)}\right\}\\&+\frac{\alpha P_{\text{ave}}L(r_o^2-r_i^2)}{4h_cr_i}\frac{\cos\left[\alpha\left(\frac{L}{2}-z\right)\right]}{\sin\left(\frac{\alpha L}{2}\right)}\end{aligned} \tag{9-37}$$

如果将式（9-37）中的通道壁面温度分布相对于轴向位置变量 z 进行求导，并令结果为零，则可以推导出确定最高通道壁面温度对应的轴向位置的方程，即

$$\frac{\mathrm{d}T_w}{\mathrm{d}z}=\frac{\alpha P_{\mathrm{ave}}L(r_o^2-r_i^2)\left\{2\pi h_c r_i\cos\left[\alpha\left(\frac{L}{2}-z\right)\right]+\alpha\dot{m}c_p\sin\left[\alpha\left(\frac{L}{2}-z\right)\right]\right\}}{4h_c r_i\dot{m}c_p\sin\left(\frac{\alpha L}{2}\right)}=0 \tag{9-38}$$

重新整理式（9-38），可得通道壁面温度达到最大值时对应的轴向位置方程，其中

$$z_w^{\max}=\frac{L}{2}+\frac{1}{\alpha}\arctan\left(\frac{2\pi h_c r_i}{\alpha\dot{m}c_p}\right) \tag{9-39}$$

将式（9-39）中的 $z_w^{\max}$ 代入式（9-37）中，就可以确定等效推进剂通道单元中的最大通道壁面温度。

采用同样方式，将式（9-36）中的径向位置变量 r 设为 r_o，则燃料温度的峰值分布可用以下公式表示

$$T_f^{\max}(z)=T_{\mathrm{in}}+\frac{P_{\mathrm{ave}}L}{2}\frac{\pi(r_o^2-r_i^2)}{\dot{m}c_p}\left\{1-\frac{\sin\left[\alpha\left(\frac{L}{2}-z\right)\right]}{\sin\left(\frac{\alpha L}{2}\right)}\right\}$$
$$+\frac{\alpha P_{\mathrm{ave}}L}{2}\frac{\cos\left[\alpha\left(\frac{L}{2}-z\right)\right]}{\sin\left(\frac{\alpha L}{2}\right)}\left\{\frac{r_o^2-r_i^2}{2h_c r_i}-\frac{1}{2k}\left[\frac{r_o^2-r_i^2}{2}+r_o^2\ln\left(\frac{r_i}{r_o}\right)\right]\right\} \tag{9-40}$$

同样，如果将式（9-40）中燃料温度峰值分布相对轴向位置变量 z 进行求导，并令结果为零，则可得到确定最高燃料温度对应轴向位置的方程，即

$$\frac{\mathrm{d}T_f^{\max}}{\mathrm{d}z}=-\frac{\pi\alpha P_{\mathrm{ave}}L(r_o^2-r_i^2)\cos\left[\alpha\left(\frac{L}{2}-z\right)\right]}{2\dot{m}c_p\sin\left(\frac{\alpha L}{2}\right)}$$
$$+\frac{\alpha^2P_{\mathrm{ave}}L\left[(2k-h_c r_i)(r_o^2-r_i^2)-2h_c r_i r_o^2\ln\left(\frac{r_i}{r_o}\right)\right]\sin\left[\alpha\left(\frac{L}{2}-z\right)\right]}{8h_c k r_i\sin\left(\frac{\alpha L}{2}\right)}=0 \tag{9-41}$$

重新整理式（9-41），可以得到最高燃料温度对应轴向位置的方程

$$z_f^{\max}=\frac{L}{2}-\frac{1}{\alpha}\arctan\left\{\frac{4\pi k h_c r_i(r_o^2-r_i^2)}{\alpha\dot{m}c_p\left[(h_c r_i-2k)(r_o^2-r_i^2)+2h_c r_i r_o^2\ln\left(\frac{r_i}{r_o}\right)\right]}\right\} \tag{9-42}$$

将式（9-42）中的 $z_f^{\max}$ 值代入式（9-40）中，就可以确定等效推进剂通道单元中的最高燃料温度。图 9-8 显示了各种参数对等效推进剂通道单元轴向温度分布特性的影响。

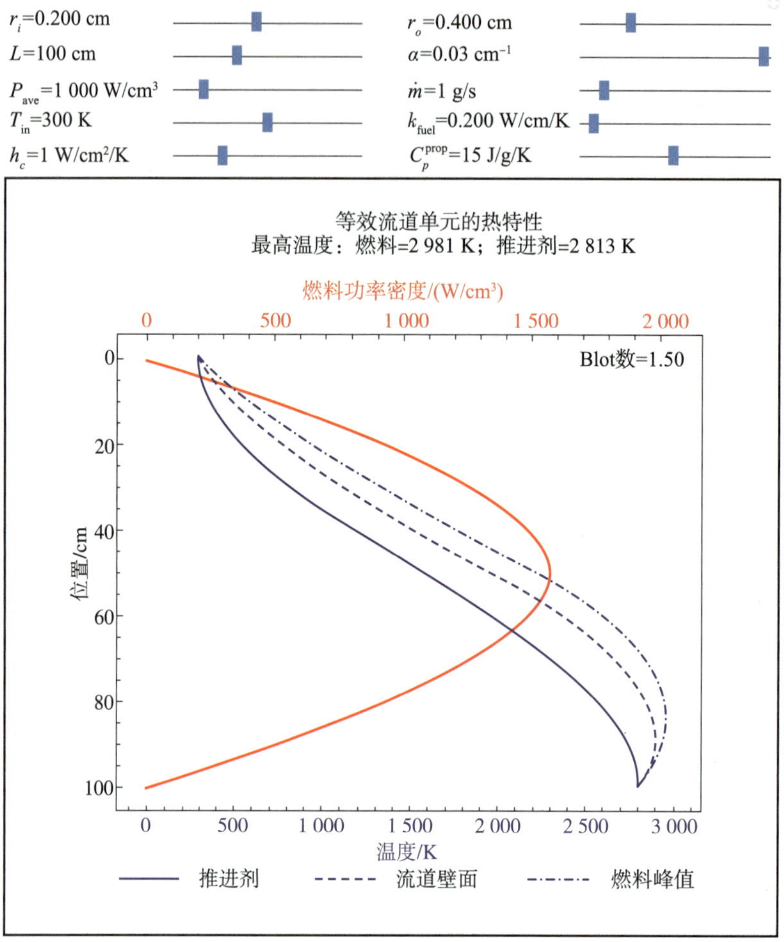

图 9－8　反应堆等效流道温度分布

推进剂在流道中流动时会产生热量，同时推进剂与流道壁面相互作用产生的粘性摩擦效应会导致压力损失。推进剂受到的摩擦力越大，压力损失就越大，这种压力损失意味着发动机的泵送系统必须提供额外的功。因此，可能会认为，尽可能减少摩擦以降低压力损失至最低是最有利的。然而，恰恰是这些摩擦效应造成的湍流提高了从通道壁面到推进剂的传热速率，这种情况下，流动摩擦的增加会使燃料的峰值温度降至最低。因此，需要对推进剂流道配置进行设计优化，以平衡推进剂流动压力损失和燃料温度升高之间的关系。

压降通常通过达西公式计算，该公式一般适用于压缩效应忽略不计的情况。该公式的微分形式如下

$$dp = -f \frac{dz}{2r_i} \frac{\rho V^2}{2} \tag{9-43}$$

式中　f ——达西-韦斯巴赫摩擦因子；

ρ ——推进剂密度；

V ——推进剂速度。

回想一下，通用气体定律可以表示为

$$p=\rho RT \Rightarrow \rho=\frac{p}{RT} \tag{9-44}$$

式中，R ——推进剂气体常数。

将式（9-44）中的通用气体定律与式（2-26）中的连续性方程相结合，就可以得出

$$\dot{m}=\rho VA=\frac{pVA}{RT} \Rightarrow V=\frac{\dot{m}RT}{pA} \tag{9-45}$$

将式（9-44）表示的通用气体定律和式（9-45）表示的推进剂速度代入达西公式（9-43），可以得到压降微分方程

$$\mathrm{d}p=-f\frac{\mathrm{d}z}{4r_i}\frac{p}{RT}\left(\frac{\dot{m}RT}{pA}\right)^2=-f\frac{\mathrm{d}z}{4r_i}\frac{\dot{m}^2RT}{pA^2} \tag{9-46}$$

重新整理式（9-46），并将通道面积 A 用通道半径表示，可得

$$p\,\mathrm{d}p=-f\frac{\mathrm{d}z}{4r_i}\frac{1}{RT}\left(\frac{\dot{m}RT}{A}\right)^2=-f\frac{\dot{m}^2RT}{4\pi^2r_i^5}\mathrm{d}z \tag{9-47}$$

将推进剂温度的函数表达式（9-35）与压降式（9-47）相结合，可以得到如下表达式

$$p\,\mathrm{d}p=-f\frac{\dot{m}^2R}{4\pi^2r_i^5}\left(T_{\text{in}}+\frac{P_{\text{ave}}}{2}\frac{\pi(r_o^2-r_i^2)L}{c_p\dot{m}}\left\{1-\frac{\sin\left[\alpha\left(\frac{L}{2}-z\right)\right]}{\sin\left(\frac{\alpha L}{2}\right)}\right\}\right)\mathrm{d}z \tag{9-48}$$

将式（9-48）在堆芯长度上进行积分，可以得到堆芯压力与反应堆其他参数的关系式，即

$$\int_{p_{\text{in}}}^{p_{\text{out}}}p\,\mathrm{d}p=-f\frac{\dot{m}^2R}{4\pi^2r_i^5}\int_0^L\left(T_{\text{in}}+\frac{P_{\text{ave}}}{2}\frac{\pi(r_o^2-r_i^2)L}{c_p\dot{m}}\left\{1-\frac{\sin\left[\alpha\left(\frac{L}{2}-z\right)\right]}{\sin\left(\frac{\alpha L}{2}\right)}\right\}\right)\mathrm{d}z$$

$$\Rightarrow\frac{p_{\text{in}}^2-p_{\text{out}}^2}{2}=f\frac{\dot{m}RL}{8\pi^2r_i^5c_p}\left[2\dot{m}c_pT_{\text{in}}+P_{\text{ave}}\pi(r_o^2-r_i^2)L\right] \tag{9-49}$$

将式（2-12）中的推进剂比热比与推进剂气体常数和比热比之间的关系式代入式（9-49）并求解堆芯出口压力，可得

$$p_{\text{out}}=\sqrt{p_{\text{in}}^2-f\frac{\dot{m}L}{4\pi^2r_i^5}\left(\frac{\gamma-1}{\gamma}\right)\left[2\dot{m}c_pT_{\text{in}}+P_{\text{ave}}\pi(r_o^2-r_i^2)L\right]} \tag{9-50}$$

在图 9-9 中，可以看到式（9-50）中各种参数对等效推进剂流道单元压降的影响。

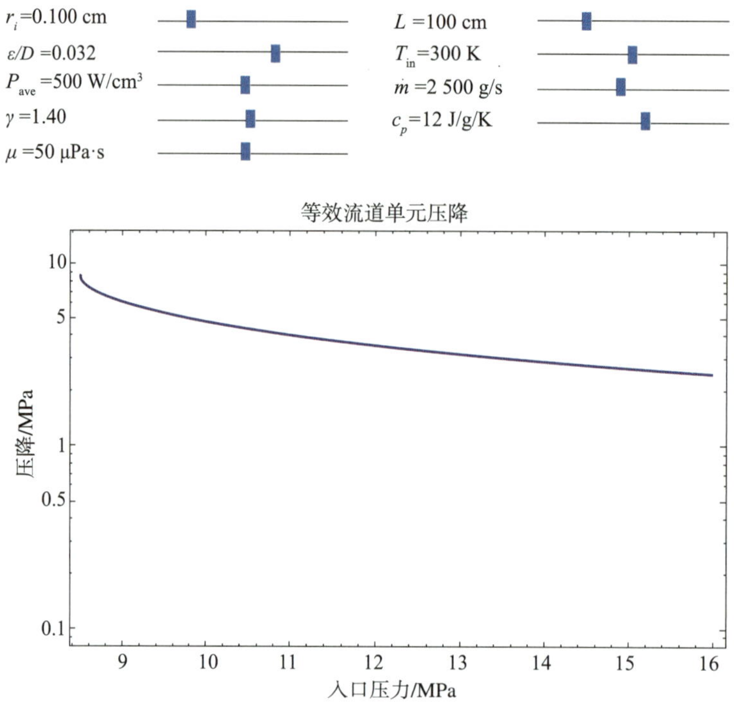

图 9－9　通过等效流道单元的压降

例题

已知单个等效燃料元件燃料中心的最高温度不超过 3 100 K，推进剂在流道内的压降小于 0.2 MPa，求满足该条件下的推进剂质量流量和燃料单元功率密度。绘制燃料元件内推进剂温度和最高燃料温度随轴向位置的变化，并确定推进剂出口温度。计算所需的燃料元件设计和流动参数如下表所示。

变量	值	单位	描述
r_i	0.15	cm	冷却剂通道半径
r_o	0.35	cm	燃料元件等效半径
L	100	cm	燃料元件长度
α	0.03	cm^{-1}	堆芯曲率
T_{in}	300	K	推进剂入口温度
c_p	15.2	$\frac{J}{g \cdot K}$	推进剂比热容

续表

变量	值	单位	描述
k	0.3	$\frac{\mathrm{W}}{\mathrm{cm \cdot K}}$	燃料导热系数
h_c	10	$\frac{\mathrm{W}}{\mathrm{cm^2 \cdot K}}$	传热系数
γ	1.4	—	推进剂比热比
P_{in}	10	MPa	推进剂入口压力
f	0.02	—	摩擦系数

解答

该例题需确定推进剂质量流量和燃料元件功率密度两个未知变量，以满足最高燃料中心温度不超过 3 100 K，推进剂在流道内的压降小于 0.2 MPa 的条件。由于涉及两个变量，因此需要建立两个方程。其中一个方程为式（9－39），可以得到最高燃料温度与轴向位置的函数关系

$$T_f^{\max}(z)=T_{in}+\frac{P_{ave}L}{2}\frac{\pi(r_o^2-r_i^2)}{\dot{m}c_p}\left\{1-\frac{\sin\left[\alpha\left(\frac{L}{2}-z\right)\right]}{\sin\left(\frac{\alpha L}{2}\right)}\right\}$$
$$+\frac{\alpha P_{ave}L}{2}\frac{\cos\left[\alpha\left(\frac{L}{2}-z\right)\right]}{\sin\left(\frac{\alpha L}{2}\right)}\left\{\frac{r_o^2-r_i^2}{2h_c r_i}-\frac{1}{2k}\left[\frac{r_o^2-r_i^2}{2}+r_o^2\ln\left(\frac{r_i}{r_o}\right)\right]\right\} \tag{1}$$

将各项数值代入与位置有关的最高燃料温度式（1），可得

$$T_f^{\max}(z)=300\ \mathrm{K}+0.184\,9P_{ave}\cos[0.03(50-z)]$$
$$+1.033\,4\frac{P_{ave}}{\dot{m}}\{1-1.002\,5\sin[0.03(50-z)]\} \tag{2}$$

由于燃料的最高温度不能超过 3 100 K，因此必须确定最高燃料温度对应的轴向位置。这个位置在前文中已经进行过推导，如式（9－41）所示，其中

$$z_f^{peak}=\frac{L}{2}-\frac{1}{\alpha}\arctan\left\{\frac{4\pi k h_c r_i(r_o^2-r_i^2)}{\alpha\dot{m}c_p\left[(h_c r_i-2k)(r_o^2-r_i^2)+2h_c r_i r_o^2\ln\left(\frac{r_i}{r_o}\right)\right]}\right\} \tag{3}$$

将各项数值代入最高温度对应的轴向位置式（3），得出

$$z_f^{peak}=50+33.33\arctan\left(\frac{5.601\,6}{\dot{m}}\right)=50+33.33\arcsin\left(\frac{5.601\,6}{\sqrt{5.601\,6^2+\dot{m}^2}}\right)$$
$$=50+33.33\arccos\left(\frac{\dot{m}}{\sqrt{5.601\,6^2+\dot{m}^2}}\right) \tag{4}$$

将式（4）中燃料温度峰值对应的轴向位置代入式（2），并对结果进行简化，即可得到燃料元件中燃料温度峰值的表达式

$$T_f^{\text{peak}}=300\ \text{K}+\frac{P_{\text{ave}}}{\dot{m}}\left(1.0334+\frac{0.1849\dot{m}^2+5.8034}{\sqrt{31.378+\dot{m}^2}}\right) \tag{5}$$

求解平均功率密度和推进剂流量所需的另一个方程是燃料元件通道中的压降表达式。该压降可由式（9－49）确定，即

$$\Delta p=p_{\text{in}}-p_{\text{out}}=p_{\text{in}}-\sqrt{p_{\text{in}}^2-f\frac{\dot{m}L}{4\pi^2 r_i^5}\left(\frac{\gamma-1}{\gamma}\right)\left[2\dot{m}c_p T_{\text{in}}+P_{\text{ave}}\pi(r_o^2-r_i^2)L\right]} \tag{6}$$

重新整理式（6），可以得到平均燃料功率密度

$$P_{\text{ave}}=\frac{4\gamma\pi^2 r_i^5\Delta p(2p_{\text{in}}-\Delta p)-2f(\gamma-1)L\dot{m}^2 c_p T_{\text{in}}}{\pi f(\gamma-1)(r_o^2-r_i^2)L^2\dot{m}} \tag{7}$$

将数值代入式（7），可得燃料元件平均功率密度的计算公式

$$P_{\text{ave}}=\frac{6613-290.3\dot{m}^2}{\dot{m}} \tag{8}$$

将式（8）代入式（5）所示的燃料峰值温度表达式中，可以得到一个只与燃料元件推进剂质量流量相关的方程，即

$$T_f^{\text{peak}}=300+\frac{6613-290.3\dot{m}^2}{\dot{m}^2}\left(1.0334+\frac{0.1849\dot{m}^2+5.8034}{\sqrt{31.378+\dot{m}^2}}\right)\text{K} \tag{9}$$

图 1 给出了峰值燃料温度与推进剂质量流量之间的函数关系，表明在压降为 0.2 MPa 的情况下，要使峰值燃料温度达到 3 100 K，每个燃料元件通道所需的流量约为 2.03 g/s。

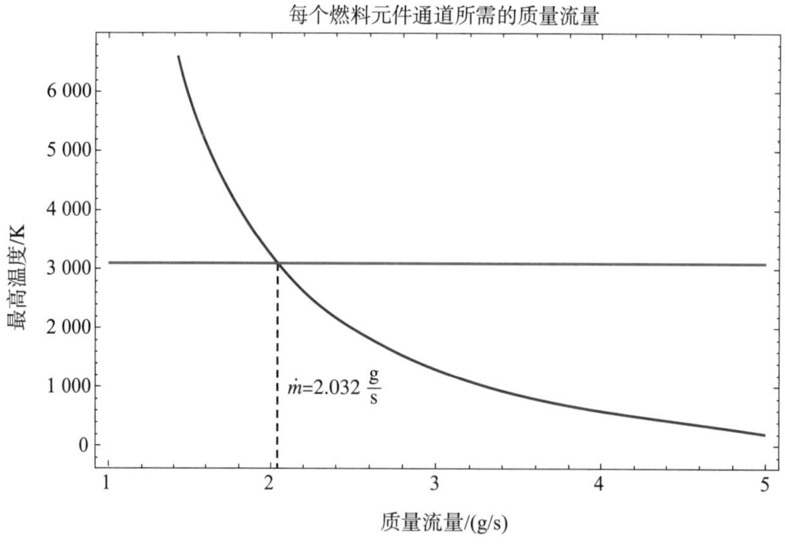

图 1　流量随燃料最高温度的变化

将根据上述曲线图确定的质量流量代入式（8）即可得出燃料元件的平均功率密度值，约为 2.664 kW/cm^3。将质量流量和燃料元件平均功率密度与式（2）相结合，可以确定燃

料最高温度随轴向位置的变化，即

$$T_f^{\max}(z)=300+492.8\cos[0.03(50-z)]+1\,355\{1-1.002\,5\sin[0.03(50-z)]\}\text{ K} \tag{10}$$

质量流量和燃料元件平均功率密度也可与式（9-34）相结合，以确定推进剂温度与轴向位置的函数关系，即

$$T_p(z)=300+1\,355\{1-1.002\,51\sin[0.03(50-z)]\}\text{ K} \tag{11}$$

利用式（11），可以确定燃料元件出口处的推进剂温度

$$T_p(100)=300+1\,355\{1-1.002\,51\sin[0.03(50-100)]\}\text{ K}=3\,010\text{ K} \tag{12}$$

现分别使用式（10）和式（11）绘制燃料最高温度和推进剂温度与轴向位置的函数关系图，得到的函数关系如图 2 所示。

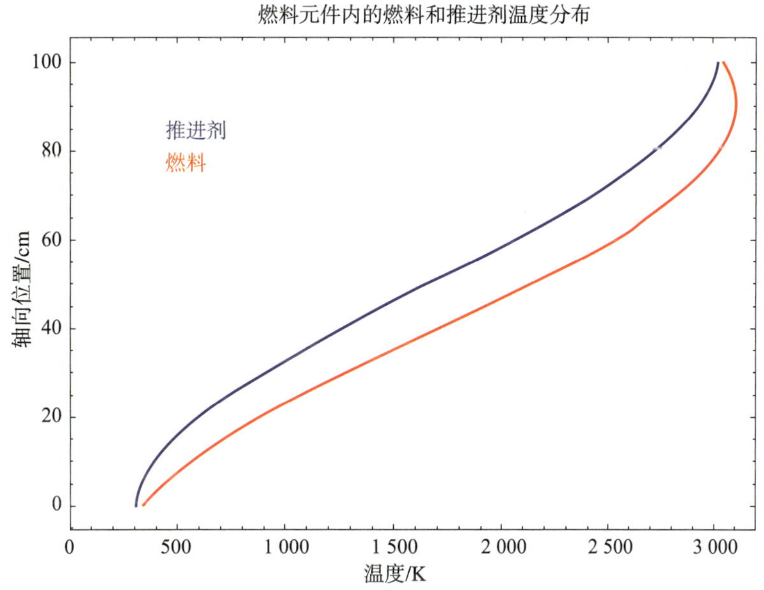

图 2　轴向温度分布

9.4 核反应堆燃料元件径向流道内的温度分布

在 NERVA 计划全盛时期进行的许多火箭发动机试验中，轴流式燃料元件都表现得相当成功；然而，NERVA 计划中使用的轴流式燃料元件存在许多限制其性能的几何特征。特别是，燃料元件的狭长推进剂通道表面积与体积比非常小，较小的表面积-体积比限制了燃料向推进剂的传热速率，从而影响了燃料元件运行时的功率密度。较低的功率密度导致反应堆堆芯更大、更笨重，在给定的推力水平下，发动机的推重比并不高。发动机受到的另一个限制是余弦函数形轴向功率曲线。这种余弦形函数功率曲线会产生温度峰效应，使大部分核心机燃料工作温度大大低于峰值燃料温度。图 9-8 展示了这种温度峰值效应，

从图中可以看出，燃料中心线和表面温度在反应堆长度范围内变化很大。由于发动机运行的功率水平受到燃料峰值温度的限制，显然大多数反应堆将被迫在大大低于燃料所能承受的温度和功率密度下运行。较低的燃料温度同样会导致较大的堆芯尺寸和较小的推重比。最后，狭长的推进剂流道在运行期间会在堆芯中造成巨大的压降和泵功率损失，从而降低了发动机可能达到的推力水平。

为了减少轴流式燃料元件特定的几何形状对其性能的限制，设计了径向流道的颗粒床型反应堆。燃料颗粒床的几何形状允许燃料元件达到很高的表面积-体积比，从而允许燃料以相当高的功率密度运行。燃料的高功率密度使高推重比的紧凑型核火箭发动机设计成为可能。推进剂通过颗粒床的路径长度较短，这也降低了对压降和泵送功率的要求。遗憾的是，如前文所述，粒子床设计存在热不稳定性。在测试过程中，这种不稳定性会导致燃料中出现局部热点，从而造成颗粒床局部熔化和燃料颗粒聚集。热不稳定性是由热工水力效应引起的，在这种效应影响下，推进剂倾向于从颗粒床中温度较高的位置迁移出去。随着推进剂远离颗粒床中的高温位置，这些位置变得更热，导致流入这些高温位置的推进剂更少，如此反复，直至发生燃料故障。

解决径向流道燃料元件配置中的热不稳定性问题的一种方案是采用槽道式环形燃料元件（Grooved Ring Fuel Elements，GRFEs）。这种设计具有很大的灵活性，因为它可以在保持热稳定性的同时，配置成大表面积-体积比和低压降。热稳定性的增强得益于燃料环上的凹槽约束推进剂流按照规定的路径通过。此外，还可对凹槽结构进行优化，以最大限度地提高燃料性能。如果需要，还可以改变单个燃料环中的铀富集度，以便更容易地形成极其平坦的轴向功率分布。即使不在轴向改变富集度，也可以通过改变环中的凹槽设计来适应余弦函数形功率分布所产生的功率峰值，从而将更多的推进剂注入功率最大的区域。从生产的角度来看，槽道式环形燃料元件也应该比 NERVA 燃料元件更容易制造，因为 NERVA 燃料元件的制造需要相当复杂的材料加工技术。图 9-10 展示了一种槽道式环形燃料元件的外观。

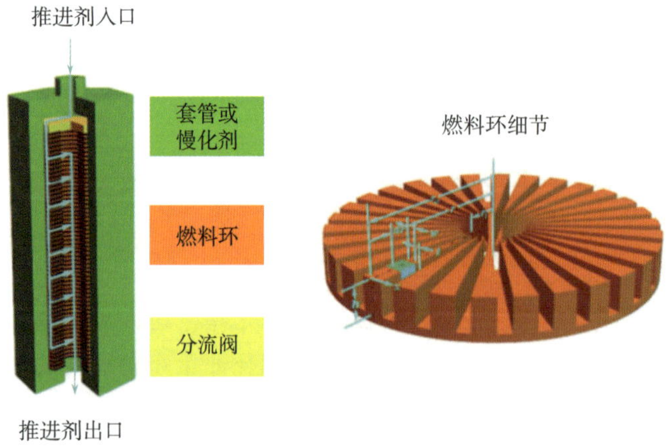

图 9-10　径向槽道式环形燃料元件

为说明如何优化槽道式环形燃料元件以最大限度地提高燃料性能，需要推导凹槽壁轮廓的厚度，从而沿燃料环的径向获得恒定的凹槽壁中心线温度。这样的优化不仅能使大部分燃料在最大允许温度或接近最大允许温度的条件下运行，还能通过消除燃料中的大部分热梯度，将热应力降至最低。

推导的第一步是确定燃料元件凹槽壁上的温度分布。在分析中，假设温度分布沿凹槽壁中心线对称分布，并且所有热参数都与温度无关。此外，还将假设燃料环中的功率密度是恒定的。虽然功率密度恒定的假设在实践中并不完全正确，但应该是合理的，因为只要中子的平均自由程与燃料环的尺寸处于同一数量级（对于合理尺寸的燃料环来说就是如此），就不太可能形成过大的功率密度梯度。

在直角坐标系下，使用一维泊松方程式（9－10），可以得到如下控制方程

$$\frac{\mathrm{d}^2 T}{\mathrm{d}x^2}+\frac{P}{k}=\frac{\mathrm{d}}{\mathrm{d}x}\left(\frac{\mathrm{d}T}{\mathrm{d}x}\right)+\frac{P}{k}=0 \tag{9-51}$$

式中　T ——燃料温度；

P ——燃料功率密度；

k ——燃料热导率。

重新整理式（9－51）并积分，即可得到

$$\frac{\mathrm{d}}{\mathrm{d}x}\left(\frac{\mathrm{d}T}{\mathrm{d}x}\right)=-\frac{P}{k}\Rightarrow\frac{\mathrm{d}T}{\mathrm{d}x}=-\frac{P}{k}\int\mathrm{d}x=-\frac{P}{k}x+C_1 \tag{9-52}$$

假设凹槽壁中心线处的温度梯度为零（由于对称性），可以确定任意常数 C_1，即

$$0=-\frac{P}{k}(0)+C_1\Rightarrow C_1=0 \tag{9-53}$$

将式（9－53）中的任意常数表达式代入式（9－52）并进行二次积分，可得

$$T=-\frac{P}{k}\int x\,\mathrm{d}x=-\frac{P}{2k}x^2+C_2 \tag{9-54}$$

由于凹槽壁的表面温度是在 $x=w$ 处确定的，因此可以从式（9－54）中得到任意常数 C_2，即

$$T_s=-\frac{P}{2k}w^2+C_2\Rightarrow C_2=T_s+\frac{P}{2k}w^2 \tag{9-55}$$

式中　T_s ——凹槽壁面燃料温度；

w ——凹槽壁半宽。

将式（9－55）中任意常数表达式代入式（9－54）即可得到凹槽壁内的温度分布表达式

$$T=-\frac{P}{2k}x^2+T_s+\frac{P}{2k}w^2=T_s+\frac{P}{2k}(w^2-x^2) \tag{9-56}$$

凹槽壁中心线燃料温度（例如 $x=0$ 处）与凹槽壁宽度的函数关系可根据式（9－56）得出，即

$$T_f=T_s+\frac{P}{2k}w^2 \tag{9-57}$$

式中　T_f——凹槽中心线上的燃料温度。

参考图 9－10 并对微分元件进行热平衡分析，可以得到

$$dQ = P\,dV = -P(hw\,dr) = \dot{m}c_p\,dT_p \Rightarrow \frac{dT_p}{dr} = -\frac{Ph}{\dot{m}c_p}w \tag{9-58}$$

式中　dQ——微元体积 dV 内产生的能量值；

dT_p——推进剂温度微分变化；

h——凹槽的深度；

$\dot{m}$——通过 $h\times t$ 面积时的推进剂质量流量，其中 t 为槽道半宽；

c_p——推进剂比热容；

dr——半径长度微分。

式（9－58）中的负号表示推进剂加热是沿负 r 方向进行的（例如，从燃料环的外侧到燃料环的内侧）。如果假定在燃料元件微分体积 dV 中产生的热量全部通过凹槽壁一侧传入推进剂，则可以进行以下热平衡分析

$$dQ = P\,dV = P(hw\,dr) = h_c(T_s - T_p)\,dA = h_c(T_s - T_p)h\,dr \Rightarrow T_s = \frac{P}{h_c}w + T_p \tag{9-59}$$

式中　h_c——元件凹槽壁与推进剂的换热系数。

结合式（9－57）和式（9－59），可以得出燃料凹槽壁中心线温度与凹槽壁半宽及推进剂温度的关系式

$$T_f = \frac{P}{h_c}w + \frac{P}{2k}w^2 + T_p \tag{9-60}$$

为了确定沿燃料环径向的凹槽壁宽度的表达式，从而得到恒定的燃料中心线温度，可以将式（9－60）对 r 进行求导

$$\frac{dT_f}{dr} = \frac{P}{h_c}\frac{dw}{dr} + \frac{P}{k}w\frac{dw}{dr} + \frac{dT_p}{dr} \tag{9-61}$$

恒定的燃料中心线温度要求式（9－61）中燃料中心线温度的导数等于零；因此，令式（9－61）为零，并结合式（9－58），可以得到

$$0 = \frac{P}{h_c}\frac{dw}{dr} + \frac{P}{k}w\frac{dw}{dr} - \frac{Ph}{\dot{m}c_p}w = \frac{1}{h_c}\frac{dw}{dr} + \frac{1}{k}w\frac{dw}{dr} - \frac{h}{\dot{m}c_p}w$$
$$\Rightarrow \frac{dw}{dr} = \frac{h_c khw}{\dot{m}c_p(k + h_c w)} \tag{9-62}$$

求解微分方程式（9－62），可以得到一个描述凹槽壁半宽的超越方程，该表达式与径向位置有关，即

$$0 = h_c hk(r_o - r) - h_c\dot{m}c_p(w_o - w) - k\dot{m}c_p\ln\left(\frac{w_o}{w}\right) \tag{9-63}$$

式中　r——沿元件环的径向坐标；

r_o——元件环的外径；

w_o——元件环外径处凹槽壁半宽。

要确定推进剂温度与径向位置的函数关系，首先变换式（9-60），以便将凹槽壁的半宽表示为推进剂温度的函数，从而得出

$$w=-\frac{k}{h_c}+\frac{k}{h_c}\sqrt{1+\frac{2h_c^2}{kP}(T_f-T_p)} \tag{9-64}$$

根据式（9-64），利用推进剂进入燃料环时的温度计算出槽壁的初始半宽，得到的初始宽度值为

$$w_o=-\frac{k}{h_c}+\frac{k}{h_c}\sqrt{1+\frac{2h_c^2}{kP}(T_f-T_{po})} \tag{9-65}$$

将式（9-64）代入式（9-63），消除凹槽壁宽度项，得到另一个推进剂温度与径向位置相关的超越表达式，该表达式的约束条件是燃料凹槽壁中心线温度保持不变

$$\begin{aligned}0=&hh_c(r_o-r)-c_p\dot{m}\left(1-\sqrt{1+\frac{2h_c^2}{kP}(T_f-T_p)}+\frac{h_cw_o}{k}\right)\\&-c_p\dot{m}\ln\left(\frac{-h_cw_o}{k\left[1-\sqrt{1+\frac{2h_c^2}{kP}(T_f-T_p)}\right]}\right)\end{aligned} \tag{9-66}$$

为了确定凹槽壁表面温度与径向位置的函数关系，重新变换式（9-57），将凹槽壁的半宽表示为槽壁表面温度的函数

$$w=\sqrt{\frac{2k}{P}(T_f-T_s)} \tag{9-67}$$

将式（9-67）代入式（9-63），消除凹槽壁宽度项，可再次得到一个超越方程，在这种情况下，凹槽壁表面温度与径向位置相关，其约束条件是燃料凹槽壁中心线温度保持不变

$$0=hh_c(r_o-r)-\frac{h_cc_p\dot{m}}{k}\left(w_o-\sqrt{\frac{2k}{P}(T_f-T_s)}\right)-c_p\dot{m}\ln\left(w_o\sqrt{\frac{P}{2k(T_f-T_s)}}\right) \tag{9-68}$$

在图 9-11 中，温度和通道壁面轮廓是各种传热参数和几何参数的函数。请注意，当燃料热导率高、推进剂热传导系数低时，整体温度分布最平缓。考虑到这一点，使燃料环获得最佳性能的方法是最大限度地提高燃料壁的表面积-体积比，从而获得从燃料到推进剂的最大热传导率，同时获得尽可能平缓的径向温度曲线，以最大限度地减少燃料中的热应力。这种优化通常是通过最小化壁面宽度从而最大限度地增加通道壁表面的数量，同时增加燃料环内通道壁的高度来实现的。

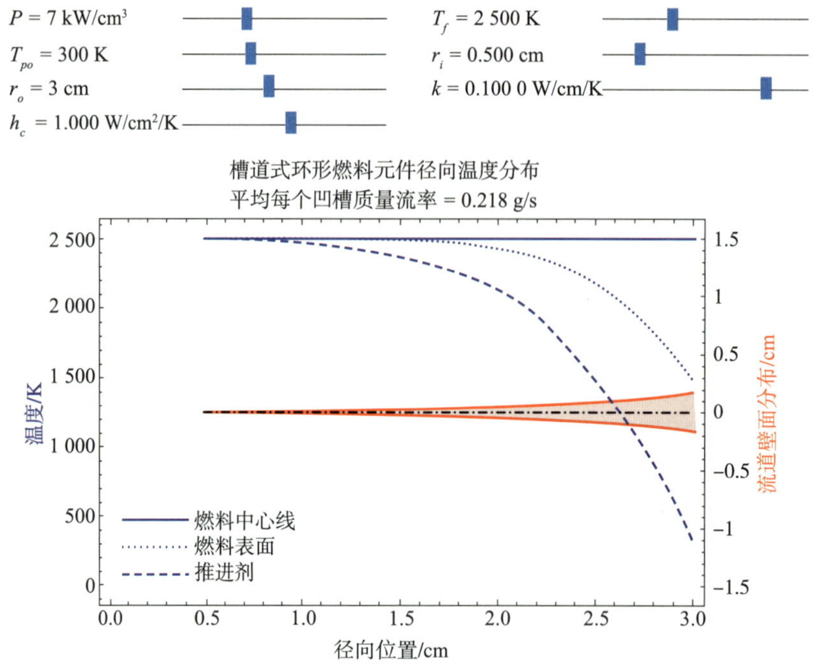

图 9－11　槽道式环形燃料元件的温度和流道壁面分布

9.5 辐射器

在太空中运行的核反应堆必须解决废热排出问题。对于核热推进系统来说，即使在关闭之后，裂变产物和其他过程产生的放射性同位素衰变热量也可能很大，必须通过某种方法将其排出，否则反应堆有可能会因为过热而损坏。从发动机中排出这些热量的一种方法是，在关机后的一段时间内继续让推进剂流经堆芯，直到吸收足够的能量以防止发动机过热。虽然这一解决方案是可行的，但会浪费大量宝贵的推进剂。另外，也可以使用连接在反应堆上的辐射器，其设计可以有效地从发动机系统中带走至少一部分热量，并将其辐射到太空中。如何或是否使用辐射器设计取决于火箭的任务细节，这也是整个火箭设计过程的一个必要环节。

对于核电系统来说，核反应堆的主要用途是为离子或等离子推进系统提供动力，因此在所有动力循环中，废热必须在某一时刻从动力转换系统中排出。在这种情况下，为了最有效地将热能转化为电能，在符合其他热力学限制的情况下，最好在尽可能低的温度下排出废热。

由于质量过大始终是困扰航天器的一个重要问题，因此辐射器的设计工作始终侧重于以尽可能小的辐射器质量排出最多的热量。辐射到太空中的废热量由斯特藩-玻耳兹曼方程决定，与辐射器表面温度的四次方成正比。辐射器排出的总热量还取决于辐射器表面的热辐射率和辐射器的总表面积。

图 9－12 显示了一种可能的辐射器结构。在这种结构中，来自反应堆的热管将热量传递给翅片，然后由翅片将热量辐射到空间。需要解决的问题是如何优化翅片的宽度和厚度，提升传热特性，以便最大限度地向空间辐射热量的同时，将辐射器的总质量降至最小[12]。以下重点分析了一种根部较厚、顶端渐变为零的翅片结构，因为这种设计可以将更多的热量传导到翅片温度较高的地方，从而在一定程度上抵消温度沿翅片宽度快速下降的影响。

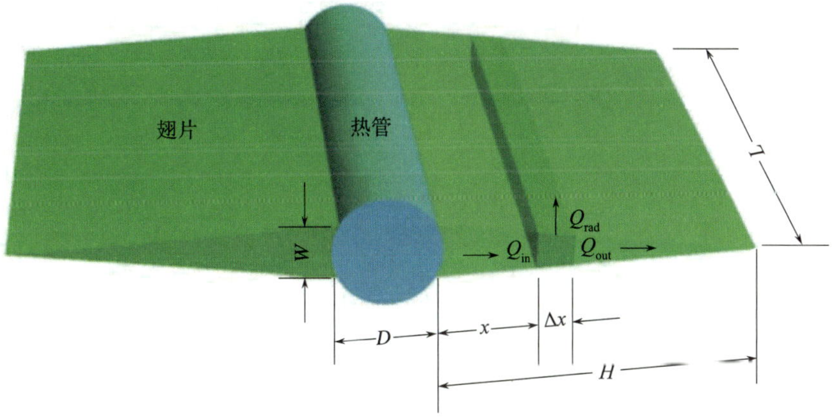

图 9－12　空间辐射器

采用斯特藩-玻耳兹曼来计算翅片辐射造成的热损失，假设 $W \ll H$，可针对图 9－12 所示的微分单元建立一维热平衡方程，即

$$
\begin{aligned}
Q_{\text{in}} &= Q_{\text{out}} + Q_{\text{rad}} = Q_{\text{in}} - \frac{\mathrm{d}Q}{\mathrm{d}x}\Delta x + q_{\text{rad}}\,\mathrm{d}A \\
&\Rightarrow \frac{\mathrm{d}Q}{\mathrm{d}x}\Delta x = q_{\text{rad}} L\,\mathrm{d}x = 2\varepsilon\sigma T^4 L\,\Delta x
\end{aligned}
\tag{9-69}
$$

式中　Q_{in} ——进入微元体内的热量；

Q_{out} ——流出微元体内的热量；

Q_{rad} ——从翅片微元体积（两侧）辐射出去的热量，$Q_{\text{rad}} = q_{\text{rad}}\mathrm{d}A$ ；

T ——翅片局部温度；

σ ——斯特藩-玻耳兹曼常数；

ε ——翅片发射率。

将式（9－5）中的傅里叶热传导关系式应用于式（9－69）中的翅片热平衡表达式，并假定材料物性不变，可以得到有关翅片温度分布的微分方程

$$
\frac{\mathrm{d}Q}{\mathrm{d}x}\Delta x = \frac{\mathrm{d}}{\mathrm{d}x}\left(kA\,\frac{\mathrm{d}T}{\mathrm{d}x}\right)\Delta x = kW\,\frac{\mathrm{d}}{\mathrm{d}x}\left[\left(1-\frac{x}{H}\right)\frac{\mathrm{d}T}{\mathrm{d}x}\right]L\,\Delta x = 2\varepsilon\sigma T^4 L\,\Delta x \tag{9-70}
$$

通过变换式（9－70），可以将表达式转换为无量纲形式，即

$$
H^2\,\frac{\mathrm{d}}{\mathrm{d}x}\left[\left(1-\frac{x}{H}\right)\frac{1}{T_0}\,\frac{\mathrm{d}T}{\mathrm{d}x}\right] = \underbrace{\frac{2\varepsilon\sigma H^2 T_0^3}{kW}\,\frac{1}{T_0^4}}_{\beta^2}T^4 \Rightarrow \frac{\mathrm{d}}{\mathrm{d}\xi}\left[(1-\xi)\,\frac{\mathrm{d}\theta}{\mathrm{d}\xi}\right] = \beta^2\theta^4 \tag{9-71}
$$

式中，$\xi=\dfrac{x}{H}$，$\theta=\dfrac{T}{T_0}$，边界条件为 $\theta(0)=1$ 及 $\theta'(1)=0$。

每单位长度翅片组件辐射到空间的总热量等于从热管中传导到单个翅片的热量加上热管本身辐射散失的热量

$$\frac{Q}{L}=-2kW\left.\frac{\mathrm{d}T}{\mathrm{d}x}\right|_{x=0}+c\varepsilon\sigma T_0^4=-2k\frac{W}{H}T_0\theta'(0)+c\varepsilon\sigma T_0^4 \tag{9-72}$$

式中 c ——热管总有效热辐射宽度。

辐射器系统的质量就是热管和两个散热片的质量总和

$$m=L\left(\frac{\pi}{4}D^2\rho_{hp}+2\frac{HW}{2}\rho_{\text{fin}}\right) \tag{9-73}$$

式中 ρ_{hp} ——热管线性密度；

ρ_{fin} ——翅片密度。

现在可以利用式（9-72）和式（9-73）计算出单位质量辐射的热量，从而得到以下方程

$$\frac{Q}{m}=q=\frac{-2k\dfrac{W}{H}T_0\theta'(0)+c\varepsilon\sigma T_0^4}{\dfrac{\pi}{4}D^2\rho_{hp}+HW\rho_{\text{fin}}} \tag{9-74}$$

为了最大限度地提高翅片组件的散热量，需要根据给定的热管质量确定翅片宽度和厚度的最佳值。如果定义一个新的无量纲变量，则可以更容易地进行这种优化

$$R=\frac{4HW\rho_{\text{fin}}}{\pi D^2\rho_{hp}}\Rightarrow W=\frac{R\pi D^2\rho_{hp}}{4H\rho_{\text{fin}}} \tag{9-75}$$

利用式（9-71）中 β 的定义和式（9-75）中 R 的定义，可以确定翅片宽度为

$$\begin{gathered}\beta^2=\frac{2\varepsilon\sigma H^2T_0^3}{kW}=\frac{2\varepsilon\sigma H^2T_0^3}{k}\frac{4H\rho_{\text{fin}}}{R\pi D^2\rho_{hp}}\\ \Rightarrow H=\beta\left(\frac{R\pi D^2\rho_{hp}}{4\rho_{\text{fin}}\beta}\right)^{\frac{1}{3}}\left(\frac{k}{2\varepsilon\sigma T_0^3}\right)^{\frac{1}{3}}\end{gathered} \tag{9-76}$$

现在可以利用式（9-76）中的翅片宽度表达式来重新计算式（9-75）中的翅片根部厚度，即

$$W=\frac{R\pi D^2\rho_{hp}}{4H\rho_{\text{fin}}}=\frac{R\pi D^2\rho_{hp}}{4\rho_{\text{fin}}}\frac{1}{\beta}\left(\frac{4\rho_{\text{fin}}\beta}{R\pi D^2\rho_{hp}}\right)^{\frac{1}{3}}\left(\frac{2\varepsilon\sigma T_0^3}{k}\right)^{\frac{1}{3}}=\left(\frac{R\pi D^2\rho_{hp}}{4\rho_{\text{fin}}\beta}\right)^{\frac{2}{3}}\left(\frac{2\varepsilon\sigma T_0^3}{k}\right)^{\frac{1}{3}} \tag{9-77}$$

将翅片根部厚度表达式（9-75）、翅片宽度表达式（9-76）与单位质量辐射热量表达式（9-74）结合起来，可以得到以下关系式

$$q=\frac{4\varepsilon\sigma T_0^4}{\pi D^2\rho_{hp}}\left[\frac{c}{1+R}-2\left(\frac{k\pi D^2\rho_{hp}}{\varepsilon\sigma T_0^3\rho_{\text{fin}}}\right)^{\frac{1}{3}}\frac{R^{\frac{1}{3}}}{1+R}\frac{\theta'(0)}{\beta^{\frac{4}{3}}}\right] \tag{9-78}$$

从式（9-78）中可以看出，通过最小化 $\dfrac{\theta'(0)}{\beta^{4/3}}$，辐射器的热损失可以最大化，$R$ 的影

响会大大减小。根据不同的 β 值求解式（9－71），可以确定 $\frac{\theta'(0)}{\beta^{4/3}}$ 所需的最小值。由于式（9－71）是一个非线性微分方程，没有解析解，因此必须进行数值计算。计算结果如图 9－13 所示。

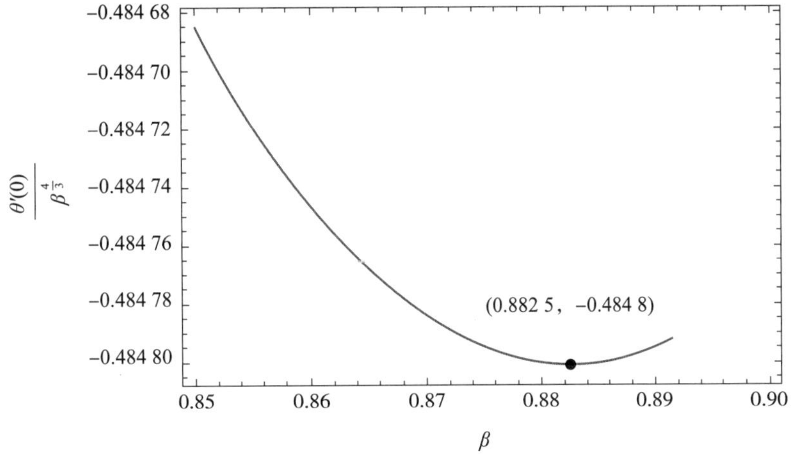

图 9－13　β 和 $\frac{\theta'(0)}{\beta^{4/3}}$ 最优值的图解

利用图 9－13 中的结果，将式（9－75）对 R 求导，并将所得表达式设为零，得到以下形式的方程

$$0=2R-1-\frac{1}{2}\frac{3\beta^{\frac{4}{3}}}{\theta'(0)}\left(\frac{\varepsilon\sigma T_0^3\rho_{\text{fin}}}{k\pi D^2\rho_{hp}}\right)^{\frac{1}{3}}cR^{\frac{2}{3}}=2R-1+\underbrace{3.094c\left(\frac{\varepsilon\sigma T_0^3\rho_{\text{fin}}}{k\pi D^2\rho_{hp}}\right)^{\frac{1}{3}}}_{\alpha}R^{\frac{2}{3}} \tag{9-79}$$

求解式（9－79）可以得到 R 的最优值表达式，即

$$R_{\text{opt}}=\frac{1}{2}-\frac{\alpha^3}{24}+\frac{24\alpha^3-\alpha^6+(-216\alpha^3+36\alpha^6-\alpha^9+24\sqrt{81\alpha^6-3\alpha^9})^{2/3}}{24(-216\alpha^3+36\alpha^6-\alpha^9+24\sqrt{81\alpha^6-3\alpha^9})^{1/3}} \tag{9-80}$$

将式（9－80）中 R 的最优值、图 9－13 中 $\frac{\theta'(0)}{\beta^{4/3}}$ 的最优值以及式（9－79）中 α 的定义式代入式（9－78）来确定翅片组件的单位质量最大热损失率，即

$$\begin{aligned}q_{\max}&=\frac{4\varepsilon\sigma T_0^4}{\pi D^2\rho_{hp}}\left[\frac{c}{1+R_{\text{opt}}}+0.97\left(\frac{k\pi D^2\rho_{hp}}{\varepsilon\sigma T_0^3\rho_{\text{fin}}}\right)^{\frac{1}{3}}\frac{R_{\text{opt}}^{\frac{1}{3}}}{1+R_{\text{opt}}}\right]\\&=\frac{4c\varepsilon\sigma T_0^4}{\pi D^2\rho_{hp}}\left[\frac{1}{1+R_{\text{opt}}}+\frac{3}{\alpha}\left(\frac{R_{\text{opt}}^{\frac{1}{3}}}{1+R_{\text{opt}}}\right)\right]\end{aligned} \tag{9-81}$$

此外，利用图 9－13 中 β 的最优值，可分别根据式（9－76）和式（9－77）确定翅片宽度和根部厚度的最优值，即

$$H = 0.92\left(\frac{R\pi D^2 \rho_{hp}}{4\rho_{\text{fin}}}\right)^{\frac{1}{3}} \left(\frac{k}{2\varepsilon\sigma T_0^3}\right)^{\frac{1}{3}} \tag{9-82}$$

以及

$$W = 1.087\left(\frac{R\pi D^2 \rho_{hp}}{4\rho_{\text{fin}}}\right)^{\frac{2}{3}} \left(\frac{2\varepsilon\sigma T_0^3}{k}\right)^{\frac{1}{3}} \tag{9-83}$$

图 9-14 展示了空间辐射器在不同温度下的性能和几何特性。请注意，排热温度越高，可排出的热量就越大。还可以观察到，随着排热温度的升高，辐射器上的散热片会变得更短更厚，在某些条件下，散热片会完全消失，所有的排热量仅来自热管。

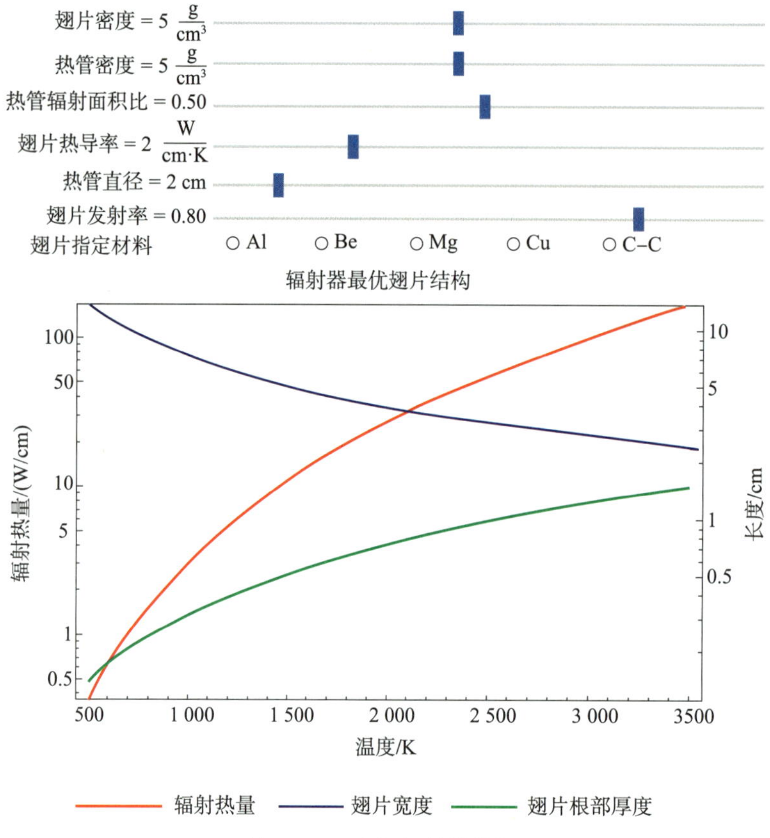

图 9-14　空间辐射器特征

参考文献

[1] Schlichting H. Boundary layer theory (translated by J. Kestin). New York: McGraw-Hill Book Company, Inc.; 1955.

[2] El-Wakil MM. Nuclear heat transport. American Nuclear Society; 1981, ISBN 978-0894480140.

[3] Kreith F, Bohn M. Principles of heat transfer. 6th ed. CL-Engineering; September 2000.

[4] Dittus FW, Boelter LMK. Heat transfer in automobile radiators of the tubular type. Univ Calif Publ

Entomol USA. 1930；2（13）：443 - 61.

[5] Sieder EW，Tate GE. Heat transfer and pressure drop of liquids in tubes. Ind Eng Chem 1936；28：1429.

[6] McCarty JR，Wolf H. Heat transfer characteristics of gaseous hydrogen and helium. 1960. Rocketdyne Research Report，RR - 60 - 12.

[7] Gnielinski V. New equations for heat and mass transfer in turbulent pipe and channel flow. Int Chem Eng 1976；16（2）：359 - 68.

[8] Colebrook CF. Turbulent flow in pipes，with particular reference to the transition region between smooth and rough pipe laws. J Instit Civil Eng（London）February 1939；11（4）.

[9] Wood DJ. An explicit friction factor relationship. Civil engineering. vol 60. ASCE；1966.

[10] Moody LF. Friction factors for pipe flow. Transact ASME. 1944；66（8）：671 - 84.

[11] Kayes WM. Convective heat and mass transfer. 4th ed. NewYork，NY：McGraw - Hill；2005，ISBN 0 - 07 - 246876 - 9.

[12] Naumann RJ. Optimizing the design of space radiators. Int J Thermophys November 2004；25（6）：1929 - 41.

习　题

1. 在 NERVA 型核火箭发动机中，燃料元件推进剂通道壁面通常必须用某种材料包覆，以保护下层铀燃料免受高温氢气推进剂的腐蚀。因此，这种保护性包层必须在运行期间保持结构的完整性。如果包层和底层燃料材料之间的热膨胀系数不匹配，运行过程中产生的热膨胀差可能会导致包层失效，从而使燃料材料暴露在炽热的氢气推进剂中，并可能导致燃料元件失效。通道壁表面温度梯度最大的地方是一个可能出现包层失效的位置。以下是 NERVA 型燃料元件的典型工作条件。

参数	值
L	140 cm
r_i	0.100 cm
r_0	0.150 cm
c_p	$14.5\ \frac{\mathrm{W \cdot s}}{\mathrm{g \cdot K}}$
K	$0.0035\ \frac{\mathrm{W}}{\mathrm{cm \cdot K}}$
μ	$0.00021\ \frac{\mathrm{g}}{\mathrm{cm \cdot s}}$
$\dot{m}$	$0.5\ \frac{\mathrm{g}}{\mathrm{s}}$
T_{in}	300 K
P_{ave}	$3.5\ \frac{\mathrm{kW}}{\mathrm{cm^3}}$
α	$0.021\ \mathrm{cm^{-1}}$

假设轴向功率曲线按以下公式变化［参考式（9－32）］

$$P(z)=\frac{\alpha P_{\text{ave}}L}{2\sin\left(\frac{\alpha L}{2}\right)}\cos\left[\alpha\left(\frac{L}{2}-z\right)\right]$$

a. 推导出描述通道壁温度梯度最大值位置的表达式；

b. 绘制轴向功率分布图和轴向通道壁面温度分布图；

c. 在上图中找到出现最大通道壁面温度梯度的点；

d. 讨论。

2. 推导出堆芯功率分布 $q(x)$，使得该分布在堆芯长度方向上会形成恒定的燃料温度。由于所有燃料都能在其允许的最高温度下工作，因此这种分布对于尽量减小核火箭堆芯的尺寸来说是最优的。在推导过程中，假定燃料温度在任何地方都是恒定的（例如，燃料温度没有轴向或径向变化），并忽略与径向功率变化有关的任何计算。你认为有可能在堆芯内实际实现这种功率分布吗？请简要讨论。

假定：

$$q(x)=U(T_{\text{燃料}}-T_{\text{推进剂}})$$

式中 U——通用导热项；

$q(x)$——单位长度热流密度。

3. 一个核火箭发动机芯子意外装错了，在一个特定的轴向位置插入了裂变截面极高的燃料，产生了下图所示的功率分布。根据工程最优判断，在下面的空白处画出因堆芯装载错误预计会形成的推进剂和燃料的轴向温度分布，并解释这样画的理由。

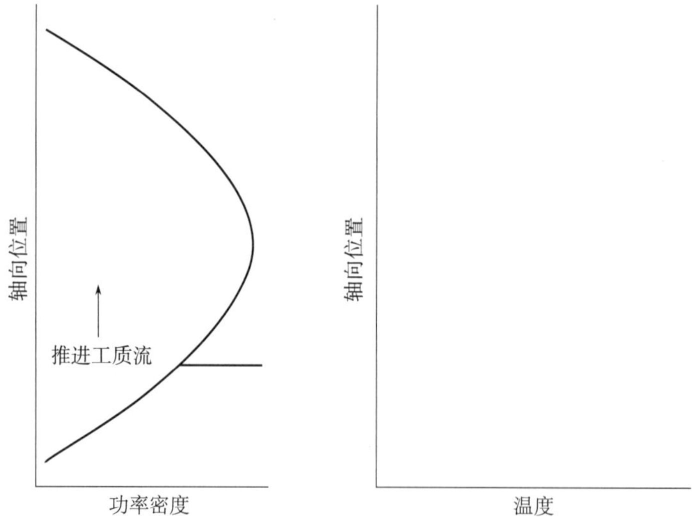

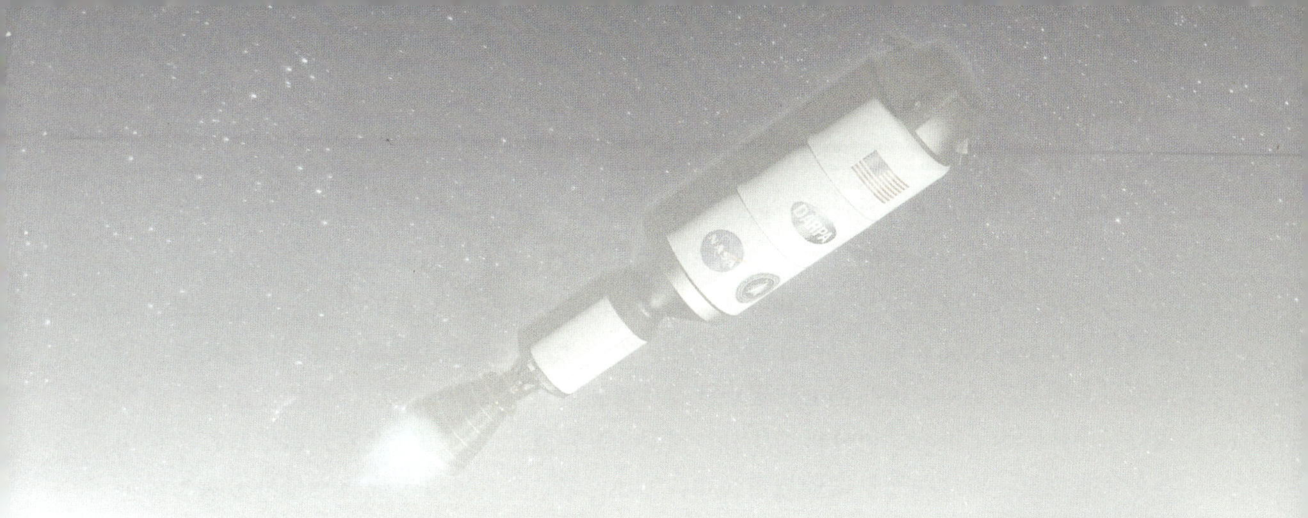

第 10 章

涡轮机械

10.1 涡轮泵概述

除了反应堆，核火箭中最关键的子系统可能就是涡轮泵组件了。涡轮泵的用途是将推进剂以特定的压力和流量输送到核反应堆，从而使发动机产生期望的推力和比冲。顾名思义，涡轮泵由两个主要部件组成，推进剂泵和涡轮。这两个子组件可以通过共同的轴连接在一起，也可以通过齿轮箱连接在一起，并由涡轮提供运行推进剂泵所需的动力。典型涡轮泵结构如图 10－1 所示，涡轮的工作介质是推进剂本身，推进剂被推进剂泵提升到高

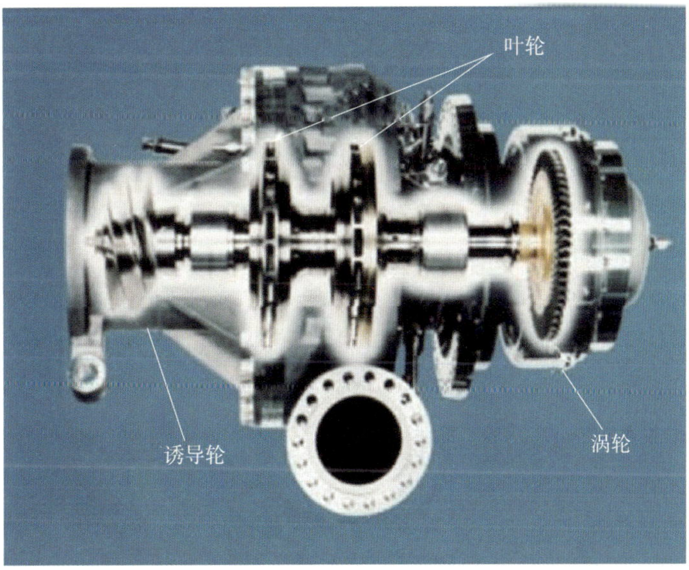

图 10－1　典型涡轮泵布局

压，并被反应堆以某种方式加热。推进剂在进入涡轮之前被加热的具体方法取决于所选择的火箭发动机特定循环的细节（例如热排气循环、冷排气循环、膨胀循环等）。

涡轮泵设计的目标是开发一种可靠、低重量的组件，按照理想的压力、流量和最佳的效率将推进剂输送到反应堆，而且成本合理。鉴于此，其设计过程必须要在许多相互竞争的要求之间进行妥协，这些竞争的要求涉及材料强度极限、振动效应、性能要求等一系列独立的参数。为了更容易地分析这些参数与涡轮泵性能之间的相互关系，本章将再次使用各种无量纲量，将这些无量纲量与实验和各种理论相结合，可以形成将无量纲参数与各种涡轮泵特性联系起来的经验关系。在这些关联中最常用的无量纲量包括

$$\text{比转速}:n_s=\frac{\omega\sqrt{Q}}{(gH)^{3/4}},\quad \text{比直径}:d_s=\frac{D(gH)^{1/4}}{\sqrt{Q}} \qquad (10-1)$$

$$\text{雷诺数}:Re=\frac{DV\rho}{\mu},\quad \text{马赫数}:M=\frac{V}{c}$$

式中 ω ——转子转速；

V ——叶片尖端线速度；

D ——转子直径；

Q ——推进剂总体积流量；

g ——重力加速度；

c ——声速；

H ——通过泵或涡轮的总压头；

ρ ——推进剂密度；

μ ——推进剂粘度。

通常，式（10－1）中无量纲参数的值在涡轮泵的泵和涡轮部分之间会有所不同，因为组件之间的几何形状和流动特性通常会有很大的不同。除此之外，在涡轮机械中压力通常以扬程表示，在式（10－1）中以 H 表示。从物理上讲，扬程以长度单位表示，等于被泵送的流体在给定高度的底部由于其重量而产生的静压。

在后续讨论中只描述涡轮泵的稳态工作特性，瞬态运行虽然对涡轮泵的安全运行非常重要，但需要对涡轮泵内部的动态相互作用有详细的了解，这些相互作用复杂且难以分析，超出了本书讨论的范围。

10.2 泵的特性

涡轮泵中泵部分的作用是将来自贮箱的液体推进剂的压力提高到所需系统压力，然后以所需的流量将其送入发动机的其余部件。有许多不同的泵构型可用于此目的，为某种特定涡轮泵所选择的泵类型取决于一系列因素，后续章节中会进行讨论。泵的设计一般分为两大类：离心泵和轴流泵。

在离心泵中，进入泵的流体首先被引导到叶轮中，叶轮由带有弯曲叶片的圆盘组成，

这些叶片绕轴旋转。流体沿着叶轮叶片径向向外运动时加速，最终以高速离开叶轮。离开叶轮的高速流体随后被引入蜗壳，然后被收集并引导到一个称为扩压器的膨胀段，在那里流体的动能被转化为势能，即泵内的压力增加。随后，如果需要进一步增加压力，流体会被引导到另一个叶轮，否则就从出口离开涡轮泵。

轴流泵中基本上取消了蜗壳部分，而叶轮部分被设计得更像螺旋桨。轴流泵流速的增加是叶轮高速旋转的结果，通过叶轮后，流体立即被引入扩压器。与离心泵的情况相同，离开扩压器的流体如果需要进一步增加扬程，则会被引导到另一个叶轮，否则就直接进入泵的出口。

图 10－2 给出了典型的离心泵和轴流泵结构示意图。

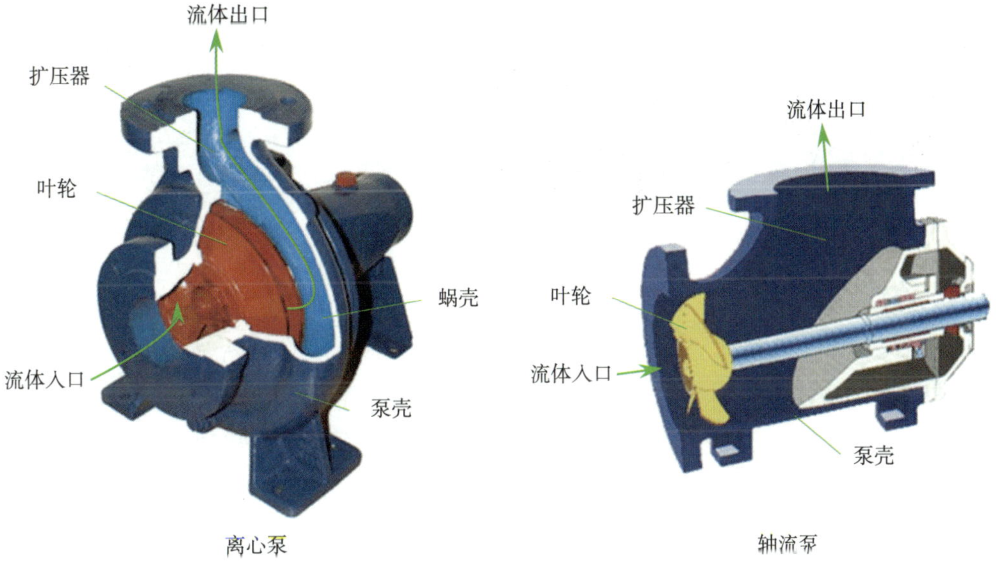

图 10－2　泵的构型图

现有的其他泵类型，如混流泵和弗朗西斯泵，都同时包含了离心泵和轴流泵的特点。影响特定应用中选择哪种泵的最重要因素之一是泵在运行时的比转速，一般来说，离心泵在较低的比转速下运行最好，轴流泵在高比转速下运行最佳，而混流泵和弗朗西斯泵的比转速则介于两者之间。叶轮所能承受的最大转速主要由叶轮叶片根部的应力水平决定，该应力水平不仅随着叶轮转速的增加而增加，而且随着叶轮叶片长度的增加而增加。由于离心泵具有相当长的叶轮叶片，显然更适合在较低的叶轮转速下使用，而叶轮叶片较短的轴流泵则更适合在较高的叶轮转速下使用。每级叶轮所能达到的最大扬程是由叶尖速度决定的，叶尖速度与叶轮转速和叶轮半径成正比。

在发动机工作时，液体推进剂从贮箱流入涡轮泵的泵部分。根据流体力学理论，推进剂接近泵的吸入口一侧时将经历压力的下降，这与泵出口处扬程的增加成正比。换句话说，如果提高泵速以获得更大的出口扬程，则叶轮处的吸入侧压力将相应下降。随着泵转速的继续提高，吸入侧压力将继续降低，直到叶轮进口处的压力等于液体推进剂蒸气压力。当这种情况发生时，推进剂将在泵内沸腾，导致叶轮叶片上形成蒸气泡，这个过程称为汽蚀，在泵内开始发生汽蚀的位置称为初始汽蚀点。汽蚀会导致泵性能的显著下降，因此应当避免在发生汽蚀的状态下运行泵。此外，当流体通过叶轮到达泵的高压侧时，由汽蚀引起的蒸气气泡会突然破裂，产生巨大的冲击波，往往会造成叶轮叶片的损坏。图 10－3 展示了泵叶轮上的汽蚀现象，以及由此可能对叶轮造成的损害。

泵汽蚀

汽蚀导致的叶轮损伤

图 10－3　泵的汽蚀效应

为了减少泵在高泵速下发生汽蚀的倾向，一般对泵的吸入侧进行加压，这部分压力可以来自泵上方的液体推进剂的重量所产生的静压，也可以来自专用增压系统。在 NERVA 项目中，如图 1－1 所示的氦气加压罐被用来提供防止泵汽蚀所必需的吸入侧压力。这种增压对于核火箭涡轮泵尤其必要，因为如果发动机要在太空中启动，在火箭开始加速之前，不会有由推进剂重量产生的静扬程。作为对涡轮泵进口进料管路进行外部加压的替代方案，或许可以在主叶轮前面的泵进口处加装一个诱导轮，诱导轮是一种特殊设计的泵级，可以承受一定程度汽蚀。描述初始汽蚀点有一个便捷的参数，称为汽蚀余量，其定义为

$$H_{sa} = \mathrm{NPSH}_a = \frac{P_a - P_v}{g\rho}$$
$$H_{sr} = \mathrm{NPSH}_r = \frac{P_s - P_v}{g\rho} \tag{10-2}$$

式中　P_a——推进剂供给系统的入口总压力；

P_v——推进剂的蒸气压；

P_s——泵防止汽蚀所需的最小推进剂给料系统压力；

H_{sa}——推进剂给料系统提供给泵的汽蚀余量；

H_{sr}——泵防止汽蚀所需的汽蚀余量；

g——引力常数。

需要注意的是，为了避免汽蚀，提供给泵的可用汽蚀余量必须始终超过泵为防止汽蚀所需的汽蚀余量。泵产生的总扬程可由下式给出

$$H = \frac{P_e - P_a}{g\rho} \tag{10-3}$$

式中　P_e ——推进剂离开泵时的出口总压力。

如前所述，流体动力学理论表明泵入口处的压降与泵产生的总扬程成正比，考虑到这一点，可以定义托马（Thoma）汽蚀系数，如下所示

$$\sigma = \frac{H_{sr}}{H} \tag{10-4}$$

使用式（10－2）中定义的 H_{sa} 的值，还可以定义汽蚀比转速

$$s_s = \frac{\omega\sqrt{Q}}{(gH_{sa})^{3/4}} \tag{10-5}$$

通过实验将托马汽蚀系数和汽蚀比转速在不同比转速下进行了关联，以指示可能诱发汽蚀发生的条件[1]，这些相关性的结果如图 10－4 所示。

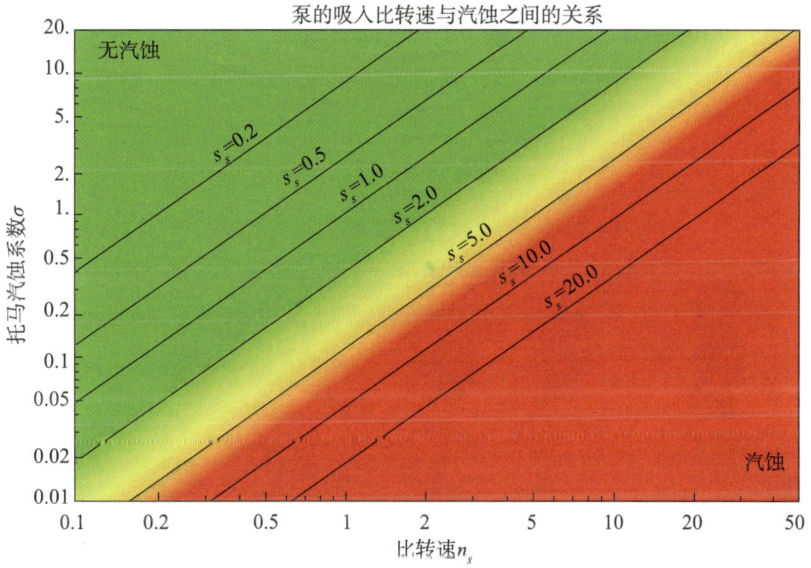

图 10－4　泵的汽蚀敏感性

由于通常希望得到较高的泵效率，因此在泵的设计中，仔细选择其几何和运行特性是很重要的。根据相似条件，泵的效率可以完全用比转速、比直径、马赫数和雷诺数四个变量来描述。泵的效率通常定义为由升压过程引起的推进剂的焓变与泵转子的输入轴功率之比，即

$$\eta_p = \frac{g\rho QH}{W} \tag{10-6}$$

式中　η_p ——泵的效率；

W ——输入泵转子的轴功率。

一般来说，马赫数和雷诺数对泵性能的影响相对小于其比转速和比直径。因此，不同构型的泵的效率通常可以在单个等高线图上表示为比转速和比直径的函数，如图 10－5 所

示[2]。该图可用于开展一些复杂的分析，包括摩擦和泄漏效应及各种其他附加损失，此外，图中对大多数泵的各种典型几何参数和公差进行了假设。

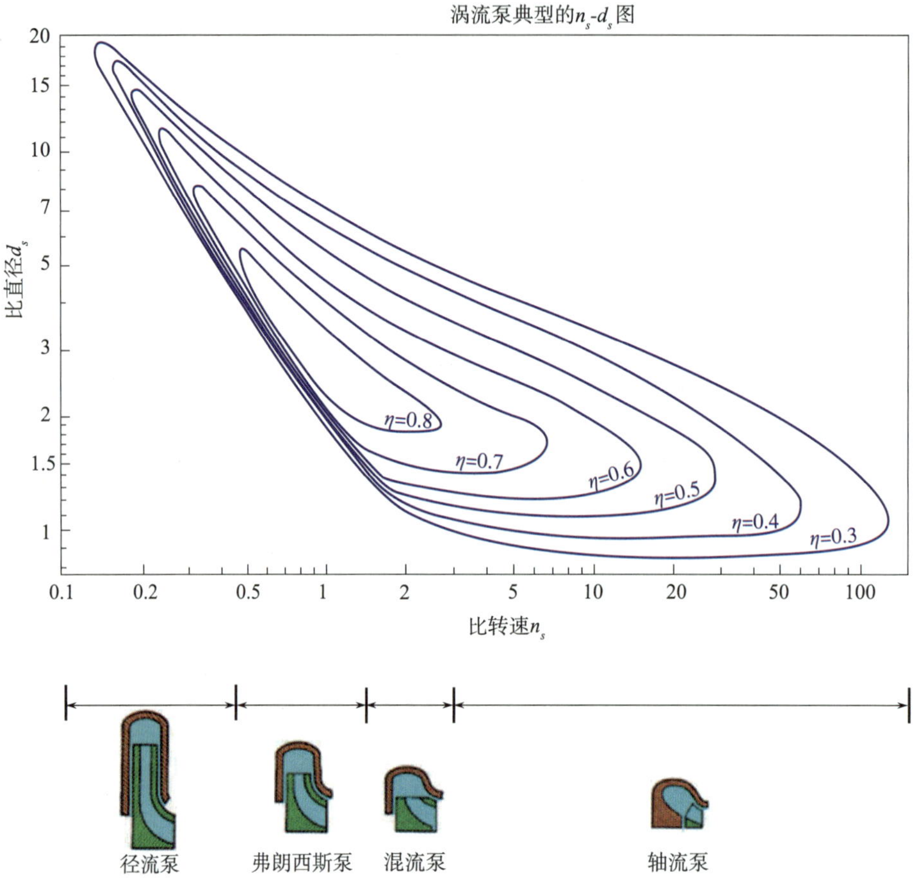

图 10-5　典型泵的性能特点

例题

设计一台用于核火箭发动机的氢涡轮泵，要求在 20 K 的温度下向反应堆输送饱和液氢。从推进剂供给系统到泵的入口压力为 0.45 MPa，所需的泵出口压力为 6.9 MPa，液氢以 21.4 kg/s 的流速输送到反应器。请确定能使泵效率最大化的泵叶轮直径和转速，同时计算必须由涡轮泵的涡轮部分提供的轴功，并推荐最适合的涡轮泵类型。

解答

泵设计的第一步是确定泵抑制汽蚀所需的汽蚀余量（NPSH）。当泵送氢气的饱和温度为 20 K 时，可得到饱和压力为 0.091 MPa，液体密度为 71.3 kg/m³，则由式（10-2）可知所需的 NPSH 为

$$H_{sr}=\frac{P_s-P_v}{g\rho}=\frac{450\ 000\ \text{Pa}-91\ 000\ \text{Pa}}{9.8\ \frac{\text{m}}{\text{s}^2}\times 71.3\ \frac{\text{kg}}{\text{m}^3}}=514\ \text{m} \tag{1}$$

由式（10－3）可知，泵的总扬程为

$$H=\frac{P_e-P_a}{g\rho}=\frac{6\ 900\ 000\ \text{Pa}-450\ 000\ \text{Pa}}{9.8\ \frac{\text{m}}{\text{s}^2}\times 71.3\ \frac{\text{kg}}{\text{m}^3}}=9\ 230\ \text{m} \tag{2}$$

托马汽蚀系数可以用式（1）和式（2）计算

$$\sigma=\frac{H_{\text{sr}}}{H}=\frac{514\ \text{m}}{9\ 230\ \text{m}}=0.055\ 7 \tag{3}$$

使用图 10－4 和由式（3）计算的托马汽蚀系数，可以确定泵的比转速的上限值约为 $n_s=0.5$。此外，泵必须以 21.4 kg/s 的流速或当量体积流速输送氢气，因此其体积流量为：

$$Q=\frac{\dot{m}}{\rho}=\frac{21.4}{71.3}=0.3\ \frac{\text{m}^3}{\text{s}} \tag{4}$$

由式（10－1）中泵的比转速定义和式（4）中氢的体积流量定义，可得叶轮轴在不产生汽蚀的条件下最大转速为

$$\omega=\frac{n_s(gH)^{3/4}}{\sqrt{Q}}=\frac{0.5\times\left(9.8\ \frac{\text{m}}{\text{s}^2}\times 9\ 230\ \text{m}\right)^{3/4}}{\sqrt{0.3\ \frac{\text{m}^3}{\text{s}}}}=4\ 760\ \frac{\text{rad}}{\text{s}}=45\ 500\ \text{r/min} \tag{5}$$

泵的比转速也可以与图 10－5 结合使用，以确定将泵效率最大化时的比直径。对该图的研究显示，在比直径 $d_s=5.2$ 的弗朗西斯泵中，泵效率可以达到 $\eta_s=80\%$，利用式（10－1）的比直径定义，可以确定泵的叶轮直径为

$$D=\frac{d_s\sqrt{Q}}{(gH)^{1/4}}=\frac{5.2\times\sqrt{0.3\ \frac{\text{m}^3}{\text{s}}}}{\left(9.8\ \frac{\text{m}}{\text{s}^2}\times 9\ 230\ \text{m}\right)^{1/4}}=0.164\ \text{m}=16.4\ \text{cm} \tag{6}$$

驱动泵所需的功率可以使用式（10－6）中的效率定义来确定，如下所示

$$W=\frac{Q(P_e-P_a)}{\eta_s}=\frac{0.3\ \frac{\text{m}^3}{\text{s}}(6.9\ \text{MPa}-0.45\ \text{MPa})}{0.8}=2.42\ \text{MW} \tag{7}$$

10.3 涡轮的特性

涡轮泵涡轮部分的主要作用是提供驱动推进剂泵所需的动力。推进剂在核反应堆内的特殊流动回路中被汽化和加热，涡轮通过从全部或部分推进剂中获取能量来提供动力，通过一组旋转的涡轮叶片，推进剂气体的热能在涡轮组件中转化为动能。大多数涡轮泵的涡轮都是轴流型的，在轴流型涡轮中，推进剂的进出口流动平行于旋转轴。在某些情况下，特别是高轴速时，可以使用径向流涡轮，此时流体沿着旋转轴进入涡轮，通过周向出口离开涡轮。这两种类型的涡轮如图 10－6 所示。

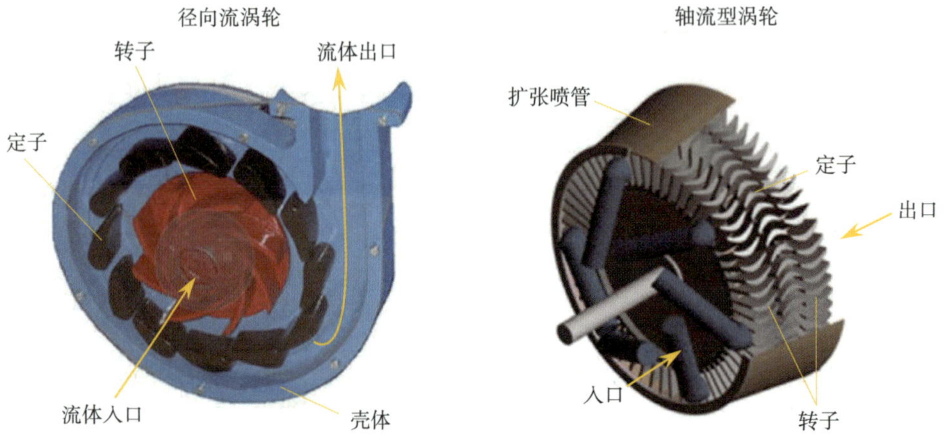

图 10－6　涡轮设计构型

在轴流型涡轮中，涡轮叶片的设计取决于从推进剂中提取能量的方法，通常来说，涡轮叶片被设计成以下两种方式中的一种，即冲击式涡轮或反力式涡轮。

在冲击式涡轮中，推进剂的焓通过固定的渐缩或渐扩喷管组件转化为动能，该喷管组件将推进剂引导至附着在主涡轮泵轴上的一组涡轮叶片上。当推进剂撞击涡轮叶片时，推进剂的大小和方向发生改变，动量转移到涡轮叶片上，推动叶片旋转，旋转的涡轮叶片带动主轴，主轴与推进剂泵直接或通过齿轮箱相连。在冲击式涡轮中，大部分压降发生在固定喷管组件中，而不是发生在旋转涡轮叶片中。

在反力式涡轮中，推进剂的焓在旋转的渐缩或渐扩喷管组件中转化为动能，这些喷管组件附着在主轴上。对于这类涡轮，推进剂从涡轮叶片喷管组件中高速流出，驱动涡轮轴反向旋转。与冲击式涡轮一样，主轴直接与推进剂泵相连，或通过齿轮箱与推进剂泵相连，在反力式涡轮中，大部分压降发生在构成涡轮叶片的旋转喷管组件中。图 10－7 展示了冲击式涡轮和反力式涡轮的区别。

在涡轮泵的涡轮部分，推进剂通常是气态的，因此不像泵部分那样存在汽蚀问题。然而，由于气体推进剂的密度比液体推进剂低很多，但又希望涡轮以最高的效率运行，因此推进剂通过涡轮的体积流量通常会高于泵组件中的，特别是如果需要全部推进剂都通过涡轮的情况。较高的推进剂体积流量通常要求涡轮转子在高转速下运行，此时离心力会导致转子组件具有很高的应力水平。在某些情况下，因为高应力水平的存在，不得不以低于最佳的转子速度运行涡轮，以保证转盘和叶片根部的应力降低到可以接受的值。应力是转子的转速、转子密度和转子几何形状的函数，可以用如下形式的方程表示

$$\sigma = \xi S \rho_r \omega^2 R^2 \tag{10-7}$$

式中　σ ——转子应力；

ρ_r ——转子材料的密度；

S ——转子的几何因子；

ξ ——安全系数。

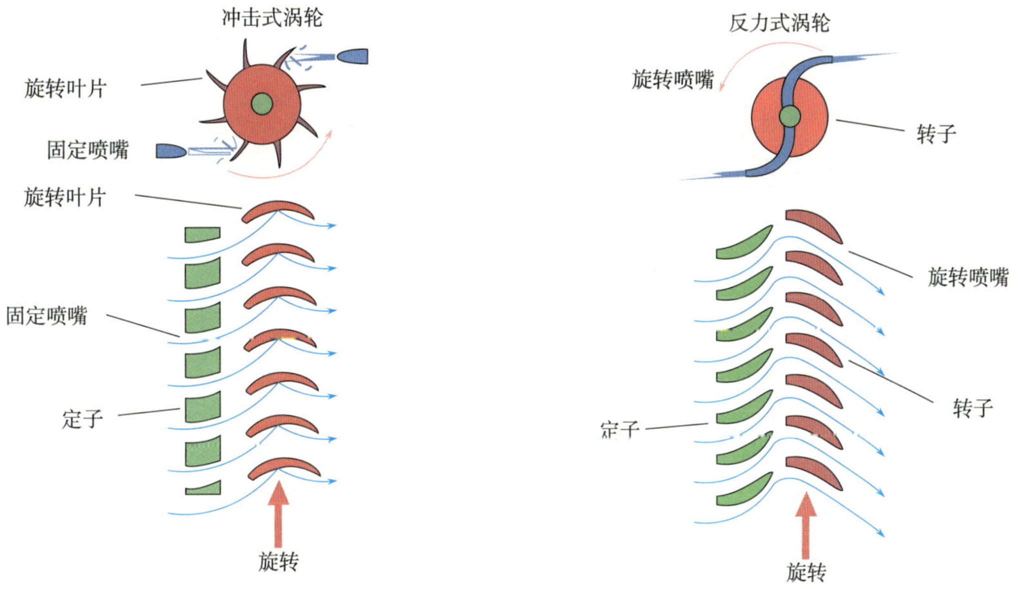

图 10－7　涡轮叶片结构

轴流型涡轮的典型转子几何应力因子如图 10－8 所示[3]，径向流涡轮的典型转子几何应力因子如图 10－9 所示[4]。

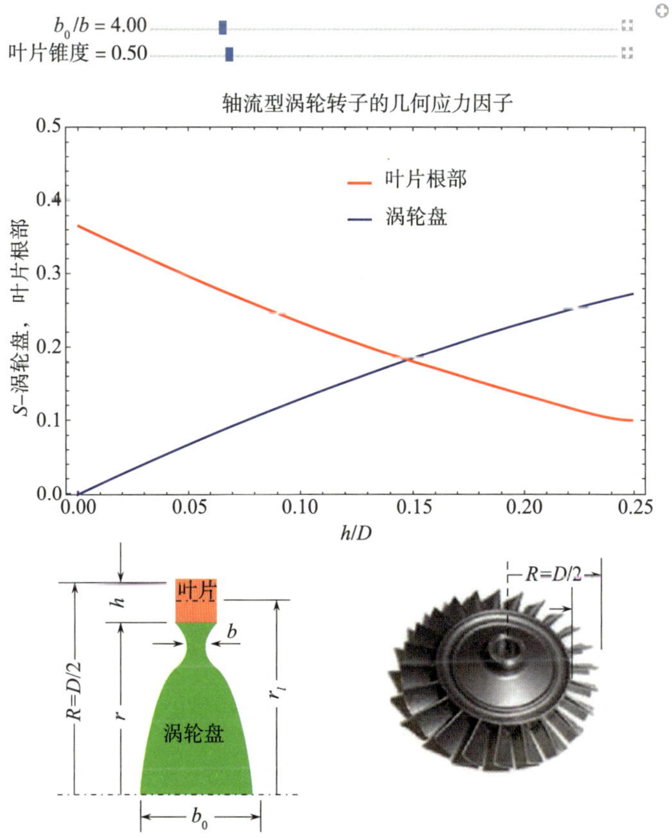

图 10－8　轴流型涡轮应力因子

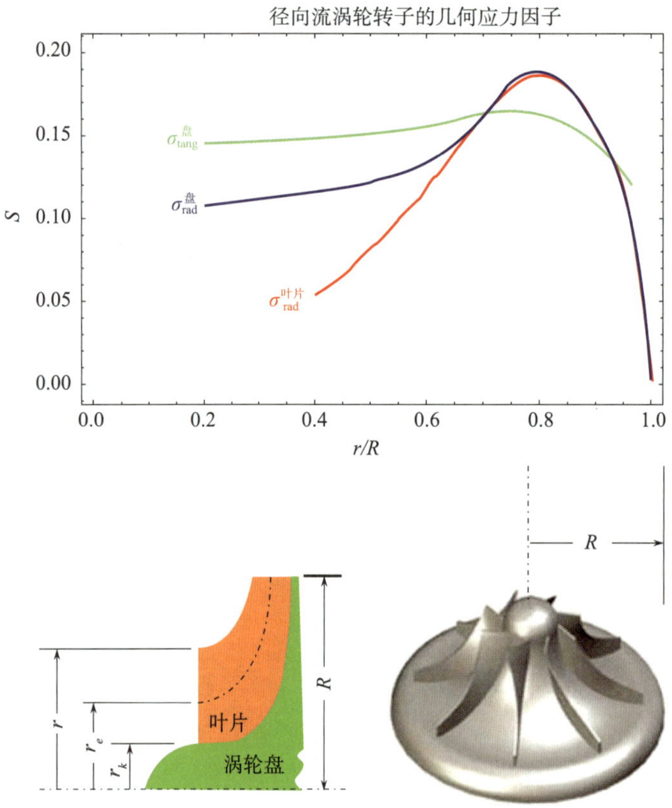

图 10－9　径向流涡轮应力因子

从图 10－8 中可以看出，当 h/D 比较小时，需要较大的 b_0/b 比来降低叶片应力，而在 h/D 比较大时，需要较小的涡轮叶片锥度来降低涡轮叶片根部的应力。

从图 10－9 中可以观察到，在径向流涡轮中，除了 r/R 的比值在 0.7～0.9 之间的情况外，切向应力都大于径向应力，而在该区间范围内，涡轮叶片和盘的径向应力占主导地位，并且在 r/R 比约为 0.8 时 S 值最大，为 0.19。

与泵效率的情况一样，涡轮效率通常可以在单个等高线图上表示为比转速和比直径的函数，如图 10－10 所示[5]。然而，由于涡轮泵的涡轮运行在压缩效应比较显著的区域，因此计算比速度和比直径时必须合理选择参考条件。一般情况下，涡轮出口的条件比较明确，因此该位置常作为计算涡轮参考条件的基础，由于前面对不可压缩流体定义的扬程是单位质量流体所具有的能量，因此可压缩流体中扬程的等效表达式可由以下公式给出

$$H=\frac{h_{\text{in}}-h_{\text{out}}}{g}=c_p\frac{T_{\text{in}}-T_{\text{out}}}{g} \tag{10-8}$$

式中　h_{in}——进入涡轮的流体的焓；

h_{out}——离开涡轮的流体的焓。

一旦确定了涡轮效率，就可以计算出用于运行泵的轴功率。涡轮产生的轴功率与涡轮

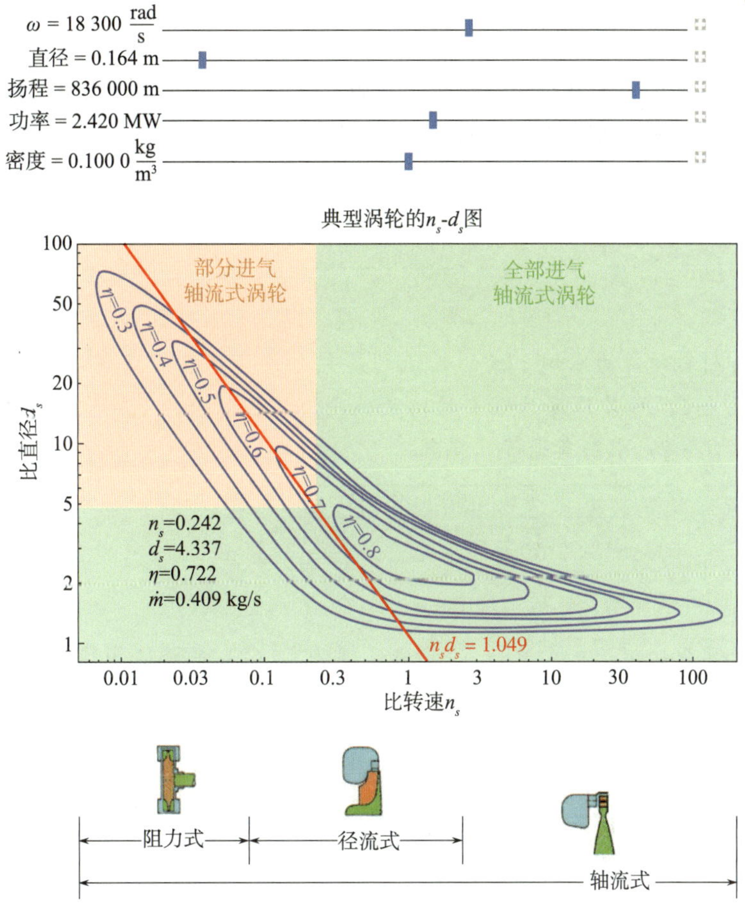

图 10－10　典型的涡轮性能特征

的效率、通过涡轮的推进剂流量，以及涡轮进出口之间推进剂的焓变成正比，可以用如下形式的方程表示

$$W=\eta_t(n_s,d_s)\dot{m}(h_{\text{in}}-h_{\text{out}})=\eta_t(n_s,d_s)Q\rho_f(h_{\text{in}}-h_{\text{out}}) \tag{10-9}$$

式中　η_t ——涡轮效率；

ρ_f ——离开涡轮的流体密度。

例题

上例所述的泵将用于热排气循环的核火箭发动机，从反应堆中排出的热氢气的温度和压力分别为 800 K 和 6.9 MPa，可用于驱动涡轮，从涡轮排出的废气被输送到压力为 0.1 MPa 的发动机喷管。涡轮转子组件的材料在设计条件下的屈服应力为 1 000 MPa，密度为 2 000 kg/m³，圆盘厚度锥度为 4，叶片锥度为 0.5。

假设安全系数为 1.2，请估计涡轮组件的设计参数，该涡轮组件将用于驱动上例中的氢泵。请确定最优的涡轮转子 h/D 比、所需的氢气排气流量、涡轮与泵之间的传动比，以及涡轮效率。

解答

首先利用涡轮入口和出口的焓值确定涡轮的绝热扬程。由于入口温度和压力以及出口压力都是已知的，因此可以确定入口和出口的焓值分别为 11 285 kJ/kg 和 3 094 kJ/kg，出口流体密度为 0.1 kg/m^3。通过这两个焓值，可用式（10－8）计算涡轮绝热扬程

$$H=\frac{h_{\text{in}}-h_{\text{out}}}{g}=\frac{11\ 285\ 000\ \frac{\text{J}}{\text{kg}}-3\ 094\ 000\ \frac{\text{J}}{\text{kg}}}{9.8\ \frac{\text{m}}{\text{s}^2}}=836\ 000\ \text{m} \tag{1}$$

其次确定与材料的应力限制一致的转子的最大允许角速度。从图 10－8 中可以看出，当转子厚度锥度为 4，叶片锥度为 0.5 时，最小几何应力因子为 $S=0.185$，其中 $h/D=0.15$。变换式（10－7）求解角速度，得到

$$\omega=\sqrt{\frac{\sigma}{S\rho_r\xi\left(\frac{D}{2}\right)^2}}=\sqrt{\frac{1\ 000\ 000\ 000\ \text{Pa}}{0.185\times 2\ 000\ \frac{\text{kg}}{\text{m}^3}\times 1.2\times\left(\frac{0.164}{2}\right)^2\ \text{m}^2}}=18\ 300\ \frac{\text{rad}}{\text{s}}=115\ 000\ \text{r/min} \tag{2}$$

利用前面计算泵的例子中式（4）的泵角速度和式（2）的涡轮角速度，可以得到涡轮与泵的传动比为

$$\text{传动比}=\frac{\omega_{\text{turbine}}}{\omega_{\text{pump}}}=\frac{18\ 300}{4\ 760}=3.84 \tag{3}$$

比转速和比直径也可以从前面计算泵的例子中采用式（1）、（2）、（6）的结果来确定，得出

$$n_s=\frac{\omega\sqrt{Q}}{(gH)^{3/4}}=\frac{18\ 300\ \frac{\text{rad}}{\text{s}}\sqrt{Q\ \frac{\text{m}^3}{\text{s}}}}{\left(9.8\ \frac{\text{m}}{\text{s}^2}\times 836\ 000\ \text{m}\right)^{3/4}}=0.119\ 5\sqrt{Q} \tag{4}$$

和

$$d_s=\frac{D(gH)^{1/4}}{\sqrt{Q}}=\frac{0.164\ \text{m}\times\left(9.8\ \frac{\text{m}}{\text{s}^2}\times 836\ 000\ \text{m}\right)^{1/4}}{\sqrt{Q\ \frac{\text{m}^3}{\text{s}}}}=\frac{8.774}{\sqrt{Q}} \tag{5}$$

将式（4）和式（5）代入式（10－9），就可以将可用轴功率表达为推进剂体积流量的函数

$$\begin{aligned}W&=\eta_t\left[n_s(Q),d_s(Q)\right]Q\rho(h_{\text{in}}-h_{\text{out}})=2\ 420\ 000\ \text{W}\\&=\eta_t\left[0.119\ 5\sqrt{Q},\frac{8.774}{\sqrt{Q}}\right]Q\ \frac{\text{m}^3}{\text{s}}\times 0.101\ 5\ \frac{\text{kg}}{\text{m}^3}\left(11\ 285\ 000\ \frac{\text{J}}{\text{kg}}-3\ 094\ 000\ \frac{\text{J}}{\text{kg}}\right)\\&\Rightarrow\eta_t\left[0.119\ 5\sqrt{Q},\frac{8.774}{\sqrt{Q}}\right]Q=2.910\ 8\end{aligned} \tag{6}$$

涡轮功率关系式（6）可迭代求解得到涡轮推进剂体积流量 $Q=4.09\ \text{m}^3/\text{s}$，知道了涡轮的质量流量，就可以计算出涡轮的比转速、比直径和涡轮效率。上述计算可以迭代执行，也可以通过图 10－10 中的计算器自动执行。根据体积流量，计算质量流量

$$\dot{m}=\rho_f Q=0.1\ \frac{\text{kg}}{\text{m}^3}\times 4.09\ \frac{\text{m}^3}{\text{s}}=0.409\ \frac{\text{kg}}{\text{s}} \tag{7}$$

利用前面得到的体积流量，可以由式（4）和式（5）计算出比转速和比直径

$$n_s=0.1195\sqrt{Q}=0.1195\sqrt{4.09}=0.242 \tag{8}$$

和

$$d_s=\frac{8.774}{\sqrt{Q}}=\frac{8.774}{\sqrt{4.09}}=4.337 \tag{9}$$

利用图 10－10，再根据式（8）和式（9）确定的比转速和比直径，可以得到涡轮效率为 72%。

参考文献

[1] Karassik IJ，Messina JP，Cooper P，Heald CC. Pump handbook. 4th ed. McGraw－Hill.；2008.

[2] Balje OE. A study on design criteria and matching of turbomachines—part B. J Eng Power ASME. Trans January 1962；84（1）：83.

[3] Balje OE. Turbomachines—a guide to design，selection，and theory. John Wiley &amp；Sons，Inc.；1981，ISBN 0－471－06036－4. p. 61.

[4] Schilhansl MJ. Stress analysis of radial flow rotor. J Eng Power ASME. Trans January 1962；84（1）：124.

[5] Balje OE. A study on design criteria and matching of turbomachines—part A J Eng Power ASME. Trans January 1962；84（1）：83.

习　题

1. 要为膨胀器循环核火箭发动机设计一个氢涡轮泵，推进剂供应系统给泵的入口压力为 0.5 MPa，液氢以 10 kg/s 的质量流量输送到发动机系统，泵叶轮和涡轮转子应具有相同的直径，并且应具有相同的转速。根据上述条件，确定以下涡轮泵参数。

—涡轮泵的涡轮入口氢气温度；

—反应堆入口氢气温度；

—泵功率；

—涡轮泵的涡轮效率；

—涡轮泵的泵效率；

—主轴转速；

—泵叶轮和涡轮转子的直径。

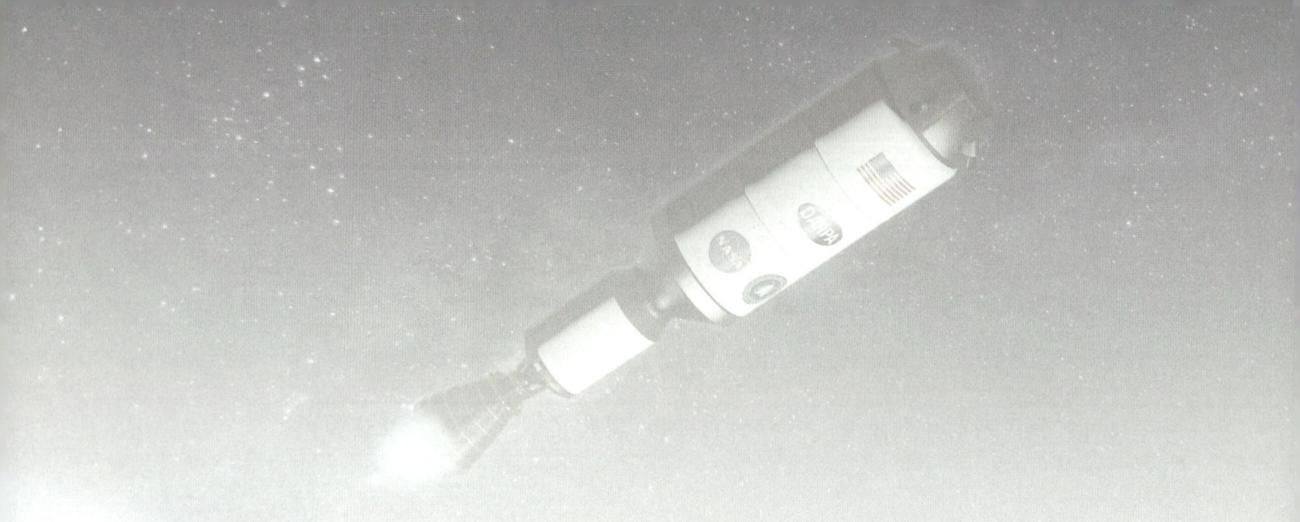

第11章

核反应堆动力学

11.1 点堆动力学方程的推导

在核反应堆稳态运行期间，中子产生率和中子消失率处于精确平衡状态。如果中子产生率和消失率不平衡，即反应堆的有效增殖因子 k_{eff} 不等于1，反应堆的功率水平就不会保持不变，而是在一个与中子产生率有关的周期内呈指数上升或衰减。假设本次中子产生和下一次中子产生之间的时间间隔为0.000 05 s，而中子产生率仅比中子消失率高0.1%，那么反应堆功率水平仅在1 s内就会增加近5亿倍！显然，如果中子产生率是控制反应堆运行的唯一因素，那么反应堆就会非常难以控制。幸运的是，还有其他因素在起作用，使反应堆的控制变得不那么困难。

事实上，中子的产生不仅直接来自裂变（称为瞬发中子），还间接来自某些裂变产物核素，这些核素通过放射性衰变释放中子。这些衰变中子（称为缓发中子）在裂变产物产生后的几秒到几分钟内发射出来，对于实现核反应堆的实际控制至关重要。如果仅考虑瞬发中子时反应堆是亚临界的，但考虑包括了缓发中子后的总中子产生速率时反应堆是超临界的，那么就证明，缓发中子将控制反应堆瞬态的变化率。因此，缓发中子将使反应堆的周期由微秒提升到分钟——分钟级别的变化率很容易通过传统的控制系统进行控制。

为了确定这些缓发中子是如何控制反应堆瞬态速率的，首先写出以时间为变量的单能量群中子平衡方程，其中带有新增的缓发中子项

$$\frac{\mathrm{d}n}{\mathrm{d}t}=\underbrace{D\nabla^2\phi}_{\text{中子泄漏}}-\underbrace{\Sigma_a\phi}_{\text{中子吸收}}+\underbrace{(1-\beta)\nu\Sigma_f\phi}_{\text{瞬发裂变中子}}+\underbrace{\sum_{i=1}^{6}\lambda_i C_i}_{\text{缓发中子产物}} \tag{11-1}$$

式中 β——通过中子发射衰变产生的裂变核素的总产额；

λ_i——第 i 组缓发中子先驱核衰变常数；

C_i ——第 i 组缓发中子先驱核浓度。

式（11－1）中，并未指明通过衰变发射中子的裂变产物核素的具体种类，而是将其分为若干组，称为缓发中子先驱核，每组都包含衰变常数相近的实际核素。研究发现，采用 6 组缓发中子先驱核足以准确描述几乎所有与时间相关的反应堆瞬态特性。

之前提到

$$\phi = nV,\ D\nabla^2\phi = -DB^2\phi \tag{11-2}$$

将式（11－2）代入式（11－1），重新排列项得到

$$\begin{aligned}\frac{\mathrm{d}n}{\mathrm{d}t} &= V\nu\Sigma_f\left[-\frac{DB^2+\Sigma_a}{\nu\Sigma_f}+(1-\beta)\right]n+\sum_{i=1}^{6}\lambda_i C_i \\ &= \underbrace{V\nu\Sigma_f}_{\frac{1}{\Lambda}}\Bigg[\underbrace{1-\frac{1}{k_{\text{eff}}}}_{\rho}-\beta\Bigg]n+\sum_{i=1}^{6}\lambda_i C_i = \frac{\rho-\beta}{\Lambda}n+\sum_{i=1}^{6}\lambda_i C_i\end{aligned} \tag{11-3}$$

式中　Λ ——瞬发中子寿命；

ρ ——反应性。

要理解瞬发中子寿命 Λ，应先回顾前面章节中提到的 $\dfrac{1}{\Sigma_x}$，这个量表示中子在经历两次 x 类型反应期间所穿行的平均距离。在本章节中，$\dfrac{1}{\nu\Sigma_f}$ 表示中子从由原子核裂变产生到被另一个原子核吸收并引发裂变期间所穿行的平均距离。用这一平均距离除以中子平均速度 V，即可得到瞬发中子寿命，这个寿命就是中子在裂变事件中产生和随后被另一个原子核重新吸收导致另一个裂变事件发生的时间间隔。

反应性 ρ 可以被认为是瞬时裂变净中子产生率（即产生减消失）与中子产生率之比。因此，当反应堆处于亚临界时，其反应性为负，当反应堆正好处于临界时，其反应性为零，当反应堆处于超临界时，其反应性为正。

注意，如果不加入描述缓发中子先驱核浓度随时间变化的方程，式（11－3）就不能求解。求解缓发中子先驱核浓度的方程可基于速率方程得到，该速率方程指定通过裂变相互作用产生先驱核素的净速率减去自身放射性衰变并发射中子导致的消失率。方程如下

$$\frac{\mathrm{d}C_i}{\mathrm{d}t} = \beta_i\nu\Sigma_f\phi-\lambda_i C_i = \beta_i\underbrace{V\nu\Sigma_f}_{\frac{1}{\Lambda}}n-\lambda_i C_i = \frac{\beta_i}{\Lambda}n-\lambda_i C_i,\quad \beta=\sum_{i=1}^{6}\beta_i \tag{11-4}$$

式（11－3）和式（11－4）被称为点堆动力学方程，因为它们不包含任何与空间相关的项。点堆动力学方程所包含的一个重要基本假设是中子通量密度的分布在功率瞬态变化过程中保持恒定。为了求解点堆动力学方程，假设方程的解具有如下形式

$$n(t) = n_0\mathrm{e}^{\omega t} \Rightarrow \frac{\mathrm{d}n}{\mathrm{d}t} = \omega n_0\mathrm{e}^{\omega t} \tag{11-5}$$

$$C_i(t) = C_i^0\mathrm{e}^{\omega t} \Rightarrow \frac{\mathrm{d}C_i}{\mathrm{d}t} = \omega C_i^0\mathrm{e}^{\omega t} \tag{11-6}$$

将式（11－5）和式（11－6）代入式（11－4），可得

$$\omega C_i^0 e^{\omega t}=\frac{\beta_i}{\Lambda}n_0 e^{\omega t}-\lambda_i C_i^0 e^{\omega t}\Rightarrow C_i^0=\frac{\beta_i}{\Lambda(\omega+\lambda_i)}n_0 \tag{11-7}$$

式中　ω——反应堆时间常数。

将式（11－5）、式（11－6）和式（11－7）代入式（11－3），可以得到

$$\begin{aligned}\omega n_0 e^{\omega t}&=\frac{\rho-\beta}{\Lambda}n_0 e^{\omega t}+\sum_{i=1}^{6}\lambda_i\frac{\beta_i}{\Lambda(\omega+\lambda_i)}n_0 e^{\omega t}\\ \Rightarrow\omega\Lambda&=\rho-\sum_{i=1}^{6}\beta_i+\sum_{i=1}^{6}\lambda_i\frac{\beta_i}{(\omega+\lambda_i)}\end{aligned} \tag{11-8}$$

变换式（11－8）各项求解反应物，得到的方程称为倒时方程

$$\rho=\omega\Lambda+\sum_{i=1}^{6}\frac{\omega\beta_i}{\omega+\lambda_i} \tag{11-9}$$

倒时方程之所以得名，是因为在核技术的早期，ω 的值采用小时的倒数作为单位。事实证明，这个方程非常有用，主要在于其提供了一种简单的方法，可以将核反应堆的材料性质与反应堆周期联系起来。从数学上讲，倒时方程是一个将中子密度关于时间的函数表示为 7 个与 ω 相关的项的线性组合

$$n(t)=A_0 e^{\omega_0 t}+A_1 e^{\omega_1 t}+\cdots+A_6 e^{\omega_6 t} \tag{11-10}$$

表 11－1 列出了^{235}U 的缓发中子数据[1]。这些数据在一定程度上与中子能谱相关，并适用于热中子谱。

表 11－1　^{235}U 的缓发中子数据

组别	衰变常数 λ /s^{-1}	裂变产额
1	0.012 4	0.000 22
2	0.030 5	0.001 42
3	0.111	0.001 27
4	0.301	0.002 57
5	1.14	0.000 75
6	3.01	0.000 27
复合值	0.076 4	0.006 5

利用^{235}U 的缓发中子数据，可以求解各种反应性的倒时方程。需要注意的是，所有情况下，有 6 个时间常数始终为负，这意味着这些瞬态项的影响将在迭代一段时间后消失。根据问题中时间常数的不同，这一时间范围可以持续几毫秒到几十秒不等。另一方面，第七个时间常数（ω_0）可以是正的，也可以是负的，这取决于反应堆的状态处于超临界（即 $\rho>0\rightarrow\omega_0>0$）还是亚临界（$\rho<0\rightarrow\omega_0<0$）。如果 $\rho=0$，反应堆正好是临界的，$\omega_0=0$，表明在其他 6 个瞬态项的影响逐渐消失后，反应堆的功率将稳定到一个恒定值。图 11－1 给出了倒时方程的解，从中可以看到不同阶跃反应性变化对 7 个时间常数的影响。请注意，由于计算出的时间常数相差几个数量级，因此在图中不得不使用非线性的横坐标。

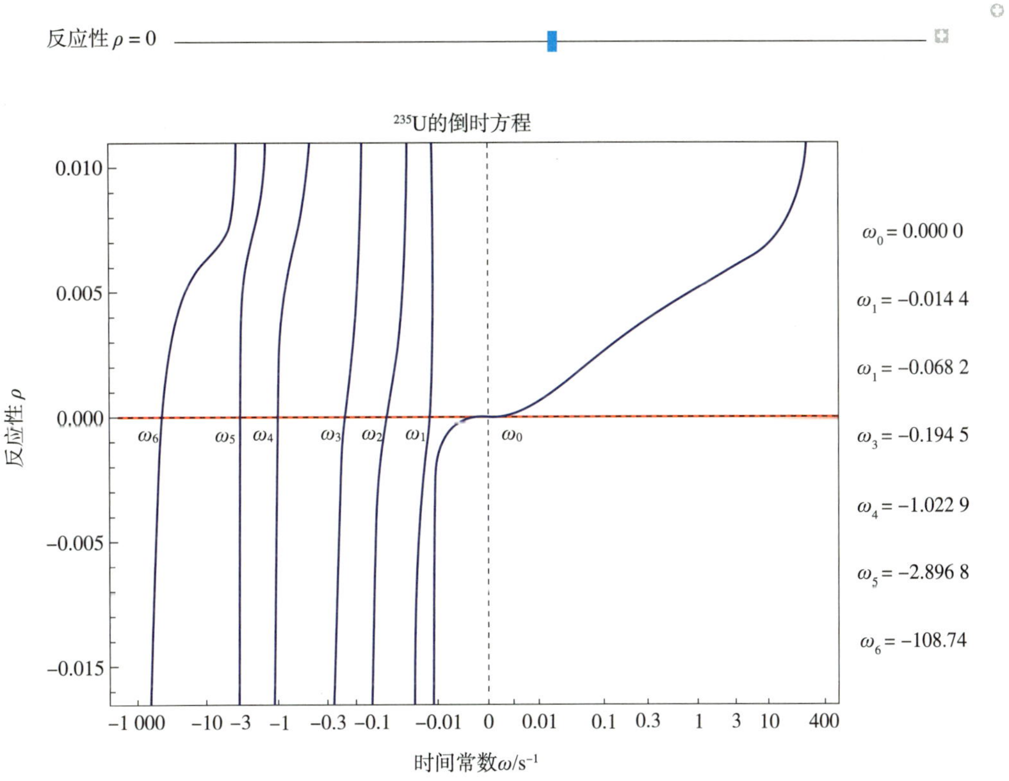

图 11－1　倒时方程

11.2　点堆动力学方程的求解

为了进一步了解反应堆的动力学行为，将只对一组缓发中子的点堆动力学方程进行求解，这组缓发中子代表前面描述的六组缓发中子（每一组代表数十个发射中子的核素）的复合值[1]。采用一组缓发中子，点堆动力学方程式（11－3）和式（11－4）变为

$$\frac{\mathrm{d}n}{\mathrm{d}t}=\frac{\rho-\beta}{\Lambda}n+\lambda C \tag{11-11}$$

$$\frac{\mathrm{d}C}{\mathrm{d}t}=\frac{\beta}{\Lambda}n-\lambda C \tag{11-12}$$

式中

$$\frac{1}{\lambda}=\frac{1}{\beta}\sum_{i=0}^{6}\frac{\beta_i}{\lambda_i}$$

假设反应性是以阶跃方式引入（即 ρ 不是时间相关函数），并且中子密度和缓发中子先驱核浓度的瞬态响应具有以下形式

$$n(t)=n_0\mathrm{e}^{\omega t}\Rightarrow\frac{\mathrm{d}n}{\mathrm{d}t}=\omega n_0\mathrm{e}^{\omega t}=\omega n \tag{11-13}$$

$$C(t)=C_0\mathrm{e}^{\omega t}\Rightarrow\frac{\mathrm{d}C}{\mathrm{d}t}=\omega C_0\mathrm{e}^{\omega t}=\omega C \tag{11-14}$$

把这些假设应用到式（11－11）和式（11－12）表示的点堆动力学方程中，可得

$$\omega n=\frac{\rho-\beta}{\Lambda}n+\lambda C \tag{11-15}$$

$$\omega C=\frac{\beta}{\Lambda}n-\lambda C \tag{11-16}$$

将式（11－15）和式（11－16）写成矩阵形式以求解中子密度和缓发中子先驱核浓度

$$\begin{bmatrix}\left(\omega-\frac{\rho-\beta}{\Lambda}\right) & -\lambda \\ -\frac{\beta}{\Lambda} & (\omega+\lambda)\end{bmatrix}\begin{bmatrix}n \\ C\end{bmatrix}=0 \tag{11-17}$$

为了使中子密度和缓发中子先驱核浓度有非零解，式（11－17）中矩阵的行列式必须等于零，因此

$$\left(\omega-\frac{\rho-\beta}{\Lambda}\right)(\omega+\lambda)-\frac{\beta\lambda}{\Lambda}=\omega^2-\left(\frac{\rho-\beta}{\Lambda}-\lambda\right)\omega-\frac{\rho\lambda}{\Lambda}=0 \tag{11-18}$$

式（11－18）是一个关于 ω 的二次表达式，对其求解后可得到两个时间常数值，分别为

$$\omega_1=\frac{1}{2}\left(\frac{\rho-\beta}{\Lambda}-\lambda\right)+\frac{1}{2}\sqrt{\left(\frac{\rho-\beta}{\Lambda}-\lambda\right)^2+4\frac{\rho\lambda}{\Lambda}} \tag{11-19}$$

$$\omega_2=\frac{1}{2}\left(\frac{\rho-\beta}{\Lambda}-\lambda\right)-\frac{1}{2}\sqrt{\left(\frac{\rho-\beta}{\Lambda}-\lambda\right)^2+4\frac{\rho\lambda}{\Lambda}} \tag{11-20}$$

注意，当 ρ 为正值时，ω_1 始终是正的，而 ω_2 始终是负的。还要注意，如果 ρ 为负值，ω_1 和 ω_2 都会是负的。变换式（11－16）可以看到，缓发中子先驱核浓度 C 与中子密度 n 的关系如下

$$C=\frac{\beta}{\Lambda(\omega+\lambda)}n \tag{11-21}$$

将式（11－19）和式（11－20）给出的时间常数代入式（11－13）和式（11－21）表示的缓发中子先驱核浓度与中子密度的关系式，可以得到

$$n=A_1e^{\omega_1 t}+A_2e^{\omega_2 t},\ C=A_1\frac{\beta}{\Lambda(\omega_1+\lambda)}e^{\omega_1 t}+A_2\frac{\beta}{\Lambda(\omega_2+\lambda)}e^{\omega_2 t} \tag{11-22}$$

除非 ρ 值与 β 接近，否则其中一个时间常数的数值总是很大，而另一个时间常数的数值总是很小。对于数值大的时间常数，$\omega_1\gg\frac{\rho\lambda}{\Lambda}$，同时有 $\frac{\rho-\beta}{\Lambda}\gg\lambda$，则式（11－19）可以化简为

$$\omega_1\approx\frac{1}{2}\left(\frac{\rho-\beta}{\Lambda}-\lambda\right)+\frac{1}{2}\sqrt{\left(\frac{\rho-\beta}{\Lambda}-\lambda\right)^2}\approx\frac{\rho-\beta}{\Lambda} \tag{11-23}$$

对于数值小的时间常数，$\omega_2\ll\frac{\rho\lambda}{\Lambda}$，$\omega_2\ll\lambda$，则式（11－20）可化简为

$$\begin{aligned}&\omega_2=\frac{1}{2}\left(\frac{\rho-\beta}{\Lambda}-\lambda\right)-\frac{1}{2}\sqrt{\left(\frac{\rho-\beta}{\Lambda}-\lambda\right)^2+4\frac{\rho\lambda}{\Lambda}}\\&\Rightarrow\left[\omega_2-\frac{1}{2}\left(\frac{\rho-\beta}{\Lambda}-\lambda\right)\right]^2=\frac{1}{4}\left(\frac{\rho-\beta}{\Lambda}-\lambda\right)^2+\frac{\rho\lambda}{\Lambda}\end{aligned} \tag{11-24}$$

展开式（11-24）并忽略 ω_2^2 和 λ，可得

$$\omega_2^2-\omega_2\left(\frac{\rho-\beta}{\Lambda}-\lambda\right)+\frac{1}{4}\left(\frac{\rho-\beta}{\Lambda}-\lambda\right)^2=\frac{1}{4}\left(\frac{\rho-\beta}{\Lambda}-\lambda\right)^2+\frac{\rho\lambda}{\Lambda}$$
$$\Rightarrow-\omega_2\left(\frac{\rho-\beta}{\Lambda}\right)=\frac{\rho\lambda}{\Lambda}\Rightarrow\omega_2=\frac{\rho\lambda}{\beta-\rho} \tag{11-25}$$

将式（11-23）和式（11-25）计算得到的 ω_1 和 ω_2 值代入式（11-22），可得随时间变化的中子密度和缓发中子先驱核浓度，公式如下

$$n(t)=A_1\mathrm{e}^{\frac{\rho-\beta}{\Lambda}t}+A_2\mathrm{e}^{\frac{-\rho\lambda}{\rho-\beta}t} \tag{11-26}$$

$$C(t)=A_1\frac{\beta}{\rho-\beta}\mathrm{e}^{\frac{\rho-\beta}{\Lambda}t}-A_2\frac{\rho-\beta}{\Lambda\lambda}\mathrm{e}^{\frac{-\rho\lambda}{\rho-\beta}t} \tag{11-27}$$

令 $\rho=0$ 以及 $t=\infty$，利用式（11-26）和式（11-27）可以求得稳定运行时中子密度和缓发中子先驱核浓度之间的关系，因此核反应堆瞬态启动时（反应性阶跃变化前）的初始条件为

$$n(\infty)=A_2\text{ 和 }C(\infty)=A_2\frac{\beta}{\lambda\Lambda}\Rightarrow C_0=n_0\frac{\beta}{\lambda\Lambda} \tag{11-28}$$

在核反应堆瞬态启动时（即 $t=0$），利用式（11-28）表示的关系，式（11-26）和式（11-27）可变换为

$$n_0=A_1+A_2 \tag{11-29}$$

$$C_0=n_0\frac{\beta}{\Lambda\lambda}=A_1\frac{\beta}{\rho-\beta}-A_2\frac{\rho-\beta}{\Lambda\lambda} \tag{11-30}$$

联立式（11-29）和式（11-30）可求解未知量 A_1 和 A_2

$$A_1=\frac{\rho}{(\rho-\beta)+\dfrac{\Lambda\lambda\beta}{\rho-\beta}}n_0\approx\frac{\rho}{\rho-\beta}n_0 \tag{11-31}$$

$$A_2=\frac{-\beta+\dfrac{\Lambda\lambda\beta}{\rho-\beta}}{(\rho-\beta)+\dfrac{\Lambda\lambda\beta}{\rho-\beta}}n_0\approx\frac{-\beta}{\rho-\beta}n_0 \tag{11-32}$$

式中

$$\frac{\Lambda\lambda\beta}{\rho-\beta}\ll\rho-\beta$$

将式（11-31）和式（11-32）代入由式（11-26）和式（11-27）给出的中子密度和缓发中子先驱核浓度表达式，可得

$$n(t)\approx n_0\left[\frac{\rho}{\rho-\beta}\mathrm{e}^{\frac{\rho-\beta}{\Lambda}t}-\frac{\beta}{\rho-\beta}\mathrm{e}^{\frac{-\rho\lambda}{\rho-\beta}t}\right] \tag{11-33}$$

$$C(t)\approx n_0\left[\frac{\rho\beta}{(\rho-\beta)^2}\mathrm{e}^{\frac{\rho-\beta}{\Lambda}t}+\frac{\beta}{\Lambda\lambda}\mathrm{e}^{\frac{-\rho\lambda}{\rho-\beta}t}\right] \tag{11-34}$$

注意，ρ 与 β 相差很大是为了简化而求解 ω 近似值引入的假设，这意味当引入反应性与

β 接近时，式（11－33）和式（11－34）会变得非常不准确。不过在实际中引入这种量级的反应性是非常少见的。一般来说，随时间变化的点堆动力学表达式式（11－33）和式（11－34）所给出的中子密度和缓发中子先驱核浓度已足够准确。图 11－2 给出了基于^{235}U的一组缓发中子复合参数在各种阶跃变化下随时间的变化行为。

注意反应性通常以美元（\$）为单位，其中 \$1.00 表示反应性等于 β。

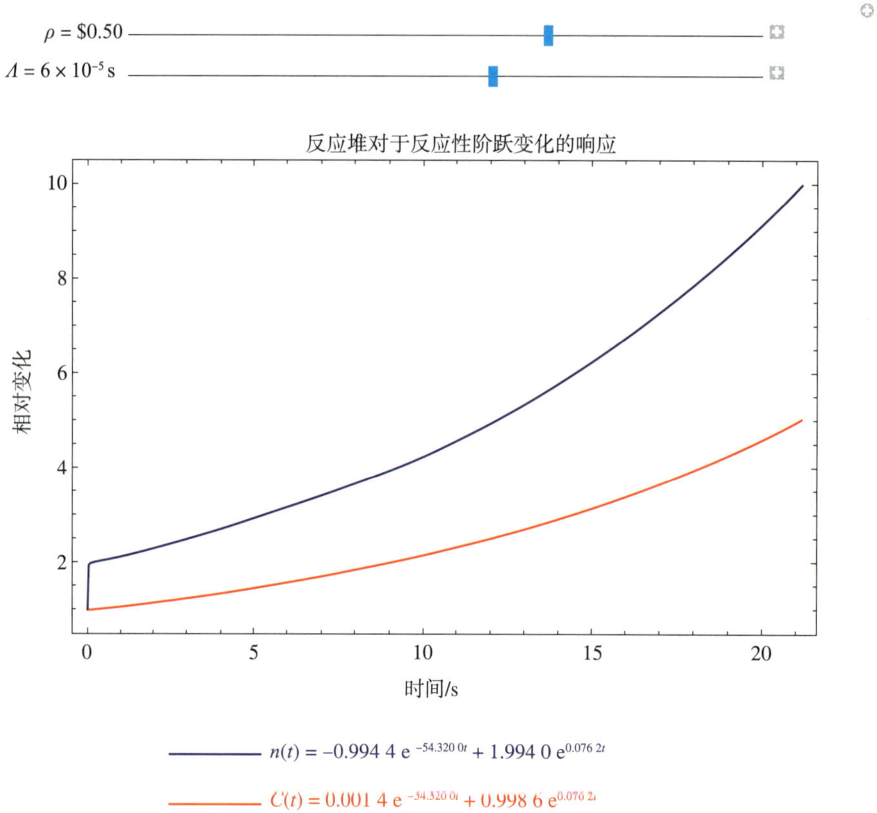

图 11－2　反应堆对于反应性阶跃变化的响应

还要注意在图 11－2 中，当反应性接近并超过 \$1.00 时，只要很短的时间中子密度（或中子通量/功率）就可以达到稳态水平许多倍。这是因为当引入反应性超过 \$1.00（即 $\rho > \beta$），反应堆进入一种瞬发超临界状态，即反应堆仅依靠瞬发中子就可达到临界状态。这种瞬发超临界状态是相当危险的，在正常情况下应该避免，因为功率水平变化如此之快的反应堆是极难控制的。因此，反应堆内引入的反应性大小通常很小。例如，仅 6¢的反应性引入就足以使反应堆功率在 2 min 内翻倍。

图 11－2 还显示了当引入小的正反应性时，中子密度首先会瞬间跳变，然后以慢得多的速率渐进地上升（称为渐进上升）。这种跳变称为瞬跳，是核失控的开始；不过由于引入的反应性小，反应堆仅靠瞬发中子无法维持临界状态，所以这种快速的核瞬态变化很快就会消失。随着反应性引入量的增加，跳变越来越大，越来越明显，直到 $\rho \geqslant \beta$，曲线中缓慢上升的部分完全消失。

一般来说，在快堆中瞬发中子寿命 Λ 较短，热堆中较长。从图中可以看出，随着 Λ 的减小，瞬跳进行的速率变快。这意味着快堆所采用的反应性控制系统必须相当稳健，因为在这些系统中的核反应堆失控发展会快很多。

11.3 衰变热的排放

从图 11-2 中可以看到，当核反应堆引入较大负反应性时，例如在停堆期间，反应堆功率不会立即降至零，而是按照一定周期渐进衰减，这个周期取决于引入负反应性的量。功率衰减的周期最终将趋近于寿命最长的缓发中子先驱核的衰减周期。即使缓发中子产生的裂变在停堆几分钟后逐渐消亡，裂变产物的放射性衰变仍将产生大量的热功率。如果反应堆在停堆前维持长时间高功率运行，则反应堆中会积累大量裂变产物，那么这些裂变产物衰变将持续几个小时或更长时间，释放大量的能量。幸运的是，对于核火箭中的反应堆来说，裂变产物衰变产生的能量不会太高，因为发动机点火时间相对较短，堆内积累裂变产物较少。

要精确计算裂变产物衰变产生的热量，需要对核火箭堆芯内各种核素分别建模，并细致分析其在不同位置的产生与衰变过程。

不过已有学者提出了相关经验公式，这些公式将裂变产物衰变产生的功率近似表示成一个关于反应堆停堆前运行时间和停堆后时间的函数。在反应堆停堆后的大部分时间内，这些经验关系通常可以达到 10%以内的精度；相比于需要细致分析各核素行为的精确计算方法，这些经验公式更方便使用。这些衰变热公式中最简单也是最准确的一个公式是由 Todreas 和 Kazimi[2] 提出的。这个公式指出了由 β 和 γ 辐射产生的衰变发热功率，可表示为

$$\frac{P_{\beta\gamma}(t)}{P_{fp}}=0.066\left[t^{-0.2}-(t_{fp}+t)^{-0.2}\right] \tag{11-35}$$

式中　$P_{\beta\gamma}(t)$——停堆后 t 秒时因 β 和 γ 衰变而产生的反应堆功率水平；

P_{fp}——反应堆满功率运行时的功率；

t——停堆后的时间，单位为 s；

t_{fp}——发动机在停堆前满功率运行的时间，单位为 s。

将式（11-33）中表示的缓发中子贡献的功率和式（11-35）中因 β 和 γ 衰变产生的功率相加，得到停堆后总衰变功率随时间的变化关系

$$P_{sd}(t)=P_{fp}\left\{\frac{\rho}{\rho-\beta}e^{\frac{\rho-\beta}{\Lambda}t}-\frac{\beta}{\rho-\beta}e^{\frac{-\rho\lambda}{\rho-\beta}t}+0.066\left[t^{-0.2}-(t_{fp}+t)^{-0.2}\right]\right\} \tag{11-36}$$

式中　$P_{sd}(t)$——停堆后 t 秒时的反应堆功率水平。

将瞬发中子寿命 Λ、缓发中子先驱核衰变常数 λ 和缓发中子先驱核裂变产额 β 的典型值代入，得到式（11-36）表示的停堆后的瞬态功率曲线如图 11-3 所示。值得注意的是，引入较大的负反应性时，反应堆功率很快下降到较低水平，但由于裂变产物衰变，反应堆仍然存在较为明显的剩余功率，功率大小取决于反应堆处于高功率状态的运行时间。

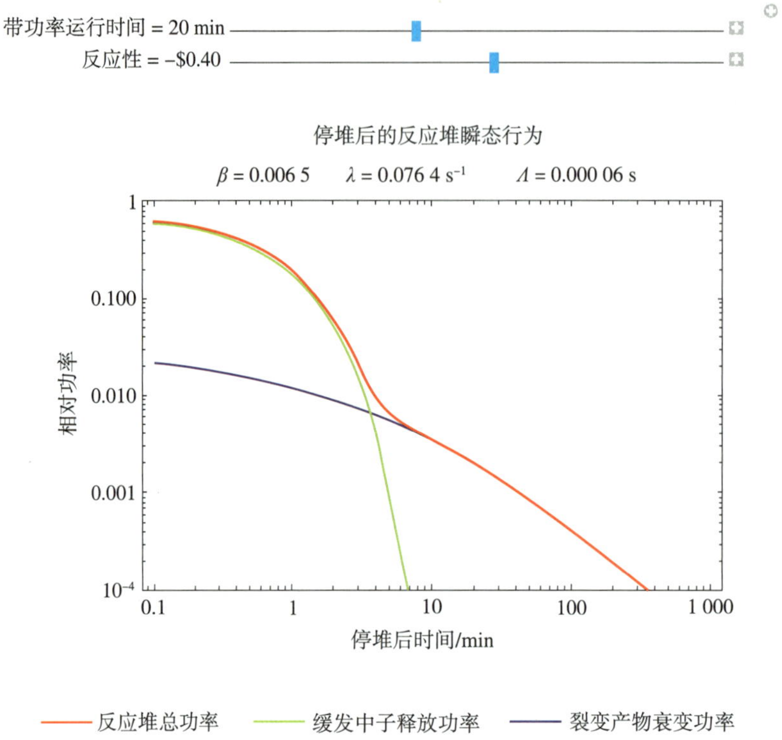

图 11－3　停堆后的反应堆功率

为了避免反应堆堆芯过热，这种持续产生的功率必须由反应堆系统来处理。目前排出核衰变热的可选方法有多种。

最简单的排出多余核衰变热的方法，是将一部分小流量的推进剂通入堆芯，从而避免堆芯温度升高至不可接受的水平。流出堆芯后，这部分升温后的推进剂大概率会排放到航天器外，这种方法的主要缺点是会浪费一部分有用的推进剂。或者也可以改进设计停堆系统，使升温后的推进剂直接通过小喷管排出，为航天器提供额外的推力。为了评估反应堆停堆冷却所需的推进剂量，将式（11－36）对停堆时间进行积分，得到冷却系统所必须排出的能量

$$
\begin{aligned}
Q(t) &= P_{fp}\int_0^t\left\{\frac{\rho}{\rho-\beta}e^{\frac{\rho-\beta}{\Lambda}t'}-\frac{\beta}{\rho-\beta}e^{\frac{-\rho\lambda}{\rho-\beta}t'}+0.066\left[t'^{-0.2}-(t_{fp}+t')^{-0.2}\right]\right\}dt' \\
&= P_{fp}\left\{\frac{\beta}{\lambda\rho}\left[e^{\frac{-\rho\lambda}{\rho-\beta}t}-1\right]+\frac{\Lambda\rho}{(\beta-\rho)^2}\left[e^{\frac{\rho-\beta}{\Lambda}t}-1\right]+0.082\,5\left[t^{0.8}+t_{fp}^{0.8}-(t_{fp}+t)^{0.8}\right]\right\}
\end{aligned}
\tag{11-37}
$$

式中　$Q(t)$——停堆后 t 秒内通过缓发中子裂变和裂变产物 β 和 γ 衰变释放的总能量。

假设停堆时间无限长，通过求式（11－37）在停堆时间趋于无穷大时的极限值，可得到缓发中子裂变和裂变产物 β 和 γ 衰变释放的总能量

$$
\begin{aligned}
Q_{sd} &= \lim_{t \to \infty} P_{fp} \left\{ \frac{\beta}{\rho\lambda} \left[e^{\frac{\lambda\rho}{\beta-\rho}t} - 1 \right] + \frac{\Lambda\rho}{(\beta-\rho)^2} \left[e^{\frac{\rho-\beta}{\Lambda}t} - 1 \right] + 0.0825 \left[t^{0.8} + t_{fp}^{0.8} - (t_{fp}+t)^{0.8} \right] \right\} \\
&= P_{fp} \left[0.0825 t_{fp}^{0.8} - \frac{\beta}{\rho\lambda} - \frac{\Lambda\rho}{(\beta-\rho)^2} \right]
\end{aligned} \tag{11-38}
$$

利用式（11－38）给出的停堆后所释放的能量来建立热平衡，可得到以下方程，以求解在停堆过程中控制燃料温度在可接受范围内所需的推进剂总流量

$$
\begin{aligned}
Q_{sd} &= P_{fp} \left[0.0825 t_{fp}^{0.8} - \frac{\beta}{\rho\lambda} - \frac{\Lambda\rho}{(\beta-\rho)^2} \right] = m_{dh} c_p (T_p^{\max} - T_p^{\text{tank}}) \\
\Rightarrow m_{dh} &= \frac{P_{fp} \left[0.0825 t_{fp}^{0.8} - \frac{\beta}{\rho\lambda} - \frac{\Lambda\rho}{(\beta-\rho)^2} \right]}{c_p (T_p^{\max} - T_p^{\text{tank}})}
\end{aligned} \tag{11-39}
$$

式中　$T_p^{\max}$——与燃料最高温度相对应的推进剂最高温度；

T_p^{tank}——推进剂贮箱中的推进剂温度；

m_{dh}——排放反应堆衰变热所需的推进剂质量；

c_p——推进剂的比热容。

为了确定排放反应堆衰变热所需推进剂占发动机整个运行期间消耗的推进剂总量的质量分数，首先需确定发动机满功率点火过程中消耗的推进剂质量。满功率运行所需推进剂质量可通过下式计算

$$
Q_{\text{tot}} = P_{fp} t_{fp} = m_{fp} c_p (T_p^{\max} - T_p^{\text{tank}}) \Rightarrow m_{fp} = \frac{P_{fp} t_{fp}}{c_p (T_p^{\max} - T_p^{\text{tank}})} \tag{11-40}
$$

式中　m_{fp}——发动机满功率运行时消耗的推进剂质量。

由式（11－39）和式（11－40）可以确定排放发动机停机后产生的衰变热所需的推进剂的质量分数

$$
f_{sd} = \frac{m_{dh}}{m_{dh} + m_{fp}} = \frac{0.0825 t_{fp}^{0.8} - \frac{\beta}{\rho\lambda} - \frac{\Lambda\rho}{(\beta-\rho)^2}}{t_{fp} + 0.0825 t_{fp}^{0.8} - \frac{\beta}{\rho\lambda} - \frac{\Lambda\rho}{(\beta-\rho)^2}} \tag{11-41}
$$

式中　f_{sd}——排放发动机停机后产生的衰变热所需推进剂的质量分数。

同样将瞬发中子寿命 Λ 、缓发中子先驱核衰变常数 λ 和缓发中子先驱核裂变产额 β 的典型值代入，由式（11－41）可得将堆芯温度保持在可接受水平所需的推进剂质量分数的表达式，质量分数与停堆时引入的反应性相关，如图 11－4 所示。需要注意的是，引入的负反应性越大，排放衰变热所需的推进剂占比越小，对于发动机工作时间短的情况尤其如此。

还应注意由式（11－41）得到维持堆芯温度所需的推进剂质量占比有些保守。这是因为忽略了从高温反应堆辐射到空间环境的能量损失。就这一点而言，如果能在核火箭发动机设计中融合空间辐射辐射器，那么有可能大幅减少甚至消除停堆后维持堆芯冷却所需的推进剂质量。当然，设计时必须权衡考虑采用辐射辐射器减少衰变热所需的推进剂质量的优势，以及因此增加的系统质量与复杂性带来的劣势。

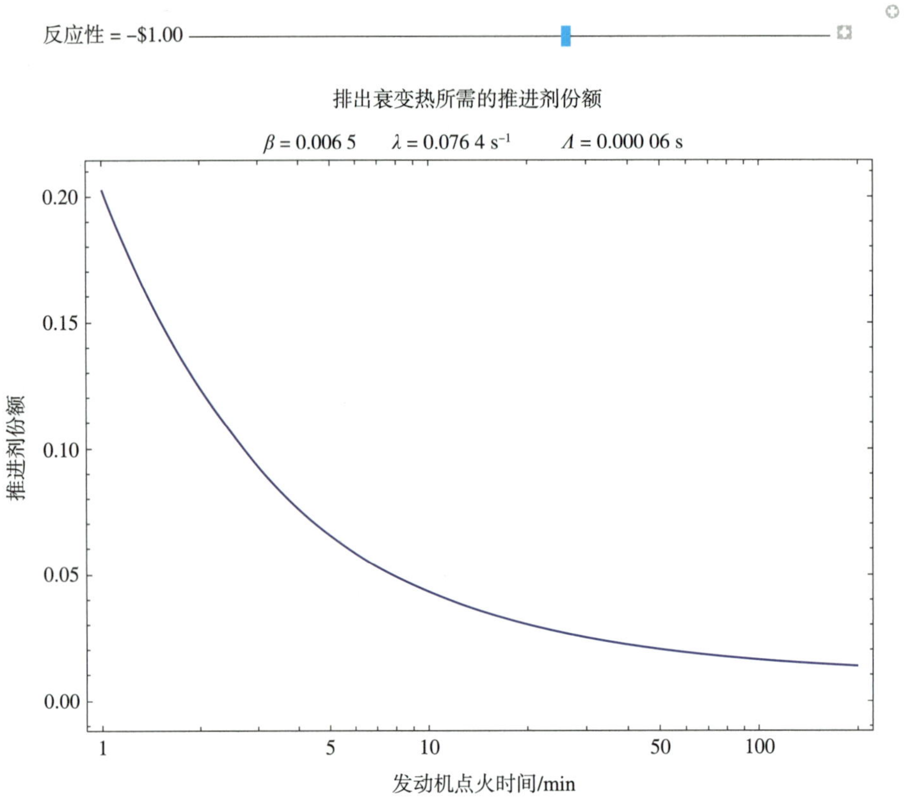

图 11-4　排出衰变热所需的推进剂

11.4 核反应堆瞬态热工响应

要详细计算核反应堆在功率变化时的热工响应，必须在期望的热工响应时间范围内求解反应堆内各位置处的热传导方程式（9-9）。这种计算相当复杂，需要大量计算才能获得准确的结果。为了将问题简化为可用分析方法处理的程度，一般采用集总参数方法求解传热方程。该方法假设反应堆的热容量可以用一个单独的（或称为集总的）参数进行处理，由此得到与时间相关的燃料温度近似值。采用这一假设，意味着问题中的所有空间效应都忽略不计。为保证这种假设的有效性，毕奥数应当小于 0.1。幸运的是，在绝大多数对核火箭有价值的反应堆概念中，这种基于小毕奥数的假设是相当正确的。在接下来的分析中，假设反应堆的燃料区和慢化剂区是相互独立的。当堆芯采用小的易裂变颗粒弥漫在石墨基体中的燃料形式时，在功率瞬变过程中，易裂变颗粒的温度几乎可以瞬间对功率变化做出响应；然而，由于石墨的热容量及热量从裂变燃料颗粒传递到石墨需要时间，石墨温度的变化存在延迟。基于以上模型假设，燃料区域的传热方程可以表示为

$$\underbrace{\rho_f c_{pf}\frac{\mathrm{d}T_f}{\mathrm{d}t}}_{\text{燃料热量随时间变化率}}=\underbrace{k_f\nabla^2 T_f}_{\text{燃料内的热传导}}+\underbrace{P}_{\text{功率密度}}-\underbrace{U_{fm}S_{vf}(T_f-T_m)}_{\text{燃料至慢化剂的传热}} \tag{11-42}$$

式中　T_f ——燃料温度；

T_m ——慢化剂温度；

ρ_f ——燃料密度；

k_f ——燃料导热系数；

c_{pf} ——燃料比热容；

U_{fm} ——燃料与慢化剂之间的平均传热系数；

S_{vf} ——单位体积内燃料与慢化剂间的传热面积；

P ——燃料中的裂变功率密度。

变换式（11-42）得到

$$\underbrace{\frac{\rho_f c_{pf}}{U_{fm}S_{vf}}}_{\tau_f}\frac{\mathrm{d}T_f}{\mathrm{d}t}-\underbrace{\frac{k_f}{U_{fm}S_{vf}}}_{1/Bi_f}\nabla^2 T_f+\frac{P}{U_{fm}S_{vf}}-(T_f-T_m) \tag{11-43}$$

式中　τ_f ——燃料温度时间常数；

Bi_f ——燃料的毕奥数。

要求解式（11-43）中的燃料热传导项，假设毕奥数很小，则燃料热传导项所有与空间位置相关的项都可以消去，由此得到

$$\nabla^2 T_f=Bi_f\left[\tau_f\frac{\mathrm{d}T_f}{\mathrm{d}t}+(T_f-T_m)-\frac{P}{U_{fm}S_{vf}}\right]\approx 0 \tag{11-44}$$

从而式（11-43）可以简化为

$$\tau_f\frac{\mathrm{d}T_f}{\mathrm{d}t}=\frac{P}{U_{fm}S_{vf}}-(T_f-T_m) \tag{11-45}$$

式（11-45）可以进一步简化，因为几乎所有的裂变功率都是直接在燃料中产生的，所以在反应堆功率的变化和其产生的燃料温度响应之间几乎没有时间延迟。这一事实意味着燃料温度的时间常数非常小。假设燃料温度时间常数为零，则变换式（11-45）可得到燃料温度

$$T_f=\frac{P}{U_{fm}S_{vf}}+T_m \tag{11-46}$$

对于慢化剂区域，归一化的传热方程可表示为

$$\underbrace{\rho_m c_{pm}\frac{\mathrm{d}T_m}{\mathrm{d}t}}_{\text{慢化剂热量随时间变化率}}=\underbrace{k_m\nabla^2 T_m}_{\text{慢化剂内的热传导}}+\underbrace{U_{fm}S_{vf}(T_f-T_m)}_{\text{燃料至慢化剂的传热}}-\underbrace{U_{mp}S_{vm}(T_m-T_p)}_{\text{慢化剂至推进剂的传热}} \tag{11-47}$$

式中　T_p ——推进剂温度（假设为常数）；

k_m ——慢化剂导热系数；

ρ_m ——慢化剂密度；

c_{pm} ——慢化剂比热容；

U_{mp} ——慢化剂与推进剂之间的平均传热系数；

S_{vm} ——单位体积内慢化剂和推进剂之间的传热面积。

对式（11-47）做变换得到

$$\underbrace{\frac{\rho_m c_{pm} \mathrm{d}T_m}{U_{mp}S_{vm}\mathrm{d}t}}_{\tau_m}=\underbrace{\frac{k_m}{U_{mp}S_{vm}}}_{1/Bi_m}\nabla^2 T_m+\frac{U_{fm}S_{vf}}{U_{mp}S_{vm}}(T_f-T_m)-(T_m-T_p) \tag{11-48}$$

式中　τ_m ——慢化剂温度时间常数；

Bi_m ——慢化剂的毕奥数。

与燃料区的情况一样，假设毕奥数很小，则慢化剂中的热传导项也可以消去

$$\nabla^2 T_m=Bi_m\left[\tau_m\frac{\mathrm{d}T_m}{\mathrm{d}t}-\frac{U_{fm}S_{vf}}{U_{mp}S_{vm}}(T_f-T_m)+(T_m-T_p)\right]\approx 0 \tag{11-49}$$

同样，由于慢化剂温度行为与空间位置无关，式（11-48）可以简化为

$$\tau_m\frac{\mathrm{d}T_m}{\mathrm{d}t}=\frac{U_{fm}S_{vf}}{U_{mp}S_{vm}}(T_f-T_m)-T_m+T_p \tag{11-50}$$

利用式（11-46）消去式（11-50）中的燃料温度变量，得到描述慢化剂温度对功率瞬态响应的微分方程

$$\tau_m\frac{\mathrm{d}T_m}{\mathrm{d}t}=\frac{P}{U_{mp}S_{vm}}-T_m+T_p \tag{11-51}$$

将描述反应堆典型功率瞬态行为的数学表达式代入，即可推导出由功率瞬变引起的燃料温度和慢化剂温度随时间变化的表达式。由于许多反应堆功率瞬变行为服从指数变化规律，因此选取以下形式的表达式

$$P=P_f-(P_f-P_0)\mathrm{e}^{-\frac{t}{\xi}} \tag{11-52}$$

式中　P_0——燃料的初始功率密度；

P_f ——燃料的最终功率密度；

ξ ——功率瞬变的时间常数。

将式（11-52）给出的功率瞬态表达式代入式（11-51）给出的描述慢化剂温度的微分方程中，得到

$$\tau_m\frac{\mathrm{d}T_m}{\mathrm{d}t}=\frac{P_f-(P_f-P_0)\mathrm{e}^{-\frac{t}{\xi}}}{U_{mp}S_{vm}}-T_m+T_p \tag{11-53}$$

求解式（11-53）给出的慢化剂温度微分方程，可得到按指数规律变化的燃料功率瞬变所导致的慢化剂温度响应

$$T_m=\left[\frac{P_0-P_f}{U_{mp}S_{vm}\left(1-\frac{\tau_m}{\xi}\right)}\right]\mathrm{e}^{-\frac{t}{\xi}}+\left[\frac{\frac{\tau_m}{\xi}P_f-P_0}{U_{mp}S_{vm}\left(1-\frac{\tau_m}{\xi}\right)}+T_{m0}-T_p\right]\mathrm{e}^{-\frac{t}{\tau_m}}+\frac{P_f}{U_{mp}S_{vm}}+T_p \tag{11-54}$$

式中　T_{m0}——瞬态开始时的慢化剂温度

假设瞬态开始时系统处于稳态，则慢化剂温度对时间的导数为零。由式（11-51）可知，此时慢化剂的温度为

$$\tau_m\frac{\mathrm{d}T_m}{\mathrm{d}t}=0=\frac{P_0}{U_{mp}S_{vm}}-T_{m0}+T_p\Rightarrow T_{m0}=\frac{P_0}{U_{mp}S_{vm}}+T_p \tag{11-55}$$

将式（11－55）给出的慢化剂初始温度代入式（11－54）中慢化剂温度随时间变化的表达式中，得到

$$T_m=\left[\frac{P_0-P_f}{U_{mp}S_{vm}\left(1-\frac{\tau_m}{\xi}\right)}\right]\left(e^{-\frac{t}{\xi}}-\frac{\tau_m}{\xi}e^{-\frac{t}{\tau_m}}\right)+\frac{P_f}{U_{mp}S_{vm}}+T_p \tag{11-56}$$

将式（11－56）和式（11－52）代入式（11－46）中，得到指数变化的功率瞬变所导致的燃料温度响应如下

$$T_f=\left[\frac{P_0-P_f}{U_{mp}S_{vm}\left(1-\frac{\tau_m}{\xi}\right)}\right]\left(e^{-\frac{t}{\xi}}-\frac{\tau_m}{\xi}e^{-\frac{t}{\tau_m}}\right)+\frac{(P_0-P_f)e^{-\frac{t}{\xi}}}{U_{fm}S_{vm}}+\left(\frac{1}{U_{mp}S_{vm}}+\frac{1}{U_{fm}S_{vf}}\right)P_f+T_p \tag{11-57}$$

图 11－5 给出了燃料温度和慢化剂温度对指数变化的功率瞬变的响应。正如预期的那样，增大燃料和慢化剂之间的传热系数可以减小两者之间的温差，而增大慢化剂和推进剂之间的传热系数可以降低慢化剂温度。

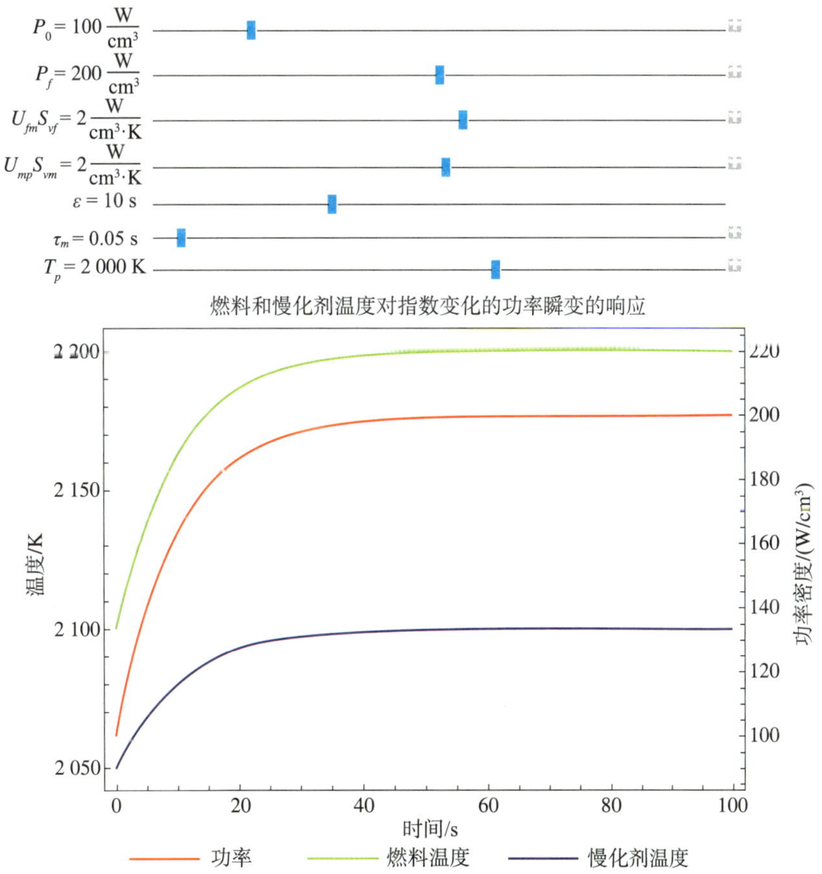

图 11－5　燃料和慢化剂温度对指数变化的功率瞬变的响应

11.5 核火箭启动

核火箭发动机的启动与商用核反应堆的启动区别很大。在商业核反应堆中，反应堆操作员可以在几个小时甚至几天内完成启动，核火箭发动机则不然。在商业核反应堆的启动过程中，反应堆操作员通常会引入一系列小的反应性（通常只有 10^{-2} 数量级），每次反应性引入后带来的反应堆功率增量较少。在每次引入反应性后，以及在下一次反应性引入之前，反应堆功率可以达到准稳态状态。这种操作方式下，反应性是一点一点缓慢地引入，直到反应堆达到所需的功率水平。这样的启动方式很安全，并且操作人员有足够的时间应对发生的任何意外情况，但确实消耗相当多时间。

相反，核火箭发动机必须在几秒钟或者至少几分钟内完成启动，避免在启动过程中浪费过多推进剂。为了实现快速启动，必须在短时间内向反应堆引入大量反应性，而这种操作要求反应堆处于非稳态状态时引入反应性。因此，必须仔细安排反应堆启动顺序，以避免在功率瞬变期间损坏燃料。反应堆功率瞬变很快，很可能会因为升温太快引起的热冲击导致燃料损坏。有意思的是，在一些 NERVA 火箭发动机启动测试期间，温升速率达到了惊人的 5 000 K/min!

幸运的是，在几乎所有的核反应堆中，只要采取适当的步骤，都有反馈机制可以在任何燃料损坏之前终止功率瞬变。这些反馈机制中最重要的是让燃料的反应性温度系数总是负值。在这种反馈机制下，燃料温度的升高会降低堆芯反应性。如果从反应性控制系统（通常是通过转动控制鼓）对反应堆施加一个正的反应性突变，结果反应堆将进入超临界状态，反应堆功率和燃料温度开始升高。随着燃料温度的升高，中子吸收截面的多普勒展宽效应会增加燃料中寄生中子的吸收，从而导致堆芯反应性降低。最终，堆芯温度将升高到一个平衡点，即由多普勒展宽引起的负反应性与反应堆控制系统引起的正反应性阶跃相平衡，反应堆内的功率水平将随着堆芯温度稳定下来。

为了确定由反应性的阶跃增加和燃料的负反应性温度系数引起的燃料温度瞬态行为，可以使用点堆动力学方程的瞬跳近似来计算。在这种近似中，假设在反应性阶跃开始时发生的功率瞬态跃迁是瞬间完成的，而不是在短暂且有限的时间内发生。在这个近似中，点堆动力学方程式（11－11）和式（11－12）可简化为

$$\frac{\mathrm{d}n}{\mathrm{d}t}=0=\frac{\rho-\beta}{\Lambda}n+\lambda C \tag{11-58}$$

$$\frac{\mathrm{d}C}{\mathrm{d}t}=\frac{\beta}{\Lambda}n-\lambda C \tag{11-59}$$

整理式（11－58）以解释反应性的阶跃增加和燃料的负反应性温度系数，可得到

$$0=\frac{\rho_0+\alpha_f(T-T_0)-\beta}{\Lambda}n+\lambda C \tag{11-60}$$

式中　ρ_0——控制系统开始启动时引入的反应性；

α_f——燃料的反应性温度系数，$\alpha_f=\frac{\mathrm{d}\rho}{\mathrm{d}T}\approx\frac{\mathrm{d}k_{\mathrm{eff}}}{\mathrm{d}T}$；

T ——随时间变化的燃料温度；

T_0——启动初期燃料温度。

由于中子数量 n 与反应堆功率密度有关，而反应堆功率密度又与温度有关，因此由瞬发中子寿命的定义可以得出为

$$q-q_0=\Sigma_f(\phi-\phi_0)\frac{1}{\eta}=\frac{\nu\Sigma_f V(n-n_0)}{\eta\nu}=\frac{n-n_0}{\eta\nu\Lambda}=US(T-T_{\mathrm{ref}})-US(T_0-T_{\mathrm{ref}})$$

$$\Rightarrow T-T_0=\frac{n-n_0}{\eta\nu\Lambda US}=\frac{n}{\eta\nu\Lambda US}-T_0 \tag{11-61}$$

式中　q ——燃料产生的功率随时间变化的函数；

q_0——反应堆处于冷态临界状态时，反应性引入前燃料中产生的功率；

η ——裂变率与功率的换算系数（即 $3\times10^{10}\ \dfrac{\text{fissions}}{\text{W}\cdot\text{s}}$）；

V ——中子速度；

T_{ref} ——燃料外热传递的参考温度（通常是推进剂温度）；

U ——从燃料到推进剂的单位表面积的传热系数；

S ——单位体积内燃料传热面积。

将式（11－61）代入式（11－60）得到

$$0=\frac{\rho_0+\alpha_f\left(\dfrac{n}{\eta\nu\Lambda US}-T_0\right)-\beta}{\Lambda}n+\lambda C \tag{11-62}$$

求解式（11－62）可得中子数量的表达式

$$n=\frac{US\eta\Lambda\nu}{2\alpha_f}\left[\beta-\rho_0+\alpha_f T_0\pm\sqrt{(\beta-\rho_0+\alpha_f T_0)^2-\frac{4C\alpha_f\lambda}{US\eta\nu}}\right] \tag{11-63}$$

式（11－63）所述的中子数量方程有两个解，取决于公式中平方根前面的符号。事实证明，只有该符号是负的，中子数量的解在物理上才是真实的。将平方根前带负号的解代入式（11－59）中缓发中子先驱核的点堆动力学方程，得到

$$\frac{\mathrm{d}C}{\mathrm{d}t}=\frac{\beta}{\Lambda}\frac{US\eta\Lambda\nu}{2\alpha_f}\left[\beta-\rho_0+\alpha_f T_0-\sqrt{(\beta-\rho_0+\alpha_f T_0)^2-\frac{4C\alpha_f\lambda}{US\eta\nu}}\right]-\lambda C \tag{11-64}$$

如果用缓发中子先驱核初始浓度代替式（11－64）中的初始温度，则可以大大简化该微分方程的解。假设反应堆初始为稳态条件，则式（11－59）可表示为

$$\frac{\mathrm{d}C}{\mathrm{d}t}=0=\frac{\beta}{\Lambda}n_0-\lambda C_0\Rightarrow n_0=\frac{\Lambda\lambda}{\beta}C_0 \tag{11-65}$$

将式（11－65）代入式（11－61）所描述的关系中，燃料初始温度与缓发中子先驱核初始浓度的关系如下

$$T_0=\frac{1}{\eta\nu\Lambda US}n_0=\frac{1}{\eta\nu\Lambda US}\frac{\Lambda\lambda}{\beta}C_0=\frac{\lambda}{\beta\eta\nu US}C_0 \tag{11-66}$$

式（11－64）给出的微分方程可以用分离变量法求得时间与缓发中子先驱核浓度的关

系式。分离变量并将式（11－66）代入式（11－64），然后积分得

$$\int_0^t \mathrm{d}t' = \int_{C_0}^{C} \frac{\mathrm{d}C'}{\dfrac{US\eta\beta\nu}{2\alpha_f}\left(\alpha_f \dfrac{\lambda C_0}{\beta\eta\nu US} + \beta - \rho_0 - \sqrt{\left(\alpha_f \dfrac{\lambda C_0}{\beta\eta\nu US} + \beta - \rho_0\right)^2 - \dfrac{4C\alpha_f\lambda}{US\eta\nu}}\right) - \lambda C'}$$

$$= \frac{-C_0\alpha_f\lambda + US\beta\eta\nu(\beta+\rho_0)}{\lambda(C_0\alpha_f\lambda - US\beta\eta\nu\rho_0)} \ln\left[C_0\alpha_f\lambda - US\beta\eta\nu(\beta+\rho_0)\right.$$

$$\left. + US\beta\eta\nu\sqrt{\left(\beta - \rho_0 + \frac{C_0\alpha_f\lambda}{US\beta\eta\nu}\right)^2 - \frac{4\alpha_f\lambda}{US\eta\nu}C'}\right]$$

$$- \frac{C_0\alpha_f\lambda + US\beta\eta\nu(\beta-\rho_0)}{\lambda(C_0\alpha_f\lambda - US\beta\eta\nu\rho_0)} \ln\left[C_0\alpha_f\lambda + US\beta\eta\nu(\beta-\rho_0) - \right.$$

$$\left. US\beta\eta\nu\sqrt{\left(\beta - \rho_0 + \frac{C_0\alpha_f\lambda}{US\beta\eta\nu}\right)^2 - \frac{4\alpha_f\lambda}{US\eta\nu}C'}\right]\Bigg|_{C_0}^{C}$$

（11－67）

式（11－67）可以简化为

$$\lambda t = \ln\left[(US\beta\eta\nu)^{-\left(1-\frac{US\beta^2\eta\nu}{C_0\alpha_f\lambda - US\beta\eta\nu\rho_0}\right)}\left(\frac{C_0\alpha_f\lambda}{US\beta\eta\nu} - \beta - \rho_0 + \right.\right.$$

$$\left.\left.\sqrt{\left(\beta + \alpha_f\frac{\lambda}{US\beta\eta\nu}C_0 - \rho_0\right)^2 - 4\alpha_f\frac{\lambda}{US\eta\nu}C}\right)^{-\left(1-\frac{US\beta^2\eta}{C_0\alpha_f\lambda - US\beta\eta\nu\rho_0}\right)}\right] +$$

$$\ln\left[(US\beta\eta\nu)^{-\left(1+\frac{US\beta^2\eta\nu}{C_0\alpha_f\lambda - US\beta\eta\nu\rho_0}\right)}\left(\frac{C_0\alpha_f\lambda}{US\beta\eta\nu} + \beta - \rho_0 - \right.\right.$$

$$\left.\left.\sqrt{\left(\beta + \alpha_f\frac{\lambda}{US\beta\eta\nu}C_0 - \rho_0\right)^2 - 4\alpha_f\frac{\lambda}{US\eta\nu}C}\right)^{-\left(1+\frac{US\beta^2\eta\nu}{C_0\alpha_f\lambda - US\beta\eta\nu\rho_0}\right)}\right]\Bigg|_{C_0}^{C} \Rightarrow$$

$$\lambda t = \ln\left(\frac{\alpha_f\dfrac{\lambda C_0}{\beta\eta\nu US} - \beta - \rho_0 + \sqrt{\left(\alpha_f\dfrac{\lambda C_0}{\beta\eta\nu US} + \beta - \rho_0\right)^2 - \dfrac{4C_0\alpha_f\lambda}{US\eta\nu}}}{\alpha_f\dfrac{\lambda C_0}{\beta\eta\nu US} - \beta - \rho_0 + \sqrt{\left(\alpha_f\dfrac{\lambda C_0}{\beta\eta\nu US} + \beta - \rho_0\right)^2 - \dfrac{4C\alpha_f\lambda}{US\eta\nu}}}\right)^{\left(1-\frac{US\beta^2\eta\nu}{C_0\alpha_f\lambda - US\beta\eta\nu\rho_0}\right)} +$$

$$\ln\left(\frac{\alpha_f\dfrac{\lambda C_0}{\beta\eta\nu US} + \beta - \rho_0 - \sqrt{\left(\alpha_f\dfrac{\lambda C_0}{\beta\eta\nu US} + \beta - \rho_0\right)^2 - \dfrac{4C_0\alpha_f\lambda}{US\eta\nu}}}{\alpha_f\dfrac{\lambda C_0}{\beta\eta\nu US} + \beta - \rho_0 - \sqrt{\left(\alpha_f\dfrac{\lambda C_0}{\beta\eta\nu US} + \beta - \rho_0\right)^2 - \dfrac{4C\alpha_f\lambda}{US\eta\nu}}}\right)^{\left(1+\frac{US\beta^2\eta\nu}{C_0\alpha_f\lambda - US\beta\eta\nu\rho_0}\right)}$$

（11－68）

由于式（11－68）将缓发中子先驱核浓度与该浓度发生的时间联系起来，因此它在描述反应堆中的传热过程情况时并不十分有用，而把时间和温度联系起来的表达式会更

有用。燃料温度和中子浓度之间的关系可以通过求解式（11－61）得到，从而得到中子数量

$$n = \eta\nu\Lambda UST \tag{11-69}$$

将由式（11－69）给出的中子数量代入式（11－58）给出的点堆动力学瞬发阶跃表达式，可求解瞬发中子先驱核浓度，由此可以得到瞬发中子先驱核浓度随温度的表达式

$$0 = \frac{\rho_0 + \alpha_f(T - T_0) - \beta}{\Lambda}(\eta\nu\Lambda UST) + \lambda C \Rightarrow C = \frac{\eta\nu US[\beta - \rho_0 - \alpha_f(T - T_0)]T}{\lambda} \tag{11-70}$$

将式（11－66）和式（11－70）代替式（11－68）中的中子先驱核浓度项，从而得到燃料温度与该温度发生时间的关系式，其中温度也是引入的反应性的函数

$$\lambda t = \ln\left\{\frac{\alpha_f T_0 + \beta - \rho_0 - \sqrt{(\alpha_f T_0 + \beta - \rho_0)^2 - 4\alpha_f(\beta - \rho_0)T_0}}{\alpha_f T_0 + \beta - \rho_0 - \sqrt{(\alpha_f T_0 + \beta - \rho_0)^2 - 4\alpha_f[\beta - \rho_0 - \alpha_f(T - T_0)]T}}\right\}^{1+\frac{\beta}{\alpha_f T_0 - \rho_0}}$$
$$+ \ln\left\{\frac{\alpha_f T_0 - \beta - \rho_0 + \sqrt{(\alpha_f T_0 + \beta - \rho_0)^2 - 4\alpha_f(\beta - \rho_0)T_0}}{\alpha_f T_0 - \beta - \rho_0 + \sqrt{(\alpha_f T_0 + \beta - \rho_0)^2 - 4\alpha_f[\beta - \rho_0 - \alpha_f(T - T_0)]T}}\right\}^{1-\frac{\beta}{\alpha_f T_0 - \rho_0}} \tag{11-71}$$

在核反应堆启动，且启动后由瞬态达到平衡后（即 $t = \infty$），需要知道具体多少反应性才能达到燃料最终所需的温度。通过检查式（11－71），可以注意到，如果式（11－71）中的两个对数项中至少有一个的分母等于零，则计算的时间将等于 0，并且将达到平衡。因此，要确定正确的反应性，只需将式（11－71）中两个分母表达式中与时间相关的温度项替换为所需的最终燃料温度，然后求解使方程结果为零的反应性。请注意，由于只有第二个对数项中的分母才会产生反应性的有效结果，因此这一项将设置为零并求解反应性

$$0 = \alpha_f T_0 - \beta - \rho_0 + \sqrt{(\alpha_f T_0 + \beta - \rho_0)^2 - 4\alpha_f[\beta - \rho_0 - \alpha_f(T_f - T_0)]T_f}$$
$$\Rightarrow \rho_0 = -\alpha_f(T_f - T_0) \tag{11-72}$$

值得注意的是，由于零反应性意味着反应堆中的功率是恒定的，因此式（11－72）计算得到的 ρ_0 与式（11－60）中将总反应性的项设置为零时所求解的 ρ_0 相同。

将由式（11－72）确定的反应性数值代入式（11－71）给出的燃料温度随时间变化的表达式，则燃料温度随时间的变化关系可用燃料的初始和最终温度、缓发中子先驱核的衰变常数和燃料的反应性温度系数表示

$$\lambda t = \ln\left[\frac{\alpha_f T_0+\beta-\alpha_f(T_0-T_f)-\sqrt{[\alpha_f T_0+\beta-\alpha_f(T_0-T_f)]^2-4\alpha_f[\beta-\alpha_f(T_0-T_f)]T_0}}{\alpha_f T_0+\beta-\alpha_f(T_0-T_f)-\sqrt{[\alpha_f T_0+\beta-\alpha_f(T_0-T_f)]^2-4\alpha_f[\beta-\alpha_f(T_0-T_f)-\alpha_f(T-T_0)]T}}\right]^{1+\frac{\beta}{\alpha_f T_0-\alpha_f(T_0-T_f)}}+$$

$$\ln\left[\frac{\alpha_f T_0-\beta-\alpha_f(T_0-T_f)+\sqrt{[\alpha_f T_0-\beta-\alpha_f(T_0-T_f)]^2-4\alpha_f[\beta-\alpha_f(T_0-T_f)]T_0}}{\alpha_f T_0-\beta-\alpha_f(T_0-T_f)+\sqrt{[\alpha_f T_0-\beta-\alpha_f(T_0-T_f)]^2-4\alpha_f[\beta-\alpha_f(T_0-T_f)-\alpha_f(T-T_0)]T}}\right]^{1-\frac{\beta}{\alpha_f T_0-\alpha_f(T_0-T_f)}}$$

$$=\ln\left[\frac{\beta+\alpha_f T_f-\sqrt{(\alpha_f T_f+\beta-2\alpha_f T_0)^2}}{\beta+\alpha_f T_f-\sqrt{(\alpha_f T_f+\beta-2\alpha_f T)^2}}\right]^{1+\frac{\beta}{\alpha_f T_f}}+\ln\left[\frac{-\beta+\alpha_f T_f+\sqrt{(\alpha_f T_f+\beta-2\alpha_f T_0)^2}}{-\beta+\alpha_f T_f+\sqrt{(\alpha_f T_f+\beta-2\alpha_f T)^2}}\right]^{1-\frac{\beta}{\alpha_f T_f}}$$

$$=\ln\left(\frac{T_0}{T}\right)^{1+\frac{\beta}{\alpha_f T_f}}+\ln\left(\frac{T_f-T_0}{T_f-T}\right)^{1-\frac{\beta}{\alpha_f T_f}}$$

$$=\ln\left[\left(\frac{T_0}{T}\right)^{1+\frac{\beta}{\alpha_f T_f}}\left(\frac{T_f-T_0}{T_f-T}\right)^{1-\frac{\beta}{\alpha_f T_f}}\right]$$

(11-73)

除了在反应堆启动过程中必须遵守的显而易见的燃料最高温度限制外，启动过程中的温度斜率也不能过高。通过对式（11-73）给出的时间对温度求导，并求其倒数，燃料温度的斜率可以确定为燃料温度的函数，如下所示

$$\frac{\mathrm{d}t}{\mathrm{d}T}=\frac{1}{\lambda}\frac{\mathrm{d}}{\mathrm{d}T}\ln\left[\left(\frac{T_0}{T}\right)^{1+\frac{\beta}{\alpha_f T_f}}\left(\frac{T_f-T_0}{T_f-T}\right)^{1-\frac{\beta}{\alpha_f T_f}}\right]\Rightarrow\frac{\mathrm{d}T}{\mathrm{d}t}=-\lambda\,\frac{\alpha_f T(T_f-T)}{\alpha_f(T_f-2T)+\beta}$$

(11-74)

通过对式（11-74）中燃料温度斜率进行求导，并将结果设为零，可求得燃料温度斜率最大时的燃料温度

$$\frac{\mathrm{d}^2 t}{\mathrm{d}T^2}=0=-\frac{\mathrm{d}^2}{\mathrm{d}T^2}\left[\frac{\alpha_f(T_f-2T)+\beta}{\alpha_f T(T_f-T)\lambda}\right]=-\frac{2\alpha_f T^2-2T(\alpha_f T_f+\beta)+T_f(\alpha_f T_f+\beta)}{T^2(T_f-T)^2\alpha_f\lambda}$$

$$\Rightarrow T=\frac{\alpha_f T_f+\beta-\sqrt{\beta^2-\alpha_f^2 T_f^2}}{2\alpha_f}=T_{\text{max ramp}}$$

(11-75)

需要注意的是，式（11-75）实际上有两个根，即燃料温度斜率最大时的温度。然而，只有一个根［式（11-75）给出的根］是真实的物理温度值。为确定最大燃料温度斜率，将式（11-75）中确定的温度值代入式（11-74），得到

$$\left.\frac{\mathrm{d}T}{\mathrm{d}t}\right|_{\max}=\frac{\lambda}{2\alpha_f}\left(\sqrt{\beta^2-\alpha_f^2 T_f^2}-\beta\right) \qquad (11-76)$$

图 11-6 表述了式（11-73）和式（11-74）的关系，说明了负燃料温度系数对反应性的影响。其发生机制为，最初的启动反应性引入导致燃料温度迅速上升。然而，随着燃料温度的持续升高，反应性的负燃料温度系数导致燃料温度升高的速率逐渐降低。随着燃料温度的持续升高，由此产生的由燃料温度系数引起的负反应性增加，最终完全补偿了初始反应性的引入。此时，燃料温度停止上升，最终稳定在某一给定的温度。由于瞬变阶跃的性质，在某些情况下，当初始反应性引入时，可能会出现无限大的初始斜率。

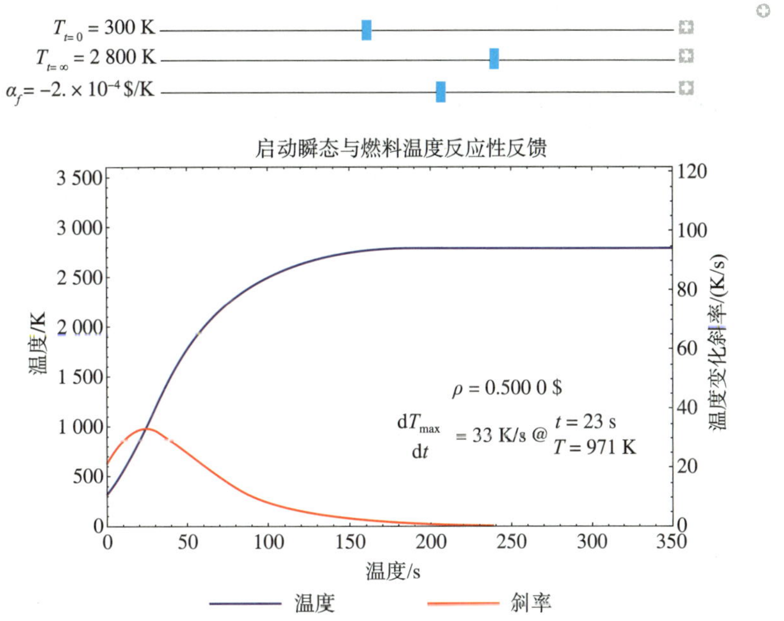

图 11－6　启动瞬态与燃料温度反应性反馈

图 11－6 说明了核发动机启动的一般特征，其中唯一的反馈机制是燃料的瞬时快速温度反应性响应。然而，还有其他反馈机制在起作用，可以显著改变反应堆的温度响应特性。其他反应性反馈机制包括反应性随慢化剂温度变化的关系和反应性随推进剂密度变化的关系。在这些反应性的反馈机制下，存在与通过燃料和慢化剂运输的推进剂之间的传热速率相关的时间延迟。这些时间延迟可以显著改变核发动机的启动响应特性，如图 11－6 所示。为了分析这些差异，将推导一个基于简单热排气循环的反应堆模型，如图 11－7 所示。

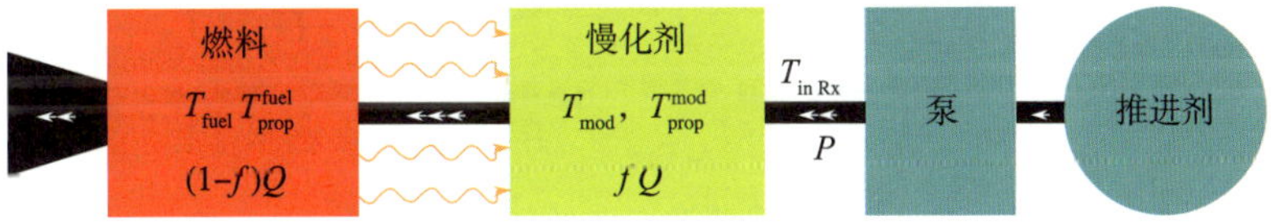

图 11－7　简单热排气循环启动模型

该核发动机模型假设，来自燃料的 γ 和中子辐射的能量瞬间传给慢化剂，但是传导和对流热传递稍微有些延迟。该模型结合了一个中子先驱体伪核素的全点堆动力学方程，以及描述燃料、慢化剂和推进剂之间传热的方程，还包括燃料和慢化剂的温度反应性系数及推进剂的空隙反应性系数表达式。因此，点堆动力学方程可以用下列方程来描述

$$\frac{\mathrm{d}n}{\mathrm{d}t}=\eta\nu\Lambda\frac{\mathrm{d}q}{\mathrm{d}t}$$

$$=\frac{\rho\min\left(\dfrac{t}{t_{\text{ramp}}},1\right)+\alpha_f(T_f-T_{f0})+\alpha_m(T_m-T_{m0})+\beta_p(\rho_p-\rho_{p0})-\beta}{\Lambda}\eta\nu\Lambda q+\lambda C \tag{11-77}$$

$$\frac{\mathrm{d}C}{\mathrm{d}t}=\frac{\beta}{\Lambda}n-\lambda C=\frac{\beta}{\Lambda}\eta\nu\Lambda q-\lambda C \tag{11-78}$$

式中　ρ ——控制系统引入的总反应性；

q ——裂变产生的总热量；

α_f ——燃料的反应性温度系数，$\alpha_f=\frac{\mathrm{d}\rho}{\mathrm{d}T_f}$；

T_f ——随时间变化的燃料温度；

T_{f0}——启动瞬态过程开始时的燃料温度；

α_m ——慢化剂的反应性温度系数，$\alpha_m=\frac{\mathrm{d}\rho}{\mathrm{d}T_m}$；

T_m ——随时间变化的慢化剂温度；

T_{m0}——启动瞬态过程开始时的慢化剂温度；

β_p ——推进剂的反应性密度系数，$\beta_p=\frac{\mathrm{d}\rho}{\mathrm{d}\rho_p}$；

ρ_p ——随时间变化的推进剂密度；

ρ_{p0}——启动瞬态过程开始时的推进剂密度；

t_{ramp} ——控制系统向反应堆增加反应性的时间长度。

描述燃料、慢化剂和推进剂之间传热过程的热流体方程类似地由以下公式描述

$$\underbrace{\frac{\mathrm{d}q_f}{\mathrm{d}t}}_{\substack{\text{燃料热量}\\\text{的变化率}}}=c_p^f\rho_f\frac{\mathrm{d}T_f}{\mathrm{d}t}=\underbrace{q(1-f)}_{\substack{\text{被燃料直接吸收}\\\text{的裂变热}}}-\underbrace{U_{fp}(T_f-T_{pf})}_{\substack{\text{燃料向推进剂}\\\text{的对流传热}}}-\underbrace{U_{fm}(T_f-T_m)}_{\substack{\text{燃料向慢化剂}\\\text{的导热与对流传热}}} \tag{11-79}$$

$$\underbrace{\frac{\mathrm{d}q_m}{\mathrm{d}t}}_{\substack{\text{慢化剂热量}\\\text{的变化率}}}=c_p^m\rho_m\frac{\mathrm{d}T_m}{\mathrm{d}t}=\underbrace{qf}_{\substack{\text{慢化剂直接}\\\text{吸收的裂变热}}}-\underbrace{U_{mp}(T_m-T_{pm})}_{\substack{\text{慢化剂向推进剂}\\\text{的对流传热}}}+\underbrace{U_{fm}(T_f-T_m)}_{\substack{\text{燃料向慢化剂}\\\text{的导热与对流传热}}} \tag{11-80}$$

$$\underbrace{\frac{\mathrm{d}q_{pm}}{\mathrm{d}t}}_{\substack{\text{慢化剂中推进剂}\\\text{的热量变化率}}}=c_p^p\rho_{pm}\frac{\mathrm{d}T_{pm}}{\mathrm{d}t}=\underbrace{U_{mp}(T_m-T_{pm})}_{\substack{\text{慢化剂向推进剂}\\\text{的对流传热}}}+\underbrace{\frac{c_p^p\dot{m}_p}{V_{pm}}(T_{pm}^{\mathrm{out}}-T_{pm}^{\mathrm{in}})}_{\substack{\text{推进剂流经慢化剂}\\\text{后吸收的热量}}} \tag{11-81}$$

$$\underbrace{\frac{\mathrm{d}q_{pf}}{\mathrm{d}t}}_{\substack{\text{燃料中推进剂}\\\text{的热量变化率}}}=c_p^p\rho_{pf}\frac{\mathrm{d}T_{pf}}{\mathrm{d}t}=\underbrace{U_{fp}(T_f-T_{pf})}_{\substack{\text{燃料向推进剂}\\\text{的对流传热}}}-\underbrace{\frac{c_p^p\dot{m}_p}{V_{pf}+V_{pm}}(T_{pf}^{\mathrm{out}}-T_{pm}^{\mathrm{in}})}_{\substack{\text{推进剂流经燃料和}\\\text{慢化剂后吸收的热量}}} \tag{11-82}$$

式中　T_f ——随时间变化的燃料平均温度；

T_m ——随时间变化的慢化剂平均温度；

T_{pf} ——燃料中随时间变化的推进剂平均温度；

T_{pm} ——慢化剂中随时间变化的推进剂平均温度；

U_{fm} ——单位体积内燃料到慢化剂的传热系数；

U_{fp} ——单位体积内燃料到推进剂的传热系数；

U_{mp} ——单位体积内慢化剂到推进剂的传热系数；

c_p^f ——燃料比热容；

c_p^m ——慢化剂比热容；

c_p^p ——推进剂比热容；

ρ_f ——燃料密度；

ρ_m ——慢化剂密度；

ρ_{pf} ——流经燃料的推进剂平均密度；

ρ_{pm} ——流经慢化剂的推进剂平均密度；

$\dot{m}_p$ ——经过核反应堆的推进剂质量流量；

V_{pf} ——推进剂流道在燃料中所占的体积分数；

V_{pm} ——推进剂流道在慢化剂中所占的体积分数；

f ——通过辐射直接沉积在慢化剂中的裂变能份额。

需要注意的是，在上述方程中，有一些未知量在求解微分方程之前需要消除。为此引入一些简单假设，可将这些额外的未知量消除。根据图 11-7 可知，慢化剂出口与燃料入口的推进剂温度相同，因此可以减少一个未知量。另外，假设慢化剂中推进剂的平均温度等于慢化剂进出口温度的算术平均值，那么由于慢化剂中推进剂的平均温度是一个计算值，且推进剂的入口温度通常是给定的，这样可以减少两个未知量。基于这些假设，可得下式

$$T_{pm} \approx \frac{T_{pm}^{\text{out}} + T_{pm}^{\text{in}}}{2} \Rightarrow T_{pm}^{\text{out}} = 2T_{pm} - T_{pm}^{\text{in}} = T_{pf}^{\text{in}} \tag{11-83}$$

$$T_{pf} \approx \frac{T_{pf}^{\text{out}} + T_{pf}^{\text{in}}}{2} \Rightarrow T_{pf}^{\text{out}} = 2T_{pf} - T_{pf}^{\text{in}} = 2T_{pf} - 2T_{pm} + T_{pm}^{\text{in}} \tag{11-84}$$

式中　T_{pm}^{in} ——进入反应堆慢化剂进口截面的推进剂温度；

T_{pm}^{out} ——离开反应堆慢化剂出口截面并进入燃料进口截面的推进剂温度，$T_{pm}^{\text{out}} = T_{pf}^{\text{in}}$。

利用堆芯体积分数，推进剂流动通道在燃料和慢化剂中的总体积可由以下公式确定

$$V_f = v_f V_{\text{core}}, V_m = v_m V_{\text{core}} \Rightarrow V_p = V_{\text{core}}(1 - v_f - v_m) \tag{11-85}$$

式中　V_{core} ——反应堆堆芯的总体积；

V_f ——堆芯内燃料段的总体积；

V_m ——堆芯内慢化剂段的总体积；

V_p ——堆芯内推进剂通道的总体积；

v_f ——堆芯内燃料段的体积分数；

v_m ——堆芯内慢化剂段的体积分数。

根据式（11-85）的结果，推进剂流道在燃料和慢化剂中的体积分数分别为

$$V_{pf} = V_p \frac{v_f}{v_f + v_m} = V_{\text{core}} \left(\frac{1 - v_f - v_m}{v_f + v_m} \right) v_f, V_{pm} = V_p \frac{v_m}{v_f + v_m} = V_{\text{core}} \left(\frac{1 - v_f - v_m}{v_f + v_m} \right) v_m \tag{11-86}$$

式中　V_{pf} ——反应堆堆芯燃料段推进剂流道的体积分数；

V_{pm} ——反应堆堆芯慢化剂段推进剂流道的体积分数。

反应堆堆芯燃料段和慢化剂段中的推进剂密度可以根据理想气体方程以及两部分中推进剂的平均温度来确定

$$\rho_{pf}=\frac{P}{R_pT_{pf}},\rho_{pm}=\frac{P}{R_pT_{pm}} \tag{11-87}$$

将式（11-83）、式（11-84）、式（11-86）和式（11-87）的结果代入式（11-79）至式（11-82）中，得到以下热流体方程

$$\frac{\mathrm{d}T_f}{\mathrm{d}t}=\frac{q(1-f)}{c_p^f\rho_f}-\frac{U_{fp}(T_f-T_{pf})}{c_p^f\rho_f}-\frac{U_{fm}(T_f-T_m)}{c_p^f\rho_f} \tag{11-88}$$

$$\frac{\mathrm{d}T_m}{\mathrm{d}t}=\frac{qf}{c_p^m\rho_m}-\frac{U_{mp}(T_m-T_{pm})}{c_p^m\rho_m}+\frac{U_{fm}(T_f-T_m)}{c_p^m\rho_m} \tag{11-89}$$

$$\frac{\mathrm{d}T_{pm}}{\mathrm{d}t}=\frac{U_{mp}(T_m-T_{pm})R_pT_{pm}}{Pc_p^p}-\frac{2\dot{m}_pR_pT_{pm}(v_f+v_m)}{PV_{\mathrm{core}}(1-v_f-v_m)v_m}(T_{pm}-T_{pm}^{\mathrm{in}}) \tag{11-90}$$

$$\frac{\mathrm{d}T_{pf}}{\mathrm{d}t}=\frac{U_{fp}(T_f-T_{pf})R_pT_{pf}}{Pc_p^p}-\frac{2\dot{m}_pR_{pf}T_{pf}}{PV_{\mathrm{core}}(1-v_f-v_m)}(T_{pf}-T_{pm}) \tag{11-91}$$

如果作出如下定义，热流体方程的时间变化特性可能会更清楚：

$\tau_{fp}=\dfrac{c_p^f\rho_f}{U_{fp}}$ 为燃料向推进剂传热过程中燃料温度变化的时间常数；

$\tau_{fm}=\dfrac{c_p^f\rho_f}{U_{fm}}$ 为燃料向慢化剂传热过程中燃料温度变化的时间常数；

$\tau_{mp}=\dfrac{c_p^m\rho_m}{U_{mp}}$ 为慢化剂向推进剂传热过程中慢化剂温度变化的时间常数；

$\dfrac{\zeta_{mp}}{T_{pm}}=\dfrac{Pc_p^p}{U_{mp}R_p}\dfrac{1}{T_{pm}}$ 为慢化剂向推进剂传热过程中推进剂温度变化的时间常数；

$\dfrac{\zeta_{mvp}}{T_{pm}}=\dfrac{PV_{\mathrm{core}}(1-v_f-v_m)v_m}{2\dot{m}_pR_p(v_f+v_m)}\dfrac{1}{T_{pm}}$ 为推进剂流经慢化剂被加热过程中推进剂温度变化的时间常数；

$\dfrac{\zeta_{fpp}}{T_{pf}}=\dfrac{Pc_p^p}{U_{fp}R_p}\dfrac{1}{T_{pf}}$ 为燃料向推进剂传热过程中推进剂温度变化的时间常数；

$\dfrac{\zeta_{fvp}}{T_{pf}}=\dfrac{PV_{\mathrm{core}}(1-v_f-v_m)}{2\dot{m}_pR_p}\dfrac{1}{T_{pf}}$ 为推进剂流经燃料被加热过程中推进剂温度变化的时间常数。

(11-92)

如果将式（11-92）给出的定义代入式（11-88）至式（11-91）给出的热流体表达式中，则可以更清楚地看到热流体方程随时间的变化特性。请注意，反应堆各部分之间的传热过程都有与之相关的不同时间常数。因此在发动机启动过程中，反应堆的不同部分将以不同的速率升温

$$\frac{\mathrm{d}T_f}{\mathrm{d}t}=\frac{q(1-f)}{c_p^f\rho_f}-\frac{T_f-T_{pf}}{\tau_{fp}}-\frac{T_f-T_m}{\tau_{fm}} \tag{11-93}$$

$$\frac{\mathrm{d}T_m}{\mathrm{d}t}=\frac{qf}{c_p^m\rho_m}-\frac{T_m-T_{pm}}{\tau_{mp}}+\frac{T_f-T_m}{\tau_{fm}} \tag{11-94}$$

$$\frac{\mathrm{d}T_{pm}}{\mathrm{d}t}=\frac{(T_m-T_{pm})T_{pm}}{\zeta_{mpp}}-\frac{(T_{pm}-T_{pm}^{\mathrm{in}})T_{pm}}{\zeta_{mvp}} \tag{11-95}$$

$$\frac{\mathrm{d}T_{pf}}{\mathrm{d}t}=\frac{(T_f-T_{pf})T_{pf}}{\zeta_{fpp}}-\frac{(T_{pf}-T_{pm})T_{pf}}{\zeta_{fvp}} \tag{11-96}$$

式（11－93）至式（11－96）中给出的热流体微分方程组，以及用式（11－77）和式（11－78）表示的点堆动力学方程，形成了一套完整的耦合微分方程，为了表征核发动机启动的时变特性，必须求解这些方程。虽然这些微分方程不能用解析方法求解，但它们可以很容易地用数值方法求解。然而，在求解这些微分方程时，必须先指定每个因变量的初始条件。假设反应堆在启动开始前处于临界状态，并在低功率稳态条件下运行，则反应堆的初始反应性将为零，并且反应堆中所有组件的温度将等于推进剂入口温度。利用这些初始条件求解微分方程，就可以获得核发动机启动过程的瞬态特性。图 11－8 以氢工质为例，利用典型点堆动力学参数和材料热性能给出了这些微分方程的一种可能解。

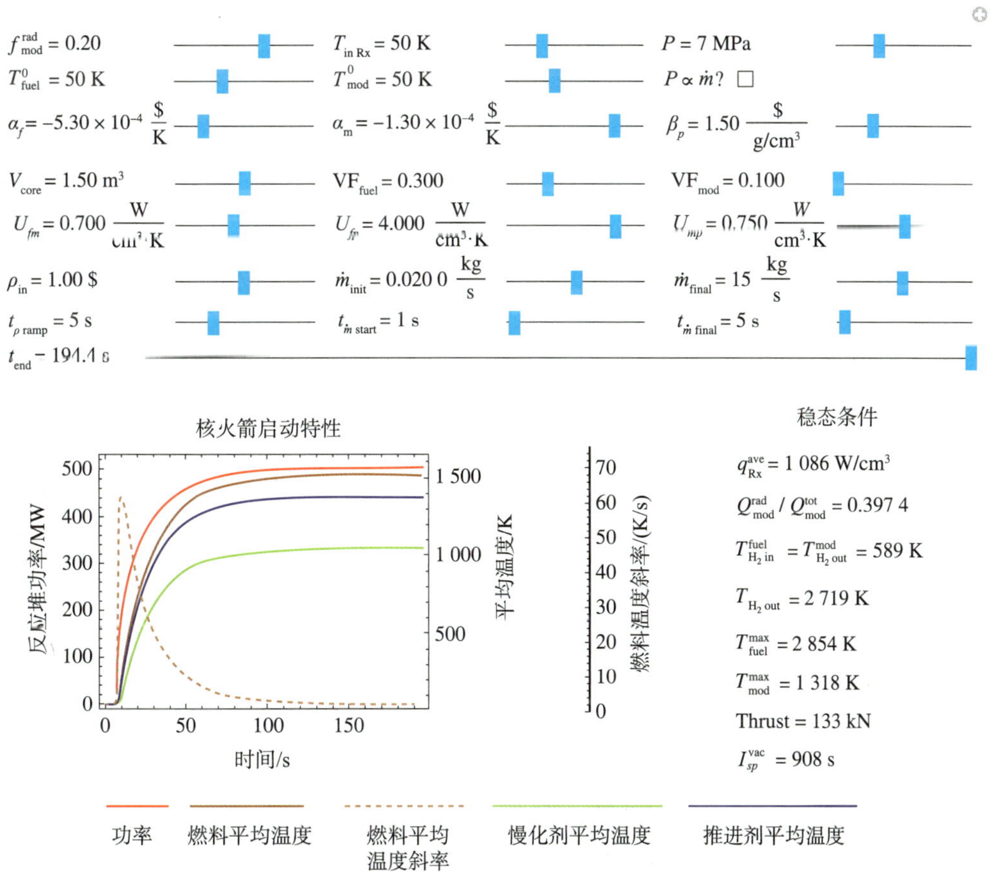

图 11－8　热流体效应下的热排气启动模型

为寻找一组合理的启动参数，有一些问题需要考虑。特别是，虽然反应堆需要快速启动以最大限度地减少推进剂的使用，但确保不超过材料限制及功率和温度斜率保持“平缓”也很重要。如果反应堆设计参数、反应性引入的速率和数量及推进剂进料速率不合适，功率和温度曲线很有可能诱发出振荡，这是我们不愿看到的。因此，最佳启动状态是系统处于临界阻尼状态，这意味着系统没有不必要的振荡，并且能在指定的功率和温度斜率限制内，以最短时间达到平衡。图 11－8 所示的启动过程中使用的火箭发动机默认参数非常接近这些标准，尽管它有一点过阻尼。

如果在反应堆中引入更多反应性，比如从 \$1.00 到 \$1.06，从图 11－9A 中可以看到，在反应性引入后不久，会出现一个大的功率尖峰。该功率尖峰由 5 s 内引入 \$1.06 反应性的瞬间跳变效应产生。如果降低反应性引入速率，即引入 \$1.06 的反应性时间延长至 30 s，则瞬间跳变效应可以大大降低，功率尖峰几乎完全消除，如图 11－9B 所示。

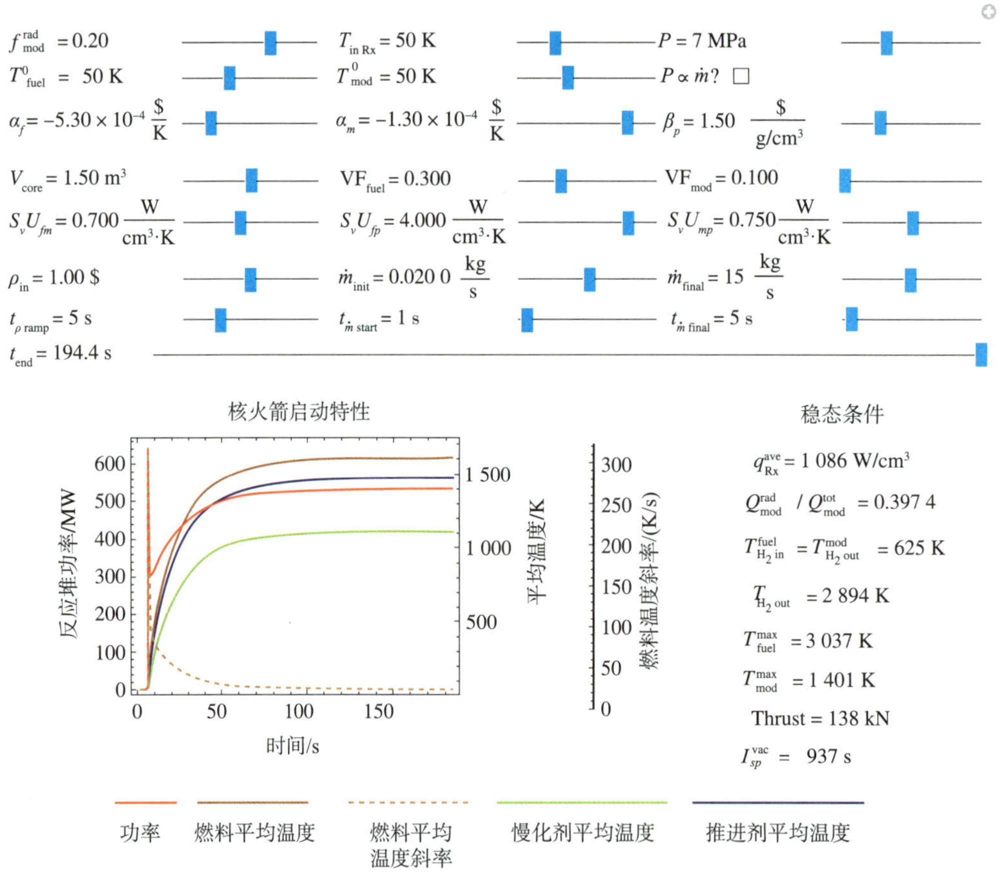

图 11－9A 5 s 内引入反应性 \$1.06

图 11－10A 给出了反应堆另一种不稳定工况。在这种工况下，在与前面工况相同的时间段内氢气流量有所增加，为了能在低推力水平下运行核火箭发动机，氢气流量最终降低到仅 1.0 kg/s。但是这种情况使反应堆进入了欠阻尼状态，导致了图中所示的振荡

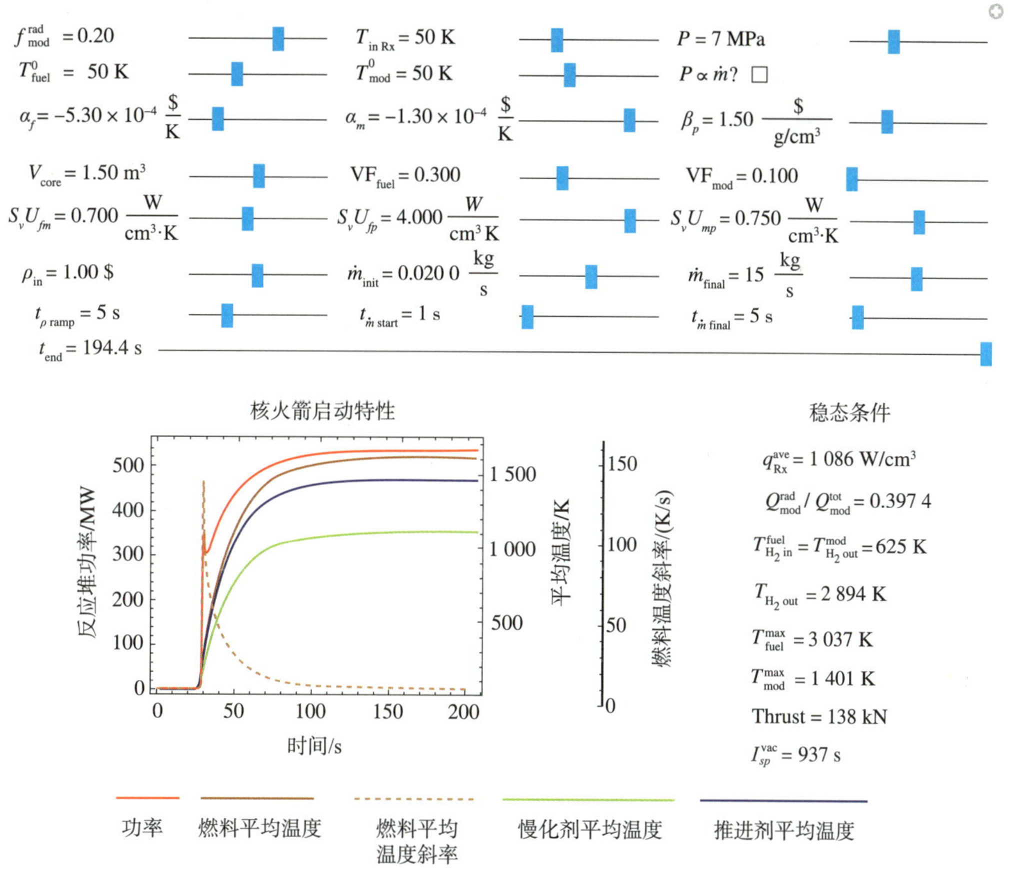

图 11－9B　30 s 内引入反应性＄1.06

现象。虽然这些在低功率和小流量条件下的振荡在几个周期后会衰减，但在实际操作中也很难控制，这意味着反应堆存在实际可运行的最低功率和流量阈值，超过该阈值会发生不期望的操作问题。为了改善这种振荡，发动机可以在较高的流量和推力下运行。如图 11－10B 所示，将氢流量增加到 6 kg/s，虽然推力大小高于期望值，但反应堆的功率和温度振荡可以完全消除。因此较低的氢流量会引起功率和温度的振荡，较高的氢流量将延长反应堆达到稳态所需的时间，需要注意的是，当氢流量为 6 kg/s 时，反应堆接近临界阻尼。

在核动力发动机启动阶段，最后一个值得关注的问题是如何启动涡轮泵，为系统输送推进剂。为了使涡轮泵驱动推进剂通过发动机，涡轮泵必须首先向泵提供所需的轴功率。然而，要使涡轮运转，液体推进剂必须先汽化，再升到足够高的温度，以获得足够多的能量让泵运行。最初，驱动推进剂通过发动机系统所需的压力仅来自增压的推进剂贮箱，而汽化和加热推进剂所需的能量则来自发动机部件中的显热。这种加热后的推进剂被送入涡轮，在涡轮中提供加速泵运转所需的初始动力，并进一步提高发动机系统中推进剂的流量和压力。

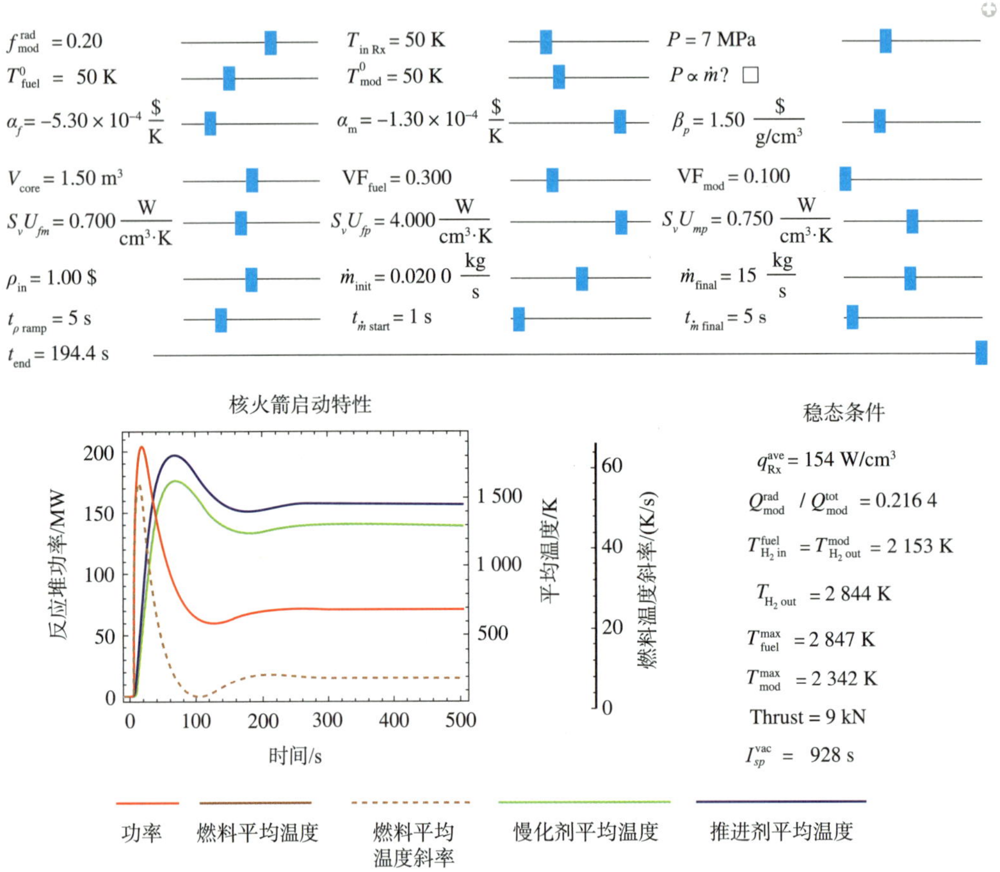

图 11－10A　5 s 内氢气流量增加到 1 kg/s

然而，除非采取恰当的预防措施，否则温度低的推进剂将逐渐冷却发动机，导致进入涡轮的推进剂温度下降，从而降低其功率输出。从涡轮到泵的轴功率降低将导致通过反应堆的推进剂流量和压力减少，最终导致整个启动过程变慢并停止。为了防止这种情况发生，在系统中加入足够的正反应性，使反应堆进入超临界状态，从而通过核反应堆加热来提高反应堆部件中的初始显热。这种正反应性是由于推进剂冷却反应堆温度比较低，通过燃料和慢化剂反应性负温度系数的影响自然添加到反应堆中；然而，如果要保持启动过程继续进行，也可以通过操作控制鼓向反应堆提供正反应性。

如果操作得当，在不需要其他辅助设备的情况下，可以让发动机内的推进剂流量和压力不断增加，直到达到全功率状态，这个过程被称为自启动。需要注意的是，由于缺乏对两相推进剂流过反应堆的细节认识，反应堆启动是一个相当复杂的过程。如果没有采取恰当的步骤，可能导致不可接受的流动扰动发生。在涡轮泵低转速下，涡轮是否能提供足够的功率使推进剂流量持续增加，也存在一定的不确定性。

图 11－11A 显示了自启动过程，假设反应堆最初是临界状态，且由于控制鼓转动并没有引入反应性，推进剂流量在 60 s 内达到最大值。请注意，最开始推进剂温度由于从较热

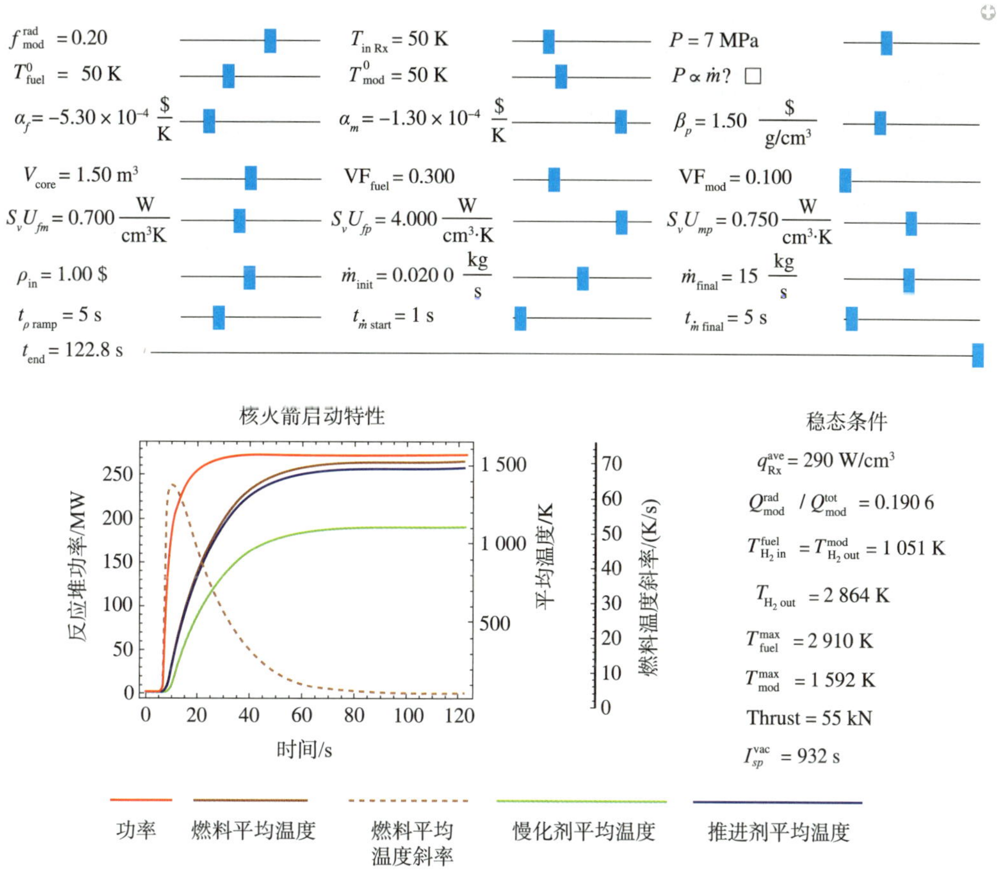

图 11－10B　5 s 内氢气流量增加到 6 kg/s

的反应堆系统吸收热量而迅速上升，但随后随着温度低的推进剂使整个反应堆系统冷却而开始下降。反应堆通过燃料和慢化剂的反应性温度系数的作用对这种温降做出反应，这会给反应堆增加正反应性，从而导致系统进入超临界状态。一旦进入超临界状态，反应堆内的功率和温度会上升，直到最终由于燃料和慢化剂的反应性温度系数的影响而失去反应性，从而使反应堆再次进入完全临界状态。根据图 11－11A 所示，反应堆的自启动似乎是成功的，即反应堆最终达到了全推进剂流量的平衡状态，然而实际发生的情况并非如此。

推进剂温度在大约 50 s 的时间内下降到接近其初始温度的水平，这是由于推进剂吸收了来自热反应堆组件的大部分可用热量。在 50 s 之前的某个时间点，推进剂流中没有足够的能量来维持涡轮泵运行——此时涡轮输出功率无法满足泵维持指定流量所需的功率需求。但是，这一转换点出现在反应堆功率达到足以引起推进剂温度升高的水平之前，发生在 150 s 左右。由此导致泵的动力不足引发出口压力不断下降、推进剂流量逐渐减少，直到最后涡轮泵完全停止。此时，反应堆启动停止。

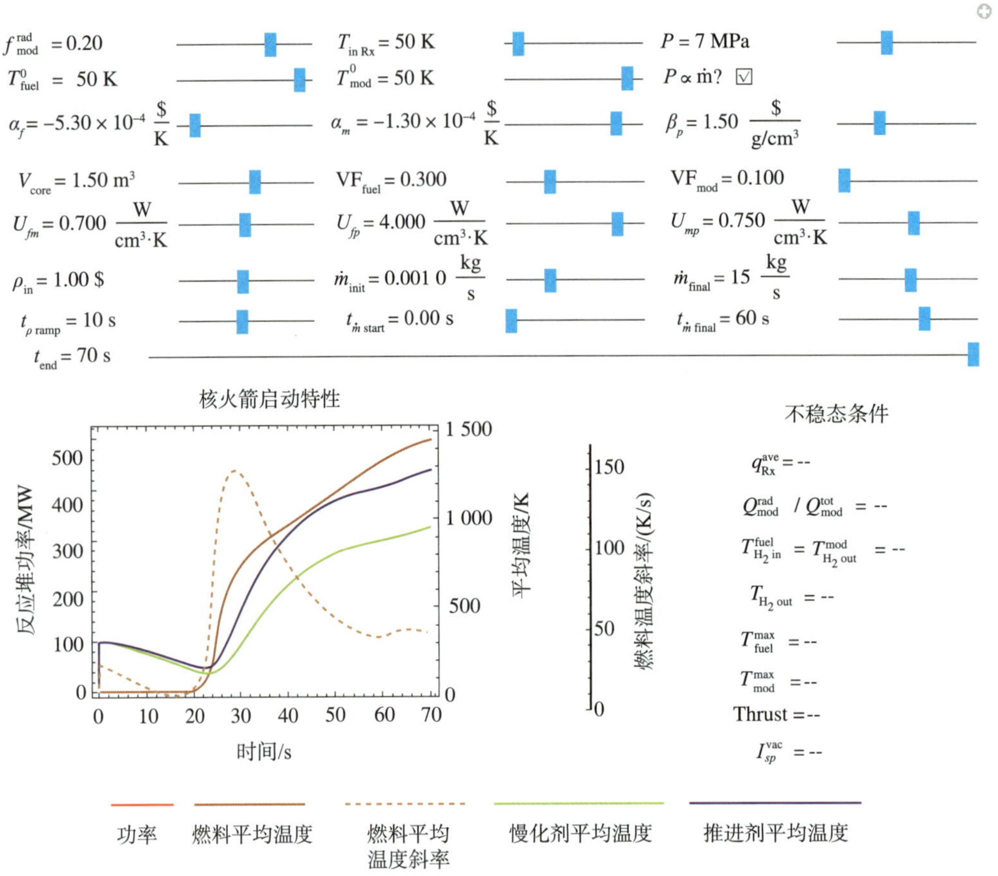

图 11 - 11A　反应性为 0 时的自启动过程

图 11 - 11B 显示了与图 11 - 11A 中常规启动相同的自启动，在这种情况下，在启动开始时，使用控制鼓的动作在 10 s 内将 \$ 0.8 的反应性引入反应堆。此操作的目的是试图提高反应堆功率上升的速度，从而防止推进剂温度降低到无法驱动涡轮泵正常工作的水平。请注意，这种反应性引入很理想，即推进剂的温度只在 23 s 后下降到 150 K 左右，然后开始上升。在此之前，推进剂的温度是下降到 20 K 左右，保持该状态约 100 s 再开始上升。从图 11 - 11B 中可以看到，在 150 K 时，推进剂看上去有足够的能量驱动涡轮泵达到足以维持所需系统压力和推进剂流量的水平，从而成功启动反应堆。但是请注意，图 11 - 11B 中呈现的场景并没有以任何方式进行优化，仅仅是为了显示如何实现核火箭发动机的自启动。

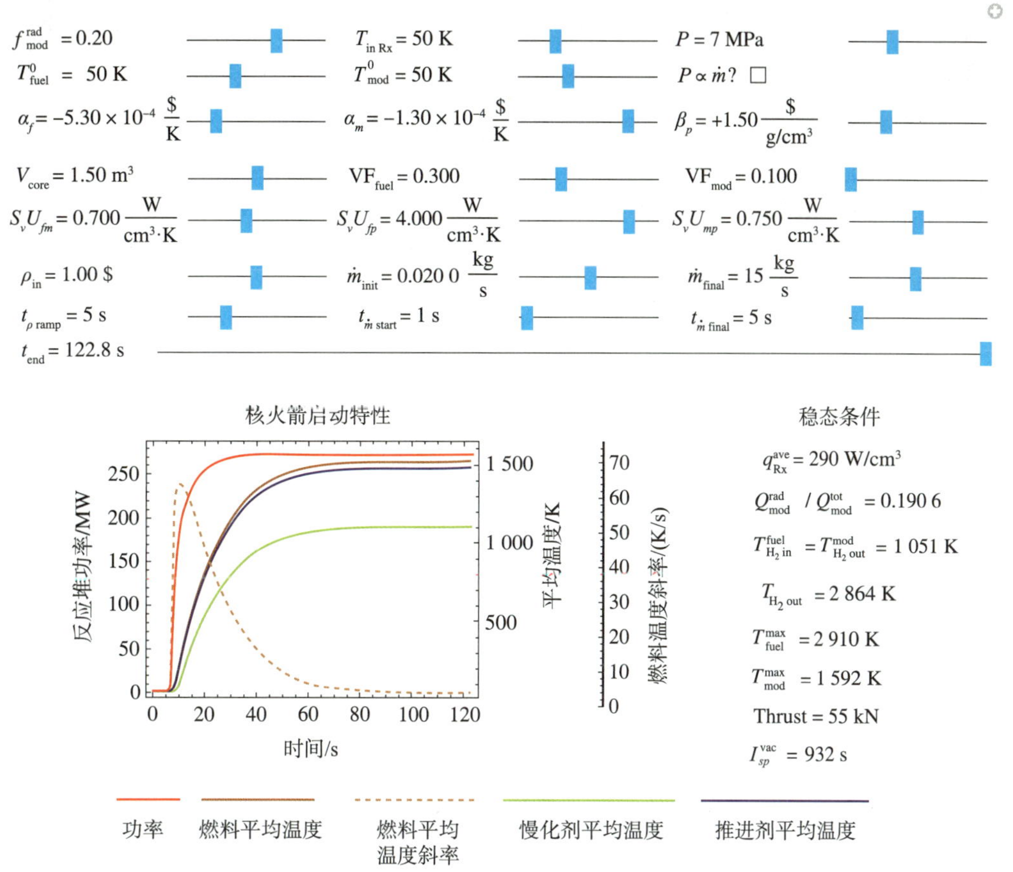

图 11-11B　反应性为 \$0.8 时的自启动过程

参考文献

[1] Keepin RG. Physics of nuclear kinetics. Addison-Wesley Pub. Co，Library of Congress QC787. N8 K4；1965.

[2] Todreas NE，Kazimi MS. Nuclear systems I，thermal hydraulic fundamentals，vol. 1. Hemisphere Publishing Corporation；1990. ISBN 0-89116-935-0.

习　题

1. 某核火箭在去往火星的途中已运行 2 h，现要停堆并使航天器进入长时间的滑翔阶段。假设发动机运行功率为 1 500 MW，并且在停堆时引入的反应性为 $-\$1.00$。在航天器滑翔阶段，一共需要排出多少衰变能量？

假设：$\beta=0.007\ 5$，$\lambda=0.08\ s^{-1}$，$\Lambda=0.000\ 06$ s

2. 对于超瞬发临界的瞬态过程，通常可认为点堆动力学方程中的 λC 保持不变。根据该假设，若反应堆初始处于临界状态，$n(0)=n_0$，引入的反应性为 $\rho=\alpha t$，证明反应堆的响应近似如下

$$\frac{n(t)}{n_0}=\mathrm{e}^{\frac{\alpha t^2}{2\Lambda}-\frac{\beta t}{\Lambda}}\left\{1+\beta\sqrt{\frac{\pi}{2\alpha\Lambda}}\,\mathrm{e}^{\frac{\beta^2}{2\alpha\Lambda}}\left[\mathrm{erf}\left(\frac{\alpha t-\beta}{\sqrt{2\alpha\Lambda}}\right)+\mathrm{erf}\left(\frac{\beta}{\sqrt{2\alpha\Lambda}}\right)\right]\right\}$$

3. 某核火箭在去往火星的途中已运行 1 h，现要停堆并使航天器进入长时间的滑翔阶段。假设发动机运行功率密度为 1 500 $\mathrm{W/cm^3}$，并且在停堆时引入的反应性为 $-\$1.00$。同时假设在停堆后有功率密度为 2 $\mathrm{W/cm^3}$ 的辅助堆芯冷却系统（独立于发动机主推进工质系统）用于排出衰变热。

其中：$\beta=0.0075$，$\lambda=0.08\ \mathrm{s^{-1}}$，$\Lambda=0.00006\ \mathrm{s}$，$c_p^{\mathrm{fuel}}=0.15\ \dfrac{\mathrm{J}}{\mathrm{g\cdot K}}$，$\rho_{\mathrm{fuel}}=13.4\ \dfrac{\mathrm{g}}{\mathrm{cm^3}}$。

a. 为使反应堆温度保持不变或低于其稳态值，推进工质流需要维持多长时间？

b. 如果推进工质流在停堆时就被关停了，那么反应堆的温度将比稳态时升高多少？

4. 采用“瞬跳近似”可大大简化点堆动力学方程。该近似假定在引入反应性时，中子通量密度在瞬间跃变，之后堆内中子数将按照固定的反应堆周期进行变化；还假定与点堆动力学方程中其他项相比，中子数的变化率要小得多。因此有

$$\frac{\mathrm{d}n}{\mathrm{d}t}=0=\frac{\rho-\beta}{\Lambda}n+\lambda C$$

对点堆动力学方程采用该瞬跳近似，推导中子数随时间变化的关系式。

5. 核火箭中的反应堆必须在 30 s 内达到满功率。

其中：$\beta=0.0075$，$\lambda=0.08\ \mathrm{s^{-1}}$，$\Lambda=0.00006\ \mathrm{s}$。

a. 要达到所需的反应堆周期，需要引入多大的阶跃反应性（以 \$ 为单位）？

b. 如果在该过程中功率须增大 10^5 倍，估算所需的反应堆周期。

6. 某核火箭发动机的配置见下表。发动机启动后，以 500 MW 的功率运行 30 min，然后关闭。在启动过程中，控制鼓会旋转以达到最大正反应性（例如，吸收板放置在反射层外侧最近的位置）。这使得反应堆变得超临界，导致温度以尽可能快的速度上升。一旦达到工作温度，控制鼓再次旋转，使反应堆恰好达到临界状态。由于反应堆严格处于临界状态，功率和温度的上升停止，堆芯温度稳定在其工作温度。在关闭时，控制鼓轮旋转以达到最大负反应性（例如，吸收板放置在紧靠堆芯外侧）。这使反应堆变为次临界，并导致发动机以最快的方式关闭。

假设条件包括：

• 控制鼓的旋转通过有效改变反射层的厚度来调节反应堆中的反应性。针对此问题，假设可以忽略反射层中的不均匀性，并将其简单视为厚度可变的均匀区域。

• 在堆芯反应性最大时，假设反射层完全存在。

• 在堆芯反应性最小时，假设反射层完全不存在。

• 控制鼓的移动是瞬时的。

• 忽略外推距离。

- 轴向上没有反射层。
- 任一径向位置上的轴向功率分布是恒定的。
- 反应堆关闭时的功率可以通过使用式（11－36）来确定。
- 陈述并论证任何额外的假设条件。

参数	堆芯	反射层
D /cm	1.3	0.81
Σ_c /cm^{-1}	0.021	0.018
v	2.5	—
Σ_f /cm^{-1}	0.016	—
α_f /(\$/K)	−0.000 3	—
$\lambda=0.076\,4\ \mathrm{s}^{-1}$	$\beta=0.006\,5$	
$\Lambda=0.000\,06\ \mathrm{s}$	$h_{\mathrm{axial}}=135\ \mathrm{cm}$	
$T_{\mathrm{start}}=300\ \mathrm{K}$	$T_{\mathrm{target}}=3\,000\ \mathrm{K}$	
$r_c=50\ \mathrm{cm}$	$w=30\ \mathrm{cm}$	

—导出该反应堆系统的单群临界方程。

—绘制当控制鼓将吸收板完全置于远离堆芯的位置，且反应堆刚达到全功率时，中子通量随半径位置的变化曲线。

—确定控制鼓的反应性（以 \$ 计）。

—确定反应堆可达到的最高温度。

—绘制反应堆在启动期间温度随时间变化的曲线。

—确定反应堆达到目标温度所需的时间。

—绘制控制鼓位置（例如，有效反射层厚度）与堆芯反应性关系的曲线，并确定反应堆达到目标温度时的反射层厚度。

—确定反应堆开始加热的控制鼓轮位置（例如，有效反射层厚度）。

—确定反应堆在关闭期间功率降至 1 MW 所需的时间。

—使用对数-对数坐标系绘制反应堆功率在关机期间随时间变化的曲线。

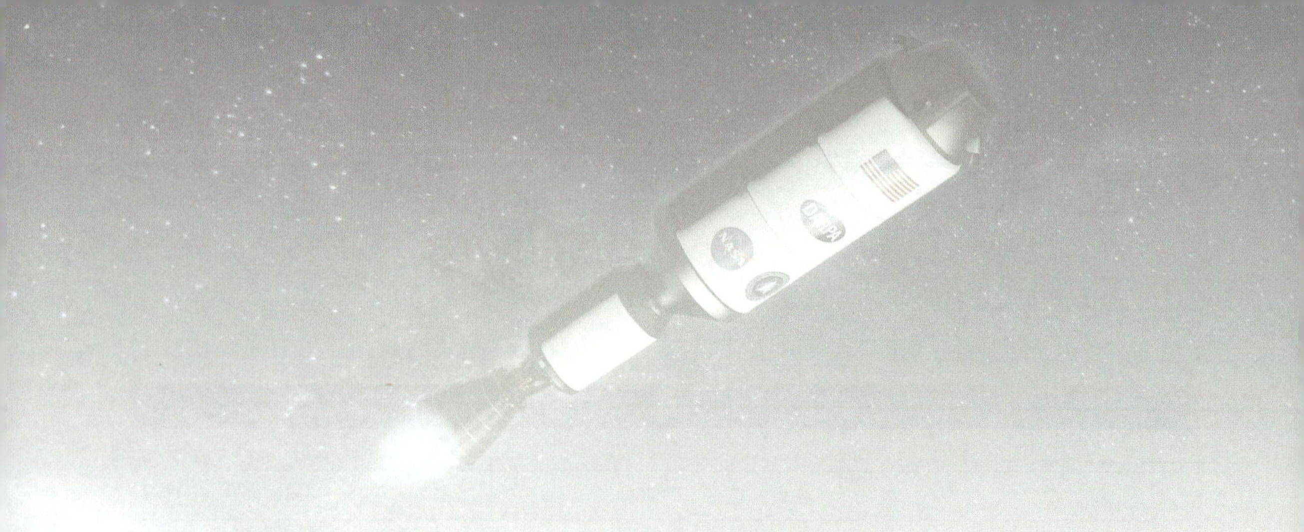

第 12 章

核火箭稳定性

12.1 采用点堆动力学方程的反应堆稳定性模型

此处采用点堆动力学方程来描述反应性变化导致的反应堆系统瞬态行为。此时需要探讨的问题是，反应堆在稳态运行时（例如 $\rho=0$），在受到自然发生的、微小的反应性扰动时是否会保持稳定。

为了回答这一问题，首先给出描述临界状态反应堆的点堆动力学方程

$$\frac{\mathrm{d}n}{\mathrm{d}t}=\frac{\rho-\beta}{\Lambda}n+\lambda C\approx\frac{\delta k-\beta}{\Lambda}n+\lambda C \tag{12-1}$$

以及

$$\frac{\mathrm{d}C}{\mathrm{d}t}=\frac{\beta}{\Lambda}n-\lambda C \tag{12-2}$$

式中，$\rho=\dfrac{k_{\mathrm{eff}}-1}{k_{\mathrm{eff}}}\approx k_{\mathrm{eff}}-1=\delta k$。

将式（12-1）和式（12-2）相加，即可得出

$$\frac{\mathrm{d}n}{\mathrm{d}t}=\frac{\delta k}{\Lambda}n-\frac{\mathrm{d}C}{\mathrm{d}t} \tag{12-3}$$

如果假定 δk 随时间发生微小变化，则中子密度和缓发中子先驱核浓度也将随时间发生变化，即

$$n=n_0+\delta n,\quad C=C_0+\delta C \tag{12-4}$$

式中，$\delta n\ll n_0$ 且 $\delta C\ll C_0$

将式（12-4）代入式（12-3）得到

$$\underbrace{\frac{\mathrm{d}n_0}{\mathrm{d}t}}_{\approx 0}+\frac{\mathrm{d}\delta n}{\mathrm{d}t}=\frac{\delta k}{\Lambda}n_0+\underbrace{\frac{\delta k}{\Lambda}\delta n}_{\approx 0}-\underbrace{\frac{\mathrm{d}C_0}{\mathrm{d}t}}_{\approx 0}-\frac{\mathrm{d}\delta C}{\mathrm{d}t}\Rightarrow\frac{\mathrm{d}\delta n}{\mathrm{d}t}=\frac{\delta k}{\Lambda}n_0-\frac{\mathrm{d}\delta C}{\mathrm{d}t} \tag{12-5}$$

假设稳态条件下，根据式（12－2）可以得出

$$\frac{\mathrm{d}C}{\mathrm{d}t}=\frac{\beta}{\Lambda}n_0-\lambda C_0=0\Rightarrow\frac{\beta}{\Lambda}n_0=\lambda C_0 \tag{12-6}$$

将式（12－4）代入式（12－2）得到

$$\underbrace{\frac{\mathrm{d}C_0}{\mathrm{d}t}}_{\approx 0}+\frac{\mathrm{d}\delta C}{\mathrm{d}t}=\frac{\beta}{\Lambda}n_0+\frac{\beta}{\Lambda}\delta n-\lambda C_0-\lambda\delta C \tag{12-7}$$

将式（12－6）的结果与式（12－7）相结合，即可得出

$$\frac{\mathrm{d}\delta C}{\mathrm{d}t}=\lambda C_0+\frac{\beta}{\Lambda}\delta n-\lambda C_0-\lambda\delta C=\frac{\beta}{\Lambda}\delta n-\lambda\delta C \tag{12-8}$$

此时，式（12－4）中描述的中子密度和缓发中子先驱核浓度的微小扰动实际上都服从正弦函数的性质，即

$$\delta n=n_0\mathrm{e}^{\mathrm{i}\omega t}\Rightarrow\frac{\mathrm{d}\delta n}{\mathrm{d}t}=\mathrm{i}\omega n_0\mathrm{e}^{\mathrm{i}\omega t}=\mathrm{i}\omega\delta n \tag{12-9}$$

且

$$\delta C=C_0\mathrm{e}^{\mathrm{i}\omega t}\Rightarrow\frac{\mathrm{d}\delta C}{\mathrm{d}t}=\mathrm{i}\omega C_0\mathrm{e}^{\mathrm{i}\omega t}=\mathrm{i}\omega\delta C \tag{12-10}$$

将式（12－9）和式（12－10）代入式（12－5）即可得出中子密度的扰动项

$$\mathrm{i}\omega\delta n=\frac{\delta k}{\Lambda}n_0-\mathrm{i}\omega\delta C \tag{12-11}$$

将式（12－9）和式（12－10）代入式（12　8），可以得到扰动的缓发中子先驱核浓度的表达式为

$$\mathrm{i}\omega\delta C=\frac{\beta}{\Lambda}\delta n-\lambda\delta C \tag{12-12}$$

利用式（12－11）和式（12－12）消除缓发中子先驱核浓度的扰动并整理可得

$$\frac{\delta n}{\delta k}=\frac{n_0}{\mathrm{i}\omega\Lambda+\dfrac{\mathrm{i}\omega\beta}{\mathrm{i}\omega+\lambda}}\Rightarrow\Sigma_f\nu\frac{\delta n}{\delta k}=\frac{\Sigma_f\nu n_0}{\mathrm{i}\omega\Lambda+\dfrac{\mathrm{i}\omega\beta}{\mathrm{i}\omega+\lambda}}=\frac{\delta q}{\delta k}=\frac{q_0}{\mathrm{i}\omega\Lambda+\dfrac{\mathrm{i}\omega\beta}{\mathrm{i}\omega+\lambda}} \tag{12-13}$$

将式（12－13）扩展到六组缓发中子先驱核的情况，可得以下函数

$$K_RG_R=\frac{\delta q}{\delta k}=\frac{q_0}{\mathrm{i}\omega\Lambda+\displaystyle\sum_{i=1}^{6}\frac{\mathrm{i}\omega\beta_i}{\mathrm{i}\omega+\lambda_i}}\mathrm{i}\omega\Lambda \tag{12-14}$$

式（12－14）就是所谓的反应堆动力学传递函数。该函数给出了功率密度（输出信号）受反应堆微小扰动 k_{eff}（输入信号）所导致的变化。

通常情况下，传递函数分为两个部分，即增益因子（K_R）描述传递函数的幅值因子（G_R）描述传递函数的相位关系。请注意，从式（12－13）中可以看出，当扰动频率趋近

于 0 时，反应堆的传递函数趋近于无穷大。这种现象表明，完全临界的核反应堆本质上是不稳定的，因为反应堆功率会因 k_{eff} 的微小阶跃扰动而无限制地增加。

由于核反应堆通常以稳定的方式运行，显然还有其他因素在起作用，使反应堆稳定运行。下一节的目标将是研究这些稳定机制及其缓和反应堆行为的方式。

12.2 考虑热反馈的反应堆稳定性模型

核反应堆有多种保持功率稳定性的机制，包括控制棒动作、燃料的负反应性温度系数、慢化剂的负反应性温度系数等。在这些机制中，燃料的负反应性温度系数是最重要的，因为其效益可以在反应堆瞬态变化后立即得到体现。燃料的负反应性温度系数的作用是使反应性随着燃料温度的升高而降低。这种非常有效的反馈机制是通过多普勒展宽效应改变燃料的有效微观截面来实现的。

燃料或慢化剂材料的热膨胀导致密度发生变化，例如推进剂在流经堆芯时密度发生变化，也会产生其他与温度有关的反应性效应。密度变化会改变被加热材料的宏观截面，从而导致堆芯反应性发生变化。由于燃料的热量需要一段时间才能传递到反应堆堆芯内的其他材料（如慢化剂、结构材料等），因此密度变化对堆芯反应性的影响在一定程度上会滞后于功率变化。

图 12-1 是核火箭反应堆系统闭环传递函数框图，其中包括燃料、慢化剂和推进剂反应性温度系数带来的反馈效应。这个传递函数比模拟完整的核火箭发动机系统整体稳定性所需的传递函数简化了很多；尽管如此，它仍能表征主要的热反馈机制，以及该反馈机制如何使核火箭发动机在其工况包络线上缘附近运行。

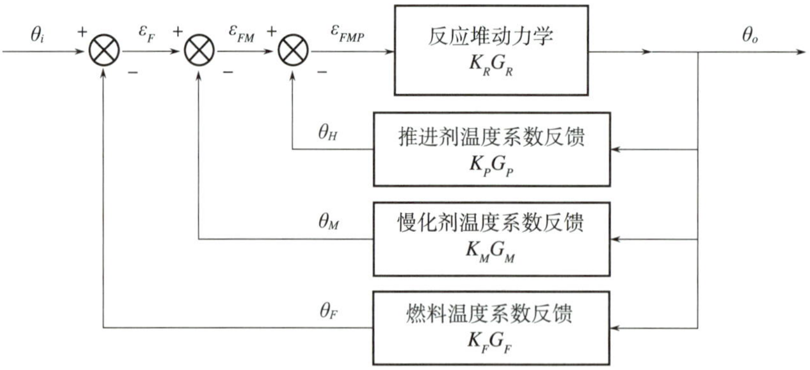

图 12-1　简化的反应堆传递函数框图

θ_i —输入信号；θ_o —输出信号；θ_F —燃料温度反馈所产生的输出信号；θ_M —慢化剂温度反馈所产生的输出信号；θ_H —推进剂温度反馈所产生的输出信号；ε_F —燃料温度反馈所产生的误差信号；ε_{FM} —慢化剂温度反馈所产生的误差信号；ε_{FMP} —推进剂温度反馈所产生的误差信号

要确定反应堆传递函数的形式，首先应注意图 12-1 所示的燃料温度反馈误差信号

$$\varepsilon_F = \theta_i - \theta_F = \theta_i - \theta_o K_F G_F \tag{12-15}$$

类似地，利用式（12-15）的结果，可以确定慢化剂温度反馈误差信号为

$$\varepsilon_{FM}=\varepsilon_F-\theta_M=\theta_i-\theta_o K_F G_F-\theta_o K_M G_M \tag{12-16}$$

同样，根据式（12-16）的结果，推进剂温度反馈误差信号为

$$\varepsilon_{FMP}=\varepsilon_{FM}-\theta_{\mathrm{H}}=\theta_i-\theta_o K_F G_F-\theta_o K_M G_M-\theta_o K_P G_P=\theta_i-(K_F G_F+K_M G_M+K_P G_P)\theta_o \tag{12-17}$$

将式（12-17）的结果作为反应堆动力学传递函数的输入信号，就可以得出反应堆的整体传递函数，即

$$\theta_o=\varepsilon_{FMP}K_R G_R=[\theta_i-(K_F G_F+K_M G_M+K_P G_P)\theta_o]K_R G_R$$
$$\Rightarrow\frac{\theta_o}{\theta_i}=\frac{K_R G_R}{1+(K_F G_F+K_M G_M+K_P G_P)K_R G_R}=K_{RT}G_{RT} \tag{12-18}$$

式（12-18）表示新的反应堆传递函数（$K_{RT}G_{RT}$），其中包含了温度反馈的影响。

现在需要确定温度反馈传递函数 $K_F G_F$、$K_M G_M$ 和 $K_P G_P$ 的表达式，以正确模拟温度反馈效应。为了简化分析，将再次使用集总参数模型来确定反应堆的温度。该模型给出了系统的燃料、慢化剂和推进剂的热平衡方程。在此系统中，热量首先在燃料中产生，然后转移到慢化剂中，最后转移到流动的推进剂中。上述热平衡方程可表示为

$$\underbrace{q}_{\text{功率密度}}=\underbrace{\rho_f c_p^f\frac{\mathrm{d}T_f}{\mathrm{d}t}}_{\text{燃料内热容的变化率}}+\underbrace{U_{fm}(T_f-T_m)}_{\text{从燃料到慢化剂的放热率}} \tag{12-19}$$

$$\underbrace{U_{fm}(T_f-T_m)}_{\text{从燃料到慢化剂的传热率}}=\underbrace{\rho_m c_p^m\frac{\mathrm{d}T_m}{\mathrm{d}t}}_{\text{慢化剂内热容的变化率}}+\underbrace{U_{mp}(T_m-T_p)}_{\text{从慢化剂到推进剂的传热率}} \tag{12-20}$$

$$\underbrace{U_{mp}(T_m-T_p)}_{\text{从慢化剂到推进剂的传热率}}=\underbrace{\rho_p c_p^p\frac{\mathrm{d}T_p}{\mathrm{d}t}}_{\text{推进剂内热容的变化率}}+\underbrace{\dot{m}c_p^p(T_{po}-T_{pi})}_{\text{推进剂流动带出堆芯的热量}} \tag{12-21}$$

式中　T_f ——燃料平均温度；

T_p ——推进剂平均温度；

T_m ——慢化剂平均温度；

T_{pi} ——反应堆入口推进剂温度；

T_{po} ——反应堆出口推进剂温度；

ρ_f ——裂变燃料材料的密度；

ρ_m ——慢化剂和相关结构材料的密度；

ρ_p ——任何给定时刻反应堆中推进剂的密度（假设密度恒定）；

$\dot{m}$ ——单位时间内流经单位体积的推进剂质量；

c_p^f ——裂变燃料材料的比热容；

c_p^m ——慢化剂和相关结构材料的比热容；

c_p^p ——推进剂的比热容；

U_{fm} ——从燃料到慢化剂的单位体积传热系数；

U_{mp} ——从慢化剂到推进剂的单位体积传热系数。

假设推进剂的平均温度可以表示为

$$T_p = \frac{T_{po} + T_{pi}}{2} \tag{12-22}$$

式（12－21）可改写为

$$U_{mp}(T_m - T_p) = \rho_p c_p^p \frac{\mathrm{d}T_p}{\mathrm{d}t} + 2\dot{m}c_p^p(T_p - T_{pi}) \tag{12-23}$$

再次假设发热率和材料温度随时间小幅波动，则式（12－19）、式（12－20）和式（12－23）可以转化为

$$\begin{aligned} q_0 + \delta q &= \rho_f c_p^f \frac{\mathrm{d}}{\mathrm{d}t}(T_f^0 + \delta T_f) + U_{fm}(T_f^0 - T_m^0) + U_{fm}(\delta T_f - \delta T_m) \\ &\Rightarrow \delta q = \rho_f c_p^f \frac{\mathrm{d}\delta T_f}{\mathrm{d}t} + U_{fm}(\delta T_f - \delta T_m) \end{aligned} \tag{12-24}$$

$$\begin{aligned} U_{fm}(T_f^0 - T_m^0) + U_{fm}(\delta T_f - \delta T_m) &= \rho_m c_p^m \frac{\mathrm{d}}{\mathrm{d}t}(T_m^0 + \delta T_m) + U_{mp}(T_m^0 - T_p^0) + U_{mp}(\delta T_m - \delta T_p) \\ &\Rightarrow U_{fm}(\delta T_f - \delta T_m) = \rho_m c_p^m \frac{\mathrm{d}\delta T_m}{\mathrm{d}t} + U_{mp}(\delta T_m - \delta T_p) \end{aligned} \tag{12-25}$$

$$\begin{aligned} U_{mp}(T_m^0 - T_p^0) + U_{mp}(\delta T_m - \delta T_p) &= \rho_p c_p^p \frac{\mathrm{d}}{\mathrm{d}t}(T_p^0 + \delta T_p) + 2\dot{m}c_p^p(T_p^0 - T_{pi}) + 2\dot{m}c_p^p \delta T_p \\ &\Rightarrow U_{mp}(\delta T_m - \delta T_p) = \rho_p c_p^p \frac{\mathrm{d}\delta T_p}{\mathrm{d}t} + 2\dot{m}c_p^p \delta T_p \end{aligned} \tag{12-26}$$

温度的微小扰动定义与之前相同，为正弦形式

$$\delta T_f = T_f^0 \mathrm{e}^{\mathrm{i}\omega t} \Rightarrow \frac{\mathrm{d}\delta T_f}{\mathrm{d}t} = \mathrm{i}\omega T_f^0 \mathrm{e}^{\mathrm{i}\omega t} = \mathrm{i}\omega \delta T_f \tag{12-27}$$

$$\delta T_m = T_m^0 \mathrm{e}^{\mathrm{i}\omega t} \Rightarrow \frac{\mathrm{d}\delta T_m}{\mathrm{d}t} = \mathrm{i}\omega T_m^0 \mathrm{e}^{\mathrm{i}\omega t} = \mathrm{i}\omega \delta T_m \tag{12-28}$$

$$\delta T_p = T_p^0 \mathrm{e}^{\mathrm{i}\omega t} \Rightarrow \frac{\mathrm{d}\delta T_p}{\mathrm{d}t} = \mathrm{i}\omega T_p^0 \mathrm{e}^{\mathrm{i}\omega t} = \mathrm{i}\omega \delta T_p \tag{12-29}$$

式中 ω ——扰动频率；

t ——时间。

将式（12－27）～式（12－29）中的扰动温度定义代入扰动热平衡方程，即可得出

$$\delta q = \mathrm{i}\omega\rho_f c_p^f \delta T_f + U_{fm}(\delta T_f - \delta T_m) \tag{12-30}$$

$$U_{fm}(\delta T_f - \delta T_m) = \mathrm{i}\omega\rho_m c_p^m \delta T_m + U_{mp}(\delta T_m - \delta T_p) \tag{12-31}$$

$$U_{mp}(\delta T_m - \delta T_p) = \mathrm{i}\omega\rho_p c_p^p \delta T_p + 2\dot{m}c_p^p \delta T_p \tag{12-32}$$

如果现在对扰动温度同时求解式（12－30）～式（12－32），可以得到

$$\frac{\delta T_f}{\delta q}=\frac{U_{fm}(2\dot{m}c_p^p+\mathrm{i}\omega\rho_p c_p^p+U_{mp})\left[\dfrac{\mathrm{i}\omega\rho_m c_p^m+U_{fm}+U_{mp}}{U_{fm}}-\dfrac{U_{mp}^2}{U_{fm}(2\dot{m}c_p^p+\mathrm{i}\omega\rho_p c_p^p+U_{mp})}\right]}{-U_{fm}^2(2\dot{m}c_p^p+\mathrm{i}\omega\rho_p c_p^p+U_{mp})+(\mathrm{i}\omega\rho_f c_p^f+U_{fm})(\mathrm{i}\omega\rho_m c_p^m+U_{fm}+U_{mp})(2\dot{m}c_p^p+\mathrm{i}\omega\rho_p c_p^p+U_{mp})-(\mathrm{i}\omega\rho_f c_p^f+U_{fm})U_{mp}^2} \tag{12-33}$$

$$\frac{\delta T_m}{\delta q}=\frac{U_{fm}(2\dot{m}c_p^p+\mathrm{i}\omega\rho_p c_p^p+U_{mp})}{-U_{fm}^2(2\dot{m}c_p^p+\mathrm{i}\omega\rho_p c_p^p+U_{mp})+(\mathrm{i}\omega\rho_f c_p^f+U_{fm})(\mathrm{i}\omega\rho_m c_p^m+U_{fm}+U_{mp})(2\dot{m}c_p^p+\mathrm{i}\omega\rho_p c_p^p+U_{mp})-(\mathrm{i}\omega\rho_f c_p^f+U_{fm})U_{mp}^2} \tag{12-34}$$

$$\frac{\delta T_p}{\delta q}=\frac{U_{fm}U_{mp}}{-U_{fm}^2(2\dot{m}c_p^p+\mathrm{i}\omega\rho_p c_p^p+U_{mp})+(\mathrm{i}\omega\rho_f c_p^f+U_{fm})(\mathrm{i}\omega\rho_m c_p^m+U_{fm}+U_{mp})(2\dot{m}c_p^p+\mathrm{i}\omega\rho_p c_p^p+U_{mp})-(\mathrm{i}\omega\rho_f c_p^f+U_{fm})U_{mp}^2} \tag{12-35}$$

在上述温度扰动方程中，青色项可以被忽略，因为它们在频率上是零阶或一阶的，远低于其他三阶项。为了进一步简化上述方程，做以下定义

$$\tau_f=\frac{\rho_f c_p^f}{U_{fm}},\ \tau_m=\frac{\rho_m c_p^m}{U_{fm}+U_{mp}},\ \tau_p=\frac{\rho_p c_p^p}{U_{mp}+2\dot{m}c_p^p}$$

$$A_f=\frac{1}{U_{fm}},\ A_m=\frac{1}{U_{fm}+U_{mp}},\ A_p=\frac{U_{mp}}{(U_{fm}+U_{mp})(U_{mp}+2\dot{m}c_p^p)}$$

请注意，在上述公式中，τ_f 可以看作是与燃料温度变化率有关的时间常数，τ_m 可以看作是与慢化剂温度变化率有关的时间常数，而 τ_p 可以看作是与推进剂温度变化率有关的时间常数。参数 A_f、A_m 和 A_p 可视为热阻，它们与燃料、慢化剂和推进剂温度的变化及反应堆功率变化有关。基于以上考虑，可将式（12-33）～式（12-35）改写为

$$\frac{\delta T_f}{\delta q}=\frac{A_f(1+\mathrm{i}\omega\tau_p)(1+\mathrm{i}\omega\tau_m)}{(1+\mathrm{i}\omega\tau_f)(1+\mathrm{i}\omega\tau_m)(1+\mathrm{i}\omega\tau_p)}=\frac{A_f}{1+\mathrm{i}\omega\tau_f} \tag{12-36}$$

$$\frac{\delta T_m}{\delta q}=\frac{A_m(1+\mathrm{i}\omega\tau_p)}{(1+\mathrm{i}\omega\tau_f)(1+\mathrm{i}\omega\tau_m)(1+\mathrm{i}\omega\tau_p)}=\frac{A_m}{(1+\mathrm{i}\omega\tau_f)(1+\mathrm{i}\omega\tau_m)} \tag{12-37}$$

$$\frac{\delta T_p}{\delta q}=\frac{A_p}{(1+\mathrm{i}\omega\tau_f)(1+\mathrm{i}\omega\tau_m)(1+\mathrm{i}\omega\tau_p)} \tag{12-38}$$

为了建立适合式（12-18）使用的反馈传递函数，必须对式（12-36）～式（12-38）进行修改，从而以 k_{eff} 变化而不是温度变化作为对功率变化的响应。为了完成这一转换，需要使用前面所述的反应性温度系数。事实上，反应性温度系数本身就是温度的函数，但在本分析中，它们将被视为常数。由于这些系数通常随温度变化很小，将这些反应性温度系数视为常数不会引入较大误差。

根据反应堆的设计，燃料和慢化剂的反应性温度系数可正可负。例如，对于低浓铀装料的水堆而言，由于存在大量的^{238}U，燃料的反应性温度系数几乎总是负的。温度的升高会改变中子通量，使更多的中子被 6.67 eV 处的强共振吸收峰捕获而丢失。这种行为意味着反应堆温度的升高将导致反应堆的 k_{eff} 降低。k_{eff} 下降导致反应堆功率下降，最终导致反应堆温度下降。这种情况是理想的，因为它意味着反应堆将以自然稳定的方式运行。美国几乎所有的核反应堆都属于这种类型。慢化剂反应性温度系数通常也是负值，因为温度升

高会导致慢化剂密度降低。慢化剂密度的降低会降低其慢化中子的能力，从而再次导致反应堆反应性的降低。

与低浓铀装料的水堆相反，在高浓铀装料的石墨慢化反应堆中，燃料的反应性温度系数有时会是正值，因为前述的多普勒效应主要是展宽了^{235}U（尤其是^{239}Pu）的低能共振裂变峰，而不是^{238}U中的共振吸收峰。共振裂变峰的多普勒展宽强于共振吸收峰的多普勒展宽，会导致反应堆k_{eff}随反应堆温度升高而上升，从而导致反应堆功率增大，而功率增大又会导致反应堆温度进一步升高，如此循环往复，直到反应堆被摧毁，或者其他过程终止了不稳定瞬态行为的发展。因此，在反应堆设计中一般应避免燃料的反应性温度系数为正值，因为它们会导致反应堆出现破坏性的功率不稳定性。

俄罗斯切尔诺贝利核电站反应堆灾难的直接原因就是它具有正反应性温度系数。然而，在这次灾难中，反应堆的正反应性温度系数导致了功率不稳定。原来，切尔诺贝利式反应堆以天然铀为燃料，以石墨为慢化剂，它们用轻水冷却。这种特殊设计的有趣（和危险）之处在于轻水实际上更像是中子的吸收剂，而不是中子的慢化剂。这是因为与石墨相比，氢的吸收截面相对更大。切尔诺贝利式反应堆中，功率增加会导致水的密度下降，从而降低水吸收多余中子的能力。由于有更多的中子可用于裂变，水温的升高会使反应堆功率增加（例如冷却剂反应系数为正）。在切尔诺贝利核电站灾难中，原本设计用于主动控制功率的反应堆控制系统，在进行一些测试时人为解除了。在测试过程中，发生了小的功率扰动，冷却剂反应性温度系数为正，导致功率迅速增加，最终导致反应堆被毁。

目前正在考虑的许多核火箭发动机概念都是用石墨来慢化，并用氢气推进剂来“冷却”，它们似乎与俄罗斯切尔诺贝利反应堆有某些相似之处。在设计未来的核火箭发动机时，必须注意其材料和设计特点，使反应堆的总体反应性温度系数为负值。

将这些反应性温度系数代入式（12－36）和式（12－37）即可得出燃料和慢化剂温度反馈传递函数的形式为

$$\frac{\delta k_{eff}^{f}}{\delta q}=\alpha_f\frac{\delta T_f}{\delta q}=\frac{\alpha_f A_f}{1+i\omega\tau_f}=K_F G_F \tag{12-39}$$

$$\frac{\delta k_{eff}^{m}}{\delta q}=\alpha_m\frac{\delta T_m}{\delta q}=\frac{\alpha_m A_m}{(1+i\omega\tau_f)(1+i\omega\tau_m)}=K_M G_M \tag{12-40}$$

$$\frac{\delta k_{eff}^{p}}{\delta q}=\beta_p\frac{\delta\rho_p}{\delta T_p}\frac{\delta T_p}{\delta q}=\frac{\beta_p A_p}{(1+i\omega\tau_f)(1+i\omega\tau_m)(1+i\omega\tau_p)}\frac{\delta\rho_p}{\delta T_p}=K_P G_P \tag{12-41}$$

式中 α_f——燃料的反应性温度系数，$\alpha_f=\dfrac{\delta k_{eff}^{f}}{\delta T_f}$；

α_m——慢化剂的反应性温度系数，$\alpha_m=\dfrac{\delta k_{eff}^{m}}{\delta T_m}$；

β_p——推进剂的反应性密度系数，$\beta_p=\dfrac{\delta k_{eff}^{p}}{\delta\rho_p}$。

由于推进剂是气体，推进剂的反应性效应主要来自其密度而非温度的变化，因此还需作进一步努力以确定式（12－41）中推进剂温度反馈传递函数的最终形式。假设推进剂服

从理想气体规律，则可以写出

$$\rho_p = \frac{P_p}{R_p T_p} \tag{12-42}$$

式中　P_p——推进剂压力；

R_p——推进剂气体常数。

根据前面介绍的推进剂时间常数 τ_p 的定义，利用式（12-42）得出

$$\tau_p = \frac{\rho_p c_p^p}{U_{mp} + 2\dot{m}c_p^p} = \frac{P_p c_p^p}{R_p T_p (U_{mp} + 2\dot{m}c_p^p)} \tag{12-43}$$

如果系统压力基本保持不变，推进剂温度的扰动将导致推进剂密度的变化，即

$$\begin{aligned}\rho_{p0} + \delta\rho_p &= \frac{P_{p0}}{R_p(T_{p0} + \delta T_p)} = \frac{P_{p0}(T_{p0} - \delta T_p)}{R_p(T_{p0} + \delta T_p)(T_{p0} - \delta T_p)} = \frac{P_{p0}(T_{p0} - \delta T_p)}{R_p(T_{p0}^2 - \delta T_p^2)} \\ &= \frac{P_{p0}}{R_p T_{p0}} - \frac{P_{p0}\delta T_p}{R_p T_{p0}^2}\end{aligned} \tag{12-44}$$

消去式（12-44）两侧相等的项，并注意到二阶项 δT_p^2 很小，可以发现

$$\delta\rho_p = -\frac{P_{p0}\delta T_p}{R_p T_{p0}^2} \Rightarrow \frac{\delta\rho_p}{\delta T_p} = -\frac{P_{p0}}{R_p T_{p0}^2} \tag{12-45}$$

将式（12-45）代入式（12-41）即可得到推进剂温度反馈传递函数

$$\begin{aligned}\frac{\delta k_{\mathrm{eff}}^p}{\delta q} &= \frac{-\beta_p A_p}{(1+\mathrm{i}\omega\tau_f)(1+\mathrm{i}\omega\tau_m)(1+\mathrm{i}\omega\tau_p)} \frac{P_{p0}}{R_p T_{p0}^2} \\ &= \frac{-\beta_p B_p}{(1+\mathrm{i}\omega\tau_f)(1+\mathrm{i}\omega\tau_m)(1+\mathrm{i}\omega\tau_p)} = K_P G_P\end{aligned} \tag{12-46}$$

式中，$B_p = \dfrac{A_p P_{p0}}{R_p T_{p0}^2} = \dfrac{U_{mp} P_{p0}}{R_p T_{p0}^2 (U_{fm} + U_{mp})(U_{mp} + 2\dot{m}c_p^p)}$。

与前面讨论的燃料和慢化剂温度系数不同，可以发现推进剂密度系数几乎总是正值。不过，注意到式（12-46）中的负号，可以发现推进剂密度波动通常会降低瞬态过程中的反应性。

至此，对于采用热量在燃料内产生并经慢化剂传导至推进剂气流这一设计方案的核火箭，已可以给出全系统的稳定性模型。将式（12-39）、式（12-40）和式（12-46）所给出的温度反馈传递函数，以及反应堆动力学传递函数代入式（12-18）所给出的整个反应堆系统传递模型，得到核火箭温度反馈传递函数为

$$K_{RT}G_{RT} = \frac{1}{\dfrac{\mathrm{i}\omega\Lambda}{q_0} + \dfrac{1}{q_0}\displaystyle\sum_{i=1}^{6}\frac{\mathrm{i}\omega\beta_i}{\mathrm{i}\omega + \lambda_i} + \dfrac{\alpha_f A_f}{1+\mathrm{i}\omega\tau_f} + \dfrac{\alpha_m A_m}{(1+\mathrm{i}\omega\tau_f)(1+\mathrm{i}\omega\tau_m)} - \dfrac{\beta_p B_p}{(1+\mathrm{i}\omega\tau_f)(1+\mathrm{i}\omega\tau_m)(1+\mathrm{i}\omega\tau_p)}} \tag{12-47}$$

将式（12-47）以波特图的形式表示出来，以检验火箭反应堆系统的稳定性，如图 12-2 所示。在波特图中，反馈函数的增益（以分贝为单位）和相移是扰动频率的函数。增益和相移通常按以下方式定义

$$增益 = 20\mathrm{Re}\left[\lg(K_{RT}G_{RT})\right],相移 = \arctan\left[\frac{\mathrm{Im}(K_{RT}G_{RT})}{\mathrm{Re}(K_{RT}G_{RT})}\right] \tag{12-48}$$

如果波特图中某组频率下的增益变得无限大，或者在一组具有有限正增益值的频率下出现 180°相移，则表明反应堆存在不稳定性。在有限正增益值下的 180°相移意味着共振条件的存在。在共振条件下，系统会出现振幅不断增大的振荡。

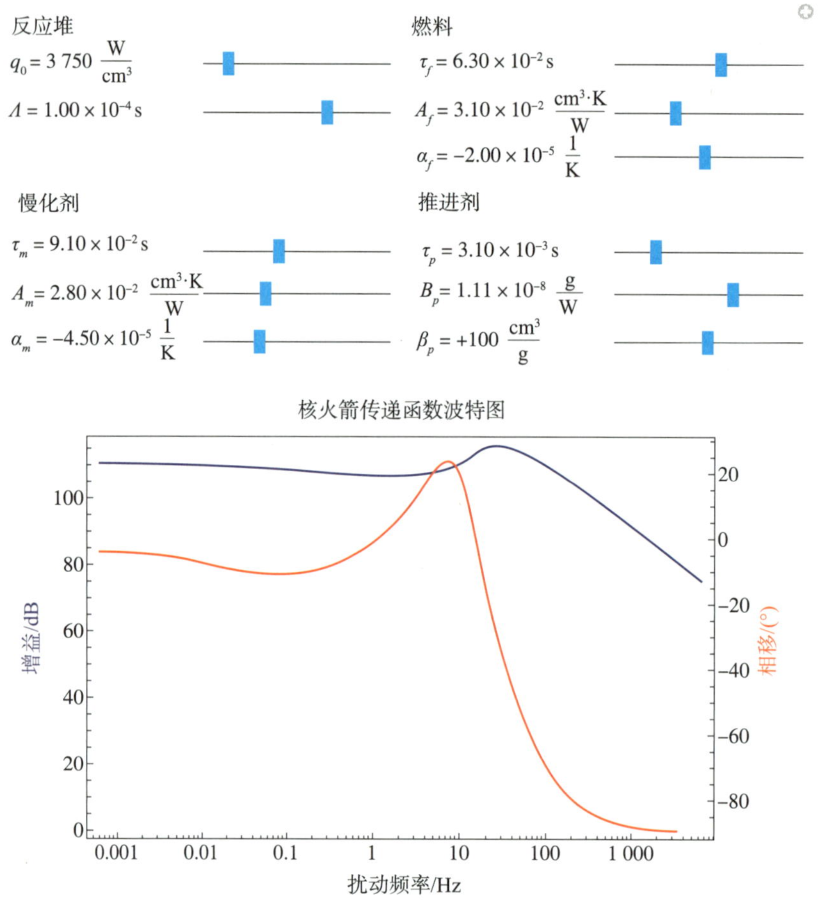

图 12-2　带热工反馈的核火箭传递函数的波特图

例题

用波特图评估核火箭发动机（NERVA）反应堆部分的稳定性。假设设计的燃料元件由嵌入石墨基体的小裂变粒子和氢气推进剂组成。使用下表中的参数值来确定反应堆的稳定性。

参数	数值	单位	含义
q_0	3 750	$\frac{\mathrm{W}}{\mathrm{cm}^3}$	堆芯平均功率密度
Λ	0.0001	s	瞬发中子寿命

续表

参数	数值	单位	含义
S_{fm}	3.5	cm^{-1}	单位体积燃料元件内燃料的表面积
c_p^f	0.15	$\frac{W\cdot s}{g\cdot K}$	燃料比热容
k^f	0.23	$\frac{W}{cm\cdot K}$	燃料热导率
ρ^f	13.5	$\frac{g}{cm^3}$	燃料密度
α^f	−0.000 020	K^{-1}	燃料的反应性温度系数
S_{mp}	8.3	cm^{-1}	单位体积燃料元件内冷却剂流道的表面积
c_p^m	1.9	$\frac{W\cdot s}{g\cdot K}$	石墨慢化剂比热容
k^m	0.31	$\frac{W}{cm\cdot K}$	石墨慢化剂热导率
ρ^m	1.7	$\frac{g}{cm^3}$	石墨慢化剂密度
α^m	−0.000 045	K^{-1}	慢化剂的反应性温度系数
c_p^p	16.8	$\frac{W\cdot s}{g\cdot K}$	氢气推进剂的比热容
h_c	0.5	$\frac{W}{cm^2\cdot K}$	氢的传热系数
P	7	MPa	氢气推进剂平均压强
T	1 500	K	氢气推进剂平均温度
R	4.2	$\frac{MPa\cdot cm^3}{g\cdot K}$	氢的气体常数
$\dot{m}$	0.083	$\frac{g}{s\cdot cm^3}$	单位体积燃料元件内的氢流量
β^p	100	$\frac{cm^3}{g}$	氢的反应性密度系数
r^f	0.025	cm	燃料内传热的特征长度
r^m	0.2	cm	石墨基体内传热的特征长度

解答

要开始分析，首先需要计算燃料和慢化剂中热导率的有效值。就燃料而言，单位体积内燃料粒子的热导率主要是燃料的热导率和各种几何因素的函数。从基本的热传导考虑，热导率的合理近似值可描述为

$$U_{fm}=\frac{k^f S_{fm}}{r^f}=32.3\ \frac{W}{cm^3\cdot K}$$

对于慢化剂，单位体积燃料元件的石墨热导率不仅是燃料热导率和各种几何因素的函数，也是慢化剂和推进剂之间传热系数的函数。在这种情况下，传热系数的合理近似值可描述为

$$U_{mp}=\frac{S_{mp}}{\dfrac{r^{m}}{k^{m}}+\dfrac{1}{h_{c}}}=3.14\ \frac{\mathrm{W}}{\mathrm{cm}^{3}\cdot\mathrm{K}}$$

知道了燃料和慢化剂的热导率，现在就可以计算出热阻常数和时间常数的值

$$\tau_{f}=\frac{\rho_{f}c_{p}^{f}}{U_{fm}}=0.063\ \mathrm{s},\tau_{m}=\frac{\rho_{m}c_{p}^{m}}{U_{fm}+U_{mp}}=0.091\ \mathrm{s}$$

$$\tau_{p}=\frac{Pc_{p}^{p}}{RT(U_{mp}+2\dot{m}c_{p}^{p})}=0.003\ 1\ \mathrm{s},A_{m}=\frac{1}{U_{fm}+U_{mp}}=0.028\ \frac{\mathrm{cm}^{3}\cdot\mathrm{K}}{\mathrm{W}}$$

$$A_{f}=\frac{1}{U_{fm}}=0.031\ \frac{\mathrm{cm}^{3}\cdot\mathrm{K}}{\mathrm{W}},B_{p}=\frac{U_{mp}P}{RT^{2}(U_{fm}+U_{mp})(U_{mp}+2\dot{m}c_{p}^{p})}=1.11\times10^{-8}\ \frac{\mathrm{g}}{\mathrm{W}}$$

利用刚刚计算出的时间常数和热阻常数，再加上其他指定参数，就可以绘制出描述核火箭系统稳定性的波特图。请注意，图 12－2 中描述的波特图默认使用的就是这些参数值。由图可知，所有频率下的增益都是有限的，相位偏移小于 0.5%。相移始终小于 180°，这种行为表明核火箭发动机是稳定的。如果对设计进行修改，将推进剂的反应密度系数降低到－170 cm³/g 或更小，如图 1 所示，低频时会出现 180°的相移，表明发动机运行不稳定。在这种情况下，反应堆的功率将不断增加。

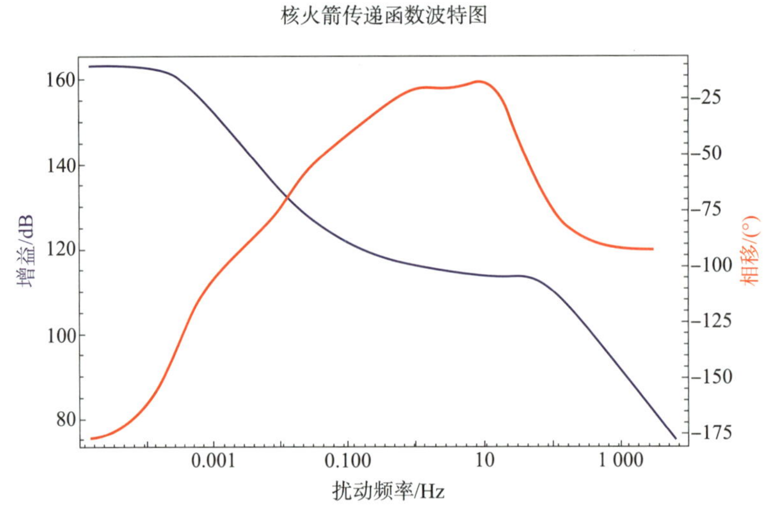

图 1　推进剂反应性密度系数等于－170 cm³/g 时核火箭传递方程的波特图

另外，即使反应堆的某些部分的热反应系数为正，发动机也可以稳定运行。只要整体的热反应系数为负，反应堆就可以稳定运行。此外，请注意，如果将所有时间常数和热阻常数设置为零，从而关闭所有热反应反馈，则波特图证实了前面的说法，即完全临界的反应堆是不稳定的，因为当频率趋近于零时，增益变为无穷大。

使用热排气反应堆模型来估算反应堆瞬态启动过程的动态特性。图 12－3 展示了基于图 11－7 所示为热排气循环的简化闭环传递函数框图，其中包括由于燃料、慢化剂和推进

剂反应性温度系数引起的反馈效应。与瞬态分析中使用的反应堆模型一样，这一传递函数也比模拟完整的核动力火箭发动机系统整体稳定性所需的传递函数大大简化。尽管如此，这一分析仍将有助于展示占主导地位的热反馈机制，以及这些反馈机制如何使核火箭发动机在其工作包络线上缘附近运行。

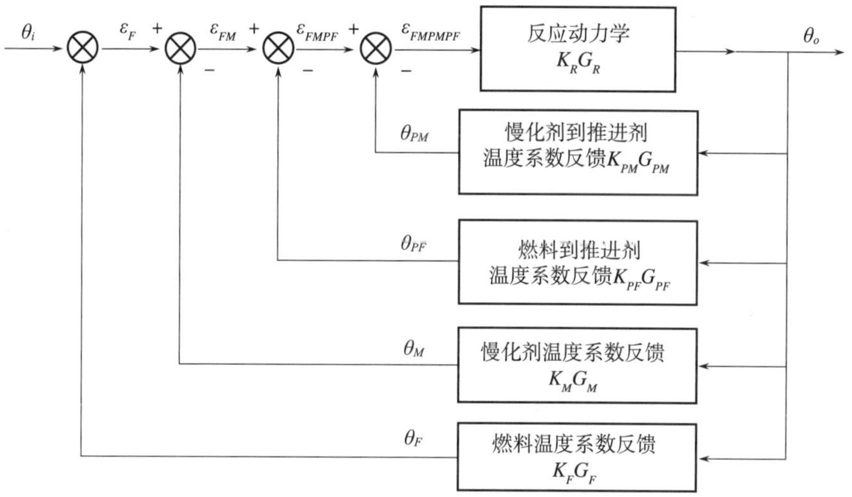

图 12-3　简化的反应堆传递函数框图

θ_i —输入信号；θ_o —输出信号；θ_F —燃料温度反馈所产生的输出信号；θ_M —慢化剂温度反馈所产生的输出信号；θ_{PF} —燃料中推进剂温度的反馈输出信号；θ_{PM} —慢化剂中推进剂温度的反馈输出信号；ε_F —燃料温度反馈所产生的误差信号；ε_{FM} —慢化剂温度反馈所产生的误差信号；ε_{FMPF} —燃料中推进剂温度反馈所产生的误差信号；ε_{FMPMPF} —慢化剂中推进剂温度反馈所产生的误差信号

将式（12-18）的结果推广到本反应堆模型中，即可发现可用以下方式来表示反应堆的整体传递函数

$$\frac{\theta_o}{\theta_i}=\frac{K_R G_R}{1+(K_F G_F+K_M G_M+K_{PM} G_{PM}+K_{PF} G_{PF})K_R G_R}=K_{RT} G_{RT} \tag{12-49}$$

式（12-49）表示新的反应堆传递函数（$K_{RT}G_{RT}$），其中包含了温度反馈的影响。现在需要确定温度反馈传递函数 $K_F G_F$、$K_M G_M$、$K_{PM} G_{PM}$ 和 $K_{PF} G_{PF}$ 的表达式，以正确模拟温度反馈效应。此处将使用第 11 章中为核火箭发动机热循环推导的热平衡方程。重复式（11-93）～式（11-96）热流体微分方程

$$\frac{\mathrm{d}T_f}{\mathrm{d}t}=\frac{q(1-f)}{c_p^f\rho_f}-\frac{T_f-T_{pf}}{\tau_{fp}}-\frac{T_f-T_m}{\tau_{fm}} \tag{12-50}$$

$$\frac{\mathrm{d}T_m}{\mathrm{d}t}=\frac{qf}{c_p^m\rho_m}-\frac{T_m-T_{pm}}{\tau_{mp}}+\frac{T_f-T_m}{\tau_{fm}} \tag{12-51}$$

$$\frac{\mathrm{d}T_{pm}}{\mathrm{d}t}=\frac{(T_m-T_{pm})T_{pm}}{\zeta_{mpp}}-\frac{(T_{pm}-T_{pm}^{\mathrm{in}})T_{pm}}{\zeta_{mvp}} \tag{12-52}$$

$$\frac{\mathrm{d}T_{pf}}{\mathrm{d}t}=\frac{(T_f-T_{pf})T_{pf}}{\zeta_{fpp}}-\frac{(T_{pf}-2T_{pm}+T_{pm}^{\mathrm{in}})T_{pf}}{\zeta_{fvp}} \tag{12-53}$$

式中 T_f ——平均燃料温度；

T_p ——平均慢化剂温度；

T_{pi} ——反应堆入口推进剂温度；

T_{po} ——反应堆出口推进剂温度；

ρ_f ——裂变燃料材料的密度；

ρ_m ——慢化剂和相关结构材料的密度；

ρ_p ——任何给定时刻反应堆中推进剂的密度（假设恒定）；

$\dot{m}$ ——单位时间内流经单位体积的推进剂质量；

c_p^f ——裂变燃料材料的比热容；

c_p^m ——慢化剂和相关结构材料的比热容；

c_p^p ——推进剂的比热容；

U_{fm} ——从燃料到慢化剂的单位体积热导率；

U_{mp} ——从慢化剂到推进剂的单位体积热导率。

假定产热率和材料温度随时间变化的波动较小，并忽略不受扰动影响的常数项，式（12－50）～式（12－53）可以转化为

$$\frac{\mathrm{d}}{\mathrm{d}t}(T_{f0}+\delta T_f)=\frac{(q_0+\delta q)(1-f)}{c_p^f\rho_f}-\frac{T_{f0}+\delta T_f}{\tau_{fp}}+\frac{T_pf_0+\delta T_{pf}}{\tau_{fp}}-\frac{T_{f0}+\delta T_f}{\tau_{fm}}+\frac{T_{m0}+\delta T_m}{\tau_{fm}}$$

$$\Rightarrow\frac{\mathrm{d}}{\mathrm{d}t}\delta T_f=\frac{\delta q(1-f)}{c_p^f\rho_f}-\frac{\delta T_f}{\tau_{fp}}+\frac{\delta T_{pf}}{\tau_{fp}}-\frac{\delta T_f}{\tau_{fm}}+\frac{\delta T_m}{\tau_{fm}} \tag{12-54}$$

$$\frac{\mathrm{d}}{\mathrm{d}t}(T_{m0}+\delta T_m)=\frac{(q_0+\delta q)f}{c_p^m\rho_m}-\frac{T_{m0}+\delta T_m}{\tau_{mp}}+\frac{T_{pm0}+\delta T_{pm}}{\tau_{mp}}+\frac{T_{f0}+\delta T_f}{\tau_{fm}}-\frac{T_{m0}+\delta T_m}{\tau_{fm}}$$

$$\Rightarrow\frac{\mathrm{d}}{\mathrm{d}t}\delta T_m=\frac{\delta qf}{c_p^m\rho_m}-\frac{\delta T_m}{\tau_{mp}}+\frac{\delta T_{pm}}{\tau_{mp}}+\frac{\delta T_f}{\tau_{fm}}-\frac{\delta T_m}{\tau_{fm}} \tag{12-55}$$

$$\begin{aligned}\frac{\mathrm{d}}{\mathrm{d}t}(T_{pm0}+\delta T_{pm})=&\frac{(T_{m0}+\delta T_m-T_{pm0}-\delta T_{pm})(T_{pm0}+\delta T_{pm})}{\zeta_{mpp}}-\\&\frac{(T_{pm0}+\delta T_{pm}-T_{pm}^{\mathrm{in}})(T_{pm0}+\delta T_{pm})}{\zeta_{mvp}}\\=&\frac{T_{pm}^{\mathrm{in}}T_{pm0}}{\zeta_{mvp}}-\frac{T_{pm0}^2}{\zeta_{mvp}}+\frac{T_{pm}^{\mathrm{in}}\delta T_{pm}}{\zeta_{mvp}}-\frac{2T_{pm0}\delta T_{pm}}{\zeta_{mvp}}-\frac{\delta T_{pm}^2}{\zeta_{mvp}}+\frac{T_{m0}T_{pm0}}{\zeta_{mpp}}-\frac{T_{pm0}^2}{\zeta_{mpp}}+\\&\frac{T_{pm0}\delta T_m}{\zeta_{mpp}}+\frac{T_{m0}\delta T_{pm}}{\zeta_{mpp}}-\frac{2T_{pm0}\delta T_{pm}}{\zeta_{mpp}}+\frac{\delta T_m\delta T_{pm}}{\zeta_{mpp}}-\frac{\delta T_{pm}^2}{\zeta_{mpp}}\\\Rightarrow\frac{\mathrm{d}}{\mathrm{d}t}\delta T_{pm}=&\frac{(T_{pm}^{\mathrm{in}}-2T_{pm0})\delta T_{pm}}{\zeta_{mvp}}+\frac{T_{pm0}(\delta T_m-2\delta T_{pm})+T_{m0}\delta T_{pm}}{\zeta_{mpp}}\end{aligned} \tag{12-56}$$

$$
\begin{aligned}
\frac{\mathrm{d}}{\mathrm{d}t}(T_{pf0}+\delta T_{pf}) =& \frac{(T_{f0}+\delta T_f-T_{pf0}-\delta T_{pf})(T_{pf0}+\delta T_{pf})}{\zeta_{fpp}}- \\
& \frac{(T_{pf0}+\delta T_{pf}-2T_{pm0}-2\delta T_{pm}+T_{pm}^{\mathrm{in}})(T_{pf0}+\delta T_{pf})}{\zeta_{fvp}} \\
=& -\frac{T_{pf0}^2}{\zeta_{fvp}}-\frac{T_{pf0}T_{pm}^{\mathrm{in}}}{\zeta_{fvp}}+\frac{2T_{pf0}T_{pm0}}{\zeta_{fvp}}-\frac{2T_{pf0}\delta T_{pf}}{\zeta_{fvp}}-\frac{T_{pm}^{\mathrm{in}}\delta T_{pf}}{\zeta_{fvp}}+ \\
& \frac{2T_{pm0}\delta T_{pf}}{\zeta_{fvp}}-\frac{\delta T_{pf}^2}{\zeta_{fvp}}+\frac{2T_{pf0}\delta T_{pm}}{\zeta_{fvp}}+\frac{2\delta T_{pf}\delta T_{pm}}{\zeta_{fvp}}+\frac{T_{f0}T_{pf0}}{\zeta_{fpp}}- \\
& \frac{T_{pf0}^2}{\zeta_{fpp}}+\frac{T_{pf0}\delta T_f}{\zeta_{fpp}}+\frac{T_{f0}\delta T_{pf}}{\zeta_{fpp}}-\frac{2T_{pf0}\delta T_{pf}}{\zeta_{fpp}}+\frac{\delta T_f\delta T_{pf}}{\zeta_{fpp}}-\frac{\delta T_{pf}^2}{\zeta_{fpp}} \\
\Rightarrow & \frac{\mathrm{d}}{\mathrm{d}t}\delta T_{pf}=\frac{(2T_{pm0}-2T_{pf0}-T_{pm}^{\mathrm{in}})\delta T_{pf}}{\zeta_{fvp}}+\frac{T_{pf0}\delta T_f+(T_{f0}-2T_{pf0})\delta T_{pf}}{\zeta_{fpp}}
\end{aligned}
\tag{12-57}
$$

对式（12－54）～式（12－57）中的不同反应堆温度施加正弦微小扰动，即可得出结果

$$\delta T_f=T_f^0\mathrm{e}^{\mathrm{i}\omega t}\Rightarrow\frac{\mathrm{d}\delta T_f}{\mathrm{d}t}=\mathrm{i}\omega T_f^0\mathrm{e}^{\mathrm{i}\omega t}=\mathrm{i}\omega\delta T_f \tag{12-58}$$

$$\delta T_m=T_m^0\mathrm{e}^{\mathrm{i}\omega t}\Rightarrow\frac{\mathrm{d}\delta T_m}{\mathrm{d}t}=\mathrm{i}\omega T_m^0\mathrm{e}^{\mathrm{i}\omega t}=\mathrm{i}\omega\delta T_m \tag{12-59}$$

$$\delta T_{pm}=T_{pm}^0\mathrm{e}^{\mathrm{i}\omega t}\Rightarrow\frac{\mathrm{d}\delta T_{pm}}{\mathrm{d}t}=\mathrm{i}\omega T_{pm}^0\mathrm{e}^{\mathrm{i}\omega t}=\mathrm{i}\omega\delta T_{pm} \tag{12-60}$$

$$\delta T_{pf}=T_{pf}^0\mathrm{e}^{\mathrm{i}\omega t}\Rightarrow\frac{\mathrm{d}\delta T_{pf}}{\mathrm{d}t}=\mathrm{i}\omega T_{pf}^0\mathrm{e}^{\mathrm{i}\omega t}=\mathrm{i}\omega\delta T_{pf} \tag{12-61}$$

式中　ω——扰动频率；

t——时间。

将式（12－58）～式（12－61）中的扰动温度定义代入扰动热平衡方程，即可得出

$$\mathrm{i}\omega\delta T_f=\frac{\delta q(1-f)}{c_p^f\rho_f}-\frac{\delta T_f}{\tau_{fp}}+\frac{\delta T_{pf}}{\tau_{fp}}-\frac{\delta T_f}{\tau_{fm}}+\frac{\delta T_m}{\tau_{fm}} \tag{12-62}$$

$$\mathrm{i}\omega\delta T_m=\frac{\delta qf}{c_p^m\rho_m}-\frac{\delta T_m}{\tau_{mp}}+\frac{\delta T_{pm}}{\tau_{mp}}+\frac{\delta T_f}{\tau_{fm}}-\frac{\delta T_m}{\tau_{fm}} \tag{12-63}$$

$$\mathrm{i}\omega\delta T_{pm}=\frac{(T_{pm}^{\mathrm{in}}-2T_{pm0})\delta T_{pm}}{\zeta_{mvp}}+\frac{T_{pm0}(\delta T_m-2\delta T_{pm})+T_{m0}\delta T_{pm}}{\zeta_{mpp}} \tag{12-64}$$

$$\mathrm{i}\omega\delta T_{pf}=\frac{(\ \ 2T_{pf0}+T_{pm}^{o})\delta T_{pf}}{\zeta_{fvp}}+\frac{T_{pf0}(\delta T_f-2\delta T_{pf})+T_{f0}\delta T_{pf}}{\zeta_{fpp}} \tag{12-65}$$

联立式（12－62）～式（12－65）得到扰动温度的表达式

$$\frac{\delta T_f}{\delta q}=\frac{(1-f)(\mathrm{i}\omega^3+\varepsilon_2\mathrm{i}\omega^2+\varepsilon_1\mathrm{i}\omega+\varepsilon_0)}{c_p^f\rho_f(\mathrm{i}\omega^4+\psi_3\mathrm{i}\omega^3+\psi_2\mathrm{i}\omega^2+\psi_1\mathrm{i}\omega+\psi_0)}=\frac{(1-f)}{c_p^f\rho_f(\mathrm{i}\omega+\psi_3)} \tag{12-66}$$

$$\frac{\delta T_m}{\delta q}=\frac{f(\mathrm{i}\omega^3+\varepsilon_2\mathrm{i}\omega^2+\varepsilon_1\mathrm{i}\omega+\varepsilon_0)}{c_p^m\rho_m(\mathrm{i}\omega^4+\psi_3\mathrm{i}\omega^3+\psi_2\mathrm{i}\omega^2+\psi_1\mathrm{i}\omega+\psi_0)}=\frac{f}{c_p^m\rho_m(\mathrm{i}\omega+\psi_3)} \tag{12-67}$$

$$\frac{\delta T_{pm}}{\delta q}=\frac{fT_{pm}^{\text{in}}(\text{i}\omega^2+\varepsilon_1\text{i}\omega+\varepsilon_0)}{c_p^m\rho_m\zeta_{mpp}(s^4+\psi_3\text{i}\omega^3+\psi_2\text{i}\omega^2+\psi_1\text{i}\omega+\psi_0)}=\frac{fT_{pm}^{\text{in}}}{c_p^m\rho_m\zeta_{mpp}(\text{i}\omega^2+\text{i}\omega\psi_3+\psi_2)} \tag{12-68}$$

$$\frac{\delta T_{pf}}{\delta q}=\frac{(1-f)T_{pm}^{\text{in}}(\text{i}\omega^2+\varepsilon_1\text{i}\omega+\varepsilon_0)}{c_p^f\rho_f\zeta_{fpp}(s^4+\psi_3\text{i}\omega^3+\psi_2\text{i}\omega^2+\psi_1\text{i}\omega+\psi_0)}=\frac{(1-f)T_{pm}^{\text{in}}}{c_p^f\rho_f\zeta_{fpp}(\text{i}\omega^2+\text{i}\omega\psi_3+\psi_2)} \tag{12-69}$$

式中

$$\psi_3=T_{pm}^{\text{in}}\left(\frac{1}{\zeta_{fvp}}+\frac{1}{\zeta_{fpp}}+\frac{1}{\zeta_{mvp}}+\frac{1}{\zeta_{mpp}}\right)+\frac{2}{\tau_{fm}}+\frac{1}{\tau_{fp}}+\frac{1}{\tau_{mp}} \tag{12-70}$$

$$\psi_2=T_{pm}^{\text{in2}}\left[\frac{(\zeta_{fvp}+\zeta_{fpp})(\zeta_{mvp}+\zeta_{mpp})}{\zeta_{fvp}\zeta_{mvp}\zeta_{mpp}\zeta_{fpp}}\right]+$$
$$T_{pm}^{\text{in}}\left[\frac{1}{\tau_{fp}}\left(\frac{1}{\zeta_{fvp}}+\frac{1}{\zeta_{mvp}}+\frac{1}{\zeta_{mpp}}\right)+\frac{1}{\tau_{mp}}\left(\frac{1}{\zeta_{fpp}}+\frac{1}{\zeta_{fvp}}+\frac{1}{\zeta_{mvp}}\right)+\frac{2}{\tau_{fm}}\left(\frac{1}{\zeta_{fpp}}+\frac{1}{\zeta_{fvp}}+\frac{1}{\zeta_{mvp}}+\frac{1}{\zeta_{mpp}}\right)\right]+$$
$$\frac{(\tau_{fm}+\tau_{fp}+\tau_{mp})}{\tau_{fm}\tau_{fp}\tau_{mp}} \tag{12-71}$$

式（12-66）～式（12-69）中，青色项可被忽略，因为它们的频率阶次较低，在较高频率下数值很小。此外，假定反应堆完全处于临界状态，且功率极低。根据这一假设，可以认为反应堆的温度大致等于推进剂进入反应堆时的温度。

现在将反应性温度系数代入式（12-66）和式（12-67），燃料和慢化剂的温度反馈传递函数为

$$\frac{\delta k_{\text{eff}}^f}{\delta q}=\alpha_f\frac{\delta T_f}{\delta q}=\frac{\alpha_f(1-f)}{c_p^f\rho_f(\text{i}\omega+\psi_3)}=K_FG_F \tag{12-72}$$

$$\frac{\delta k_{\text{eff}}^m}{\delta q}=\alpha_m\frac{\delta T_m}{\delta q}=\frac{\alpha_m f}{c_p^m\rho_m(\text{i}\omega+\psi_3)}=K_MG_M \tag{12-73}$$

由于推进剂的反应性反馈主要是由于推进剂密度的变化而不是温度的变化引起的，因此必须使用式（12-45）对式（12-68）和式（12-69）进行转换，从而得出

$$\frac{\delta k_{\text{eff}}^{pm}}{\delta q}=-\beta_p\frac{\delta\rho_{pm}}{\delta T_{pm}}\frac{\delta T_{pm}}{\delta q}=-\beta_p\frac{P_p}{R_pT_{pm}^{\text{in2}}}\frac{fT_{pm}^{\text{in}}}{c_p^m\rho_m\zeta_{mpp}(\text{i}\omega^2+\text{i}\omega\psi_3+\psi_2)}=K_{PM}G_{PM} \tag{12-74}$$

$$\frac{\delta k_{\text{eff}}^{pf}}{\delta q}=-\beta_p\frac{\delta\rho_{pf}}{\delta T_{pf}}\frac{\delta T_{pf}}{\delta q}=-\beta_p\frac{P_p}{R_pT_{pm}^{\text{in2}}}\frac{(1-f)T_{pm}^{\text{in}}}{c_p^f\rho_f\zeta_{fpp}(\text{i}\omega^2+\text{i}\omega\psi_3+\psi_2)}=K_{PF}G_{PF} \tag{12-75}$$

至此，图 11-7 所示的热排气循环核火箭发动机的整体系统稳定模型便可呈现。将式（12-72）～式（12-75）所给出的温度反馈传递函数表达式和式（12-13）所给出的带有一个缓发中子先驱核的反应堆核动力学传递函数代入式（12-18）所给出的整个反应堆系统传递模型，可确定核火箭传递函数为

$$K_{RT}G_{RT}=\frac{\dfrac{\mathrm{i}\omega\Lambda}{q_0}+\dfrac{1}{q_0}\dfrac{\mathrm{i}\omega\beta}{\mathrm{i}\omega+\lambda}}{1+\left[\dfrac{\alpha_f(1-f)}{c_p^f\rho f(\mathrm{i}\omega+\psi_3)}+\dfrac{\alpha_{mf}}{c_p^m\rho_m(\mathrm{i}\omega+\psi_3)}-\dfrac{P_p}{R_pT_{pm}^{\mathrm{in}}}\dfrac{\beta_p f}{c_p^m\rho_m\zeta_{mpp}(\mathrm{i}\omega^2+\mathrm{i}\omega\psi_3+\psi_2)}-\dfrac{P_p}{R_pT_{pm}^{\mathrm{in}}}\dfrac{\beta_p(1-f)}{c_p^f\rho_f\zeta_{fpp}(\mathrm{i}\omega^2+\mathrm{i}\omega\psi_3+\psi_2)}\right]\left(\dfrac{\mathrm{i}\omega\Lambda}{q_0}+\dfrac{1}{q_0}\dfrac{\mathrm{i}\omega\beta}{\mathrm{i}\omega+\lambda}\right)}\tag{12-76}$$

现在可以通过将式（12－76）应用于波特图来检验热排气循环核火箭的稳定性，如图 12－4 所示。

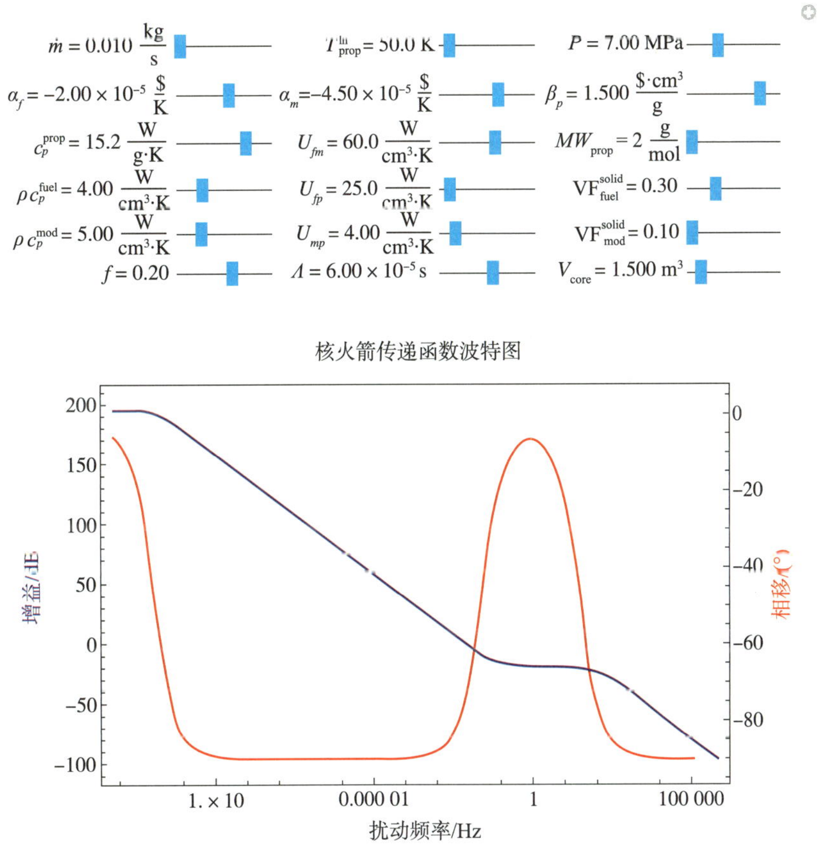

图 12－4　带热反馈的核火箭传递函数波特图

12.3 热流体不稳定性

根据 Bussard 和 DeLauer 的推测[1]，由于大多数气体的粘度会随着温度的升高而增加，因此在加热的流道（如 NERVA 型燃料元件中存在的流道）中可能会出现流动不稳定性。例如，如果某个流道周围燃料的加热功率增加，就会出现不稳定现象。从物理上讲，额外的加热会导致气体温度升高，从而增加气体粘度。气体粘度的增加往往会导致该流道中的压降也随之增加。假定气体流动不受限制，即气体可以自由地沿着燃料元件中任何可用的流道流动，同时假定整个堆芯的总压降保持不变，则在经历额外加热的流道中的气体流速应降低，以补偿气体粘度的增加。在所有燃料元件流道的压降趋于平衡前，气体流速持续降低，气体温度持续升高，这有可能导致流动不稳定现象。在某些条件下，发生额外加热的通道中的气体流速会降低，以至于气体温度升高，导致发生流量减少的通道附近的燃料温度超过可接受的限度。要确定这种不稳定性可能存在的条件，首先需要写出 NERVA 型燃料元件微元段截面上的压降方程。根据式（9－42）和式（9－44），微元段压降可表示为

$$dP = f\frac{dz}{D}\frac{\rho}{2}\left(\frac{\dot m}{\rho A}\right)^2 = f\frac{\dot m^2}{2\rho A^2 D}dz \tag{12-77}$$

式中 D——流道直径；

A——流道横截面积；

z——流道位置。

如果流道是圆形的，式（12－77）可改写为

$$dP = f\frac{8\dot m^2}{\rho\pi^2 D^5}dz \tag{12-78}$$

请注意，由式（9－23）和式（9－24）可知，式（12－78）中的摩擦因子 f 在层流区和湍流区都可以用以下公式表示

$$f = \alpha + \frac{\beta}{Re^{\xi}} \tag{12-79}$$

其中，式（12－79）所需的系数见表 12－1。

表 12－1 管内流动摩擦因子

参数	层流[2]	湍流[3]
α	0	$0.094\left(\frac{\varepsilon}{D}\right)^{0.225}+0.53\left(\frac{\varepsilon}{D}\right)$
β	64	$88\left(\frac{\varepsilon}{D}\right)^{0.44}$
ξ	1	$1.62\left(\frac{\varepsilon}{D}\right)^{0.134}$

另外请注意，大多数气体的粘度都可以用指数幂形式表示

$$\mu = \mu_0 T^n \tag{12-80}$$

利用式（12－80）的结果，雷诺数可表示为

$$Re = \frac{4\dot m}{\pi D\mu} = \frac{4\dot m}{\pi D\mu_0 T^n} \tag{12-81}$$

在式（12－79）给出的摩擦因子中，雷诺数可以用式（12－81）中的关系式代替，因此有

$$f=\alpha+\frac{\beta}{Re^{\xi}}=\alpha+\beta\left(\frac{\pi D\mu_0 T^n}{4\dot{m}}\right)^{\xi} \tag{12-82}$$

利用理想气体定律，气体密度可以表示为温度和压强的函数，即

$$\rho=\frac{P}{RT} \tag{12-83}$$

将式（12－82）和式（12－83）所表示的关系纳入式（12－78），微元段压降可以用下面的表达式给出

$$\mathrm{d}P=f\ \frac{8\dot{m}^2}{\rho\pi^2 D^5}\mathrm{d}z=\left[\alpha+\beta\left(\frac{\pi D\mu_0 T^n}{4\dot{m}}\right)^{\xi}\right]\frac{RT}{P}\ \frac{8\dot{m}^2}{\pi^2 D^5}\mathrm{d}z \tag{12-84}$$

为了对式（12－84）积分以确定整个通道长度上的压降，有必要确定流体温度与位置的函数关系。这一关系可根据热力学第一定律确定，即

$$qz=\dot{m}c_p(T-T_{\text{in}})\Rightarrow T=\frac{qz}{\dot{m}c_p}+T_{\text{in}} \tag{12-85}$$

式中　q ——单位长度流道的加热率；

T ——流道 z 位置处的流体温度；

T_{in} ——流道入口处的流体温度。

在当前的分析中，假定式（12－85）中指定的加热速率 q 为常数，尽管该参数通常是位置的函数（如截断的余弦函数）。恒定加热速率的假设将大大简化分析，在大多数情况下不会对结果产生太大影响。因此，将式（12－85）代入式（12－84），重新排列项并进行积分，即可得到

$$\int_{P_{\text{out}}}^{P_{\text{in}}}P\,\mathrm{d}P=\int_0^L\frac{8\dot{m}^2R}{\pi^2D^5}\left[\alpha+\beta\left(\frac{\pi D\mu_0}{4\dot{m}}\right)^{\xi}\left(\frac{qz}{\dot{m}c_p}+T_{\text{in}}\right)^{n\xi}\right]\left(\frac{qz}{\dot{m}c_p}+T_{\text{in}}\right)\mathrm{d}z \tag{12-86}$$

求式（12－86）中的积分，即可得到方程

$$\frac{1}{2}(P_{\text{in}}^2-P_{\text{out}}^2)=\frac{4\dot{m}RL}{\pi^2D^5}\left(\frac{qL}{c_p}+2\dot{m}T_{\text{in}}\right)\alpha+\frac{2^{3-2\xi}c_p\dot{m}^{3-\xi}R}{q(2+n\xi)\pi^{2-\xi}D^{5-\xi}}\left[\left(\frac{qL}{\dot{m}c_p}+T_{\text{in}}\right)^{2+n\xi}-T_{\text{in}}^{2+n\xi}\right]\beta\mu_0^{\xi} \tag{12-87}$$

值得注意的是，在层流状态下，式（12－87）简化为 Hagen－Poiseuille 定律的一种形式，即

$$\frac{1}{2}(P_{\text{in}}^2-P_{\text{out}}^2)=\frac{128c_p\dot{m}^2R}{q(2+n)\pi D^4}\left[\left(\frac{qL}{\dot{m}c_p}+T_{\text{in}}\right)^{2+n}-T_{\text{in}}^{2+n}\right]\mu_0 \tag{12-88}$$

图 12－5 展示了将式（12－87）应用于全功率运行的 NERVA 型燃料元件的结果。假设反应堆的理想出口温度为 3 000 K，则所需的全功率流速为 1.12 g/s，这将导致气流进入湍流状态。由图可知，湍流是稳定的，因为流速降低会导致压降减小。为了保持所有通道的压降恒定，流量减少的通道会将流量增加到原值，从而使该通道与其他流道恢复压力平衡。沟槽环型燃料元件也会出现类似的结果，但其几何特征参数和加热速率显然会有很大不同。

但是，如果需要低功率运行时可能会出现问题，例如在发动机关闭或节流运行时。由

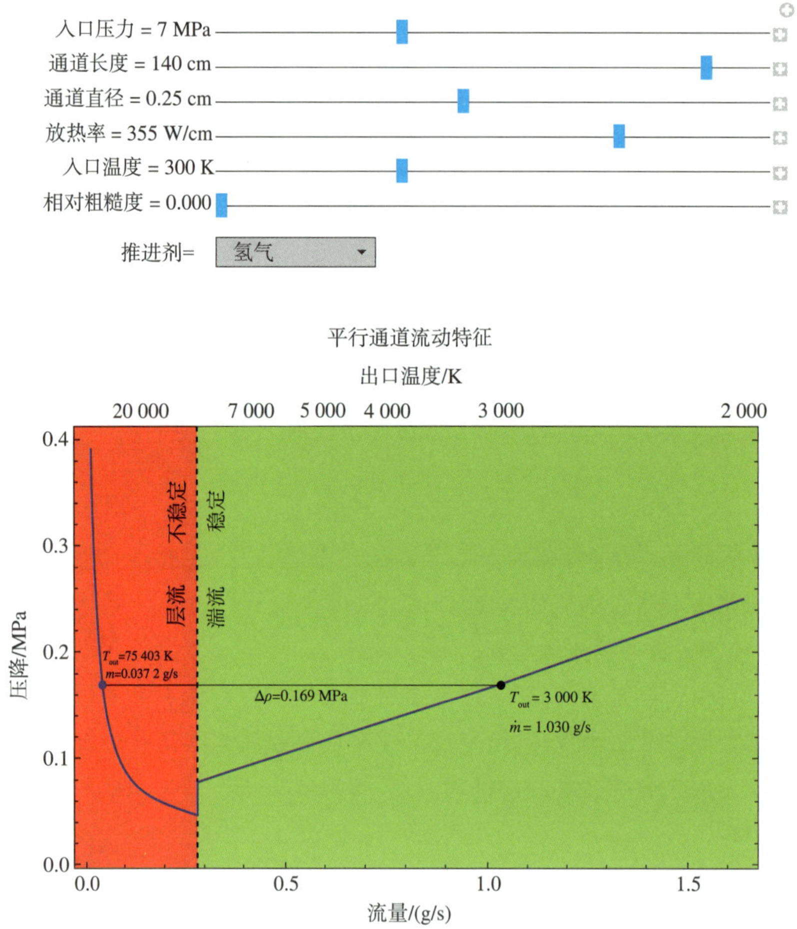

图 12-5　带有平行流道的燃料元件内的热工流体稳定性

图 12-5 可知，如果将流道中的加热速率降低到 45 W/cm，那么出口温度为 3 000 K 的反应堆运行所需的流道流速仅为 0.131 g/s。在此流速下，流道中的流动几乎没有湍流。如果通道内发生流动扰动，流量进一步减少，通道内就会开始形成层流。在这种不利的情况下，通道中的压降将急剧下降。为了使压降与其他通道的压降相等，流速会继续降低，直到所有通道的压降最终达到平衡。流速的降低必然会导致流道出口温度的升高，同时燃料温度也会随之升高。在这种特殊情况下，流道出口温度的升高会非常明显，在流速稳定在 0.052 1 g/s 之前，温度会升高到近 7 100 K。

根据前面的讨论，可能会认为所有的流动不稳定性都发生在层流到湍流的边界，但事实并非如此。如果将加热速率进一步降低到低于 7.3 W/cm，就会发现层流状态一部分是稳定的，而另一部分则是不稳定的。不过，在如此低的功率水平下，大流量通道和小流量通道之间的温差一般不会像湍流向层流过渡那样剧烈。通常需要高得多的流动扰动才能引发不稳定，从而导致大小流道之间的巨大温差。

采用与上述类似的分析，可以研究颗粒床反应堆中的热流体不稳定性。分析中的唯一区别是摩擦因子方程中使用的系数采用了由额尔古纳（Ergun）相关性[5]推导出的关系[4]，该关系描述了流体流经填料床时的压降。摩擦因子方程的形式与式（12－79）相同；但在这种情况下，使用的系数见表 12－2。

计算床层中流体流动的雷诺数的公式也与式（12－81）不同。在这种情况下，雷诺数可用以下公式表示

$$Re=\frac{\dot{m}D_p}{(1-\varepsilon)\mu} \tag{12-89}$$

式中　D_p ——燃料颗粒直径；

$\dot{m}$ ——颗粒床单位表面积内流体的质量流量。

表 12－2　颗粒床的摩擦因子

参数	颗粒床[4]
α	$\frac{3.5(1-\varepsilon)}{\varepsilon^3}$
β	$\frac{30(1-\varepsilon)}{\varepsilon^3}$
ξ	1

注：ε 为颗粒床的孔隙率。

将雷诺数的新定义代入摩擦因子式（12－82）得出

$$f=\alpha+\frac{\beta}{Re^{\xi}}=\alpha+\beta\left[\frac{(1-\varepsilon)\mu}{\dot{m}D_p}\right]^{\xi} \tag{12-90}$$

将式（12－83）和式（12－90）所表示的关系代入式（9－43），颗粒床燃料元件的微元段压降可表示为

$$\mathrm{d}P=f\,\frac{\mathrm{d}z}{D_p}\,\frac{\rho V^2}{2}=f\,\frac{\dot{m}^2}{2\rho D_p}\mathrm{d}z=\left\{\alpha+\beta\left[\frac{(1-\varepsilon)\mu_0 T^n}{\dot{m}D_p}\right]\right\}\frac{RT}{P}\,\frac{\dot{m}^2}{2D_p}\mathrm{d}z \tag{12-91}$$

将式（12－85）代入式（12－91），重新排列项并进行积分，即可得出

$$\int_{P_{\text{out}}}^{P_{\text{in}}}P\,\mathrm{d}P=\int_0^L\frac{\dot{m}^2R}{2D_p}\left[\alpha+\beta\mu_0^{\xi}\left(\frac{1-\varepsilon}{\dot{m}D_p}\right)^{\xi}\left(\frac{qz}{\dot{m}c_p}+T_{\text{in}}\right)^{n\xi}\right]\left(\frac{qz}{\dot{m}c_p}+T_{\text{in}}\right)\mathrm{d}z \tag{12-92}$$

式中　q ——燃料颗粒床的功率密度。

对式（12－92）进行积分运算可得

$$\frac{1}{2}(P_{\text{in}}^2-P_{\text{out}}^2)=\frac{\dot{m}RL}{4D_p}\left(\frac{qL}{c_p}+2\dot{m}T_{\text{in}}\right)\alpha+\frac{c_pR\dot{m}^{3-\xi}(1-\varepsilon)^{\xi}}{2(2+n\xi)qD_p^{1+\xi}}\left[\left(\frac{qL}{\dot{m}c_p}+T_{\text{in}}\right)^{2+n\xi}-T_{\text{in}}^{2+n\xi}\right]\beta\mu_0^{\xi} \tag{12-93}$$

图 12－6 显示了将式（12－93）应用于满功率运行的颗粒床型燃料元件的结果。由图可知，在颗粒床反应堆典型的高功率密度工况下，应该可以稳定运行。然而，在较低的功率密度下（例如大约 3 kW/cm³），可能会在核火箭运行通常所需的出口温度下开始出现热不稳定性。还需要注意的是，颗粒床内流动的雷诺数通常很低，这意味着颗粒床内通常为层流条件。正如前面描述的平行流情况一样，颗粒床反应堆的稳定运行条件将取决于反

应堆通常所处的层流区域。需要注意的一点是，此处默认在特定位置进入颗粒床的流体总是沿着相同的路径流出颗粒床。但这一假设并不一定正确，因为流体可以在压力和流量波动或不同床层条件的影响下，自由选择任何三维路径通过床层。研究[6]表明，三维流动效应加上颗粒床层导热性能会对燃料元件内的流动稳定性产生重大影响。尽管如此，图 12-6 能给出正确的定性结果，尤其是在颗粒床导热系数不太高的情况下。

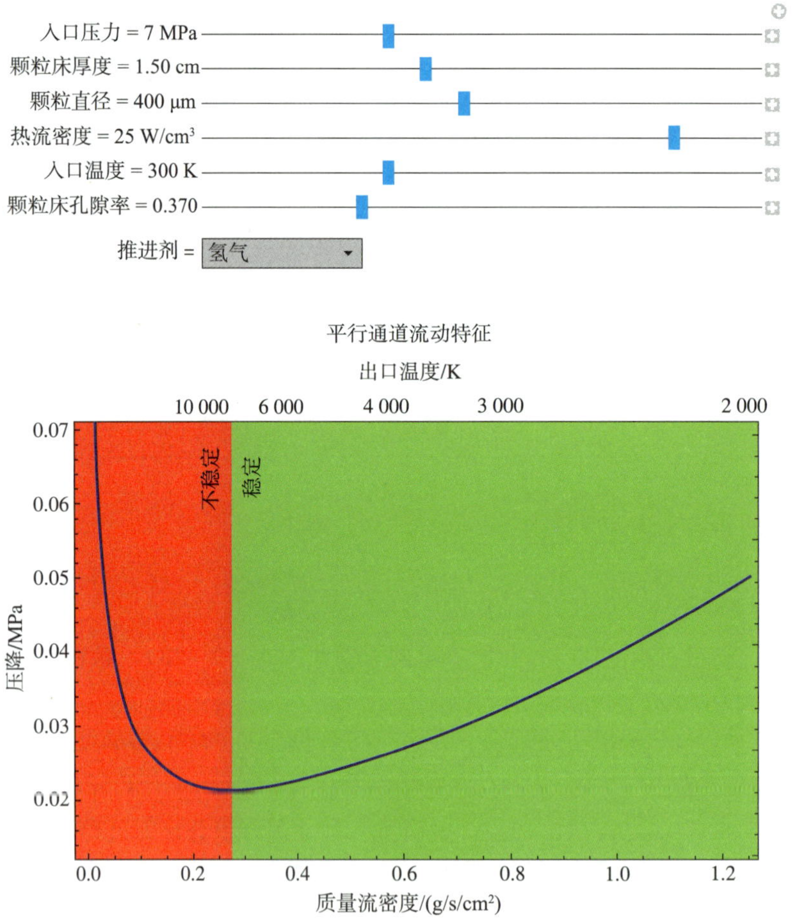

图 12-6 颗粒床燃料元件的热工流体稳定性

参考文献

[1] Bussard RW, DeLauer RD. Nuclear rocket propulsion. New York: McGraw-Hill; 1958.

[2] Colebrook CF. Turbulent flow in pipes, with particular reference to the transition region between smooth and rough pipe laws. J Inst Civil Eng (London) February 1939.

[3] Wood DJ. An explicit friction factor relationship. Civ Eng ASCE. 1966; 60.

[4] Maise G. Flow stability in the particle bed reactor. Informal report BNL/RSD-91-002. Brookhaven National Laboratory; 1991.

[5] Ergun S. Fluid flow through packed columns. Chem Eng Prog 1952；48 (2)：89 - 94.
[6] Kalamas J. A three - dimensional flow stability analysis of the particle bed reactor. Masters thesis. Massachusetts Institute of Technology；1993.

习　题

假设某热堆中 k_{∞} 和 B^2 为常数，并且热中子吸收截面按 $1/V$ 规律变化。证明该反应堆的温度反应性系数为

$$\frac{\partial\rho}{\partial T}=-\frac{DB^2}{2k_{\infty}\Sigma_a^0\sqrt{T_0}}\frac{1}{\sqrt{T}}$$

其中，Σ_a^0 为 2 200 m/s 的中子的吸收截面。

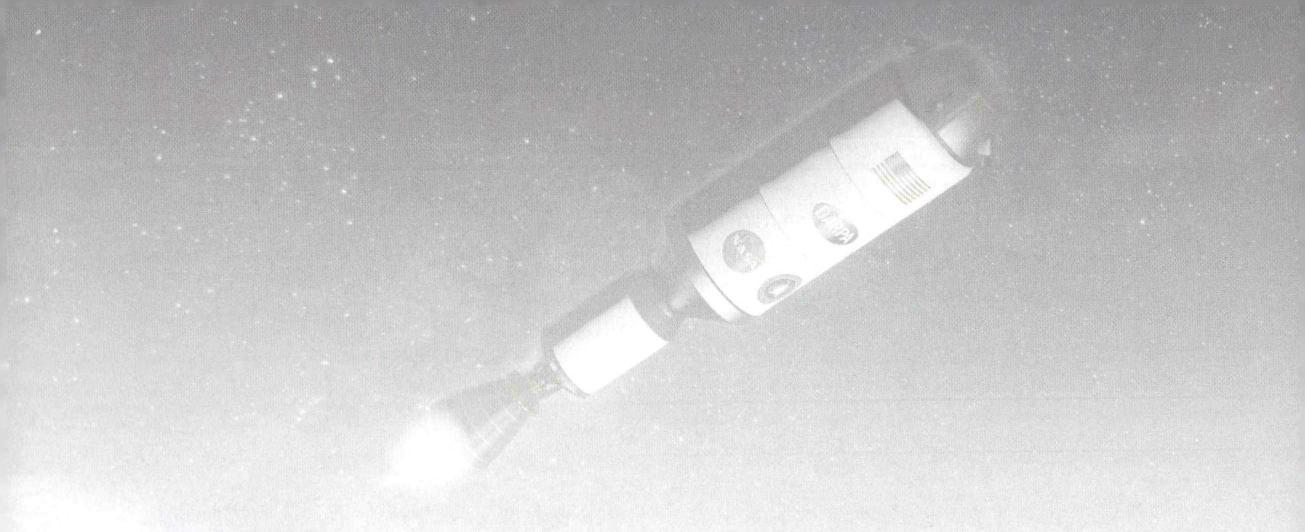

第 13 章

燃料燃耗与嬗变

13.1 裂变产物的积累和嬗变

在设计用于长期发电的核反应堆时，燃料消耗或燃耗会对反应堆的运行产生重大影响。这种反应堆通常用于深空探测器的电推进或离子推进系统，因为太阳能在深空是无法稳定获取的。在此条件下，反应堆系统的设计必须考虑到燃料燃耗的影响。核热火箭的运行时间很短，所以裂变产物积累的时间非常有限，因此反应堆系统通常只在很小程度上受到燃料燃耗的影响。

易裂变核素（如^{235}U）在吸收中子后通常会发生裂变，产生一系列裂变产物，这些产物会导致中子寄生吸收率上升，进而缓慢地破坏反应堆堆芯。其中有两种核素具有很高的中子吸收截面和裂变产额，须对其进行详细讨论，即^{135}Xe 和^{149}Sm。这两种核素的横截面如图 13 - 1 所示，它们对反应堆运行的影响将在后面的小节中讨论。

除了裂变产物的积累会导致中子吸收率增加之外，事实上中子的产生率也会因易裂变核^{235}U 的裂变与消耗而逐渐降低。由于反应堆燃料中还含有可转换核素（如^{238}U），通常会或多或少地抵消^{235}U 的损失带来的中子产生率降低的问题。可转换核素是指在中子俘获和后续 β 衰变过程中转化为易裂变核素的核素。在某些条件下，甚至有可能设计出可转换核素转化为易裂变核素的速度大于易裂变核素自身耗竭速度的反应堆。这种反应堆称为增殖反应堆，因为它们可以增殖易裂变核素，可为其他反应堆提供燃料。

初始易裂变核密度与易裂变和可裂变原子密度总和之比称为燃料富集度。典型的商业反应堆使用的燃料富集度大约为 3%～6%。武器级核燃料的富集度为 93%。NERVA 反应堆使用的燃料富集度为 93%，因此属于武器级。介于两者之间的是同位素生产反应堆和试验反应堆，它们使用的燃料富集度为 20%。一般认为 20%的燃料富集度已低到不足以

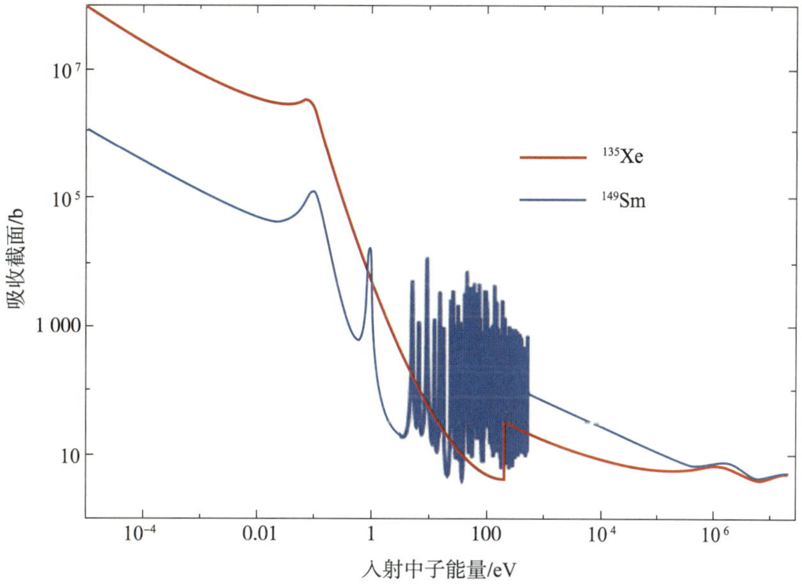

图 13-1　^{135}Xe 和 ^{149}Sm 的总截面

制造任何具有实际意义的核武器，但又足以建造相对小型而紧凑的反应堆，并且这样的反应堆也可用于制造核火箭。

与易裂变核素的燃耗一样，可转换核素嬗变为易裂变核素的转换通常对于核火箭发动机的运行并不重要；但对于动力堆而言，可转换核素嬗变为易裂变核素会对反应堆的运行产生重大影响。这对于设计在高功率水平下长期运行的反应堆来说尤其如此。在其他应用中，在增殖反应堆中产生的一些易裂变核素，由于其裂变截面较高，如果用于核火箭反应堆，可能是极好的燃料。这类核素包括 ^{239}Pu、^{241}Pu 和 ^{242m}Am。从 ^{238}U 开始产生各种易裂变核素的中子吸收嬗变链如图 13-2 所示。

图 13-2 所示的嬗变链可以用一组耦合线性微分方程组来表示，这些方程可以用各种标准解法求解。从微分方程组中节选如式（13-1）～式（13-4）所示的方程，说明可转换核 ^{238}U 向易裂变核 ^{239}Pu 的嬗变。当然，也可以给出整个嬗变链的微分方程组，但这些描述核素原子密度随时间变化的方程的解析解将相当复杂。

$$\frac{\mathrm{d}N_{\mathrm{U238}}}{\mathrm{d}t}=-\sigma_a^{\mathrm{U238}}\phi N_{\mathrm{U238}} \tag{13-1}$$

$$\frac{\mathrm{d}N_{\mathrm{U239}}}{\mathrm{d}t}=\sigma_c^{\mathrm{U238}}\phi N_{\mathrm{U238}}-(\sigma_a^{\mathrm{U239}}\phi+\lambda^{\mathrm{U239}})N_{\mathrm{U239}} \tag{13-2}$$

$$\frac{\mathrm{d}N_{\mathrm{Np239}}}{\mathrm{d}t}=\lambda^{\mathrm{U239}}N_{\mathrm{U239}}-(\sigma_a^{\mathrm{Np239}}\phi+\lambda^{\mathrm{Np239}})N_{\mathrm{Np239}} \tag{13-3}$$

$$\frac{\mathrm{d}N_{\mathrm{Pu239}}}{\mathrm{d}t}=\lambda^{\mathrm{Np239}}N_{\mathrm{Np239}}-\sigma_a^{\mathrm{Pu239}}\phi N_{\mathrm{Pu239}} \tag{13-4}$$

严格来讲，这些微分方程是非线性的，因为反应截面是能量的函数，而且由于反应堆内核素原子核数密度分布随时间变化，中子通量的能谱也会随时间发生一些变化。此

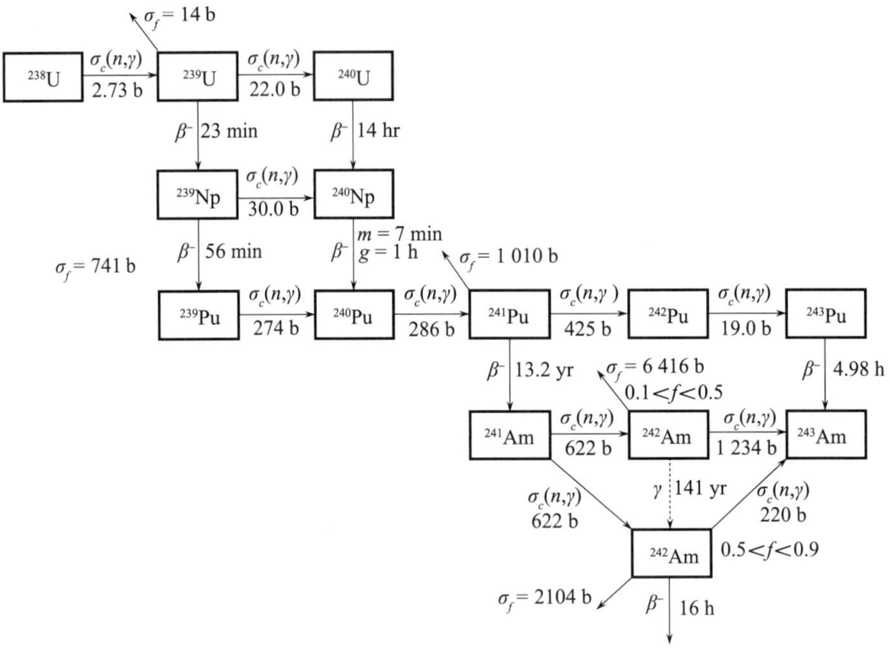

图 13－2　^{238}U 的嬗变链

外，在反应堆功率不变的情况下，中子通量的绝对值通常会随着时间的推移而上升，这是裂变核素燃耗导致宏观裂变截面减小导致的。然而，这些截面和中子通量水平的变化通常发生得相当缓慢，为便于计算，可将其视为在相当长的时间段内（一般为十几天）保持不变。

对式（13－1）进行整理和积分，可以得到随时间变化的^{238}U 浓度

$$\int \frac{dN_{U238}}{N_{U238}} = -\sigma_a^{U238}\phi \int dt \Rightarrow \ln(N_{U238}) = -\sigma_a^{U238}\phi t + C \tag{13-5}$$

假设^{238}U 的初始浓度为 N_{U238}^0，就可以利用式（13－5）来确定积分常数的值，即

$$\ln(N_{U238}^0) = -\sigma_a^{U238}\phi(0) + C \Rightarrow C = \ln(N_{U238}^0) \tag{13-6}$$

将式（13－6）中确定的积分常数代入式（13－5），可得

$$\ln(N_{U238}) = -\sigma_a^{U238}\phi t + \ln(N_{U238}^0) \Rightarrow \ln\left(\frac{N_{U238}}{N_{U238}^0}\right) = -\sigma_a^{U238}\phi t \tag{13-7}$$

对式（13－7）进行整理，求解随时间变化的^{238}U 浓度，可得

$$N_{U238}(t) = N_{U238}^0 e^{-\sigma_a^{U238}\phi t} \tag{13-8}$$

在求解 ^{238}U 到 ^{239}Pu 的嬗变时，通常可以忽略式（13－2）和式（13－3），因为^{239}U 的衰变半衰期（23 min）和^{239}Np 的衰变半衰期（56 min）非常短。因此，假设中子吸收^{238}U 后立即产生^{239}Pu。这一假设可大大简化了核素原子核数密度的推导，而且计算的核素原子核数密度误差很小。式（13－4）描述的^{239}Pu 的微分方程变为

$$\frac{dN_{Pu239}}{dt} = \sigma_c^{U238}\phi N_{U238} - \sigma_a^{Pu239}\phi N_{Pu239} \tag{13-9}$$

将式（13－8）代入式（13－9），整理后即可得到

$$\frac{\mathrm{d}N_{\mathrm{Pu239}}}{\mathrm{d}t}+\underbrace{\sigma_a^{\mathrm{Pu239}}\phi}_{P}N_{\mathrm{Pu239}}=\underbrace{\sigma_c^{\mathrm{U238}}\phi N_{\mathrm{U238}}^0\mathrm{e}^{-\sigma_a^{\mathrm{U238}}\phi t}}_{Q} \tag{13-10}$$

式（13－10）所表示的[239]Pu 随时间变化的微分方程可使用积分因子 μ 来求解，其中

$$\mu=\mathrm{e}^{\int P\mathrm{d}t}=\mathrm{e}^{\int\sigma_a^{\mathrm{P239}}\phi\mathrm{d}t}=\mathrm{e}^{\sigma_a^{\mathrm{P239}}\phi t} \tag{13-11}$$

利用式（13－11）中的积分因子，即可求得式（13－10）所表示的微分方程的解

$$\begin{aligned}N_{\mathrm{Pu239}}(t)\mu&=\int\mu Q\mathrm{d}t+C=\int\mu\sigma_c^{\mathrm{U238}}\phi N_{\mathrm{U238}}^0\mathrm{e}^{-\sigma_a^{\mathrm{U238}}\phi t}\mathrm{d}t+C\\&=N_{\mathrm{Pu239}}(t)\mathrm{e}^{\sigma_a^{\mathrm{Pu239}}\phi t}=\sigma_c^{\mathrm{U238}}\phi N_{\mathrm{U238}}^0\int\mathrm{e}^{\sigma_a^{\mathrm{Pu239}}\phi t}\mathrm{e}^{-\sigma_a^{\mathrm{U238}}\phi t}\mathrm{d}t+C\end{aligned} \tag{13-12}$$

对式（13－12）进行整理并积分，即可得出

$$N_{\mathrm{Pu239}}(t)=\mathrm{e}^{-\sigma_a^{\mathrm{Pu239}}\phi t}\frac{\sigma_c^{\mathrm{U238}}\phi N_{\mathrm{U238}}^0}{\phi(\sigma_a^{\mathrm{Pu239}}-\sigma_a^{\mathrm{U238}})}\mathrm{e}^{\sigma_a^{\mathrm{Pu239}}\phi t}\mathrm{e}^{-\sigma_a^{\mathrm{U238}}\phi t}+C\mathrm{e}^{-\sigma_a^{\mathrm{Pu239}}\phi t} \tag{13-13}$$

假设最初没有[239]Pu，式（13－13）可用来确定在 $t=0$ 时常数 C 的值

$$N_{\mathrm{Pu239}}(0)=0=\frac{\sigma_c^{\mathrm{U238}}N_{\mathrm{U238}}^0}{\sigma_a^{\mathrm{Pu239}}-\sigma_a^{\mathrm{U238}}}+C\Rightarrow C=-\frac{N_{\mathrm{U238}}^0\sigma_c^{\mathrm{U238}}}{\sigma_a^{\mathrm{Pu239}}-\sigma_a^{\mathrm{U238}}} \tag{13-14}$$

将式（13－14）代入式（13－13）即可得出随时间变化的[239]Pu 的浓度

$$N_{\mathrm{Pu239}}(t)=\frac{N_{\mathrm{U238}}^0\sigma_c^{\mathrm{U238}}}{\sigma_a^{\mathrm{Pu239}}-\sigma_a^{\mathrm{U238}}}\mathrm{e}^{-\sigma_a^{\mathrm{U238}}\phi t}-\frac{N_{\mathrm{U238}}^0\sigma_c^{\mathrm{U238}}}{\sigma_a^{\mathrm{Pu239}}-\sigma_a^{\mathrm{U238}}}\mathrm{e}^{-\sigma_a^{\mathrm{Pu239}}\phi t}=N_{\mathrm{U238}}^0\frac{\sigma_c^{\mathrm{U238}}(\mathrm{e}^{-\sigma_a^{\mathrm{U238}}\phi t}-\mathrm{e}^{-\sigma_a^{\mathrm{Pu239}}\phi t})}{\sigma_a^{\mathrm{Pu239}}-\sigma_a^{\mathrm{U238}}} \tag{13-15}$$

在典型的燃耗计算中，首先进行多群扩散计算，以确定多群中子通量的空间分布。然后在扩散计算之后进行燃料燃耗计算，以确定原子核数密度的空间分布。原子核数密度的空间分布又构成了下一步多群扩散计算的基础，而多群扩散计算又将更新多群中子通量密度的空间分布。再以这些中子通量为基础进行另一次燃耗计算，得出新的原子核数密度的空间分布。这种计算顺序一直持续到达到所需的燃料燃耗程度。图 13－3 给出了在中子通量和反应截面恒定的假设条件下，[238]U 链中最重要的可转换核素和易裂变核素的燃耗和嬗变随时间变化的结果。

从图 13－3 中可以看出，当热通量与快通量的比值较低时，亦即当中子通量主要是快中子通量时，Pu 和 Am 的平衡原子核数密度要高得多。大部分中子通量都属于快中子能量组的反应堆被称为“快”反应堆。研究表明，实际建造增殖反应堆需要快中子能谱。之所以需要快中子反应堆来培育大量裂变材料，是因为在热能区内，裂变截面通常很高，因此，增殖出的核素在较高的热中子通量密度水平下，裂变速度往往与它们产生的速度相当。

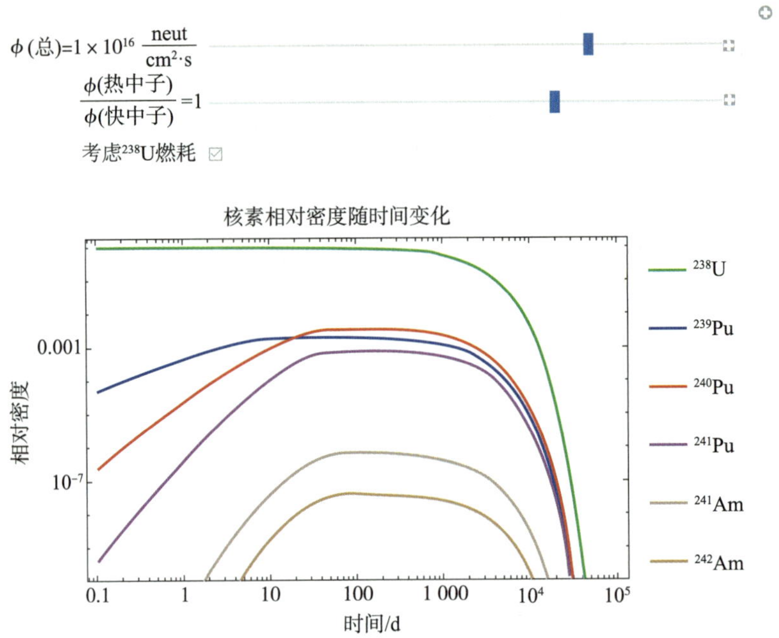

图 13-3　由^{238}U 嬗变产生的核素

13.2 氙-135 中毒

反应堆运行期间产生的最重要裂变产物可能是氙-135（^{135}Xe）。这种核素在 0.082 eV 处存在强共振吸收峰，所以具有极高的热中子俘获截面（2.7×10^6 b）。此外，它还具有很高的裂变产生概率。实际上，在裂变过程中产生的^{135}Xe 大部分并不是直接来自裂变过程（$\gamma^{Xe}=0.003$），而是由裂变产额高得多的^{135}Te（$\gamma^{Te}=0.064$）经过一系列的 β^- 衰变产生的。从图 13-4 所示的^{135}Xe 燃耗链可以看出，^{135}Te 的衰变极快（约 43 s）。

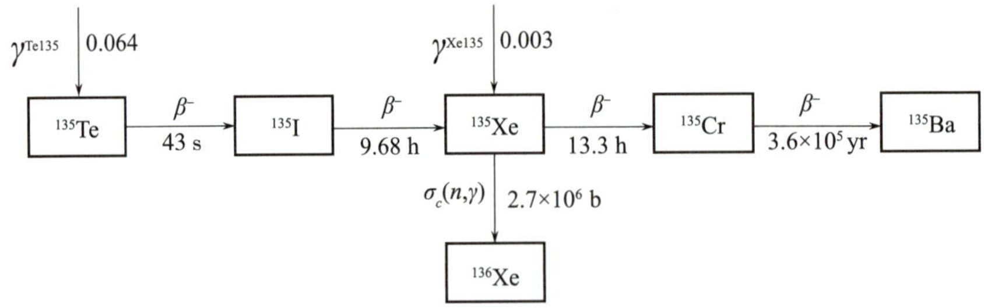

图 13-4　^{135}Xe 的燃耗链

因此，可以忽略^{135}Te 并假定^{135}I 是直接从裂变中产生的，因为这种衰变计算中的误差很小。根据这一假设，^{135}Xe 衰变链方程变为

$$\frac{\mathrm{d}N_{I135}}{\mathrm{d}t}=\gamma^{Te135}\Sigma_f\phi-\lambda^{I135}N_{I135} \tag{13-16}$$

$$\frac{\mathrm{d}N_{\mathrm{Xe135}}}{\mathrm{d}t}=\gamma^{\mathrm{Xe135}}\Sigma_f\phi+\lambda^{\mathrm{I135}}N_{\mathrm{I135}}-(\sigma_a^{\mathrm{Xe135}}\phi+\lambda^{\mathrm{Xe135}})N_{\mathrm{Xe135}} \tag{13-17}$$

求解式（13-16）和式（13-17）即可得出随时间变化的^{135}I 和^{135}Xe 浓度

$$N_{\mathrm{I135}}(t)=\frac{\gamma^{\mathrm{Te135}}\Sigma_f\phi}{\lambda^{\mathrm{I135}}}(1-\mathrm{e}^{-\lambda^{\mathrm{I135}}t})+N_{\mathrm{I135}}(0)\mathrm{e}^{-\lambda^{\mathrm{I135}}t} \tag{13-18}$$

$$N_{\mathrm{Xe135}}(t)=\frac{(\gamma^{\mathrm{Te135}}+\gamma^{\mathrm{Xe135}})\Sigma_f\phi}{\sigma_a^{\mathrm{Xe135}}\phi+\lambda^{\mathrm{Xe135}}}\left[1-\mathrm{e}^{-(\sigma_a^{\mathrm{Xe135}}\phi+\lambda^{\mathrm{Xe135}})t}\right]$$
$$-\frac{\gamma^{\mathrm{Te135}}\Sigma_f\phi-\lambda^{\mathrm{I135}}N_{\mathrm{I135}}(0)}{\lambda^{\mathrm{I135}}-\lambda^{\mathrm{Xe135}}-\sigma_a^{\mathrm{Xe135}}\phi}\left[\mathrm{e}^{-(\sigma_a^{\mathrm{Xe135}}\phi+\lambda^{\mathrm{Xe135}})t}-\mathrm{e}^{-\lambda^{\mathrm{I135}}t}\right]+N_{\mathrm{Xe135}}(0)\mathrm{e}^{-(\sigma_a^{\mathrm{Xe135}}\phi+\lambda^{\mathrm{Xe135}})t} \tag{13-19}$$

在启动后的瞬间，反应堆中没有^{135}I 或^{135}Xe，但经过足够长的时间后核素达到平衡状态，根据式（13-18）和式（13-19）可以发现

$$N_{\mathrm{I135}}(\infty)=\frac{\gamma^{\mathrm{Te135}}\Sigma_f\phi}{\lambda^{\mathrm{I135}}} \tag{13-20}$$

$$N_{\mathrm{Xe135}}(\infty)=\frac{(\gamma^{\mathrm{Te135}}+\gamma^{\mathrm{Xe135}})\Sigma_f\phi}{\sigma_a^{\mathrm{Xe135}}\phi+\lambda^{\mathrm{Xe135}}} \tag{13-21}$$

由式（13-21）可以看出，$\Sigma_a^{\mathrm{Xe135}}$ 的平衡值取决于反应堆中的中子通量密度水平

$$\Sigma_a^{\mathrm{Xe135}}=\sigma_a^{\mathrm{Xe135}}N_{\mathrm{Xe135}}(\infty)=\frac{(\gamma^{\mathrm{Te135}}+\gamma^{\mathrm{Xe135}})\Sigma_f}{1+\dfrac{\lambda^{\mathrm{Xe135}}}{\sigma_a^{\mathrm{Xe135}}\phi}} \tag{13-22}$$

如果反应堆在带功率运行一段时间后停堆，导致中子通量水平降至零，则由式（13-18）和式（13-19）可知^{135}I 和^{135}Xe 将按照以下公式运行

$$N_{\mathrm{I135}}(t)\big|_{t>t_{\mathrm{sd}}}=N_{\mathrm{I135}}(t_{\mathrm{sd}})\mathrm{e}^{-\lambda^{\mathrm{I135}}(t-t_{\mathrm{sd}})}\xlongequal{t_{\mathrm{sd}}\to\infty}\frac{\gamma^{\mathrm{Te135}}\Sigma_f\phi}{\lambda^{\mathrm{I135}}}\mathrm{e}^{-\lambda^{\mathrm{I135}}(t-t_{\mathrm{sd}})} \tag{13-23}$$

$$N_{\mathrm{Xe135}}(t)\big|_{t>t_{\mathrm{sd}}}=\frac{\lambda^{\mathrm{I135}}N_{\mathrm{I135}}(t_{\mathrm{sd}})}{\lambda^{\mathrm{I135}}-\lambda^{\mathrm{Xe135}}}\left[\mathrm{e}^{-\lambda^{\mathrm{Xe135}}(t-t_{\mathrm{sd}})}-\mathrm{e}^{-\lambda^{\mathrm{I135}}(t-t_{\mathrm{sd}})}\right]+N_{\mathrm{Xe135}}(t_{\mathrm{sd}})\mathrm{e}^{-\lambda^{\mathrm{Xe135}}(t-t_{\mathrm{sd}})}$$
$$\xlongequal{t_{\mathrm{sd}}\to\infty}\frac{\gamma^{\mathrm{Te135}}\Sigma_f\phi}{\lambda^{\mathrm{I135}}-\lambda^{\mathrm{Xe135}}}\left[\mathrm{e}^{-\lambda^{\mathrm{Xe135}}(t-t_{\mathrm{sd}})}-\mathrm{e}^{-\lambda^{\mathrm{I135}}(t-t_{\mathrm{sd}})}\right]+\frac{(\gamma^{\mathrm{Te135}}+\gamma^{\mathrm{Xe135}})\Sigma_f\phi}{\sigma_a^{\mathrm{Xe135}}\phi+\lambda^{\mathrm{Xe135}}}\mathrm{e}^{-\lambda^{\mathrm{Xe135}}(t-t_{\mathrm{sd}})} \tag{13-24}$$

式中　t_{sd}——反应堆停堆的时刻（即中子通量密度降为零的时刻）。

接下来，对式（13-24）在 $t=t_{\mathrm{sd}}$ 时进行求导，可以对停堆后^{135}Xe 浓度随时间变化规律有一定的了解。^{135}Xe 浓度对时间的导数为

$$\frac{\mathrm{d}N_{\mathrm{Xe135}}}{\mathrm{d}t}=\Sigma_f\phi\left(\gamma^{\mathrm{Xe135}}\frac{\phi\sigma_a^{\mathrm{Xe135}}-\gamma^{\mathrm{Xe135}}\lambda^{\mathrm{Xe135}}}{\phi\sigma_a^{\mathrm{Xe135}}+\lambda^{\mathrm{Xe135}}}\right) \tag{13-25}$$

从上式可以看出，如果 $\gamma^{\mathrm{Xe135}}\sigma_a^{\mathrm{Xe135}}\phi>\gamma^{\mathrm{Xe135}}\lambda^{\mathrm{Xe135}}$，关机时^{135}Xe 浓度对时间导数将为正值，^{135}Xe 浓度将随时间增加。这种情况发生在中子通量密度水平约为 3×10^{11} neut/cm^2/s 时。^{135}Xe 浓度的最大值一般出现在关机后 10 h 左右，但在中子通量密度水平非常高的情况

下，可能需要 40～50 h 甚至更长的时间才能恢复到平衡值。

^{135}Xe 浓度上升的影响在于，如果反应堆一直在高功率下运行，而燃料剩余反应性很小，那么由于过量氙强烈的寄生中子吸收率，反应堆有可能在停堆后的一段时间内无法重新启动。反应堆中也可能出现氙振荡：在反应堆堆芯中以高中子通量水平运行的区域，^{135}Xe 浓度会不断积累，最终开始抑制该区域的中子通量（进而抑制功率）。然后，该区域的^{135}Xe 浓度将开始下降，导致该区域的中子通量（以及功率）再次增加。氙振荡时间通常约为 10～15 h。图 13－5 给出了^{135}Xe 随时间的变化，它是中子通量特性和功率运行时间的函数。

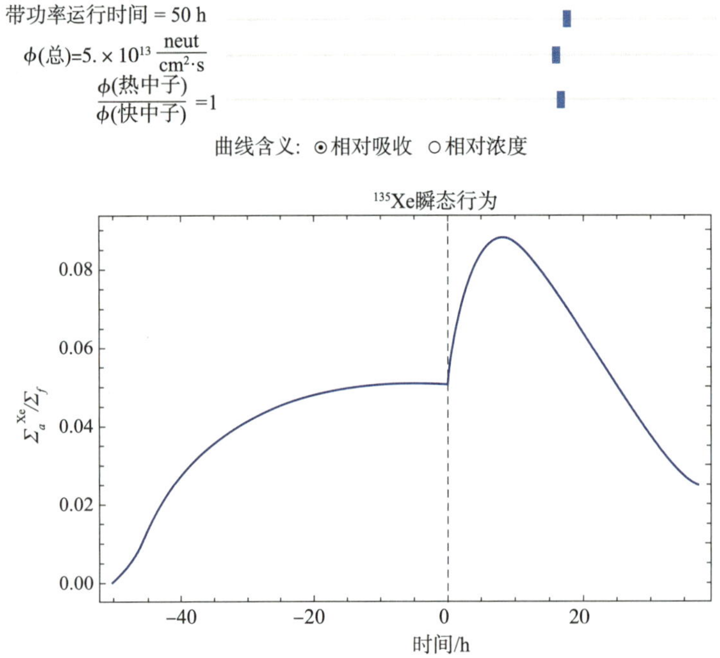

图 13－5　反应堆运行和停堆过程中的^{135}Xe 瞬态行为

13.3 钐－149 中毒

如前所述，在反应堆运行期间，裂变过程会产生各种裂变产物，这些产物会在一段时间内逐渐使堆芯中毒。其中最重要的裂变产物之一是钐－149（^{149}Sm）。它的热中子吸收截面很大，在 0.025 eV 时约为 40 800 b，而且在中能区有相当多的共振吸收峰。此外，其先驱核^{149}Nd 具有较高的裂变产率，达到 0.011 3。图 13－6 给出了^{149}Sm 的燃耗链。

相对于^{149}Pm，^{149}Nd 的衰变极快，因此忽略^{149}Nd 的影响，不会给衰变计算带来显著的误差。基于这一假设，^{149}Pm 直接从裂变中产生，其裂变产额为 0.011 3，^{149}Sm 的衰变方程变为

$$\frac{\mathrm{d}N_{\mathrm{Pm149}}}{\mathrm{d}t}=\gamma^{\mathrm{Nd149}}\Sigma_f\phi-N_{\mathrm{Pm149}}\lambda^{\mathrm{Pm149}} \tag{13-26}$$

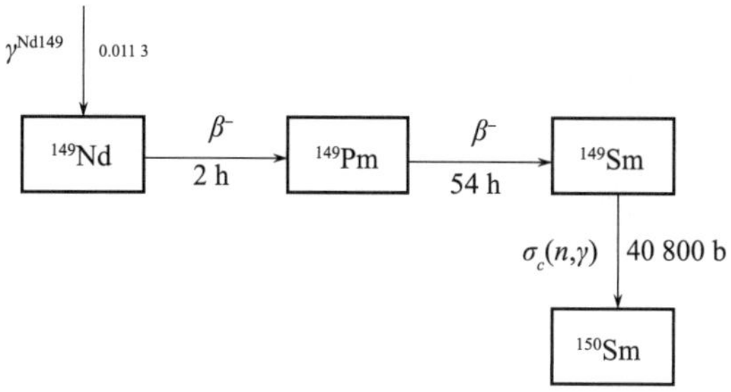

图 13－6　^{149}Sm 的燃耗链

$$\frac{dN_{Sm149}}{dt}=N_{Pm149}\lambda^{Pm149}-\phi N_{Sm149}\sigma_a^{Sm149} \tag{13-27}$$

求解微分方程式（13－26）和式（13－27）即可得到^{149}Pm 和^{149}Sm 的浓度随时间变化的函数

$$N_{Pm149}(t)=\frac{\gamma^{Nd149}\Sigma_f\phi}{\lambda^{Pm149}}\left(1-e^{-\lambda^{Pm149}t}\right)+N_{Pm149}(0)e^{-\lambda^{Pm149}t} \tag{13-28}$$

$$\begin{aligned}N_{Sm149}(t)=&\frac{\gamma^{Nd149}\Sigma_f}{\sigma_a^{Sm149}}\left(1-e^{-\sigma_a^{Sm149}\phi t}\right)\\&-\frac{\gamma^{Nd149}\Sigma_f\phi-\lambda^{Pm149}N_{Pm149}(0)}{\lambda^{Pm149}-\sigma_a^{Sm149}\phi}\left(e^{-\sigma_a^{Sm149}\phi t}-e^{-\lambda^{Pm149}t}\right)\\&+N_{Sm149}(0)e^{-\sigma_a^{Sm149}\phi t}\end{aligned} \tag{13-29}$$

启动初期，反应堆中没有^{149}Pm 或^{149}Sm，但经过足够长的时间后，核素会达到平衡状态。根据式（13－28）和式（13－29），可得

$$N_{Pm149}(\infty)=\frac{\gamma^{Nd149}\Sigma_f\phi}{\lambda^{Pm149}} \tag{13-30}$$

$$N_{Sm149}(\infty)=\frac{\gamma^{Nd149}\Sigma_f}{\sigma_a^{Sm149}} \tag{13-31}$$

在低功率密度下，可能需要很长时间（如数年）才能达到^{149}Sm 的平衡浓度值。在初始启动时，如果没有^{149}Pm 或^{149}Sm，式（13－29）可简化为

$$N_{Sm149}(t)=\frac{\gamma^{Nd149}\Sigma_f}{\sigma_a^{Sm149}}\left(1-e^{-\sigma_a^{Sm149}\phi t}\right) \tag{13-32}$$

如果假定当^{149}Sm 的浓度达到最大平衡浓度的 99％时即认为达到平衡状态，那么从式（13－32）中可以发现，热堆的平衡时间为

$$t\approx\frac{-\ln(0.01)}{\sigma_a^{Sm149}\phi}\approx\frac{3\times10^{16}}{\phi}\ \mathrm{h} \tag{13-33}$$

从式（13－33）中可以看出，对于 10^{12} neut/cm^2/s 的中子通量密度水平，^{149}Sm 要在大约 3.4 年后才能达到平衡浓度。在高功率密度情况下，例如在核火箭发动机中，^{149}Sm 的积累速度要快得多。如果反应堆在高功率运行一段时间后关闭（例如 $\phi=0$），由式

（13－28）和式（13－29）可知^{149}Pm和^{149}Sm的变化

$$N_{Pm149}(t)\big|_{t>t_{sd}}=N_{Pm149}(t_{sd})e^{-\lambda^{Pm149}(t-t_{sd})}\xrightarrow{t_{sd}\to\infty}\frac{\gamma^{Nd149}\Sigma_f\phi}{\lambda^{Pm149}}e^{-\lambda^{Pm149}(t-t_{sd})}\tag{13-34}$$

$$N_{Sm149}(t)\big|_{t>t_{sd}}=N_{Pm149}(t_{sd})\left[1-e^{-\lambda^{Pm149}(t-t_{sd})}\right]+N_{Sm149}(t_{sd})$$

$$\xrightarrow{t_{sd}\to\infty}\frac{\gamma^{Nd149}\Sigma_f\phi}{\lambda^{Pm149}}\left[1-e^{-\lambda^{Pm149}(t-t_{sd})}\right]+\frac{\gamma^{Nd149}\Sigma_f}{\sigma_a^{Sm149}}\tag{13-35}$$

式中　t_{sd}——反应堆关闭的时刻（例如，中子通量密度降为零的时间）。

由于^{149}Sm是稳定的，而其先驱核^{149}Pm不稳定，显然，关闭时堆芯中的所有^{149}Pm最终都会衰变为^{149}Sm，使关闭时^{149}Sm的浓度增加。因此，由式（13－35）可得

$$\lim_{t-t_{sd}\to\infty}N_{Sm149}(t)=N_{Pm149}(t_{sd})+N_{Sm149}(t_{sd})\xrightarrow{t_{sd}\to\infty}\frac{\gamma^{Nd149}\Sigma_f\phi}{\lambda^{Pm149}}+\frac{\gamma^{Nd149}\Sigma_f}{\sigma_a^{Sm149}}\tag{13-36}$$

从式（13－36）可以看出，若停堆前^{149}Pm和^{149}Sm达到平衡，则停堆很长时间后，堆芯中的^{149}Sm浓度是停堆前堆内平均中子通量密度的函数。为求出导致反应堆从平衡状态停堆后堆内^{149}Sm浓度增加超过一倍时的中子通量密度水平，需要满足

$$\frac{\gamma^{Nd149}\Sigma_f\phi}{\lambda^{Pm149}}>\frac{\gamma^{Nd149}\Sigma_f}{\sigma_a^{Sm149}}\Rightarrow\phi>\frac{\lambda^{Pm149}}{\sigma_a^{Sm149}}\approx10^{14}\ \frac{\text{neut}}{\text{cm}^2\cdot\text{s}}\tag{13-37}$$

图13－7描述了^{149}Sm随时间变化的行为，^{149}Sm为中子通量密度特性和带功率运行时间的函数。

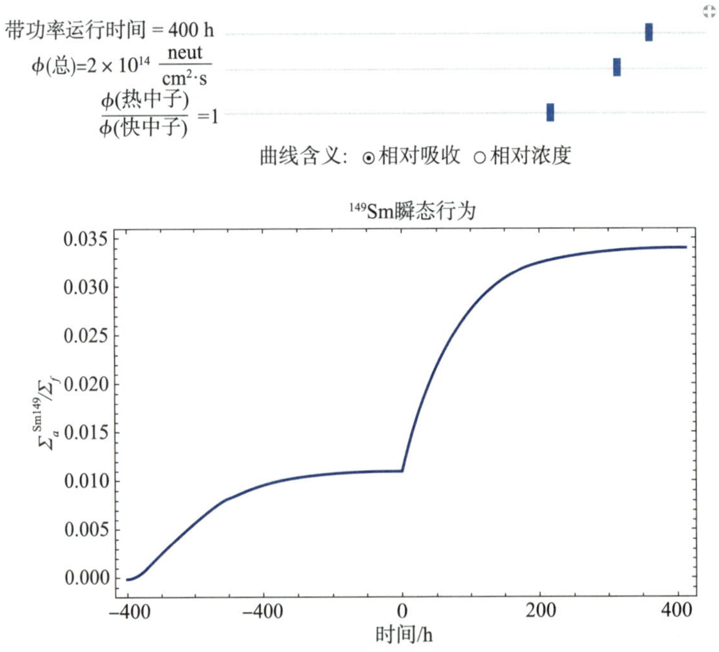

图13－7　反应堆运行和停堆过程中的^{149}Sm瞬态行为

13.4 燃料燃耗对反应堆运行的影响

除了裂变产物积累导致中子吸收率上升之外，由于裂变以及随之而来的主裂变核素（通常为 ^{235}U）的损失，中子产生率也会逐渐降低。中子产生率的降低和中子吸收率的增加，导致反应堆的 k_{eff} 随着时间的推移而降低，而在反应堆最初启动时，k_{eff} 总是略大于 1 的。在典型的反应堆中，控制系统采用强烈吸收中子的控制棒或控制鼓（通常由硼化物组成）维持临界状态，这些控制棒或控制鼓在反应堆运行过程中被缓慢提出或转出，以补偿因燃料燃烧而导致的 k_{eff} 的持续下降，从而达到以下目的

$$k_{eff} \equiv 1 = \frac{\text{裂变产生的中子}}{\begin{array}{c}\text{(中子泄漏 + 裂变产物、结构材料等吸收的中子}\\ \text{+ 控制系统吸收的中子 + 可燃毒物吸收的中子)}\end{array}} \tag{13-38}$$

一旦控制棒完全提出或控制鼓完全转出后，反应堆进一步运行将导致 k_{eff} 降至 1 以下，反应堆进入次临界状态。此时，中子链式反应终止，反应堆停堆。在核火箭中，燃料燃耗通常并不重要，因为在火箭发动机相对较短的点火时间内，即使反应堆的功率水平很高，也几乎不会消耗燃料。但对于发电反应堆，例如用于驱动离子推进系统的反应堆，则需要考虑反应堆长期运行期间的燃料燃耗效应。

为了最大限度地减小控制系统必须补偿的 Δk_{eff}，特别是在设计用于超长时间运行的反应堆中，一种常见的做法是在反应堆的核燃料中添加可燃毒物（通常是硼或钆的化合物）。可燃毒物可在反应堆寿期初时降低 k_{eff}，并随着时间的推移逐渐燃尽，从而在很大程度上补偿易裂变材料的消耗和裂变产物的积累。通常，可燃毒物设计时，要让其在反应堆堆芯寿期末时几乎完全耗尽。可燃毒物还能最大限度地减少反应堆运行期间为维持反应堆临界状态所需的控制系统中驱动机构的动作量。

图 13-8 所示的是一幅交互图像，它模拟了燃料燃烧和嬗变、氙和钐堆积、控制毒物运行以及可燃毒物对反应堆 k_{eff} 的影响。虽然图中只模拟了有限的几种核素，但在定性层面上可以模拟各种反应堆工况。

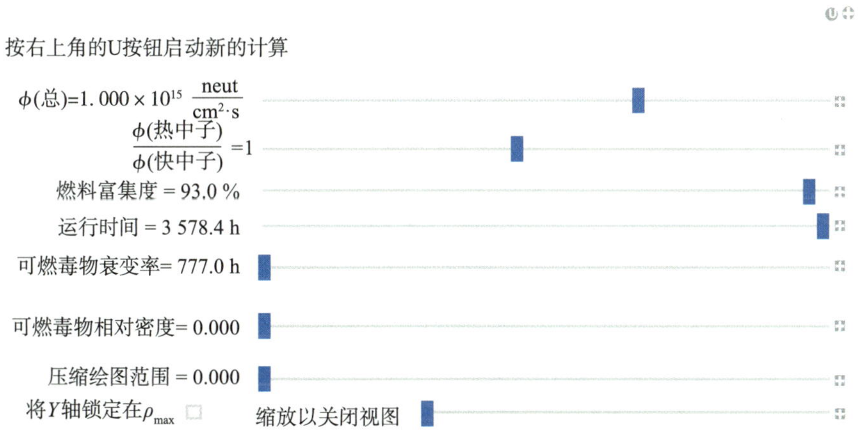

图 13-8　考虑燃耗影响的反应堆运行

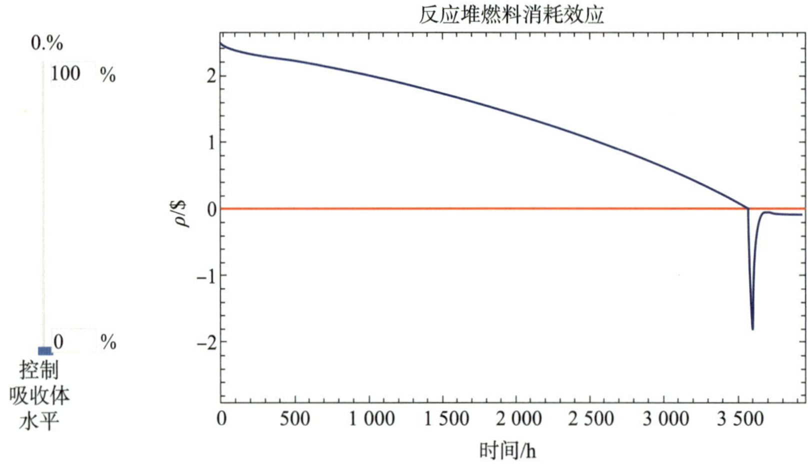

图 13-8　考虑燃耗影响的反应堆运行（续）

习　题

1. 对于深空机器人任务，有时采用热电偶发电机给航天器供电。驱动这些发电机的能量通常来源于通用型热源（GPHS），后者由^{238}Pu 衰变产生热量。该热源中的^{238}Pu 是由^{237}Np 在特定的生产堆中经中子辐照得到的。^{237}Np 在自然界中并不存在，而大量存在于后处理的乏燃料当中。^{238}Pu 的生产链如下

$$n+{}^{237}\mathrm{Np}\rightarrow{}^{238}\mathrm{Np}\xrightarrow[(2.1\ \mathrm{d})]{\beta^-}{}^{238}\mathrm{Pu}\xrightarrow[(89\ \mathrm{yr})]{\alpha}{}^{234}\mathrm{U}$$

假设在初始时刻只有^{237}Np，推导^{238}Pu 浓度随时间变化的关系式。同时，给出^{238}Pu 浓度达到最大值的时间。

2. 假设某反应堆在以稳定功率运行很长时间后停堆，推导 Xe 浓度随时间变化的关系式，并给出 Xe 浓度达到最大值的时间。

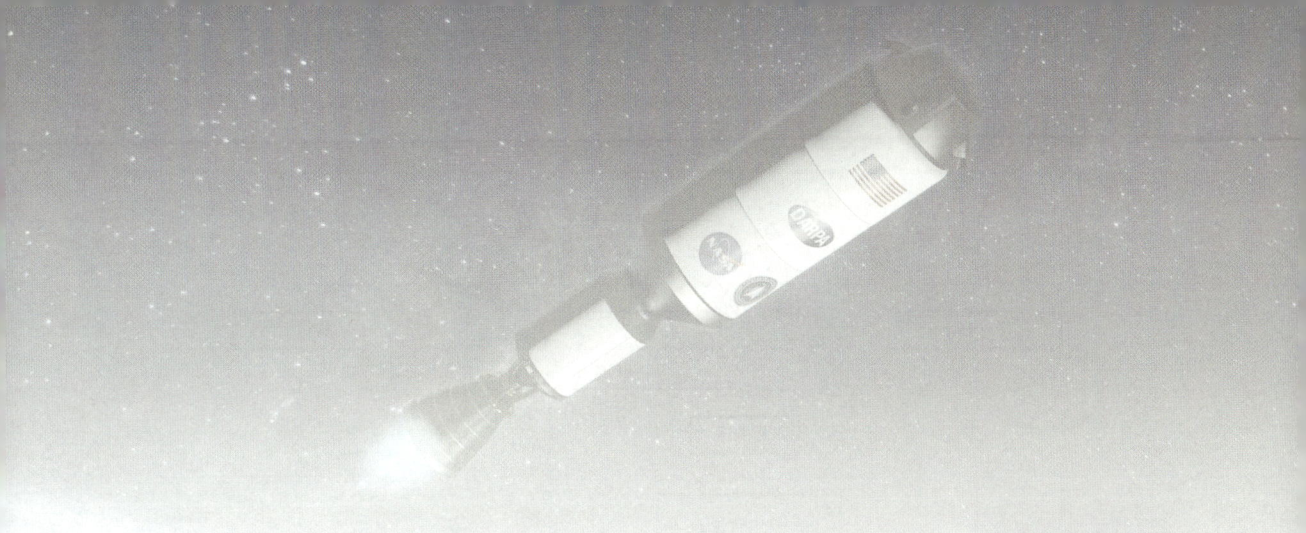

第 14 章

核火箭的辐射屏蔽

14.1 辐射屏蔽计算公式的推导

核火箭发动机的屏蔽设计存在地球核反应堆通常不会遇到的独特的挑战。要达到有效的辐射屏蔽，通常需要设置一定厚度的高密度材料，因此必须尽可能合理地选择屏蔽所需的材料，以减轻整个系统的重量。商用动力反应堆通常使用混凝土和铁的组合作为屏蔽材料，这种屏蔽材料虽然便宜且相当有效，但却很笨重，因此一般不适合在航天器中使用。

航天器的屏蔽设计很复杂，因为反应堆附近通常会有大量设备，这些设备会将堆芯发出的辐射向许多方向散射（通常是不可预见的方向）。如果在屏蔽设计过程中没有考虑反应堆周围的这些设备和结构，那么这些设备周围的小缝隙或开放区域就会导致辐射背散射，从而使航天器各部分的辐射剂量水平远高于预期。此外，从反应堆发出的伽马辐射是多方面的，因为它是由各种复杂的核反应过程（如瞬时裂变、裂变产物衰变、中子俘获等）产生的，如图 14 - 1 所示。

在接下来的分析中，将只分析裂变过程直接产生的伽马辐射，即来自堆芯内部的伽马辐射（瞬时裂变伽马辐射）和屏蔽体内慢中子俘获产生的伽马辐射（俘获伽马辐射）。从屏蔽设计的角度来看，这些伽马辐射通常最为重要，而且更易于分析。

需要注意的是，从设计角度来看，用屏蔽层将核动力火箭发动机的辐射完全阻挡是不切实际的，至少发动机的喷管必须是开放的，以便火箭喷气产生推力。而且如果要全方位对辐射进行屏蔽，则这种防护罩会非常重。为了减轻航天器上屏蔽所需的结构重量，通常采用“阴影屏蔽法”来保护航天器上的乘员和其他重要部件。在“阴影屏蔽法”中，屏蔽材料将只布置在核发动机和乘员舱之间，以及那些容易受到辐射背散射影

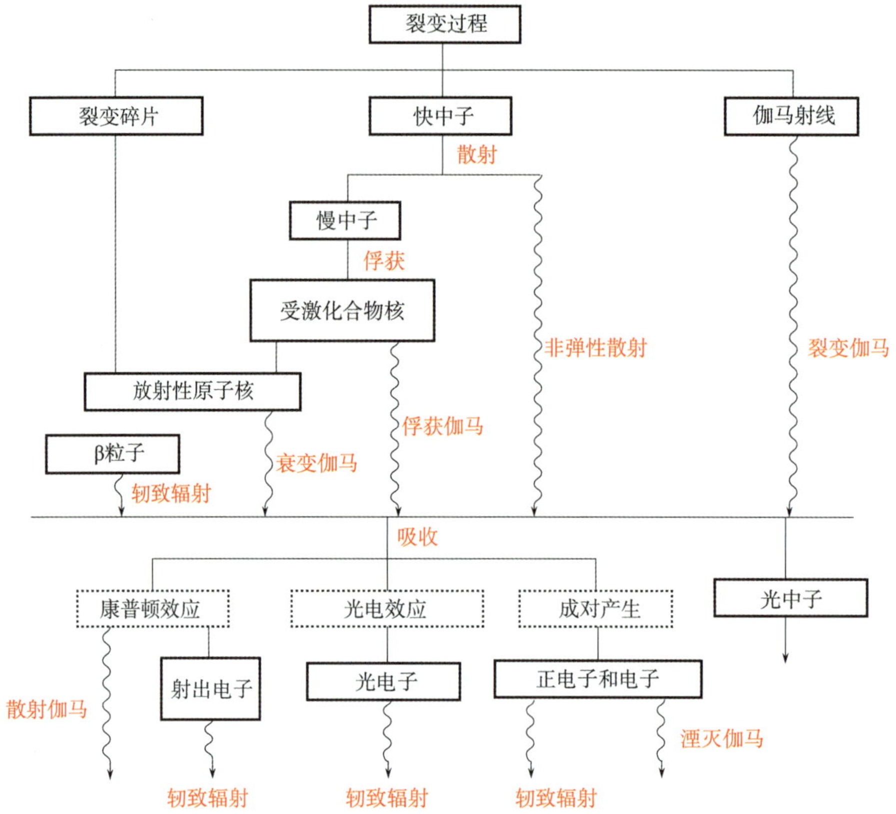

图 14-1　裂变带来的核反应过程

响的其他位置，所以一般来说，面向太空的方向也没有必要提供屏蔽。辐射屏蔽还可以通过使用多层不同的材料组合来减轻重量，以更好地屏蔽不同类型的辐射射线，形成屏蔽特性的互补。图 14-2 展示了这种多层屏蔽的结构示意图。

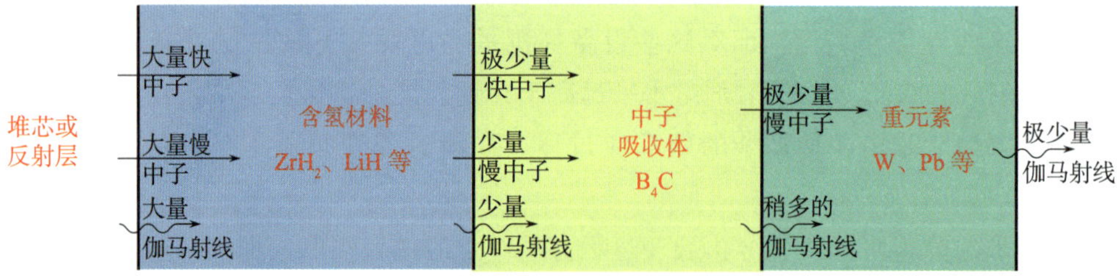

图 14-2　典型的多层屏蔽结构

因考虑屏蔽的几何结构会导致问题变得较为复杂，因此在下面的推导中将只考虑一维半无限屏蔽结构。这些推导虽然相对简略，但是可以让我们了解不同的辐射在屏蔽结构内的衰减特性。

14.1.1　中子衰减

在运行过程中，核热火箭（NTR）发动机将产生非常高的中子通量，为了保护反应堆附近的航天员和敏感设备，必须对中子通量进行衰减。由于快中子截面几乎总是很低，因此利用含氢材料的散射作用可以将这些中子慢化到热能区，然后使用以硼为代表的热中子吸收体来衰减产生的热中子。为了简化对这一过程的分析，假定快中子通量以指数形式衰减，即

$$\phi^1(z)=\phi_0^1 e^{-(\Sigma_s^{1\to 2}+\Sigma_c^1)z} \tag{14-1}$$

另一方面，假定中子热通量遵从前面讨论过的扩散理论，由式（14-1）所表示的来自快能群的中子散射项作为热能群的源项，从而

$$D^2\frac{d^2}{dz^2}\phi^2-\Sigma_c^2\phi^2+\Sigma_s^{1\to 2}\phi_0^1 e^{-(\Sigma_s^{1\to 2}+\Sigma_c^1)z}=0 \tag{14-2}$$

求解式（14-2）所表示的热通量微分方程，即可得出

$$\phi^2(z)=\left[\phi_0^2-\frac{\Sigma_s^{1\to 2}\phi_0^1}{D^2(\Sigma_s^{1\to 2})^2-\Sigma_c^2}\right]e^{-z\sqrt{\frac{\Sigma_c^2}{D^2}}}-\frac{\Sigma_s^{1\to 2}\phi_0^1}{D^2(\Sigma_s^{1\to 2})^2-\Sigma_c^2}e^{-(\Sigma_s^{1\to 2}+\Sigma_c^1)z} \tag{14-3}$$

式中　ϕ_0^1——反应堆/屏蔽界面（即 $z=0$ 处）上的快中子通量；

ϕ_0^2——反应堆/屏蔽界面（即 $z=0$ 处）的热中子通量。

由于中子通量在各不同区域之间传递，中子通量必须是连续的，因此由式（14-1）和式（14-3）可以得出

$$\phi^1\sum_{i=1}^{i}h_j=\phi_{0,i}^1 e^{-(\Sigma_c^1+\Sigma_s^{1\to 2})h_i}=\phi_{0,i+1}^1 \tag{14-4}$$

以及

$$\phi^2\sum_{j-1}^{i}h_j=\left[\phi_{0,i}^2-\frac{\Sigma_s^{1\to 2}\phi_{0,i}^1}{D^2(\Sigma_s^{1\to 2})^2-\Sigma_c^2}\right]e^{-h_i\sqrt{\frac{\Sigma_c^2}{D^2}}}-\frac{\Sigma_s^{1\to 2}\phi_{0,i}^1}{D^2(\Sigma_s^{1\to 2})^2-\Sigma_c^2}e^{-(\Sigma_s^{1\to 2}+\Sigma_c^1)h_i}=\phi_{0,i+1}^2 \tag{14-5}$$

式中　$\phi_{0,i}^1$——从材料区 i 起始处的快中子通量；

$\phi_{0,i}^2$——从材料区 i 起始处的热中子通量。

由于在中子通量梯度较高的区域采用式（14-4）和式（14-5）来给出中子衰减的估算值严格来说并不是完全正确的，但对于估算来说足够了。一般来说，需要使用输运方程来获得数值上的精确解。

14.1.2　瞬发裂变伽马射线的衰减

瞬发裂变伽马射线是由裂变过程直接产生的伽马射线。这些伽马射线具有很强的穿透力，尽管由于自身屏蔽效应（如反应堆的成分吸收辐射），部分伽马射线会在反应堆内消失，但仍有许多伽马射线会发生逃逸。所以必须利用辐射屏蔽将逃逸出反应堆的伽马射线

衰减到可控水平。裂变过程中产生的伽马射线并非单一能量，而是遵循如图 14－3 所示函数分布[1]。

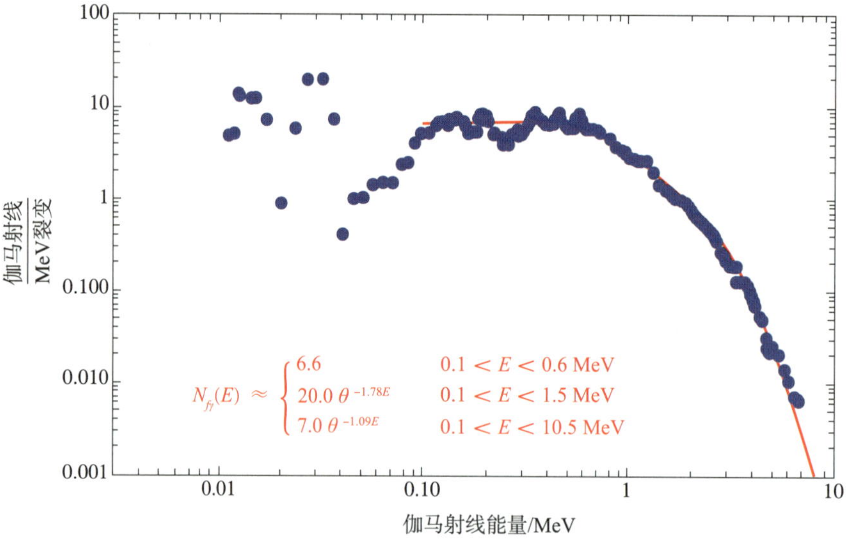

图 14－3　瞬发裂变伽马射线能量分布

在接下来的分析中，假定核反应堆是均匀伽马射线源，射线发出会落在反应堆外的辐射屏蔽体表面。当伽马射线穿过屏蔽结构时，它们会与屏蔽结构的材料成分发生作用，经历各种类型的散射和吸收后，在离开屏蔽结构之前衰减。在图 14－4 中，假定来自反应堆的伽马射线穿透以 O 点为中心的圆柱形屏蔽结构到达 P 点，求得伽马射线衰减特性的表达式。

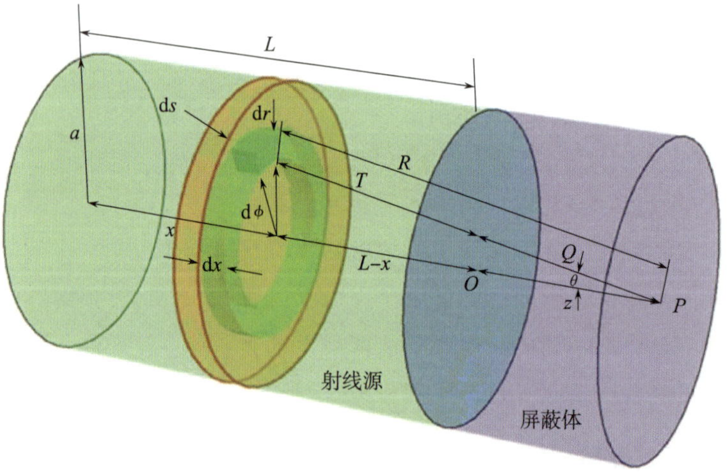

图 14－4　来自圆柱形体积源的伽马射线通量

从射线源的一个小微分体积发出的伽马辐射可表示为

$$\mathrm{d}s = SvN_{\gamma f}(E)\mathrm{d}V = SvN_{\gamma f}(E)r\mathrm{d}\phi\mathrm{d}r\mathrm{d}x \tag{14-6}$$

式中　Sv ——伽马射线点源强度$\frac{\gamma' s}{\mathrm{cm}^3 \cdot \mathrm{s}}$；

$N_{\gamma f}(E)$ ——裂变产生的伽马射线的能量分布。

前面我们说过，准直中子（或伽马射线）窄束的衰减可以用一个简单的指数函数来表示。假定从图 14-4 中位于 ds 处的微分源射出的伽马射线沿着由源区的共线段 T 和屏蔽区的共线段 Q 确定的直线路径到达点 P，则伽马射线沿此路径的微分衰减可以用下面的表达式来表示

$$d\phi_{\gamma f}(R) = e^{-\mu_r T} e^{-\mu_s Q} ds \tag{14-7}$$

式中　μ_r 和 μ_s ——伽马射线在源区和屏蔽区内的衰减系数。

式（14-7）中的伽马射线衰减系数取决于辐射穿过的材料特性和辐射的能量。图 14-5 展示了几种材料的伽马射线衰减系数。这些曲线的数据来自美国国家标准与技术研究院（NIST）的 X 射线质量衰减系数和质量能量吸收系数表。可以看到，水和聚乙烯的曲线非常接近，许多塑料材料与水之间都存在这种高度相关性。

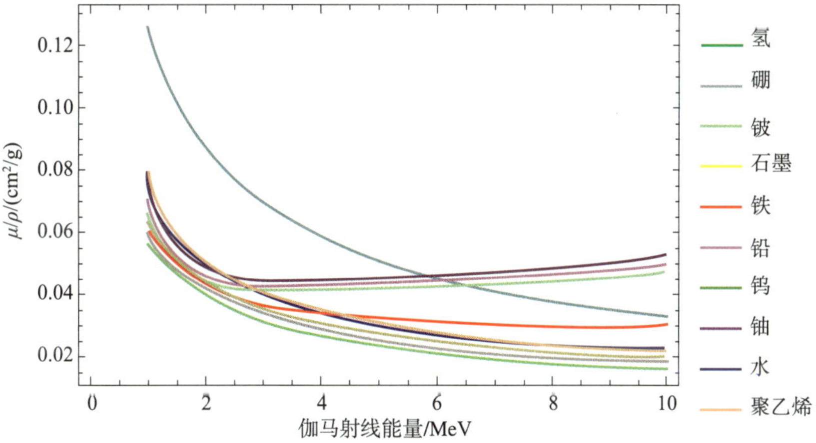

图 14-5　不同材料伽马射线质量衰减系数

此外，假设伽马射线从体微元 ds 各向同性辐射，而不是以准直光束形式发射，则必须考虑辐射的几何扩散，修改式（14-7）为

$$d\phi_{\gamma f}(R) = e^{-\mu_r T} \frac{e^{-\mu_s Q}}{4\pi R^2} ds \tag{14-8}$$

还应注意的是，衰减表达式（14-8）中默认的假设是，所有粒子在第一次碰撞时要么被吸收，要么被散射出去。因此，$d\phi_{\gamma f}(R)$ 表示的是从点源发出的未经碰撞的伽马射线。这一假设适用于屏蔽结构较薄的情况，在这种情况下，二次碰撞可以忽略不计。然而，当屏蔽结构较厚时，多次碰撞非常普遍，计算出的衰减会明显高于实际的衰减，如图 14-6 所示。

为了考虑这些多次碰撞造成的衰减误差，在伽马射线的点衰减表达式中加入了一个经验项，称为累积因子或 $B(\mu R)$。累积因子项是额外添加到式（14-8）中的，即

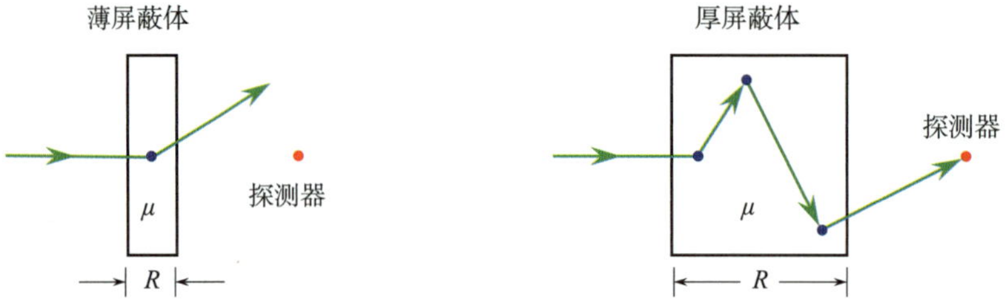

图 14-6　薄屏蔽和厚屏蔽的散射差异

$$d\phi_{\gamma f}(R)=e^{-\mu_r T}B(\mu_s R)\frac{e^{-\mu_s Q}}{4\pi R^2}ds \tag{14-9}$$

累积因子通常只用于伽马辐射的计算中。理论上，累积因子也可用于中子的计算，但实践中几乎从未使用过。相关文献给出了几种累积因子的计算公式，但在接下来的分析中，将使用泰勒公式[2]，因为该公式易于应用且相当精确。累积因子的泰勒公式可表示为两个指数项的总和，即

$$B(\mu Y)=Ae^{-\alpha\mu Y}+(1-A)e^{-\beta\mu Y} \tag{14-10}$$

表 14-1 列出了几种材料的泰勒累积因子公式系数[3,4]。这些系数给出的累积因子通常误差在 5%以内。将式（14-10）中的累积因子的泰勒形式代入式（14-9）给出的伽马射线衰减表达式的微分形式中，可以得到

$$d\phi_{\gamma f}(R)=e^{-\mu_r T}\left[Ae^{-\alpha\mu_s Q}+(1-A)e^{-\beta\mu_s Q}\right]\frac{e^{-\mu_s Q}}{4\pi R^2}ds=e^{-\mu_r T}G_\gamma(\mu_s Q)ds \tag{14-11}$$

式中　$G_\gamma(\mu_s Q)$——伽马射线的点衰减核，有

$$G_\gamma(\mu_s Q)=\left[Ae^{-\alpha\mu_s Q}+(1-A)e^{-\beta\mu_s Q}\right]\frac{e^{-\mu_s Q}}{4\pi R^2} \tag{14-12}$$

表 14-1　几种材料的伽马射线累积因子泰勒公式系数

材料	参数	伽马射线能量/MeV						
		1.0	2.0	3.0	4.0	6.0	8.0	10.0
水	A	11	6.4	5.2	4.5	3.55	3.05	2.7
	α	−0.104	−0.076	−0.062	−0.055	−0.050	−0.045	−0.042
	β	0.030	0.092	0.110	0.117	0.124	0.128	0.13
液氢	A	3.22	34.8	22.9	20.2	6.82	—	—
	α	−0.165	0.021	0.031	0.025	−0.016	—	—
	β	0.078	0.042	0.058	0.050	0.043	—	—
铍	A	204	40.3	42.7	13.1	10.8	6.30	4.73
	α	−0.057 9	−0.030 9	−0.015 1	−0.022	−0.014 6	−0.018	−0.019
	β	−0.441	0.002 7	0.006	0.037	0.037	0.059	0.082

续表

材料	参数	伽马射线能量/MeV						
		1.0	2.0	3.0	4.0	6.0	8.0	10.0
石墨	A	127	41.2	23.9	12.1	7.32	4.99	4.48
	α	−0.046 6	−0.026	−0.019 3	−0.022	−0.022 5	−0.024	−0.022 6
	β	−0.032	0.000 1	0.015	0.037	0.055	0.084	0.067
铁	A	8.0	5.5	4.4	3.75	2.9	2.35	2.0
	α	−0.089	−0.079	−0.077	−0.075	−0.082	−0.083	−0.095
	β	0.04	0.07	0.075	0.082	0.075	0.055	0.012
铅	A	6.0	11.6	10.9	6.29	3.5	3.5	2.39
	α	−0.009	−0.021	−0.036	−0.060	−0.108	−0.157	−0.214
	β	0.053	0.015	0.001	−0.007	−0.030	−0.100	−0.092
钨	A	3.3	2.9	2.7	2.05	1.2	0.7	0.6
	α	−0.043	−0.069	−0.086	−0.118	−0.171	−0.205	−0.212
	β	0.148	0.188	0.134	0.070	0.00	0.052	0.144
铀	A	2.081	3.550	4.883	2.800	0.975	0.602	0.399
	α	−0.038 6	−0.034 4	−0.049 5	−0.082 4	−0.158 9	−0.191 9	−0.213 1
	β	0.226 4	0.088 1	0.009 8	0.003 7	0.211 0	0.027 7	0.020 8

点衰减核本质上是描述从点源发出的伽马射线在穿过材料一定距离后的衰减程度。将式（14－9）在图 14－4 所示的整个体积上进行积分，就可以求出 P 点的伽马射线总通量

$$\phi_{\gamma f}(z)=\int_{\text{体积}} \mathrm{e}^{-\mu_\gamma T} G_\gamma(\mu_s Q)\mathrm{d}s \tag{14-13}$$

将式（14－6）、式（14－9）和式（14－10）代入式（14－13）即可得出

$$\phi_{\gamma f}(z)=SvN_{\gamma f}(E)\int_0^L\int_0^a\int_0^{2\pi} r\left\lfloor A\mathrm{e}^{-\alpha\mu_s Q}+(1-A)\mathrm{e}^{-\beta\mu_s Q}\right\rfloor \frac{\mathrm{e}^{-\mu_r T}\mathrm{e}^{-\mu_s Q}}{4\pi R^2}\mathrm{d}\phi\,\mathrm{d}r\,\mathrm{d}x \tag{14-14}$$

从图 14－4 中可以看出以下几何关系

$$T=\frac{L-x}{\cos\theta},\quad Q=\frac{z}{\cos\theta} \tag{14-15}$$

式中　$\cos\theta=\dfrac{L-x+z}{R}\Rightarrow T=\dfrac{(L-x)R}{L-x+z}$ 和 $Q=\dfrac{zR}{L-x+z}$。

从图 14－4 中还可以看出

$$R^2=(L-x+z)^2+r^2 \tag{14-16}$$

将式（14－16）对 r 求导，得出

$$R\mathrm{d}R=r\mathrm{d}r \tag{14-17}$$

将式（14－15）和式（14－17）代入式（14－14），并将积分变量从 r 改为 R，在对 ϕ

进行积分后，得到如下表达式

$$\phi_{\gamma f}(z)=SvN_{\gamma f}(E)\int_0^L\int_{L-x+z}^{\sqrt{(L-x+z)^2+a^2}}2\pi R\left[A\mathrm{e}^{-\alpha\mu_s\frac{z}{L-x+z}R}+(1-A)\mathrm{e}^{-\beta\mu_s\frac{z}{L-x+z}R}\right]\frac{\mathrm{e}^{-\mu_r\frac{L-x}{L-x+z}R}\mathrm{e}^{-\mu_s\frac{z}{L-x+z}R}}{4\pi R^2}\mathrm{d}R\mathrm{d}x \tag{14-18}$$

通过求解式（14－18）中的积分，可以得到沿半径为 a 的圆盘屏蔽体中心线的伽马射线衰减与伽马射线源区厚度的函数关系。为了简化表达式并使结果更具有通用性，可将积分取为 $a\to\infty$ 和 $L\to\infty$，从而得到无限大伽马射线源产生的在半无限大平板屏蔽中的伽马射线衰减表达式

$$\begin{aligned}\phi_{\gamma f}(z)&=\frac{SvN_{\gamma f}(E)}{2}\lim_{L\to\infty}\int_0^L\lim_{a\to\infty}\left\{\int_{L-x+z}^{\sqrt{(L-x+z)^2+a^2}}\frac{1}{R}\left[A\mathrm{e}^{-\alpha\mu_s\frac{z}{L-x+z}R}+(1-A)\mathrm{e}^{-\beta\mu_s\frac{z}{L-x+z}R}\right]\right.\\&\quad\left.\left(\mathrm{e}^{-\mu_r\frac{L-x}{L-x+z}R}\mathrm{e}^{-\mu_s\frac{z}{L-x+z}R}\right)\mathrm{d}R\right\}\mathrm{d}x\\&=\frac{SvN_{\gamma f}(E)}{2\mu_r}\{AE_2[\mu_s(1+\alpha)z]+(1-A)E_2[\mu_s(1+\beta)z]\}\end{aligned} \tag{14-19}$$

式中，$E_n(z)=\int_1^\infty\frac{\mathrm{e}^{-zt}}{t^n}\mathrm{d}t$ ，为指数积分函数。

在反应堆/屏蔽界面（即 $z=0$ 处），式（14－19）简化为

$$\phi_{\gamma f}(z)=\frac{SvN_{\gamma f}(E)}{2\mu_r}=S_a(E) \tag{14-20}$$

式中　$S_a(E)$——屏蔽表面的伽马射线源强度。

因此，通过评估防护罩表面的伽马射线强度，现在可以计算出通过任意屏蔽结构中的伽马射线衰减，而无须了解反应堆内部伽马射线产生的细节。将式（14－20）代入式（14－19），屏蔽结构内的 γ 射线分布现在变为

$$\phi_{\gamma f}(z)=S_a(E)\{A+(1-A)E_2[\mu_s(1+\beta)z]\} \tag{14-21}$$

注意式（14－21）只给出了单一能量下的伽马射线强度。要计算伽马射线的总强度，必须利用衰减系数和泰勒系数对式（14－21）进行积分，得出以下结果

$$\Phi_{\gamma f}(z)=\int_0^\infty\phi_{\gamma f}(z)\mathrm{d}E=\int_0^\infty S_a(E)\{AE_2[\mu_s(1+\alpha)z]+(1-A)E_2[\mu_s(1+\beta)z]\}\mathrm{d}E \tag{14-22}$$

为了简化计算，通常根据能量区间分段计算伽马射线强度，然后将计算结果相加，得出伽马射线总强度

$$\Phi_{\gamma f}(z)\approx\sum_{i=1}^{i_{\max}}\phi_{\gamma f}^i(z)=\sum_{i=1}^{i_{\max}}S_{a,i}\{A_iE_2[\mu_{s,i}(1+\alpha_i)z]+(1-A_i)E_2[\mu_{s,i}(1+\beta_i)z]\} \tag{14-23}$$

由于伽马通量在不同材料区域之间传递，伽马通量必须是连续的，因此从式（14－21）可得

$$S_{a,i}^{j}\{A_i^j E_2[\mu_{s,i}^j(1+\alpha_i^j h^j)]+(1-A_i^j)E_2[\mu_{s,i}^j(1+\beta_i^j)h^j]\}=S_{a,i}^{j+1} \quad (14-24)$$

式中　j ——某种材料区域；

h^j ——该区域的厚度。

例题

如图 1 所示，将放射性 ^{120}Sb 胶囊（伽马能量 ≈1 MeV）放置在水屏蔽层的后面。为了对 ^{120}Sb 放射源发出的伽马射线提供一定程度的防护，水屏蔽层的最小厚度是多少？哪种厚度的屏蔽对提供辐射防护效果最差？

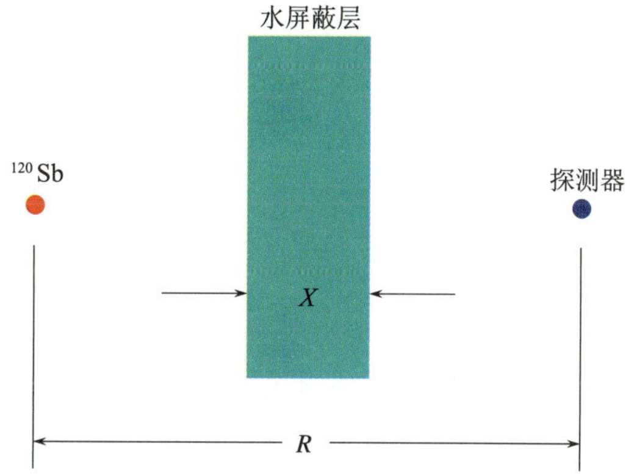

图 1　水屏蔽结构

表 1　几种材料的伽马射线累积因子泰勒公式系数

Taylor coefficient	Value
A	11
α	0.104
β	0.03
μ	0.07 cm^{-1}

解答

假设 ^{120}Sb 胶囊与防护罩的尺寸相比很小，而且距离探测器相对较远，则可以使用式 (14-12) 中的点衰减核来确定从胶囊发出的辐射场的衰减（见图 1）

$$G_\gamma(\mu_s x)=[A\mathrm{e}^{-\alpha\mu_s x}+(1-A)\mathrm{e}^{-\beta\mu_s x}]\frac{\mathrm{e}^{-\mu_s x}}{4\pi R^2} \quad (1)$$

在 $x=0$ 时，可以发现

$$G_\gamma(\mu_s 0)=\frac{1}{4\pi R^2} \quad (2)$$

由于需要计算水屏蔽层的厚度 x，以便提供一定程度的伽马射线防护，因此令式 (2) 等于式 (1)，从而

$$\frac{1}{4\pi R^2}=\left[A e^{-\alpha\mu_s x}+(1-A)e^{-\beta\mu_s x}\right]\frac{e^{-\mu_s x}}{4\pi R^2} \tag{3}$$

将数值代入式（3），求出 x 即可

$$\begin{aligned}1&=\left[11e^{-(-0.104)0.07x}+(1-11)e^{-(0.03)0.07x}\right]e^{-0.07x}\\&=\left[11e^{0.00728x}-10e^{-0.0021x}\right]e^{-0.07x}\Rightarrow x=10.66\ \text{cm}\end{aligned} \tag{4}$$

要确定最小有效屏蔽厚度，或导致最大伽马射线强度的 x 值，必须找到一个 x 值，使得式（1）定义的 $G_\gamma(\mu_s x)$ 相对于 x 的导数等于 0

$$\begin{aligned}\frac{dG_\gamma(\mu_s x)}{dx}=0&=\frac{d}{dx}\left[A e^{-\alpha\mu_s x}+(1-A)e^{-\beta\mu_s x}\right]\frac{e^{-\mu_s x}}{4\pi R^2}\\&=-\left[A(1+\alpha)e^{-(1+\alpha)\mu_s x}+(1-A)(1+\beta)e^{-(1+\beta)\mu_s x}\right]\frac{\mu_s}{4\pi R^2}\end{aligned} \tag{5}$$

求解式（5）中的 x 并代入数值，就能得出屏蔽伽马射线效果最差的屏蔽厚度值

$$\begin{aligned}x&=\frac{1}{\mu_s(\alpha-\beta)}\ln\left[\frac{A(\alpha+1)}{(A-1)(\beta+1)}\right]\\&=\frac{1}{0.07\ \text{cm}^{-1}(-0.104-0.03)}\ln\left[\frac{11(-0.104+1)}{(11-1)(0.03+1)}\right]=4.7\ \text{cm}\end{aligned} \tag{6}$$

将式（2）与 $x=0$ 处的伽马射线强度绘制成图，如图 2 所示。

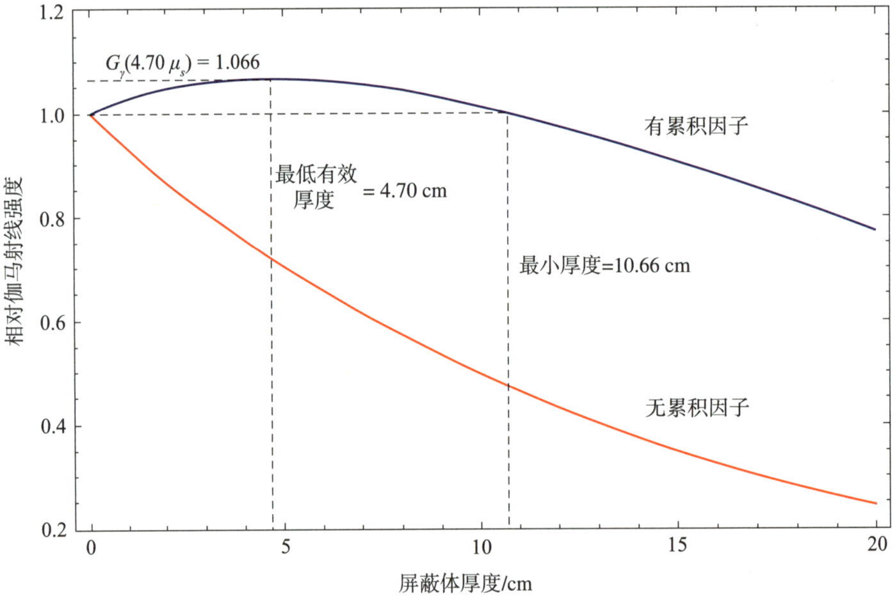

图 2 相对伽马射线强度与屏蔽厚度的关系

从图中可以看出，在屏蔽厚度小于 10.66 cm 的情况下，由于屏蔽体内的多次散射，从 ^{120}Sb 胶囊射出的伽马射线到达探测器时的强度实际上要高于最初射入屏蔽面的伽马射线强度。屏蔽厚度为 4.7 cm 时，伽马射线强度的峰值为屏蔽面值的 106.6%。

14.1.3 俘获伽马射线的衰减

俘获伽马射线是由材料俘获中子产生的伽马射线。由于大多数材料的热中子俘获截面通常比快中子俘获截面大得多，屏蔽结构内伽马射线的产生率通常与屏蔽体内的热中子通量分布一致。俘获伽马射线与上一节所述的瞬发裂变伽马射线有些不同，不同之处在于俘获伽马射线是在相当离散的能级上发射的，离散的能级取决于俘获中子的材料类型。中子被俘获后产生的伽马射线发射能级数据可在美国国家核数据中心（National Nuclear Data Center）查询。由于大多数物质都有许多伽马射线发射能级线，因此通常会把各个能级线合并成若干宽能群，以简化随能量变化的伽马射线通量的计算。为了让这些俘获的伽马射线得到有效的衰减，设计辐射屏蔽结构时必须实现在中子首次进入屏蔽结构后，在短距离内将中子通量水平降低到较低的水平。一旦中子俘获率（以及伽马射线产生率）降低，剩下的屏蔽体就可以被设计用于衰减屏蔽体内的、中子通量较高的内表面附近产生的俘获伽马射线。

在接下来的分析中，将假定屏蔽结构内产生的俘获伽马射线与前面得出的热中子通量分布成正比。如图 14 - 7 所示，假定来自堆芯的中子穿透以 O 点为中心的圆柱形屏蔽结构。然后，中子将逐渐被屏蔽材料吸收，并在被俘获处产生伽马射线。由此产生的伽马射线会在通过屏蔽罩的其余部分时逐渐得到衰减，最后从屏蔽结构的外表面射出。下面的分析将计算防护罩外表面 P 点的伽马射线强度。

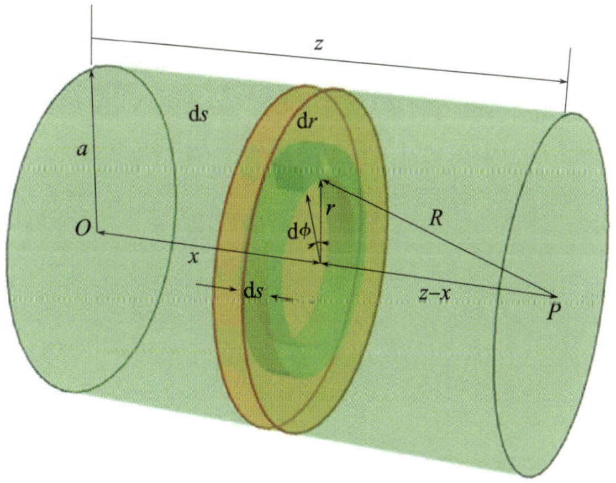

图 14 - 7　中子俘获产生的伽马射线通量

一个小的体积微元内中子俘获所发出的伽马辐射为

$$ds = S_p(x)dV = S_p(x)r\,dr\,d\phi\,dx \tag{14-25}$$

假定伽马射线源 $S_p(x)$ 与式（14 - 3）中描述的热中子通量分布成正比，即

$$S_p(x) = f_\gamma(E)\Sigma_c^2\phi^2(x) = f_\gamma(E)\Sigma_c^2(Be^{-\xi x} - Ce^{-\psi x}) \tag{14-26}$$

式中　$B = \phi_0^2 - \dfrac{\Sigma_s^{1\to2}\phi_0^1}{D^2(\Sigma_s^{1\to2})^2 - \Sigma_c^2}$；$\xi = \sqrt{\dfrac{\Sigma_c^2}{D^2}}$；$C = \dfrac{\Sigma_s^{1\to2}\phi_0^1}{D^2(\Sigma_s^{1\to2})^2 - \Sigma_c^2}$；$\psi = \Sigma_s^{1\to2}$ 以及 $f_\gamma(E)$

为俘获伽马射线能级线的分布函数。

在以 $\overline{OP}$ 为中心线的整个屏蔽体积内对点伽马射线源进行积分，可以得到 P 点的伽马辐射俘获通量。如果假定伽马射线源与 r 无关，则可以得到

$$\phi_{\gamma c}=\int_0^z\int_0^a\int_0^{2\pi}S_p(x)rG_\gamma(\mu R)\mathrm{d}\phi\,\mathrm{d}r\,\mathrm{d}x \tag{14-27}$$

从图 14－7 中可以得到

$$R^2=r^2+(z-x)^2 \tag{14-28}$$

将式（14－28）对 r 进行求导，得出

$$R\,\mathrm{d}R=r\,\mathrm{d}r \tag{14-29}$$

将式（14－28）和式（14－29）代入式（14－27），将积分变量从 r 改为 R，对 ϕ 进行积分后会得到如下表达式

$$\phi_{\gamma c}(z)=2\pi\int_0^z\int_{z-x}^{\sqrt{(z-x)^2+a^2}}S_p(x)RG_\gamma(\mu R)\mathrm{d}R\,\mathrm{d}x \tag{14-30}$$

将式（14－26）中的中子俘获产生的伽马射线源和类似于式（14－12）中的伽马射线点衰减核代入式（14－30）给出的中子俘获屏蔽关系式中，即可得到

$$\begin{aligned}\phi_{\gamma c}(z)=2\pi\int_0^z\int_{z-x}^{\sqrt{(z-x)^2+a^2}}&f_\gamma(E)\Sigma_c^2(B\mathrm{e}^{-\xi x}-C\mathrm{e}^{-\psi x})\\&[A\mathrm{e}^{-\alpha\mu_s R}+(1-A)\mathrm{e}^{-\beta\mu_s R}]R\,\frac{\mathrm{e}^{-\mu_s R}}{4\pi R^2}\mathrm{d}R\,\mathrm{d}x\end{aligned} \tag{14-31}$$

通过求解式（14－31）中的积分，可以得到通过半径为 a 的圆盘屏蔽结构中心线的伽马射线衰减的表达式，为屏蔽结构中热中子俘获分布的函数。为了简化表达式，并使结果更具通用性，按照 $a\to\infty$ 进行积分，积分后得到通过半无限大平板屏蔽结构后伽马射线的衰减与屏蔽体内产生热中子俘获发出的伽马射线的函数关系

$$\begin{aligned}\phi_{\gamma c}(z)=&\ 2\pi f_\gamma(E)\Sigma_c^2\lim_{a\to\infty}\left\{\int_0^z\int_{z-x}^{\sqrt{(z-x)^2+a^2}}(B\mathrm{e}^{-\xi x}-C\mathrm{e}^{-\psi x})[A\mathrm{e}^{-\alpha\mu_s R}+(1-A)\mathrm{e}^{-\beta\mu_s R}]\frac{\mathrm{e}^{-\mu_s R}}{4\pi R}\mathrm{d}R\,\mathrm{d}x\right\}\\
=&\frac{f_\gamma(E)\Sigma_c^2}{2}\frac{C\mathrm{e}^{-\psi z}}{\psi}\left\{A\left(E_1[z(\mu_s+\alpha\mu_s-\psi)]+\ln\frac{\mu_s+\alpha\mu_s-\psi}{\mu_s+\alpha\mu_s}\right)\right.\\
&\left.+(1-A)\left(E_1[z(\mu_s+\beta\mu_s-\psi)]+\ln\frac{\mu_s+\beta\mu_s-\psi}{\mu_s+\beta\mu_s}\right)\right\}\\
&-\frac{f_\gamma(E)\Sigma_c^2}{2}\frac{B\mathrm{e}^{-\xi z}}{\xi}\left\{A\left(E_1[z(\mu_s+\alpha\mu_s-\xi)]+\ln\frac{\mu_s+\alpha\mu_s-\xi}{\mu_s+\alpha\mu_s}\right)\right.\\
&\left.+(1-A)\left(E_1[z(\mu_s+\beta\mu_s-\xi)]+\ln\frac{\mu_s+\beta\mu_s-\xi}{\mu_s+\beta\mu_s}\right)\right\}\\
&-\frac{f_\gamma(E)\Sigma_c^2}{2}\frac{C\xi-B\psi}{\xi\psi}\{AE_1[z(1+\alpha)\mu_s]+(1-A)E_1[z(1+\beta)\mu_s]\}\end{aligned} \tag{14-32}$$

俘获伽马射线通量在不同材料区域之间传递时必须是连续的。因此，内部材料区域的总俘获伽马通量为

$$\phi_{\gamma c}^{i+1}(z+h^i)=\phi_{\gamma c}^{i}(h^i)+\phi_{\gamma c}^{i}(z) \tag{14-33}$$

式中　i ——某材料区域；

h^i ——该材料区域的厚度。

14.1.4　多层屏蔽中的辐射衰减

根据之前得出的辐射屏蔽关系，我们对类似图 14－2 中描述的多层屏蔽结构进行分析。需要注意的是，如果在图 14－8 中选择使用随能量变化的俘获伽马射线，由于屏蔽材料的中子共振俘获和伽马射线发射特性的影响，辐射水平可能随能量的变化而剧烈变化。此外，选择的能量要与氢化锂和硼的俘获伽马射线发射光谱的特征相对应。钨的俘获伽马射线能谱没有包含在计算中，因为其俘获伽马射线能谱中的发射能量相对较多，而且发射率相对较低。图中显示的面积质量值代表的是垂直于屏蔽厚度切割的 1 cm^2 内核的质量。如果设计这种屏蔽结构的目的是防止来自 NTR 发动机的辐射，那么就需要花费大量精力来优化屏蔽的具体结构，以最大限度地减少满足特定中子和伽马射线衰减水平所需的结构质量。

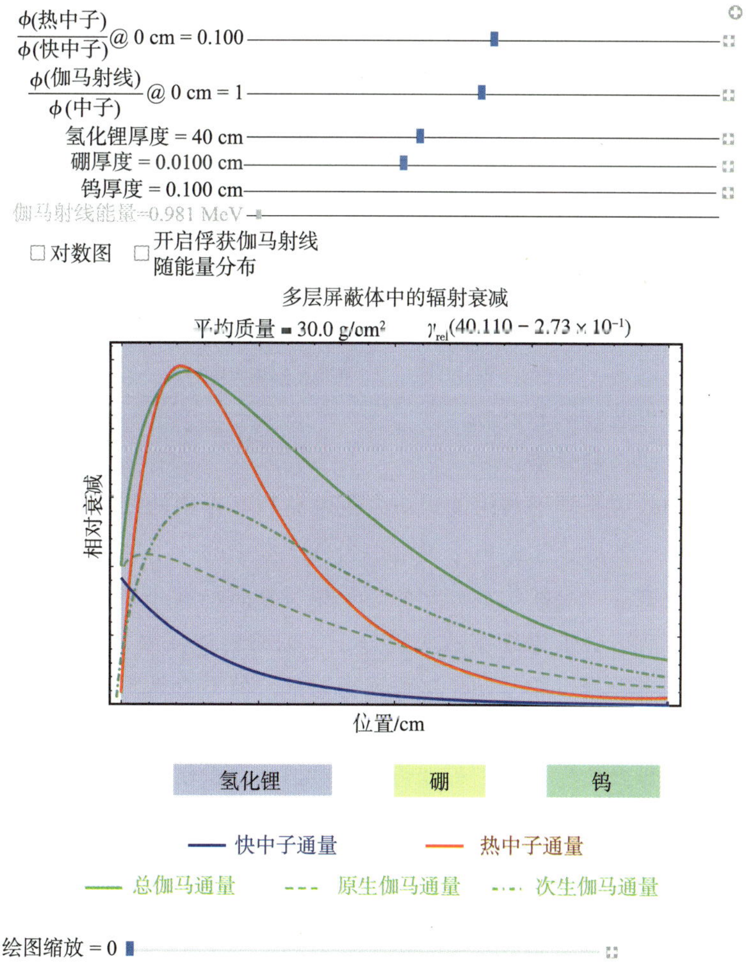

图 14－8　多层屏蔽中的辐射衰减

14.2 辐射防护与保健物理

为了确定保护乘组人员免受运行中的 NTR 发动机辐射所需的屏蔽量指标，有必要简要讨论一下不同类型的辐射对人体的影响。在此还应指出的是，执行前往月球或火星的深空任务时，乘组人员还会暴露在除 NTR 以外的辐射源中，包括通常因太阳耀斑而发生的太阳质子活动（Solar Proton Events，SPEs）产生的辐射，以及因超新星爆发等产生的来自太阳系外的宇宙辐射（Galactic Cosmic Radiation，GCR），该辐射主要由高电荷和高能量的原子核（High Charge and Energy Atomic Nuclei，HZE）组成。这些空间（或宇宙）辐射源具有相当大的影响，如果不加以适当屏蔽，很可能比 NTR 系统的辐射高很多。不过，宇宙辐射的防护是一个相当复杂的话题，不在本书的讨论范围内。对宇宙辐射话题感兴趣的读者可以参考 NASA 的一份非常详尽的研究报告[5]，其中对宇宙辐射话题进行了相当详细的阐述。

人体（或任何其他物体）接受的辐射量称为剂量。辐射剂量通常按照辐射暴露时间的长短来分类。短时间内接受的高强度辐射剂量称为急性辐射，而长时间接受的低强度辐射剂量称为慢性辐射。人体对短时间接受的辐射剂量和长时间接受同等剂量辐射的反应大不相同，急性辐射通常对人体健康影响更大。打个比方，一个人在一生中受到轻微割伤和瘀伤通常很容易存活下来，但是，如果在很短的时间内受到大量的伤害，则很可能会致命。因此，在计算特定辐射剂量的预期伤害程度时，剂量水平和剂量率都很重要。

在评估辐射健康影响时，人体受到辐射的位置也很重要。因此，辐射剂量通常被区分为部分剂量或全身剂量。一般来说，人体器官按对辐射的敏感度可以分为：

- 最敏感——淋巴结、骨髓、胃肠道、生殖系统和眼睛；
- 中等敏感——皮肤、肺和肝脏；
- 最不敏感——肌肉和骨骼。

辐射造成的生物效应是辐射与生物组织发生电离相互作用的结果。被组织吸收的电离辐射会使构成组织分子的原子中的电子脱落。当分子键中的一个共用电子因吸收辐射而弹出时，化学键就会被破坏，导致构成分子的原子相互分离，从而导致分子分裂。电离辐射与细胞相互作用时，有时会击中细胞的关键分子，如染色体。因为染色体包含遗传信息，是细胞履行其功能和进行繁殖的基础，这种损伤通常（但不总是）会导致细胞的死亡。有时，细胞的修复机制可以修复细胞损伤，甚至是染色体的损伤；但是，如果细胞修复的方式不正确，就有可能导致癌症。电离程度最高、对细胞组织伤害最大的辐射类型有：

- α 粒子——这种粒子具有高度电离性，但在组织中的作用距离很短。这种辐射可以在皮肤表面被阻拦。最严重的组织损伤发生在剂量被身体内部吸收时。

- β 粒子——这种粒子具有中度电离性，在组织中的辐射距离也很短。这种辐射只穿透浅层皮肤。当剂量被内部吸收时，组织损伤最严重。

• γ 粒子——这种辐射具有中度电离性和很强的穿透力。由于这种辐射可以深入组织，因此外部剂量非常重要。

• 中子——这种粒子具有中度电离性，穿透力也很强。由于这种粒子可以深入组织，因此外部剂量非常重要。

• 中微子——这种辐射几乎不会导致电离，但穿透力极强。由于辐射与组织的相互作用微乎其微，因此剂量影响不大。

辐射剂量通常用拉德（RAD）来衡量，其中 RAD 是单位质量材料吸收的辐射能量，其定义为 1 RAD=100 erg/g。吸收剂量的 SI 单位是戈瑞（Gy），1 Gy=100 RAD。使用 RAD 或 Gy 等单位来衡量生物损伤的问题在于，等量的不同类型辐射对人体生理的影响是不同的。例如，1 RAD α 粒子与 1 RAD γ 射线所造成的生物损伤是不同的。从生物学角度来说，为了将所有不同类型的辐射置于同等的基础上，必须针对不同类型的辐射引入一个相对生物效应因子（Relative Biological Effectiveness，RBE）。RBE 将各种类型的辐射归一化，以便对任何辐射的单位吸收剂量所造成的生物损伤进行一致的评估。RBE 的定义如下

$$\mathrm{RBE}=\frac{200\ \mathrm{keV}\ \gamma\ \text{射线的物理剂量}}{\text{产生相同生物学效应的其他类型辐射的物理剂量}}$$

国际辐射防护委员会（International Commission on Radiological Protection，ICRP）通过一系列 RBE 因子来描述不同类型辐射的有效性[6]。该委员会将所有低能量的辐射和所有能量的 γ 辐射定为 1。其他数值是从生物研究中观察到的结果，特别是那些涉及癌症和遗传影响的研究。表 14-2 列出了 ICRP 为几种不同类型辐射推荐的 RBE 值。

表 14-2　归一化的生物影响因子

辐射类型	RBE
γ 射线	1
快中子	20
慢中子	5
α 粒子	20
β 粒子	1
质子	5

利用 RBE 因子，可以定义新的辐射剂量单位，即伦琴当量（REM）和西弗（Sv）。这些单位在生物学上比 RAD 或 Gy 更有意义，其表达式为

$$\mathrm{REM}=\sum_{i=1}^{n}\mathrm{RBE}(i)\times\mathrm{RAD}(i),\quad \mathrm{Sv}=\sum_{i=1}^{n}\mathrm{RBE}(i)\times\mathrm{Gy}(i)=100\ \mathrm{REM} \tag{14-34}$$

式中　i ——计算剂量时考虑的辐射类型的编号；

n ——计算剂量时考虑的辐射类型总数。

对于中子，如果用中子通量（如中子通量×时间）来测量辐照更为方便，则需要引入换算系数。这些换算系数由美国职业安全与健康管理局（Occupational Safety and Health Adimisitration，OSHA）确定，并编入表 14-3[7]，如果中子通量的能量分布未知，职业安全和健康管理局推荐的换算系数为 1 REM=1.4×10^{7} neut/cm^{2}

个人受到的急性剂量（以 REM 计）与辐照产生的各种生理效应直接相关，表 14-4 介绍了这些生理效应。表中的信息摘自医学研究所和国家研究委员会的一份报告[8]，数据主要来自对第二次世界大战末期日本广岛和长崎遭受原子弹袭击以及俄罗斯切尔诺贝利事故中的核武器幸存者的研究。

表 14-3 中子通量的当量

中子能量/MeV	相当于 1 Sv 的中子通量/(neut/cm^2)	相当于 40 h 内 100 mSv 的中子通量/(neut/cm^2/s)
热中子	9.7×10^{10}	67 000
0.000 1	7.2×10^{10}	50 000
0.005	8.2×10^{10}	57 000
0.02	4.0×10^{10}	28 000
0.1	1.2×10^{10}	8 000
0.5	4.3×10^{9}	3 000
1.0	2.6×10^{9}	1 800
2.5	2.9×10^{9}	2 000
5.0	2.6×10^{9}	1 800
7.5	2.4×10^{9}	1 700
10	2.4×10^{9}	1 700
10～30	1.4×10^{9}	1 000

表 14-4 急性辐照对生物的影响

Sv	对健康的影响	致死率(未经治疗)
0～0.25	无法观测到	0%
0.25～1	轻微血液变化、恶心	0%
1～2	恶心和呕吐、中度血液变化	<5%
2～3	恶心和呕吐、脱发、严重的血液变化	<50%
3～6	恶心和呕吐、严重的血液变化、胃肠道损伤、出血	50%～99%
6～10	恶心和呕吐、严重胃肠道损伤、大出血	99%～100%

例题

为了减轻航天器的重量，有人建议将居住舱中的食物和水进行合理布置，以便为乘员提供额外的伽马射线屏蔽的介质。如果到达居住舱的伽马射线相当于 10^{-5} W/cm² 的 6 MeV 伽马射线，那么食物和水储存墙需要多厚才能将乘员全身的伽马射线剂量降低到 0.1 Sv？假设发动机点火持续 20 min，典型乘组人员的质量为 80 kg，有效身体截面积为 8 000 cm²。另外，假设食物主要由水组成，等效密度为 0.9 g/cm³。0.1 Sv 的伽马辐射预计会对健康造成什么影响？如果没有防护罩，乘员的健康会受到什么影响？

解答

由于伽马射线被墙壁屏蔽衰减，因此有需要使用式（14－21）所描述的衰减表达式进行计算

$$\phi_{\gamma f}(z)=S_a(E)\{AE_2[\mu_s(1+\alpha)z]+(1-A)E_2[\mu_s(1+\beta)z]\} \tag{1}$$

如果假定屏蔽层是由水组成的，其衰减特性与 6 MeV 伽马射线通量的预期衰减特性相同，则表 14－1 中的泰勒伽马射线累积系数为

$$A=3.55;\alpha=-0.05;\beta=0.124 \tag{2}$$

水在 6 MeV 伽马射线中的质量衰减系数可从图 14－5 中找到。该值可与食品储藏中水的平均密度结合使用，以评估屏蔽层中使用的伽马射线衰减系数，其中

$$\mu=\frac{\mu}{\rho}\times\rho=0.028\,\frac{\text{cm}^2}{\text{g}}\times0.9\,\frac{\text{g}}{\text{cm}^3}=0.025\,2\,\frac{1}{\text{cm}} \tag{3}$$

将式（2）和式（3）中的数值与式（1）中的屏蔽表达式相结合，即可得出

$$\begin{aligned}\phi_{\gamma f}(z)&=0.01\,\frac{\text{W}}{\text{cm}^2}\{3.55E_2[0.025\,2(1-0.05)z]+(1-3.55)E_2[0.025\,2(1+0.124)z]\}\\&=0.01\,\frac{\text{W}}{\text{cm}^2}\{3.55E_2[0.023\,9z]-2.55E_2[0.028\,3z]\}\end{aligned} \tag{4}$$

要确定乘员所受的辐射剂量，就必须计算该人员单位质量所吸收的伽马能量。利用乘员的身体特征和照射时间就可以得出

$$\begin{aligned}\text{Dose}&=10^{-5}\,\frac{\text{W}}{\text{cm}^2}\{3.55E_2[0.023\,9z]-2.55E_2[0.028\,3z]\}\,\frac{8\,000\ \text{cm}^2}{80\ \text{kg}}\times1\,200\ \text{s}\\&=1.2\,\frac{\text{W}\cdot\text{s}}{\text{kg}}\{3.55E_2[0.023\,9z]-2.55E_2[0.028\,3z]\}\end{aligned} \tag{5}$$

使用 RBE 因子将剂量（Gy）转换为 Sv，得到

$$\begin{aligned}\text{Dose}&=1.2\,\frac{\text{W}\cdot\text{s}}{\text{kg}}\{3.55E_2[0.023\,9z]-2.55E_2[0.028\,3z]\}\times1\,\frac{\text{Gy}\cdot\text{kg}}{\text{W}\cdot\text{s}}\times1\,\frac{\text{Sv}}{\text{Gy}}\\&=4.26E_2[0.023\,9z]-3.06E_2[0.028\,3z]\text{Sv}\end{aligned} \tag{6}$$

通过绘制式（6）得出的剂量与屏蔽厚度的函数关系图，可以显示屏蔽的衰减特性。从图 1 可以看出，将伽马射线衰减到 0.1 Sv 所需的屏蔽厚度约为 79 cm。

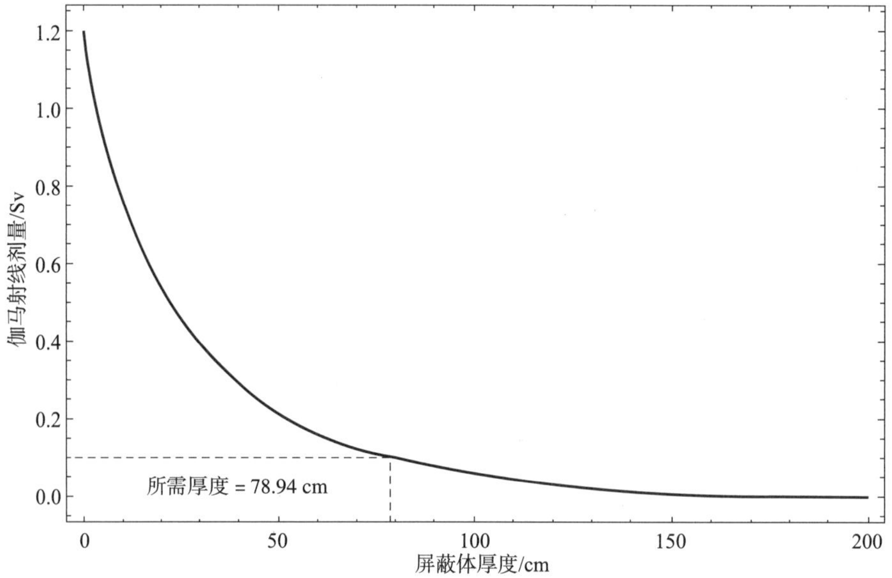

图 1　食品和水储存中的伽马辐射衰减

人们对低剂量慢性辐照对癌症和其他疾病形成的影响的了解，远不如对高剂量急性辐照的了解。尽管如此，多年来还是有许多研究对慢性辐照的影响进行了统计。在这些研究中，人们提出了许多不同的模型，根据对高剂量辐射造成的健康影响的观测数据进行推断，来估计低剂量辐射对健康的影响（特别是癌症）。图 14-9 展示了各种辐射健康模型的发展趋势。尽管多年来对这些模型的细节进行了激烈的争论，但没有一个模型最终被证明是正确的。

简而言之，线性模型认为，癌症风险与高水平辐照的辐射剂量成正比，并且不存在一个低于该剂量就不会增加癌症风险的剂量（即没有阈值剂量）。超线性模型与线性模型类似，但它所预测的辐照带来的癌症风险会比线性模型预测的高一些。不过，一些现有的健康数据表明，线性和超线性模型对癌症风险的预测过高。因此，人们提出了其他风险模型，以降低低水平辐照下的癌症风险。这些模型包括线性二次模型和线性剂量率有效性因子模型（线性 DREF 模型，Linear Dose-rate Effectiveness Factor Model），线性二次模型将癌症风险与随剂量的二次函数进行关联，线性剂量率有效性因子模型假定癌症风险随剂量线性变化，该假设不是直接从高辐照水平的癌症风险中推断而来。线性二次模型和线性 DREF 模型都保留了这样一个假设，即不存在一个阈值剂量，低于该阈值剂量癌症风险为零。还提出了其他不包括“无阈值”剂量风险假设的模型。这些模型包括线性阈值模型和小剂量兴奋模型，前者模型推断出的癌症风险在某一非零的小剂量水平上趋于零，后者是指假定暴露于极低剂量的辐射中实际上可能会对健康产生一些益处。

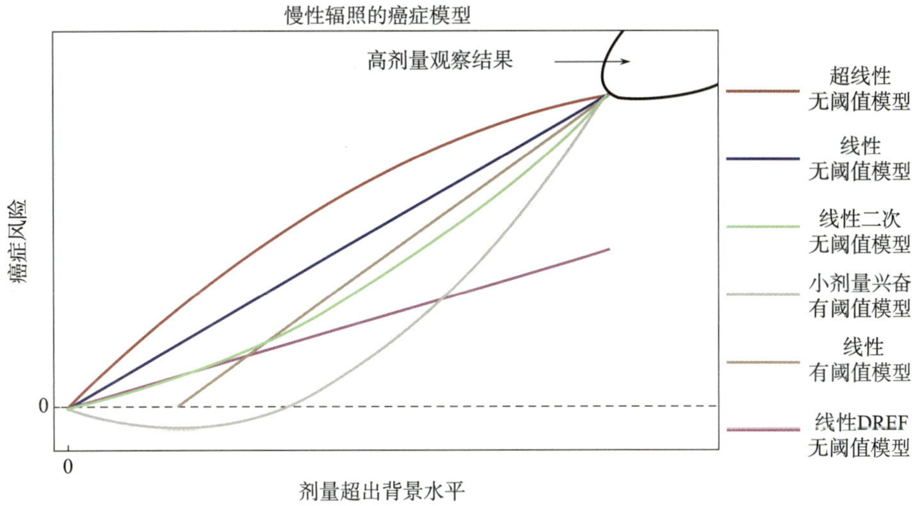

图 14-9　慢性辐照的癌症模型

注：1. 有些模型有剂量（Threshold）的阈值，相当于剂量要超过某个值才会对人体产生影响，而另一些模型没有，只要受到超过背景水平的辐射就会引发癌症风险；

2. 小剂量兴奋（Hormesis）指的是有毒物质的兴奋剂效应，低剂量的时候对身体的刺激是有益的（因此称为兴奋剂），高剂量才会有害。

美国核管理委员会（NRC）针对公众[9] 和辐射工作人员[10] 发布了相关规定，控制个人可接受的最大允许辐射剂量。根据这些规定，这两类人群的最大允许辐照量都远远低于预计会造成可观察到的健康影响的剂量。由于预计航天员在深空任务中接受的剂量水平远高于 NRC 的规定，NASA 采用了国家辐射防护和测量委员会（NCRP）的建议，作为航天员辐照补充标准的基础[11]。这些剂量大大高于辐射工作者或普通公众的允许值，尽管如此，这些剂量下航天员一生中患癌症的风险比正常水平增加不超过 3%。表 14-5 概述了各种适用规定。

表 14-5　关于成人个人剂量限值的规定

组别	年全身剂量极限/Sv
一般公众	0.001
辐射工作者	0.05
航天员	0.50

为了最大限度地减少暴露在电离辐射的环境中人员所受到的剂量，保健物理学界提出了一个缩写为 ALARA 的概念，即“尽可能合理地实现低辐射”（As Low As Reasonably Achievable）。ALARA 是一项辐射安全原则，即通过一切合理手段降低辐射剂量和放射性释放。在最大限度地减少个人所受辐射剂量方面，ALARA 的三大原则包括：

1）时间——尽量缩短辐射照射时间；

2）距离——最大限度地增大与辐射源的距离，从而减少辐射暴露，因为辐射强度随距离的二次方发生衰减；

3）屏蔽——使用能够有效吸收辐射的材料阻挡辐射。

预计采用核推进的航天器非常适合执行 ALARA 原则，至少对核发动机系统而言还是容易遵循的，虽然航天器本身会飞行很久，但是发动机一般只工作很短的时间，且航天器在设计时会设计适当的屏蔽结构。

参考文献

[1] Peele RW, Maienschein FC. The absolute spectrum of photons emitted in coincidence with thermal neutron fission of uranium 235. ORNL - 4457. Oak Ridge, TN: Oak Ridge National Laboratory; 1970.

[2] Taylor JJ. Application of gamma - ray buildup data to shield design. Westinghouse Electric Corporation, Atomic Power Division, U. S. AEC. Report WAPD - RM - 217. 1954.

[3] Wallace OJ. Gamma - ray dose and energy absorption build - up factor data for use in reactor shield calculations. Report WAPD - TM - 1012. June 1974.

[4] Burrell MO. Nuclear radiation transfer and heat deposition rates in liquid hydrogen. NASA. Technical Note TN D - 1115. August 1962.

[5] Wilson JW, et al. Transport methods and interactions for space radiation. NASA. Reference Publication 1257 (NASA - RP - 1257). December 1991.

[6] ICRP. Recommendations of the international commission on radiological protection. Ann ICRP 1991; 1 (3).

[7] OSHA. Regulation 29CFR1910. 1096 (b) (1).

[8] Institute of Medicine and National Research Council. Exposure of the American people to iodine - 131 from Nevada nuclear - bomb tests. Review of the national cancer Institute report and public health implications. Washington, DC: National Academy Press; 1999.

[9] NRC. regulation 10CFR20. 1301.

[10] NRC. regulation 10CFR20. 1201.

[11] National Council on Radiation Protection. Guidance on radiation received in space activities. Report 98. July 1989.

习 题

1. 为了在火星任务中节省屏蔽重量，希望利用液氢燃料箱提供屏蔽，保护乘员免受推进系统核反应堆发出的伽马辐射。航天器配置如下图所示。

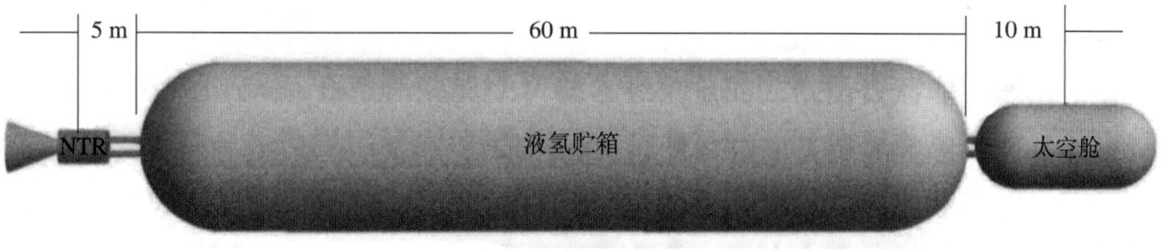

在发动机运行期间，燃料箱中的液氢（20 K）液位会以 2.5 cm/s 的速度下降。NTR 发动机产生的能量为 6 eV 的 γ 射线的功率为 2 kW。假定反应堆可视为点辐射源，请计算：

a. 在发动机点火完成后，位于居住舱中心的航天员接受到的由 6 MeV 瞬发裂变伽马射线带来的全身辐射剂量（单位：Sv）。

b. 画出航天员接受到的 6 MeV 瞬发裂变带来的伽马射线剂量（单位：Sv）与时间的函数关系图。

c. 假设氢气不提供任何屏蔽作用，接受到的 6 MeV 瞬发裂变带来的伽马射线剂量与时间的函数关系图（单位：Sv）。

假设航天员的质量为 75 kg，有效身体截面积为 8 000 cm^2。另外，假设贮箱中的氢在发动机运行结束时完全耗尽，并且贮箱中除了氢之外没有其他物质起屏蔽作用。如果解决问题还需要任何其他假设，则应明确说明并证明其合理性。分析使用氢贮箱作为减少机组人员辐射剂量的有效性。

2. 假设核火箭发动机有一个钨屏蔽罩，连接在反应堆的一侧，保护连接在屏蔽罩另一侧的辐射敏感设备。为了给设备提供足够的伽马辐射保护，防护罩的设计必须能将来自反应堆的辐射水平降低至 1/10 000。

假设反应堆由铀燃料（密度 $\rho = 15\ g/cm^3$）组成，屏蔽层由固体钨（$\rho = 19.3\ g/cm^3$）组成。忽略中子辐射和伽马俘获辐射。

a. 为了保护设备，屏蔽层的厚度 t 为多少？

b. 画出每个能级相对伽马射线强度与屏蔽厚度的函数关系图。

c. 绘制相对伽马射线总强度与屏蔽厚度的函数关系图。

d. 绘制屏蔽罩内部和外部伽马射线强度与能级的函数关系图。进行归一化处理，使每条曲线的最大值等于 1。

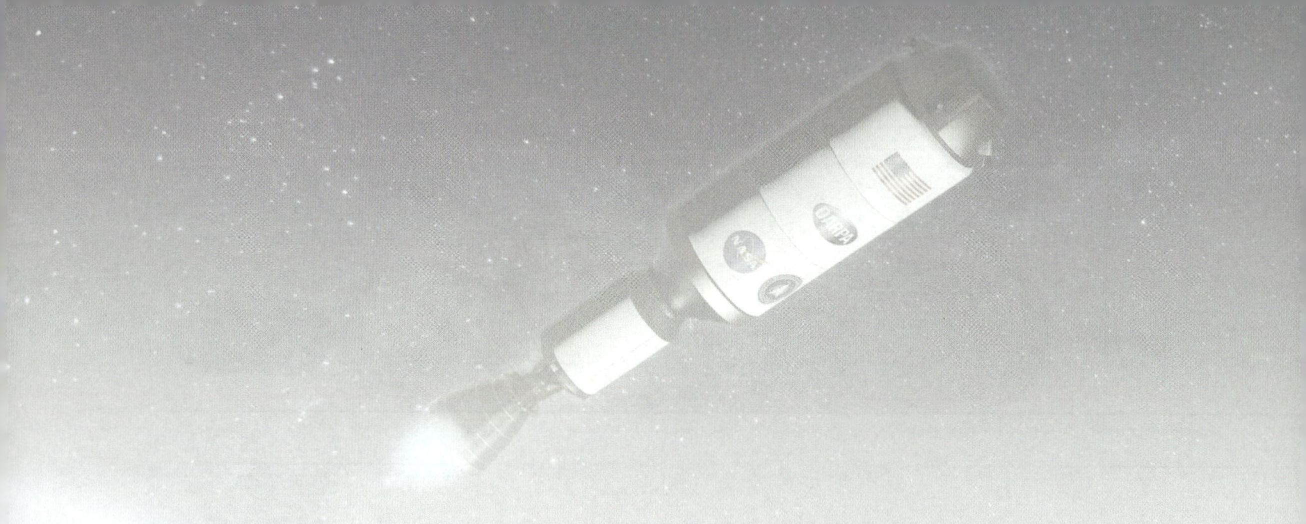

第 15 章

核热火箭的材料

15.1 燃料

通常用于核火箭燃料元件的裂变核素是^{235}U。铀的这种同位素是天然存在的，在天然铀元素中的质量分数约为 0.7%，其余 99.3% 为不可裂变的^{238}U。在这个富集度下，建造临界反应堆相当困难（尽管并非不可能）。天然铀在地壳中相当常见，其含量约为 4×10^{-6}。沥青铀矿是一种高品位的铀矿，通常含有约 1%～4%的铀，这种高品位铀矿石分布于加拿大和非洲部分地区。中品位的铀矿通常含有 0.1%～0.5% 的铀，在世界许多地方都有分布，包括美国等地。

通常情况下，商用动力反应堆燃料中的^{235}U 富集度会提高（或浓缩）到约 5%，以便使用常见材料设计出规模合理的反应堆。这些铀总以机械和热力性能优异的合金或化合物的形式存在。通常使用的铀化合物是二氧化铀（UO_2）。虽然二氧化铀用于核电反应堆已足够，但它很可能无法用于核火箭发动机，因为它的热导率很低，导致燃料温度和推进剂温度之间形成较大的温度梯度，而它的熔点只有 2 865 ℃，还不够高。表 15－1 列出了几种铀化合物的室温特性。

表 15－1　300 K 时铀化合物的性质

材料	密度/(g/cm^3)	熔点/K	比热容/(J/g/K)	导热系数/(W/cm/K)	电阻率/(μΩ·cm)	热膨胀系数/(μm/m/K)	杨氏模量/GPa
UO_2	10.95	3 138	0.236	0.097 6	1.29×10^{16}	9.76	198
UC	13.63	2 773	0.203	0.208 3	0.007 8	10.13	225
UN	14.35	3 123	0.190	0.141 9	0.014 8	7.26	264

如前所述，核火箭发动机的比冲随着推进剂排气温度的升高而增加。因此，寻找工作

温度最高的燃料是有意义的。与商用核电站一样，核热火箭燃料中常用的裂变核素也是^{235}U。然而，由于核火箭发动机必须体积小、重量轻，因此核火箭燃料的富集度要高于商用核反应堆中使用的燃料的富集度，因为一般来说，^{235}U 的富集度越高，反应堆的临界体积就越小。NERVA 反应堆使用的^{235}U 的富集度为 93%，能够满足武器级的需求。由于如此高的^{235}U 富集度需要相当高的安保措施以防止核扩散，因此大多数核火箭设计的核反应堆系统的铀富集度低于 20%。富集度为 20% 的铀被认定为高含量低浓缩铀（HALEU）燃料，不属于炸弹级别。它的优点是可设计相当紧凑的反应堆，但无须像全浓缩（93%）反应堆那样对其加强安全措施。另一种经常被用于核火箭设计的核素是^{239}Pu。从核角度来看，^{239}Pu 比^{235}U 的性能更好，因为它的裂变截面更大；然而，政治上对核扩散的担忧以及它的高毒性使得它在短期内无法进行使用。还有人建议将^{242m}Am 作为一种潜在的核火箭燃料，因为它在已知核素中具有最高的裂变截面（几乎比^{235}U 高一个数量级）；然而，由于^{242m}Am 极为稀少且难以大量制备，因此它可能用于某些特殊的场合下，而不太可能用于核火箭发动机。

在火箭发动机点火期间，反应堆在高功率水平下运行，产生少量但不可忽略的裂变产物。为了防止这些裂变产物释放到火箭喷出的气体中，有必要将燃料中的可裂变同位素包裹在某种材料中，以防止它们从燃料元件中逸出而进入推进剂中。在 NERVA 计划中，燃料元件主要由直径约 150 μm 的燃料颗粒组成，这些燃料颗粒由 UO_2 或 UC_2 作为核芯，内层为多孔热解碳，外层为高密度无孔热解碳。这些燃料颗粒［缓冲-双各向同性粒子（BISO 粒子）］通过石墨粘合剂基质结合在一起。设计多孔石墨层的目的是容纳内核在运行过程中产生的裂变产物，以防止燃料颗粒内产生过大的压力，导致其破裂。设计外层高密度热解石墨层的目的是让它作为一道屏障，防止缓冲层中的裂变产物迁移到周围的石墨基质中。这些 BISO 型燃料粒子的结构如图 15－1 所示。

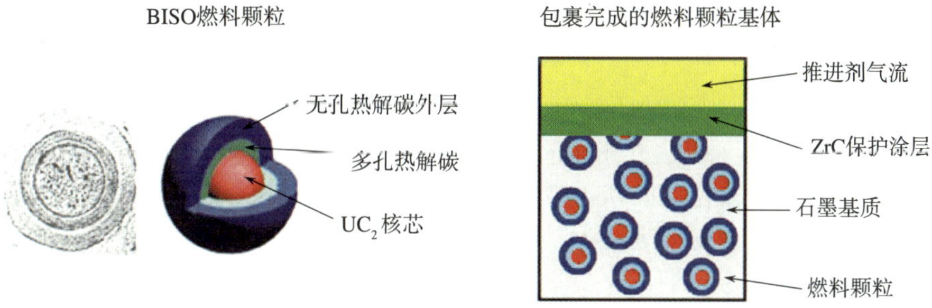

图 15－1　NERVA 型燃料元件中的 BISO 燃料颗粒

如图 15－1 所示，燃料成型后被挤压成含有 19 个冷却孔的燃料单元。冷却剂孔本身涂有 ZrC，以提供额外的保护屏障，阻止裂变碎片释放到废气流中。这些方案并不完全有效，因为测试表明，在发动机点火过程中，燃料颗粒往往会破裂，从而将裂变产物释放到石墨基质中。燃料推进剂通道上的 ZrC 涂层也出现了裂纹，从而使石墨基质中的裂变产物有机会扩散到推进剂流中，并通过发动机排气逸散到环境中。

在颗粒床反应堆（PBR）中，有一种更先进的燃料颗粒，可以防止裂变产物释放到推进剂流中。这些燃料颗粒与BISO颗粒类似，都有一个ZrC内核，周围是一层多孔热解碳，然后是一层高密度无孔热解碳。然而，在这些燃料颗粒中，高密度热解碳层的外侧还有一层ZrC层。这层ZrC既可作为额外的高强度屏障，防止裂变产物释放，还能保护内部石墨层不受高温氢气推进剂气流的侵蚀，因为在这种反应堆配置中，高温氢气推进剂气流会与燃料颗粒直接接触。这些燃料颗粒被称为TRISO颗粒（三向同性），因为它们由三层裂变产物防护层组成。虽然这些燃料颗粒总体上表现良好，但颗粒床反应堆中存在的高热梯度会导致UC_2核芯逐渐穿过其保护性涂层，最终使颗粒失效。这种燃料核芯穿过保护层的现象被称为“阿米巴效应”，其显微照片如图15-2所示。

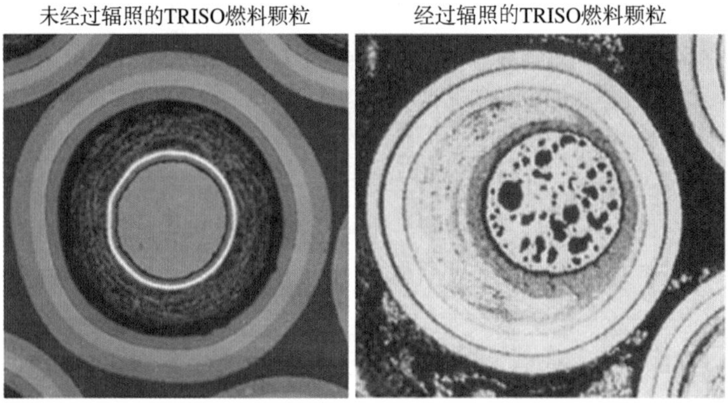

图15-2　展示“阿米巴效应”的TRISO燃料颗粒

在NERVA计划接近尾声时，研究人员放弃了燃料颗粒基体的方案，转而采用复合燃料设计。复合燃料由（U，Zr）C组成，非均匀地分布在石墨燃料元件中。这些燃料元件在几何形状上与颗粒燃料元件十分相似，推进剂流动孔上也涂有ZrC，这样的燃料设计能够更好地抵御氢气侵蚀。在核反应炉试验中，这些燃料元件的性能确实优于燃料颗粒元件，但也只是略胜一筹[1]。

在NERVA计划结束时，开始研究使用固溶碳化物燃料元件。这些燃料元件不含游离碳，因此更不易受到氢气侵蚀。两件采用这种设计的燃料元件在核熔炉中进行了测试。燃料元件几乎没有受到高温氢气的侵蚀，但也出现了相当长的裂纹[1]。自NERVA试验以来，碳化物燃料元件的研究工作一直在继续。苏联的研究人员试验了（U、Zr、Nb）C等三元碳化物燃料形式，结果表明它们有希望达到大于3 100 K的排气温度。近年来，苏联关于三元碳化物燃料的研究工作[2]在美国仍有少量研究继续进行，而且似乎很有前景。从图15-3所示的显微照片[3]中可以看出，通过压制和烧结，可以使样品只有少量气孔且密度接近理论密度。图中白色条纹是UC，表明材料在加工过程中存在一定的非均匀性。要注意的是，烧结时间越长，气孔越少，均匀度越高。

除上述碳化物燃料外，金属陶瓷也可以用于制造核燃料。用于核火箭的金属陶瓷材料通常由$W-UO_2$或$Mo-UO_2$混合物组成，这些混合物是在2 400～2 600 K的温度下通过冷压和烧结制成的。在将金属陶瓷材料制成燃料元件之前，通常会将钨、钽、钼等组成的难熔金属合金镀在外层。添加稳定剂如 $GdO_{1.5}$、$DyO_{1.5}$、$YO_{1.5}$ 等可以减少高温下铀离解和扩散到金属陶瓷材料中的问题，以免包覆材料的性能受到影响，从而削弱燃料组件的性能。1962 年至 1968 年期间，大部分有关金属陶瓷的早期工作都是作为通用电气 710 计划[4] 的一部分进行的。美国阿贡国家实验室[5] 也开展了其他有关用于核火箭的金属陶瓷核材料的工作。图 15-4 举例说明了适合用于核火箭的金属陶瓷材料。据估计，这些材料的坚固性足以使推进剂的出口温度达到 2 800～2 900 K。美国爱达荷国家实验室（Idaho National Laboratory）收集整理的一份资料汇编对不同的金属陶瓷研发项目的进展情况进行了很好的概述[6]。

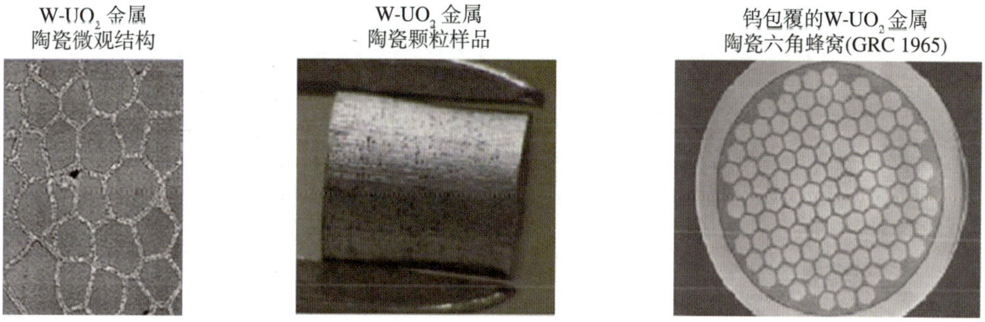

图 15-3　三元碳化物（$U_{0.1}$，$Zr_{0.45}$，$Nb_{0.45}$）燃料的微观结构

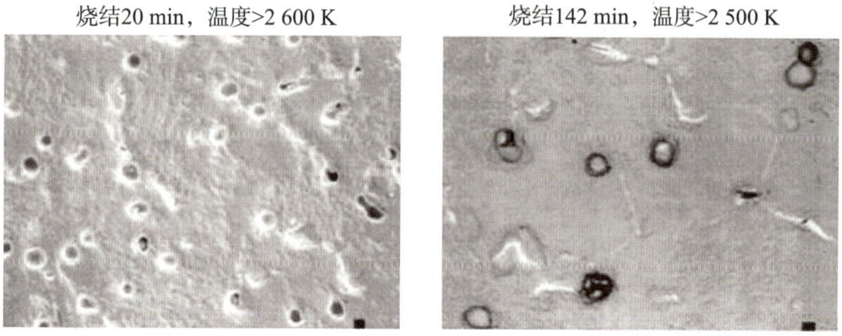

图 15-4　金属陶瓷燃料样品的物理特性

15.2 铀浓缩技术的历史回顾

如上一节所述，^{235}U 在天然铀中的质量分数约为 0.7 %（按重量计），无法直接用于任何类型的核火箭发动机。但是这个富集度并不是不能使核反应堆组件达到临界状态。事实上，历史上建造的第一个核反应堆（芝加哥堆 1 号或 CP-1）（见图 15-5）确实使用了天然铀和超纯石墨作为慢化剂。该反应堆相当庞大，包含 45 000 块石墨块，重达 360 t，燃料为 5.4 t 天然金属铀和 45 t 天然二氧化铀。1942 年 12 月 2 日，该反应堆首次进入临界

状态，成为人类制造的第一个能量自给的核链式反应堆。该反应堆试验项目由恩里科-费米（Enrico Fermi）领导，是曼哈顿计划（第二次世界大战期间盟军研制原子弹工程）的第一个重大技术成就。

图 15-5　芝加哥堆 1 号工程

后来工程师们又开发出了其他使用天然铀作为燃料的反应堆。其中最著名的是 CANDU 反应堆。这种商业反应堆由加拿大（加拿大重水铀反应堆，Canada Deuterium Uranium）开发，用于发电，使用天然铀作为燃料，并使用“重水”（D_2O）作为慢化剂。不过，对于大多数商业反应堆或空间反应堆来说，为了达到理想的临界状态，通常需要对铀进行一定程度的浓缩。

然而，由于 ^{235}U 与 ^{238}U 的化学性质完全相同，浓缩铀是一项相当大的挑战。正因为如此，没有可以用来分离这两种同位素的化学工艺，所有浓缩铀的方法都依赖于利用两种铀同位素原子质量差异的物理方法。多年来，研究者们已开发出几种复杂程度和效率各不相同的方法来进行铀的浓缩。

最早开发的铀浓缩方法是气体扩散法。多年来，世界范围内已经建造了几座采用气体扩散法浓缩铀的工厂，但最著名的工厂是位于美国田纳西州橡树岭国家实验室的 K-25 工厂。该工厂建于第二次世界大战期间，用于对铀进行部分浓缩，然后在橡树岭的其他设施中进行进一步浓缩。在鼎盛时期，这座气体扩散浓缩铀的工厂要通过专用的发电站消耗 238 MW 的电力。与之相比，当时田纳西河谷管理局（Tennessee Valley Authority，TVA）电网中最大的发电厂之一——诺里斯大坝水力发电厂的发电量仅为 132 MW。

在气体扩散工厂，浓缩过程的第一步是将天然二氧化铀转化为六氟化铀（UF_6），六氟化铀能在相对较低的温度（56.5 ℃）下变成气态。此外，由于氟只有一种天然同位素，使用氟不会造成两种同位素化合物之间的重量差异。在气体扩散过程中，UF_6 气体在高压的驱使下通过半透膜。由于$^{235}UF_6$复合物比$^{238}UF_6$复合物稍轻，因此$^{235}UF_6$在膜结构中的扩散速度比$^{238}UF_6$稍快。这导致输出流中$^{235}UF_6$的浓度略高于输入流中的浓度。然而，由于这两种同位素化合物的分子量相差很小，通过膜结构一次只能使铀微量浓缩。因此，需要多次通过膜结构才能大幅富集铀。除了需要数百个浓缩阶段才能使燃料大幅浓缩这一难题之外，由于UF_6具有高腐蚀性和高毒性，因此在选择用于建造扩散设施的材料时也需要相当谨慎。考虑到这些，气体扩散过程虽然可以有效地浓缩一批铀中的^{235}U含量，但却是一个相当烦琐的过程，而且相当耗电。因此，气体扩散作为铀浓缩的一种技术现已过时。图 15 - 6 展示了气体扩散浓缩工艺的操作过程。

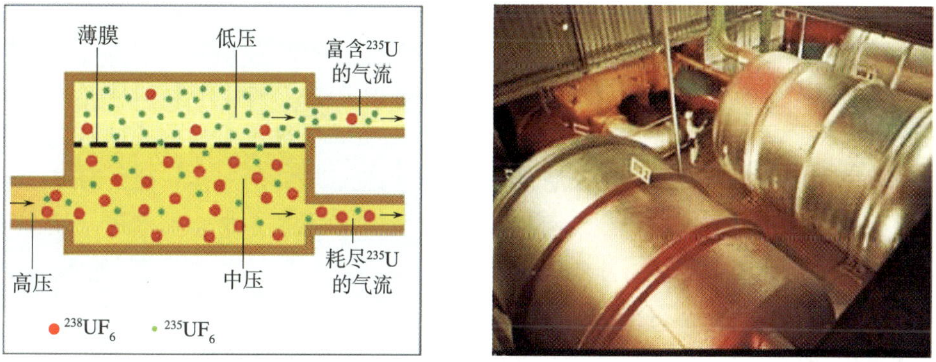

图 15 - 6　气体扩散浓缩铀工艺

另一种浓缩铀的方法是使用一种名为“回旋加速器”的电磁装置。回旋加速器由欧内斯特 · O. 劳伦斯发明，其名称源于加州大学回旋加速器，以纪念劳伦斯的母校加州大学伯克利分校。回旋加速器的工作原理与质谱仪相同，只是规模更大。在运行过程中，铀原料（通常是四氯化铀，UCl_4）通过加热器气化，然后电离。电离后的铀化合物通过一组电极，在此被加速到较高的速度。然后，这种高速电离的铀化合物被注入到“跑道”的地方，而跑道周围则是强磁场。磁场会使电离铀化合物沿着跑道中的圆形路径移动，其半径取决于离子的电荷质量比。由于含有^{235}U的离子的电荷质量比略大于含有^{238}U的离子的电荷质量比，因此含有^{235}U的离子在跑道中的偏离程度会略大于含有^{238}U的离子，从而使它们能够被专门设置的收集器组件捕获。

回旋加速器是第二次世界大战期间浓缩铀的主要手段之一。然而，在战争初期，还不清楚浓缩铀的最佳手段是回旋加速器还是气体扩散技术。由于这种不确定性存在，国家最终决定同时建造两种设施。回旋加速器项目与气体扩散设施一起建造于橡树岭，并被命名为 Y - 12 设施。该项目于 1943 年开工。图 15 - 7 显示了回旋加速器设施的示意图和跑道图。

在回旋加速器的设计阶段，曼哈顿区的总工程师詹姆斯 · C. 马歇尔上校和他的副手肯尼斯 · D. 尼科尔斯中校发现，电磁同位素分离过程需要大约 5 000 短吨（4 536 mt）（注：短吨为美制国家的重量单位，1 短吨约合 907 kg）的铜来建造所需的电磁铁。不幸的是，在那个时期，由于战争的原因，铜的供应极度短缺。不过，两人意识到，可以用银

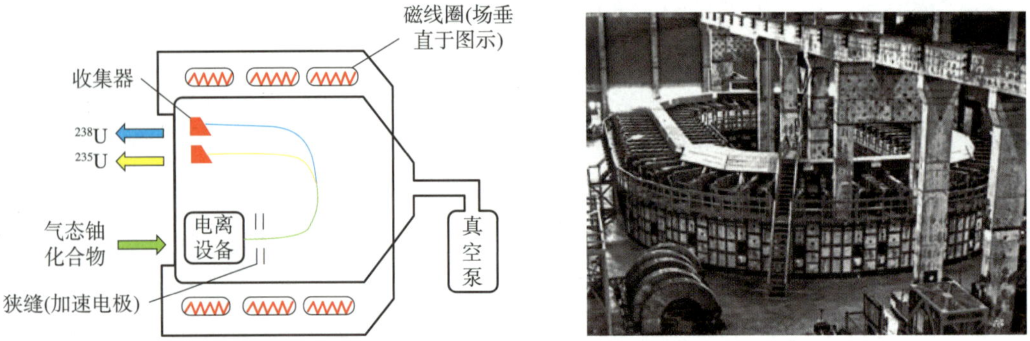

图 15-7　橡树岭 Y-12 的 Calutron（卡鲁特龙）及示意图

以 11∶10 的比例代替铜。于是，1942 年 8 月 3 日，他们与当时的财政部副部长丹尼尔・W. 贝尔（Daniel W. Bell）进行了以下颇为幽默的交流。尼科尔斯会见了贝尔，并要求从西点军校金银保管处运输一些银块。尼科尔斯后来回忆起当时的对话，他解释了运输白银的程序，并问道：“你需要多少？”我回答：“6 000 t。”“那是多少金衡盎司（注：国际黄金市场上比较常用的黄金交易的计量单位，1 金衡盎司约合 31.103 5 g）？”他问。事实上，我不知道如何将吨换算成金衡制盎司，他也不知道。我有点不耐烦地回答道：“我不知道我们需要多少金衡盎司，但我知道我需要 6 000 t，这是一个确定的数量。我们如何表达这个数量有什么区别吗？”他相当愤慨地回答道：“年轻人，你可以用吨来表示白银，但财政部总是用金衡盎司来表示白银。”[7]

回旋加速器最终使用了 14 700 短吨（13 300 mt 或 430 000 000 金衡盎司）白银，价值超过 10 亿美元。直到 1970 年 6 月 1 日，最后一批白银才被送回财政部的西点存放处。为了最大限度地减少磁损，并节省钢材消耗，Calutron 设备被弯曲成类似跑道的形状（racetrack，因此得名），并形成一个长 37 m、宽 23 m、高 154.6 m 的封闭磁环。无数个回旋加速器馈电站连接到一个赛道上。在 K-25 工厂和 Y-12 工厂都经历了相当多的启动问题之后，K-25 工厂生产出由富集度为 23% 的 UF_6 组成的进料。这种浓缩 UF_6 经过化学处理成为 UCl_4，然后送入 Y-12 Calutron 设施，该设施随后将铀进一步浓缩至约 90%。

最初，项目科学家操作回旋加速器供料站，对设施的运行进行微调，以达到最佳运行条件；然而，由于缺乏训练有素的人员，特别是操作回旋加速器的男性，因此决定在当地招聘农家女孩。最终，K-25 共雇用了 10 000 多名“回旋加速器女孩”。这些女孩接受了操作培训，但由于项目的“绝密”性质，她们并没有被告知实际操作的细节。劳伦斯对这种情况很不满意，因为他希望由物理学家来管理 Calutron 设施。于是，劳伦斯的博士们和“回旋加速器女孩”之间展开了一场生产竞赛，但劳伦斯输了。后来有人解释说，女孩们像士兵一样接受训练，不问原因，而科学家们却经常耗费大量时间在研究细节问题上，比如表盘微小波动的原因。在很大程度上，正是由于这些“回旋加速器女孩”的努力，制造第一批核武器所需的高浓缩铀被成功地送到了美国战争管理部门的洛斯阿拉莫斯国家实验室，用于制造原子弹，从而结束了第二次世界大战，改变了历史的进程。

气体扩散设施和回旋加速器设施面临的一个问题是需要为其运行提供大量电力。因此，第二次世界大战后，人们开始努力设计不需要如此大的电力的解决铀浓缩问题的方法。气体离心法就是解决这一问题的方法之一。浓缩离心机利用同位素之间的质量差异所产生的浮力差异，通过离心力将铀同位素相互分离，是目前铀浓缩领域最先进的技术。

在运行过程中，UF_6 被引入旋转离心机（通常转速在 50 000～70 000 r/min 之间），较重的 $^{238}UF_6$ 同位素化合物运动到离心机外沿，较轻的 $^{235}UF_6$ 同位素化合物迁移到离心机内部。然后，较重的 $^{238}UF_6$ 从离心机中被提取出来并送回上一级离心机，较轻的 $^{235}UF_6$ 被提取出来并送入下一级离心机，在那里进一步富集。要达到较高的富集度，需要很多级，但总级数比气体扩散过程少。图 15－8 显示了离心机设施的示意图和一系列离心机的图示。

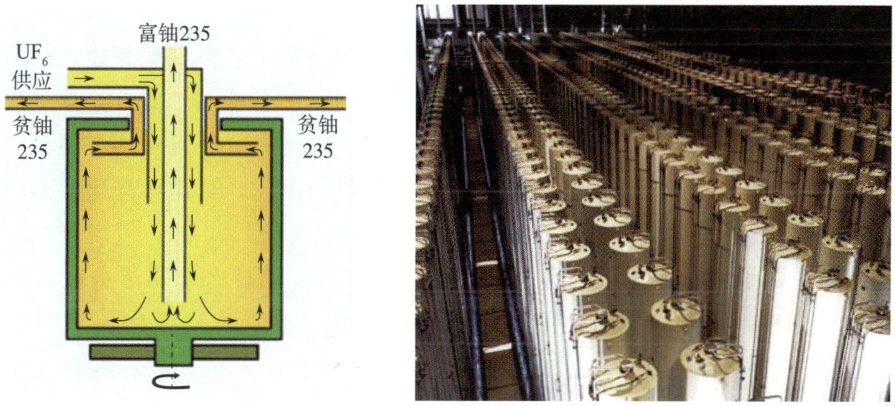

图 15－8　使用离心机浓缩铀

有意思的是，曾经在伊朗纳坦兹，也有用离心机方法浓缩铀的设施，后来这些设施遭到了破坏。这些离心机由西门子公司制造，由伊朗政府秘密获得。2010 年，一种专门针对西门子离心机设计的名为 Stuxnet 的计算机蠕虫病毒感染了该设施的监控和数据采集系统。据信，该蠕虫病毒迫使离心机转子转速发生变化，先是略微提高转速，然后又略微降低转速，从而对离心机造成了重大损害。这种微小的转速变化导致装有 UF_6 的转鼓过度振动，最终毁坏了离心机。

还有一种铀浓缩方法，那就是澳大利亚西莱克斯系统有限公司的迈克尔·戈德斯沃西（Michael Goldsworthy）和霍斯特·斯特鲁夫（Horst Struve）于 1988 年发明的西莱克斯（Silex）工艺。这种方法在浓缩过程中使用调谐激光，UF_6 分子和载气的混合物暴露在波长为 10.8 μm 的脉冲激光照射下，经光学放大后波长可达 16 mm。16 mm 波长的激光优先激发 $^{235}UF_6$，并使其电离。电离后的 $^{235}UF_6$ 被电磁场捕获，并被吸引到带电的金属板上收集起来。与之前描述的浓缩方法相比，西莱克斯工艺有几个优点，即：能源需求很低，所需的设备相对简单，适合模块化部署。图 15－9 所示为西莱克斯工艺的示意图及演示装置。

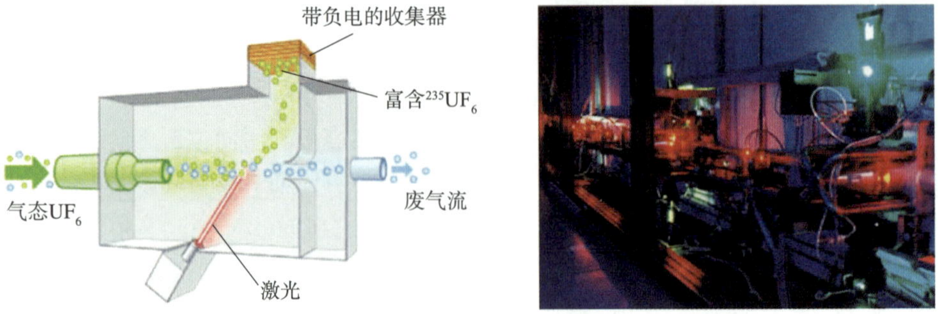

图 15－9　西莱克斯工艺的示意图和演示装置

15.3 慢化剂

由于中子慢化剂的作用是将中子的速度慢化到易于被热中子裂变截面较大的裂变材料俘获，因此慢化剂必须具有较低的吸收截面和相对较高的散射截面。此外，如果慢化剂只需要几次散射就能使中子热化，则对反应堆也是有益的。这意味着慢化剂材料具有较低的质量数。这些要求严重限制了可用作慢化剂的材料数量。因此，可用作慢化剂的物质仅限于含氢、铍或碳的少数化合物。

在 NERVA 计划中，堆芯中的大部分中子慢化剂都是以高密度非渗透性石墨形式的碳来提供。石墨慢化剂性能不如铍或某些含氢化合物，但它价格低廉、化学性质不活泼，并具有相对较好的热性能和机械性能。此外，石墨在 3 200 ℃左右的较大温度范围内都很稳定。虽然石墨不会熔化，但会在约 3 650 ℃时升华。石墨晶体具有六方对称性，大的平面晶面相距较远。由于这些晶面通常朝向某个特定方向，因此石墨的热学、机械和电学特性往往是各向异性的，并根据测量的方向发生明显变化。图 15－10 展示了石墨的晶体结构。

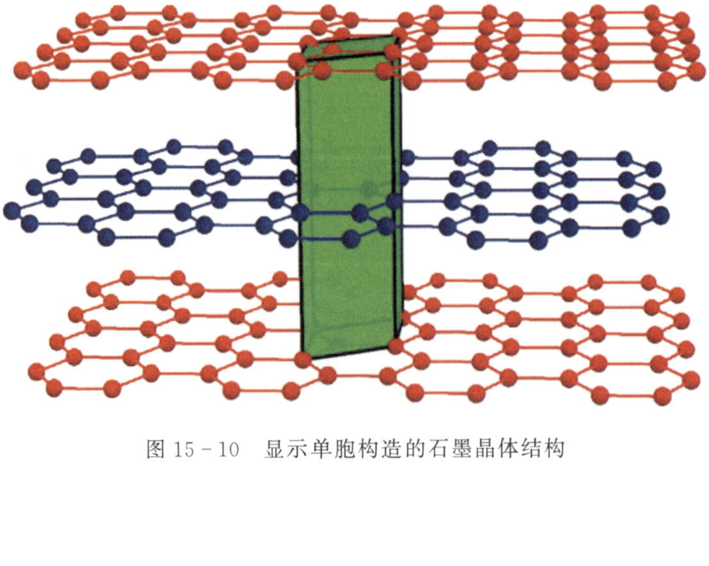

图 15－10　显示单胞构造的石墨晶体结构

在低温条件下，高水平的中子辐照会导致晶体结构中出现晶格位移，使石墨的尺寸发生变化，同时降低导热性。不过，在高温条件下，石墨会发生退火过程，往往会缓解这些由辐射引起的特性变化。反应堆级石墨的典型特性见表 15－2。

表 15－2　反应堆级石墨的典型特性

温度/K	密度/(g/cm^3)	热膨胀系数/(1/K)	比热容/(J/g/K)	导热系数/(W/cm/K)	抗拉强度/MPa	抗压强度/MPa	杨氏模量/MPa
1 000	1.605	0.000 004 0	1.80	0.57	17	58	14 100
1 500	1.595	0.000 005 0	2.00	0.43	21	—	13 800
2 000	1.580	0.000 005 5	2.10	0.35	26	—	13 100
2 500	1.570	0.000 005 8	2.15	0.30	28	—	—
3 000	1.555	0.000 006 0	2.18	—	—	—	—
3 500	1.540	0.000 006 3	2.30	—	—	—	—

另一种可用作核火箭慢化剂的材料是铍。铍是一种比石墨更好的慢化剂，这主要是因为它的质量数较低。不过，它也有一些缺点，这些缺点往往会限制它的使用。铍的主要缺点是毒性极强，尤其是粉末状的铍。吸入铍粉尘会对呼吸道造成极大的刺激，接触皮肤会引起皮疹和其他刺激。接触足够浓度的铍甚至会致人死亡。另外，这种材料也相当昂贵。

铍的熔点相对较高，为 1 280 ℃；不过，它的晶粒尺寸也相当大，因此铍金属较脆，难以保证加工时不造成表面损伤和内部裂纹。铍暴露在快中子下会通过（n，α）反应产生氦，通过（n，$2n$）反应产生氚。如果中子通量足够高（例如＞10^{21} nvt），这些气体就会聚集在块状金属中，导致材料膨胀。金属铍的典型特性见表 15－3。

表 15－3　金属铍的典型特性

温度/K	密度/(g/cm^3)	热膨胀系数/(1/K)	比热容/(J/g/K)	导热系数/(W/cm/K)	抗拉强度/MPa	抗压强度/MPa	杨氏模量/MPa
200	1.855	—	1.00	0.30	—	269	291 000
400	1.840	0.000 015 0	2.30	0.16	385	—	283 000
600	1.825	0.000 021 8	2.55	0.13	337	—	275 000
800	1.810	0.000 020 5	2.80	0.11	300	—	266 000
1 000	1.788	0.000 020 5	3.10	0.09	—	—	255 000
1 200	1.760	0.000 022 5	3.25	0.08	—	—	—

由于氢在非低温环境下为气态，因此使用氢作为中子慢化剂必须将氢元素与在高温下为固态（或至少为液态）的化合物结合在一起。对于许多地面动力反应堆来说，水是首选的氢化合物。水除了可用作中子慢化剂外，还可用作反应堆冷却剂。由于核火箭和动力反

应堆之间存在一定差异，能否将水等液态慢化剂用作核火箭发动机的中子慢化剂还不太确定；不过，有各种固态碳氢化合物，如有机聚苯或聚乙烯，也可用作慢化剂。这些化合物具与水有相似的慢化特性，在较高温度下相当稳定。在高强度的中子辐照下，它们也相对稳定；不过，与石墨或铍相比，它们在同样的辐照下受到的损伤更大。

如果使用同位素氘和碳-13合成碳氢化合物，就会产生一种非常有趣的慢化材料。这些核素的中子吸收截面极低，而中子散射截面却保持在中等水平。对于常规固态堆芯核反应堆来说，这些氘碳化合物的中子特性对堆芯反应性的影响很小；但是，如果能够设计出实用的气态堆芯反应堆，氘-碳-13化合物构成的反射层对堆芯反应性会有相当大的影响。这种堆芯反应性的影响在于，氘碳化合物反射层可使中等规模的气态堆芯反应堆在合理的压力水平下达到临界状态，而如果使用普通碳氢化合物反射层，达到临界状态所需的压力将高得离谱。

过去曾成功用作中子慢化剂的另一种含氢化合物是氢化锆。这种化合物在中子辐照下相当稳定，但它会在800 ℃左右的温度下分解。因此，除非燃料设计能使氢化锆在反应堆运行期间保持较低的温度，否则它在核火箭发动机上的应用可能会受到一定限制。

15.4 控制材料

核反应堆控制材料的主要标准是具有很强的中子吸收能力，能够承受相当高水平的中子反应热，并且在辐照下尺寸保持稳定。幸运的是，有相当多的材料能够很好地满足这些标准。最常见的用于反应控制的材料可以是硼，或者碳化硼（B_4C）等化合物，也可以是硼在不锈钢或铜中的分散体。在NERVA反应堆中，硼铜合金板被固定在位于反应堆反射层区域控制鼓的一侧。这种结构实际上是通过调整硼板相对于堆芯的位置来改变系统中的中子泄漏分数，从而控制反应堆的反应性水平。在反应堆控制系统中使用硼的主要问题在于，如果中子通量足够高，通过（n，α）反应释放的氦气会导致材料膨胀和开裂。但如前所述，由于核火箭发动机中的中子通量水平预计会比较低，因此由氦引起的硼材料失效可能不是一个显著问题。

铪的几种同位素在超热共振能区具有相当大的共振俘获截面，这使其在热反应堆中能够相当有效地俘获中子。碳化铪还具有极高的熔点，在高中子通量环境中，控制材料可能会受到较大的加热热流，因此碳化铪非常适合在核火箭发动机中使用。钆在所有稳定同位素中，中子吸收截面最大（氙-135的热中子吸收截面更大，但它是一种气体，并不稳定），但迄今为止，它还没有在反应性主动控制系统中得到应用；不过，它偶尔也被用作可燃烧的毒物。其他用作中子吸收材料的材料包括银、铟、镉和镝等。图15-11是其中几种中子吸收材料的吸收截面图。

表15-4列出了以前在核反应堆中通过吸收中子来控制反应性的材料的一些物理特性。表中的材料清单并非详尽无遗，但提供了可能适合用于核火箭系统的材料样本。

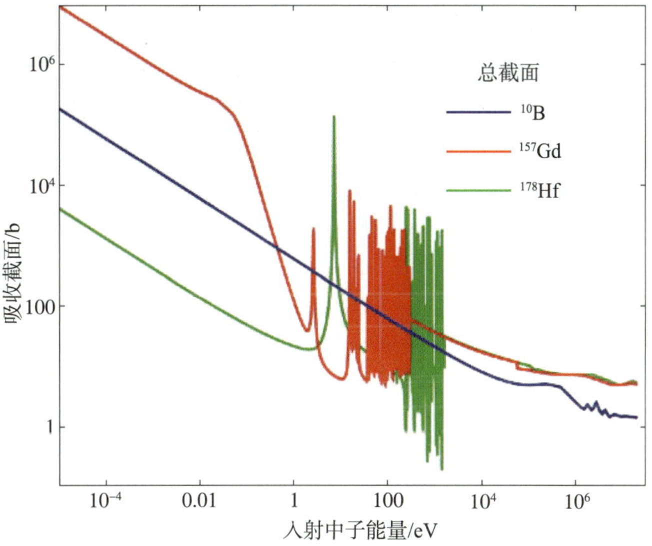

图 15-11 几种中子吸收材料的吸收截面

表 15-4 几种中子吸收材料的特性

材料	化学式	密度/(g/cm³)	熔点/K	导热系数/(W/cm/K)
碳化硼	B_4C	2.52	2 445	35
碳化铪	HfC	12.2	3 890	293
钆	Gd	7.9	1 312	10.6

15.5 结构材料

核动力火箭发动机所处的恶劣环境对选择适当的结构材料来建造发动机系统提出了独特的挑战。用于核火箭发动机的结构材料不仅要易于制造、强度高、质量轻，而且还必须与反应堆核辐射环境相容。这样的要求显然限制了适合用于核火箭的材料的种类。反应堆各部件的位置和功能也会影响结构材料的选择，例如，用于建造反应堆安全壳的材料可能与用于支撑堆芯燃料元件的材料不同。

一般来说，核火箭系统中最大的结构部件和承受最大机械应力的部件是反应堆压力容器外壳。幸运的是，由于反应堆容器位于反应堆堆芯和反射器区域之外，它对反应堆核运行的影响很小。从核角度来看，安全壳的主要标准是其对相对较高的中子通量水平的抗活化能力。通常考虑用于制造安全壳的材料有不锈钢、铝、镁和超级合金（如 Haynes 230）。如果安全壳使用不锈钢，则必须选择含钴量极少的合金，因为钴的热中子捕获截面很高，会转化为钴-60，而钴-60 具有高放射性，会发射 γ 射线和 β 粒子。表 15-5、表 15-6 和表 15-7 列出了适合用于核火箭安全壳的几种材料的机械性能。

表 15－5　316L 不锈钢的特性

温度/K	密度/(g/cm^3)	热膨胀系数/(1/K)	比热容/(J/g/K)	导热系数/(W/cm/K)	抗拉强度/MPa	2%变形屈服强度/MPa	杨氏模量/MPa
300	7.96	0.000 017 1	0.49	0.13	578	290	194 000
500	7.87	0.000 015 6	0.56	0.16	554	235	177 000
700	7.79	0.000 016 7	0.60	0.19	524	190	160 000
900	7.70	0.000 018 3	0.63	0.22	415	149	143 000
1 100	7.60	0.000 019 8	0.67	0.24	177	114	126 000

表 15－6　T6061 铝合金的特性

温度/K	密度/(g/cm^3)	热膨胀系数/(1/K)	比热容/(J/g/K)	导热系数/(W/cm/K)	抗拉强度/MPa	2%变形屈服强度/MPa	杨氏模量/MPa
＜300	2.70	0.000 022 5	1.02	1.55	311	276	72 100
400	2.68	0.000 024 2	1.11	1.70	263	240	69 800
500	2.66	0.000 026 1	1.16	1.79	93	69	66 000
600	2.64	0.000 027 4	1.21	1.84	31	18	58 900
700	2.62	0.000 029 6	1.25	1.82	—	—	47 700

表 15－7　Haynes230 的特性

温度/K	密度/(g/cm^3)	热膨胀系数/(1/K)	比热容/(J/g/K)	导热系数/(W/cm/K)	抗拉强度/MPa	2%变形屈服强度/MPa	杨氏模量/MPa
300	9.05	0.000 012 7	0.398	0.089	864	395	210 900
500	8.98	0.000 013 4	0.438	0.129	802	350	200 390
700	8.90	0.000 014 1	0.467	0.169	740	305	188 390
900	8.81	0.000 014 9	0.510	0.209	680	272	175 390
1 100	8.72	0.000 015 8	0.599	0.249	502	271	162 120
1 200	8.67	0.000 016 2	0.611	0.269	339	200	155 120
1 300	8.61	0.000 016 6	0.619	0.289	201	117	148 120
1 400	8.56	0.000 017 0	0.627	0.309	108	58	141 120

确定哪种材料最适合用于压力容器或推进剂贮箱需要考虑许多因素，如罐壁温度、工作压力、抗辐射性等。不过，只要考虑在给定的工作温度和工作压力下哪种材料能产生最轻的容器，就能对最可能的候选材料有一些了解。

通过材料强度分析可以确定，薄壁压力容器的应力水平

$$\sigma = \frac{pR}{t}\text{（圆柱形）} \tag{15-1}$$

$$\sigma = \frac{pR}{2t}\text{（球形）} \tag{15-2}$$

式中　p ——压力容器的工作压力；

t ——压力容器的厚度；

R ——压力容器的半径；

σ ——压力容器的应力水平。

压力容器壁的应力水平必须保持低于其材料的屈服应力极限。通常情况下，在计算应力时还会加入一个安全系数，以考虑制造工艺、材料特性等方面的不确定性。假设压力容器为圆柱形，封头为半球形，则容器的质量可通过式（15－1）和式（15－2）近似计算，即

$$M \approx \rho(T)[A_{cyl}t_{cyl} + A_{sph}t_{sph}] \approx \rho(T)[2\pi RLt_{cyl} + 4\pi R^2 t_{sph}] \approx \rho(T)\left[2\pi RL\frac{pR}{\sigma_y(T)} + 4\pi R^2\frac{pR}{2\sigma_y(T)}\right] \approx \frac{2\pi R^2\rho(T)p}{\sigma_y(T)}(L+R) \tag{15-3}$$

式中　M ——压力容器的质量；

L ——压力容器圆柱形部分的长度；

A_{cyl} ——压力容器圆柱形部分的面积；

A_{sph} ——压力容器球形部分的面积；

$\rho(T)$ ——压力容器材料在温度 T 下的密度。

值得注意的是，式（15－3）中计算出的质量通常会偏低，尤其是在压力容器包含许多管道、驱动机构等贯穿件的情况下。这些贯穿件会在容器中产生额外的应力，必须在这些区域增加材料以加强整体结构。在图 15－12 中，假定没有贯穿件，计算了各种材料的压力容器质量与温度的函数关系。

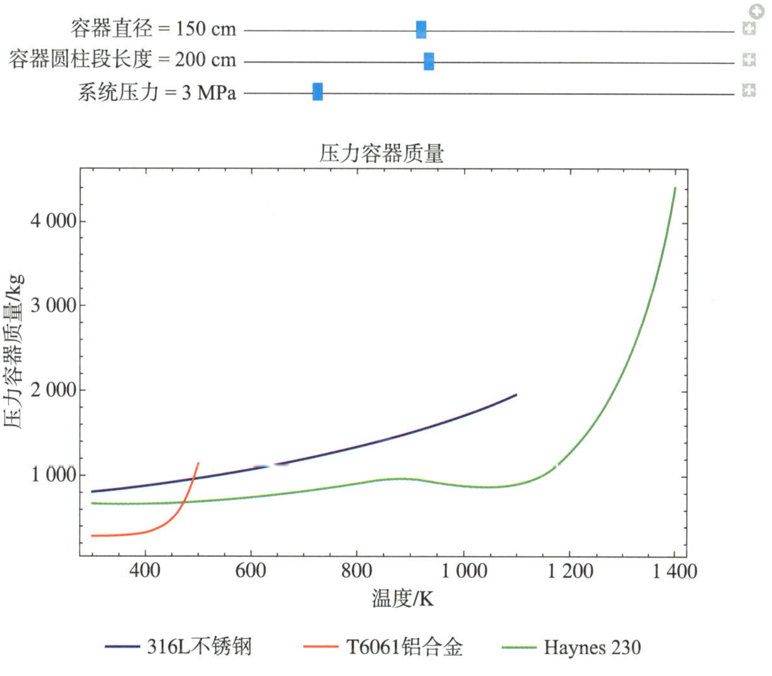

图 15－12　不同结构材料的压力容器特性

注意在图 15-12 中，当温度低于 490 K 时，铝合金压力容器比不锈钢或 Haynes 230 的压力容器都要轻；但当温度高于约 400 K 时，铝的强度会迅速降低。

对于航天器的其他部位，环境条件的变化无疑会使材料选择与上文所述有所不同。由于采用核火箭发动机的航天器在结构和其他方面的要求多种多样，而满足这些要求的潜在材料也各不相同，因此不可能在很短的篇幅内概括出在任何特定情况下都最合适的材料。不过，为了说明可能用于核火箭发动机高温部分的几种材料，图 15-13 列出了一些熔点高于 3 000 K 的材料。

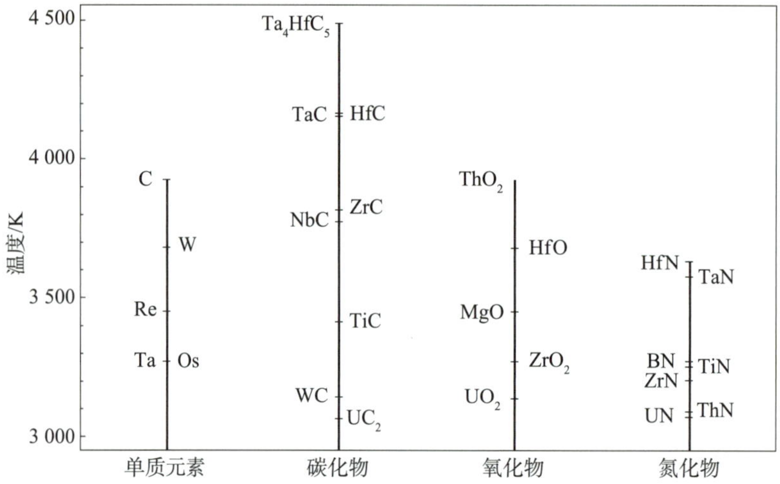

图 15-13 各种材料的熔点

参考文献

［1］ Lyon LL. Performance of（U，Zr）C - graphite（composite）and of（U，Zr）C.（carbide）fuel elements in the nuclear furnace 1 test reactor. Los Alamos Informal Report，LA - 5398 - MS. 1973.

［2］ D'Yakov E，Tischenku M. Manufacturing and testing of solid solution ternary uranium carbides［（U，Nb，Zr）C. and（U，Zr，Ta）C］fuel in hot hydrogen. High Temperature Technology and Design Division Research Institute of the Scientific and Industrial Association LUTCH；July 1974. Informal Report.

［3］ Knight T，Anghaie S. Development and characterization of solid solution tri - carbides. In：El - Genk MS，editor. Space technology and applications international forum（STAIF）；2001.

［4］ General Electric. 710 high - temperature gas reactor program summary report：volume III - fuel element development. GEMP - 600 - V3. 1968.

［5］ Argonne National Laboratory. Nuclear rocket program terminal report. ANL - 7236. June 1966.

［6］ Burkes DE，et al. Overview of current and past W - UO cermet fuel fabrication technology. INL/CON - 07 - 12232 for space nuclear conference 2007，paper 2027，Boston，Massachusetts，June 24 - 28，2007.

[7] Nichols KD. The road to trinity. New York：William Morrow & Company；1987，ISBN 978-0-688-06910-0.

习　题

1. 对于给定体积的压力容器，推导使压力容器质量最小的最佳高径比（L/D）表达式。假设 L 是压力容器圆柱部分的长度，D 是压力容器圆柱部分的直径。

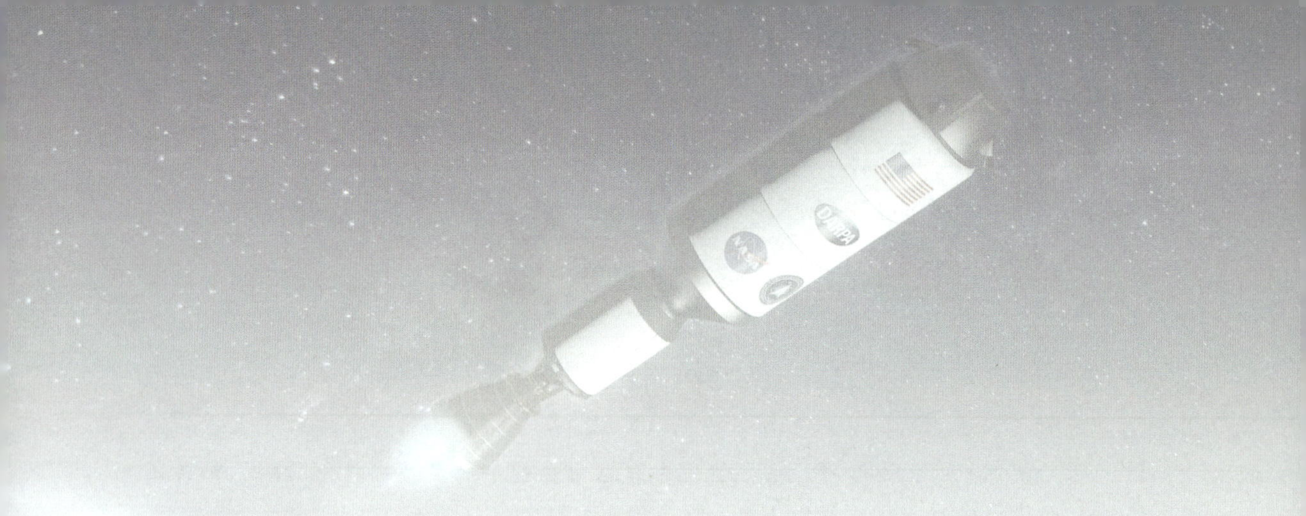

第 16 章

核火箭发动机试验

16.1 总体考虑

核火箭发动机的试验要比常规化学燃料火箭发动机的试验复杂得多，这是因为在发动机运行过程中会产生大量的辐射，而且在试验完成后发动机组件本身也仍会存在对生物有危害的放射性裂变产物。此外，现行的环境法规不允许以 20 世纪 60 和 70 年代的那种方式对核发动机进行试验。美国现行的《国家有害空气污染物排放标准》（NESHAP 40 CFR6I. 90）规定："美国能源部设施向环境空气中排放的放射性核素的量不得使任何公众人员在任何一年中接受到 10 毫雷姆/年以上的辐射。"像图 16 - 1 所示的"瞬态核试验"(Transient Nuclear Test，TNT)，通过迫使反应堆进入超临界状态来故意摧毁发动机，在当今的监管环境下，这样的试验是不可能允许的。

传统化学火箭发动机测试要求按照逻辑顺序逐步进行一系列不同类型的试验[1]。这些试验从相当基本的试验到极其复杂的试验不等，其中包括：

1）加工部件的检查和试验，以确保组件在强度、配合、泄漏率等方面满足公差要求。

2）部件功能测试，以确保阀门、驱动装置等正常运行。

3）火箭系统静态试验，以确定发动机在额定和非设计工况下的运行特性。

4）航天器静态试验，将发动机安装在静止的航天器内。

5）航天器飞行测试，配备大量仪器，以展示航天器在实际飞行条件下的运行特性。

除上述试验要求外，核发动机的试验还需要在专门设计的设施中对核燃料组件进行大量的非核和带核试验，以及零功率临界试验。在零功率临界试验中，整个核反应堆系统在非常低的功率水平下运行，以验证堆芯功率分布和反应堆控制系统的运行特性。

图 16-1　NERVA 瞬态核试验

在核火箭发动机试验过程中，除了必须测量一些常规参数，如温度、压力、力学、流量、应力、振动等，还需要监测辐射环境，特别是燃料中可能泄漏的裂变产物。通常情况下，会使用各种类型的传感器来获取所需的测量值，然后将这些测量值输入计算机系统，该系统会对数据进行分析，以确定发动机当前的运行状态。如果检测到异常，计算机可以命令发动机做出适当的控制变更，或在必要时关闭发动机。试验期间收集的大部分数据在试验结束后很久才会进行详细分析，这些分析对于指导工程师在今后的试验中如何进行设计或操作非常有用。

需要注意的是，试验过程中的测量结果并不完全准确，而是存在一定误差。这些误差一般分为几类：

1）静态误差，通常是由于制造过程中的偏差而产生的固有误差。这些误差通常通过在测量中应用适当的修正系数来加以修正。

2）漂移误差，即由于周围环境的变化而随时间发生的测量误差。需要定期根据固定标准校准仪器，以消除这些误差。

3）动态响应误差，即由振动、电气干扰等因素引起的测量误差。这些可以通过对仪器线路进行适当的电气屏蔽和对整个系统进行合理的总体设计，来减少此类误差。

4）最大频率响应误差，是指测量系统（传感器、计算机等）无法对被测物的变化做出足够快的响应而产生的测量误差。使用频率响应高于被测物固有频率的测量系统可以消除这些测量误差。

5）线性误差，是指测量参数输入值与仪器输出信号值的比值在仪器量程范围内变化时产生的测量误差。通常情况下，仪器在其量程的中心部分（如满量程的 20%～80%范围）读数最为准确。正确选择仪器，使设备涵盖所有相关参数范围，可以减少此类误差。

6）滞后误差，是指因被测量参数趋近的方向所导致的测量误差。这种误差通常与压力系统有关，在这种系统中任何特定压力下的仪器输出值都会随压力升高或降低的趋势而变化。

7）灵敏度误差，即由于仪器无法检测到被测量量的微小变化而产生的测量误差。

16.2 燃料组件试验

核火箭发动机最关键的组件可能就是核燃料本身。由于核发动机的性能主要受限于燃料的温度以及燃料耐高温氢气推进剂化学侵蚀的能力，燃料组件通常需要承受极其恶劣的工作条件。要使发动机以最高效率运行，燃料需要能够承受至少数小时的极端高温、恶劣环境。要模拟这种环境，就需要试验设施能够同时模拟核燃料在运行过程中可能遇到的核反应、功率、流量和温度等条件。这种模拟对于深入研究核燃料在类似反应堆条件下的行为至关重要。

并非所有反应堆环境模拟设施都需要带核。非核设施只模拟燃料元件所处的热和流体流动环境，可以从中获得大量有关燃料元件性能的信息。这种试验非常有价值，因为与带核试验相比，这种试验能以极低的成本收集到大量有关燃料元件性能的信息。由于燃料受到的辐射剂量以及对燃料的辐射损伤本身就非常有限，这种非核试验的结果能够代表带核试验的结果。之所以没有严重的辐射损伤，是因为虽然核发动机中的中子通量密度水平很高，但发动机的运行时间却很短。因此，燃料的总剂量（与功率密度和时间的乘积成正比）相当低。事实上，在核火箭发动机中燃料所承受的剂量要比一般商用核反应堆燃料积累的剂量低一个数量级以上。

燃料元件非核试验设施的一个例子就是美国马歇尔航天飞行中心（Marshall Space Flight Center，MSFC）的核热火箭元件环境模拟器（Nuclear Thermal Rocket Element Environmental Simulator，NTREES）[2]。NTREES 的设计旨在对核热火箭燃料元件和燃料材料进行近似真实的非核试验。虽然 NTREES 设备无法模拟运行中核火箭燃料元件所处的中子和 γ 射线环境，但它可以模拟热工流体环境，提供有关材料性能和兼容性的重要信息。NTREES 能够实现在压力高达 1 000 psi、温度约为 3 000 K、功率密度接近原型、氢气流动的条件下，对燃料元件和燃料材料进行试验。NTREES 还能用氢以外的各种推进剂试验潜在的燃料元件。该设施利用电磁感应加热来模拟裂变放热过程，通过感应电涡流使燃料元件自身产生功率。由于试验中不涉及辐射，燃料元件可以安全地进行试验直至损坏，而不会出现类似带核试验中可能出现的灾难性后果。图 16－2 展示了 NTREES 设施和正在试验的原型燃料元件。像 NTREES 这样的设施非常有用，因为它可以非常经济地试验许多潜在的燃料元件设计方案，由试验确定最佳设计方案，并在专门设计的核设备中进一步研发。

图 16－2　核热火箭元件环境模拟器

一旦选定要进一步研发的特定燃料元件，将在预备好的核设施中对其进行试验，该核设施不仅能模拟燃料元件将遇到的热工流体环境，还能模拟核环境。这种试验相当昂贵，但却能更好地保证所选的燃料元件在装入核火箭发动机时能发挥预期的作用。

在 NERVA 试验的最后阶段，位于内华达州 Jackass Flats 的核火箭研究站（Nuclear Rocket Development Station，NRDS）建造了"1 号核反应炉"（Nuclear Furnace 1）[3]，其为一座水冷反应堆，并配有闭环回路的废水净化系统。其设计目的是要在 2 444 K 气体温度下对备选核燃料元件进行至少 90 min 的试验，运行功率为 44 MW。该核反应炉是专门为试验核火箭燃料元件而建造的试验设施。根据燃料元件试验的目标，也可以使用现有核设施来进行一些必要的核试验。特别是在美国空军试验颗粒床反应堆燃料元件（PIPE. 1 和 PIPE. 2）[4]期间，选择桑迪亚国家实验室（Sandia National Lab，SNL）的环形堆芯研究反应堆（Annular Core Research Reactor，ACRR）[5]用于开展该燃料的试验。图 16－3 展示了 ACRR。如果燃料元件可以在现有设施中进行试验，那么试验成本无疑将低于建设专用燃料元件试验反应堆来进行燃料鉴定试验的成本。

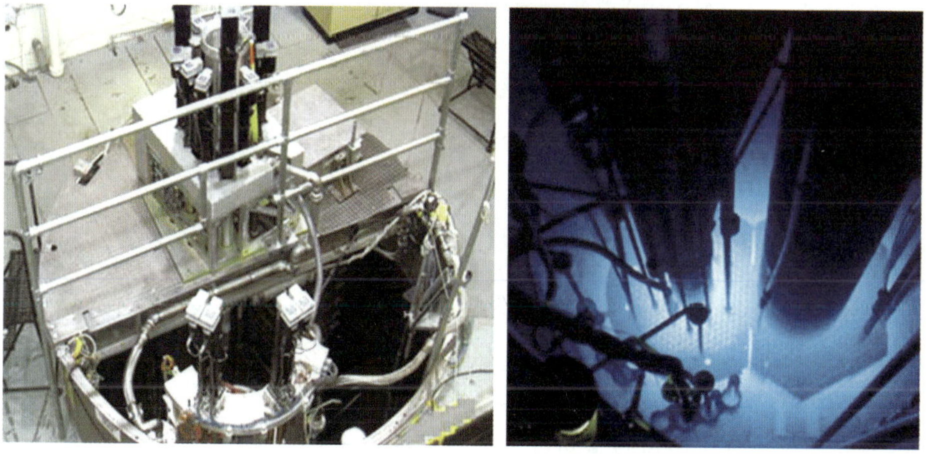

图 16－3　桑迪亚国家实验室的环形堆芯研究反应堆

一般来说，为试验核火箭发动机数量有限的燃料元件而专门设计的反应堆堆芯将由两个独立的区域组成。其中一个区域由驱动燃料元件组成，其目的是提供堆芯临界所需的大部分反应性，并调节中子通量密度以符合所需的空间分布和能谱。驱动燃料元件也可以用推进剂以外的流体进行冷却。例如，在核反应炉中，驱动燃料元件就是用水冷却的。绝大多数情况下，驱动燃料元件占堆芯的大部分，而堆芯的其余部分则由被试验燃料元件组成。这些试验燃料元件将使用所选择的推进剂（通常是氢）作为工质进行冷却。由于这些试验反应堆以及多区域堆芯的复杂性，其建造和运行可能会相当昂贵。尽管如此，燃料元件试验专用的反应堆很有可能最终还是必需的，以确保用于载人飞船的核火箭发动机燃料元件能够按照设计方案安全有效运行。

16.3 发动机地面试验

核动力火箭发动机地面试验对其获得在太空中应用的资格来说至关重要，尤其是在发动机将用于载人飞船的情况下。化学火箭发动机通常要经过长达数月甚至数年的试验，才能获得在太空中应用的资格。因此，核火箭发动机在获得在太空应用的资格之前也将需要完成类似的严格试验。

在 NERVA 试验期间，几乎所有的发动机试验都是将火箭废气直接排放到大气中而不进行任何过滤。如前所述，在目前的监管环境下，这种露天的核火箭发动机试验是不可能被获准的。在进行 NERVA 发动机试验期间，NRDS[6] 的设施仅包括用于组装和拆卸反应堆和发动机部件的建筑物、试验台以及操作和控制区。如果今后恢复核火箭发动机试验，将需要类似的试验设施，同时还需购置额外的设施，用于在火箭发动机废气排放到环境中之前对其进行收集和净化。值得注意的是，尽管所有 NERVA 发动机试验都将废气直接排放到大气中，甚至某些试验还导致了反应堆的损坏，也没有造成任何人员受伤或受到过量辐射。NRDS 的一些 NERVA 试验设施如图 16－4 所示。

在进行核火箭试验时，为了避免将未经过滤的火箭发动机废气排放到大气中，有一种可行的方法是令发动机向一个钻孔中排气，该钻孔原本用于容纳核武器试验但从未启用，被称为地下土壤主动过滤废气技术（Subsurface Active Filtering of Exhaust，SAFE）[7]。其依靠钻孔周围冲积土（疏松的土壤）的多孔特性来吸收和过滤火箭发动机的废气。在这一概念中，发动机位于钻孔顶部，周围用钢筋混凝土结构罩住。当发动机启动时，钻孔中的排气压力会随之升高，直到排气进入多孔岩石中的质量流量与火箭发动机的推进剂质量流量持平。从理论上讲，在土壤中的火箭排气产物达到饱和之前，火箭发动机可以在很宽的功率范围内长时间工作。在这种试验的过程中，目前还不确定钻孔中的压力水平能否保持在合理的水平。图 16－5 展示了 SAFE 概念的原理图。

另一种在核火箭试验时可以避免将未经过滤的废气排放至大气的方法是，通过增压技术将火箭发动机的废气完全收集并限制在一个相对较小的容积内。在这一概念中，火箭发动机废气首先被送入一个水冷扩压器，产生亚声速氢气流，然后与液氧混合并在高

图 16－4　内华达州 Jackass Flats 核火箭研制站

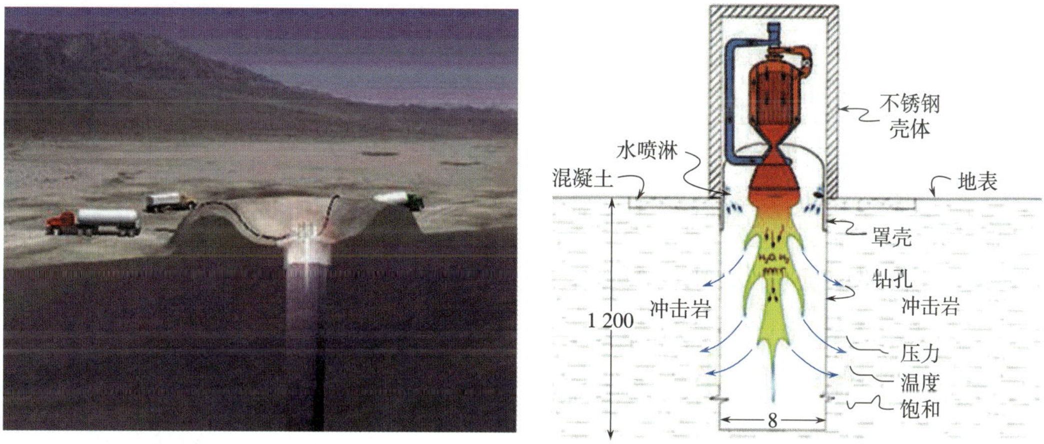

图 16－5　采用 SAFE 的核火箭发动机试验

温下燃烧，产生水蒸气和多余的氧气。蒸汽冷凝器冷却富含氧气的水蒸气以及排气中可能存在的放射性污染物，然后受污染的水被送入储水罐，在那里经过过滤和净化后，再排放到外部的蓄水池中。受污染的水蒸气和气态氧气的混合物被导入干燥剂过滤器，水蒸气在其中被分离凝结成液态水并排放至储水罐中。受污染的氧气被引入氧气冷凝装置，在这里氧气被液化和净化。最后，净化后的氧气被释放到大气中，完成净化过程。通过这种方式，整个火箭发动机排出的废气被完全收集和净化。图 16－6 是核火箭排气收集设施的示意图。

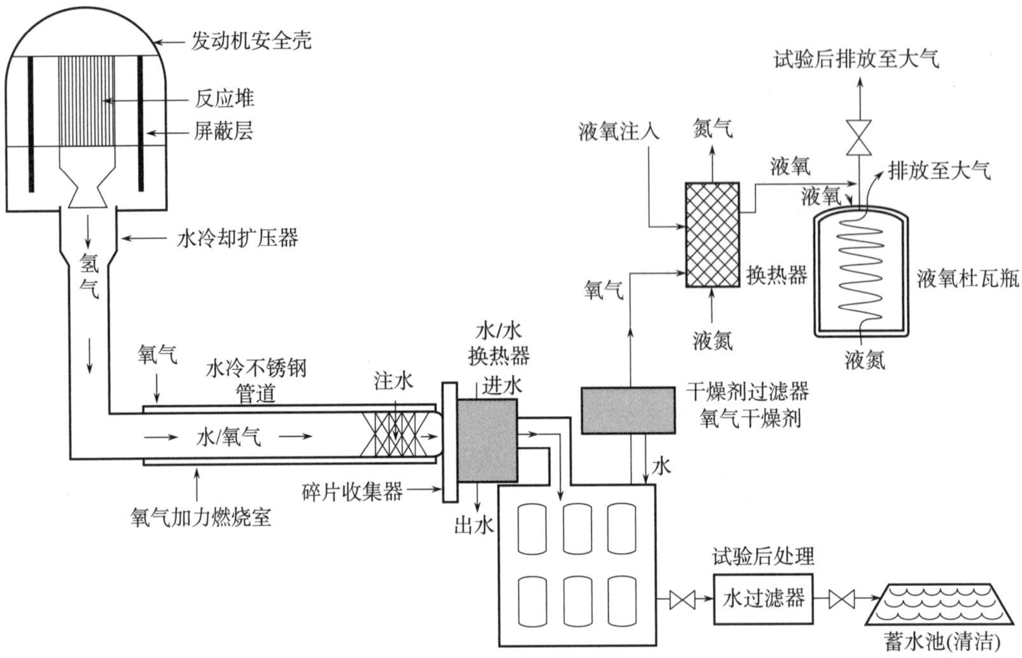

图 16－6　带排气全部收集设施的核火箭发动机试验设施示意图

参 考 文 献

[1] Sutton GP. Rocket propulsion elements，an introduction to the engineering of rockets. 5th ed. New York：John Wiley & Sons；1986，ISBN 0－471－80027－9.

[2] Emrich WJ. Nuclear thermal rocket element environmental simulator（NTREES）. In：El－Genk MS，editor. Space technology and applications international forum：25th symposium on space nuclear power and propulsion，albuquerque，NM；2008. p. 541－8.

[3] Kirk WL. Nuclear furnace－1 test report. Los Alamos Scientific Laboratory LA－5189－MS；March 1973.

[4] Vernon ME. PIPE series experiment plan. Albuquerque，New Mexico：Sandia National Laboratories；1988.

[5] U. S. Department of Energy. Operational readiness review of the annular core research reactor，technical area V，Sandia National Laboratories，Albuquerque，New Mexico，Phase 1 Report；June 1998.

[6] Bernhardt DE，Evans RB，Grossman RF. NRDS nuclear rocket effluent program 1959e1970，U. S. Environmental Protection Agency，Las Vegas，Nevada，NERC－LV－539－6；June 1974.

[7] Howe SD，et al. Ground testing a nuclear thermal rocket：design of a sub－scale demonstration experiment. In：48th AIAA/ASME/SAE/ASEE joint propulsion conference，Atlanta，GA，paper AIAA 2012－3743；July 30 toAugust 1，2012.

[8] Coote D，Power K，Gerrish H，Doughty G. Review of nuclear thermal propulsion ground test options. In：AIAA propulsion and energy forum，Orlando，FL，paper AIAA 2015－3773；July 27－29，2015.

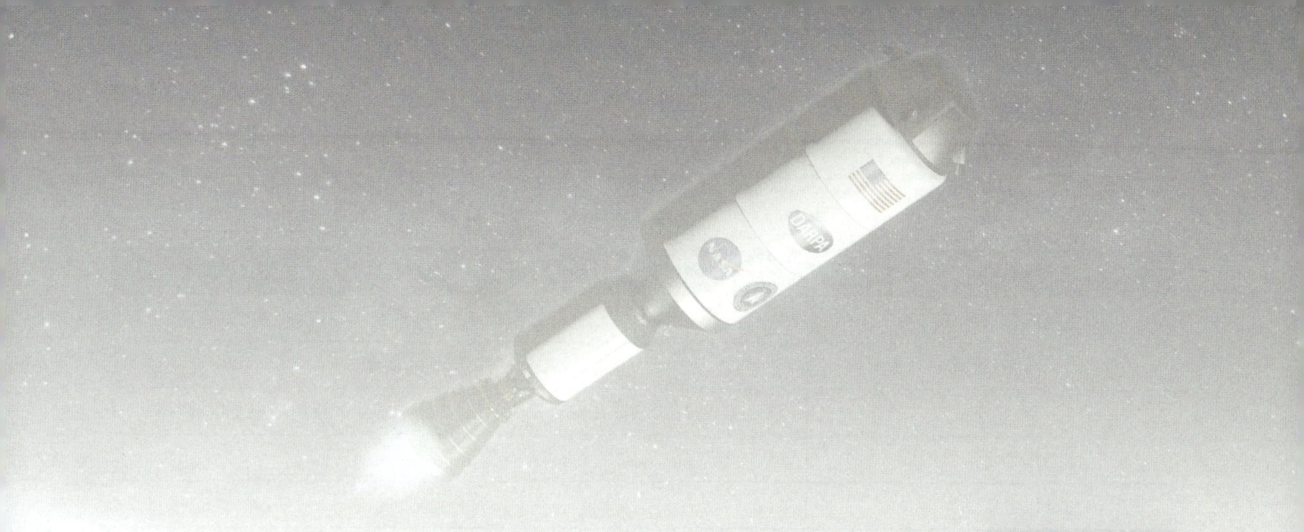

第 17 章

核火箭发动机的安全考虑因素

17.1 核安全问题概论

在评估航天器核推进系统的安全性时，空间核发动机的安全研究可以借鉴地面核电站，因为这二者之间存在诸多的共性问题，当然也有许多不同点需要予以考虑。虽然地面核电站和核热推进系统运行功率水平大致相当，但区别在于地面核电站通常体积巨大，在相对较低的功率密度下长期运行，而核热火箭发动机则更轻、更小型化，在高功率密度下运行，且运行时间相对较短。

地面核反应堆和空间核热反应堆的风险特征也不相同。地面核反应堆须防范地震、龙卷风和洪水等自然灾害造成的影响，而核热火箭发动机在空间则不受这些自然灾害的威胁。核热火箭须降低由发射失败、推进系统工作时运行故障、意外重新进入地球大气层及后续影响带来的风险。对于空间核推进系统，安全评估可从几个不同的任务阶段来开展，包括地面阶段、发射前阶段、发射阶段、运行阶段和处置阶段[1]。

地面阶段包括与核动力系统的制造、组装、运输和鉴定试验有关的所有活动。因为高浓缩铀是武器级铀，如果使用高浓缩铀作为反应堆燃料，还需要有足够的安全保障措施，以防止高浓缩铀扩散。因此，目前大多数发动机设计都采用高含量低浓缩铀作为反应堆燃料。这 阶段的放射性危害极小，可以采用商用核反应堆已经成熟的通用安全程序。假设反应堆只进行零功率临界试验，则不会引起大量裂变产物聚积，因此无须采取强化安全措施。核热发动机系统地面阶段安全性考虑因素详见表 17-1。

表 17－1　地面阶段安全性考虑因素

风险	降风险措施
放射性污染	使用洁净室、防护服
辐射暴露	零功率临界试验、屏蔽
运输事故	核运输容器、可移除式中子毒物（可以插入和移除的反应堆中子吸收材料）
原型机鉴定试验污染	排气全部收集
原型机鉴定试验事故	专用安全壳结构

发射前阶段包括与发射前将核推进系统集成到航天器和运载火箭上有关的所有活动。在这一阶段，主要工作是确保反应堆不会在发射前试验期间由于误操作而意外达到临界状态。核热发动机系统发射前阶段的安全性考虑因素详见表 17－2。

表 17－2　发射前阶段安全性考虑因素

风险	降风险措施
放射性污染	防护服
意外达到临界状态	安全联锁、可移除式中子毒物
发射台交通事故	鲁棒性反应堆容器设计

在发射阶段，如果是载人飞行则几乎不会有辐射影响到乘组人员。在这一阶段核动力发动机尚未运行，因此只需要最低限度的屏蔽。然而，一旦出现发射事故，其他安全标准也将发挥作用。例如，如果发射失败导致核反应堆撞击到水或潮湿的沙堆中，反应堆由于慢化度（中子在反应堆中裂变产生的高能状态慢化到热能状态的能力）的增加有可能会意外达到临界状态。这时则需要考虑，是让反应堆完好无损地坠落以尽量减少潜在的地面污染，接受反应堆达到临界状态的小概率事件，还是让反应堆在空中解体，分散坠落，后者可能会导致更大范围的地面污染，但却能防止反应堆意外达到临界状态。核热发动机系统在发射阶段及发射后出现事故的安全性考虑因素详见表 17－3。

表 17－3　发射阶段安全性考虑因素

风险	降风险策略
意外达到临界	安全联锁、可移除式中子毒物
发射后出现事故	鲁棒性反应堆设计、低人口密度飞行路径

一旦航天器进入轨道，核推进系统就会启动，反应堆也会进入运行状态。在运行阶段，核反应堆会产生大量辐射，需要保护乘员和对辐射敏感的组件免受辐射。在该阶段，推进系统可能会多次启动和关闭，因此应仔细分析瞬态和稳态运行期间可能发生的事故情况。出于安全考虑，在该阶段必须要有充分的屏蔽措施，尽可能让机组人员处于一个小型的“避难所”区域以防止暴露在辐射中。运行阶段应考虑的主要安全性因素详见表 17－4。

表 17－4　运行阶段安全性考虑因素

风险	降风险措施
乘员辐射暴露	使用尽可能低的(As Low As Reasonably Achievable,ALARA)设计原则,机组人员避难所
瞬态超功率	安全联锁、缓解程序
推进剂流量损失	备用泵、多台发动机
碎片撞击、对接事故	辅助安全系统、鲁棒性反应堆设计

任务完成后，则需要考虑如何安全地处置仍处于放射性活动状态的核推进系统。在该处置阶段，一般不会将核推进系统带回地球。可行的处置方案包括将推进系统送入衰减期长达数千年的核安全轨道（Nuclear Safe Orbit，NSO），或者在燃料充足的前提下将推进系统直接送出地球引力影响范围，进入环绕太阳的安全轨道。核推进系统处置阶段安全性考虑因素见表 17－5。

表 17－5　处置阶段安全性考虑因素

风险	降风险措施
核发动机意外重新进入地球大气层	在核安全轨道(NSO)或深空处置
在处置阶段发动机助推时意外解体	使用高可靠性的助推火箭

美国成立了一家名为机构间核安全审查委员会（Interagency Nuclear Safety Review Panel，INSRP）的机构，负责审查空间核动力飞行任务在上表所述的开发和运行所有阶段的安全性。在安全审查过程中，飞行任务发起方负责提供三份文件供 INSRP 评审，包括初步安全分析报告、最终安全分析报告（Final Safety Analysis Report，FSAR）草案和 FSAR。INSRP 将对这些安全分析报告和其他相关数据进行审查，以编写安全评估报告（Safety Evaluation Report，SER）。然后，该 SER 将提交至总统执行办公室批准。只有在美国总统批准 SER 后，才会授权继续执行有关核任务。对于想要使用核动力航天器执行空间任务的其他国家而言，也大概率将制定类似的审批程序。

17.1.1　风险评估

风险评估的目的在于量化各种事故发生的可能性，并确定其可能造成的后果。有些事故虽然很有可能发生，但如果这些事故对空间飞行任务的成功影响很小或几乎没有影响，那么这些事故（例如电动牙刷故障）被认为是可接受的。另一方面，有些事故虽然可能会对航天员在空间任务中的生存造成极其严重的后果，但实际发生的概率却微乎其微，那么这些事故（例如被一块巨大的太空岩石击中）也被认为是可接受的。这两种典型情况代表了从任务风险角度可以被接受的不同类型事件。风险可以通过数学公式进行量化

$$风险=可能性\times后果 \tag{17-1}$$

从影响任务成功的角度考虑，上述两个例子的风险等级近乎相同，第一个例子发生的概率高但后果不严重，而第二个例子发生的概率低但后果严重。评估由某个特定初始事件导致的风险时，很难考虑到该事件可能导致的所有后果。换句话说，一个初始事件可能会

导致许多不同的结果，每种结果发生的概率都不同。以牙刷故障来举例说明，假设牙刷故障导致电路过载，使断路器跳闸，引起飞船核心计算机关闭，而使飞船失去控制，从而造成任务失败、乘组人员伤亡。当然，这一连锁事件发生的可能性很低，但它说明了从安全的角度来看，跟踪某一初始事件可能导致的整个事件链是非常重要的。多年来，人们开发了许多方法来分析故障情况，包括初步危险分析、故障树分析、故障模式和影响分析等，还有一种广泛使用的评估方法被称为事件树分析。这种分析方法假定发生某一具有负面影响的初始事件，然后在整个系统中逐步跟踪该事件正面和负面的后果，直到该事件的后果最终可归为某种类型。反复进行这种分析，直到分析完所有可能的事件链，从而得出所有可能的结果及其概率。图 17－1 展示了这种事件树的简图，图中核火箭发动机的反应堆由两个备份推进剂涡轮泵驱动。该事故链的初始事件是两个涡轮泵中的其中一个发生故障。

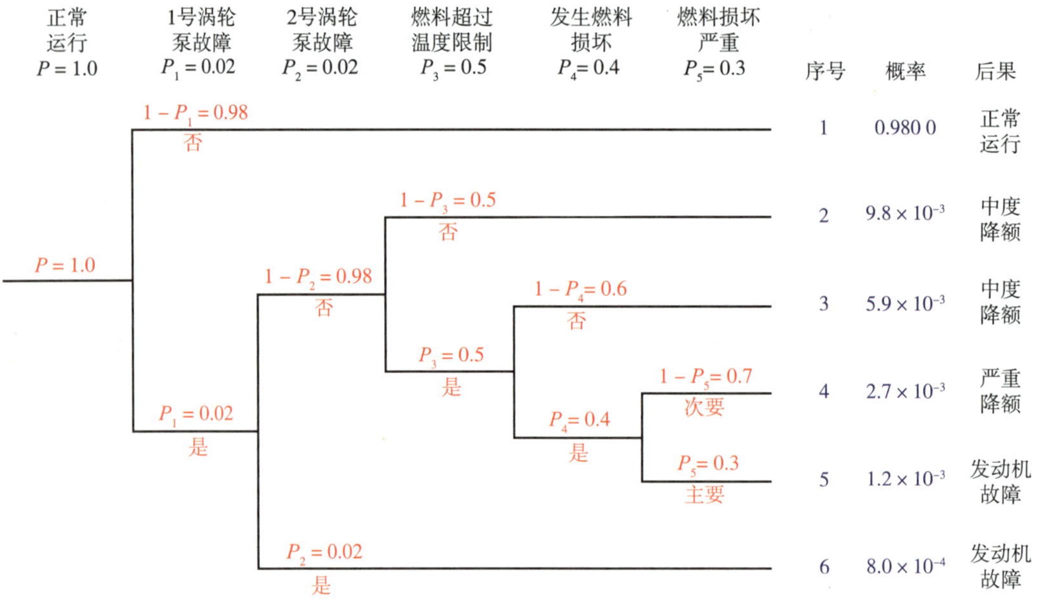

图 17－1　核火箭发动机涡轮泵故障事件树

在图 17－1 所示的事件树中，首先需要注意两个涡轮泵的运行是完全独立的，也就是说一个涡轮泵的故障与另一个涡轮泵的故障没有任何关联。然而，这种系统独立性并不是绝对成立的，例如由于涡轮泵上游的推进剂进气阀无法关闭使涡轮泵产生空化现象，那么两个涡轮泵很可能由于相同的根本原因而过热并同时发生故障。这种由同一原因造成的故障被称为共因故障。在这种情况下，两个涡轮泵的故障概率将发生显著变化且通常会大幅升高。

其次需要注意两个涡轮泵同时故障的概率并不是简单的两个故障概率的乘积，而是该乘积的两倍，因为两台涡轮泵有可能以任一顺序发生故障。最后要注意的是，不同的故障顺序有时会导致相同的后果。完成事件树构建后，可将不同后果及其相关概率绘制成所谓的互补累积分布图或风险图，如图 17－2 所示。

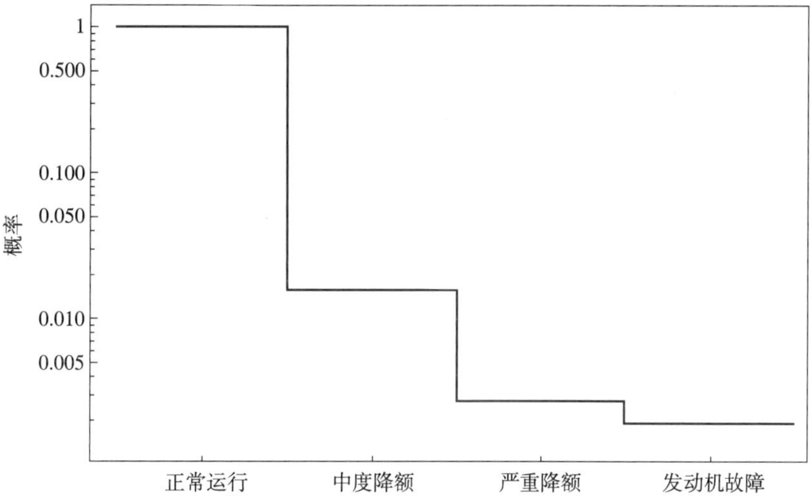

图 17-2　核火箭发动机涡轮泵故障风险图

从图 17-2 中可以看出，涡轮泵故障链的后果是定性的（如正常、降额等），而不是定量的。通常随着信息量的增加，才可以对这些定性描述赋予数值，从而对风险进行更量化的评估。还需要注意，分析中使用的后果评估方法也可能会极大地影响风险曲线的特征。在上述分析中，推力水平的百分比是用于评估后果的指标。不过，也可以使用其他后果评估指标，如任务成功率、经济影响、生命损失等。可以使用精算或后果加权将风险组合起来得出一个用来描述与事故相关整体风险的单一值。后果加权方法是将所有事件链中的事件概率乘以后果，再相加，得到代表与特定初始故障事件相关的后果加权风险。该后果加权风险可以用数学公式表示为

$$R = \sum_{i=i}^{n} P_i C_i \tag{17-2}$$

式中　R ——结果加权风险；

P_i ——第 i 个事故序列的概率；

C_i ——第 i 个事故序列的后果；

n ——事故序列总数。

将式（17-2）应用于图 17-1 所示的涡轮泵故障事件树，可确定后果加权风险，见表 17-6。表中定义的事故后果评估指标是发动机相比于满功率状态推力下降的百分比。虽然后果加权风险值有很高的重要性，但它们乘以的概率值通常都很小，所以其数值通常比实际后果值小得多。使用后果加权风险值是为了能够对概率和后果都不相同的各种事故后果风险进行比较。

从表 17-6 中可以看出，在默认参数下，涡轮泵故障的后果加权风险为 0.731。此外，从图 17-1 中还可以看出，在事件链 3 中，由于堆芯过热没有造成燃料损坏，只需要减小推力；而在事件链 5 中，堆芯过热造成严重的燃料损坏，则会导致发动机完全失效。事件链 3 发生的概率为 0.005 88；而事件链 5 发生的概率为 0.001 18，事件链 3 发生的概率是

事件链 5 的 5 倍。这两个故障链虽然性质不同，但最终的风险值却完全相同，均为 16.09。

表 17-6　核火箭发动机涡轮泵故障后果加权风险

i	P_i	后果	推力百分比	$C_i=100-$推力百分比	$R_i=P_iC_i$	$100R_i/R$
1	0.980 0	无	100	0	0	0
2	9.80×10^{-3}	中度降额	80	20	1.96×10^{-1}	26.82
3	5.88×10^{-3}	中度降额	80	20	1.18×10^{-1}	16.09
4	2.74×10^{-3}	严重降额	20	80	2.20×10^{-1}	30.04
5	1.18×10^{-3}	发动机故障	0	100	1.18×10^{-1}	16.09
6	8.00×10^{-3}	发动机故障	0	100	8.00×10^{-1}	10.95
总和	1.000	—	—	—	$R=7.31\times10^{-2}$	100

图 17-1 所示事故链概率是如何确定的？答案是通过试验获得的，即对相关组件进行大量试验，并从试验结果中获得统计数据。在本分析中，每次试验的结果假定只有通过和故障两种可能，这类试验称为伯努利试验。同时假设这些结果都是随机的，如果进行一组 n 次试验，发生 x 次故障，则故障概率为

$$p=\frac{x}{n} \tag{17-3}$$

如果此时再进行一组 n 次试验，那么试验计算出的故障概率会与前一组试验所确定的概率值接近。如果进行大量这样的试验，就会发现每组试验产生的故障概率都遵循所谓的二项式分布。在其他类型的试验中，可能出现一系列试验结果，而不仅仅是通过和故障，这时就会出现不同的概率分布，包括均匀分布、指数分布、对数正态分布等。分析这些分布结果的方法有很多，但都是相似的，为了节省篇幅，这里就不一一讨论了。对于只有通过和故障结果的二项分布，其分布函数为

$$P(x)=\frac{n!}{x!\ (n-x)!}p^{x}(1-p)^{n-x} \tag{17-4}$$

式中　n ——试验总数；

x ——接受试验的组件在 n 次试验中发生故障的次数；

p ——组件发生故障的预期概率；

$P(x)$ ——二项分布。

通过应用二项分布，可以求出在 n 次伯努利试验中可能发生故障的平均次数，即

$$\mu=\sum_{i=1}^{n}x_iP(x_i)=\sum_{i=1}^{n}x_i\frac{n!}{x_i!\ (n-x_i)!}p^{x_i}(1-p)^{n-x_i}=np\Rightarrow p=\frac{\mu}{n} \tag{17-5}$$

式中　p ——n 次试验中预计出现故障的平均次数。

式（17-5）中的故障发生概率与根据式（17-3）确定的故障发生概率完全相同。类似地，二项分布的方差或标准差的平方可以通过下面的公式求出

$$\sigma^2=\sum_{i=1}^{n}(x_i-\mu)^2P(x_i)=\sum_{i=1}^{n}(x_i-\mu)^2\frac{n!}{x_i!\ (n-x_i)!}p^{x_i}(1-p)^{n-x_i}=np(1-p) \tag{17-6}$$

式中　σ^2——故障发生概率的方差；

σ——故障发生概率的标准偏差。

在二项分布中，观察到的故障次数 X 小于或等于某个选定的故障次数 x 的概率，可以通过对给定区间内的故障发生概率求和来确定，从而确定二项分布的累积分布函数

$$P(X \leqslant x)=F(x)=\sum_{i=1}^{x} P(x_i)=\sum_{i=1}^{x} \frac{n!}{i!\ (n-i)!} p^{i}(1-p)^{n-i} \tag{17-7}$$

利用式（17－7），可以确定试验发生故障次数的中位数，即累积二项分布的第 50 个百分位数

$$F(x_{50})=\sum_{i=0}^{x} \frac{n!}{i!\ (n-i)!} p_{50}^{i}(1-p_{50})^{n-i}=0.5 \tag{17-8}$$

在单组试验中，平均故障发生概率由式（17－5）计算得到。每组试验可能导致不同数量的故障，从而产生不同的故障概率，因此在使用置信区间时，要确定平均值两侧的上限和下限，即平均值在这个范围内的概率

$$P[p_L(x,n,\gamma) \leqslant p \leqslant p_{\mathrm{U}}(x,n,\gamma)] \geqslant 1-\gamma \tag{17-9}$$

式中　$1-\gamma$——置信度。

通过利用式（17－7）给出的累积分布函数，置信区间下限变为

$$F(x_{\gamma})=\sum_{i=0}^{x-1} \frac{n!}{i!\ (n-i)!} p_{L}^{i}(1-p_{L})^{n-i}=1-\frac{\gamma}{2} \tag{17-10}$$

置信上限变为

$$F(x_{1-\gamma})=\sum_{i=0}^{x} \frac{n!}{i!\ (n-i)!} p_{U}^{i}(1-p_{\mathrm{U}})^{n-i}=\frac{\gamma}{2} \tag{17-11}$$

图 17－3 展示了使用二项分布法确定的一组 n_{total} 次试验故障发生概率分布。观测到的试验失败次数为 n_{fail}。图中阴影部分显示的是在置信度为 $1-\gamma$ 的范围内试验出现故障的情况，如果进行多组试验，每组试验集由 n_{total} 次试验组成，则试验失败的概率会在置信度为 $1-\gamma$ 的范围内。

图 17－3 所示例中，进行了 50 次试验，49 次试验成功，只有 1 次出现故障。虽然该组试验得出的故障概率为 2%，但其真实值存在相当大的不确定性。对于 90%的置信度，图 17－3 中的表格显示，真正的平均故障概率存在很大的不确定性，可能在 0.1%到 9.14%之间，如此大的不确定性是不可取的，因为它可能导致因缺乏对组件或系统真实可靠性的了解而作出错误的安全决策。在本例中，不确定性的范围几乎达到了两个数量级。如果对图 17－1 和表 17－6 中的涡轮泵故障示例采用这样的不确定性范围，风险值将从 0.033 4 到 4.43 不等。

降低故障发生概率不确定性的唯一方法是进行更多的试验，以获得更好的统计样本。如果图 17－3 所示例中进行 500 次试验而不是 50 次试验，且有 10 次故障，则故障概率保持 2%不变。然而，置信区间 90% 代表平均故障率在 1.09%和 3.37%之间。因此，通过增加试验次数将平均故障发生概率的不确定性范围从 100 倍降低至 3 倍，使我们对涡轮泵真实故障概率估算更有信心，计算出的风险值在 0.382 和 1.31 之间。

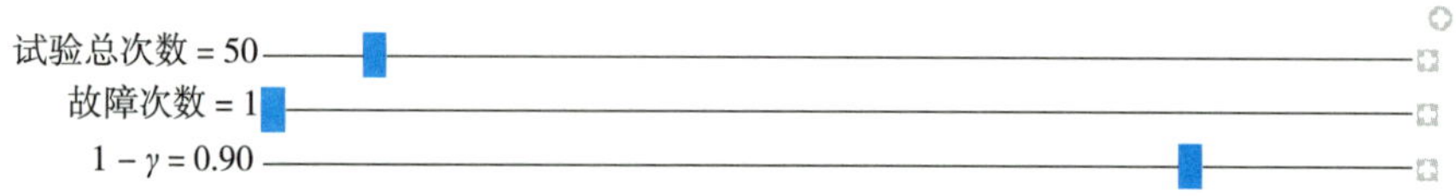

二项分布

	平均值	标准差	90%置信下限	中位数	90%置信上限
n_{fail}	1	0.020	1	1.67	4
$P(n_{fail})$	2.00%	0.039%	0.10%	3.33%	9.14%

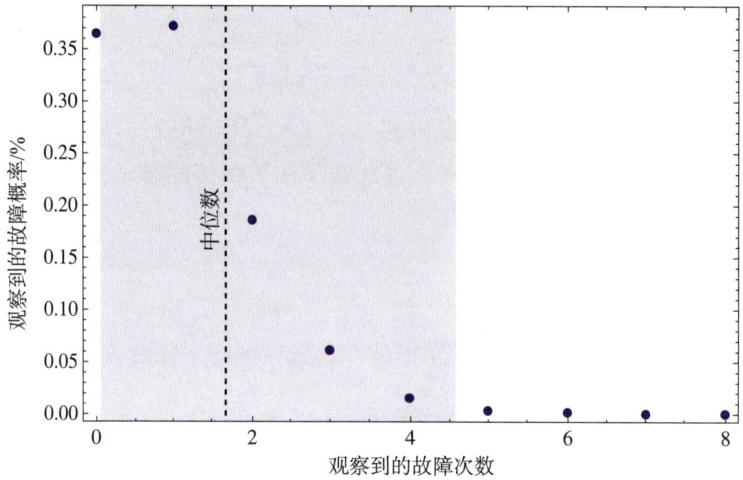

图 17-3　概率二项分布

17.1.2　可接受的风险

上一节提出了风险量化方法，但未界定什么程度的风险才算“安全”。在生活中，人类活动始终伴随着风险。仅仅是早上起床这一行为，都会给健康带来一定的风险，但大多数人都非常愿意接受这种风险。至于什么程度的风险被认为是可以接受的则是一个很主观的问题，因为总有一些人比其他人愿意承担更多的风险。比如，跳伞运动员、登山运动员或航天员就可能会比职业棋手愿意接受更多的风险。那么，如何定义哪些风险是可接受的风险呢？

参考文献［2］对可接受的风险进行了很好的讨论，并指出可接受的风险是指“事件发生的可能性很小，产生的后果很轻微，或其带来的利益（感知到的或实际的）很大，以至于社会中的个人或群体愿意承担或承受该事件可能发生的风险”。换句话说，虽然没有任何活动是绝对安全的，但总有些活动益处很大而危害后果非常小，以至于社会普遍认为从事这些活动的风险是可以接受的。例如，驾驶汽车就属于这一类，尽管每年都有成千上万的人会死于车祸。《超越恐惧》一书[3]中指出，关于风险：

1）人们总夸大壮观但罕见的风险，却淡化常见的风险。

2）人们很难估计与正常情况不完全一样的任何事情的风险。

3）人们会高估那些总被谈论和被公众监督的风险。

可否接受的问题最终变成一个主观判断，如果人们普遍认为从事某项活动的益处大于其风险，而且与其他更常见的风险相比，其可感知的风险很小，那么该活动就被认为是可以接受的。在美国，政府部门或机构负责制定和实施相关程序和准则，充分保护从事潜在危险活动的人员和公众。

表 17-7 所列的危险等级图是过去用来直观表示组件或系统是否可接受的一种方法。根据先前制定的规则，高风险的系统或组件将归入图表左上方的类别，低风险系统或组件将归入图表右下方的类别。某一系统或组件在图表中的位置取决于风险分析的结果。根据指定的危险等级，采取适当的措施来降低风险。那些危险等级属于红色或橙色的系统将被要求以某种方式进行改善或控制，以使其风险等级上升至绿色或白色。即使绿色区域也不能直接认为是可以接受的，所有相关方都应通过工程评估，才可认为相关系统足够安全。将航天器所有不同的系统进行此类分析，直到所有系统都被证明是安全的，才能获得发射批准。

表 17-7　危险等级

概率	危险等级			
	Ⅰ 灾难性	Ⅱ 临界性	Ⅲ 边缘性	Ⅳ 可忽略
A—频繁	1A	2A	3A	4A
B—可能	1B	2B	3B	4B
C—偶尔	1C	2C	3C	4C
D—小概率	1D	2D	3D	4D
E—不可能	1E	2E	3E	4E

不可接受	不理想	底线	可接受

参 考 文 献

[1] Marshall AC. Space nuclear safety. Malabar, Florida: Krieger Publishing Company; 2008. ISBN 13: 978-0-89464-061-2, ISBN 10: 0-89464-061-5.

[2] Krewski D. Acceptable risk. In: Breslow L, Cengage G, editors. Encyclopedia of public health; 2002.

[3] Schneier B. Beyond fear, thinking sensibly about security in an uncertain world. Copernicus Books; 2003, ISBN 0-387-02620-7.

习 题

1. 在有限次的试验中，核火箭发动机部件的平均故障率为 4%。需要进行多少次试验才能有 90%的把握认为该部件的实际故障率在 3%至 5%之间？

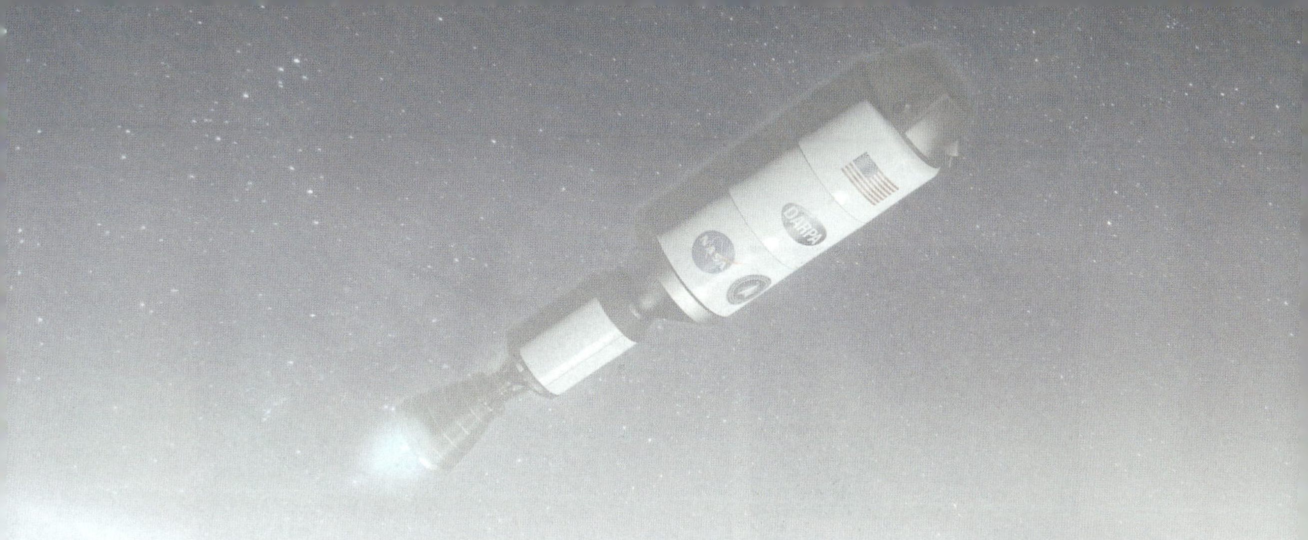

第 18 章

先进核火箭概念

18.1 脉冲核火箭（猎户座计划）

在脉冲核火箭概念中，小型核弹从航天器后部弹出，并在远离航天器适当距离后引爆，航天器通过巨型减震器连接的“推进板”，可拦截核爆炸产生的部分冲击波。巨型减震器的作用是缓和由撞击冲击波引起的航天器急动度（即加速度的时间变化率），使得航天器主体的加速度减小并平滑至乘组人员可以忍受的水平。20 世纪 50 年代末和 60 年代初，美国在猎户座项目（Orion）下启动了这项脉冲核推进计划[1]。猎户座计划由通用原子公司（General Atomic）的泰德·泰勒（Ted Taylor）和普林斯顿大学的物理学家弗里曼·戴森（Freeman Dyson）领导，他们与一个由科学家和工程师组成的小团队一起建造并试验飞行了数台名为 Putt - Putts 或 Hot Rods 的小型原理验证模型。这些概念验证飞行器使用的推进介质是化学炸药而不是核炸药，在几次失败后，其中一架飞行器最终实现了稳定飞行并飞到了约 100 ft（约 30 m）的高度，试验场景如图 18 - 1 所示。

在原理样机飞行器测试之外，猎户座计划还完成了几项概念性行星际飞行器的设计。这些概念飞行器设计涵盖了各种任务类型需求，甚至包括适合星际任务的飞行器。图 18 - 2 展示了其中一艘猎户座概念航天器。

通过前述推导的点堆动力学方程，可以估算脉冲核火箭中使用的核弹性能特性。需要注意的是，在后面的推导中，所做的许多假设都是相当粗略的。核弹分析是一项相当复杂的工作，需要通过细致的计算机模拟并根据实测数据进行校正，来实现较为可靠的设计。尽管计算有不确定性，但这些分析可以给出定性的趋势来评估脉冲核火箭的性能。通常，核反应堆堆芯被由致密材料构成的反射层包裹，该反射层称为惰层（Tamper），其作用是在引爆过程中延长堆芯保持完整结构的时间，从而增加爆炸当量。惰层和堆芯的组合称为

试验飞行器　　　　飞行试验

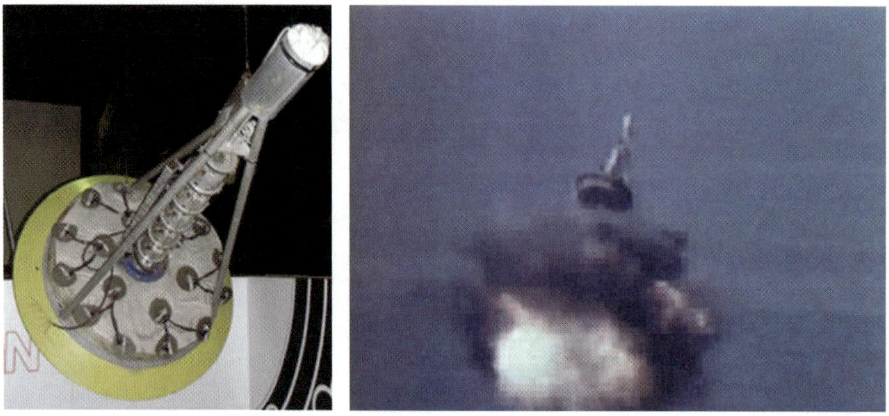

图 18－1　Putt－Putts 猎户座飞行器试验

图 18－2　猎户座航天器概念图

核弹的核心（Pit）。

为了引爆核装置，采用高爆化学炸药包裹在核心外层，爆炸时产生内聚冲击波并压缩核心。随着核心的压缩，反应性增加，达到超瞬发临界状态（首次临界）。若装置内置合适的中子源，产生的裂变功率将迅速增加。到某个时刻，装置的功率水平和内部压力将变得足够高，从而结束引爆过程的压缩阶段。该时刻是压缩量最大的时刻，同时也是剩余反应性最大的时刻。随着功率水平的不断升高，装置内部的压力和温度也随之升高，同时核心开始膨胀。在核心的外边缘，压力将突然下降到接近于零，导致核心外边缘的材料薄层中产生巨大的压力梯度。该压力梯度非常大，使得核心的外表面层瞬间炸开，并加速远离装置的主体，同时产生传播回核心的膨胀波。该膨胀波将核心外层的吹除速率限制在核心材料的声速。最终，表面材料的吹除和核心本身的膨胀相结合，导致装置的反应性降至超瞬发临界（第二次临界）状态以下，导致功率的指数增长终止，并结束引爆过程。

在接下来的推导中要确定的主要设计特征是装置的爆炸效率，即在引爆过程中可裂变材料的实际裂变份额。推导中采用的主要假设如下：

1）当膨胀波达到核心临界半径时，装置的超瞬发临界状态终止；

2）在膨胀波达到核心的临界半径之前，装置的超瞬发临界反应性保持恒定，当膨胀波到达核心的临界半径时，装置的反应性为零；

3）核弹核心由裸露的球形核心组成，无惰层包裹；

4）核心的温度足够高，可以将其视为光子气体（例如，辐射压力超过动态气体压力）；

5）引爆过程没有能量损失（例如，该装置满足绝热条件）。

根据假设 1)，装置处于超瞬发临界状态的时长可由下式推导

$$r_i - r_c = \int_0^{t_f} c(t)\mathrm{d}t \tag{18-1}$$

式中　$c(t)$ —— t 时刻的声速；

r_i ——核心机处于最大压缩量（最大密度）时的半径；

r_c ——核心在最大密度时的临界半径；

t_f ——膨胀波从 r_i 传播至 r_c 的时长。

如前所述，流体中的声速可由下式给出

$$c = \sqrt{\gamma RT} = \sqrt{\frac{4}{3}RT} \tag{18-2}$$

式中　γ ——气化核心的比热比（基于假设 4），该值为 4/3）；

R ——核心的气体常数；

T ——核心的绝对温度。

使用假设 5）以及气体动力学理论和理想气体定律，建立气化核心内能与压力的关系

$$P = \rho RT \Rightarrow RT = \frac{P}{\rho_p} = \frac{U}{3\rho_p} = \frac{E_\mathrm{d}}{3\rho_p V} = \frac{E_\mathrm{d}}{3m} \tag{18-3}$$

式中　E_d ——爆炸结束时的装置核心总内能；

U ——爆炸结束时的核心比内能；

m、V、ρ_p ——核心的质量、体积和密度。

将式（18－3）代入式（18－2）可以得到

$$c = \frac{2}{3}\sqrt{\frac{E_\mathrm{d}}{m}} \tag{18-4}$$

根据先前推导的点堆动力学方程以及假设 2)，式（11－33）给出了反应性阶跃增加时反应堆功率随时间的变化，如下式（译者注：中子密度 n 替换为反应堆功率 P）

$$P(t) \approx P_0\left[\underbrace{\frac{\rho}{\rho-\beta}}_{\approx 1}\mathrm{e}^{\frac{\rho-\beta}{\Lambda}t} - \underbrace{\frac{\beta}{\rho-\beta}\mathrm{e}^{\frac{-\rho\lambda}{\rho-\beta}t}}_{\text{比较小}}\right] \tag{18-5}$$

假设引入的反应性相当大（例如，$\rho \gg \beta$ 的极大超瞬发临界状态），则可以忽略式（18－5）中的第二项（延迟中子项），可以将表达式简化为

$$P(t) \approx P_0 e^{\frac{\rho}{\Lambda}t} \tag{18-6}$$

为了确定核心达到超瞬发临界状态后到 t 时刻产生的总能量，必须在该时间间隔内对式（18－6）进行积分，得到

$$E_d(t) = P_0\int_0^t e^{\frac{\rho}{\Lambda}t'} dt' = \frac{P_0\Lambda}{\rho}e^{\frac{\rho}{\Lambda}t} = \frac{E_1}{\rho}e^{\frac{\rho}{\Lambda}t} \tag{18-7}$$

式中，$E_1 = P_0\Lambda$ 为 $t=0$ 时（裂变开始）释放的能量，这里假设为一次裂变释放的能量。

因此，引爆过程释放的总能量可以由式（18－7）得到

$$E_d = \frac{E_1}{\rho}e^{\frac{\rho}{\Lambda}t_f} \tag{18-8}$$

将式（18－4）和式（18－7）代入式（18－1），可得

$$r_i - r_c = \int_0^{t_f} \frac{2}{3}\sqrt{\frac{E_1}{\rho m}}e^{\frac{\rho}{\Lambda}t} dt = \frac{2}{3}\sqrt{\frac{E_1}{\rho m}}\int_0^{t_f} e^{\frac{\rho}{2\Lambda}t} dt = \frac{4\Lambda}{3\rho}\sqrt{\frac{E_1}{\rho m}}\left(e^{\frac{\rho}{2\Lambda}t_f} - 1\right) \tag{18-9}$$

整理式（18－9）中的各项，可以得到指数项的表达式

$$e^{\frac{\rho}{\Lambda}t_f} = \frac{9}{16}\left(\frac{\rho}{\Lambda}\right)^2 \frac{\rho m}{E_1}(r_i - r_c)^2 \tag{18-10}$$

将式（18－10）的结果代入式（18－8），爆炸期间释放的总能量可改写为

$$E_d = \frac{E_1}{\rho}\frac{9}{16}\left(\frac{\rho}{\Lambda}\right)^2 \frac{\rho m}{E_1}(r_i - r_c)^2 = \frac{9}{16}\left(\frac{\rho}{\Lambda}\right)^2 m(r_i - r_c)^2 \tag{18-11}$$

若替换变量，令 $r_i = r_c(1+\Delta r)$，则式（18－8）可改写为

$$E_d = \frac{9}{16}\left(\frac{\rho}{\Lambda}\right)^2 m r_c^2 \Delta r^2 \tag{18-12}$$

为了计算爆炸的效率，首先需要确定装置在假设所有可裂变材料全部裂变时，可能释放的最大总能量。该最大可能的能量释放可以表示为

$$E_{\max} = E_2 m \tag{18-13}$$

式中　E_2——单位质量裂变材料释放的能量。

将式（18－12）除以式（18－13），可得到爆炸效率 ε 的表达式如下

$$\varepsilon = \frac{E_d}{E_{\max}} = \frac{1}{E_2 m}\frac{9}{16}\left(\frac{\rho}{\Lambda}\right)^2 m r_c^2 \Delta r^2 = \frac{9}{16E_2\Lambda^2} r_c^2 \Delta r^2 \rho^2 \tag{18-14}$$

需要注意的是，式（18－14）给出的爆炸效率关系式并不是非常有用，因为式中包含两个互相关联的变量。这两个变量是核心的反应性 ρ 和核心的压缩量 Δr。要确定这两个量之间的关系，请注意以下三个反应性表达式

$$\rho = 1 - \frac{1}{k_{\text{eff}}} = 1 - \frac{1}{\dfrac{\nu\Sigma_f}{DB^2 + \Sigma_a}} = 1 - \frac{\Sigma_a}{\nu\Sigma_f} - \frac{DB^2}{\nu\Sigma_f} \tag{18-15}$$

$$\rho_{\text{crit}}=0=1-\frac{1}{k_{\text{crit}}}=1-\frac{1}{\dfrac{\nu\Sigma_f}{DB_c^2+\Sigma_a}}=1-\frac{\Sigma_a}{\nu\Sigma_f}-\frac{DB_c^2}{\nu\Sigma_f} \tag{18-16}$$

以及

$$\rho_\infty=1-\frac{1}{k_\infty}=1-\frac{1}{\dfrac{\nu\Sigma_f}{\Sigma_a}}=1-\frac{\Sigma_a}{\nu\Sigma_f} \tag{18-17}$$

将式（18 - 17）代入式（18 - 15）和式（18 - 16），可以得到

$$\rho=\rho_\infty-\frac{DB^2}{\nu\Sigma_f}\Rightarrow\frac{D}{\nu\Sigma_f}=\frac{\rho_\infty-\rho}{B^2} \tag{18-18}$$

以及

$$0=\rho_\infty-\frac{DB_c^2}{\nu\Sigma_f}\Rightarrow\frac{D}{\nu\Sigma_f}=\frac{\rho_\infty}{B_c^2} \tag{18-19}$$

联立式（18 - 18）和式（18 - 19）可以得到仅以几何和材料参数为变量的反应性表达式

$$\frac{D}{\nu\Sigma_f}=\frac{\rho_\infty-\rho}{B^2}=\frac{\rho_\infty}{B_c^2}\Rightarrow\rho=\rho_\infty\left[1-\left(\frac{B}{B_c}\right)^2\right] \tag{18-20}$$

假设核心为球形，其几何曲率可以根据表 8 - 2 确定

$$B^2=\left(\frac{\pi}{r}\right)^2 \tag{18-21}$$

将式（18 - 21）代入式（18 - 20）并采用前述提到的 r_i 变换表达式，可以得到核心的反应性

$$\rho=\rho_\infty\left[1-\left(\frac{r_c}{r_i}\right)^2\right]=\rho_\infty\left\{1-\left[\frac{r_c}{r_c(1+\Delta r)}\right]^2\right\}-\rho_\infty\left[1-\left(\frac{1}{1+\Delta r}\right)^2\right] \tag{18-22}$$

采用式（18 - 22）替换式（18 - 14）中的反应性项，则可以得到爆炸效率的表达式

$$\varepsilon=\frac{9}{16E_2\Lambda^2}r_c^2\rho_\infty^2\left[\Delta r-\frac{\Delta r}{(1+\Delta r)^2}\right]^2 \tag{18-23}$$

注意当 $0<\Delta r<1$ 时，式（18 - 23）中中括号里的项可用下式近似

$$\left[\Delta r-\frac{\Delta r}{(1+\Delta r)^2}\right]^2\approx 0.6\Delta r^3 \tag{18-24}$$

将式（18 - 24）代入式（18 - 23）可以得到一个更有用的爆炸效率表达式

$$\varepsilon-\frac{9}{16E_2\Lambda^2}r_c^2\rho_\infty^2(0.6\Delta r^3)=\frac{0.338}{E_2}\left(\frac{r_c\rho_\infty}{\Lambda}\right)^2\Delta r^3 \tag{18-25}$$

如式（18 - 25）所示的爆炸效率表达式是赛贝（Serber）方程[2]的微小修改形式，最初由罗伯特・赛贝（Robert Serber）在 1943 年春天推导，用于估计第二次世界大战末期投向日本的原子弹的当量。这里对原始塞贝方程的修改仅针对方程中的常数项，反映了凯里・萨莱特在她的互联网档案“核武器常见问题”中所提出的一些建议；此外还修改了方程中的一些符号，以更清楚地说明点堆动力学参数对赛贝方程形式的影响。图 18 - 3 详细

给出了根据式（18－25）得到的爆炸效率随爆炸冲击压缩量的变化趋势。

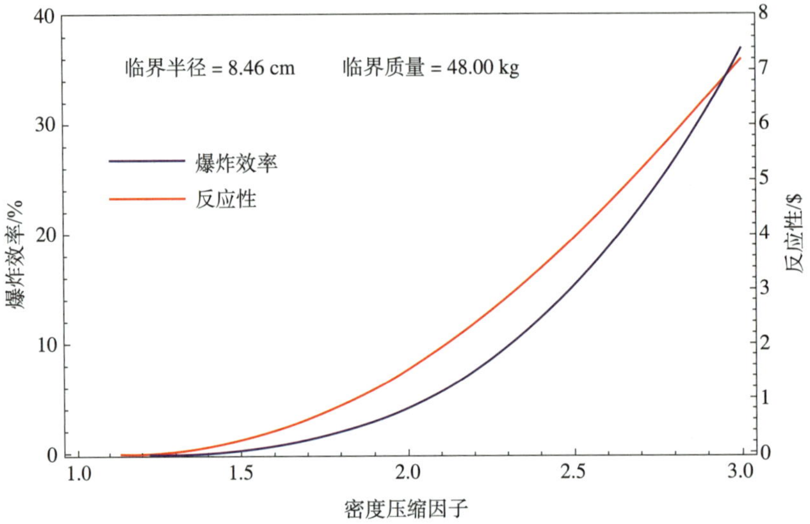

图 18－3　U^{235} 单次脉冲的爆炸当量

为了以最小的核心压缩程度达到目标爆炸效率，核心的初始结构需要使裂变材料球体的半径刚好略小于冲击压缩之前的临界半径。换言之，初始核心必须处于恰好次临界的状态，式（18－25）中给出的效率关系式最重要的局限是没有考虑裂变材料的燃耗，因此效率方程仅适用于燃耗相对较低的情况（例如低效率的情况）。而在高燃耗水平下，效率方程将越来越不准确，甚至会给出效率大于100%的结果。

若要将核心压缩到引发发散链式反应所需的密度，所需的能量并不小。图18－4给出了铀在等熵压缩和冲击压缩情况下所需能量的差异，铀冲击压缩所需的能量远高于铀平稳

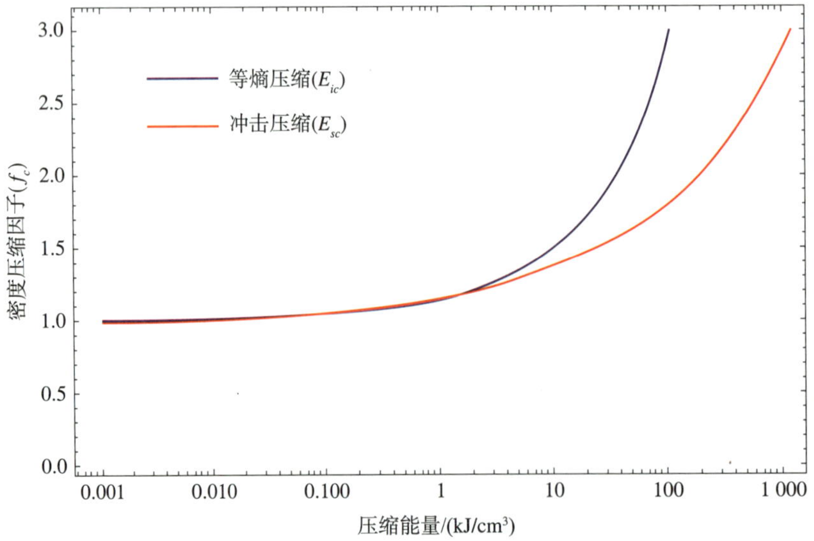

图 18－4　压缩铀核心需要的比能量

等熵压缩所需的能量。不幸的是，核心等熵压缩并不能引发爆炸链式反应，这是因为等熵压缩引发的核反应不够快，不足以产生任何类型的显著引爆过程。另一方面，冲击压缩可以使核心相当迅速地压缩，因此可以引发高能核爆炸所必需的快速发散核链式反应。然而，就其本质而言，冲击压缩是高度不可逆的，并会导致核心内产生巨大的耗散热。因此，与等熵压缩相比，冲击压缩的效率要低得多，核心达到同等压缩程度需要的能量明显高得多。

如果已知引发冲击压缩的化学炸药类型，则可以计算压缩核心至达到期望爆炸当量所需的炸药量。请注意，即使是设计良好的内爆系统，内爆的微小不对称性等也会导致压缩过程效率低下，因此内爆效率很难超过 30%。如果内爆系统设计不合理，内爆效率很可能远低于 30%。若已知核心质量、用于压缩核心的化学炸药类型以及将单位质量核心压缩至目标程度所需的能量，则达到目标压缩程度所需的化学炸药质量为

$$m_e = \frac{m_c E_{sc}(f_c)}{\eta \varepsilon_c} \tag{18-26}$$

式中　$E_{sc}(f_c)$ ——采用化学炸药冲击压缩核心至目标程度（以系数 f_c 表征压缩程度）所需的能量；

ε_c ——内爆过程压缩效率；

m_e ——冲击核心至系数 f_c 所需的化学炸药质量；

η ——转换系数（单位质量化学炸药爆炸能量）。

例如，如果使用三硝基甲苯（TNT，η=4 184 J/g）作为化学炸药，采用冲击压缩由铀组成的核心，则根据式（18－26），可以从图 18－5 中找到达到目标压缩程度所需的炸药量。

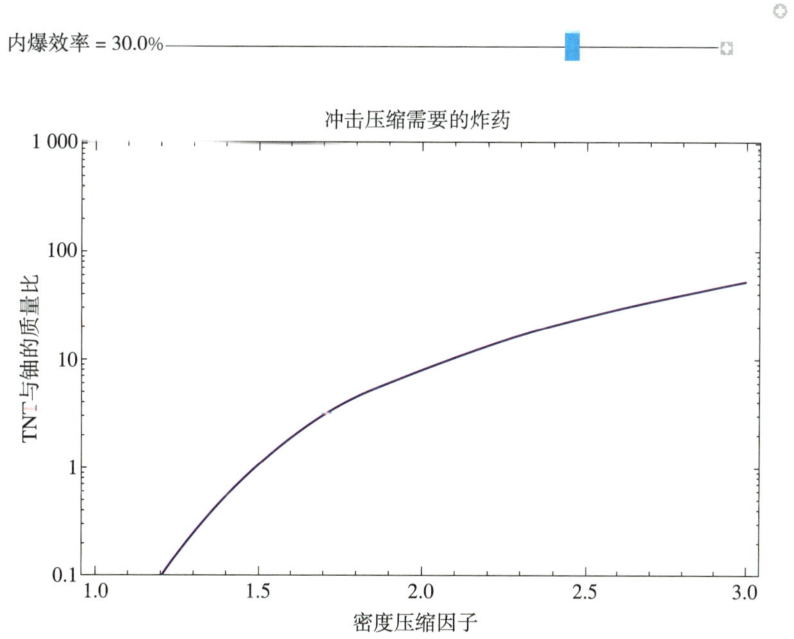

图 18－5　冲击压缩铀核心需要的炸药量

由于脉冲核爆炸是在距航天器一定距离处引发的，因此实际上只有一部分爆炸能量被航天器截获。航天器截获的能量比例主要由爆炸点和推进板之间的距离所决定。如果使用货架产品核弹装药，还必须考虑爆炸中的能量分布来布置弹药的位置；但这里先假设爆炸是球对称的，考虑图 18-6 中所示的情况。爆炸发生在航天器后面距离 L 处，产生的冲击波冲击航天器推进板并推动航天器作为一个整体向前进。要注意的是，只有与飞行速度矢量平行的冲击推进板的那部分冲击波是有助于航天器向前运动的。

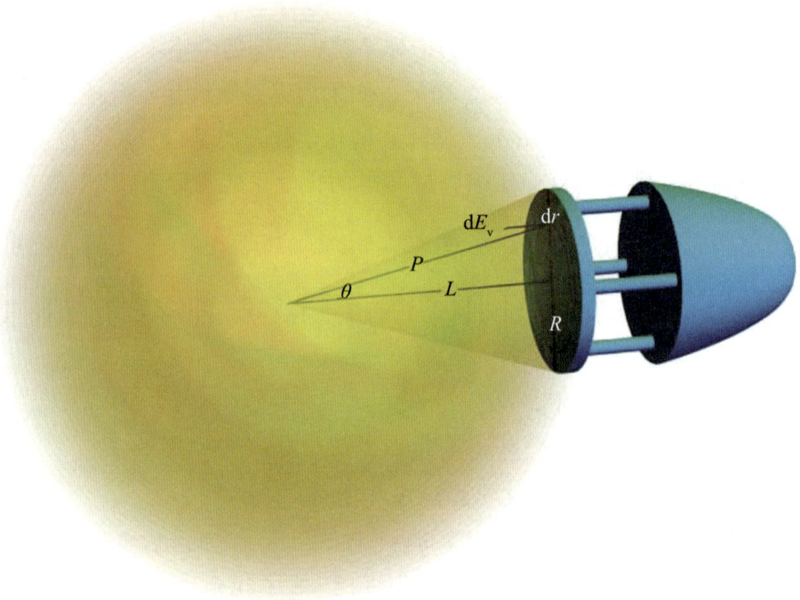

图 18-6　核脉冲航天器

核爆炸产生的能量通量可表示为

$$Q=\frac{E_d}{4\pi P^2} \tag{18-27}$$

式中　Q ——爆炸产生的能量通量；

P ——爆炸点至航天器推进板上某一点的距离。

垂直作用在推进板某一半径微分环的能量为

$$dE_v=Q(2\pi r\,dr)\cos\theta=\frac{E_d}{4\pi P^2}(2\pi r\,dr)\frac{L}{P}=\frac{E_d Lr}{2P^3}dr \tag{18-28}$$

式中　E_v ——对航天器起到加速作用的那部分爆炸能量。

根据勾股定理有

$$P=\sqrt{L^2+r^2} \tag{18-29}$$

将式（18-29）代入式（18-28）并且对整个推进板积分，施加给航天器推进板的总的垂直方向能量由下式计算

$$E_v=\int_0^R dE_v=\int_0^R \frac{E_d Lr}{2(L^2+r^2)^{3/2}}dr=\frac{E_d L}{2}\left(\frac{1}{L}-\frac{1}{\sqrt{L^2+R^2}}\right) \tag{18-30}$$

式（18－30）可以用于确定单次爆炸对航天器产生的速度增量。假设爆炸能量转化为航天器动能的效率为 ε_{KE}，则有

$$\varepsilon_{KE}E_{\mathrm{v}}=\frac{1}{2}m_{\mathrm{v}}v_{\mathrm{v}}^{2}=\varepsilon_{KE}\frac{E_{\mathrm{d}}L}{2}\left(\frac{1}{L}-\frac{1}{\sqrt{L^{2}+R^{2}}}\right)\Rightarrow v_{\mathrm{v}}=\sqrt{\varepsilon_{KE}\frac{E_{\mathrm{d}}}{m_{\mathrm{v}}}\left(1-\frac{L}{\sqrt{L^{2}+R^{2}}}\right)} \tag{18-31}$$

式中　m_{v}——航天器的质量；

v_{v}——单次爆炸给航天器带来的速度增量。

首先计算单个爆炸脉冲给航天器的速度增量，再根据核弹的质量确定航天器的有效比冲。根据动量守恒，可以使用下式利用有效速度确定有效比冲

$$m_{\mathrm{v}}v_{\mathrm{v}}=m_{\mathrm{pu}}v_{\mathrm{pu}}\Rightarrow v_{\mathrm{pu}}=\frac{m_{\mathrm{v}}v_{\mathrm{v}}}{m_{\mathrm{pu}}}=g_{c}I_{sp}\Rightarrow I_{sp}=\frac{m_{\mathrm{v}}v_{\mathrm{v}}}{g_{c}m_{\mathrm{pu}}} \tag{18-32}$$

式中　m_{pu}——核弹的质量，包括核心的质量和用于压缩核心的炸药（例如，TNT）质量；

v_{pu}——爆炸波的有效速度。

假设式（18－31）表示的航天器速度增量瞬时产生，并且航天器被一系列以适当的时间间隔产生的脉冲加速，则可以给出航天器速度随时间变化的函数

$$V_{\mathrm{v}}(t)=v_{\mathrm{v}}\sum_{i=0}^{n}U(t-i\Delta t)=\sqrt{\varepsilon_{KE}\frac{E_{\mathrm{d}}}{m_{\mathrm{v}}}\left(1-\frac{L}{\sqrt{L^{2}+R^{2}}}\right)}\sum_{i=0}^{n}U(t-i\Delta t) \tag{18-33}$$

式中　$V_{\mathrm{v}}(t)$——航天器速度对时间的函数；

n——爆炸脉冲的次数；

Δt——爆炸脉冲的时间间隔；

$U(x)$——单位阶跃函数。

对式（18－33）求导，可以得到航天器的整体加速度随时间的变化关系

$$a_{\mathrm{v}}(t)=v_{\mathrm{v}}\sum_{i=0}^{n}\delta(t-i\Delta t)=\sqrt{\varepsilon_{KE}\frac{E_{\mathrm{d}}}{m_{\mathrm{v}}}\left(1-\frac{L}{\sqrt{L^{2}+R^{2}}}\right)}\sum_{i=0}^{n}\delta(t-i\Delta t) \tag{18-34}$$

式中　$a_{\mathrm{v}}(t)$——航天器加速度对时间的函数；

$\delta(x)$——狄拉克 δ 函数。

航天器的平均加速度可以简单地通过将式（18－31）所示的单次引爆产生的速度增量除以引爆时间间隔来确定。因此，航天器平均加速度为

$$a_{\mathrm{ave}}=\frac{v_{\mathrm{v}}}{\Delta t}=\frac{1}{\Delta t}\sqrt{\varepsilon_{KE}\frac{E_{\mathrm{d}}}{m_{\mathrm{v}}}\left(1-\frac{L}{\sqrt{L^{2}+R^{2}}}\right)} \tag{18-35}$$

如前述，核脉冲推进航天器的设计包括设计大型减震器，用以缓冲核爆炸对航天器主体的冲击。为了使减震器正常工作，核引爆的时间必须与整个车辆的频率响应特性相匹配。在以下分析中，航天器被视做一个简单的双体弹簧-质量-减震器系统，该系统推进板受到一系列冲击载荷。图 18－7 突出了将要研究的动态航天器结构的细节。

由于航天器结构基本上是双体问题，因此需要两个运动方程来表示航天器的动态响应。假设减震器本身对航天器动态特性的影响很小，则在分析中会忽略减震器的质量。单

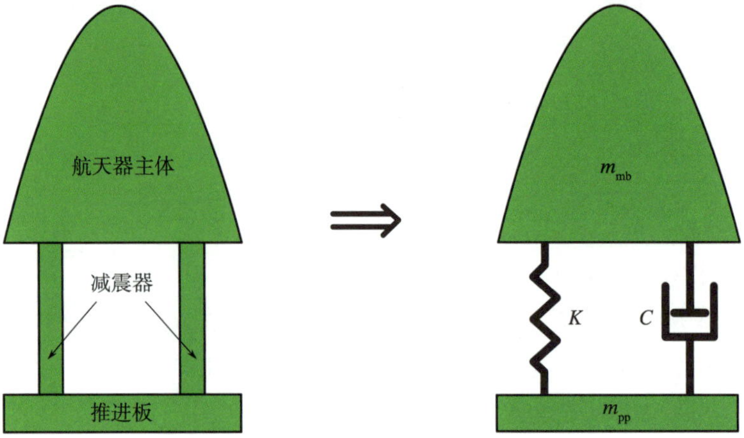

图 18-7　核脉冲航天器的简化动力学模型

个核脉冲对应的航天器主体运动方程可以由下式给出

$$m_v \frac{f}{f+1} \frac{d^2 z_{mb}}{dt^2} + C\left(\frac{dz_{mb}}{dt} - \frac{dz_{pp}}{dt}\right) + K(z_{mb} - z_{pp}) = 0 \tag{18-36}$$

其中

$$f = \frac{m_{mb}}{m_{pp}}$$

式中　m_{mb} ——航天器主体的质量；

m_{pp} ——航天器推进板的质量；

f ——航天器主体和推进板质量之比 m_{mb}/m_{pp}；

z_{mb} ——航天器主体的位置；

z_{pp} ——航天器推进板的位置；

C ——减震器的阻尼系数；

K ——减震器的弹簧系数。

若将式（18-36）改写为比质量的形式，航天器主体的运动方程可改写为

$$\frac{f}{f+1} \frac{d^2 z_{mb}}{dt^2} + c\left(\frac{dz_{mb}}{dt} - \frac{dz_{pp}}{dt}\right) + k(z_{mb} - z_{pp}) = 0 \tag{18-37}$$

式中　$c = C/m_v$，$k = K/m_v$。

单次核脉冲对应的航天器推进板运动方程如下式

$$m_v \frac{1}{f+1} \frac{d^2 z^j_{pp}}{dt^2} - C\left(\frac{dz^j_{mb}}{dt} - \frac{dz^j_{pp}}{dt}\right) - K(z^j_{mb} - z^j_{pp}) = \tau\delta(t - j\Delta t) \tag{18-38}$$

式中　τ ——上一次核爆炸对航天器推进板产生的冲击力；

j ——之前核爆炸的总次数；

Δt ——核爆炸的时间间隔。

将式（18-38）也改写为比质量的形式，航天器推进板的运动方程可以改写为

$$\frac{1}{f+1}\frac{\mathrm{d}^2 z_{\mathrm{pp}}^j}{\mathrm{d}t^2}-c\left(\frac{\mathrm{d}z_{\mathrm{mb}}^j}{\mathrm{d}t}-\frac{\mathrm{d}z_{\mathrm{pp}}^j}{\mathrm{d}t}\right)-k(z_{\mathrm{mb}}^j-z_{\mathrm{pp}}^j)=\frac{\tau}{m_{\mathrm{v}}}\delta(t-j\Delta t)=\frac{v_{\mathrm{v}}}{\mathrm{d}t}\delta(t-j\Delta t) \tag{18-39}$$

联立求解单次爆炸对应的微分运动方程式（18－37）和式（18－39）可得

$$z_{\mathrm{mb}}^j(t)=\left\{t-j\Delta t+\frac{v_{\mathrm{v}}}{\xi}\mathrm{e}^{\frac{-c(f+1)^2(t-j\Delta t)}{2f}}\sin[\xi(j\Delta t-t)]\right\}U(t-j\Delta t) \tag{18-40}$$

以及

$$z_{\mathrm{pp}}^j(t)=\left\{t-j\Delta t-\frac{fv_{\mathrm{v}}}{\xi}\mathrm{e}^{\frac{-c(f+1)^2(t-j\Delta t)}{2f}}\sin[\xi(j\Delta t-t)]\right\}U(t-j\Delta t) \tag{18-41}$$

式中　ξ——航天器的共振频率，$\xi=\dfrac{(f+1)\sqrt{4fk-c^2(f+1)^2}}{2f}$。

根据式（18－40）和式（18－41）所示的运动方程，可以确定单个爆炸脉冲期间与时间相关的减震器行程长度，如下式

$$H^j(t)=z_{\mathrm{mb}}^j(t)-z_{\mathrm{pp}}^j(t)=\frac{v_{\mathrm{v}}(f+1)}{\xi}\mathrm{e}^{\frac{-c(f+1)^2(t-j\Delta t)}{2f}}\sin[\xi(j\Delta t-t)]U(t-j\Delta t) \tag{18-42}$$

为了确定由一系列爆震脉冲产生的减震器行程长度，将单次脉冲对应的运动方程简单相加可得

$$\begin{aligned}H(t)&=\sum_{i=0}^{n}H^{i}(t)=\sum_{i=0}^{n}[z_{\mathrm{mb}}^i(t)-z_{\mathrm{pp}}^i(t)]\\&=\sum_{i=0}^{n}\frac{v_{\mathrm{v}}(f+1)}{\xi}\mathrm{e}^{\frac{-c(f+1)^2(t-i\Delta t)}{2f}}\sin[\xi(i\Delta t-t)]U(t-i\Delta t)\end{aligned} \tag{18-43}$$

要求搭载航天员的航天器主体部分的加速度，可以将式（18－40）对时间求微分来确定，得到单次爆炸脉冲对应的航天器主体速度为

$$v_{\mathrm{mb}}^j(t)=\left\{1-v_{\mathrm{v}}\mathrm{e}^{\frac{-c(f+1)^2(t-j\Delta t)}{2f}}\left(\cos[\xi(j\Delta t-t)]+\frac{c(f+1)^2}{2f\xi}+\frac{c(f+1)^2}{2f\xi}\sin[\xi(j\Delta t-t)]\right)\right\}U(t-j\Delta t) \tag{18-44}$$

再继续对式（18－44）给出的速度表达式求微分，可得航天员从单次爆炸脉冲中感受到的加速度为

$$\begin{aligned}a_{\mathrm{mb}}^j(t)=v_{\mathrm{v}}\mathrm{e}^{\frac{-c(f+1)^2(t-j\Delta t)}{2f}}&\left\{\frac{c(1+f)^2}{f}\cos[\xi(j\Delta t-t)]\right.\\&\left.+\left[\frac{c^2(1+f)^4}{4f^2\xi}-\xi\right]\sin[\xi(j\Delta t-t)]\right\}U(t-j\Delta t)\end{aligned} \tag{18-45}$$

航天员从一系列爆炸中感受到的净加速度同样是由式（18－45）给出的单次爆炸脉冲加速度简单相加，可得

$$a_{\mathrm{mb}}(t)=\sum_{i=0}^{n}a_{\mathrm{mb}}^{i}(t)=\sum_{i=0}^{n}v_{\mathrm{v}}\mathrm{e}^{\frac{-c(f+1)^{2}(t-i\Delta t)}{2f}}\left\{\frac{c(1+f)^{2}}{f}\cos[\xi(i\Delta t-t)]\right.$$
$$\left.+\left[\frac{c^{2}(1+f)^{4}}{4f^{2}\xi}-\xi\right]\sin[\xi(i\Delta t-t)]\right\}U(t-i\Delta t) \tag{18-46}$$

根据式（18－43）和式（18－46），图 18－8 给出了由一系列核加速脉冲导致的航天器设计特性和动态响应。需注意，航天器乘员在爆炸发生期间经历加速度尽管可能会感觉有一点不舒服，但是可以容忍。还需要注意的是，在启动期间发生的瞬态加速度变化幅度和

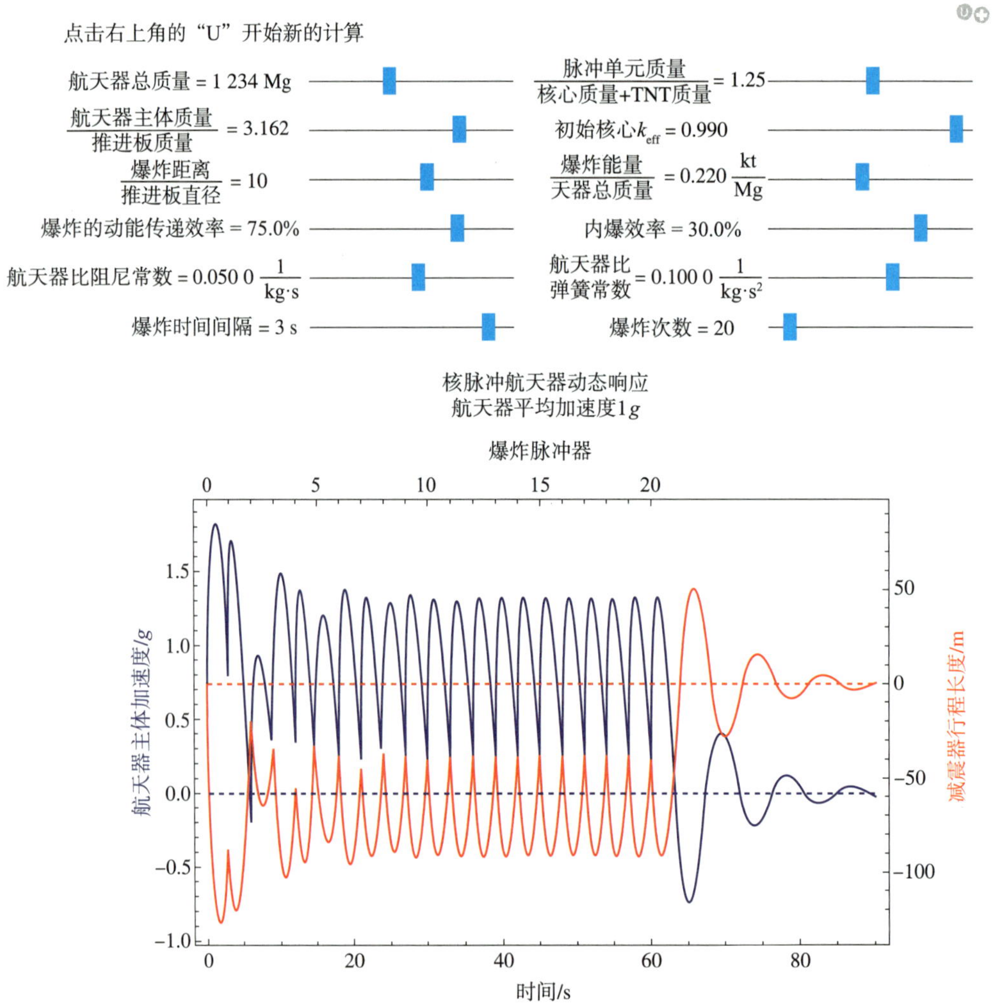

航天器主体质量 = 9 37.5 Mg	航天器推进板质量 = 296.5 Mg	核心质量 = 46.8 kg
TNT质量 = 1 985.0 kg	核弹质量 = 1 985.0 kg	密度压缩因子 = 2.87
压缩反应性 = $6.30	爆炸能量 = $6.30	航天器推重比 = 1.0
比冲 = 1 455 s	单次脉冲速度增量 = 29.34 m/s	航天器共振频率 = 0.12 Hz

图 18－8　核脉冲航天器的动态响应

减震器行程长度，比初始瞬态响应项消失后的情况要稍大一些。因此，为了减小启动瞬态对整个航天器动态响应的影响，可以适当调整初始爆炸释放的能量。出于同样的原因，加速阶段最后的几次爆炸也可能需要进行调整。单次脉冲对应的航天器速度由推进板所受的力决定，后者是关于航天器到爆炸点的距离、推进板的直径以及爆炸脉冲中释放的能量的函数。这些关系在式（18-31）中已经介绍过。反过来，每次爆炸释放的能量是核心直径和压缩因子的函数，见式（18-10）。达到预期爆炸当量所需的压缩因子决定了需要多少压缩药量。图 18-5 中的压缩药质量，加上核心的质量，在很大程度上决定了脉冲单元的质量。

18.2 开式循环气态堆芯核火箭

限制固态堆芯核火箭性能的主要因素是燃料必须保持在足够低的温度，以确保发动机运行期间燃料结构的完整性。这种温度限制将固态堆芯核火箭可达到的最大比冲限制在 900 s 左右。在开式循环气态堆芯核火箭中，由于燃料保持在气态，并没有类似固态堆芯核火箭的燃料温度限制。然而，气态堆芯核火箭也存在其他问题，使其可行性受到质疑。在这些可行性问题中，最主要的问题是防止气态裂变堆芯以不合理的高速率通过喷管漏出。要保证该型核火箭的可行性，气态堆芯必须保持在稳定的临界状态，并最大限度地降低可裂变材料通过喷管泄漏的损失率，同时最大限度地提高氢气推进剂的传热速率，且使其只能通过喷管排出。毫无疑问，这样严格的要求在工程中很难实现。

图 18-9 给出了要分析的气态堆芯核火箭概念图。在这种结构中，可裂变材料注入堆芯，随后由于堆芯高温而蒸发。氢气推进剂以一定角度通过反射层中的多孔壁，在堆芯的外边缘注入。以这种方式注入氢气，反射层可以保持适当的冷却，同时在气态裂变堆芯中建立稳定的气态旋涡。

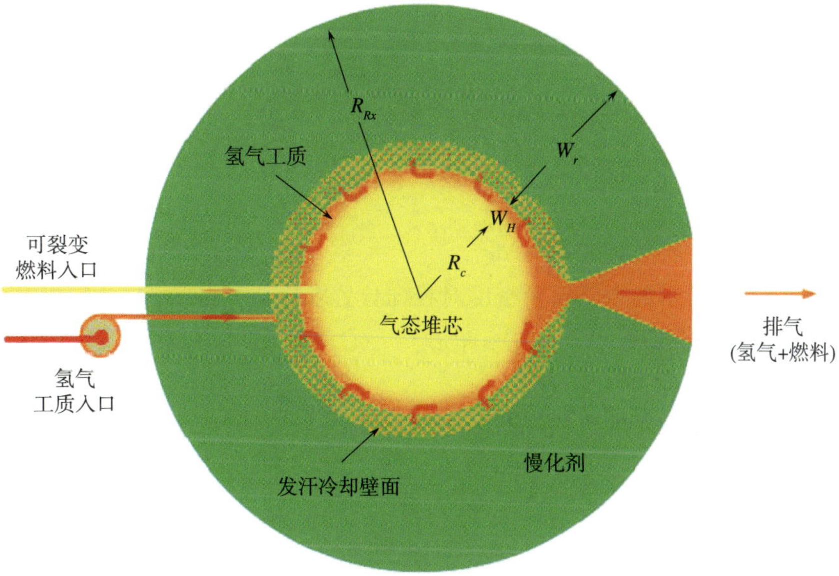

图 18-9　气态堆芯核火箭

18.2.1　中子学

如图 18－9 所示，将要分析的模型是一个三区球形反应堆，包括气态堆芯、氢气工质层以及固态反射层。固态反射层同时也充当了堆芯容器。

在临界计算中，将采用球对称几何中的单群核扩散理论进行中子学分析，同时忽略喷管区域和其他非均匀区域的影响，并假设铀的密度在整个核心区域保持不变。从临界计算中得到的功率分布用于后续的热流体分析，以确定发动机的性能特征。

对气态铀堆芯开展中子学分析，球对称几何中的单群核扩散方程可以写作

$$0=D_c\nabla^2\phi+\frac{\nu\Sigma_f}{k_{\mathrm{eff}}}\phi-\Sigma_a\phi=\frac{D_c}{r^2}\frac{\mathrm{d}}{\mathrm{d}r}\left(r^2\frac{\mathrm{d}\phi}{\mathrm{d}r}\right)+\frac{\nu\Sigma_f^c}{k_{\mathrm{eff}}}\phi-\Sigma_a^c\phi$$
$$=\frac{1}{r^2}\frac{\mathrm{d}}{\mathrm{d}r}\left(r^2\frac{\mathrm{d}\phi}{\mathrm{d}r}\right)+\alpha^2\phi \tag{18-47}$$

式中　α^2——堆芯曲率，$\alpha^2=\dfrac{\dfrac{\nu\Sigma_f^c}{k_{\mathrm{eff}}}-\Sigma_a^c}{D_c}=\dfrac{\dfrac{\nu\rho N_A\sigma_f^c}{Mk_{\mathrm{eff}}}-\dfrac{N_A}{M}\rho\sigma_a^c}{\dfrac{1}{3\rho\sigma_{tr}^c}\dfrac{M}{N_A}}$。

假设堆芯温度足够高，可被视作理想气体，则堆芯曲率可以用堆芯温度和压力来表示，可得

$$\alpha^2=3\rho^2\left(\frac{N_A}{M}\right)^2\left(\frac{\nu\sigma_f^c}{k_{\mathrm{eff}}}-\sigma_a^c\right)\sigma_{tr}^c=\left(\frac{N_A}{M}\right)^2\frac{3P^2\left(\dfrac{\nu\sigma_f^c}{k_{\mathrm{eff}}}-\sigma_a^c\right)\sigma_{tr}^c}{R^2T^2} \tag{18-48}$$

式中　P——堆芯压力；

　　　T——堆芯温度；

　　　R——气态铀的气体常数。

求解式（18－47）所示的中子扩散微分方程，可得

$$\phi(r)=C_1\frac{\sin(\alpha r)}{\alpha r}+C_2\frac{\cos(\alpha r)}{\alpha r} \tag{18-49}$$

由于所求解问题的对称性，反应堆中心的边界条件可写为

$$\frac{\mathrm{d}\phi}{\mathrm{d}r}=0\ (r=0) \tag{18-50}$$

将式（18－49）所示的中子通量密度对径向位置求导，可得

$$\frac{\mathrm{d}\phi}{\mathrm{d}r}=\frac{(C_1\alpha r-C_2)\cos(\alpha r)}{\alpha r^2}-\frac{(C_1+C_2\alpha r)\sin(\alpha r)}{\alpha r^2} \tag{18-51}$$

再将式（18－50）所示的边界条件代入式（18－51）所示的中子通量密度的一阶导数，有

$$0=(C_1\alpha 0-C_2)\cos(\alpha 0)-(C_1+C_2\alpha 0)\sin(\alpha 0)\Rightarrow C_2=0 \tag{18-52}$$

根据式（18－49）中给出的中子通量密度一般表达式，结合式（18－52），来计算堆芯内的中子通量密度

$$\phi_c(r)=C_1\frac{\sin(\alpha r)}{\alpha r} \tag{18-53}$$

在氢气工质层，宏观横截面非常小，可以假设截面为 0，控制方程可写为

$$0=D_{\mathrm{H}}\nabla^2\phi-\Sigma_a\phi=\frac{D_{\mathrm{H}}}{r^2}\frac{\mathrm{d}}{\mathrm{d}r}\left(r^2\frac{\mathrm{d}\phi}{\mathrm{d}r}\right)-\Sigma_a^{\mathrm{H}}\phi=\frac{1}{r^2}\frac{\mathrm{d}}{\mathrm{d}r}\left(r^2\frac{\mathrm{d}\phi}{\mathrm{d}r}\right)-\underbrace{\mu^2}_{0}\phi=\frac{\mathrm{d}}{\mathrm{d}r}\left(r^2\frac{\mathrm{d}\phi}{\mathrm{d}r}\right) \tag{18-54}$$

对式（18－54）进行积分，可得氢气工质层中子通量密度的表达式

$$\phi_{\mathrm{H}}(r)=\frac{C_3}{r}+C_4 \tag{18-55}$$

根据中子通量密度在堆芯和氢工质层交界面处的连续性，有以下关系

$$\phi_c(R_c)=C_1\frac{\sin(\alpha R_c)}{\alpha R_c}=\phi_{\mathrm{H}}(R_c)=\frac{C_3}{R_c}+C_4 \tag{18-56}$$

同样，中子流在堆芯和氢气推进剂层之间的界面处必须是连续的，因此有

$$\begin{aligned}J_c(R_c)&=D_c\left.\frac{\mathrm{d}\phi_c}{\mathrm{d}r}\right|_{r=R_c}=C_1\frac{D_c\cos(\alpha R_c)}{R_c}-C_1\frac{D_c\sin(\alpha R_c)}{\alpha R_c^2}\\&=J_{\mathrm{H}}(R_c)=D_{\mathrm{H}}\left.\frac{\mathrm{d}\phi_{\mathrm{H}}}{\mathrm{d}r}\right|_{r=R_c}=-C_3\frac{D_{\mathrm{H}}}{R_c^2}\end{aligned} \tag{18-57}$$

对任意常数 C_3 和 C_4，联立求解式（18－56）和式（18－57）可得

$$\begin{aligned}C_3&=C_1\frac{D_c}{D_{\mathrm{H}}}\left[\frac{\sin(\alpha R_c)}{\alpha R_c}-\cos(\alpha R_c)\right]R_c\\C_4&=C_1\frac{D_c}{D_{\mathrm{H}}}\left[\cos(\alpha R_c)-\frac{\sin(\alpha R_c)}{\alpha R_c}\right]+C_1\frac{\sin(\alpha R_c)}{\alpha R_c}\end{aligned} \tag{18-58}$$

将基于任意常数的表达式（18－58）代入式（18－55）所给出的氢工质层中子通量密度的表达式中，可以得到仅涉及任意常数 C_1 的氢工质层中子通量密度的新表达式

$$\begin{aligned}\phi_{\mathrm{H}}(r)=&C_1\frac{D_c}{D_{\mathrm{H}}}\left[\frac{\sin(\alpha R_c)}{\alpha R_c}-\cos(\alpha R_c)\right]\frac{R_c}{r}+\\&C_1\frac{D_c}{D_{\mathrm{H}}}\left[\cos(\alpha R_c)-\frac{\sin(\alpha R_c)}{\alpha R_c}\right]+C_1\frac{\sin(\alpha R_c)}{\alpha R_c}\end{aligned} \tag{18-59}$$

在反射层中，中子扩散方程可写为

$$0=D_r\nabla^2\phi-\Sigma_a^r\phi=\frac{D_r}{r^2}\frac{\mathrm{d}}{\mathrm{d}r}\left(r^2\frac{\mathrm{d}\phi}{\mathrm{d}r}\right)-\Sigma_a^r\phi=\frac{1}{r^2}\frac{\mathrm{d}}{\mathrm{d}r}\left(r^2\frac{\mathrm{d}\phi}{\mathrm{d}r}\right)-\beta^2\phi \tag{18-60}$$

式中　β^2——反射层的材料曲率，$\beta^2=\dfrac{\Sigma_a^r}{D_r}$。

求解式（18－60）所示的中子扩散方程可得

$$\phi_r(r)=C_5\frac{\sinh[\beta(R_{Rx}^*-r)]}{\beta r}+C_6\frac{\cosh[\beta(R_{Rx}^*-r)]}{\beta r} \tag{18-61}$$

式中　R_{Rx}^*——反射层的外推半径，$R_{Rx}^*=R_c+W_{\mathrm{H}}+W_r+2D_r=R_c+W_{\mathrm{H}}+W_r^*$。

注意到在反应堆外推边界处，中子通量密度为零，根据式（18－61）可得

$$\phi_r(R_{Rx}^*)=0=C_5\frac{\sinh(0)}{\beta R_{Rx}^*}+C_6\frac{\cosh(0)}{\beta R_{Rx}^*}\Rightarrow C_6=0 \tag{18-62}$$

将式（18－62）代入式（18－61）求解中子通量密度在反射层内的分布，反射层中子通量的最终表达式为

$$\phi_r(r)=C_5\frac{\sinh[\beta(R_{Rx}^*-r)]}{\beta r} \tag{18-63}$$

在氢工质层和反射层的交界面处，中子通量密度必然连续，因此，根据式（18－59）和式（18－63）可得

$$\begin{gathered}\phi_H(R_c+W_H)=\phi_r(R_c+W_H)\\ \Rightarrow C_1\frac{D_c}{D_H}\left[\frac{\sin(\alpha R_c)}{\alpha R_c}-\cos(\alpha R_c)\right]\frac{R_c}{R_c+W_H}+\\ C_1\frac{D_c}{D_H}\left[\cos(\alpha R_c)-\frac{\sin(\alpha R_c)}{\alpha R_c}\right]+C_1\frac{\sin(\alpha R_c)}{\alpha R_c}=C_5\frac{\sinh(\beta W_r^*)}{\beta(R_c+W_H)}\end{gathered} \tag{18-64}$$

类似地，氢工质层和反射层交界面处的中子流密度也必须连续，因此，根据式（18－59）和式（18－63）可得

$$\begin{gathered}J_H(R_c+W_H)=J_r(R_c+W_H)\Rightarrow D_H\frac{\mathrm{d}\phi_H}{\mathrm{d}r}\bigg|_{r=R_c+W_H}=D_r\frac{\mathrm{d}\phi_r}{\mathrm{d}r}\bigg|_{r=R_c+W_H}\\ \Rightarrow\frac{C_1[\sin(\alpha R_c)-\alpha R_c\cos(\alpha R_c)]D_c}{\alpha(R_c+W_H)^2}=C_5\left[\frac{\cosh(\beta h_r^*)}{R_c+W_H}+\frac{\sinh(\beta W_r^*)}{\beta(R_c+W_H)^2}\right]D_r\end{gathered} \tag{18-65}$$

用式（18－65）除以式（18－64），则可以消去所有的常数项，得到临界方程如下

$$\frac{D_HR_cD_c[\tan(\alpha R_c)-\alpha R_c]}{-W_HD_c[\tan(\alpha R_c)-\alpha R_c]+D_H(R_c+W_H)\tan(\alpha R_c)}=D_r\left[1+\frac{\beta(R_c+W_H)}{\tanh(\beta W_r^*)}\right] \tag{18-66}$$

由式（18－64）可以求解得到 C_5 基于 C_1 和其他几何参数的表达式

$$C_5=C_1\beta\frac{\frac{D_c}{D_H}[\alpha W_HR_c\cos(\alpha R_c)-W_H\sin(\alpha R_c)]+(R_c+W_H)\sin(\alpha R_c)}{\alpha R_c\sinh(\beta W_r^*)} \tag{18-67}$$

将式（18－67）的结果代入式（18－63），可以最终得到反射层中子通量密度表达式

$$\begin{gathered}\phi_r(r)=C_1\frac{\frac{D_c}{D_H}[\alpha W_H\cos(\alpha R_c)-W_H\sin(\alpha R_c)]+(R_c+W_H)\sin(\alpha R_c)}{\alpha R_c\sinh(\beta W_r^*)}\times\\ \frac{\sinh[\beta(R_{Rx}^*-r)]}{\alpha r}\end{gathered} \tag{18-68}$$

常数 C_1 可由堆芯平均功率密度确定，进而得到中子通量密度和局部功率密度的绝对值。假设堆芯平均功率密度已知，可将式（18－53）对堆芯体积进行积分得到 C_1 的值，有下式

$$
\begin{aligned}
\text{堆芯总功率} = Q &= q_{\text{ave}}\left(\frac{4}{3}\pi R_c^3\right) = C_1 \sum\nolimits_f E_f \int_0^{R_c} \frac{\sin(\alpha r)}{\alpha r}(4\pi r^2)\mathrm{d}r \\
&= \frac{4\pi}{\alpha^3} C_1 \sum\nolimits_f E_f [\sin(\alpha R_c) - \alpha R_c \cos(\alpha R_c)] \qquad (18-69) \\
&\Rightarrow C_1 = \frac{q_{\text{ave}} \alpha^3 R_c^2 / (\sum_f E_f)}{3[\sin(\alpha R_c) - \alpha R_c \cos(\alpha R_c)]} = \frac{q_0}{\sum_f E_f}
\end{aligned}
$$

联立式（18－53）、式（18－59）和式（18－68），可以得到气态堆芯反应堆各区域的中子通量密度

$$
\phi(r) = \begin{cases}
\dfrac{q_0}{\sum_f E_f} \dfrac{\sin(\alpha r)}{\alpha r} & 0 \leqslant r \leqslant R_c \\
\dfrac{q_0}{\sum_f E_f} \left\{ \dfrac{D_c}{D_H} \left[\dfrac{\sin(\alpha R_c)}{\alpha R_c} - \cos(\alpha R_c) \right] \dfrac{R_c}{r} + \dfrac{D_c}{D_H} \left[\cos(\alpha R_c) - \dfrac{\sin(\alpha R_c)}{\alpha R_c} \right] + \dfrac{\sin(\alpha R_c)}{\alpha R_c} \right\} & R_c \leqslant r \leqslant R_c + W_H \\
\dfrac{q_0}{\sum_f E_f} \dfrac{\dfrac{D_c}{D_H} [\alpha W_H R_c \cos(\alpha R_c) - W_H \sin(\alpha R_c)] + (R_c + W_H) \sin(\alpha R_c)}{\alpha R_c \sinh(\beta W_r^*)} \dfrac{\sinh[\beta(R_{Rx}^* - r)]}{r} & R_c + W_H \leqslant r \leqslant R_c + W_H + W
\end{cases}
$$

(18－70)

18.2.2　堆芯温度分布

在堆芯运行的极高温度下，热辐射将是高温裂变铀气体的主要热传递方式。然而，由于气体不是完全不透明的，堆芯任何一处发射的辐射都会从其起点逐渐衰减，直到离开堆芯。热辐射的衰减程度将由铀气体的不透明度决定，不透明度又取决于辐射频率和铀气体密度。辐射将根据比尔（Beer）定律衰减，该定律如下

$$
\frac{\mathrm{d}I_\nu(x)}{\mathrm{d}x} = -\kappa_{\nu,\mathrm{U}} \rho I_\nu(x) \Rightarrow I_\nu(x) = I_\nu(0) \mathrm{e}^{-\kappa_{\nu,\mathrm{U}} \rho x} = I_\nu(0) \mathrm{e}^{-\kappa_{\nu,\mathrm{U}} \frac{P}{RT} x} \qquad (18-71)
$$

式中　$I_\nu(x)$ ——频率相关的辐射强度对起始点距离的函数；

$I_\nu(0)$ ——起始点处频率相关的辐射强度；

$\kappa_{\nu,\mathrm{U}}$ ——铀气体的不透明度关于频率 ν 的函数；

x ——辐射距离起始点的传播距离。

需要注意的是，裂变铀气体发射的热辐射并不是单一频率，而是按照普朗克定律所定义的频率谱上进行热辐射，该定律描述了黑体发射电磁辐射的特性，其表达式如下

$$
B_\nu(T) = \frac{2h\nu^3}{c^2} \frac{1}{\mathrm{e}^{\frac{h\nu}{kT}} - 1} \qquad (18-72)
$$

式中　$B_\nu(T)$ ——普朗克黑体辐射能量密度分布函数；

h ——普朗克常数；

k ——斯特藩-玻耳兹曼常数；

c ——光速。

普朗克定律给出的光谱如图 18－10 所示。需注意，在气态堆芯核火箭运行的温度下，

堆芯所辐射的大部分功率都在紫外光（UV）区域。另外值得注意的是，在太阳表面温度下（约 10 000 K），光谱的峰值位于可见光区域。

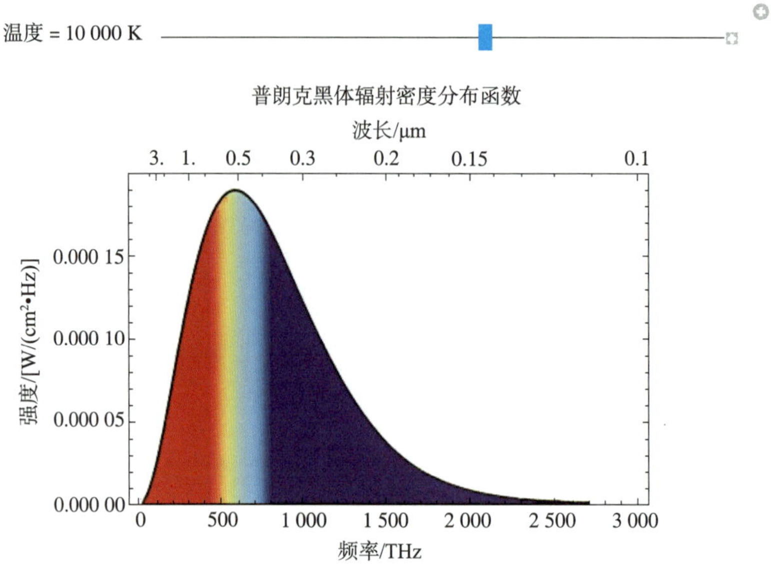

图 18-10　普朗克黑体辐射光谱

采用式（18-72）所示的普朗克定律来衡量气体的不透明度，可以获得光谱平均不透明度，其为温度的函数，可用于计算由裂变气体核心发出的热辐射的衰减特性。由于铀气体通常相当不透明，适用于这种特殊情况的加权方案是使用辐射传输方程的扩散近似。由此产生的加权平均不透明度被称为罗斯兰不透明度。罗斯兰不透明度适用于光学厚的气体，其中热辐射的平均自由程小于系统的某些特征尺寸（例如，在本例中为核半径），并且辐射场相对各向同性。罗斯兰不透明度的加权表达式可以写为

$$\frac{1}{\kappa_{U}}=\frac{\int_{0}^{\infty}\frac{1}{\kappa_{\nu,U}}\frac{\partial B_{\nu}(T)}{\partial T}d\nu}{\int_{0}^{\infty}\frac{\partial B_{\nu}(T)}{\partial T}d\nu} \tag{18-73}$$

式中　κ_{U} ——铀气体的罗斯兰不透明度。

利用测量的光学数据[3]，对不同温度和压力条件下铀气体的罗斯兰不透明度分别进行了计算，结果如图 18-11 所示。

为了简化堆芯温度分布的分析，忽略球形气态裂变铀中的对流，并假定气体内的所有热传递都是以热传导的形式进行。采用罗斯兰不透明度，可以定义一个假想的热导率[4]，该热导率适用于光学厚的气体。基于这个假设，铀气体的热导率为

$$k_{U}=\frac{16\sigma T^{3}}{3\kappa_{U}} \tag{18-74}$$

式中　σ ——斯特藩-玻耳兹曼常数；

　　k_{U} ——铀气体的热导率。

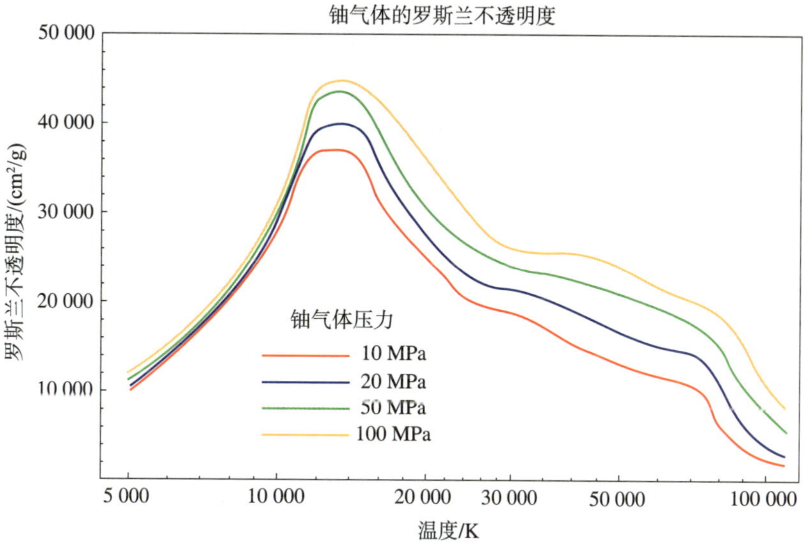

图 18－11　铀气体的罗斯兰不透明度

将式（18－53）计算所得的堆芯功率及式（18－74）计算所得的罗斯兰热导率代入式（9－10）的泊松传热方程中，可以得到一个微分方程，求解这个方程则可以得到铀气体堆芯中的温度分布

$$\nabla^2 T+\frac{q}{k_U}=\frac{d^2T}{dr^2}+\frac{2}{r}\frac{dT}{dr}+q_0\frac{3\kappa_U}{16\sigma T^3}\frac{\sin(\alpha r)}{\alpha r}=0 \tag{18-75}$$

式中　q ——堆芯局部功率密度。

由于式（18－75）是非线性的，无法用解析法对其进行求解，只能用数值法求解。

18.2.3　壁面温度计算

根据堆芯外侧的热流密度以及推进剂的辐射吸收特性，可以计算出反射层内侧的壁面温度。然而，由于氢气推进剂不能像铀气体堆芯一样被认定为光学不透明，必须采用不同的方法来正确评估推进剂传热的方式，并计算出推进剂及反射层交界面的温度。

堆芯辐射的能量穿过氢气推进剂时，能量会逐渐被吸收，导致推进剂被加热至高温。因此，推进剂也会向外辐射所吸收的大量热量。

首先确定辐射传递给推进剂的热量。如图 18－12 所示，对于推进剂层中的一个微分单元，辐射热平衡方程可以写为

$$\frac{d[4\pi r^2 I(r)]}{dr}=[\underbrace{-\kappa_H(T)I(r)}_{\text{吸收}}\underbrace{+\kappa_H(T)J(r)}_{\text{辐射}}](4\pi r^2) \tag{18-76}$$

式中　$J(r)$ ——氢气推进剂发出的黑体热辐射，$J(r)=\sigma T^4$；

$\kappa_H(T)$ ——氢气推进剂的普朗克不透明度。

式（18－76）中采用了普朗克不透明度而非罗斯兰不透明度，主要是因为虽然推进剂

层中的辐射处于平衡状态，但它既不是各向同性，也不像铀气体堆芯一样在光学上被认为是厚的气体。计算普朗克不透明度所使用的加权表达式，直接通过普朗克分布函数对频率相关的氢气不透明度进行加权，具体如下

$$\kappa_{\mathrm{H}}(T)=\frac{\int_0^{\infty}\kappa_{\nu,\mathrm{H}}B_{\nu}(T)\mathrm{d}\nu}{\int_0^{\infty}B_{\nu}(T)\mathrm{d}\nu} \tag{18-77}$$

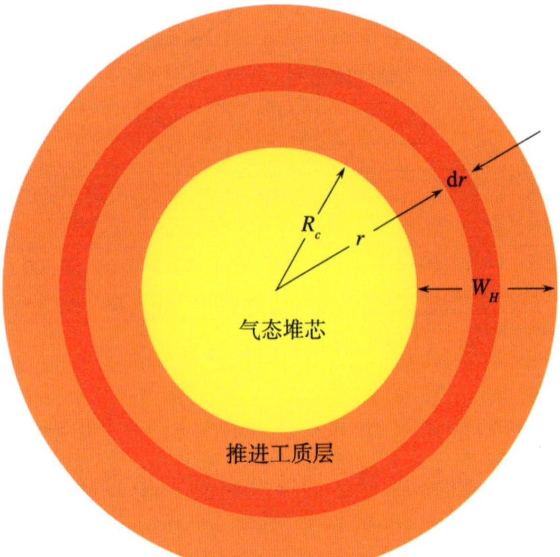

图 18-12　气态堆芯向推进工质层的传热模型

从数学上看，式（18-76）是史瓦西（Schwarzschild）方程的球形几何形式。研究人员通常采用这个方程的一种形式来确定大气中吸收的太阳能。然而，在本例中，它将用于计算气态堆芯反应区中推进剂的辐射传热。将式（18-76）写为更常见的形式

$$\frac{\mathrm{d}I(r)}{\mathrm{d}r}+\left[\frac{2}{r}+\kappa_{\mathrm{H}}(T)\right]I(r)=\kappa_{\mathrm{H}}(T)\sigma T^4 \tag{18-78}$$

通过积分因子的方法，可以求得式（18-78）的解析解

$$I(r)=\frac{\mathrm{e}^{-\int_{R_c}^{r}\kappa_{\mathrm{H}}(T)\mathrm{d}r'}}{r^2}\int_{R_c}^{r}\kappa_{\mathrm{H}}(T)\sigma T^4\mathrm{e}^{\int_{R_c}^{r'}\kappa_{\mathrm{H}}(T)\mathrm{d}r''}r'^2\mathrm{d}r'+C\frac{\mathrm{e}^{-\int_{R_c}^{r}\kappa_{\mathrm{H}}(T)\mathrm{d}r'}}{r^2} \tag{18-79}$$

为了确定式中的任意常数 C，将堆芯和推进剂交界处的热流密度作为边界条件，可得

$$\begin{aligned}I(R_c)=q_{\mathrm{int}}&=\frac{\mathrm{e}^{-\int_{R_c}^{R_c}\kappa_{\mathrm{H}}(T)\mathrm{d}r'}}{R_c^2}\int_{R_c}^{R_c}\kappa_{\mathrm{H}}(T)\sigma T^4\mathrm{e}^{\int_{R_c}^{R_c}K_{\mathrm{H}}(T)dr''}r'^2\mathrm{d}r'+C\frac{\mathrm{e}^{-\int_{R_c}^{R_c}\kappa_{\mathrm{H}}(T)\mathrm{d}r'}}{R_c^2}\\&=C\frac{1}{R_c^2}\Rightarrow C=q_{\mathrm{int}}R_c^2\end{aligned} \tag{18-80}$$

式中　q_{int}——堆芯和推进剂交界处的热流密度。

将式（18-80）所得任意常数 C 代入式（18-79）所示氢气推进剂层的辐射强度关系

式中，然后在推进剂/反射器边界处对该氢气推进剂层进行积分，可以得到壁面热流密度为

$$I(R_c+W_H)=q_s$$

$$=q_{int}R_c^2\frac{e^{-\int_{R_c}^{R_c+W_H}\kappa_H(T)dr'}}{(R_c+W_H)^2}+\frac{e^{-\int_{R_c}^{R_c+W_H}\kappa_H(T)dr}}{(R_c+W_H)^2}\int_{R_c}^{R_c+W_H}\kappa_H(T)\sigma T^4 e^{\int_{R_c}^{r'}\kappa_H(T)dr''}r'^2dr' \tag{18-81}$$

式中　q_s——反射层内表面的热流密度。

由于推进剂层中氢气温度与位置的函数关系未知，所以式（18-81）在当前形式下还无法积分。因此，为解决这个问题，假设推进剂的温度在堆芯与推进剂层之间的交界面之间呈线性变化。将推进剂的平均温度（推进剂中心的温度）定义为出口温度

$$T=2T_{ave}-T_s-\frac{2}{W_H}(T_{ave}-T_s)(r-R_c) \tag{18-82}$$

式中　T_s——反射层内表面的温度；

T_{ave}——推进剂的平均出口温度。

将式（18-82）代入式（18-81）

$$(R_c+W_H)=q_s$$

$$=q_{int}R_c^2\frac{e^{-\int_{R_c}^{R_c+W_H}\kappa_H(T)dr'}}{(R_c+W_H)^2}+\frac{e^{-\int_{R_c}^{R_c+W_H}\kappa_H(T)dr}}{(R_c+W_H)^2}\int_{R_c}^{R_c+W_H}\kappa_H(T)$$

$$\sigma\left[2T_{ave}-T_s-\frac{2}{W_H}(T_{ave}-T_s)(r-R_c)\right]^4 e^{\int_{R_c}^{r'}\kappa_H(T)dr''}r'^2dr' \tag{18-83}$$

需要注意的是，由于式（18-83）包含三个未知数，即反射器表面的热流密度（q_s）、堆芯和推进剂层交界面的热流密度（q_{int}）以及反射器表面的温度（T_s），因此还需要另外两个方程来求解这三个变量。通过反射层内表面的热平衡方程可以得到其中一个方程

$$0=\underbrace{q_s}_{\text{传递至壁面的辐射热}}+\underbrace{h_c(T_{ave}-T_s)}_{\text{由壁面向氢气工质的发汗传热}}\underbrace{-\frac{\dot{m}}{A_s}c_p(T_s-T_i)}_{\text{氢气工质的吸热}} \tag{18-84}$$

式中　h_c——发汗传热系数；

A_s——反射层内表面面积；

$\dot{m}$——流经反射层内表面的推进剂总质量流率；

T_i——推进剂的入口温度。

如果堆芯总功率以及推进剂平均出口温度均已知，可以得到

$$Q=qV_{core}=\dot{m}c_p(T_{ave}-T_i)\Rightarrow\dot{m}c_p=\frac{qV_{core}}{T_{ave}-T_i} \tag{18-85}$$

式中　V_{core}——堆芯体积。

将式（18-85）代入式（18-84），转化后可以得到

$$q_s = q\frac{V_{\text{core}}}{A_s}\frac{T_s - T_i}{T_{\text{ave}} - T_i} - h_c(T_{\text{ave}} - T_s) = q\frac{\frac{4}{3}\pi R_c^3}{4\pi(R_c + W_{\text{H}})^2}\frac{T_s - T_i}{T_{\text{ave}} - T_i} - h_c(T_{\text{ave}} - T_s)$$
$$= q\frac{R_c^3}{3(R_c + W_{\text{H}})^2}\frac{T_s - T_i}{T_{\text{ave}} - T_i} - h_c(T_{\text{ave}} - T_s) \tag{18-86}$$

对于最后一个所需要的方程，由于堆芯内产生热量的速率必定等于堆芯边界传输热量的速率（散度定理），因此

$$Q = qV_{\text{core}} = q_{\text{int}}A_{\text{int}} \Rightarrow q_{\text{int}} = q\frac{V_{\text{core}}}{A_{\text{int}}} = q\frac{\frac{4}{3}\pi R_c^3}{4\pi R_c^2} = \frac{qR_c}{3} \tag{18-87}$$

式中　A_{int}——堆芯表面积。

将式（18－86）和式（18－87）代入式（18－83）可得到一个只含有一个未知量的方程，该未知量为反射层的内表面温度。具体方程如下

$$q\frac{R_c^3}{3(R_c + W_{\text{H}})^2}\frac{T_s - T_i}{T_{\text{ave}} - T_i} - h_c(T_{\text{ave}} - T_s) = \frac{qR_c^3}{3(R_c + W_{\text{H}})^2}\text{e}^{-\int_{R_c}^{R_c+W_{\text{H}}}\kappa_{\text{H}}(T)\text{d}r}$$
$$+ \frac{\text{e}^{-\int_{R_c}^{R_c+W_{\text{H}}}\kappa_{\text{H}}(T)\text{d}r}}{(R_c + W_{\text{H}})^2}\int_{R_c}^{R_c+W_{\text{H}}}\kappa_{\text{H}}(T)\sigma\left[2T_{\text{ave}} - T_s - \frac{2}{W_{\text{H}}}(T_{\text{ave}} - T_s)(r - R_c)\right]^4 \text{e}^{\int_{R_c}^{r'}\kappa_{\text{H}}(T)\text{d}r''} r'^2\text{d}r' \tag{18-88}$$

假设对氢气工质的不透明度采用基于温度的平均值，则可对式（18－88）进行整合，以得到反射层内表面温度的封闭形式的符号解。该方程十分复杂和冗长，对深入理解氢气工质吸收能量的物理过程并无帮助，因而不在此列出。该方程将会用于后续的数值计算，以确定气态堆芯核火箭的定性性能特征。

还需要注意的是，在温度低于约 10 000 ℃时，氢气的不透明度相当小[5]。因此，通常设想在氢气工质中添加某种材料以增加其不透明度。添加材料通常由颗粒直径介于 0.02～0.5 μm 的钨气溶胶组成。实验表明，添加不到 1％的钨即可对氢气工质的不透明度产生极大的影响[6]。图 18－13 给出了添加钨后，氢气工质不透明度的变化情况。请注意，在图中较低温度区域的不透明度实验值非常分散，只能认为从定性上说是正确的。

18.2.4　铀损失率计算

到目前为止，前面所有关于气态堆芯核火箭的分析，均是基于气态铀堆芯与氢气推进剂之间没有混合的假设。然而，实际情况并非如此，两个区域之间的混合是不可避免的，从而导致交界面处的流体振动。在某些情况下，这些振动存在不稳定性。这些不稳定性通常有两种类型，即开尔文-亥姆霍兹（Kelvin－Helmholtz）不稳定性和声学不稳定性。开尔文-亥姆霍兹不稳定性通常发生在两种不同密度的流体以不同速度移动的情况下。在气态堆芯核火箭中，当移动速度较快的氢气推进剂穿过速度较慢或静止的气态铀堆芯时，会

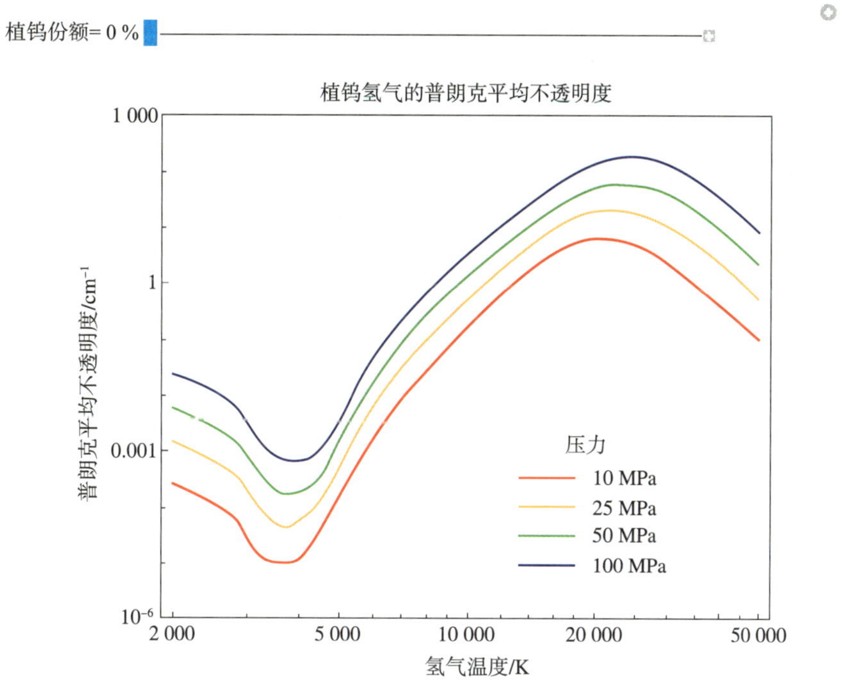

图 18－13　植钨氢气的普朗克平均不透明度

导致开尔文-亥姆霍兹不稳定性。图 18－14 给出了这种不稳定性的图示说明。

图 18－14　开尔文-亥姆霍兹不稳定性

假设铀堆芯的速度为零，在重力影响下，气态堆芯核火箭的不稳定性由下式给出[7]

$$V_{\infty}^{2} > \frac{g}{\xi_{\nu}} \frac{\rho_{U}^{2}-\rho_{H}^{2}}{\rho_{U}^{2}\rho_{H}^{2}} \Rightarrow \xi_{\nu}^{\min} = \frac{g}{V_{\infty}^{2}} \frac{\rho_{U}^{2}-\rho_{H}^{2}}{\rho_{U}^{2}\rho_{H}^{2}} \tag{18-89}$$

式中　g ——重力加速度；

ξ_{ν} ——波数。

开尔文-亥姆霍兹不稳定性的波增长率可用下式表示

$$\zeta_{KH} = V_{\infty}\xi_{\nu}^{\min}\sqrt{\frac{\rho_{H}}{\rho_{U}}} \tag{18-90}$$

式中　ζ_{KH} ——开尔文-亥姆霍兹不稳定性的波增长率。

根据式（18－89）中的扩散系数和式（18－90）中的波增长率，轴向氢气推进剂移动

的扩散系数可表示为

$$D_{KH}=\frac{\zeta_{KH}}{(\xi_{\nu}^{\min})^{2}} \tag{18-91}$$

式中 D_{KH} ——扩散系数。

根据式（18－91）中的扩散系数，可以计算出铀流向氢气推进剂的质量通量

$$F=D_{KH}\nabla\rho_{\mathrm{U}} \tag{18-92}$$

式中 F ——铀从堆芯流向氢气推进剂的质量通量。

假设堆芯的铀密度为常数，由于堆芯是球对称的，则式（18－94）可以转化为

$$F=\frac{D_{KH}}{r^{2}}\frac{\mathrm{d}}{\mathrm{d}r}(r^{2}\rho_{\mathrm{U}})=\frac{2D_{KH}\rho_{\mathrm{U}}}{r} \tag{18-93}$$

为了确定由开尔文-亥姆霍兹不稳定性导致、从堆芯流向氢气推进剂的铀的总速率，将式（18－93）中的铀质量通量与堆芯表面积相乘，可以得到

$$L_{KH}=4\pi r_{c}^{2}F=4\pi r_{c}^{2}\frac{2D_{KH}\rho_{\mathrm{U}}}{r_{c}}=8\pi r_{c}D_{KH}\rho_{\mathrm{U}} \tag{18-94}$$

式中 L_{KH} ——由开尔文-亥姆霍兹不稳定性导致铀从堆芯流向氢气推进剂的总质量流量。

在气态堆芯核火箭中，铀堆芯的温度和密度波动，可能会导致声学不稳定性。在这种不稳定性情况下，堆芯内会出现声波的驻波。在波中铀密度较高的区域，会发生更多的裂变，从而产生更多的能量。类似地，在波中密度较低的区域，铀密度的降低，将会导致功率下降。不同区域之间的功率变化，将会增加波内的压力梯度，并导致裂变功率转移到波中。该功率增量的一部分会通过辐射从堆芯散出去。此外，堆芯内辐射的扩散会平衡不同区域之间的一些波动。随着声驻波的波长变短，由于辐射的平衡作用，堆芯内的温度波动将会减小。所有过程的最终效应是，存在一个临界波长，声波低于该波长时是稳定的。如果堆芯的尺寸小于该临界波长，则堆芯是声学稳定的；反之，如果堆芯尺寸大于该临界波长，堆芯的声学不稳定性将会导致额外的铀损失。通过求解波数与声波频率之间的频散方程[8]，得到如下关系式

$$\zeta_{A}=\frac{2q_{\text{ave}}-\dfrac{\xi_{\nu}^{2}k_{\mathrm{U}}}{R}(V_{s}^{2}-2RT_{0})}{6\rho_{0}V_{s}^{2}} \tag{18-95}$$

式中 ζ_{A} ——声学不稳定性的波增长率；

R ——铀气体的气体常数；

ξ_{ν} ——声学波数；

V_{s} ——铀堆芯内的声速；

ρ_{0}——平衡堆芯的平均铀密度；

T_{0}——平衡堆芯的平均温度。

式（18－95）中的声速可由式（2－22）的一种形式来确定，为了考虑铀的电离效应，后者已被修改，具体如下

$$V_s = \sqrt{\gamma ZRT_0} \tag{18-96}$$

式中　Z ——铀的电荷态；

　　γ ——铀气体的比热比。

将式（18－96）代入式（18－95），可以得到声学不稳定性增长率的表达式

$$\zeta_A = \frac{2q_{\text{ave}} - \xi_\nu^2 k_{\text{U}}(\gamma Z - 2)T_0}{6\rho_0 \gamma ZRT_0} \tag{18-97}$$

注意到，增长率为正值象征着声波波幅会随着时间增大，增长率为负值则表示声波波幅随着时间减小。可以推断出，增长率为零表示声波稳定性可以维持的极限。假设声学不稳定性的增长率为零，则由式（18－97）可以得到临界波数的表达式为

$$\xi_\nu^{\text{crit}} = \sqrt{\frac{2q_{\text{ave}}}{k_{\text{U}}(\gamma Z - 2)T_0}} \tag{18-98}$$

将式（18－98）代入式（18－97），可以得到声学不稳定性的增长率为

$$\zeta_A = \frac{k_{\text{U}}(\gamma Z - 2)}{6\rho_0 \gamma ZR}\left[(\xi_\nu^{\text{crit}})^2 - \xi_\nu^2\right] \tag{18-99}$$

利用式（18－98）的临界波数，可以得到临界波长为

$$\lambda_A = \frac{2\pi}{\xi_\nu^{\text{crit}}} \tag{18-100}$$

如果临界波长超过了气态铀堆芯的尺寸，声学驻波则不可能存在，整个系统将处于声学稳定的状态。如果堆芯尺寸大于临界波长，系统内则可能会出现声学驻波；堆芯可能会发生声学不稳定性。为了得到这些声学不稳定性的增长率，采用波长与堆芯半径相同的波，其波数为

$$\xi_\nu = \frac{2\pi}{r_c} \tag{18-101}$$

将式（18－101）中的波数代入式（18－99），则可以得到堆芯内的声学不稳定性的增长率为

$$\zeta_A = \frac{k_{\text{U}}(\gamma Z - 2)}{6\rho_0 \gamma ZR}\left[(\xi_\nu^{\text{crit}})^2 - \left(\frac{2\pi}{r_c}\right)^2\right] \tag{18-102}$$

现在，可以利用类似于计算开尔文-亥姆霍兹不稳定性导致的铀损失率的方法，计算声学不稳定性导致的堆芯铀损失率。采用式（18－101）中的波数和式（18－102）中的增长率，根据式（18－91）给出的扩散系数公式，得到

$$D_A = \frac{\zeta_A}{\xi_\nu^2} \tag{18-103}$$

将式（18－103）代入式（18－94），可以得到由声学不稳定性导致的铀流向氢气推进剂的总速率为

$$L_A = 8\pi r_c D_A \rho_{\text{U}} \tag{18-104}$$

式中　L_A ——由声学不稳定性导致的铀流向氢气推进剂的总质量流量。

图 18－15 定性地给出了由式（18－70）、式（18－75）、式（18－88）、式（18－90）、

式（18－94）、式（18－102）、式（18－104）所表征的气态堆芯核火箭的性能特征。需要注意的是，图中所示的堆芯功率分布十分平坦，这是由于铀气体内的中子的平均自由程非常长，在大部分情况下，中子通常可以直接穿过堆芯而不发生任何作用。

图 18－15 还展示了氢气出口温度升高带来的一个非常有趣的现象。在氢气温度低于 7 000 K 时，壁面温度和壁面热流密度随着氢气出口温度的升高而增加，这完全符合预期。然而，当氢气温度超过 7 000 K 时，反射层壁面温度和热流密度突然开始下降。之所以出现这种反常但很凑巧的现象，是因为在更高温度下，植钨氢气的普朗克不透明度显著增加，这可以从图 18－13 中看出。随着高温植钨氢气的不透明度增加，它能够更加有效地保护反射层壁面免受来自炽热气态核心的强烈辐射。实际上，通过升高氢气出口温度，可以同时降低反射器壁面温度和壁面热流密度，同时提高发动机的比冲。

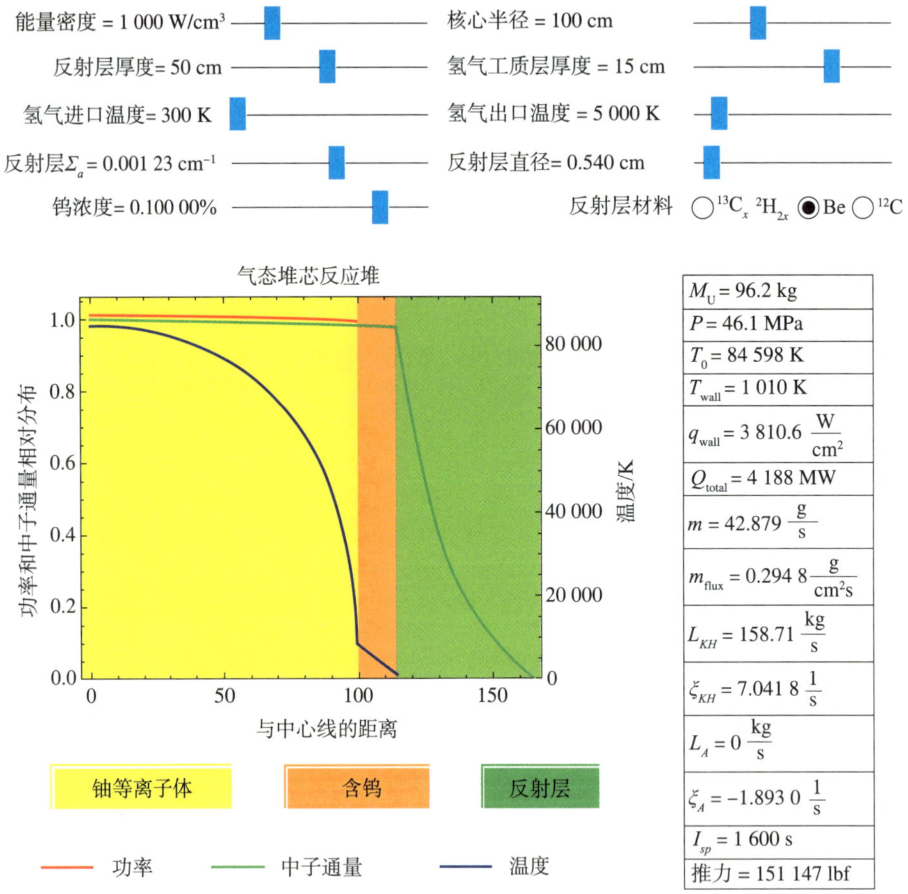

图 18－15　气态堆芯核火箭性能参数

还应注意，虽然气态核芯核火箭通常具有声学稳定性，但由开尔文-亥姆霍兹不稳定性引起的铀损失可能会相当高。对于一些给定工况，大约每半秒钟整个堆芯的核燃料就会损失一次。如此高的铀损失率使得这种类型的火箭的可行性存疑。这不仅在于所需的替换铀装量会相当高，还在于泄漏的铀会增大核火箭排气的有效分子量，对发动机比冲产生影响，降低火箭性能。显然，需要优化流动构型，通过维持铀气体和推进工质之间有效且稳定的平衡分离，降低流动的不稳定性，并最小化铀向氢气流的迁移。请注意，在与图 18-15 相关联的性能计算中，忽略了铀泄漏进入氢气工质的情况。

18.3 核灯泡

虽然上一节所述的开式循环气态堆芯核火箭在理论上可以达到十分可观的性能，但很显然，这一概念中的各种流动不稳定性，会导致过高的铀损失率。为了解决这个问题，提出了另一种名为“核灯泡”的核发动机概念。在核灯泡中，铀气体被密封在透明容器中，堆芯的辐射能量可以穿过容器，容器外部有流动的含添加物氢气推进剂，可以吸收辐射能量。这一概念的明显优势在于，可以包容 100%的核燃料，然而，它也带来了全新的挑战。其中，最主要的设计挑战在于，需要在极端恶劣的温度环境中保持透明堆芯容器的结构完整性，同时还需要传递大量的辐射能量。这些设计挑战，在 20 世纪 60 年代联合技术公司[9] 的一个项目中得到了解决。当时该公司正在积极开发核灯泡火箭发动机，发动机概念图如图 18-16 所示。

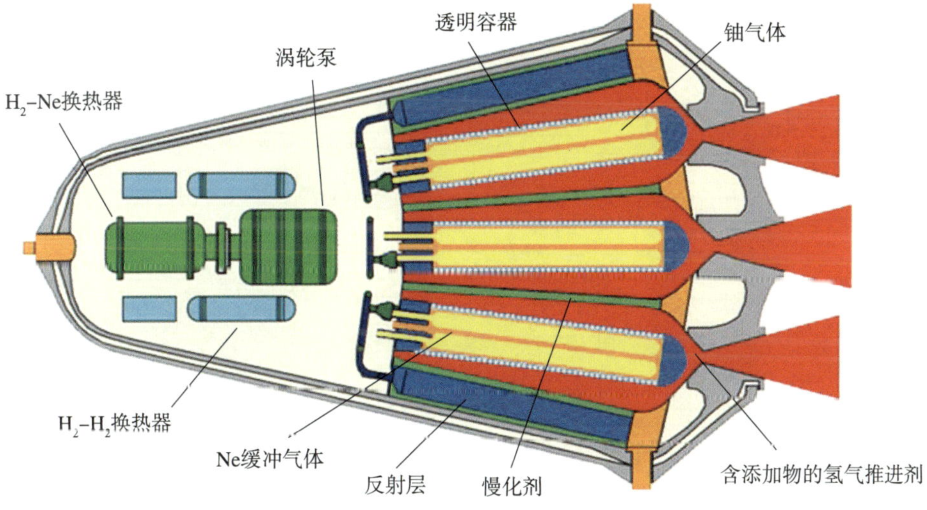

图 18-16　核灯泡火箭发动机

在这个设计中，通过在透明容器中和铀等离子之间设置含添加物的氖气，并形成涡流，阻止高温铀等离子体接触容器表面。一般可能会认为，铀等离子体的原子量更大，所以密度比氖气更大，在离心力的作用下，会分布在容器的内表面，导致容器熔化。然而事实并非如此。因为铀等离子体的温度比氖气高得多，根据理想气体定律可以得到，在同样压力下，氖气的密度更大，因此会在容器内表面形成缓冲气体层。氖气（及其携带的部分铀）将在堆芯边缘与铀分离并被提取出来，在换热器中被冷却后重新注入容器。氖气所释放的部分热量会用于预热氢气推进剂，分离的铀也会重新注入容器，从而避免了铀的损失。

高温铀等离子体的辐射（主要是紫外线）穿过透明容器，并被容器外流动的含添加物的氢气推进剂所吸收，高温氢气推进剂随后经喷管排出，以产生推力。在核灯泡的设计中，容器的透明壁面是备受关注的焦点。任何人如果不小心接触到点亮的裸露白炽灯泡，都会深切地意识到，并非所有光线都会穿过灯泡，一部分光会被玻璃所吸收。核灯泡也是如此。因此，容器的材料不仅要具有很高的透明度，还要进行主动冷却，以防止因过热而失效。容器考虑使用的材料包括石英玻璃和单晶氧化玻。石英玻璃的紫外线截止波长（紫外波长小于该值，就不能穿透）为 0.18 μm，单晶氧化玻的截止波长为 0.12 μm。波长小于截止波长的所有辐射都会被容器所吸收，为了避免容器温度过高，需要将这部分热量带走。

为了将低于紫外截止波长的辐射减少到可控的水平，一种方法是，在铀等离子体和氖气缓冲层之间加入 NO/O_2 混合物。这种添加物的作用是让燃料对极短波长的辐射变得不透明。容器壁所吸收的辐射能量由氢气冷却系统带走，传递到主流氢气推进剂中，在推进剂进入涡轮泵和加热腔前进行预热。核灯泡的简化流程图如图 18 - 17 所示。

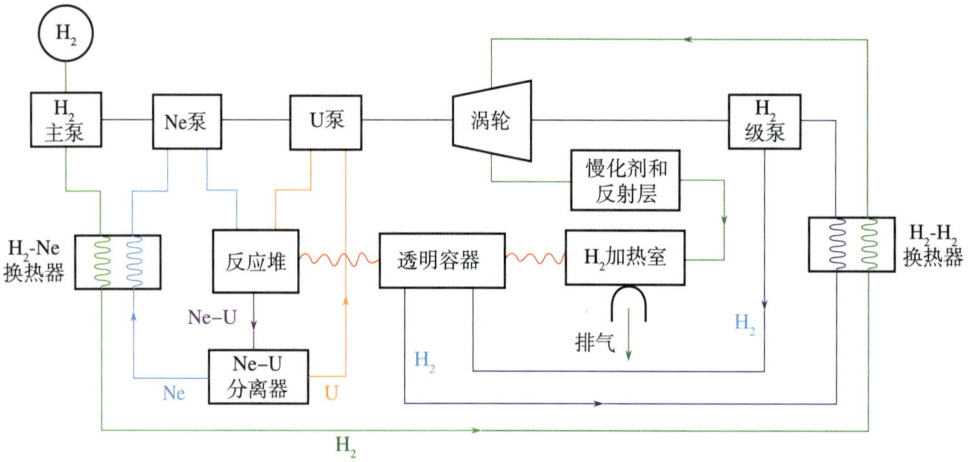

图 18 - 17　核灯泡简化流程图

联合技术公司除了对核灯泡概念进行了一系列理论研究外，还进行了大量的实验工作，并实现了多项计划目标。在核领域，使用 UF_2 进行了零功率临界实验，以验证临界状态所需的堆芯压力值，并研究了气态裂变等离子体的中子学特性。此外，还对感应加热等离子体进行了研究，以模拟气态裂变堆芯，包括在高辐射热通量环境中，测试内部冷却的透明石英压力容器。实验设备系统和高温约束的等离子体如图 18 - 18 所示。

总体而言，实验方案分为四个部分，每个部分都有具体的目标。第一部分为检验模拟裂变堆芯的感应加热氩气的特性；第二部分是将缓冲气体注入实验腔体中，以检查涡流在压力容器表面沿切向移动的特性；第三部分研究了辐射能量通过容器壁的传输特性；最后，第四部分是对纤维缠绕的容器的压力实验。这些实验都很成功，对核灯泡概念的验证有很大的贡献。

为了分析核灯泡发动机的性能特性，需要进行一些简化假设。首先，由于反应堆的几何形状很复杂，需要做出一些假设来降低这种复杂性，以便计算临界状态所需的铀气体密

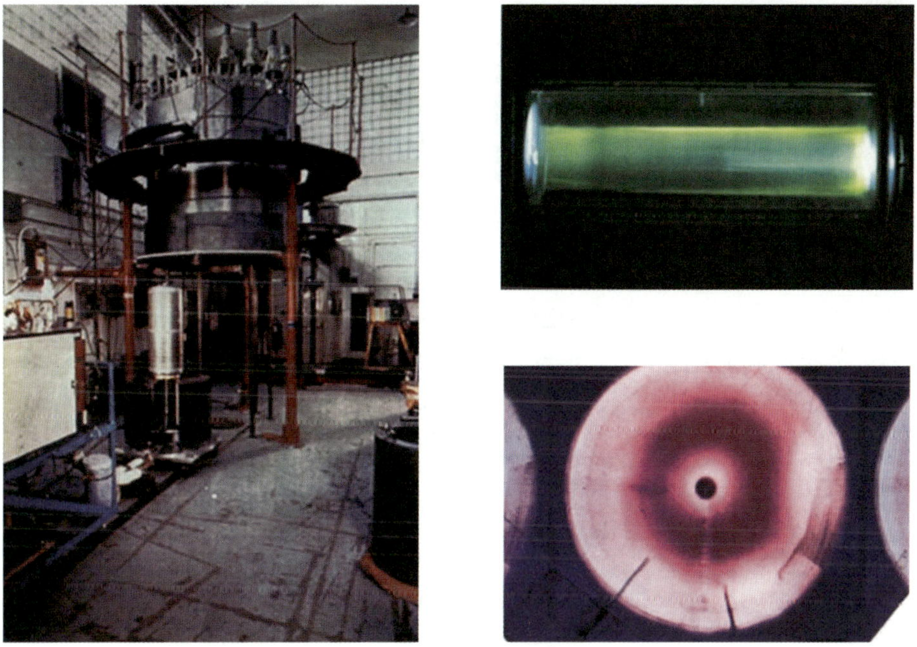

图 18 - 18　联合技术公司核灯泡实验台上的测试

度。对于堆芯几何结构较为复杂的情况，通常会将各燃料元件的细节均匀化处理，以减少需要分析的区域。只要堆芯内的中子平均自由程大于燃料元件的尺寸，一般就认为是合理的。由于气态堆芯中子的平均自由程一般较大，因此在核计算中对燃料元件做均匀化处理，只要平均核截面选取适当，就不会导致临界状态的铀气体密度计算有较大的误差。对于核灯泡，堆芯简化为两个区域，堆芯区和反射层区。同时假设堆芯呈圆柱形，并忽略反应堆端部的中子泄漏。图 18 - 19 给出了反应堆的截面模型。

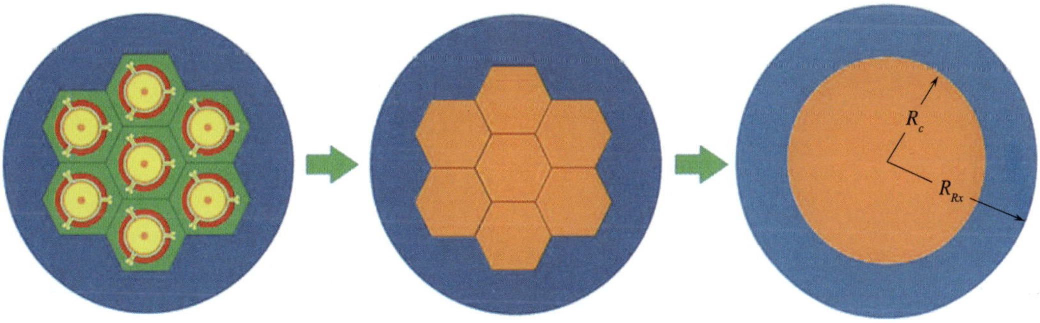

图 18 - 19　具有均匀堆芯的核灯泡反应堆

18.3.1　中子学

采用圆柱形几何的单群中子扩散理论开展中子学分析，该圆柱形几何包含堆芯和反射层两个区域，由临界状态计算得到的中子密度将用于后续的热流体的分析，以确定发动机的性能特征。

从均匀化处理的铀堆芯进行中子学分析，圆柱形几何所对应的单群中子扩散方程可写为

$$0=D_c\nabla^2\phi+\frac{\nu\Sigma_f}{k_{\text{eff}}}\phi-\Sigma_a\phi=\frac{D_c}{r^2}\frac{\mathrm{d}}{\mathrm{d}r}\left(r^2\frac{\mathrm{d}\phi}{\mathrm{d}r}\right)+\frac{\nu\Sigma_f^c}{k_{\text{eff}}}\phi-\Sigma_a^c\phi$$
$$=\frac{1}{r}\frac{\mathrm{d}}{\mathrm{d}r}\left(r\frac{\mathrm{d}\phi}{\mathrm{d}r}\right)+\alpha^2\phi \tag{18-105}$$

式中 α^2——堆芯曲率，$\alpha^2=\dfrac{\dfrac{\nu\Sigma_f^c}{k_{\text{eff}}}-\Sigma_a^c}{D_c}=\dfrac{\dfrac{\nu\rho\sigma_f^c}{k_{\text{eff}}}-\rho\sigma_a^c}{\dfrac{M}{N_A}\dfrac{1}{3\rho\sigma_{tr}^c}}$。

假设堆芯温度足够高，利用理想气体定律，堆芯曲率可以用堆芯的温度和压力来表示

$$\alpha^2=3\rho^2\left(\frac{N_A}{M}\right)\left(\frac{\nu\sigma_f^c}{k_{\text{eff}}}-\sigma_a^c\right)\sigma_{tr}^c=\frac{3P^2\left(\dfrac{\nu\sigma_f^c}{k_{\text{eff}}}-\sigma_a^c\right)\sigma_{tr}^c}{R^2T^2}\left(\frac{N_A}{M}\right) \tag{18-106}$$

式中 P——堆芯压力；

T——堆芯温度；

R——铀气体的气体常数。

求解式（18-105）中子扩散微分方程，可以得到一个包含贝塞尔函数的解

$$\phi(r)=C_1J_0(\alpha r)+C_2Y_0(\alpha r) \tag{18-107}$$

由于模型的对称性，堆芯中心的边界条件可以写为

$$\frac{\mathrm{d}\phi}{\mathrm{d}r}=0\quad(r=0) \tag{18-108}$$

将式（18-107）中的中子通量密度对径向位置求导

$$\frac{\mathrm{d}\phi}{\mathrm{d}r}=-C_1\alpha J_1(\alpha r)-C_2\alpha Y_1(\alpha r) \tag{18-109}$$

将式（18-108）中的边界条件应用到式（18-109）中，可得

$$0=-C_1\alpha J_1(0)-C_2\alpha Y_1(0)\Rightarrow C_2=0 \tag{18-110}$$

将式（18-110）中的 C_2 代入式（18-107），可以得到堆芯中子通量

$$\phi_c(r)=C_1J_0(\alpha r) \tag{18-111}$$

在反射层区域，中子扩散微分方程可以写为

$$0=D_r\nabla^2\phi-\Sigma_a^r\phi=\frac{D_r}{r}\frac{\mathrm{d}}{\mathrm{d}r}\left(r\frac{\mathrm{d}\phi}{\mathrm{d}r}\right)-\Sigma_a^r\phi=\frac{1}{r}\frac{\mathrm{d}}{\mathrm{d}r}\left(r\frac{\mathrm{d}\phi}{\mathrm{d}r}\right)-\beta^2\phi \tag{18-112}$$

式中 β^2——反射层的材料曲率，$\beta^2=\dfrac{\Sigma_a^r}{D_r}$。

求解式（18-112）中的反射层中子扩散方程

$$\phi_r(r)=C_3I_0(\beta r)+C_4K_0(\beta r) \tag{18-113}$$

在反应堆外推边界处，中子通量密度为零。由式（18-113）可得

$$\phi_r(R_{Rx}^*)=0=C_3I_0(\beta R_{Rx}^*)+C_4K_0(\beta R_{Rx}^*)\Rightarrow C_4=-C_3\frac{I_0(\beta R_{Rx}^*)}{K_0(\beta R_{Rx}^*)} \tag{18-114}$$

将式（18－114）的结果代入式（18－113），得到反射层内中子通量密度分布

$$\phi_r(r)=C_3\left[I_0(\beta r)-\frac{I_0(\beta R_{Rx}^*)}{K_0(\beta R_{Rx}^*)}K_0(\beta r)\right] \tag{18-115}$$

在堆芯和反射层交界处，中子通量密度是连续的。所以，由式（18－111）和式（18－115）可以得到

$$\phi_c(R_c)=\phi_r(R_c)\Rightarrow C_1J_0(\alpha R_c)=C_3\left[I_0(\beta R_c)-\frac{I_0(\beta R_{Rx}^*)}{K_0(\beta R_{Rx}^*)}K_0(\beta R_c)\right] \tag{18-116}$$

类似地，在交界处，中子流密度也是连续的，由式（18－111）和式（18－115）可以得到

$$\begin{aligned}J_c(R_c)=J_r(R_c)&\Rightarrow D_c\left.\frac{\mathrm{d}\phi_c}{\mathrm{d}r}\right|_{r=R_c}=D_r\left.\frac{\mathrm{d}\phi_r}{\mathrm{d}r}\right|_{r=R_c}\\&\Rightarrow -C_1\alpha D_cJ_1(\alpha R_c)=-C_3\beta D_r\left[I_1(\beta R_c)+\frac{I_0(\beta R_{Rx}^*)}{K_0(\beta R_{Rx}^*)}K_1(\beta R_c)\right]\end{aligned} \tag{18-117}$$

用式（18－117）除以式（18－116），可以消去所有的任意常数项，得到临界方程如下

$$\alpha D_c\frac{J_1(\alpha R_c)}{J_0(\alpha R_c)}=\beta D_r\frac{K_0(\beta R_{Rx}^*)I_1(\beta R_c)+I_0(\beta R_{Rx}^*)K_1(\beta R_c)}{K_0(\beta R_{Rx}^*)I_0(\beta R_c)-I_0(\beta R_{Rx}^*)K_0(\beta R_c)} \tag{18-118}$$

18.3.2 燃料腔室温度分布

为了确定堆芯的温度，对图 18－20 中的单个燃料元件进行分析。由于气态堆芯内的功率分布较为平均，忽略单个燃料元件的内部功率分布变化，也不会导致较大的误差。与分析开式循环气态堆芯核火箭的堆芯温度分布相同，忽略发生裂变的燃料区域的对流影响，并假设气体内部的热传递方式只有热传导。

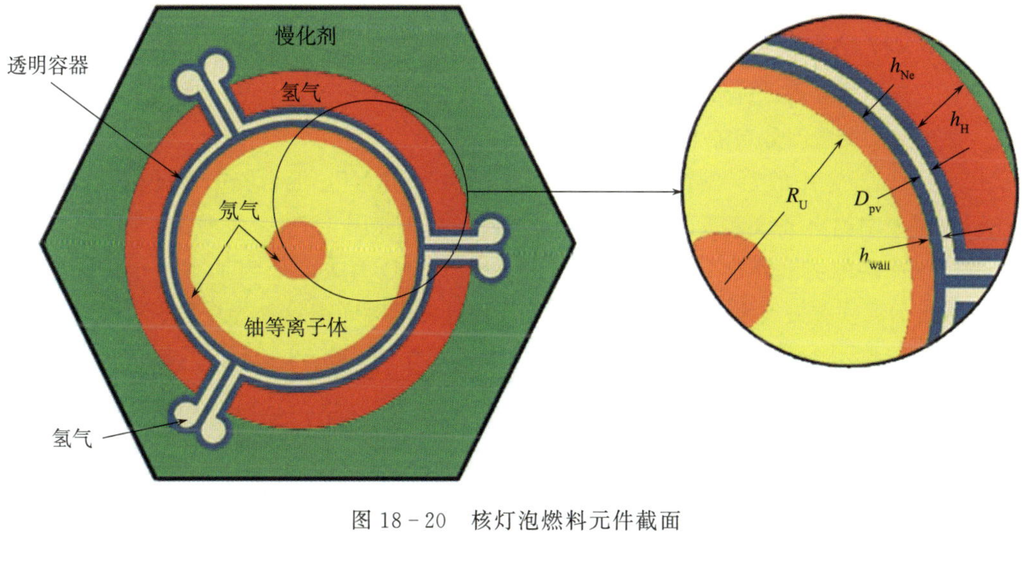

图 18－20　核灯泡燃料元件截面

采用式（18－74）中的罗斯兰平均热导率，并假设堆芯的功率分布平均，则式（9－10）中的圆柱几何泊松传热方程可以写为

$$\nabla^2 T+\frac{q}{k_U}=\frac{d^2 T}{dr^2}+\frac{1}{r}\frac{dT}{dr}+q_0\frac{3\kappa_U}{16\sigma T^3}=0\Rightarrow T=T_U(r) \tag{18-119}$$

式中 q_0——堆芯平均功率；

$T_U(r)$——铀等离子体的径向温度分布。

为求解式（18－119），还需要两个边界条件。一个边界条件可以通过对称性得到，在燃料元件的中心线上，温度梯度必定为零。另外，由于在铀等离子体和氖气缓冲气体的交界处，通过该交界面向外辐射的功率等于铀等离子体裂变产生的功率，可以确定另一个边界条件

$$\frac{q_0 V_U}{A_U}=q_0\frac{\pi R_U^2 L_{cav}}{2\pi R_U L_{cav}}=\sigma\left[T_U(R_U)\right]^4\Rightarrow T_U(R_U)=\left(\frac{q_0 R_U}{2\sigma}\right)^{\frac{1}{4}} \tag{18-120}$$

其中 L_{cav}——燃料元件腔的长度；

V_U——铀等离子体柱的体积；

A_U——铀等离子体柱的表面积。

与开式循环气态堆芯核火箭相同，式（18－119）中的热传导关系式是非线性的，不能通过解析方法求解，因此需要用数值法求解。

18.3.3 氖气缓冲层的吸热

根据联合技术公司的分析[10]，氖气缓冲层中的气体温度会根据添加的 NO/O_2 混合物的分压，以一定的衰减因子呈现指数下降趋势。假设氖气不会继续辐射热量，若给定容器壁面的温度，以及铀等离子体和氖气缓冲层交界面之间的温度，则可以计算出氖气缓冲层中的温度分布为

$$T_{Ne}(r)=\frac{T_{wall}-T_{int}e^{-\xi h_{Ne}}}{1-e^{-\xi h_{Ne}}}-\frac{T_{wall}-T_{int}}{1-e^{-\xi h_{Ne}}}e^{-\xi(r-R_U)} \tag{18-121}$$

式中 $T_{Ne}(r)$——氖气缓冲层的径向温度分布；

T_{wall}——容器壁面的温度；

T_{int}——铀等离子体和氖气缓冲层交界面的温度；

ξ——氖气温度分布的衰减因子。

式（18－121）中的氖气温度分布衰减因子是关于 NO/O_2 混合物分压的函数，联合技术公司的报告中给出了该衰减因子与分压的函数关系，如图 18－21 所示。

氖气缓冲层的功率分布不仅与 NO/O_2 混合物的分压有关，还与铀等离子体和氖气缓冲层交界面的温度有关。氖气中的 NO/O_2 混合物通常只对光谱紫外光中波长小于 0.13 μm 的光线有衰减作用，对波长更长的光线几乎没有衰减作用。0.13 μm 并不是一个确定的截止波长，只是标志着光谱的衰减在这个区域更加显著。联合技术公司的报告中也给出了含 NO/O_2 混合物的氖气的光谱衰减特性，如图 18－22 所示，显然如果在氖气中添加其他材料，其光谱吸收的截止波长也会随之变化。

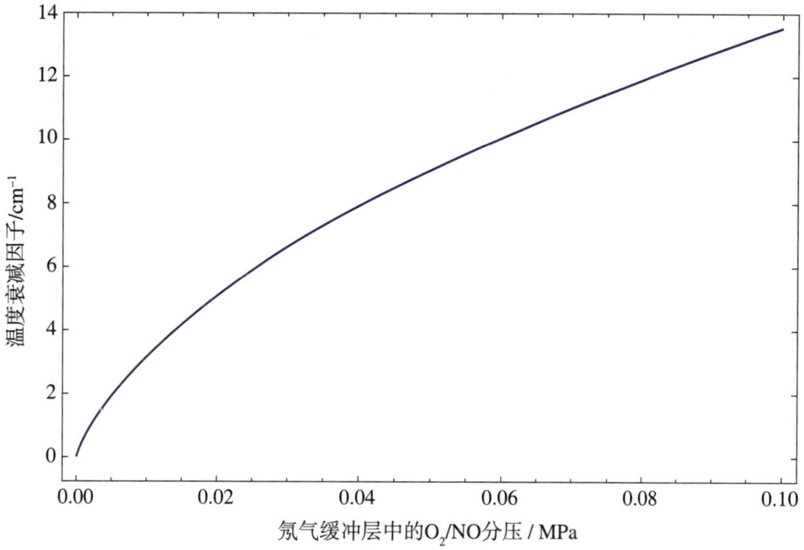

图 18-21　NO/O_2 分压与氖气温度衰减因子的关系

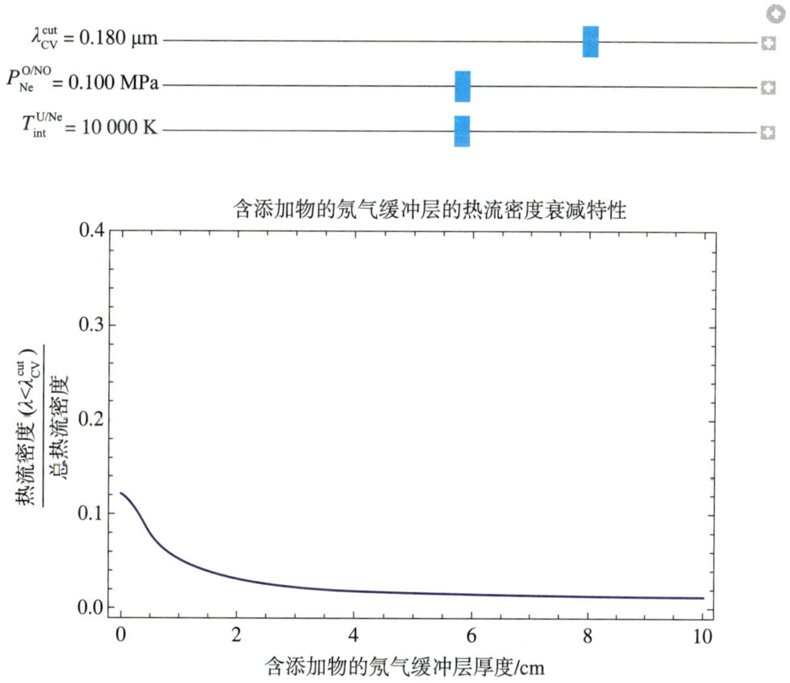

图 18-22　含添加物的氖气缓冲层的热流密度衰减特性

光线穿过氖气缓冲层到达容器壁面，其中一部分光线在穿过容器时，被外部含添加物的氢气推进剂所吸收，另一部分光线将被容器本身所吸收。如果设计得当，氖气将会吸收掉原本会被容器所吸收的光线。这样，氖气将会成为容器的屏蔽层，防止容器因吸收大量光线而过热。

单晶氧化玻（BeO）的截止波长为0.125 μm，与 NO/O_2 混合物的截止波长十分匹配，因此被用作容器壁的材料。此外，BeO的热导率相当高，使得容器壁的温度梯度相对可控。

石英玻璃（SiO_2）也曾考虑作为容器壁的材料，其截止波长为0.18 μm，而氖气缓冲层无法衰减波长大于0.13 μm的光线，导致 SiO_2 比BeO吸收了更多的光。此外，SiO_2 的热导率相对较低，导致容器壁面的温度梯度较大。

用从铀等离子体传递给缓冲层的热量减去由缓冲层传递给容器壁的热量，可以得到氖气缓冲层吸收的热量，根据图18-22所示热流密度曲线，可以得到

$$\begin{aligned} Q_{\mathrm{Ne}} &= 2\pi R_{\mathrm{U}} L_{\mathrm{cav}} q_{\mathrm{Ne}}^{\lambda\,\mathrm{ONO}}(R_{\mathrm{U}}) - 2\pi(R_{\mathrm{U}}+h_{\mathrm{Ne}}) L_{\mathrm{cav}} q_{\mathrm{Ne}}^{\lambda\,\mathrm{ONO}}(R_{\mathrm{U}}+h_{\mathrm{Ne}}) \\ &= \dot{m}_{\mathrm{Ne}} c_p^{\mathrm{Ne}} (T_{\mathrm{Ne}}^{\mathrm{ave}} - T_{\mathrm{Ne}}^{\mathrm{CV}}) \end{aligned} \tag{18-122}$$

式中 Q_{Ne} ——氖气层所吸收的热量；

$q_{\mathrm{Ne}}^{\lambda\,\mathrm{ONO}}(r)$ ——氖气层中位置 r 的热流密度；

$\dot{m}_{\mathrm{Ne}}$ ——氖气的质量流量；

c_p^{Ne} ——氖气的比热容；

$T_{\mathrm{Ne}}^{\mathrm{ave}}$ ——氖气流出燃料元件的平均温度；

$T_{\mathrm{Ne}}^{\mathrm{CV}}$ ——容器壁面的氖气温度（假设为容器壁面温度，氖气从容器壁面进入燃料元件）。

通过缓冲层气体辐射吸收的热量，由式（18-122）可以计算出氖气的质量流量

$$\dot{m}_{\mathrm{Ne}} = \frac{Q_{\mathrm{Ne}}}{c_p^{\mathrm{Ne}}(T_{\mathrm{Ne}}^{\mathrm{ave}} - T_{\mathrm{Ne}}^{\mathrm{CV}})} = \frac{2\pi L_{\mathrm{cav}}[R_{\mathrm{U}} q_{\mathrm{Ne}}^{\lambda\,\mathrm{ONO}}(R_{\mathrm{U}}) - (R_{\mathrm{U}}+h_{\mathrm{Ne}}) q_{\mathrm{Ne}}^{\lambda\,\mathrm{ONO}}(R_{\mathrm{U}}+h_{\mathrm{Ne}})]}{c_p^{\mathrm{Ne}}(T_{\mathrm{Ne}}^{\mathrm{ave}} - T_{\mathrm{Ne}}^{\mathrm{CV}})} \tag{18-123}$$

式（18-122）中氖气平均温度由式（18-121）对氖气缓冲层内温度分布进行体积平均得到

$$\begin{aligned} T_{\mathrm{Ne}}^{\mathrm{ave}} &= \frac{2\pi\int_{R_{\mathrm{U}}}^{R_{\mathrm{U}}+h_{\mathrm{Ne}}} r T_{\mathrm{Ne}}(r)\,\mathrm{d}r}{\pi[(R_{\mathrm{U}}+h_{\mathrm{Ne}})^2 - R_{\mathrm{U}}^2]} \\ &= \frac{T_{\mathrm{Ne}}^{\mathrm{CV}} - T_{\mathrm{int}} \mathrm{e}^{-\xi h_{\mathrm{Ne}}}}{1-\mathrm{e}^{-\xi h_{\mathrm{Ne}}}} + 2\frac{T_{\mathrm{int}} - T_{\mathrm{CV}}^{\mathrm{OD}}}{1-\mathrm{e}^{-\xi h_{\mathrm{Ne}}}} \frac{1+\xi R_{\mathrm{U}} - [1+\xi(h_{\mathrm{Ne}}+R_{\mathrm{U}})]\mathrm{e}^{-\xi h_{\mathrm{Ne}}}}{\xi^2[h_{\mathrm{Ne}}(h_{\mathrm{Ne}}+2R_{\mathrm{U}})]} \end{aligned} \tag{18-124}$$

氖气所吸收的热量通过 H_2-Ne 换热器传递给氢气推进剂主流，因此氢气推进剂得以被加热，根据 H_2-Ne 换热器中的热平衡可以得到

$$Q_{\mathrm{Ne}} = \dot{m}_{\mathrm{H}}^{\mathrm{prop}} c_p^{\mathrm{H_2}} (T_{\mathrm{H_2}}^{\mathrm{NeHX}} - T_{\mathrm{H_2}}^{\mathrm{tank}}) \Rightarrow T_{\mathrm{H_2}}^{\mathrm{NeHX}} = \frac{Q_{\mathrm{Ne}}}{\dot{m}_{\mathrm{H}}^{\mathrm{prop}} c_p^{\mathrm{H_2}}} + T_{\mathrm{H_2}}^{\mathrm{tank}} \tag{18-125}$$

式中 $\dot{m}_{\mathrm{H}}^{\mathrm{prop}}$ ——氢气的质量流量；

$c_p^{\mathrm{H_2}}$ ——氢气的比热容；

$T_{\mathrm{H_2}}^{\mathrm{tank}}$ ——氢气从贮箱进入发动机的温度；

$T_{\mathrm{H_2}}^{\mathrm{NeHX}}$ ——氢气流出换热器的温度。

18.3.4 堆芯容器的吸热

高于容器截止频率且未被氖气缓冲层吸收的辐射光线，会在容器中被吸收，因此必须将这部分热量散去，防止其过热。在联合技术公司的设计中，容器由许多环形管道组成，这些管道连接到一个公共的集流系统，每段环形管道大约占据容器周向的 1/3。由于距离较短，氢气冷却剂在进入 H_2-H_2 换热器前，流经容器所带来的温升就比较小，也就将容器的温降最小化了。容器表面的温降可以通过对容器的某一个管段应用泊松方程来计算

$$Q_{\text{tube}}=q_{\text{CV}}^{\lambda_{\text{CV}}}A_{\text{tube}}^{\text{OD}}=k_{\text{CV}}A_{\text{tube}}\frac{\mathrm{d}T}{\mathrm{d}r}\Rightarrow \mathrm{d}T=\frac{q_{\text{CV}}^{\lambda_{\text{CV}}}}{k_{\text{CV}}}\frac{A_{\text{tube}}^{\text{OD}}}{A_{\text{tube}}}\mathrm{d}r \tag{18-126}$$

式中 Q_{tube}——该段容器管壁所吸收的热量；

$A_{\text{tube}}^{\text{OD}}$——该段容器管壁暴露在堆芯辐射部分的外表面积；

A_{tube}——该段容器管壁某特定位置的截面面积；

$q_{\text{CV}}^{\lambda_{\text{CV}}}$——容器吸收的表面热流密度（见图 18-22）；

k_{CV}——容器管壁的热导率。

假设容器管道的一个管段占容器周向的 1/3，并且管道的 1/3 受到堆芯的辐射，则可以计算出式（18-126）中的容器管道的面积。将得到的公式对容器厚度进行积分，则可以得到容器内外壁的温差

$$\int_{T_{\text{CV}}^{D}}^{T_{\text{CV}}^{\text{OD}}}\mathrm{d}T=T_{\text{CV}}^{\text{OD}}-T_{\text{CV}}^{\text{ID}}=\Delta T_{\text{wall}}=\int_{\frac{D_c}{2}}^{\frac{D_c}{2}+h_{\text{wall}}}\frac{q_{\text{CV}}^{\lambda_{\text{CV}}}}{k_{\text{CV}}}\frac{\left[\frac{1}{3}\pi(Ru+h_{\text{Ne}})\right]\left[\frac{2}{3}\pi\left(\frac{D_c}{2}+h_{\text{wall}}\right)\right]}{\left[\frac{1}{3}\pi(Ru+h_{\text{Ne}})\right]\left(\frac{2}{3}\pi r\right)}\mathrm{d}r$$

$$=\frac{q_{\text{CV}}^{\lambda_{\text{CV}}}}{k_{\text{CV}}}\left(\frac{D_c}{2}+h_{\text{wall}}\right)\int_{\frac{D_c}{2}}^{\frac{D_c}{2}+h_{\text{wall}}}\frac{\mathrm{d}r}{r}=\frac{q_{\text{CV}}^{\lambda_{\text{CV}}}}{2k_{\text{CV}}}(D_c+2h_{\text{wall}})\ln\left(\frac{D_c+2h_{\text{wall}}}{D_c}\right) \tag{18-127}$$

式中 $T_{\text{CV}}^{\text{ID}}$——容器内壁面的温度；

$T_{\text{CV}}^{\text{OD}}$——容器外壁面的温度；

ΔT_{wall}——内外壁面的温差。

容器壁面所吸收的热量通过管道内的氢气冷却剂带走，因此，氢气的质量流量必须保证容器壁面不超过其最高许用温度。若确定了氢气的温升，则可以计算出所需要的氢气质量流量为

$$Q_{\text{tube}}=\dot{m}_{H_2}^{\text{tube}}c_p^{H_2}\Delta T_{H_2}^{\text{tube}}\Rightarrow \dot{m}_{H_2}^{\text{tube}}=\frac{Q_{\text{tube}}}{c_p^{H_2}\Delta T_{H_2}^{\text{tube}}} \tag{18-128}$$

式中 $\dot{m}_{H_2}^{\text{tube}}$——单个管道中的氢气质量流量；

$\Delta T_{H_2}^{\text{tube}}$——氢气冷却前后的温升。

容器管壁吸收的热量传递给管道内的氢气，根据容器管壁的最高许用温度，则可以计算出氢气最高出口温度

$$Q_{\text{tube}}=\dot{m}_{H_2}^{\text{tube}}c_p^{H_2}\Delta T_{H_2}^{\text{tube}}=h_c^{CV}A_{\text{wall}}^{ID}(T_{CV}^{ID}-T_{H_2}^{\text{out}})=h_c^{CV}A_{\text{wall}}^{ID}(T_{CV}^{\max}-\Delta T_{\text{wall}}-T_{H_2}^{\text{out}})$$
$$\Rightarrow T_{H_2}^{\text{out}}=T_{CV}^{\max}-\Delta T_{\text{wall}}-\frac{Q_{\text{tube}}}{h_c^{CV}A_{\text{wall}}^{ID}} \tag{18-129}$$

式中　$T_{H_2}^{\text{out}}$——氢气的出口温度；

$T_{CV}^{\max}$——容器管壁的最高许用温度；

h_c^{CV}——管道内氢气的换热系数；

A_{wall}^{ID}——单个容器冷却管道的换热面积。

根据氢气的温升，可以计算出氢气的入口温度

$$T_{H_2}^{\text{in}}=T_{H_2}^{\text{out}}-\Delta T_{H_2}^{\text{tube}} \tag{18-130}$$

式中　$T_{H_2}^{\text{out}}$——氢气的入口温度。

氢气吸收的热量会通过 H_2 - H_2 换热器传递给主流的氢气推进剂，推进剂被加热后进入主加热室，由 H_2 - H_2 换热器的热平衡可以得到

$$N_{\text{tube}}Q_{\text{tube}}=\dot{m}_H^{\text{prop}}c_p^{H_2}(T_{H_2}^{HHX}-T_{H_2}^{NeHX})\Rightarrow T_{H_2}^{HHX}=\frac{N_{\text{tube}}Q_{\text{tube}}}{\dot{m}_H^{\text{prop}}c_p^{H_2}}+T_{H_2}^{NeHX} \tag{18-131}$$

式中　$T_{H_2}^{HHX}$——H_2 - H_2 换热器氢气推进剂的出口温度；

$T_{H_2}^{NeHX}$——H_2 - Ne 换热器中氢气推进剂的出口温度；

N_{tube}——反应堆容器内的冷却管道总数。

18.3.5 氢气推进工质的吸热

氖缓冲层或容器壁未吸收的辐射能量，会传递到反应腔外的含植入材料的氢气推进剂中，被氢气推进剂吸收并加热，然后通过发动机喷管排出以产生推力。该能量公式为

$$Q_{CVo}=q_0V_{\text{tot}}-N_{FE}Q_{Ne}-N_{\text{tube}}Q_{\text{tube}} \tag{18-132}$$

式中　Q_{CVo}——通过容器并进入推进工质腔的总热量；

V_{tot}——发动机中的核反应总体积；

N_{FE}——发动机中的燃料元件数量。

通过容器外壁面的热流密度以及氢气推进剂的辐射吸收特性，可以计算燃料元件慢化剂区域的内壁面温度。由于氢气推进剂层通常是光学透明的，类似于开放式循环气态堆芯，推进剂/慢化剂交界处的壁温也可以用史瓦西方程来计算。

当堆芯的辐射能量撞击氢气推进剂层时，能量在穿过推进剂的过程中逐渐被吸收，同时将推进剂加热到高温。而在高温条件下，推进剂又会辐射掉所吸收的大量热量。

首先是确定通过辐射传递给推进剂的热量。参考图 18-20，对于推进剂的一个微分单元，辐射热平衡方程为

$$\frac{d[rI(r)]}{dr}=[\underbrace{-\kappa_H(T)I(r)}_{\text{吸收}}\underbrace{+\kappa_H(T)J(r)}_{\text{辐射}}]r \tag{18-133}$$

式中　$I(r)$——氢气推进剂中的黑体辐射热流；

$J(r)$ ——氢气推进剂的黑体热辐射，$J(r)=\sigma T^4$；

$\kappa_H(T)$ ——氢气推进剂的普朗克不透明度。

将式（18 - 133）写成更常规的形式

$$\frac{\mathrm{d}I(r)}{\mathrm{d}r}+\left[\frac{1}{r}+\kappa_H(T)\right]I(r)=\kappa_H(T)\sigma T^4 \tag{18 - 134}$$

采用积分因子法，可以得到式（18 - 134）的一个解析解

$$I(r)=\frac{\mathrm{e}^{-\int_{R_{CVo}}^{r}\kappa_H(T)\mathrm{d}r'}}{r}\int_{R_{cav}}^{r}\kappa_H(T)\sigma T^4\mathrm{e}^{\int_{r'}^{R_{CVo}+h_H}\kappa_H(T)\mathrm{d}r''}r'\mathrm{d}r'+C\,\frac{\mathrm{e}^{-\int_{R_{CVo}}^{r}\kappa_H(T)\mathrm{d}r'}}{r} \tag{18 - 135}$$

为了得到式中的常数 C，将容器外表面的热流密度作为边界条件

$$I(R_{CVo})=\frac{Q_{CVo}}{A_{CVo}}=q_{CVo}=\frac{\mathrm{e}^{-\int_{R_{CVo}}^{R_{CVo}}(T)\mathrm{d}r'}}{R_{CVo}}\int_{R_{CVo}}^{R_{CVo}}\kappa_H(T)\sigma T^4\mathrm{e}^{\int_{R_{CVo}}^{r'}K_H(T)\mathrm{d}r''}r'^2\mathrm{d}r'+C\,\frac{\mathrm{e}^{-\int_{R_c}^{R_c}K_H(T)\mathrm{d}r'}}{R_{CVo}}$$

$$=C\,\frac{1}{R_{CVo}}\Rightarrow C=q_{CVo}R_{CVo} \tag{18 - 136}$$

式中　q_{CVo} ——容器外壁面的热流密度；

A_{CVo} ——容器外表面的总面积；

R_{CVo} ——容器的外径。

将式（18 - 136）中任意常数 C 的表达式代入式（18 - 135）氢气推进剂辐射强度的关系式，并对氢气推进剂层进行积分，则可以得到慢化剂表面热流密度的表达式

$$I(R_{CVo}+h_H)=q_{mod}$$

$$=q_{CVo}\frac{R_{CVo}}{R_{CVo}+h_H}\mathrm{e}^{-\int_{R_{CVo}}^{R_{CVo}+h_H}\kappa_H(T)\mathrm{d}r}+\frac{\mathrm{e}^{\int_{R_{CVo}}^{R_{CVo}+h_H}\kappa_H(T)\mathrm{d}r}}{R_{CVo}+h_H}\int_{R_{CVo}}^{R_{CVo}+h_H}\kappa_H(T)\sigma T^4\mathrm{e}^{\int_{R_{CVo}}^{r'}\kappa_H(T)\mathrm{d}r'}r\mathrm{d}r \tag{18 - 137}$$

式中　q_{mod} ——慢化剂表面的热流密度。

由于推进剂层中，氢的温度随位置变化的函数是未知的，式（18 - 137）目前无法以其现有形式进行积分。因此，为解决这个问题，假设推进剂的温度在容器外表面和慢化剂表面之间的变化为二次函数，推进剂的平均温度将被定义为某种期望的推进剂出口温度

$$T=c_0+c_1r+c_2r^2$$

$$c_0=\frac{(R_{CVo}+h_H)T_{CV}^{max}+R_{CVo}^2T_{mod}+2R_{CVo}(R_{CVo}+h_H)(-3T_{prop}+T_{CV}^{max}+T_{mod})}{h_H^2}$$

$$c_1=\frac{6T_{prop}(2R_{CVo}+h_H)-2T_{CV}^{max}(3R_{CVo}+2h_H)-2T_{prop}(3R_{CVo}+h_H)}{h_H^2}$$

$$c_2=\frac{3(T_{CV}^{max}+T_{mod}-2T_{prop})}{h_H^2} \tag{18 - 138}$$

式中 T_{prop} ——氢气推进剂的平均温度；

T_{mod} ——慢化剂的表面温度。

将式（18－138）代入式（18－137）得

$$I(R_c+W_H)=q_{\text{mod}}=q_{\text{CVo}}R_c\frac{e^{-\int_{R_c}^{R_c+W_H}\kappa_H(T)dr}}{R_c+W_H}+\frac{e^{-\int_{R_c}^{R_c+W_H}\kappa_H(T)dr}}{R_c+W_H}\int_{R_c}^{R_c+W_H}\kappa_H(T)\sigma[c_0+c_1r+c_2r^2]^4e^{\int_{R_c}^{R_c+W_H}\kappa_H(T)dr'}r\,dr \tag{18-139}$$

请注意，由于式（18－139）包含两个未知数：慢化剂表面的热流密度（q_{mod}）和温度（T_{mod}），因此需要另一个方程来求解这两个变量。该方程可以由慢化剂表面的热平衡得到，即

$$0=\underbrace{q_{\text{mod}}}_{\text{慢化剂表面的辐射热}}+\underbrace{h_c^{\text{prop}}(T_{\text{prop}}-T_{\text{mod}})}_{\text{慢化剂表面的对流传热}}-\underbrace{\frac{\dot m_H^{\text{prop}}c_m^{H_2}(T_{\text{mod}}-T_{H_2}^{\text{HHX}})}{A_{\text{mod}}}}_{\text{由慢化剂表面向氢气推进剂的发汗传热}} \tag{18-140}$$

式中 h_c^{prop} ——慢化剂表面的发汗传热系数；

A_{mod} ——慢化剂的总表面积。

如果已知堆芯总功率以及推进剂的平均出口温度，可以得到

$$\begin{gathered}Q_{\text{CVo}}=q_{\text{CVo}}A_{\text{CVo}}=\dot m_H^{\text{prop}}c_p^{H_2}(T_{\text{prop}}-T_{H_2}^{\text{HHX}})\\ \Rightarrow\dot m_H^{\text{prop}}c_p^{H_2}=\frac{q_{\text{CVo}}A_{\text{CVo}}}{T_{\text{prop}}-T_{H_2}^{\text{HHX}}}\end{gathered} \tag{18-141}$$

将式（18－141）代入式（18－140），并重新排列可得

$$q_{\text{mod}}=q_{\text{CVo}}\left(\frac{T_{\text{mod}}-T_{H_2}^{\text{HH}}}{T_{\text{prop}}-T_{H_2}^{\text{HHX}}}\right)\frac{A_{\text{CVo}}}{A_{\text{mod}}}-h_c^{\text{prop}}(T_{\text{prop}}-T_{\text{mod}}) \tag{18-142}$$

结合式（18－139）和式（18－142），可以得到只包含反射器表面温度一个未知项的公式

$$\begin{aligned}&q_{\text{CVo}}\left(\frac{T_{\text{mod}}-T_{H_2}^{\text{HHX}}}{T_{\text{prop}}-T_{H_2}^{\text{HHX}}}\right)\frac{A_{\text{CVo}}}{A_{\text{mod}}}-h_c^{\text{prop}}(T_{\text{prop}}-T_{\text{mod}})\\ &=q_{\text{CVo}}R_c\frac{e^{-\int_{R_c}^{R_c+W_H}\kappa_H(T)dr}}{R_c+W_H}+\frac{e^{-\int^{R_c+W_H}\kappa_H(T)dr}}{R_c+W_H}\int_{R_c}^{R_c+W_H}\kappa_H(T)\sigma[c_0+c_1r+c_2r^2]^4e^{\int_{R_c}^{R_c+W_H}\kappa_H(T)dr'}r\,dr\end{aligned} \tag{18-143}$$

在前文讨论开式循环气态堆芯核火箭的部分提到，温度在 10 000 ℃以下时，氢气工质的不透明度相当小，通常会向氢气推进剂气体中添加如钨这样的材料，来增加其不透明度。图 18－13 展示了氢气推进剂中添加钨后不透明度的变化。

假设对于氢气推进剂的不透明度使用了温度平均，可以将式（18－143）进行积分，从而得到慢化剂表面温度的封闭形式的符号解。这个公式相当复杂且冗长，因此在此不予说明。然而，该公式可用于数值计算核灯泡火箭概念的性能特征，相关计算如图 18－23

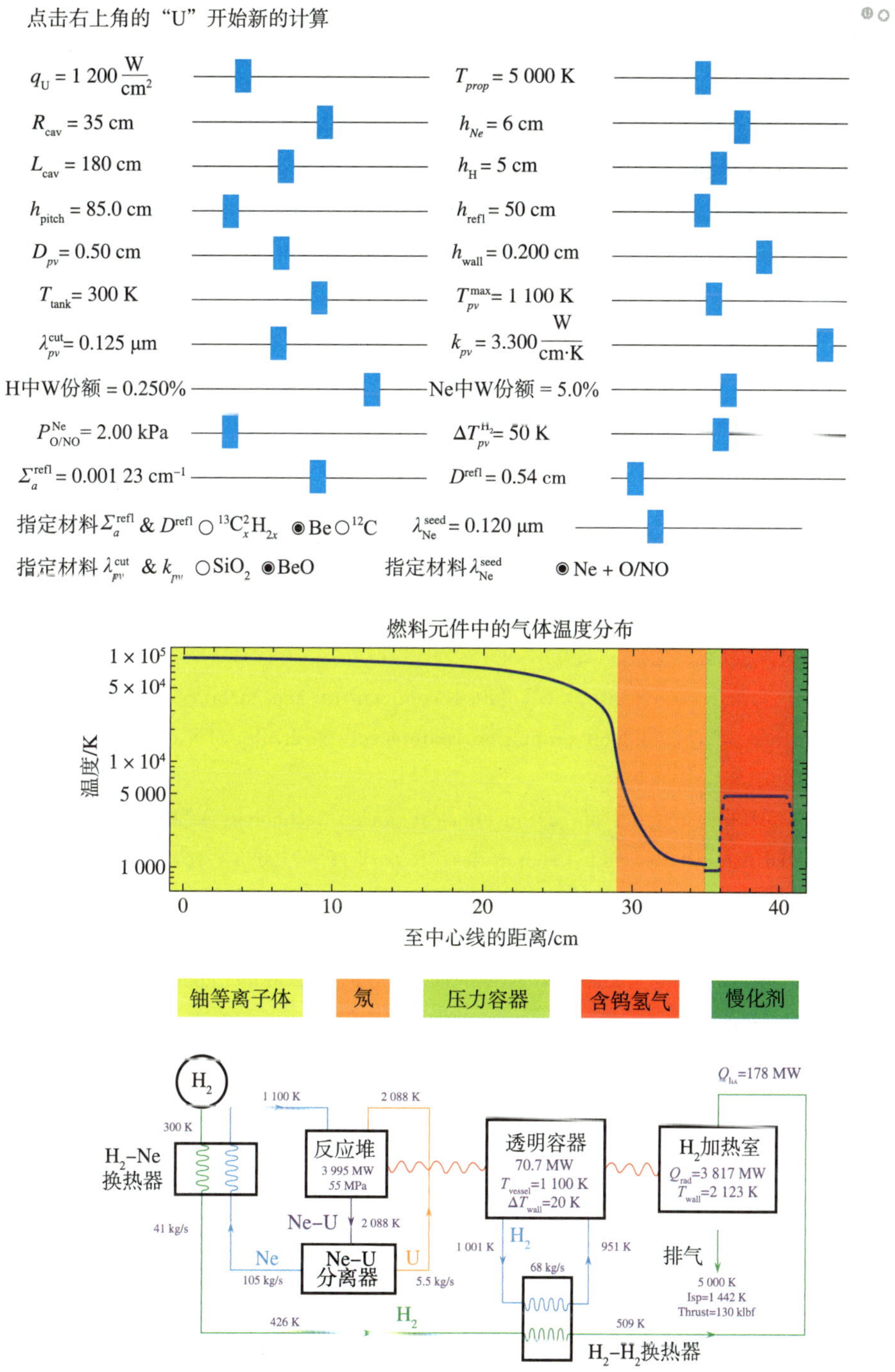

图 18-23　核灯泡性能参数

所示。请注意，这些计算忽略了许多重要的影响因素，如泵功率损失、由于中子和伽马辐射引起的各种热损失等。尽管如此，这些计算结果对应的趋势应该是合理的，与联合技术公司报告中提出的设计大致相当。

参考文献

[1] General Atomic Division of General Dynamics. Nuclear pulse space vehicle study. GA－5009，Vol. I thru IV，NASA/MSFC. Contract NAS 8－11053. 1964.

[2] Serber R. The Los Alamos primer：the first lectures on how to build an atomic bomb. Report LA－1. 1943.

[3] Parks DE，Lane G，Stewart JC，Peyton S. Optical constants of uranium plasma. NASA. CR－72348 and Gulf General Atomic GA－8244. 1968.

[4] Rosseland S. Theoretical astrophysics：atomic theory and the analysis of stellar atmospheres and envelope. Oxford：Clarendon Press；1936.

[5] Patch RW. Interim absorption coefficients and opacities for hydrogen plasma at high pressure. Cleveland，OH，NASA. TM X－1902：NASA. Lewis Research Center；October 1969.

[6] Williams，J. R.，et al，"Opacity of tungsten－seeded hydrogen to 2500 K and 115 atmospheres"，2nd symposium on uranium plasmas：research and applications，Atlanta，GA，(November 15－17，1971).

[7] Chandrasekhar S. Hydrodynamic and hydromagnetic stability. New York，NY：Dover Publications；1961，ISBN 048664071X.

[8] Kammash，T. and Galbraith，D. L.，"Fuel confinement and stability in the gas core nuclear propulsion concept"，28th joint propulsion conference，Nashville，TN，paper AIAA. 92－3818，(July 6－8，1992).

[9] Mclafferty GH. Investigation of gaseous nuclear rocket technology \[Dash] summary technical report. United Aircraft Research Laboratories，Report H－910093－46，prepared under Contract NASw－847. November 1969.

[10] Rogers RJ，Latham TS，Bauer HE. Analytical studies of nuclear light bulb engine radiant heat transfer and performance characteristics. United Aircraft Research Laboratories；September 1971. Report H－910900－10，prepared under Contract SNPC－70.

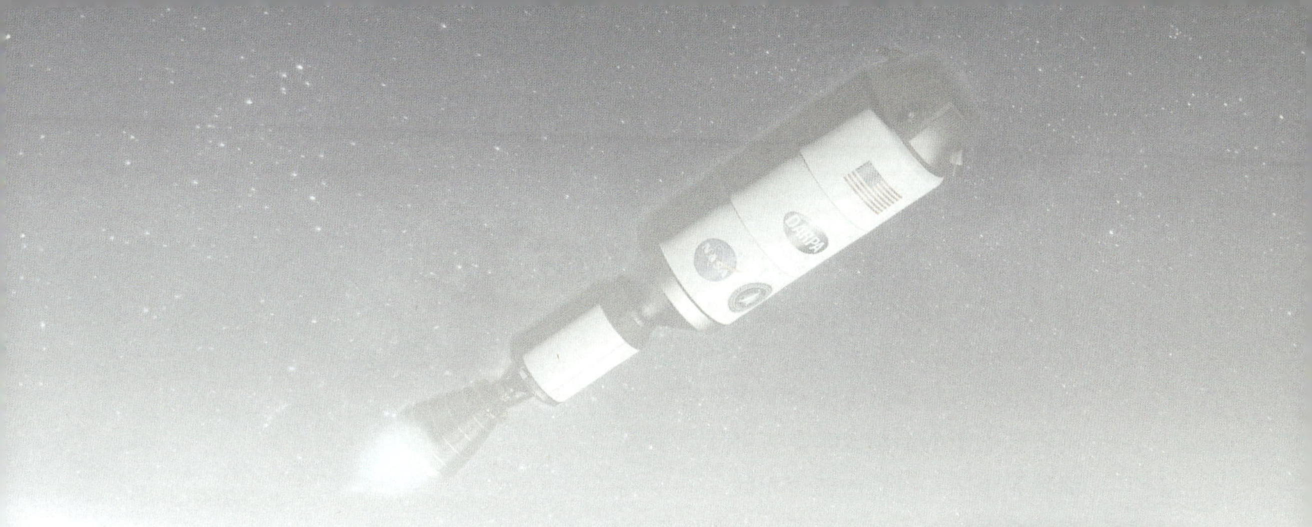

设计作业

要设计一个火星航天器，采用膨胀机循环的核热发动机作为其主推进系统。该航天器的结构如下图所示。

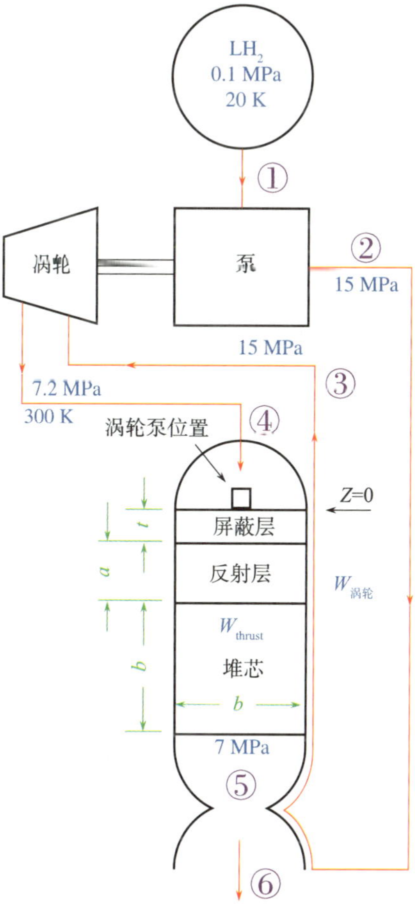

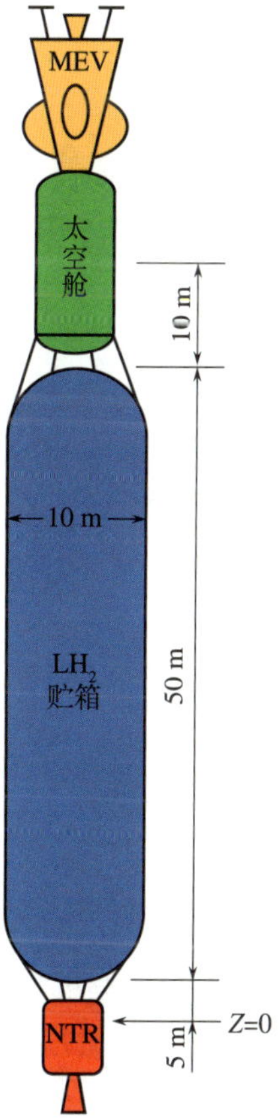

假设：

— 轴向反射层实际上是无限大的。

— 忽略通过反射层的压降。

— 假设没有径向反射器。

— 反应堆压力容器由不锈钢制成，带有半球形端盖。

— 推进剂贮箱由铝制成，具有半球形端盖。

— 涡轮泵中泵和涡轮的转速相同。

— 涡轮泵涡轮转子直径等于涡轮泵叶轮直径。

— 将发动机视为点辐射源，以确定乘组人员的辐射剂量。

— 假设乘员屏蔽层由食物和水储存组成。

— 根据表 4-2 计算火星任务的细节。

— 核热发动机的辅助组件（如涡轮泵、喷管等）的质量可根据以下公式确定

$$m_{\text{anc}}(\text{kg}) = 1.5 \times W_{\text{total}}(\text{MW})$$

— 燃料和推进剂温度之间的关系可以通过一个等式确定

$$Q(z) = U[T_f(z) - T_p(z)]S$$

式中　$T_f(z)$——轴向燃料温度分布；

$T_p(z)$——轴向推进剂温度分布；

$Q(z)$——轴向功率密度分布；

U——传热系数；

S——燃料的表面体积比。

— 如果需要做出其他假设，请务必说明清楚，并尽可能证明其合理性。

计算该问题所需的参数如下：

核反应相关参数

参数	符号	数值	单位
反射层扩散系数	D_r	0.427	cm
反射层吸收截面	Σ_a^r	0.005	cm^{-1}
堆芯扩散系数	D_c	1.25	cm
堆芯吸收截面	Σ_a^c	0.01	cm^{-1}
堆芯裂变截面	Σ_f^c	0.007 5	cm^{-1}
每次裂变的中子数	v	2.5	
每次裂变的伽马量	N_{fg}	3.0	
每个伽马射线的平均能量	E_γ	2.4	MeV
参考有效增殖因子	k_{eff}	1.0	

几何特性和质量特性数据

参数	符号	数值	单位
燃料中推进剂孔道半径	r_i	0.125	cm
燃料单元的等效半径	r_o	0.25	cm
喷管收缩面积比	$\frac{A_c}{A^*}$	5	
喷管扩张面积比	$\frac{A_d}{A^*}$	300	
太空居住舱质量(Hab)	m_{Hab}	20 000	kg
火星登陆车质量(MEV)	m_{MEV}	25 000	kg
航天器结构质量	m_{VS}	5 000	kg
涡轮泵横截面积	A_{TP}	2 000	cm^2
涡轮泵质量	m_{TP}	250	kg
航天员横截面积	A_{Ast}	8 000	cm^2
航天员质量	m_{Ast}	75	kg

材料热性能数据

参数	符号	数值	单位
传热系数	U	6.26	$\mathrm{W/(cm^2 \cdot K)}$
摩擦系数	f	0.01	
反应堆容器温度	T_V	600	K
推进剂贮箱壁温度	T_t	Assume 300	K
初始燃料温度	T_{f0}	300	K
堆芯允许的最高温度	$T_{\max}$	3 100	K

材料参数

参数	符号	数值	单位
反射层平均密度	ρ_r	5	$\mathrm{g/cm^3}$
平均堆芯密度	ρ_c	15	$\mathrm{g/cm^3}$
平均涡轮泵屏蔽密度	ρ_s	19.3	$\mathrm{g/cm^3}$
食物和水的密度	ρ_{fw}	10	$\mathrm{g/cm^3}$

动力学数据

参数	符号	数值	单位
全功率以上可控制反应性	ρ_{max}	1.0	\$
燃料温度反应系数	ρ_{min}	−6.0	\$
中子先驱核衰变常数	α_f	−0.000 602	\$/K
可在低于全功率时进行控制反应	β	0.006 5	
缓发中子占比	λ	0.076 4	s^{-1}
瞬发中子寿命	Λ	0.000 06	s

屏蔽特性数据

材料	$\mu/\rho/(cm^2/s)$	A	α	β
堆芯	0.045	—	—	—
反射层	0.013	4.99	−0.024	0.084
反射堆屏蔽	0.045	0.7	−0.205	0.052
液氢	0.037	6.82	−0.016	0.043
水和食物	0.021	3.05	−0.045	0.130

运行和任务数据

参数	符号	数值	单位
涡轮泵剂量率上限	DR_{TP}	8.0	Gy/s
航天员辐射总剂量限值	DT_{Ast}	0.15	Sv
发动机全功率连续点火的最长时间	t_{fp}	30	min
不再需要辅助冷却的功率	P_{sd}	1.0	MW
地球停泊轨道高度	H_{Earth}	400	km
火星停泊轨道高度	H_{Mars}	200	km

确定：

— 临界堆芯尺寸；

— 反射层尺寸；

— 沿反应堆长度方向的中子通量图；

— 反应堆总功率（$W_{总}=W_{推力}+W_{涡轮}$）；

— 氢气质量流量；

— 推进剂出口温度（T_5）；

— 堆芯燃料峰值温度及其位置；

— 燃料温度峰值系数（$T_{燃料}^{峰值}/T_{燃料}^{均值}$）；

— 沿堆芯长度方向的功率密度、燃料温度和推进剂温度曲线图；
— 涡轮泵转速；
— 涡轮泵叶轮/转子直径；
— 涡轮泵功率需求；
— 涡轮泵效率；
— 涡轮泵涡轮进口温度（T_3）；
— 涡轮泵涡轮效率；
— 喷管出口温度和压力（T_6 和 P_6）；
— 发动机推力水平；
— 发动机比冲；
— 最大堆芯反应性下的平均燃料温度；
— 最大堆芯反应性下的峰值燃料温度；
— 反应堆处于冷临界状态时的反应性值（例如，$T_{堆芯}=T_{入口}$）；
— 发动机达到全功率温度的 99%时所需的时间；
— 反应性控制棒完全插入后，发动机功率降至 1 MW 所需的时间；
— 涡轮泵的伽马辐射降低到所需值对应的屏蔽厚度（Gy/s）；
— 为机组人员提供足够屏蔽所需的食物和水的储存厚度；
— 机组人员接受的辐射剂量与发动机运行时间的关系图，单位为 Sv；
— 发动机质量，包括堆芯、反射层、容器、涡轮泵屏蔽设施和辅助设备；
— 发动机推重比；
— 氢贮箱质量；
— 氢气质量；
— 航天器总质量；
— 航天器质量分数（$\frac{m_{总质量}^{非燃料部分}}{m_{总质量}^{燃料部分}}$）；
— 发动机总推进时间；
— 对于往返的任务，前往火星的单程时间。

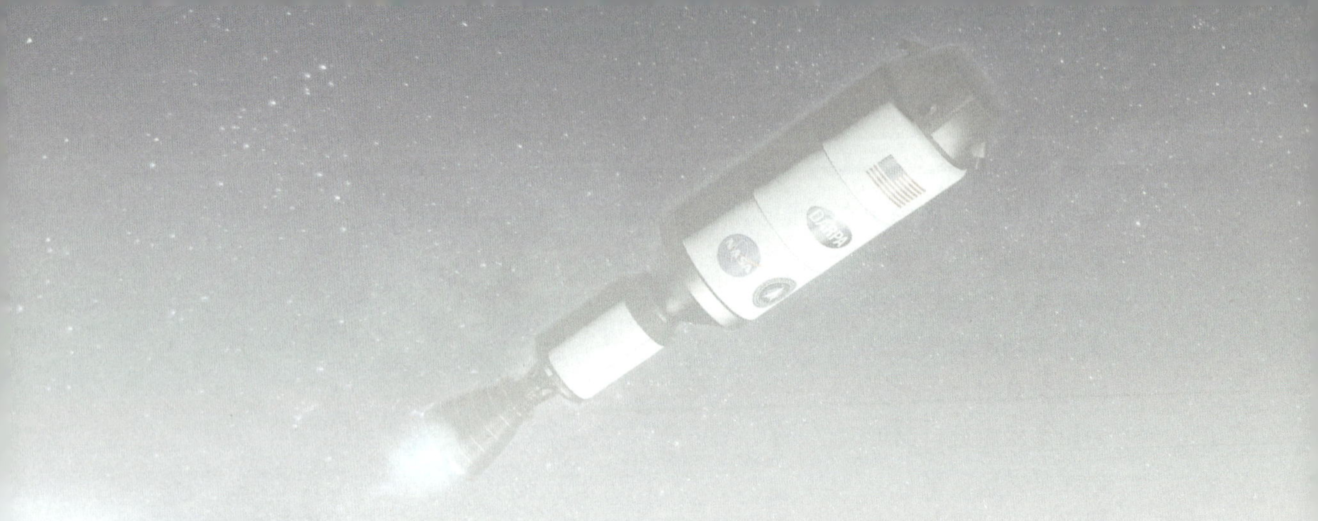

附　录

附录 1　部分物理常量

参数	符号	数值	单位
玻耳兹曼常数	k	$1.380\ 7\times10^{-23}$	J/K
电子质量	m_e	$9.109\ 4\times10^{-31}$	kg
质子质量	m_p	$1.672\ 6\times10^{-27}$	kg
中子质量	m_n	$1.674\ 9\times10^{-27}$	kg
介子质量	m_{pion}	135～140	MeV/C^2
万有引力常数	G	$6.672\ 6\times10^{-11}$	$m^3/(s^2\cdot kg)$
普朗克常数	h	$6.626\ 1\times10^{-34}$	J·s
真空中的光速	c	$2.997\ 9\times10^{8}$	m/s
普朗克常数×光速	hc	1.24	eV·μm
斯特藩-玻耳兹曼常数	σ	$5.670\ 5\times10^{-8}$	$W/(m^2\cdot K^4)$
1 eV 的温度当量	T_{eV}	11 604	K
阿伏伽德罗(Avogadro)常数	N	$6.022\ 1\times10^{23}$	
通用气体常数	R_u	8.314 5	J/(K·mol)
原子质量单位(amu)	m_u	$1.660\ 5\times10^{-27}$	kg
1 amu 的能量当量	E_u	$1.491\ 6\times10^{-10}$	J
重力加速度	g	9.806 7	m/s^2
标准温度	T_0	273.15	K
标准大气压	P_0	$1.013\ 3\times10^{5}$	Pa
平均裂变能量	E_f	$\sim3.2\times10^{-11}$	J
标准温度和压力下的摩尔体积	V_0	$2.241\ 4\times10^{-2}$	m^3
天文单位	AU	1.50×10^{11}	m
1 AU 处的太阳能量密度	f	1 360	W/m^2

附录 2　几种气体的热力学特性

推进剂 氢气

状态点	温度/K	压力/MPa
三相点	13.957	0.007 36
临界点	33.145	1.2964

温度/K 273

压力/MPa 0.101 35

密度 = 0.089 953 9 kg/m³

焓 = 3 573.29 kJ/kg

熵 = 52.118 8 kJ/kg/K

比热 = 14.198 1 kJ/kg/K

黏度 = 8.416 28 μPa·s

热导率 = 174.43 mW/m/K

独立状态变量

- ☑ 温度
- ☑ 压力
- ☐ 密度
- ☐ 焓
- ☐ 熵

特性　◉ 单相　○ 饱和

氢气热力学特性

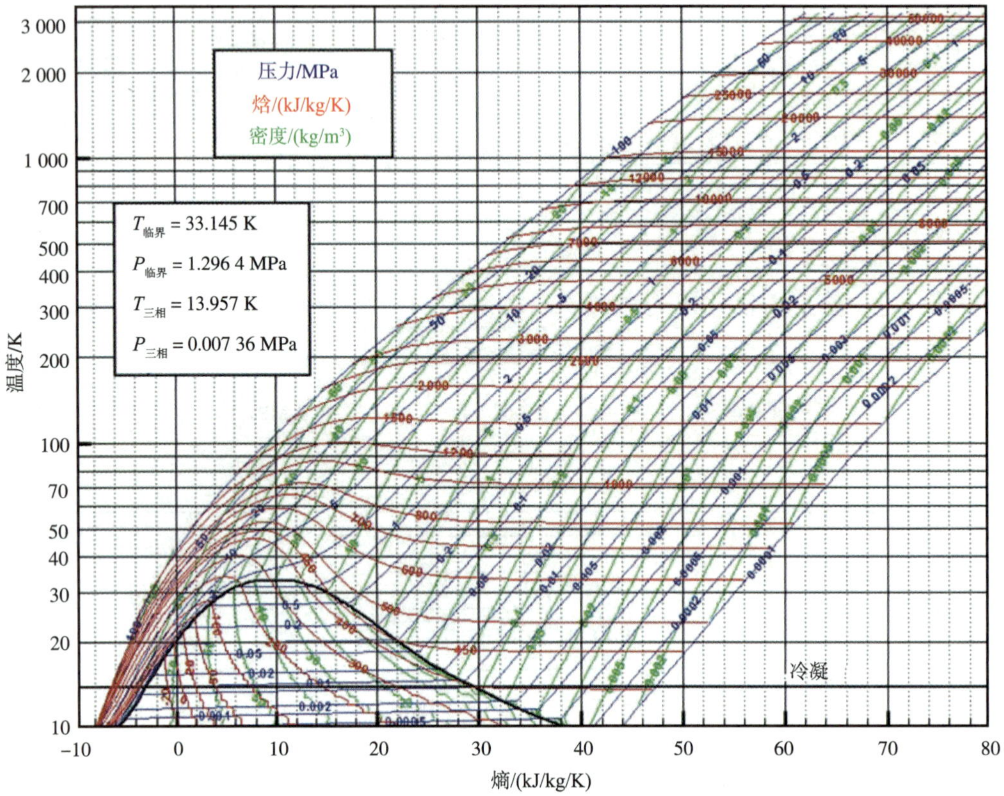

二氧化碳热力学特性

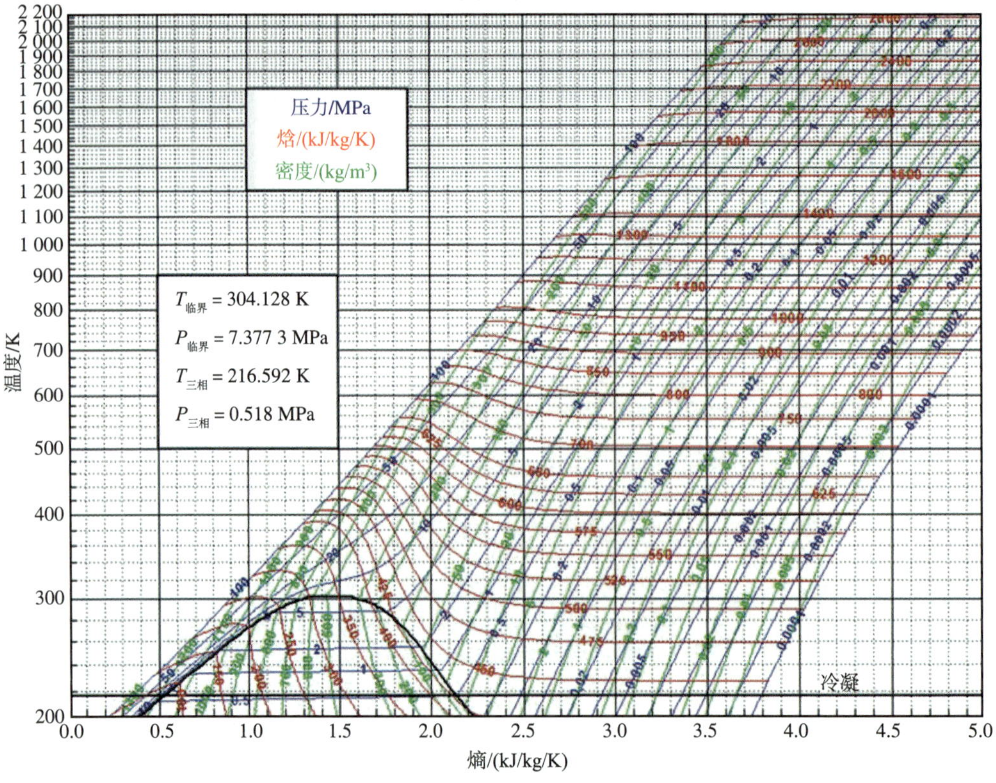

甲烷热力学特性

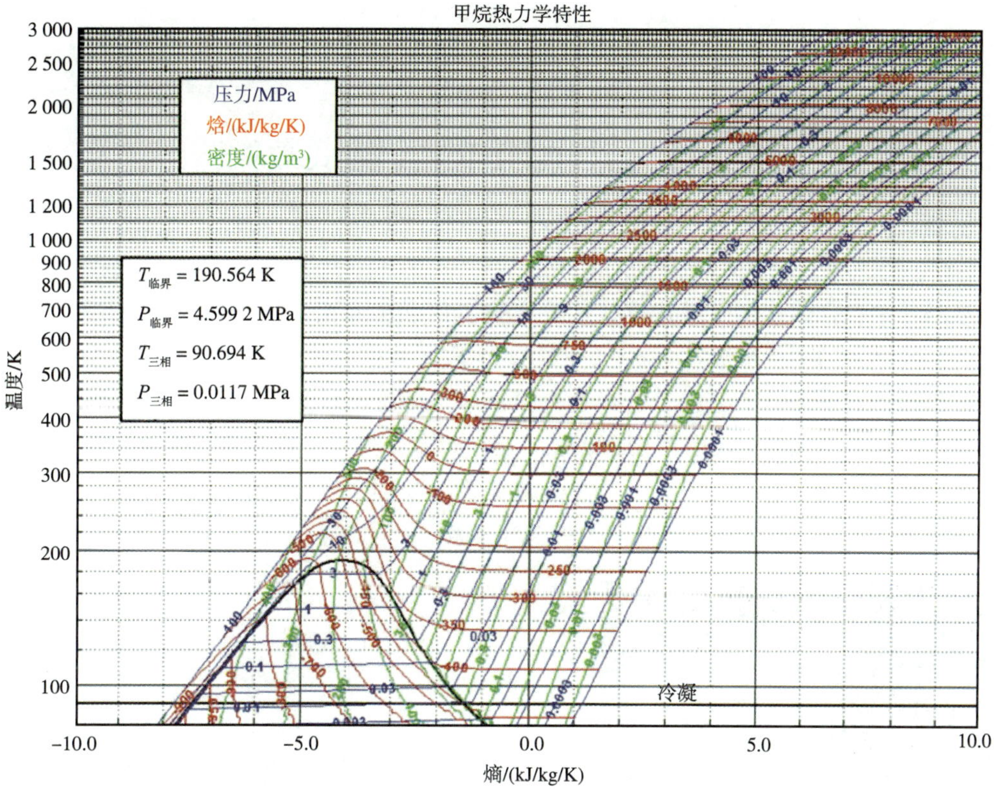
压力/MPa
焓/(kJ/kg/K)
密度/(kg/m³)
T临界 = 190.564 K
P临界 = 4.599 2 MPa
T三相 = 90.694 K
P三相 = 0.0117 MPa
温度/K
熵/(kJ/kg/K)
冷凝
3 000
2 500
2 000
1 500
1 200
1 000
900
800
700
600
500
400
300
200
100
−10.0
−5.0
0.0
5.0
10.0

附录 3　部分 NERVA 测试数据

本附录中包含的信息摘自几份文件，这些文件详细介绍了核动力火箭 NERVA NRX 系列试验发动机的测试情况，包括 NERVA－XE 发动机的测试。除提供测试数据外，本附录还包括摘自 NERVA 安全分析报告中的信息。需要注意的是，所有 NRX 试验发动机的反应堆配置基本相同，主要区别在于燃料制造细节。这些文件还包含大量的参考文献部分，其中提供了设计和分析细节，本附录仅摘录了几个图表（附图 3－1、附图 3－2；附表 3－1～附表 3－5），感兴趣的读者可查阅参考文献。

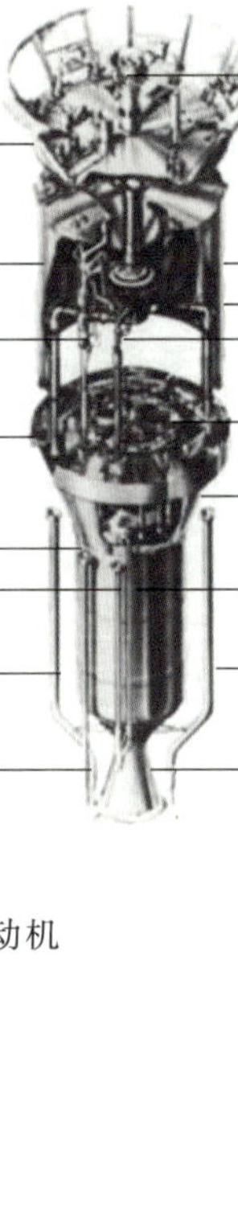

附图 3－1　XE 核火箭发动机

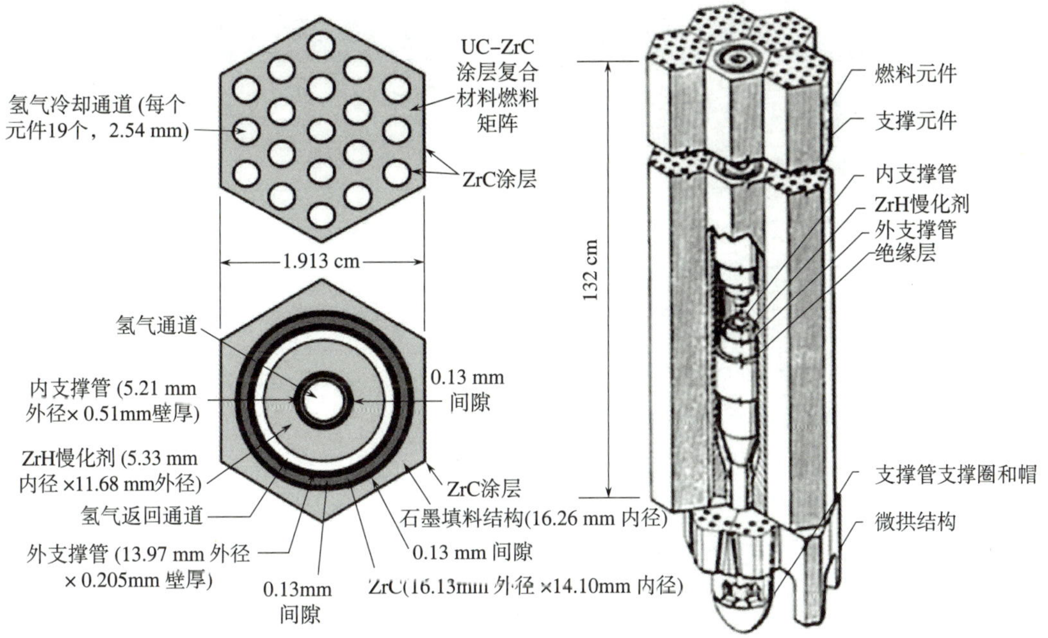

附图 3-2 NERVA 燃料元件细节

附表 3-1 XE 发动机满功率测试时的热力学条件

发动机测试条件			
反应堆功率	1 137 MW		
涡轮泵轴转速	2 303 rad/s		
环境压力(发动机测试舱)	11.3 kPa		
净正吸入压力	113 kPa		
实测试验数据	**流率/(kg/s)**	**压力/MPa**	**温度/K**
推进剂贮箱出口	36.15	0.24	20
泵入口	36.15	0.22	21
泵出口	35.83	6.69	28
喷管歧管入口	35.33	6.36	—
反射层入口	35.33	5.12	79
反射层出口	35.33	4.87	—
屏蔽 I 出口(圆顶)	35.33	4.85	109
堆芯入口	32.84	4.78	122
喷管室(Tc)	31.98	3.81	2 278
稀释液排放入口(圆顶)	2.46	4.91	109
稀释液排放出口	2.46	4.54	123
热排放口	0.87	3.81	2 278
TPCV 入口	3.32	3.54	—

续表

实测试验数据	流率/(kg/s)	压力/MPa	温度/K
涡轮入口	3.32	3.00	648
涡轮二级转子出口	3.63	0.32	—
涡轮排放喷管	4.08	0.22	48

附表 3-2　发动机通用特性

推力	245 kN
比冲	710 s
堆芯热功率(燃料元件装填)	1 098 MW
堆芯热功率(燃料元件未装填)	9 MW
堆芯总热功率	1 107 MW
堆芯直径	84 cm
堆芯长度	132 cm
铍反射层(OD)	112 cm
铍反射层厚度	11.4 cm
压力罐(OD)	130 cm
压力罐长度	190 cm
压力罐厚度	2.54 cm
涡轮泵轴转速	2 303 rad/s
传热面积	306.51 m^2
堆芯平均热通量	415 W/cm^2
燃料石墨平均热裂变功率	791 W/cm^3
总燃料装填(93%富集)	182.11 kg
燃料元件数量	~1 440
支撑杆支撑元件数量	241

附表 3-3　发动机限制性规范

最大堆芯热通量	595 W/cm^2
最大径向功率因数	1.2
最小径向功率因数	0.8
最大至平均轴向功率	1.41
总体最大至平均轴向功率	1.69
燃料石墨最大热裂变功率	1 337 W/cm^3
堆芯最高温度斜率	83 K/s
最大室压斜率	276 kPa/s
最大堆芯流率斜率	1.87 kg/s
控制鼓反应性增长最大值	3.74 \$/s

续表

最大运行正反应性反馈	1.50 \$
堆芯鼓在 180°下的反应性	4.50 \$
堆芯鼓在 0°下的反应性	3.2 \$
堆芯最大压降	896 kPa
反射层最大压降	248 kPa
达到满功率时间	100 s
满功率时的额定时间	60 min

附表 3-4 反应堆组件重量

反应堆组件	估算重量/kg
反应堆堆芯及硬件	1 270
反射层及硬件	1 467
内部屏蔽	1 316
压力罐	422
涡轮泵	182
喷管及裙部组件	558
推进剂管线	450
推力结构及万向架	480
阀门和驱动器	930
仪表和电子设备	400
突发性预留(Contingency)	225
总计	7 700

附表 3-5 反应堆动力学参数

膨胀引起的冷—热反应性变化(326～1 750 K)	−1.42 \$
多普勒效应引起的冷-热反应性变化	0.73 \$
吸收的氢的释放导致的冷-热反应性变化	0.20 \$
腔室中氢引起的反应性	+0.15 \$
反射层和侧向支撑中氢引起的反应性	+0.35 \$
堆芯中氢引起的反应性	1.12 \$
净冷-热反应性变化	0.73 \$
293 K 温度下的反应性温度系数	0.000 34 \$/K
无液氢时运行温度下的温度系数	0.000 628 \$/K
堆芯中的液氢在室温下的反应性系数	+560 \$/g/cm^3
堆芯外的液氢在室温下的反应性系数	+250 \$/g/cm^3
运行温度下堆芯中的液氢的反应性系数(ρ_{H_2}=0.002 05 g/cm^3)	+490 \$/g/cm^3

续表

堆芯外的液氢在运行温度下的反应性系数	+250 $/gm/$cm^3$
几种关键堆芯材料的反应性系数	
铀	+0.148 $/kg
碳	+0.055 $/kg
铌	−0.044 $/kg
燃料中吸收的氢	+9.0 $/kg
氢气推进剂	+2.38 $/kg
铬镍铁合金	0.0 $/kg
不锈钢	0.0 $/kg
反射层材料的反应性系数	
石墨填料条和瓦	+0.028 $/kg
石墨	+0.023 7 $/kg
石墨反射层中的不锈钢	−0.023 $/kg
石墨反射层中的铝	+0.002 6 $/kg
石墨反射层中的铍	+0.022 $/kg
铍反射层中的铝	+0.002 6 $/kg
铍反射层中的钛	+0.000 2 $/kg
控制鼓中的铍	+0.022 $/kg
控制鼓中的铝	+0.002 6 $/kg
有效缓发中子分数	0.007 8
瞬发中子寿命	0.000 024 s
第 1 缓发中子群衰变常数	0.012 7 s^{-1}
第 2 缓发中子群衰变常数	0.031 7 s^{-1}
第 3 缓发中子群衰变常数	0.115 s^{-1}
第 4 缓发中子群衰变常数	0.311 s^{-1}
第 5 缓发中子群衰变常数	1.40 s^{-1}
第 6 缓发中子群衰变常数	3.87 s^{-1}
第 1 缓发中子群中每次裂变的中子分数	0.000 296
第 2 缓发中子群中每次裂变的中子分数	0.001 660
第 3 缓发中子群中每次裂变的中子分数	0.001 466
第 4 缓发中子群中每次裂变的中子分数	0.003 175
第 5 缓发中子群中每次裂变的中子分数	0.001 000
第 6 缓发中子群中每次裂变的中子分数	0.000 203

参考文献

[1] Koenig D. Experience gained from the space nuclear rocket program (Rover) . Los Alamos National Laboratory; May 1986. LA - 10065 - H History, UC - 33.

[2] Finseth J. Rover nuclear rocket engine program: overview of rover engine tests, final report. Prepared by Severdrup Technology for the NASA. Marshall Space Flight Center, Report NASA - CR - 184270. February 1991.

[3] Astronuclear Laboratory Westinghouse Electric Corporation. WANL contribution to RIFT safety review. WANL - TME - 436. July 1963.